T0192700

Einführung in die Festkörperphysik

Konrad Kopitzki · Peter Herzog

Einführung in die Festkörperphysik

7. Auflage

Konrad Kopitzki
Institut für Strahlen- und Kernphysik
Universität Bonn
Bonn, Deutschland

Peter Herzog
Helmholtz-Institut für Strahlen- und Kernphysik
Universität Bonn
Bonn, Deutschland

ISBN 978-3-662-53577-6
ISBN 978-3-662-53578-3 (eBook)
DOI 10.1007/978-3-662-53578-3

Die Deutsche Nationalbibliothek verzeichnet diese Publikation in der Deutschen Nationalbibliografie; detaillierte bibliografische Daten sind im Internet über http://dnb.d-nb.de abrufbar.

Springer Spektrum
© Springer-Verlag GmbH Deutschland 1989, 2002, 2004, 2007, 2017
Das Werk einschließlich aller seiner Teile ist urheberrechtlich geschützt. Jede Verwertung, die nicht ausdrücklich vom Urheberrechtsgesetz zugelassen ist, bedarf der vorherigen Zustimmung des Verlags. Das gilt insbesondere für Vervielfältigungen, Bearbeitungen, Übersetzungen, Mikroverfilmungen und die Einspeicherung und Verarbeitung in elektronischen Systemen.
Die Wiedergabe von Gebrauchsnamen, Handelsnamen, Warenbezeichnungen usw. in diesem Werk berechtigt auch ohne besondere Kennzeichnung nicht zu der Annahme, dass solche Namen im Sinne der Warenzeichen- und Markenschutz-Gesetzgebung als frei zu betrachten wären und daher von jedermann benutzt werden dürften.
Der Verlag, die Autoren und die Herausgeber gehen davon aus, dass die Angaben und Informationen in diesem Werk zum Zeitpunkt der Veröffentlichung vollständig und korrekt sind. Weder der Verlag noch die Autoren oder die Herausgeber übernehmen, ausdrücklich oder implizit, Gewähr für den Inhalt des Werkes, etwaige Fehler oder Äußerungen.

Planung: Margit Maly, Kerstin Hoffmann

Gedruckt auf säurefreiem und chlorfrei gebleichtem Papier.

Springer Spektrum ist Teil von Springer Nature
Die eingetragene Gesellschaft ist Springer-Verlag GmbH Germany
Die Anschrift der Gesellschaft ist: Heidelberger Platz 3, 14197 Berlin, Germany

Vorwort zur siebten Auflage

In dieser Auflage sind jetzt, wie von einigen Lesern gewünscht, die Lösungen der Aufgaben enthalten. Daneben wurden Druckfehler verbessert und Bereiche des Buches zu Beginn und am Ende mit dem Symbol § markiert, die über das Grundwissen hinausgehen und mehr für Leser bestimmt sind, die tiefer in das Gebiet eindringen wollen (z. B. Master Studenten). Für die tatkräftige Hilfe bei der Arbeit möchte ich mich bei den Kollegen Bernard Metsch, Marius Arenz und Christoph Wendel ganz herzlich bedanken.

Bonn, im Juni 2016

P. Herzog

Vorwort zur sechsten Auflage

Für die neue Auflage sind auch die Bilder elektronisch eingebunden worden, was das Erscheinungsbild des Buches geringfügig verändert hat. Im Text sind eine große Zahl Korrekturen sowie einige Ergänzungen vorgenommen worden, für deren Anregung ich mich bei den Lesern herzlich bedanke. Ausdrücklich möchte ich mich bei den Studenten Ali Awada, Braunschweig, und Leonard Burtscher, Würzburg, und den Kollegen Helmut Wipf, Darmstadt, sowie ganz besonders Michael Hietschold, Chemnitz, für ihre Hilfe bedanken. Herrn Dr. Michael Lang danke ich für seine Hilfe beim Einbinden der Bilder, Herrn Ronan Nedelec für die guten Ratschläge bei der Arbeit. Dem B.G. Teubner Verlag, vertreten durch Frau Kerstin Hoffmann und Herrn Ulrich Sandten, gilt mein Dank für die fruchtbare Zusammenarbeit.

Bonn, im Juni 2007 P. Herzog

Vorwort zur fünften Auflage

Nachdem die vierte Auflage eine freundliche Aufnahme im Studenten- und Kollegenkreis erfahren hat, erscheint die fünfte Auflage mit nur marginalen Korrekturen, für deren Vorschlag ich mich bei den Lesern bedanke.

Bonn, im Oktober 2004 P. Herzog

Vorwort zur vierten Auflage

Die vierte Auflage des bewährten Buches von Konrad Kopitzki erscheint nun in TEX gesetzt. Ich hoffe, dass sich bei dieser arbeitsaufwendigen Prozedur nicht zu viele Fehler eingeschlichen haben. Neben dem optisch veränderten Erscheinungsbild wurde der Text des Buches überarbeitet. Dabei wurden viele Korrekturen, Verbesserungen und Anpassungen an den heutigen Wissensstand vorgenommen. Dadurch hat sich der Umfang des Buches etwas erhöht.

Ich danke allen, die zur Fertigstellung dieser vierten Auflage beigetragen haben. Insbesondere gilt mein Dank den Kollegen Paul Seidel, Jena, Johann Kroha, Karl Maier und Bernard Metsch, Bonn, Günter Zech, Siegen und dem Studenten Carsten Volkmann, Ingolstadt. Sie alle haben durch Diskussionen, Kommentare und Verbesserungsvorschläge wichtige Beiträge zur neuen Auflage geleistet. Dem B.G. Teubner Verlag, insbesondere Herrn Dr. Peter Spuhler, danke ich für die gute Zusammenarbeit und die gezeigte Geduld.

Bonn, im März 2002 P. Herzog

Vorwort zur dritten Auflage

Nach dem viel zu frühen, im Juni 1991 plötzlich erfolgten Tod meines Kollegen Prof. Dr. Konrad Kopitzki, mit dem mich freundschaftliche Zusammenarbeit verband, habe ich die Betreuung seines Buches über Festkörperphysik übernommen. In der vorliegenden dritten Auflage wurden einige dem besseren Verständnis dienende Ergänzungen eingefügt sowie eine Reihe von kleinen Fehlern korrigiert.

Für kritische Diskussionen und Hinweise danke ich meinen Kollegen Prof. Dr. K. Maier, Bonn, und Prof. Dr. P. Seidel, Jena. Dem B.G. Teubner Verlag danke ich für die gute Zusammenarbeit.

Bonn, im Dezember 1992 P. Herzog

Vorwort zur zweiten Auflage

Bei der vorliegenden zweiten Auflage des Buches wurde der Text der fünf Kapitel der ersten Auflage an mehreren Stellen ergänzt und erweitert. Dabei wurde dem Kapitel über die magnetischen Eigenschaften der Festkörper ein Abschnitt über Spingläser hinzugefügt. Außerdem wurden den einzelnen Kapiteln jeweils einige einfache Übungsaufgaben zugeordnet. Neu hinzugekommen sind Kap. 6 über die Supraleitung und Kap. 7 über Legierungen. Bei der Behandlung der mikroskopischen Theorie der Supraleitung wird ausführlich auf die Wechselwirkung zweier Leitungselektronen eingegangen. Die dort vorgenommenen Überlegungen ergänzen die Ausführungen in Kap. 4 zur dielektrischen Funktion eines Festkörpers, indem hier auch die Wellenzahlabhängigkeit dieser Funktion erörtert wird. Im Abschn. 7.3 über metastabile Legierungen wird u. a. die Struktur metallischer Gläser diskutiert.

Recht herzlich danke ich wiederum meinen Kollegen Prof. Dr. P. Herzog und Dr. G. Mertler für die kritische Durchsicht des Manuskripts. Dem B.G. Teubner Verlag danke ich, dass er bei der Neuauflage bereitwillig sämtliche Änderungswünsche berücksichtigte.

Bonn, im August 1989 K. Kopitzki

Vorwort zur ersten Auflage

Eine Vorlesung über Festkörperphysik gehört heute an allen Universitäten und Technischen Hochschulen zu den Pflichtveranstaltungen für Physikstudenten nach Abschluss des Vordiploms. Der Umfang des Stoffangebots ist hierbei allerdings sehr unterschiedlich und hängt im Allgemeinen von den Forschungsschwerpunkten an der jeweiligen Hochschule ab. Dieses Buch ist insbesondere für solche Studenten vorgesehen, die eine Beschäftigung mit der Festkörperphysik zwar nicht zum Schwerpunkt ihrer physikalischen Ausbildung machen wollen, jedoch mit den grundlegenden Gesetzmäßigkeiten und Betrachtungsweisen in der Festkörperphysik vertraut werden möchten. Die behandelten Themen werden in einer straffen und möglichst exakten Darstellungsweise angeboten.

Zum Verständnis des Buches werden neben einem physikalischen Grundwissen, wie es von einem Physikstudenten bis zum Vordiplom erworben wird, elementare Kenntnisse in der Atomphysik und der Quantenmechanik benötigt. Ergebnisse aus der Thermodynamik und Statistik, die in diesem Buch benutzt werden, werden kurz im Anhang erläutert. In allen Gleichungen wird grundsätzlich das internationale Maßsystem (SI) verwendet. Bei Längenangaben im atomaren Bereich mochte der Verfasser allerdings auf die praktische Einheit Ångström nicht verzichten.

Für die kritische Durchsicht des Manuskripts und für viele wertvolle Hinweise danke ich recht herzlich meinen Institutskollegen Prof. Dr. P. Herzog und Dr. G. Mertler. Frau E. Becsky fertigte den größten Teil der Zeichnungen an, und Frau C. Weiss schrieb das Manuskript. Auch ihnen gilt mein Dank. Schließlich danke ich dem B.G. Teubner Verlag für die gute Zusammenarbeit.

Bonn, im Juli 1986 K. Kopitzki

Symbolverzeichnis

a, b, c	Gitterkonstanten
$\vec{a}_1, \vec{a}_2, \vec{a}_3$	Primitive Translationen des Kristallgitters
A	Austauschkonstante
$\vec{A}$	Vektorpotenzial der magnetischen Flussdichte
$\vec{b}$	Burgers-Vektor
$\vec{b}_1, \vec{b}_2, \vec{b}_3$	Primitive Translationen des reziproken Gitters
$\vec{B}$	Magnetische Flussdichte, magnetische Induktion ($\vec{B} = \mu_0 \mu \vec{H}$) (Siehe auch Fußnote in Abschn. 3.3.3.)
bcc	kubisch raumzentriert
c	Lichtgeschwindigkeit ($2{,}997925 \cdot 10^8\ \mathrm{ms}^{-1}$); spezifische Wärme
C	Curie-Konstante; Molwärme
$d_{hk\ell}$	Abstand zweier Netzebenen mit den Millerschen Indizes $(hk\ell)$
D	Diffusionskoeffizient
$D_{hk\ell}$	Debye-Waller-Faktor
$\vec{D}$	Elektrische Flussdichte ($\vec{D} = \epsilon_0 \epsilon \vec{\mathcal{E}}$)
e	Elementarladung ($1{,}60219 \cdot 10^{-19}$ C)
E	Teilchenenergie
E_a, E_d	Ionisationsenergie der Akzeptoren bzw. Donatoren
E_g	Energielücke zwischen Leitungs- und Valenzband
E_F	Fermi-Energie
E_s	Energieparameter eines Zweistoffsystems
$\vec{\mathcal{E}}$	Elektrische Feldstärke
f	Atomarer Streufaktor
f_0	Fermi-Funktion
F	Freie Energie
$F_{hk\ell}$	Strukturfaktor
fcc	kubisch flächenzentriert
g	Landé-Faktor; molare freie Enthalpie

$\vec{g}$	Vektor des reziproken Gitters ($\vec{g} = h\vec{b}_1 + k\vec{b}_2 + \ell\vec{b}_3$)
G	Freie Enthalpie
$\vec{G}$	Translationsvektor des reziproken Gitters ($\vec{G} = h_1\vec{b}_1 + h_2\vec{b}_2 + h_3\vec{b}_3$)
$\hbar$	Plancksches Wirkungsquantum geteilt durch 2π ($1{,}05459 \cdot 10^{-34}$ Js)
$\vec{H}$	Magnetische Feldstärke
hcp	hexagonal dichteste Kugelpackung
j	Diffusionsstromdichte; Elektrische Stromdichte; Wärmestromdichte
J	Gesamtdrehimpulsquantenzahl; Radiale Verteilungsfunktion
$k; \vec{k}$	Wellenzahl; Wellenzahlvektor
k_B	Boltzmann-Konstante ($1{,}380662 \cdot 10^{-23}$ JK^{-1})
K	Absorptionskante; Anisotropie-Konstante
L	Avogadrosche Zahl ($6{,}022045 \cdot 10^{23}$ mol^{-1}); Bahndrehimpulsquantenzahl
m	Ruhemasse des Elektrons ($9{,}109534 \cdot 10^{-31}$ kg)
m_e^*, m_p^*	Effektive Masse eines Kristallelektrons bzw. Lochs
m_c	Zyklotronmasse eines Kristallelektrons
M	Masse eines Gitteratoms; Masse eines Festkörpers
$\vec{M}$	Magnetisierung ($\vec{B} = \mu_0(\vec{H} + \vec{M})$)
n	Elektronenzahldichte; Brechungsindex; Ordnung eines gebeugten Strahls; Hauptquantenzahl; Stoffmenge
n_e	Elektronen- bzw. Ionenzahldichte
N	Gesamtteilchenzahl
N_V	Teilchenzahldichte
p	Druck; Lochzahldichte; Effektive Magnetonenzahl; Teilchenimpuls
$\vec{p}$	Elektrisches Dipolmoment
$\vec{P}$	Elektrische Polarisation ($\vec{D} = \epsilon_0\vec{\mathcal{E}} + \vec{P}$)
$\vec{q}$	Wellenzahlvektor von Phononen
$\vec{r}$	Ortsvektor
R	Reflexionsvermögen
R_H	Hall-Konstante
$\vec{R}$	Translationsvektor des Kristallgitters ($\vec{R} = n_1\vec{a}_1 + n_2\vec{a}_2 + n_3\vec{a}_3$)
$\vec{s}_0, \vec{s}$	Einheitsvektor in Richtung eines einfallenden bzw. gestreuten Strahls
S	Entropie; Spinquantenzahl
$\vec{S}$	Spinvektor
t	Zeit
T	Absolute Temperatur
T_C	Ferromagnetische Curie-Temperatur
T_f	Spinglastemperatur
T_F	Fermi-Temperatur

T_N	Antiferromagnetische Néel-Temperatur
$\vec{u}$	Auslenkung eines Gitteratoms aus der Gleichgewichtslage
U	Innere Energie eines Systems; Potenzielle Energie eines Kristallelektrons
V	Kristallvolumen; Wechselwirkungspotenzial
W	Am System geleistete Arbeit
x_A, x_B	Stoffmengengehalt der A- bzw. B-Komponente in einem Zweistoffsystem
Z	Zustandsdichte; Ordnungszahl
α	Feinstrukturkonstante ($7{,}29735 \cdot 10^{-3}$); Madelung-Konstante; Polarisierbarkeit
γ	Molekularfeld-Konstante
δ	Phasengrenzenergie-Parameter
2Δ	Energielücke zwischen Grundzustand und angeregten Zuständen eines Supraleiters
ϵ	Dielektrizitätskonstante ($\epsilon = 1 + \chi$)
ϵ_0	Elektrische Feldkonstante ($8{,}85419 \cdot 10^{-12}\,\mathrm{AsV^{-1}\,m^{-1}}$)
ϑ	Glanzwinkel bei der Braggschen Reflexion
Θ	Paramagnetische Curie-Temperatur; Paramagnetische Néel-Temperatur
Θ_D	Debye-Temperatur
κ	Absorptionskoeffizient; Ginzburg-Landau-Parameter
λ	Londonsche Eindringtiefe; Wärmeleitfähigkeit; Wellenlänge
Λ	Freie Weglänge
μ	Chemisches Potenzial; Permeabilität ($\mu = 1 + \chi$)
μ_B	Bohrsches Magneton ($9{,}2741 \cdot 10^{-24}\,\mathrm{JT^{-1}}$)
μ_0	Magnetische Feldkonstante ($1{,}256637 \cdot 10^{-6}\,\mathrm{VsA^{-1}\,m^{-1}}$)
ν	Frequenz
ξ	Ginzburg-Landau-Kohärenzlänge
ρ	Spezifischer elektrischer Widerstand
σ	Elektrische Leitfähigkeit
τ	Relaxationszeit
Φ	Magnetischer Fluss
Φ_0	Magnetisches Flussquant ($2{,}0678 \cdot 10^{-15}\,\mathrm{Tesla\,m^2}$)
χ	Elektrische Suszeptibilität; Magnetische Suszeptibilität
ψ	Eigenfunktion der Schrödinger Gleichung
ω	Kreisfrequenz
ω_c	Zyklotronfrequenz
ω_D	Debyesche Grenzfrequenz

Inhaltsverzeichnis

1 Der kristalline Zustand

In der Festkörperphysik untersucht man die physikalischen Phänomene, die mit dem festen Aggregatzustand verknüpft sind, und versucht, sie atomistisch zu erklären. Hierbei unterscheidet man zwischen kristallinem und amorphem Zustand. Eine kristalline Substanz ist dadurch gekennzeichnet, dass ihre Bausteine räumlich periodisch angeordnet sind. Eine amorphe Substanz weist im Nahbereich zwar auch eine gewisse Ordnung auf, es fehlt bei ihr aber die räumliche Periodizität über viele Atomabstände. Zu den amorphen Substanzen gehören z. B. Gläser, Keramiken und verschiedene Kunststoffe. In jüngerer Zeit haben die sog. metallischen Gläser besondere Beachtung gefunden. Man erhält sie durch eine rasche Abkühlung der entsprechenden metallischen Schmelze. Metallische Gläser haben oft bemerkenswerte physikalische Eigenschaften, die auch für technische Anwendungen ausgenützt werden können. Zu diesen Eigenschaften gehören z. B. eine große Dehnbarkeit und Bruchfestigkeit, eine von der Temperatur unabhängige elektrische Leitfähigkeit, eine hohe magnetische Permeabilität, eine kleine Koerzitivkraft und eine ungewöhnlich große Korrosionsfestigkeit. In dieser einführenden Darstellung der Festkörperphysik werden wir allerdings auf den amorphen Zustand nur kurz in Abschn. 7.3 eingehen und uns im Übrigen auf den kristallinen Zustand beschränken. Hierbei werden wir unsere Überlegungen gewöhnlich auf Einkristalle beziehen, obwohl viele Festkörper, vor allem Metalle, normalerweise im polykristallinen Zustand vorliegen. Ein Polykristall setzt sich aus einer großen Anzahl kleiner Einkristalle, den sog. *Kristalliten* zusammen, die unterschiedlich orientiert aneinander stoßen. Verschiedene technisch bedeutsame Materialeigenschaften werden gerade durch diese Mikrostruktur, die man in der Metallkunde als Gefüge bezeichnet, beeinflusst. In der Festkörperphysik interessiert man sich aber mehr für die durch die Kristallstruktur bedingten Eigenschaften. Diese lassen sich besser an Einkristallen untersuchen.

In Abschn. 1.1 werden die grundlegenden Begriffe, die wir zur Beschreibung einer Kristallstruktur benötigen, zusammengestellt. Außerdem werden einige wich-

© Springer-Verlag GmbH Deutschland 2017

K. Kopitzki, P. Herzog, *Einführung in die Festkörperphysik*,
DOI 10.1007/978-3-662-53578-3_1

tige Kristallstrukturen besprochen. Mit der Beugung von Röntgenstrahlen, Elektronen und Neutronen am Kristallgitter befassen wir uns in Abschn. 1.2. In Abschn. 1.3 werden die einzelnen Bindungsarten der Atome oder Moleküle im Kristall diskutiert. In Abschn. 1.4 betrachten wir die verschiedenen Fehlordnungen in einem Kristall. Ein Kristall ohne Fehlordnungen stellt immer eine mehr oder weniger starke Idealisierung eines Festkörpers dar. In Wirklichkeit enthält jeder Kristall eine große Anzahl Defekte. Schließlich werden in Abschn. 1.5 die wichtigsten experimentellen Methoden zur Untersuchung von Kristallstrukturen mithilfe von Röntgenstrahlen behandelt.

1.1 Struktur idealer Kristalle

Kristalle sind dreidimensional periodische Anordnungen von einzelnen Atomen oder Atomgruppen. Das einzelne Atom bzw. die Atomgruppe bezeichnet man als *Basis* des Kristalls. Die Atome der Basis können gleich oder verschieden sein; aber alle Atomgruppen müssen die gleiche Zusammensetzung haben, und die Atome müssen innerhalb jeder Gruppe in gleicher Weise angeordnet sein. Ordnet man jeder einzelnen Atomgruppe einen Gitterpunkt zu, so entsteht ein *Raumgitter*. Ein Kristall ist somit durch die Struktur seines Raumgitters und durch seine Basis festgelegt.

1.1.1 Raumgitter

Bei einem Raumgitter lassen sich stets drei Vektoren $\vec{a}_1$, $\vec{a}_2$ und $\vec{a}_3$ angeben, sodass von jedem Punkt des Raumgitters die anderen Gitterpunkte durch eine Translation

$$\vec{R} = n_1\vec{a}_1 + n_2\vec{a}_2 + n_3\vec{a}_3 \tag{1.1}$$

mit ganzzahligen Werten für n_1, n_2 und n_3 erreicht werden können. Die Vektoren $\vec{a}_1$, $\vec{a}_2$ und $\vec{a}_3$ bezeichnet man als *primitive Translationen*. Ihre Wahl ist nicht eindeutig, wie es Abb. 1.1 für ein zweidimensionales Gitter zeigt. Alle drei dort eingezeichneten Vektorpaare sind primitive Translationen. Wir wollen im Folgenden voraussetzen, dass $\vec{a}_1$, $\vec{a}_2$ und $\vec{a}_3$ ein Rechtssystem bilden. Zerlegt man die Vektoren $\vec{a}_1$, $\vec{a}_2$ und $\vec{a}_3$ in ihre kartesischen Komponenten a_{1x}, a_{1y}, a_{1z} usw., so kann man eine Matrix

$$A = \begin{pmatrix} a_{1x} & a_{2x} & a_{3x} \\ a_{1y} & a_{2y} & a_{3y} \\ a_{1z} & a_{2z} & a_{3z} \end{pmatrix} \tag{1.2}$$

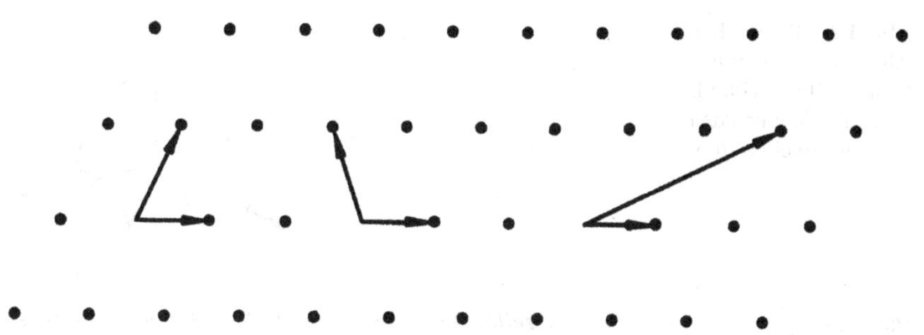

Abb. 1.1 Drei Beispiele für primitive Translationen in einem zweidimensionalen Gitter

aufstellen. Sie liefert durch Multiplikation mit dem Vektor

$$\begin{pmatrix} n_1 \\ n_2 \\ n_3 \end{pmatrix}$$

die kartesischen Komponenten der Translation, die durch (1.1) beschrieben wird.

Durch die primitiven Translationen wird ein Parallelepiped, die sog. *Elementarzelle*, aufgespannt. Ihr Volumen V_z ist gleich dem Spatprodukt der primitiven Translationen. Verwendet man die Matrix aus (1.2), so gilt

$$V_z = \det A \ . \tag{1.3}$$

Reiht man die Elementarzellen aneinander, so wird der ganze Raum ausgefüllt.

Außer der Translationssymmetrie, die charakteristisch für ein Raumgitter ist, kann das Gitter noch Dreh- und Spiegelsymmetrien aufweisen. Durch Betrachtung solcher Symmetrien lässt sich zeigen, dass im Dreidimensionalen nicht mehr als 14 verschiedene Raumgitter möglich sind. Nach A. Bravais[1], der im Jahre 1848 diese Raumgitter erstmals beschrieb, bezeichnet man sie allgemein als *Bravais-Gitter*. Die 14 Bravais-Gitter können 7 verschiedenen *Kristallsystemen* zugeordnet werden, die sich durch ihre Symmetrieeigenschaften voneinander unterscheiden. Um diese Symmetrieeigenschaften besonders deutlich zu kennzeichnen, benutzt man für jedes Kristallsystem ein ganz bestimmtes Bezugssystem, welches durch drei *Kristallachsen* mit den Längeneinheiten a, b, c und den Achsenwinkeln α, β, γ gegeben ist (Abb. 1.2). Bei den Größen a, b und c kommt es nur auf ihr Längenverhältnis zueinander an. Das durch die Vektoren $\vec{a}$, $\vec{b}$ und $\vec{c}$ aufgespannte

[1] Auguste Bravais, *1811 Annonay (Ardèche), †1863 Versailles.

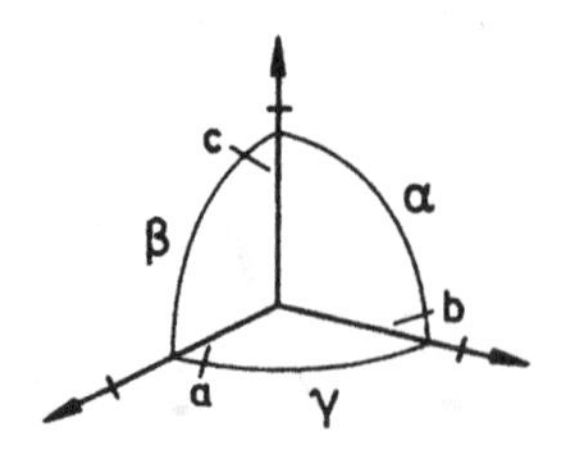

Abb. 1.2 Die drei Kristallachsen eines Bravais-Gitters mit den Gitterkonstanten a, b, c und den Achsenwinkeln α, β, γ

Parallelepiped ist die sog. *Einheitszelle*. Die Achsenabschnitte a, b und c bezeichnet man als *Gitterkonstanten*. Ihr Wert liegt bei einigen Å.

Im Folgenden werden die einzelnen Kristallsysteme und die ihnen zugeordneten Bravais-Gitter kurz anhand von Abb. 1.3 besprochen.

1. Triklines Kristallsystem
   Hier gilt: $a \neq b \neq c$ und $\alpha \neq \beta \neq \gamma$.
   Es gibt nur ein triklines Raumgitter, das triklin primitive Gitter.
2. Monoklines Kristallsystem
   Hier gilt: $a \neq b \neq c$ und $\alpha = \gamma = 90° \neq \beta$.
   Es gibt zwei monokline Bravais-Gitter, das monoklin primitive Gitter und das monoklin basiszentrierte Gitter. Die Einheitszellen des basiszentrierten Gitters besitzen Gitterpunkte in den Mittelpunkten der von den Vektoren $\vec{a}$ und $\vec{b}$ aufgespannten Flächen.
3. Rhombisches Kristallsystem
   Hier gilt: $a \neq b \neq c$ und $\alpha = \beta = \gamma = 90°$.
   Dieses System umfasst vier Gitterarten: Das rhombisch primitive, das rhombisch basiszentrierte, das rhombisch raumzentrierte und das rhombisch flächenzentrierte Gitter.
4. Hexagonales Kristallsystem
   Hier gilt: $a = b \neq c$ und $\alpha = \beta = 90°, \gamma = 120°$.
   Die einzige Gitterart dieses Systems, das hexagonal primitive Gitter, hat als Einheitszelle ein rechtwinkliges Prisma mit einer Raute als Grundfläche.
5. Rhomboedrisches Kristallsystem
   Hier gilt: $a = b = c$ und $\alpha = \beta = \gamma \neq 90°$.
   Es gibt nur ein rhomboedrisches Raumgitter, das rhomboedrisch primitive Gitter.
6. Tetragonales Kristallsystem
   Hier gilt: $a = b \neq c$ und $\alpha = \beta = \gamma = 90°$.
   Es gibt ein tetragonal primitives und ein tetragonal raumzentriertes Gitter.

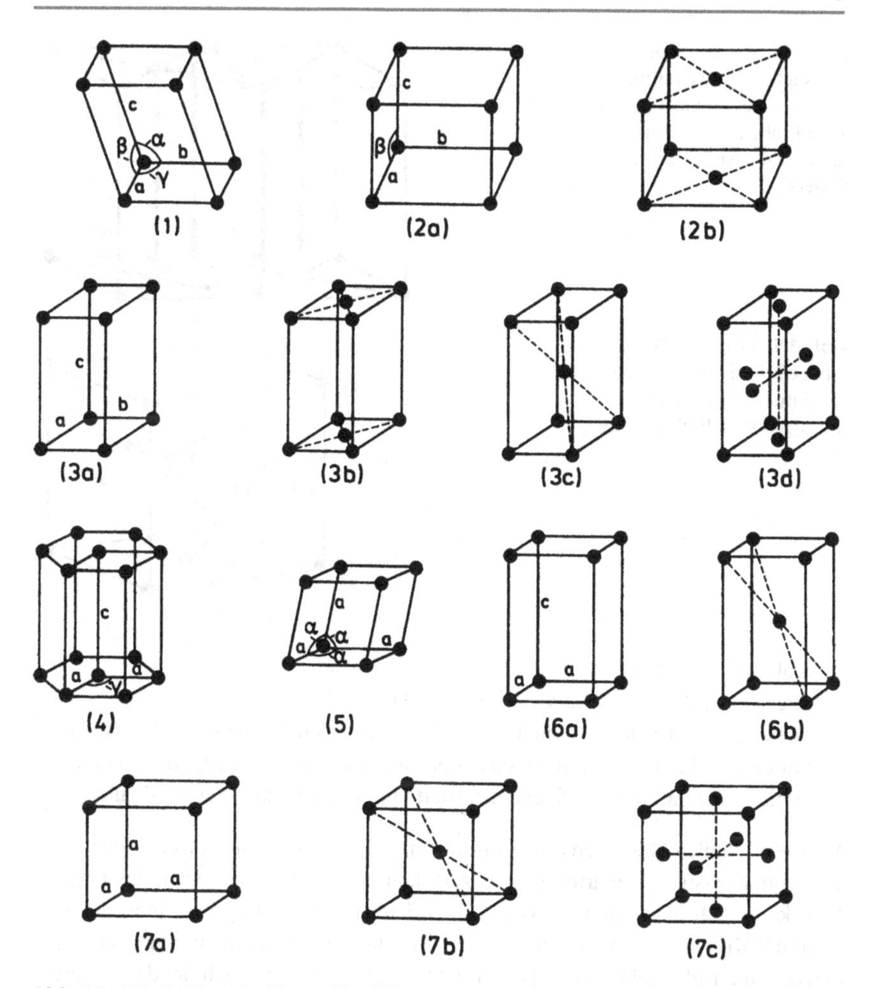

Abb. 1.3 Die 14 Bravais-Gitter: (1) triklin primitives Gitter, (2a) monoklin primitives Gitter, (2b) monoklin basiszentriertes Gitter, (3a) rhombisch primitives Gitter, (3b) rhombisch basiszentriertes Gitter, (3c) rhombisch raumzentriertes Gitter, (3d) rhombisch flächenzentriertes Gitter, (4) hexagonal primitives Gitter, (5) rhomboedrisch primitives Gitter, (6a) tetragonal primitives Gitter, (6b) tetragonal raumzentriertes Gitter, (7a) kubisch primitives Gitter, (7b) kubisch raumzentriertes Gitter (bcc), (7c) kubisch flächenzentriertes Gitter (fcc)

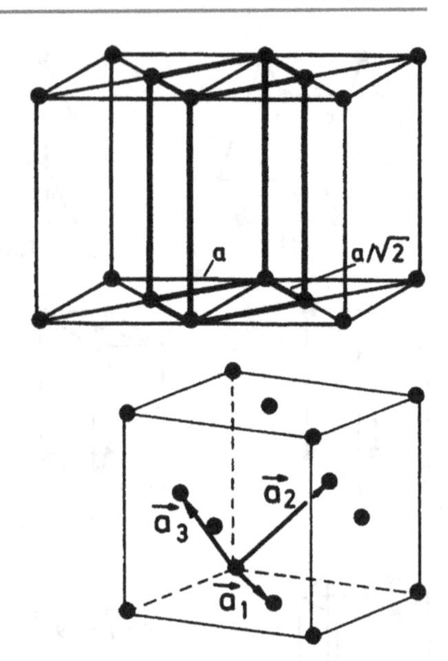

Abb. 1.4 Einheitszelle eines tetragonal primitiven Gitters, eingezeichnet in zwei Einheitszellen eines tetragonal basiszentrierten Gitters

Abb. 1.5 Primitive Translationen $\vec{a}_1$, $\vec{a}_2$ und $\vec{a}_3$ eines fcc-Gitters eingezeichnet in die zugehörige Einheitszelle

7. Kubisches Kristallsystem
   Hier gilt: $a = b = c$ und $\alpha = \beta = \gamma = 90°$.
   Dieses Kristallsystem hat die höchste Symmetrie. Zu ihm gehören drei Bravais-Gitter: Das kubisch primitive, das kubisch raumzentrierte (bcc, „**b**ody **c**entered **c**ubic") und das kubisch flächenzentrierte Gitter (fcc, „**f**ace **c**entered **c**ubic").

Man wird vielleicht zunächst überrascht sein, dass nicht mehr verschiedene Bravais-Gitter existieren. Warum gibt es z. B. kein tetragonal basiszentriertes Gitter? Man kann sich leicht anhand von Abb. 1.4 überzeugen, dass bei einer anderen Wahl der Kristallachsen ein tetragonal basiszentriertes Gitter in ein tetragonal primitives Gitter übergeht. Ähnliche Betrachtungen lassen sich auch bei den anderen Gittertypen anstellen.

Das Volumen der Einheitszelle ist bei allen nichtprimitiven Raumgittern größer als das der Elementarzelle.

In Abb. 1.5 sind in die Einheitszelle des fcc-Gitters mit der Gitterkonstanten a die primitiven Translationen $\vec{a}_1$, $\vec{a}_2$ und $\vec{a}_3$ eingezeichnet. Sie spannen ein Rhomboeder auf. Für die Matrix A aus (1.2) erhält man hier

$$A = \frac{a}{2} \begin{pmatrix} 1 & 0 & 1 \\ 1 & 1 & 0 \\ 0 & 1 & 1 \end{pmatrix} . \tag{1.4}$$

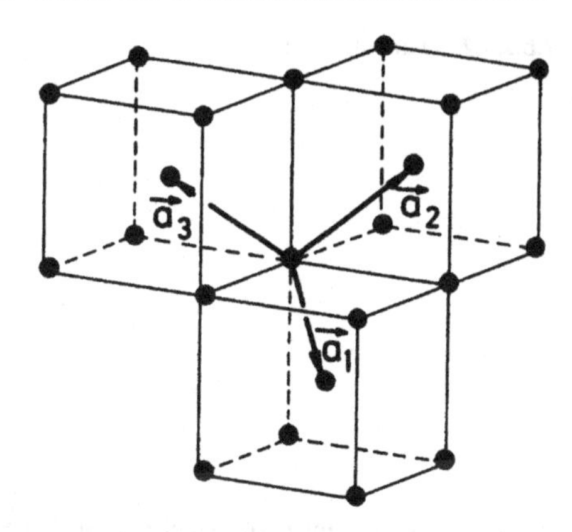

Abb. 1.6 Primitive Translationen $\vec{a}_1$, $\vec{a}_2$ und $\vec{a}_3$ eines bcc-Gitters eingezeichnet in drei benachbarte Einheitszellen

Das Volumen der Elementarzelle hat den Wert

$$V_z = \det A = \frac{a^3}{4} \ .$$

Es beträgt also nur ein Viertel des Volumens der Einheitszelle. Der Winkel, der von zwei primitiven Translationen aufgespannt wird, ist 60°.

Bei einem bcc-Gitter wählt man gewöhnlich die Vektoren vom Koordinatenursprung zu den Gitterpunkten in den Würfelmitten dreier benachbarter Einheitszellen als primitive Translationen (Abb. 1.6). Die Matrix A lautet also

$$A = \frac{a}{2} \begin{pmatrix} 1 & -1 & 1 \\ 1 & 1 & -1 \\ -1 & 1 & 1 \end{pmatrix} \qquad (1.5)$$

und für das Volumen der Einheitszelle gilt

$$V_z = \det A = \frac{a^3}{2} \ .$$

Der Winkel zwischen zwei primitiven Translationen beträgt hier 109°28′.

Es sei noch erwähnt, dass ein Kristall unter Umständen eine geringere Symmetrie aufweist als das zugehörige Raumgitter. Dieses ist dann durch eine weniger hohe Symmetrie der Basis bedingt.

1.1.2 Kristallstrukturen

Nach der Diskussion der Raumgitter beschäftigen wir uns nun mit verschiedenen einfachen Kristallstrukturen. Um die Lage der Atome innerhalb einer Basis

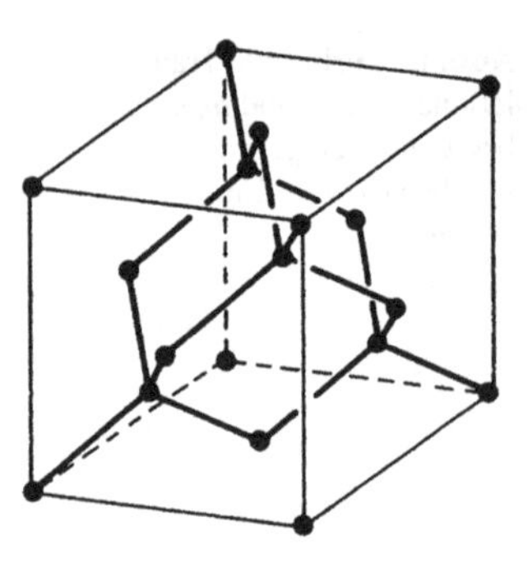

Abb. 1.7 Diamantstruktur

zu beschreiben, legt man zweckmäßig den Bezugspunkt in den Mittelpunkt eines bestimmten Basisatoms. Die Positionen der anderen Basisatome werden dann in den Koordinaten der Einheitszelle angegeben und zwar in Bruchteilen der Gitterkonstanten a, b und c. Die Gesamtheit der Bezugspunkte bildet das Raumgitter der betreffenden Kristallstruktur.

Alle Edelmetalle, aber auch die Edelgase im festen Zustand haben ein fcc-Raumgitter mit einer Basis aus einem Atom. Die Alkalien und verschiedene andere Metalle wie z. B. Wolfram, Molybdän und Tantal besitzen ein bcc-Gitter ebenfalls mit einer einatomigen Basis.

Andere Elemente wie Kohlenstoff als Diamant und die Halbleiter Silizium und Germanium haben ein fcc-Raumgitter aber mit einer Basis aus zwei Atomen. Das zweite Atom ist gegenüber dem ersten in Richtung der Raumdiagonalen der Einheitszelle um ein Viertel der Länge dieser Diagonalen verschoben. Es hat also die Koordinaten $(1/4, 1/4, 1/4)$. Bei dieser sog. *Diamantstruktur* sitzt, wie Abb. 1.7 zeigt, jedes Gitteratom im Mittelpunkt eines regelmäßigen Tetraeders, das von seinen vier nächsten Nachbarn gebildet wird.

Eine andere Kristallstruktur mit einer Basis aus zwei Atomen ist die *hexagonal dichteste Kugelpackung, hcp*. Das Raumgitter ist hexagonal, das zweite Atom der Basis hat die Koordinaten $(2/3, 1/3, 1/2)$ (Abb. 1.8). Die Bezeichnung „dichteste Kugelpackung" rührt daher, dass bei einer derartigen Anordnung von Kugeln der unausgefüllte Zwischenraum minimal ist. Eine andere Struktur mit der gleichen Eigenschaft ist die fcc-Struktur. Den Unterschied zwischen diesen beiden Strukturen ersieht man aus Abb. 1.9. Bei der hexagonal dichtesten Kugelpackung hat man die Schichtfolge ABAB... und bei der fcc-Struktur die Schichtenfolge ABCABC...

Wie eine einfache geometrische Betrachtung zeigt, sollte bei einer idealen hexagonal dichtesten Kugelpackung das c/a-Verhältnis $2\sqrt{2/3} = 1{,}633$ betragen.

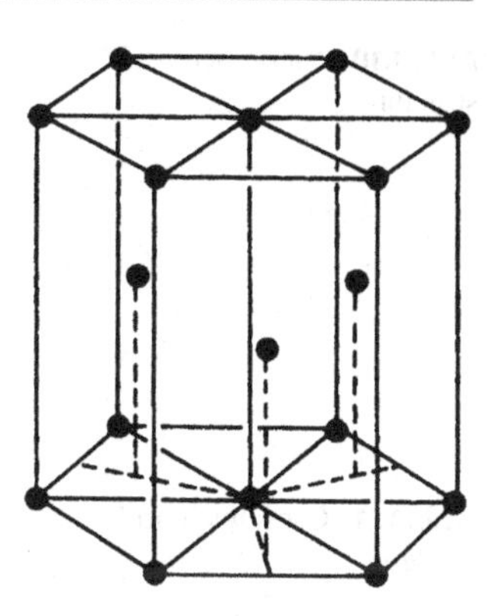

Abb. 1.8 Hexagonal dichteste Kugelpackung

Man spricht aber auch dann von einer dichtesten Kugelpackung, wenn mehr oder weniger große Abweichungen vom idealen c/a-Verhältnis auftreten. So hat z. B. beim Magnesium dieses Verhältnis den Wert 1,623, beim Titan 1,586 und beim Zink 1,861.

Verschiedene Alkalihalogenide, aber auch Bleisulfid und Manganoxid haben die sog. *Natriumchloridstruktur*. Das Raumgitter ist fcc. Die Basis besteht aus zwei verschiedenen Atomen, deren Abstand voneinander gleich der halben Länge der Raumdiagonalen der Einheitszelle ist (Abb. 1.10). Andere Alkalihalogenide haben die sog. *Cäsiumchloridstruktur*. Hier ist das Raumgitter kubisch primitiv. Der Abstand der beiden verschiedenen Basisatome ist wieder gleich der halben Länge der Raumdiagonalen (Abb. 1.11). Die sog. *Zinkblendestruktur* schließlich entspricht der Diamantstruktur, nur enthält hier die Basis zwei verschiedene Atome.

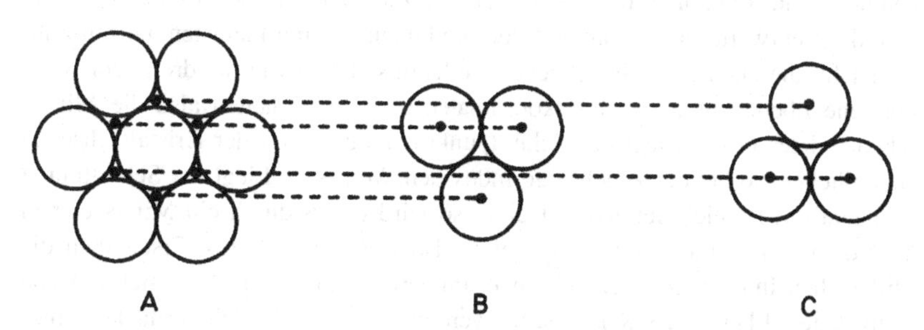

Abb. 1.9 Zur Unterscheidung der hexagonal dichtesten Kugelpackung von der fcc-Struktur

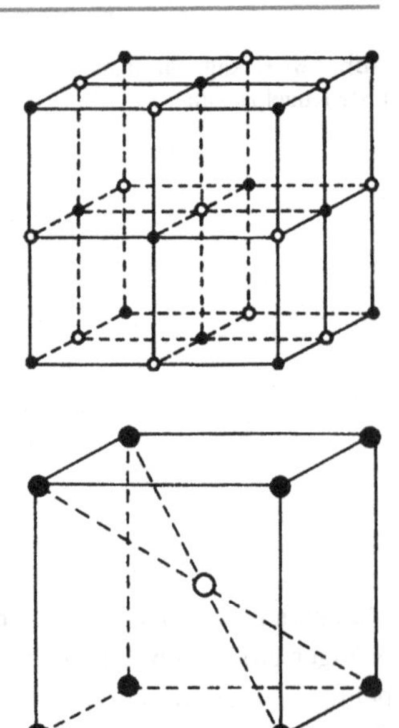

Abb. 1.10 Natriumchloridstruktur

Abb. 1.11 Caesiumchloridstruktur

1.1.3 Millersche Indizes

Eine Ebene im Kristall, die mit Gitterpunkten besetzt ist, bezeichnet man als *Netzebene.* Die Orientierung einer Netzebene im Kristall ist durch ihre Schnittpunkte mit den Kristallachsen festgelegt, wobei man die Achsenabschnitte in Einheiten der Gitterkonstanten ausdrücken kann. In der Kristallografie ist es aber üblich, eine Kennzeichnung der Netzebenen durch die sog. *Millerschen Indizes* (h, k, ℓ) vorzunehmen. Man erhält diese Indizes aus den Maßzahlen der Achsenabschnitte, indem man die Kehrwerte dieser Zahlen bildet und dann die drei kleinsten ganzen Zahlen sucht, die zueinander im gleichen Verhältnis stehen wie die drei Kehrwerte. Für eine Ebene mit den Schnittkoordinaten 6, 2 und 3 lauten also die Millerschen Indizes (132). Liegt der Schnittpunkt der Ebene mit der Kristallachse im Unendlichen, so hat der zugehörige Index den Wert Null. Liegt der Schnittpunkt im negativen Bereich der Kristallachse, so wird dieses durch ein Minuszeichen über dem betreffenden Index angezeigt, also z. B. durch $(1\bar{3}2)$. Erscheinen die Millerschen Indizes in geschweiften Klammern, dann beziehen sie sich auf alle äquivalenten Ebenen des Kristalls. So werden sämtliche Würfeloberflächen eines kubischen Kristalls durch das Symbol $\{100\}$ gekennzeichnet, obwohl die Millerschen Indizes der einzelnen Flächen verschieden aussehen. Man beachte, dass sich

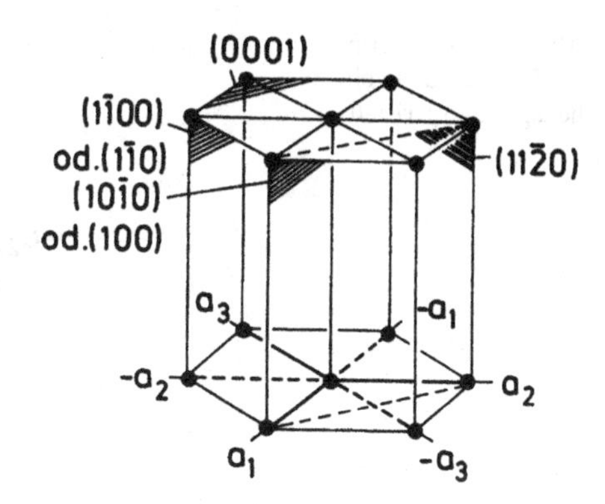

Abb. 1.12 Indizierung der Netzebenen eines hexagonalen Kristalls

die Millerschen Indizes auf die Kristallachsen und nicht auf die primitiven Translationen beziehen.

Es lässt sich zeigen, dass bei einem primitiven Raumgitter von den durch die Millerschen Indizes $(hk\ell)$ gekennzeichneten Netzebenen diejenige den kleinsten Abstand vom Koordinatenursprung hat, bei der die Maßzahlen der Achsenabschnitte $1/h$, $1/k$ und $1/\ell$ betragen. Da durch den Koordinatenursprung natürlich auch eine Netzebene mit den gleichen Indizes verläuft, liefert die Distanz jener speziellen Netzebene vom Ursprung unmittelbar den Abstand $d_{hk\ell}$ zweier Netzebenen mit den Indizes $(hk\ell)$. Nichtprimitive Raumgitter lassen sich auf primitive Gitter zurückführen, indem man ihre Basis erweitert. In diesem Fall wird z. B. aus einem fcc-Gitter mit einatomiger Basis ein kubisch primitives Gitter mit einer Basis aus vier Atomen. Ein Ausdruck für die Berechnung von $d_{hk\ell}$ wird in Abschn. 1.2.2 hergeleitet.

Auch die Richtungen im Kristall werden durch Indizes gekennzeichnet. Als Symbol für eine bestimmte Richtung benutzt man die drei kleinsten ganzen Zahlen, die zueinander das gleiche Verhältnis haben wie die Komponenten eines Vektors in dieser Richtung, bezogen auf die Kristallachsen. Diese Zahlen setzt man in eckige Klammern, z. B. gibt [111] die Richtung einer Raumdiagonalen in der Einheitszelle an.

Für Kristalle des hexagonalen Kristallsystems liefern die Millerschen Indizes, wenn man sie nach dem oben angegebenen Verfahren berechnet, für gleichwertige Netzebenen unter Umständen Ausdrücke von unterschiedlichem Typ. So sind z. B. (Abb. 1.12) die Ebenen (100) und $(1\bar{1}0)$ völlig äquivalente Prismenflächen. Man geht deshalb bei solchen Kristallen zur Beschreibung der Kristallebenen gewöhnlich von vier Achsen aus, nämlich den in Abb. 1.12 durch a_1, a_2, a_3 und c gekennzeichneten Richtungen. Die Indizes $(hki\ell)$ erhält man dann in gewohnter

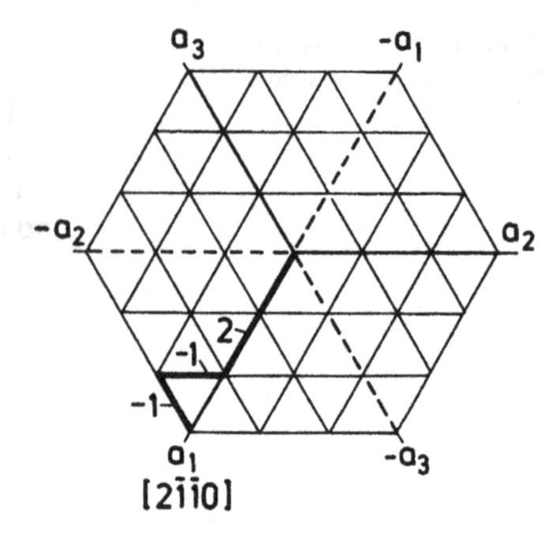

Abb. 1.13 Indizierung der Richtungen in einem hexagonalen Kristall

Weise. Es gilt

$$i = -(h + k) \ . \tag{1.6}$$

Bei der Kennzeichnung der Richtungen im Kristall verfährt man entsprechend, hat aber bei der Wahl der Indizes darauf zu achten, dass auch hier (1.6) erfüllt ist.

Die Richtung der a_1-Achse darf deshalb nicht etwa durch [1000] beschrieben werden, sondern durch $[2\overline{1}\overline{1}0]$. Einen Vektor in Richtung der a_1-Achse kann man nämlich, wie es in Abb. 1.13 dargestellt ist, auch in Komponenten in Richtung der vier Achsen mit den Beträgen $+2, -1, -1, 0$ zerlegen. Bei dieser Darstellung ist (1.6) erfüllt.

1.1.4 Reziprokes Gitter

Für viele Untersuchungen in der Festkörperphysik ist es zweckmäßig, anstelle des eigentlichen Kristallgitters das zugehörige *reziproke Gitter* zu benutzen. Die primitiven Translationen $\vec{b}_1$, $\vec{b}_2$ und $\vec{b}_3$ des reziproken Gitters stehen mit den primitiven Translationen $\vec{a}_1$, $\vec{a}_2$ und $\vec{a}_3$ des Kristallgitters in folgender Beziehung:

$$\vec{b}_1 = 2\pi \frac{\vec{a}_2 \times \vec{a}_3}{\vec{a}_1 \cdot \vec{a}_2 \times \vec{a}_3} \ , \quad \vec{b}_2 = 2\pi \frac{\vec{a}_3 \times \vec{a}_1}{\vec{a}_1 \cdot \vec{a}_2 \times \vec{a}_3} \ , \quad \vec{b}_3 = 2\pi \frac{\vec{a}_1 \times \vec{a}_2}{\vec{a}_1 \cdot \vec{a}_2 \times \vec{a}_3} \ . \tag{1.7}$$

Die primitive Translation $\vec{b}_1$ z. B.steht senkrecht auf der Ebene, die durch die Vektoren $\vec{a}_2$ und $\vec{a}_3$ aufgespannt wird. Dieses ist nur bei einem orthogonalen Gitter die Richtung von $\vec{a}_1$.

Mit (1.7) gleichwertig ist die Definition

$$\vec{a}_i \cdot \vec{b}_k = 2\pi \delta_{ik} \ . \tag{1.8}$$

Von jedem Punkt des reziproken Gitters lassen sich die anderen Gitterpunkte durch eine Translation

$$\vec{G} = h_1\vec{b}_1 + h_2\vec{b}_2 + h_3\vec{b}_3 \tag{1.9}$$

mit ganzzahligen Werten von h_1, h_2 und h_3 erreichen. Während die Vektoren des Kristallgitters die Dimension Länge haben, haben die Vektoren des reziproken Gitters die Dimension reziproke Länge.

Für das Skalarprodukt eines Vektors des Kristallgitters mit einem Vektor des reziproken Gitters gilt:

$$\begin{aligned}\vec{R} \cdot \vec{G} &= (n_1\vec{a}_1 + n_2\vec{a}_2 + n_3\vec{a}_3) \cdot (h_1\vec{b}_1 + h_2\vec{b}_2 + h_3\vec{b}_3) \\ &= 2\pi(n_1h_1 + n_2h_2 + n_3h_3) \ .\end{aligned} \tag{1.10}$$

Das Skalarprodukt ist also immer gleich einem ganzzahligen Vielfachen von 2π. Für eine Funktion $f(\vec{r})$, die gegenüber einer Translation mit dem Vektor $\vec{R} = n_1\vec{a}_1 + n_2\vec{a}_2 + n_3\vec{a}_3$ invariant ist, hat die Darstellung durch eine Fourierreihe die Form

$$f(\vec{r}) = \sum_{\vec{G}} f_{\vec{G}} e^{i\vec{G}\cdot\vec{r}} \ , \tag{1.11}$$

wobei $\vec{G}$ sämtliche Vektoren des zugeordneten reziproken Gitters durchläuft. Ersetzt man nämlich in (1.11) $\vec{r}$ durch $\vec{r} + \vec{R}$, so erhält man bei Beachtung von (1.10)

$$f(\vec{r} + \vec{R}) = \sum_{\vec{G}} f_{\vec{G}} e^{i(\vec{G}\cdot\vec{r} + \vec{G}\cdot\vec{R})} = \sum_{\vec{G}} f_{\vec{G}} e^{i\vec{G}\cdot\vec{r}} = f(\vec{r}) \ .$$

Bei einer Darstellung von $f(\vec{r})$ durch (1.11) ist demnach die Translationsinvarianz gewahrt.

Den Vektoren $\vec{b}_1$, $\vec{b}_2$ und $\vec{b}_3$ des reziproken Gitters kann man eine Matrix

$$B = \begin{pmatrix} b_{1x} & b_{2x} & b_{3x} \\ b_{1y} & b_{2y} & b_{3y} \\ b_{1z} & b_{2z} & b_{3z} \end{pmatrix} \tag{1.12}$$

zuordnen, die die kartesischen Komponenten der Vektoren enthält. Zwischen der Matrix B und der Matrix A aus (1.2) besteht der Zusammenhang

$$\tilde{A}B = 2\pi \qquad \text{oder} \qquad B = 2\pi\tilde{A}^{-1} \ . \tag{1.13}$$

Hierbei ist $\tilde{A}$ die transponierte Matrix von A.

Für die Matrix B des fcc-Gitters ergibt sich nach (1.4) unter Berücksichtigung von (1.13)

$$B = \frac{2\pi}{a}\begin{pmatrix} 1 & -1 & 1 \\ 1 & 1 & -1 \\ -1 & 1 & 1 \end{pmatrix} \ . \tag{1.14}$$

Vergleicht man diesen Ausdruck mit (1.5), so sieht man, dass das reziproke Gitter der fcc-Struktur dem bcc-Kristallgitter entspricht. Auf gleiche Weise folgt aus (1.5) für die Matrix B des bcc-Gitters

$$B = \frac{2\pi}{a}\begin{pmatrix} 1 & 0 & 1 \\ 1 & 1 & 0 \\ 0 & 1 & 1 \end{pmatrix} \ . \tag{1.15}$$

1.1.5 Erste Brillouin-Zone

Als Elementarzelle des reziproken Gitters wählt man in der Festkörperphysik gewöhnlich nicht das durch die primitiven Translationen $\vec{b}_1$, $\vec{b}_2$ und $\vec{b}_3$ aufgespannte Parallelepiped, sondern die sog. *erste Brillouin*[2]*-Zone.*

Man erhält die erste Brillouin-Zone, indem man von einem Punkt des reziproken Gitters Vektoren zu allen Nachbarpunkten zieht und durch die Mittelpunkte der Verbindungslinien senkrecht zu ihnen Ebenen legt. Das Polyeder um den Ursprung mit dem kleinsten Volumen ist die erste Brillouin-Zone. Die Konstruktion der ersten Brillouin-Zone für ein zweidimensionales Gitter gibt Abb. 1.14 wieder. Es lässt sich zeigen, dass die erste Brillouin-Zone das gleiche Volumen hat wie das durch die Vektoren $\vec{b}_1$, $\vec{b}_2$ und $\vec{b}_3$ aufgespannte Parallelepiped. Auch hier lässt sich durch ein Aneinanderreihen der Zonen der gesamte Raum des reziproken Gitters ausfüllen. Die Bedeutung der ersten Brillouin-Zone für die Festkörperphysik werden wir in den nächsten Kapiteln kennenlernen.

Im Folgenden bestimmen wir die erste Brillouin-Zone des fcc- und bcc-Gitters.

[2] Léon Brillouin, *1889 Sévres, †1969 New York.

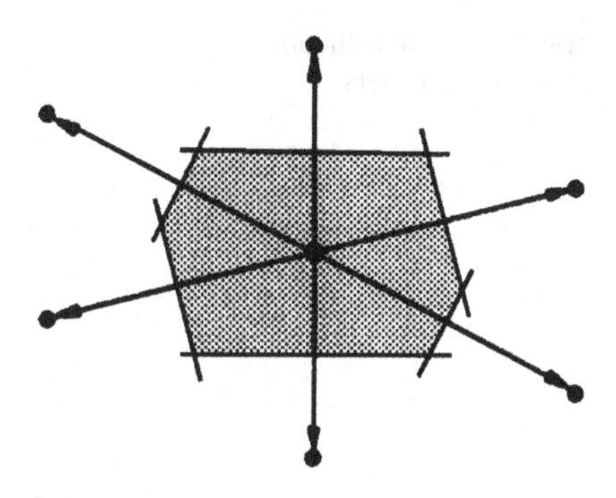

Abb. 1.14 Konstruktion der ersten Brillouin-Zone eines zweidimensionalen Gitters

Durch Multiplikation der Matrix B aus (1.12) mit dem Vektor

$$\begin{pmatrix} h_1 \\ h_2 \\ h_3 \end{pmatrix}$$

erhält man die kartesischen Komponenten einer Translation $\vec{G}$ im reziproken Gitter. Diese betragen für ein fcc-Gitter nach (1.14)

$$\frac{2\pi}{a}(h_1 - h_2 + h_3) \ , \qquad \frac{2\pi}{a}(h_1 + h_2 - h_3) \ , \qquad \frac{2\pi}{a}(-h_1 + h_2 + h_3) \ .$$

Die acht Kombinationen

$$\begin{aligned} h_1 &= \pm 1 \ , & h_2 &= h_3 = 0 \\ h_2 &= \pm 1 \ , & h_1 &= h_3 = 0 \\ h_3 &= \pm 1 \ , & h_1 &= h_2 = 0 \\ h_1 &= h_2 = h_3 = \pm 1 \end{aligned}$$

liefern die kürzesten reziproken Gittervektoren vom Ursprung aus. Sie führen vom Mittelpunkt eines Würfels zu seinen Eckpunkten. Die Ebenen senkrecht zu diesen Vektoren durch ihre Mittelpunkte bilden einen Oktaeder. Dieses ist aber noch nicht die erste Brillouin-Zone; denn die Würfelebenen, die durch die sechs Vektoren mit den Kombinationen

$$\begin{aligned} h_1 &= h_3 = \pm 1 \ , & h_2 &= 0 \\ h_1 &= h_2 = \pm 1 \ , & h_3 &= 0 \\ h_2 &= h_3 = \pm 1 \ , & h_1 &= 0 \end{aligned}$$

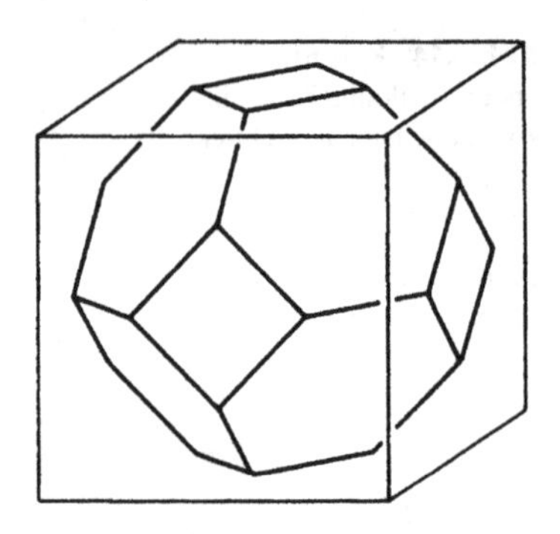

Abb. 1.15 Erste Brillouin-Zone des fcc-Gitters

bestimmt sind, schneiden die Ecken des Oktaeders ab. Wir erhalten infolgedessen für die erste Brillouin-Zone des fcc-Gitters ein Polyeder wie in Abb. 1.15. Der Abstand der Oktaederflächen vom Mittelpunkt der ersten Brillouin-Zone beträgt

$$\frac{1}{2}\frac{2\pi}{a}\sqrt{3} \ ,$$

der der Würfelflächen von diesem Mittelpunkt $2\pi/a$.

Für ein bcc-Gitter ergeben sich die kartesischen Komponenten der reziproken Gittervektoren aus (1.15) zu

$$\frac{2\pi}{a}(h_1 + h_3) \ , \qquad \frac{2\pi}{a}(h_1 + h_2) \ , \qquad \frac{2\pi}{a}(h_2 + h_3) \ .$$

Hier führen die zwölf Kombinationen

$$\begin{aligned}
h_1 &= \pm 1 \ , & h_2 &= h_3 = 0 \\
h_2 &= \pm 1 \ , & h_1 &= h_3 = 0 \\
h_3 &= \pm 1 \ , & h_1 &= h_2 = 0 \\
h_2 &= -h_3 = \pm 1 \ , & h_1 &= 0 \\
h_1 &= -h_3 = \pm 1 \ , & h_2 &= 0 \\
h_1 &= -h_2 = \pm 1 \ , & h_3 &= 0
\end{aligned}$$

auf die erste Brillouin-Zone. Sie hat die Gestalt eines Rhombendodekaeders (Abb. 1.16). Es sei noch erwähnt, dass gelegentlich auch beim normalen Kristallgitter eine Elementarzelle gewählt wird, die man in gleicher Weise wie die

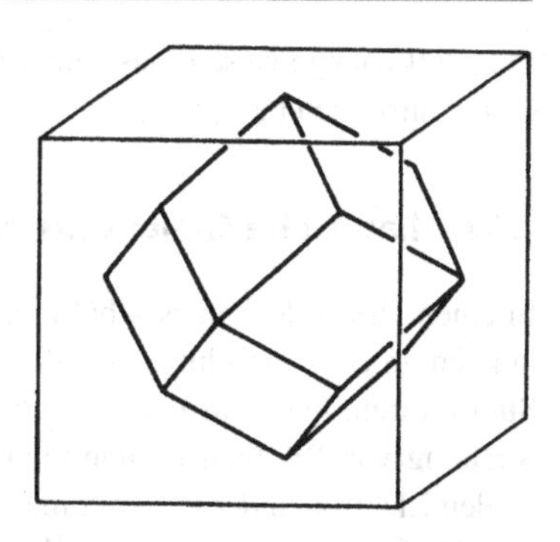

Abb. 1.16 Erste Brillouin-Zone des bcc-Gitters

erste Brillouin-Zone konstruiert. Diese sog. *Wigner*[3]*-Seitz*[4]*-Zelle* zeichnet sich dadurch aus, dass sie jeweils die vollständige nächste Umgebung eines einzelnen Gitterpunktes umfasst.

1.2 Kristalle als natürliche Beugungsgitter

Elektromagnetische Wellen und Materiewellen, die mit den Kristallbausteinen in Wechselwirkung treten, werden an einem Kristallgitter gebeugt, wenn ihre Wellenlänge von gleicher Größenordnung wie die Gitterkonstanten des Kristalls ist. Bei den elektromagnetischen Wellen hat die Röntgen[5]-Strahlung eine geeignete Wellenlänge. Sie wird an den Hüllenelektronen der Gitteratome gestreut. Im klassischen Bild werden die Elektronen von der einfallenden elektromagnetischen Welle zu erzwungenen Schwingungen angeregt, wodurch dann wiederum Sekundärwellen emittiert werden. Diese interferieren miteinander und liefern die typischen Beugungserscheinungen. Wir werden zunächst die Beugung von Röntgenstrahlen untersuchen. Die hier gewonnenen Gesetzmäßigkeiten lassen sich unmittelbar auf die Beugung von Materiewellen übertragen. Historisch spielt die Entdeckung der Röntgenstrahlbeugung an Kristallen durch M. v. Laue[6] und seine Mitarbeiter W. Friedrich und P. Knipping im Jahr 1912 eine besondere Rolle: Mit ihr begann die Entwicklung der eigentlichen Festkörperphysik. Es wurde hier erstmals expe-

[3] Eugene Paul Wigner, *1902 Budapest, †1995 Princeton, Nobelpreis 1963.
[4] Frederic Seitz, *1911 San Francisco, †2008 New York City.
[5] Wilhelm Conrad Röntgen, *1845 Lennep (Remscheid), †1923 München, Nobelpreis 1901.
[6] Max von Laue, *1879 Pfaffendorf (Koblenz), †1960 Berlin, Nobelpreis 1914.

rimentell nachgewiesen, dass ein Kristall aus einer periodischen Anordnung von Gitterbausteinen besteht.

1.2.1 Lauesche Gleichungen

In einem ersten Schritt beschäftigen wir uns zunächst mit den Beugungserscheinungen an einer dreidimensionalen periodischen Anordnung von punktförmigen Streuzentren. In einem zweiten Schritt werden wir dann berücksichtigen, dass die Streuung von Röntgenstrahlen nicht an einzelnen Gitterpunkten erfolgt, sondern an den Elektronen der Gitteratome. Da die Ausdehnung der Atome aber von gleicher Größenordnung wie die Wellenlänge der Röntgenstrahlung ist, weisen die von den einzelnen Elektronen eines Atoms ausgesandten sekundären Strahlen am Beobachtungsort im Allgemeinen einen Gangunterschied auf. Außerdem müssen wir berücksichtigen, dass unter Umständen den einzelnen Gitterpunkten eine mehratomige Basis zuzuordnen ist.

Um die Gesetzmäßigkeiten für die Beugung monochromatischer Röntgenstrahlung an einem Kristallgitter zu ermitteln, gehen wir davon aus, dass am Beobachtungsort ein Intensitätsmaximum auftritt, wenn hier alle Gangunterschiede der an den einzelnen Gitterpunkten gestreuten Röntgenstrahlen ganzzahlige Vielfache der Wellenlänge λ sind. Da die Zahl der von der Röntgenstrahlung getroffenen Streuzentren ungeheuer groß ist, können wir sehr scharf ausgeprägte Intensitätsmaxima erwarten.

Wir wollen im Folgenden voraussetzen, dass die Quelle der Röntgenstrahlung und der Beobachtungsort so weit vom Kristall entfernt sind, dass wir es stets mit Parallelstrahlbündeln zu tun haben (Abb. 1.17a). Dann tritt bei der Überlagerung der Streustrahlung von zwei einzelnen Gitterpunkten, deren gegenseitige Lage durch die primitive Translation $\vec{a}_1$ beschrieben wird, eine maximale Verstärkung auf, wenn

$$\vec{a}_1 \cdot (\vec{s} - \vec{s}_0) = h_1 \lambda \tag{1.16}$$

ist. Hierbei sind $\vec{s}_0$ und $\vec{s}$ Einheitsvektoren in Richtung des einfallenden und gestreuten Strahls und h_1 eine beliebige ganze Zahl.

Bei zwei Gitterpunkten, deren gegenseitige Lage durch eine Translation $\vec{a}_2$ beschrieben wird, gilt entsprechend für maximale Verstärkung

$$\vec{a}_2 \cdot (\vec{s} - \vec{s}_0) = h_2 \lambda \tag{1.17}$$

und bei einer durch eine Translation $\vec{a}_3$ gekennzeichneten Lage gilt schließlich

$$\vec{a}_3 \cdot (\vec{s} - \vec{s}_0) = h_3 \lambda \ . \tag{1.18}$$

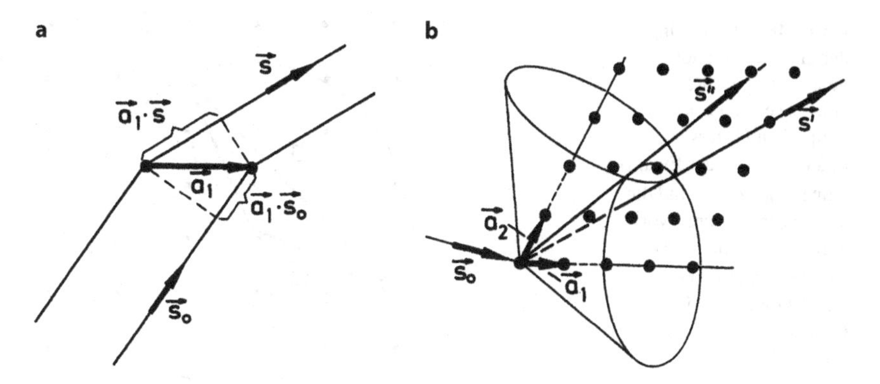

Abb. 1.17 Zur Herleitung der Laueschen Gleichungen

Diese als *Lauesche Gleichungen* bekannten drei Beziehungen sind notwendige aber auch hinreichende Bedingungen dafür, dass am Beobachtungsort ein Intensitätsmaximum auftritt; denn wenn die Laueschen Gleichungen erfüllt sind, ist bei zwei beliebigen Gitterpunkten, deren gegenseitige Lage bei einem Einkristall nach (1.1) stets durch eine Translation $n_1\vec{a}_1 + n_2\vec{a}_2 + n_3\vec{a}_3$ beschrieben werden kann, der Gangunterschied der an diesen Gitterpunkten gestreuten Röntgenstrahlen $(n_1\vec{a}_1 + n_2\vec{a}_2 + n_3\vec{a}_3) \cdot (\vec{s} - \vec{s}_0)$ ein ganzzahliges Vielfaches der Wellenlänge λ.

Die Laueschen Gleichungen lassen sich bei vorgegebener Wellenlänge λ durchaus nicht für jede beliebige Einfallsrichtung $\vec{s}_0$ erfüllen. Das wird anschaulich folgendermaßen verständlich: In Abb. 1.17a ist nur eine spezielle Richtung $\vec{s}$ des gestreuten Strahls dargestellt. Ganz allgemein sagt (1.16) aber aus, dass die Richtungen der Streustrahlung mit einem Intensitätsmaximum auf Kegelmänteln liegen, deren Achse in Richtung von $\vec{a}_1$ verläuft und deren Öffnungswinkel von h_1 abhängt. Nehmen wir nun die Richtungskegel, die durch die zweite Gleichung bestimmt werden, hinzu, so erhält man als mögliche Streurichtungen für ein Intensitätsmaximum die Schnittgeraden zweier Kegelmäntel aus der ersten und zweiten Gruppe (Abb. 1.17b). Diese Schnittgeraden werden im Allgemeinen aber nicht gerade auf einem der Richtungskegel liegen, die durch die dritte Gleichung beschrieben werden. Doch nur, wenn dieses zutrifft, sind alle drei Laueschen Gleichungen erfüllt.

Die Laueschen Gleichungen können wir zu der Beziehung

$$\vec{s} - \vec{s}_0 = \frac{\lambda}{2\pi}\vec{G} \tag{1.19}$$

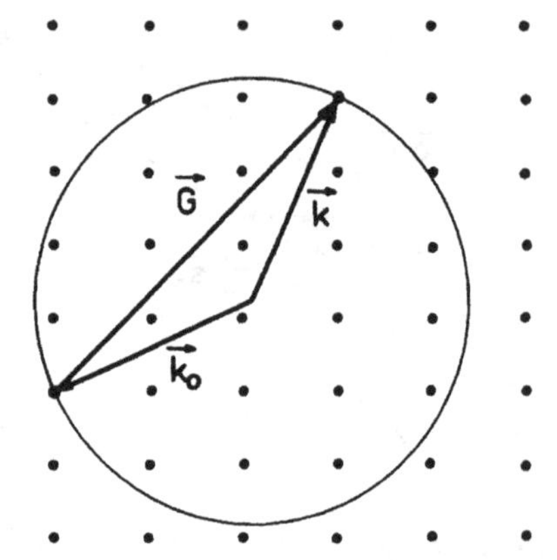

Abb. 1.18 Darstellung der elastischen Photonenstreuung im Raum eines zweidimensionalen reziproken Gitters nach (1.21) mithilfe der Ewald-Kugel. $\vec{k}_0$ bzw. $\vec{k}$ sind die Wellenzahlvektoren von einfallendem bzw. gestreutem Photon. $\vec{G}$ ist ein Vektor des reziproken Gitters

zusammenfassen. Hierbei ist $\vec{G} = h_1\vec{b}_1 + h_2\vec{b}_2 + h_3\vec{b}_3$ ein beliebiger Translationsvektor im reziproken Gitter. Zum Beweis multiplizieren wir beide Seiten von (1.19) skalar mit $\vec{a}_1$, $\vec{a}_2$ und $\vec{a}_3$. Mithilfe von (1.8) erhalten wir dann die Laueschen Gleichungen (1.16), (1.17) und (1.18) zurück.

(1.19) formen wir nun noch weiter um, indem wir die Wellenzahlvektoren

$$\vec{k}_0 = \frac{2\pi}{\lambda}\vec{s}_0 \quad \text{und} \quad \vec{k} = \frac{2\pi}{\lambda}\vec{s} \tag{1.20}$$

des einfallenden und gestreuten Röntgenstrahls einführen. Wir bekommen dann anstelle von (1.19) den Ausdruck

$$\vec{k} - \vec{k}_0 = \vec{G} \ . \tag{1.21}$$

Im Teilchenbild ist $\hbar\vec{k}$ der Impuls eines Photons, wenn $\hbar$ das Plancksche Wirkungsquantum geteilt durch 2π ist. Da sich bei der Beugung von Röntgenstrahlen der Betrag des Impulses der Photonen nicht ändert, können wir den Prozess auch als elastische Streuung von Photonen am Kristallgitter auffassen. (1.21) ist dann als Auswahlregel für die Änderung der Wellenzahlvektoren im reziproken Raum des Kristallgitters anzusehen. Grafisch lässt sich dieser Sachverhalt folgendermaßen darstellen (Abb. 1.18): Von einem beliebigen Gitterpunkt des reziproken Gitters als Koordinatenursprung des reziproken Raumes trägt man den Vektor $-\vec{k}_0$ ab. Den Endpunkt dieses Vektors wählt man als Mittelpunkt einer Kugel mit Radius $k = 2\pi/\lambda$. Dieses ist die sog. *Ewald*[7]*-Kugel*. Ein Beugungsreflex tritt immer

[7] Paul Peter Ewald, *1888 Berlin, †1985 Ithaca (New York).

dann auf, wenn auf der Ewaldschen Kugel ein Gitterpunkt des reziproken Gitters liegt. Der gebeugte Strahl weist in diesem Fall in die Richtung von $\vec{k} = \vec{k}_0 + \vec{G}$. Durch eine geeignete Änderung des Betrages oder der Richtung von $\vec{k}_0$ lässt sich ein solches Ereignis immer herbeiführen.

1.2.2 Braggsche Reflexionsbedingung

Wir wollen jetzt (1.19) anders interpretieren. Hierzu beweisen wir zunächst zwei Sätze.

1. Der Vektor $\vec{g} = h\vec{b}_1 + k\vec{b}_2 + \ell\vec{b}_3$ des reziproken Gitters steht senkrecht auf den Netzebenen des Kristallgitters mit den Millerschen Indizes $(hk\ell)$.

Beweis Zu den Netzebenen mit den Indizes $(hk\ell)$ gehört auch die Netzebene, die die Endpunkte der drei Vektoren $\vec{a}_1/h$, $\vec{a}_2/k$ und $\vec{a}_3/\ell$ enthält. In dieser Ebene liegen die Vektoren $(\vec{a}_1/h - \vec{a}_2/k)$ und $(\vec{a}_2/k - \vec{a}_3/\ell)$. $\vec{g}$ steht senkrecht auf diesen beiden Vektoren, da das Skalarprodukt von $\vec{g}$ mit jedem der beiden Vektoren Null ist. Da die Netzebene durch die beiden Vektoren bestimmt ist, steht $\vec{g}$ senkrecht auf dieser Ebene.

2. Für den Abstand $d_{hk\ell}$ zweier Netzebenen eines Kristallgitters mit den Millerschen Indizes $(hk\ell)$ gilt:

$$d_{hk\ell} = \frac{2\pi}{|h\vec{b}_1 + k\vec{b}_2 + \ell\vec{b}_3|} \ . \tag{1.22}$$

Beweis Nach den Bemerkungen in Abschn. 1.1.3 beträgt der Abstand der in Satz 1 definierten Netzebene vom Koordinatenursprung gerade $d_{hk\ell}$. Ist deshalb $\vec{r}$ ein beliebiger Vektor vom Ursprung zu jener Ebene, so erhalten wir mit Satz 1

$$d_{hk\ell} = \vec{r} \cdot \frac{\vec{g}}{|\vec{g}|} \ .$$

Für $\vec{r}$ können wir z. B. den speziellen Wert $\vec{a}_1/h$ wählen. Wir erhalten dann

$$d_{hk\ell} = \frac{\vec{a}_1}{h} \cdot \frac{h\vec{b}_1 + k\vec{b}_2 + \ell\vec{b}_3}{|h\vec{b}_1 + k\vec{b}_2 + \ell\vec{b}_3|} = \frac{2\pi}{|h\vec{b}_1 + k\vec{b}_2 + \ell\vec{b}_3|} \ .$$

Wir kommen nun auf (1.19) zurück. In diese Gleichung führen wir den oben definierten Vektor $\vec{g}$ ein, indem wir aus dem Vektor $\vec{G}$ den größten gemeinsamen

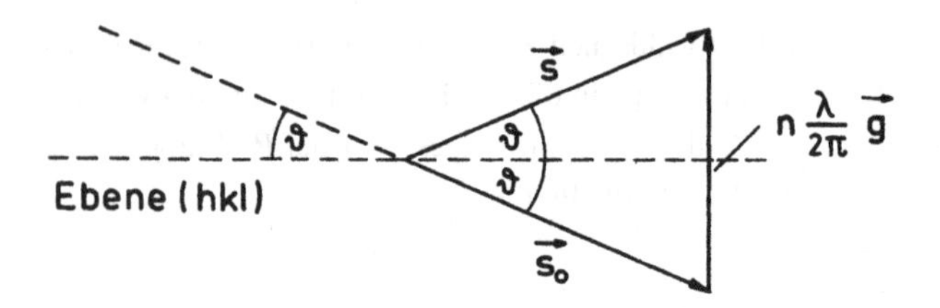

Abb. 1.19 Zur Herleitung der Braggschen Reflexionsbedingung aus den Laueschen Gleichungen

ganzzahligen Teiler n herausziehen. Wir setzen also

$$\vec{G} = n\vec{g} = n(h\vec{b}_1 + k\vec{b}_2 + \ell\vec{b}_3) \ . \tag{1.23}$$

(1.19) lautet dann

$$\vec{s} - \vec{s}_0 = n\frac{\lambda}{2\pi}\vec{g} \ . \tag{1.24}$$

Die Vektoren $\vec{s}_0$, $\vec{s}$ und $n\frac{\lambda}{2\pi}\vec{g}$ bilden ein gleichschenkliges Dreieck, wobei der Vektor $\vec{g}$ nach Satz 1 auf der Netzebene $(hk\ell)$ senkrecht steht (Abb. 1.19). Der Winkel ϑ, den der einfallende Strahl mit der Netzebene $(hk\ell)$ bildet, ist gleich dem Winkel zwischen dem gebeugten Strahl und der Ebene. Außerdem liegen der einfallende Strahl, der gebeugte Strahl und die Flächennormale in einer Ebene. Die Beugung kann also formal durch eine Reflexion des Röntgenstrahls an einer Netzebene beschrieben werden. Allerdings kommt eine solche Reflexion nur zustande, wenn für den Winkel ϑ, der allgemein als Glanzwinkel bezeichnet wird, die Bedingung

$$\sin\vartheta = \frac{1}{2}n\frac{\lambda}{2\pi}|\vec{g}| \tag{1.25}$$

erfüllt ist. Aus (1.22) folgt, dass $|\vec{g}| = 2\pi/d_{hk\ell}$ ist. Setzen wir dieses in (1.25) ein, so erhalten wir die *Braggsche Reflexionsbedingung*

$$2d_{hk\ell}\sin\vartheta = n\lambda \ . \tag{1.26}$$

Diese Beziehung wurde hier aus den Laueschen Gleichungen hergeleitet. W.L. Bragg[8] gewann (1.26) auf direktem Weg, indem er den Gangunterschied zwischen den an zwei aufeinanderfolgenden parallelen Netzebenen reflektierten

[8] William Lawrence Bragg, *1890 Adelaide (Südaustralien), †1971 Ipswich (Suffolk), Nobelpreis 1915.

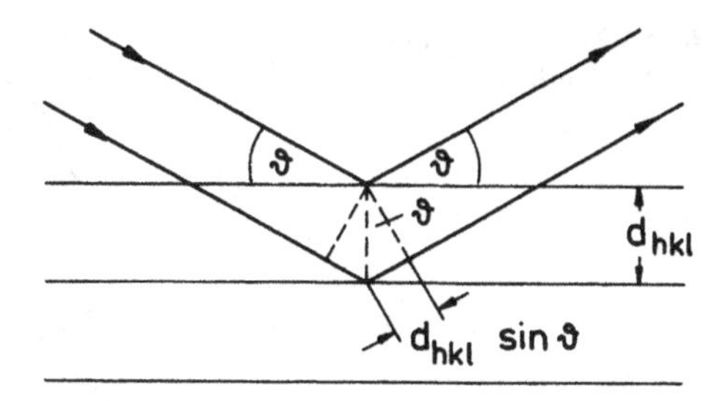

Abb. 1.20 Braggsche Reflexion an einer Netzebenenschar

Röntgenstrahlen betrachtete. Hierfür findet man anhand von Abb. 1.20 den Wert $2d_{hk\ell} \sin\vartheta$. Nur wenn er ein ganzzahliges Vielfaches der Wellenlänge λ ist, ergibt sich durch konstruktive Interferenz ein Röntgenreflex. Das ist aber gerade die Aussage von (1.26). n ist in diesem Fall die Ordnung des gebeugten Röntgenstrahls.

Eine solche Betrachtungsweise ist natürlich nur dann erlaubt, wenn an jeder Netzebene nur ein ganz kleiner Bruchteil der einfallenden Strahlung reflektiert wird. Das trifft tatsächlich zu. Aus (1.26) folgt, dass eine Braggsche Reflexion nur dann beobachtet werden kann, wenn die Wellenlänge der Röntgenstrahlung nicht größer als $2d_{hk\ell}$ ist. Im Übrigen ist die Ordnung des Röntgenreflexes, der einer bestimmten Netzebenenschar zuzuordnen ist umso höher, je größer der Glanzwinkel ist.

1.2.3 Strukturfaktor

Durch (1.19) bzw. (1.26) werden lediglich die Richtungen beschrieben, in die die an einem räumlich periodischen Gitter gebeugten Röntgenstrahlen gegebenenfalls ausgesandt werden. Die relative Intensität der verschiedenen Reflexe hängt hingegen vom Aufbau der Basis, vom Streuvermögen der Basisatome sowie von der Temperatur des Kristalls ab. Sie wird also wesentlich durch die Verteilung der Elektronen im Volumen V_z der den Kristall kennzeichnenden Elementarzelle bestimmt, da ja die Röntgenstrahlen an den Elektronen der Gitteratome gestreut werden. Wir lassen zunächst den Einfluss der Temperatur auf die Intensität der Röntgenreflexe unberücksichtigt, d. h. wir setzen ein starres Gitter voraus.

Aus Abb. 1.21 ergibt sich für den Gangunterschied zwischen der im Volumenelement dV der Elementarzelle und der im Bezugspunkt gestreuten Strahlung der Wert $\vec{r} \cdot (\vec{s} - \vec{s}_0)$, wenn $\vec{r}$ der Ortsvektor vom Bezugspunkt zum Volumenelement dV ist. Die Einheitsvektoren $\vec{s}_0$ und $\vec{s}$ kennzeichnen die Richtung des einfallenden und die des zum Beobachtungsort hin gestreuten Röntgenstrahls. Der Phasenun-

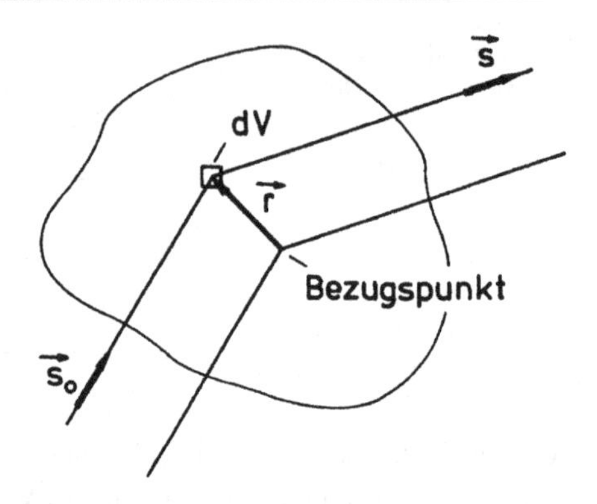

Abb. 1.21 Zur Ermittlung des Strukturfaktors

terschied beträgt dann

$$\varphi(\vec{r}) = \frac{2\pi}{\lambda}\vec{r} \cdot (\vec{s} - \vec{s}_0) \; .$$

Die Amplitude der elektrischen Feldstärke des am Kristall gebeugten Röntgenstrahls ist proportional der Größe

$$F_{hk\ell} = \int\limits_{V_z} n(\vec{r})e^{i\varphi(\vec{r})}dV = \int\limits_{V_z} n(\vec{r})e^{\frac{2\pi i}{\lambda}\vec{r}\cdot(\vec{s}-\vec{s}_0)}dV \; , \qquad (1.27)$$

wenn $n(\vec{r})$ die Elektronenzahldichte im Kristall ist. Beugungsreflexe können nur in den durch (1.19) vorgegebenen Richtungen beobachtet werden. Hiermit wird aus (1.27)

$$F_{hk\ell} = \int\limits_{V_z} n(\vec{r})e^{i\vec{G}\cdot\vec{r}}dV \; . \qquad (1.28)$$

Die Größe $F_{hk\ell}$ bezeichnet man gewöhnlich als *Strukturfaktor*. Seine Indizierung kennzeichnet seine Abhängigkeit von den Millerschen Indizes h, k und ℓ, die über die (1.23) mit dem Vektor $\vec{G}$ aus (1.28) verknüpft sind.

Zur näheren Untersuchung des Strukturfaktors wählen wir als Bezugspunkt in Abb. 1.21 das Zentrum eines bestimmten Basisatoms. Außerdem zerlegen wir den Ortsvektor $\vec{r}$ in die beiden Vektoren $\vec{r}_i$ und $\vec{\vec{R}}$. Hierbei ist $\vec{r}_i$ der Ortsvektor vom Bezugspunkt zu einem der Zentren der übrigen Basisatome und $\vec{\vec{R}}$ der Ortsvektor von einem solchen Zentrum zu einem Volumenelement der Elektronenhülle des betreffenden Atoms. Wir setzen also

$$\vec{r} = \vec{r}_i + \vec{\tilde{R}}$$

und erhalten anstelle von (1.28)

$$F_{hk\ell} = \sum_i \int n_i(\vec{\tilde{R}}) e^{i\vec{G}\cdot(\vec{r}_i + \vec{\tilde{R}})} dV = \sum_i e^{i\vec{G}\cdot\vec{r}_i} \int n_i(\vec{\tilde{R}}) e^{i\vec{G}\cdot\vec{\tilde{R}}} dV \quad . \tag{1.29}$$

$n_i(\vec{\tilde{R}})$ ist dabei die Elektronenzahldichte des i-ten Basisatoms. Die Summierung ist über alle Atome der Basis zu erstrecken, wobei natürlich auch das Basisatom im Bezugspunkt zu berücksichtigen ist. Das Integral

$$f_i = \int n_i(\vec{\tilde{R}}) e^{i\vec{G}\cdot\vec{\tilde{R}}} dV \tag{1.30}$$

ist der *atomare Streufaktor* des i-ten Atoms. Mit dieser Größe wird aus (1.29)

$$F_{hk\ell} = \sum_i f_i e^{i\vec{G}\cdot\vec{r}_i} \quad . \tag{1.31}$$

Wenn sämtliche Elektronen des i-ten Atoms am Ort $\vec{\tilde{R}} = 0$ säßen, wäre der atomare Streufaktor gerade gleich der Ordnungszahl Z des betreffenden Atoms. Die räumliche Ausdehnung der Gitteratome bewirkt eine Herabsetzung des atomaren Streufaktors. Anschaulich lässt sich der atomare Streufaktor definieren als das Verhältnis der Amplitude der an einem Atom gestreuten Welle zu der Amplitude einer Welle, die an einem freien Elektron gestreut wird.

Zur Berechnung von f_i legen wir eine kugelsymmetrische Verteilung der Elektronen um den Atomkern zugrunde. Bei Verwendung von sphärischen Polarkoordinaten wird dann aus (1.30)

$$f_i = \int\limits_{\tilde{R}=0}^{\infty} \int\limits_{\cos\Theta=-1}^{+1} \int\limits_{\Phi=0}^{2\pi} n_i(\tilde{R}) e^{i|\vec{G}|\tilde{R}\cos\Theta} \tilde{R}^2 d\tilde{R} d(\cos\Theta) d\Phi \quad . \tag{1.32}$$

Θ ist hierbei der Winkel zwischen $\vec{\tilde{R}}$ und $\vec{G}$. Eine Integration über Φ und Θ liefert

$$f_i = 2\pi \int_{\tilde{R}=0}^{\infty} n_i(\tilde{R}) \frac{e^{i|\vec{G}|\tilde{R}} - e^{-i|\vec{G}|\tilde{R}}}{i|\vec{G}|\tilde{R}} \tilde{R}^2 d\tilde{R}$$

$$= 4\pi \int_{\tilde{R}=0}^{\infty} n_i(\tilde{R}) \tilde{R}^2 \frac{\sin(|\vec{G}|\tilde{R})}{|\vec{G}|\tilde{R}} d\tilde{R} \ . \qquad (1.33)$$

Nach Abb. 1.19 besteht zwischen $|\vec{G}|$ und dem Glanzwinkel ϑ der Zusammenhang

$$|\vec{G}| = \frac{4\pi}{\lambda} \sin\vartheta \ . \qquad (1.34)$$

Führen wir diese Beziehung in (1.33) ein, so erhalten wir schließlich

$$f_i = 4\pi \int_{\tilde{R}=0}^{\infty} n_i(\tilde{R}) \tilde{R}^2 \frac{\sin\left(4\pi\tilde{R}\frac{\sin\vartheta}{\lambda}\right)}{4\pi\tilde{R}\frac{\sin\vartheta}{\lambda}} d\tilde{R} \ . \qquad (1.35)$$

Um das Integral weiter auszuwerten, müssen wir wissen, wie die Elektronenzahldichte von $\tilde{R}$ abhängt. Man benutzt gewöhnlich die Elektronenverteilung in völlig freien Atomen, die man nach dem aus der Atomphysik bekannten Hartree-Fock-Verfahren berechnet. Eine durch den Einbau der freien Atome in ein Kristallgitter bedingte Umverteilung der Elektronen wird also nicht berücksichtigt.

In Abb. 1.22 werden die auf diese Weise für Eisen gewonnenen atomaren Streufaktoren mit den aus der Intensität der Röntgenreflexe experimentell ermittelten Werten verglichen. f_{Fe} ist hier in Abhängigkeit von $\sin\vartheta/\lambda$ aufgetragen. Man beobachtet eine relativ gute Übereinstimmung zwischen den berechneten und experimentell gefundenen Werten. Aus (1.35) folgt, dass f_i für $\vartheta = 0$ den Wert Z annimmt.

Wir können nun den Strukturfaktor nach (1.31) berechnen. Hierbei ist es zweckmäßig, stets primitive Raumgitter zu benutzen, da in diesem Fall die Elementarzelle mit der Einheitszelle identisch ist. Nichtprimitive Raumgitter kann man dadurch erfassen, dass man dem zugehörigen primitiven Gitter eine mehratomige Basis zuordnet.

Sind ρ_i, σ_i und τ_i die Koordinaten der Basisatome in einem Bezugssystem, das durch die primitiven Translationen $\vec{a}_1$, $\vec{a}_2$ und $\vec{a}_3$ bestimmt ist, so gilt für den Ortsvektor $\vec{r}_i$ vom Bezugspunkt zu einem Basisatom

$$\vec{r}_i = \rho_i\vec{a}_1 + \sigma_i\vec{a}_2 + \tau_i\vec{a}_3 \ . \qquad (1.36)$$

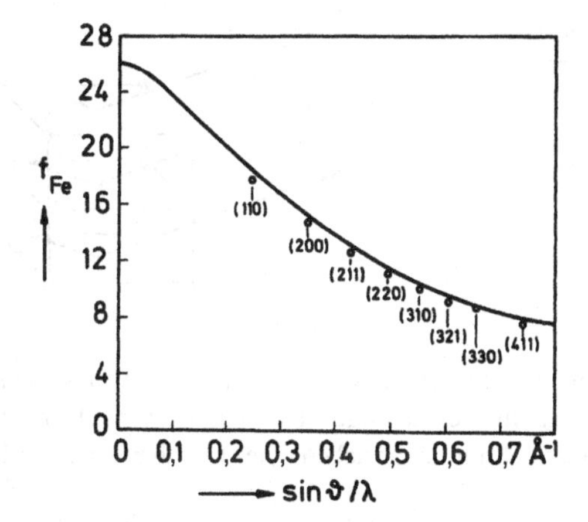

Abb. 1.22 Experimentelle atomare Streufaktoren von metallischem Eisen für die Braggsche Reflexion von Röntgenstrahlen einer Wellenlänge von 0,709 Å(MoK_α) an verschiedenen durch ihre Millerschen Indizes gekennzeichneten Netzebenen. Der eingezeichneten theoretischen Kurve liegt eine nach dem Hartree-Fock-Verfahren berechnete Elektronenverteilung zugrunde (nach Batterman, B.W.; Chipman, D.R.; De Marco, J.J.: Phys. Rev. **122** (1961) 68)

Verwenden wir diese Beziehung für $\vec{r}_i$ in (1.31) und ersetzen $\vec{G}$ durch den Ausdruck in (1.23), so erhalten wir bei Beachtung von (1.8)

$$F_{hk\ell} = \sum_i f_i e^{2\pi i n(h\rho_i + k\sigma_i + \ell\tau_i)} \quad . \tag{1.37}$$

Für die Intensität $I_{hk\ell}$ eines gebeugten Röntgenstrahls gilt:

$$I_{hk\ell} \sim |F_{hk\ell}|^2 \quad . \tag{1.38}$$

Als Beispiel berechnen wir den Strukturfaktor für einen Kristall mit einer Cäsiumchloridstruktur (vgl. Abb. 1.11). Hier ist $\rho_1 = \sigma_1 = \tau_1 = 0$ und $\rho_2 = \sigma_2 = \tau_2 = 1/2$. Setzen wir diese Werte in (1.37) ein, so bekommen wir

$$F_{hk\ell} = f_1 + f_2 e^{\pi n i(h+k+\ell)} \quad . \tag{1.39}$$

Ist die Summe der Millerschen Indizes einer Netzebene, an der eine Braggsche Reflexion erfolgt, eine gerade Zahl, so ist für $n = 1$, also für gebeugte Röntgenstrahlen erster Ordnung $F_{hk\ell} = f_1 + f_2$. Die Intensität des gebeugten Röntgenstrahls ist dann nach (1.38) besonders hoch. Ist hingegen $(h + k + \ell)$ eine ungerade Zahl, so

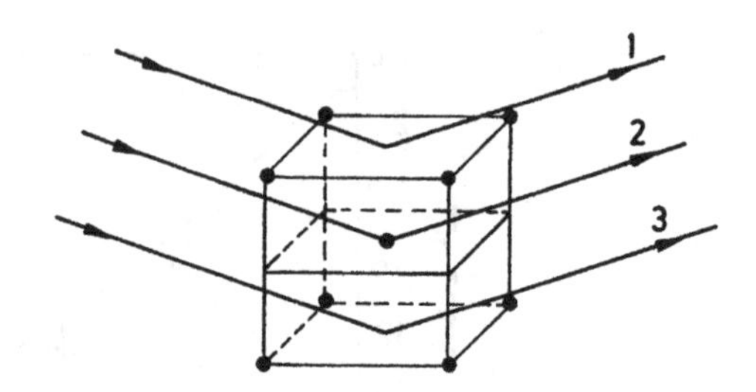

Abb. 1.23 Zum Strukturfaktor eines bcc-Gitters

ist, wenn wiederum $n = 1$ ist, $F_{hk\ell} = f_1 - f_2$. In diesem Fall ist die Intensität minimal. Es erfolgt sogar eine vollständige Auslöschung, wenn die beiden Basisatome den gleichen atomaren Streufaktor haben. Dies trifft bei einer bcc-Kristallstruktur zu.

Anschaulich wird das Verschwinden von Röntgenreflexen beim Übergang von einem primitiven Gitter zu einem raumzentrierten Gitter anhand von Abb. 1.23 verständlich. Die Hinzunahme von raumzentriert angeordneten Gitteratomen zu den Atomen eines primitiven Gitters bedeutet, dass zusätzliche Netzebenen mitten zwischen die Ebenen (001) eines primitiven Gitters eingeschoben werden. Ist die Braggsche Refelexionsbedingung für eine Reflexion an den (001)-Ebenen für $n = 1$ erfüllt, so ist der Gangunterschied zwischen Strahl 1 und Strahl 3 in Abb. 1.23 gerade gleich der Wellenlänge λ. Zwischen Strahl 1 und Strahl 2 beträgt er dann nur $\lambda/2$. Die Folge ist eine völlige Auslöschung durch destruktive Interferenz.

1.2.4 Debye-Waller-Faktor§

Wir untersuchen nun den Einfluss der Kristalltemperatur auf die Intensität der Röntgenreflexe, wenn die Basis des Kristalls sich nur aus gleichartigen Atomen zusammensetzt. Ist $\vec{u}(t)$ die momentane Auslenkung eines Gitteratoms aus seiner Gleichgewichtslage aufgrund seiner thermischen Bewegung, so erhalten wir für den zeitlichen Mittelwert des Strukturfaktors (vgl. (1.31))

$$\overline{F_{hk\ell}} = \sum_i f_i \overline{e^{i\vec{G}\cdot(\vec{r}_i+\vec{u})}} = \left(\sum_i f_i e^{\vec{G}\cdot\vec{r}_i}\right) \overline{e^{i\vec{G}\cdot\vec{u}}} \quad . \tag{1.40}$$

Die Größe $\vec{G} \cdot \vec{u}$ ist im Allgemeinen klein gegen 1. Wir können uns deshalb bei einer Reihenentwicklung der Funktion $\overline{e^{i\vec{G}\cdot\vec{u}}}$ auf die drei ersten Glieder der Reihe beschränken. Wir erhalten dann

$$\overline{e^{i\vec{G}\cdot\vec{u}}} = 1 + i\overline{(\vec{G}\cdot\vec{u})} - \frac{1}{2}\overline{(\vec{G}\cdot\vec{u})^2} \ . \tag{1.41}$$

Setzen wir voraus, dass die einzelnen Gitteratome völlig unabhängig voneinander um die Ruhelage schwingen, so ist

$$\overline{(\vec{G}\cdot\vec{u})} = 0 \ , \qquad \overline{(\vec{G}\cdot\vec{u})^2} = |\vec{G}|^2\overline{u^2}\,\overline{\cos^2\Theta} \ ,$$

wenn Θ der Winkel zwischen $\vec{G}$ und $\vec{u}$ ist. $\cos^2\Theta$ haben wir über eine Kugel zu mitteln und erhalten

$$\overline{\cos^2\Theta} = \frac{1}{4\pi}\int\limits_{\Theta=0}^{\pi}\int\limits_{\Phi=0}^{2\pi}\cos^2\Theta\sin\Theta d\Theta d\Phi = \frac{1}{3} \ .$$

Hiermit wird aus (1.41)

$$\overline{e^{i\vec{G}\cdot\vec{u}}} = 1 - \frac{1}{6}|\vec{G}|^2\overline{u^2} \ . \tag{1.42}$$

Den Ausdruck auf der rechten Seite von (1.42) erhalten wir aber ebenso, wenn wir die Funktion $e^{-1/6|\vec{G}|^2\overline{u^2}}$ in eine Reihe entwickeln und nach dem zweiten Glied abbrechen. In guter Näherung gilt deshalb

$$\overline{e^{i\vec{G}\cdot\vec{u}}} = e^{-1/6|\vec{G}|^2\overline{u^2}} \ . \tag{1.43}$$

Verwenden wir dieses Ergebnis in (1.40), so bekommen wir

$$\overline{F_{hk\ell}} = \left(\sum_i f_i e^{i\vec{G}\cdot\vec{r}_i}\right) e^{-1/6|\vec{G}|^2\overline{u^2}} \ . \tag{1.44}$$

Die Intensität des gebeugten Röntgenstrahls beträgt somit nach (1.38)

$$I = I_0 e^{-1/3|\vec{G}|^2\overline{u^2}} \ , \tag{1.45}$$

wenn I_0 die Intensität bei einer Beugung an dem entsprechenden starren Gitter ist. Die von der Kristalltemperatur T abhängige Größe

$$\overline{D}_{hk\ell}(T) = e^{-1/3|\vec{G}|^2\overline{u^2}} \tag{1.46}$$

bezeichnet man als *Debye-Waller-Faktor*. Dieser Faktor spielt auch beim Mößbauer Effekt eine wichtige Rolle. $D_{hk\ell}$ nimmt mit steigender Temperatur ab, weil dann das mittlere Auslenkungsquadrat $\overline{u^2}$ der Gitteratome zunimmt. Außerdem ersieht man, wenn man den Zusammenhang zwischen $\vec{G}$ und den Millerschen Indizes nach (1.23) berücksichtigt, aus (1.46), dass der Debye-Waller-Faktor umso kleiner ist, je größer n ist und je höher die Indizierung der Netzebenen ist, an denen die Braggsche Reflexion erfolgt.

Zusammenfassend stellen wir fest, dass durch die thermischen Schwingungen der Gitteratome nicht etwa die Röntgenreflexe verbreitert werden. Lediglich ihre Intensität wird herabgesetzt. Die dabei verlorengegangene Energie erscheint zwischen den Reflexen als diffuser Untergrund.

§

1.2.5 Beugung von Materiewellen

Die de-Broglie[9]-Wellenlänge, die man Teilchen mit einem Impuls p zuordnen kann, beträgt

$$\lambda = \frac{h}{p} \ . \tag{1.47}$$

Hierbei ist h das Plancksche[10] Wirkungsquantum. Für nichtrelativistische Teilchengeschwindigkeiten besteht zwischen kinetischer Energie E und Impuls eines Teilchens mit der Masse m der Zusammenhang

$$p = \sqrt{2mE} \ . \tag{1.48}$$

Setzen wir diesen Ausdruck in (1.47) ein, so erhalten wir für die Wellenlänge einer Materiewelle

$$\lambda = \frac{h}{\sqrt{2mE}} \ . \tag{1.49}$$

Die Masse eines Elektrons beträgt $9{,}11 \cdot 10^{-31}$ kg. Mit $6{,}63 \cdot 10^{-34}$ Js für das Plancksche Wirkungsquantum folgt aus (1.49) für die de-Broglie-Wellenlänge von

---

[9] Louis Victor de Broglie, *1892 Dieppe, †1987 Paris, Nobelpreis 1929.

[10] Max Planck, *1858 Kiel, †1947 Göttingen, Nobelpreis 1918.

Elektronen

$$\lambda \approx \frac{1{,}2}{\sqrt{E}}\,(\mathrm{eV})^{1/2}\,\mathrm{nm}\ . \tag{1.50}$$

Elektronen mit einer de-Broglie-Wellenlänge in der Größenordnung der Gitterkonstanten von 0,1 nm haben demnach ein Potenzialgefälle von 150 V durchlaufen. Die Reichweite solch niederenergetischer Elektronen in fester Materie ist nur sehr gering. Deshalb ist die Elektronenbeugung besonders wichtig für die Untersuchung von Kristalloberflächen. Mit ihr können z. B. sehr dünne Oxidschichten auf Metallen untersucht werden. Diese lassen sich mit Röntgenstrahlen nicht erfassen.

Bei einem Elektronenmikroskop mit einer Beschleunigungsspannung von 100 kV beträgt die de-Broglie-Wellenlänge nur 0,0037 nm. In diesem Fall lässt sich die Braggsche Reflexionsbedingung nur dann erfüllen, wenn der Glanzwinkel ϑ nicht größer als etwa 2° ist.

Die in einen Kristall eingeschossenen Elektronen werden an den Gitterbausteinen durch Coulomb-Wechselwirkung gestreut. Im Unterschied zu Röntgenstrahlen treten die Elektronen sowohl mit den Hüllenelektronen als auch mit dem Kern der Gitteratome in Wechselwirkung. Das ist bei der Berechnung des atomaren Streufaktors zu berücksichtigen.

Da die Masse eines Neutrons 1836 mal größer als die eines Elektrons ist, muss nach (1.49) ihre Energie bei gleicher Wellenlänge um den Faktor 1836 kleiner sein. Zu einer Wellenlänge von 0,1 nm gehört deshalb eine Neutronenenergie von etwa 0,08 eV. Solche langsamen Neutronen liefert ein Kernreaktor in genügend großer Intensität.

Die Streuung von Neutronen erfolgt durch (starke) Wechselwirkung mit den Kernen der Gitteratome und bei magnetischen Substanzen zusätzlich durch eine Wechselwirkung des magnetischen Moments der Neutronen mit dem der Gitteratome. Die magnetische Wechselwirkung ist für die Untersuchung der magnetischen Struktur von Festkörpern von sehr großer Bedeutung. Hierauf kommen wir in Abschn. 5.4 zurück. Das Streuvermögen der Atomkerne gegenüber Neutronen hängt nicht wie das der Gitteratome gegenüber Röntgenstrahlen in systematischer Weise von der Ordnungszahl der Atome ab. Während der atomare Streufaktor von Gitteratomen für Röntgenstrahlen der Ordnungszahl proportional ist, kann er für die Kernstreuung von Neutronen für zwei benachbarte Elemente des periodischen Systems (tatsächlich sogar für verschiedene Isotope desselben Elements) sehr unterschiedliche Werte annehmen. Auch die Kerne sehr leichter Elemente haben hier unter Umständen ein relativ großes Streuvermögen. Man benutzt die Neutronenbeugung deshalb mit Vorliebe auch für die Lokalisierung von Wasserstoffatomen in Kristallgittern.

1.3 Bindungsarten im Kristall

Die Kräfte, die die Atome im Festkörper zusammenhalten, sind elektrischer Natur. Hierbei hängt die spezielle Art der Bindung davon ab, wie sich die äußersten Hüllenelektronen, die die freien Atome oder Moleküle bei ihrem Einbau in ein Kristallgitter mitbringen, im Kristall verteilen. Ein Maß für die Stärke der Bindung ist die sog. *Bindungsenergie*. Das ist die Arbeit, die benötigt wird, um einen Kristall in seine Bestandteile zu zerlegen. Je nach der Bindungsart sind das freie Atome, Moleküle oder Ionen. Da die Bindungsenergie eines Kristalls der Anzahl seiner Atome oder Moleküle proportional ist, gibt man diese Größe entweder in Elektronenvolt je Atom bzw. Molekül oder in Kilojoule je Mol an. Es gilt

$$1\,\mathrm{eV/Atom} \approx 96\,\mathrm{kJ/mol}\ . \tag{1.51}$$

Die Bindungsenergien der Elemente reichen von etwa 0,1 eV bei den Edelgasen bis zu 8,9 eV bei Wolfram. Im Folgenden werden die verschiedenen Bindungsarten kurz besprochen.

1.3.1 Ionenbindung

Die Ionenbindung kommt durch elektrostatische Wechselwirkung zwischen entgegengesetzt geladenen Ionen zustande. Ein typisches Beispiel für einen Ionenkristall ist Natriumchlorid. Freie Natriumatome haben die Elektronenkonfiguration $1s^2 2s^2 2p^6 3s$ während Chloratome im freien Zustand die Konfiguration $1s^2 2s^2 2p^6 3s^2 3p^5$ haben. Indem das $3s$-Elektron eines Natriumatoms zu einem Chloratom hinüberwechselt, entstehen zwei Ionen mit abgeschlossenen Elektronenschalen, nämlich das Na^+-Ion mit der Konfiguration $1s^2 2s^2 2p^6$ und das Cl^--Ion mit der Konfiguration $1s^2 2s^2 2p^6 3s^2 3p^6$.

Ionen mit abgeschlossenen Elektronenschalen haben im Kristall angenähert eine kugelsymmetrische Ladungsverteilung. Dies bedeutet, dass bei einem Ionenkristall wie Natriumchlorid die Coulomb-Energie des i-ten Ions im elektrischen Feld aller anderen durch den laufenden Index j gekennzeichneten Ionen des Kristalls

$$U_i^{(C)} = \sum_j \frac{\pm e^2}{4\pi\epsilon_0 r_{ij}} \tag{1.52}$$

beträgt. e ist hierbei die elektrische Elementarladung und r_{ij} der Abstand zu den betreffenden Ionen. Das positive Vorzeichen bezieht sich in diesem Ausdruck auf

Ionen gleicher Ladung, das negative auf solche entgegengesetzter Ladung. Vernachlässigt man den Einfluss der Kristalloberfläche, so ist diese Energie für alle Ionen des Kristalls gleich groß.

Ist N die Anzahl der Ionenpaare im Kristall, so erhalten wir für die gesamte Coulomb-Energie des Kristalls

$$U^{(C)} = N \sum_j \frac{\pm e^2}{4\pi\epsilon_0 r_{ij}} \ . \tag{1.53}$$

In diesem Ausdruck erscheint N und nicht etwa die Gesamtzahl $2N$ der Ionen, da jede Wechselwirkung zwischen zwei Ionen nur einmal erfasst werden darf. Gewöhnlich bezieht man die Abstände r_{ij} mithilfe der Gleichung

$$r_{ij} = p_{ij} r_0 \tag{1.54}$$

auf den Abstand r_0 der nächsten Nachbarn. Aus (1.53) wird dann

$$U^{(C)} = N \frac{e^2}{4\pi\epsilon_0 r_0} \sum_j \frac{\pm 1}{p_{ij}} \ . \tag{1.55}$$

Die dimensionslose für eine spezielle Kristallstruktur charakteristische stets positive Größe

$$\alpha = -\sum_j \pm \frac{1}{p_{ij}} \tag{1.56}$$

bezeichnet man als *Madelung*[11]*-Konstante*. Mit ihr lautet (1.55)

$$U^{(C)} = -N \frac{e^2}{4\pi\epsilon_0 r_0} \alpha \ . \tag{1.57}$$

Bei einem Natriumchloridkristall iat ein Na^+-Ion im Abstand r_0 von 6 Cl^--Ionen umgeben. Es folgen 12 Na^+-Ionen im Abstand $\sqrt{2}r_0$, 8 Cl^--Ionen im Abstand $\sqrt{3}r_0$, 6 Na^+-Ionen im Abstand $\sqrt{4}r_0$ usw. Wir erhalten also in diesem Fall

$$\begin{aligned} \alpha &= 6 - \frac{12}{\sqrt{2}} + \frac{8}{\sqrt{3}} - \frac{6}{\sqrt{4}} + \ldots \\ &= 6{,}0000 - 8{,}485 + 4{,}619 - 3{,}000 + \ldots \ . \end{aligned}$$

[11] Erwin Madelung, *1881 Bonn, †1972 Frankfurt.

In dieser Darstellung konvergiert die Reihe sehr langsam. Man kann aber die Konvergenz durch eine geeignete Anordnung der Summenglieder wesentlich verbessern. Für Kristalle mit Natriumchloridstruktur findet man $\alpha = 1{,}747565$. Für Cäsiumchloridstruktur findet man $\alpha = 1{,}762675$, für Zinkblendestruktur $\alpha = 1{,}63806$.

Zu der langreichweitigen Coulomb-Wechselwirkung, die den Zusammenhalt der Ionen im Kristall bewirkt, tritt eine abstoßende Wechselwirkung kurzer Reichweite, sobald die Ionen so nahe zusammengerückt sind, dass sich die Elektronenverteilungen benachbarter Ionen überlappen. Eine solche Überlappung ist bei Atomen mit abgeschlossenen Elektronenschalen nur dann möglich, wenn gleichzeitig Elektronen auf höhere noch unbesetzte Energieniveaus der Atome angehoben werden, weil das Pauli[12]-Prinzip die Mehrfachbesetzung eines Elektronenzustands ausschließt. Eine Mehrfachbesetzung läge vor, wenn bei einer Überlappung Elektronen des einen Gitteratoms Elektronenzustände des anderen Atoms einnehmen würden, die im Grundzustand bei abgeschlossenen Schalen ja vollständig besetzt sind. Eine Anregung auf höhere Energieniveaus entspricht aber einer Erhöhung der Gesamtenergie des Systems und ergibt abstoßende Kräfte.

Als Potenzial der abstoßenden Kräfte zwischen zwei Ionen benutzt man für geringen Überlapp gewöhnlich das sog. *Born-Mayer-Potenzial*

$$U_{ij}^{(B)} = Be^{-r_{ij}/\rho} \quad . \tag{1.58}$$

Die beiden Konstanten B und ρ, die bei verschiedenen Ionenkristallen unterschiedliche Werte haben, lassen sich aus den Gitterkonstanten und den elastischen Daten der betreffenden Kristalle berechnen. Während B ein Maß für die Stärke der Wechselwirkung ist, kennzeichnet ρ die Reichweite der abstoßenden Kräfte.

Da die Abstoßungskräfte eine sehr kleine Reichweite haben, brauchen wir hier nur die Wechselwirkung mit den nächsten Nachbarn eines jeden Ions zu berücksichtigen. Die Abstoßungskräfte liefern so insgesamt den Energiebeitrag

$$U^{(B)} = NzBe^{-r_0/\rho} \quad . \tag{1.59}$$

z ist hierbei die Anzahl der nächsten Nachbarn. Man bezeichnet sie gewöhnlich als *Koordinationszahl.*

Das gesamte Wechselwirkungspotenzial U eines Ionenkristalls erhalten wir, indem wir zum Coulomb-Anteil aus (1.57) den Betrag aus (1.59) hinzuaddieren. Es

[12] Wolfgang Pauli, *1900 Wien, †1958 Zürich, Nobelpreis 1945.

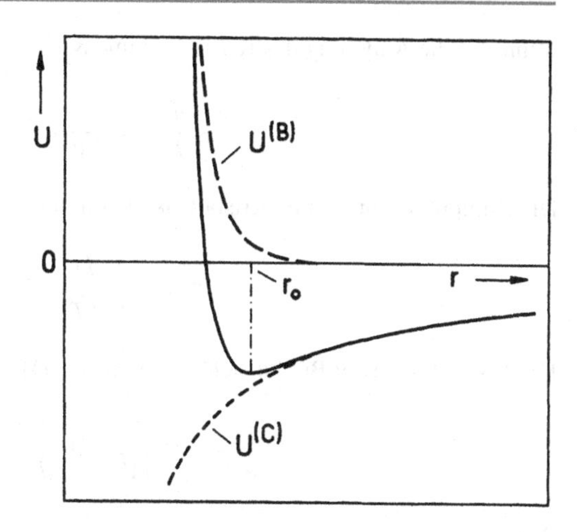

Abb. 1.24 Wechselwirkungspotenzial U eines Ionenkristalls in Abhängigkeit vom Ionenabstand r. $U^{(C)}$ ist die Coulomb-Energie; $U^{(B)}$ erfasst die abstoßende Wirkung des Born-Mayer-Potenzials. r_0 ist der Gleichgewichtsabstand zwischen benachbarten Ionen

gilt

$$U = -N\left(\frac{e^2}{4\pi\epsilon_0 r_0}\alpha - zBe^{-r_0/\rho}\right) . \tag{1.60}$$

Im Gleichgewichtszustand müssen sich Anziehung und Abstoßung gerade kompensieren. Ersetzen wir in (1.60) r_0 durch die Variable r, so gilt also

$$\left(\frac{dU}{dr}\right)_{r=r_0} = 0 . \tag{1.61}$$

Dieser Zusammenhang ist in Abb. 1.24 schematisch dargestellt.

Wir wollen nun mithilfe von r_0 und der Kompressibilität κ eines Kristalls die Konstanten B und ρ des Born-Mayer-Potenzials berechnen.

Die erste Gleichung zur Bestimmung von B und ρ ergibt sich aus der Forderung (1.61)

$$zBe^{-r_0/\rho} = \frac{\rho}{r_0}\frac{e^2}{4\pi\epsilon_0 r_0}\alpha . \tag{1.62}$$

Eine zweite Bestimmungsgleichung finden wir folgendermaßen:

Bei der Kompression eines Kristalls unter dem äußeren Druck p erhöht sich das Wechselwirkungspotenzial U um den Wert

$$dU = -pdV , \tag{1.63}$$

wenn dV die Änderung des Kristallvolumens V ist. Hieraus folgt

$$-\frac{dp}{dV} = \frac{d^2U}{dV^2} \ . \tag{1.64}$$

Die Kompressibilität eines Kristalls ist definiert durch die Beziehung

$$\kappa = -\frac{1}{V}\frac{dV}{dp} \ . \tag{1.65}$$

Für $1/\kappa$ gilt dann bei Berücksichtigung von (1.64)

$$\frac{1}{\kappa} = -V\frac{dp}{dV} = V\frac{d^2U}{dV^2} \ . \tag{1.66}$$

Nun ist

$$\frac{d^2U}{dV^2} = \frac{d}{dV}\left(\frac{dU}{dr}\frac{dr}{dV}\right) = \frac{d^2U}{dr^2}\left(\frac{dr}{dV}\right)^2 + \frac{dU}{dr}\frac{d^2r}{dV^2} \ . \tag{1.67}$$

Aus (1.60) folgt

$$\left(\frac{d^2U}{dr^2}\right)_{r=r_0} = N\left(\frac{zB}{\rho^2}e^{-r_0/\rho} - \frac{e^2}{2\pi\epsilon_0 r_0^3}\alpha\right) \ . \tag{1.68}$$

Der Zusammenhang zwischen V und r hängt von der Kristallstruktur ab. Aus Abb. 1.10 ist ersichtlich, dass für Kristalle mit Natriumchloridstruktur

$$V = 2Nr_0^3 \tag{1.69}$$

ist. Hieraus ergibt sich, wenn wir wieder r_0 durch r ersetzen

$$\left(\frac{dr}{dV}\right)^2_{r=r_0} = \left(\frac{1}{dV/dr}\right)^2_{r=r_0} = \frac{1}{36N^2r_0^4} \ . \tag{1.70}$$

Setzen wir die Werte für $(d^2U/dr^2)_{r=r_0}$ und $(dr/dV)^2_{r=r_0}$ in (1.67) ein und beachten außerdem, dass $(dU/dr)_{r=r_0} = 0$ ist, so erhalten wir

$$\left(\frac{d^2U}{dV^2}\right)_{r=r_0} = \frac{1}{36Nr_0^4}\left(\frac{zB}{\rho^2}e^{-r_0/\rho} - \frac{e^2}{2\pi\epsilon_0 r_0^3}\alpha\right) \ . \tag{1.71}$$

Tab. 1.1 Parameter des Born-Mayer-Potenzials ρ und B berechnet aus r_0 und κ sowie theoretische und experimentelle Bindungsenergien

	r_0 [Å]	κ [10^{-11}m^2/N]	ρ [Å]	B [eV]	$E_{\text{bind.}}$ (theor.) [eV]	$E_{\text{bind.}}$ (exp.) [eV]
LiF	2,014	1,49	0,291	306	10,70	10,92
LiCl	2,570	3,36	0,330	509	8,55	8,93
NaCl	2,820	4,17	0,322	1090	7,92	8,23
NaBr	2,989	5,03	0,329	1360	7,50	7,82
NaI	3,237	6,62	0,345	1655	6,96	7,35
KCl	3,147	5,75	0,327	2068	7,17	7,47
KI	3,533	8,55	0,349	2936	6,43	6,75
RbF	2,815	3,82	0,301	1810	7,99	8,17

Multiplizieren wir diesen Ausdruck mit $2Nr_0^3$ und setzen für die Koordinationszahl z den Wert 6 für eine Natriumchloridstruktur ein, so bekommen wir schließlich

$$\frac{1}{\kappa} = \frac{1}{18r_0}\left(\frac{6B}{\rho^2}e^{-r_0/\rho} - \frac{e^2}{2\pi\epsilon_0 r_0^3}\alpha\right) . \tag{1.72}$$

In Tab. 1.1 sind für verschiedene Ionenkristalle mit Natriumchloridstruktur Werte von r_0 und κ angegeben. Mithilfe von (1.62) und (1.72) wurden hieraus die beiden Konstanten B und ρ des Born-Mayer-Potenzials berechnet.

Für die auf ein freies Ionenpaar bezogene Bindungsenergie $E_{\text{bind.}}$ gilt

$$E_{\text{bind.}} = -\frac{1}{N}U . \tag{1.73}$$

Setzen wir den Ausdruck für U aus (1.60) in (1.73) ein und berücksichtigen (1.62), so erhalten wir

$$E_{\text{bind.}} = \frac{e^2}{4\pi\epsilon_0 r_0}\alpha\left(1 - \frac{\rho}{r_0}\right) . \tag{1.74}$$

Wie man aus Tab. 1.1 entnehmen kann, hat ρ Werte um 0,3 Å. r_0 ist etwa 10 mal so groß. Das bedeutet nach (1.73), dass die Coulomb-Energie der dominante Anteil an der Bindungsenergie ist.

In Spalte 6 von Tab. 1.1 sind die nach (1.74) berechneten Bindungsenergien aufgeführt. Sie betragen mehrere eV je Ionenpaar. In Spalte 7 sind experimentelle Werte von $E_{\text{bind.}}$ angegeben. Sie stimmen mit den berechneten Werten verhältnismäßig gut überein.

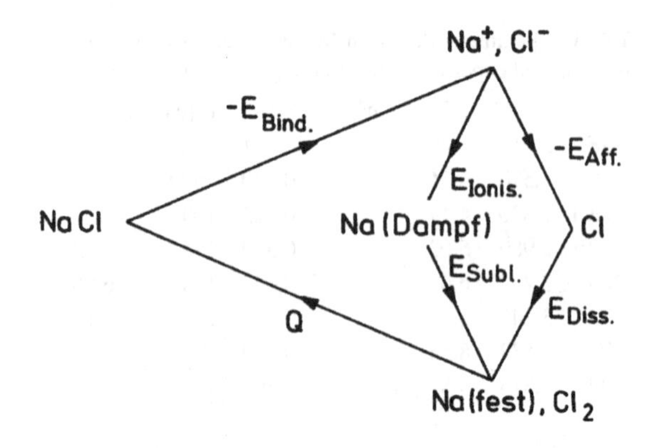

Abb. 1.25 Born-Haberscher Kreisprozess

Die Bindungsenergie eines Ionenkristalls kann experimentell nicht unmittelbar bestimmt werden, da sie sich auf freie Ionenpaare bezieht und es nicht möglich ist, einen Kristall in Ionen zu zerlegen. Beim Natriumchlorid misst man z. B. die Wärmetönung bei der Reaktion von festem Natrium mit gasförmigem Chlor. Die Bindungsenergie erhält man dann, indem man weitere thermochemische Größen berücksichtigt. Dieses geschieht zweckmäßig mithilfe des sog. *Born*[13]-*Haberschen*[14]-*Kreisprozesses*. Er ist in Abb. 1.25 für Natriumchlorid schematisch dargestellt. Energie, die dem System zugeführt wird, wird hierbei als negativ gewertet, nach außen abgegebene Energie positiv.

Zur Zerlegung des Kristalls in Na^+- und Cl^--Ionen wird die Bindungsenergie $E_{\text{Bind.}}$ benötigt. Bei der Umwandlung der Na^+-Ionen in neutrale Natriumatome wird die Ionisierungsenergie $E_{\text{ionis.}}$ frei, wohingegen bei der Umwandlung der Cl^--Ionen in neutrale Chloratome Energie aufgewendet werden muss. Dieses ist die sog. Elektronenaffinität $E_{\text{Aff.}}$. Beim Übergang des Natriums aus der Dampfphase in den festen Zustand wird die Sublimationsenergie $E_{\text{Subl.}}$ frei, und bei der Bildung von Chlormolekülen aus Chloratomen wird die Dissoziationsenergie $E_{\text{Diss.}}$ nach außen abgegeben. Durch die Reaktion des festen Natriums mit dem gasförmigen Chlor wird der Kreisprozess beendet. Hierbei wird die Reaktionswärme Q frei.

Die Energiebilanzgleichung lautet

$$-E_{\text{Bind.}} + E_{\text{Ionis.}} - E_{\text{Aff.}} + E_{\text{Subl.}} + E_{\text{Diss.}} + Q = 0 \ . \tag{1.75}$$

[13] Max Born, *1882 Breslau, †1970 Göttingen, Nobelpreis 1954.

[14] Fritz Haber, *1868 Breslau, †1934 Basel, Nobelpreis 1918.

Abb. 1.26 Zur Berechnung des kritischen Verhältnisses der Ionenradien bei einem Ionenkristall mit zweiatomiger Basis für den Übergang von der Natriumchloridstruktur zur Zinkblendestruktur

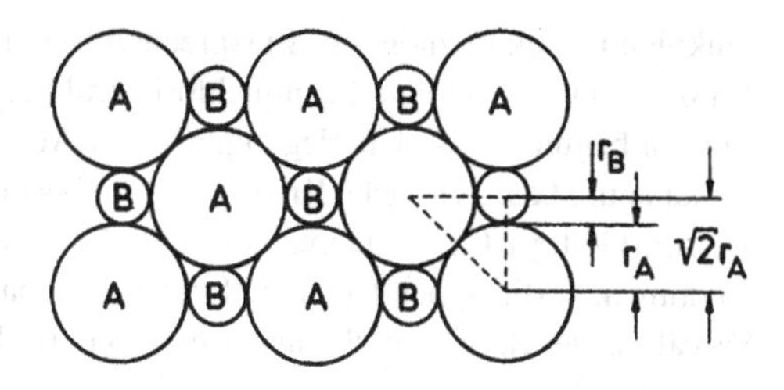

Hieraus folgt für die Bindungsenergie

$$E_{\text{Bind.}} = Q + E_{\text{Ionis.}} + E_{\text{Subl.}} + E_{\text{Diss.}} - E_{\text{Aff.}} \quad . \tag{1.76}$$

Es bleibt noch die Frage zu klären, weshalb Ionenkristalle mit der Zusammensetzung A^+B^- einmal eine Natriumchloridstruktur, ein anderes Mal Cäsiumchloridstruktur und wieder ein anderes Mal Zinkblendestruktur haben. Wir erhalten einen Einblick in dieses Problem, wenn wir das Verhältnis der Radien der an der betreffenden Verbindung beteiligten Ionen berücksichtigen. Der Begriff *Ionenradius* ist hier in dem Sinne zu verstehen, dass der Abstand r_0 zweier benachbarter entgegengesetzt geladenen Ionen durch die Summe ihrer Ionenradien r_A und r_B festgelegt ist. Der Ionenradius eines bestimmten Elements hat, wenn dieses Element in verschiedenen Ionenverbindungen vorkommt, nahezu immer den gleichen Wert.

Da bei Ionenkristallen, anders als bei den im nächsten Abschnitt behandelten Valenzkristallen, keine Richtungsabhängigkeit der Bindungskräfte vorhanden ist, wird man bei ihnen eine möglichst dicht gepackte Kristallstruktur erwarten. Allerdings muss sichergestellt sein, dass sich bei einer solchen Struktur Ionen mit entgegengesetzter Ladung „berühren" können. Anderenfalls würde die Bindungsenergie wesentlich herabgesetzt. Eine geometrische Betrachtung ergibt sofort, dass z. B. in einer Natriumchloridstruktur bei einem genügend großen Verhältnis zwischen r_A und r_B zwei entgegengesetzt geladene Ionen sich nicht mehr berühren können. In Abb. 1.26 ist eine (100)-Netzebene eines Kristalls mit Natriumchloridstruktur für den kritischen Fall dargestellt, dass sich sämtliche benachbarten Ionen gerade berühren. Lässt man nun r_A bei konstantem r_B anwachsen, so verlieren die A-Atome ihren unmittelbaren Kontakt mit den B-Atomen, und die Bindungsenergie nimmt ab. Für das kritische Radienverhältnis findet man anhand von Abb. 1.26

$$\frac{r_A}{r_B} = \frac{1}{\sqrt{2} - 1} = 2{,}41 \quad . \tag{1.77}$$

Ist $r_A/r_B > 2{,}41$, so können sich bei dieser Struktur die entgegengesetzt geladenen Ionen nicht mehr berühren. Dies ist dann aber bei der weniger dicht gepackten

Zinkblendestruktur möglich. Entsprechend lässt sich zeigen, dass für $r_A/r_B < 1/(\sqrt{3}-1) = 1{,}37$ eine Cäsiumchloridstruktur gegenüber einer Natriumchloridstruktur begünstigt ist. Überlegungen dieser Art geben allerdings nur einen groben Anhaltspunkt dafür, welche Kristallstruktur bei einer bestimmten Ionenverbindung auftritt. Gültig ist im Allgemeinen, dass Cäsiumchloridstruktur bei solchen Verbindungen vorliegt, bei denen die Ionenradien nahezu gleich sind. Ist dagegen das Verhältnis der Radien größer als zwei, so beobachtet man die Zinkblendestruktur.

1.3.2 Kovalente Bindung

Während bei Gitteratomen mit abgeschlossenen Elektronenschalen eine Überlappung der Elektronenhüllen starke abstoßende Kräfte hervorruft, kann eine solche Überlappung bei nicht abgeschlossenen Schalen eine Anziehung bewirken. Diese sog. *kovalente Bindung* beruht auf der Austauschwechselwirkung zweier Elektronen benachbarter Gitteratome, wobei die Spins der beiden Elektronen antiparallel ausgerichtet sind. Die Austauschwechselwirkung ist ein rein quantenmechanischer Effekt, der sich im Rahmen der klassischen Physik nicht erklären lässt.

Die Bindungsenergie ist bei solchen *Valenzkristallen* verhältnismäßig hoch. Sie stimmt größenordnungsmäßig mit der Bindungsenergie von Ionenkristallen überein und liegt demnach bei mehreren eV. Während aber bei Ionenkristallen im Allgemeinen dicht gepackte Kristallstrukturen auftreten, beobachtet man bei Valenzkristallen häufig Strukturen mit nur geringer Raumausfüllung. Das beruht auf der starken Richtungsabhängigkeit der kovalenten Bindung. So kann z. B. ein Kohlenstoffatom lediglich mit vier Nachbaratomen eine kovalente Bindung eingehen. Das führt dann gerade auf das in Abb. 1.7 dargestellte Diamantgitter, eine relativ locker gepackte Kristallstruktur.

Wie ist es nun zu erklären, dass ein Kohlenstoffatom vier kovalente Bindungen eingehen kann, wo atomarer Kohlenstoff im Grundzustand doch die Elektronenkonfiguration $1s^2 2s^2 2p^2$ hat? Danach sind nur die beiden $2p$-Orbitale mit je einem Elektron besetzt, und es ständen also nur zwei Valenzelektronen für kovalente Bindungen zur Verfügung. Kohlenstoff tritt jedoch in Verbindungen in einem angeregten Zustand mit der Konfiguration $1s^2 2s^1 2p^3$ auf und besitzt deshalb auch in Kristallen vier Valenzelektronen, nämlich ein $2s$-Elektron und drei $2p$-Elektronen. Die zur Anregung benötigte Energie wird durch die kovalenten Bindungen bei weitem überkompensiert.

Entsprechendes gilt für zwei weitere Elemente der vierten Gruppe des Periodensystems, nämlich für Silizium und Germanium. Ihre Kristalle haben ebenfalls Diamantstruktur. Bei den Elementen Phosphor, Arsen und Antimon aus der fünften

Gruppe besitzen die Atome nur drei Valenzelektronen. So haben z. B. Phosphoratome die Elektronenkonfiguration $1s^2 2s^2 2p^6 3s^2 3p^3$. Hier sind allein die drei $3p$-Orbitale mit nur einem Elektron besetzt. Diese Elemente bilden im festen Zustand Schichtstrukturen. Die Elemente Tellur und Selen aus der sechsten Gruppe haben nur zwei Valenzelektronen und bilden dementsprechend Kettenstrukturen.

Natürlich können kovalente Bindungen auch zwischen Atomen verschiedener Elemente bestehen. Meistens hat man es dann aber mit einer Mischung aus Ionenbindung und kovalenter Bindung zu tun.

1.3.3 Metallische Bindung

Bei Ionenkristallen lässt sich jedes Kristallelektron einem bestimmten Gitterion zuordnen. Man spricht deshalb dort von *quasigebundenen Elektronen*. Bei Valenzkristallen sind diejenigen Elektronen, die die Kristallbindung bewirken, jeweils zwei benachbarten Atomen gemeinsam zugehörig. Bei Metallen schließlich sind diejenigen Elektronen, die sich vor dem Einbau der Atome in ein Kristallgitter in den äußersten Elektronenschalen befanden, dem Kristall als Ganzem zuzuordnen. Man bezeichnet diese Elektronen als *quasifreie Elektronen*. Anschaulich bilden sie einen See aus negativer elektrischer Ladung, in den die Atomrümpfe als positive Ionen eingebettet sind. Die metallische Bindung wird durch die elektrostatische Wechselwirkung zwischen den positiven Atomrümpfen und den quasifreien Elektronen hervorgerufen. Außerdem sind sie für die hohe elektrische Leitfähigkeit der Metalle verantwortlich. Man bezeichnet sie deshalb allgemein als *Leitungselektronen*. Hierauf kommen wir in Kap. 3 zurück.

Die metallische Bindung ist nicht so stark wie die ionische und die kovalente Bindung. Bei Kristallen, bei denen der Zusammenhalt der Atomrümpfe einzig durch eine metallische Bindung bewirkt wird, liegt die Bindungsenergie in der Größenordnung von 1 eV. Eine rein metallische Bindung liegt z. B. bei den Alkalimetallen vor. Bei den Übergangsmetallen, die unaufgefüllte d-Schalen besitzen, treten hingegen noch zusätzliche Bindungskräfte durch kovalente Wechselwirkungen zwischen den Elektronen der nicht abgeschlossenen Schalen auf. Auf diese Weise erreicht z. B. Wolfram seine extrem hohe Bindungsenergie von 8,9 eV.

1.3.4 Van-der-Waals-Bindung

Zwischen Atomen und Molekülen mit abgeschlossenen Elektronenschalen sind keine kovalenten Bindungen möglich. Es stellt sich deshalb die Frage, weshalb

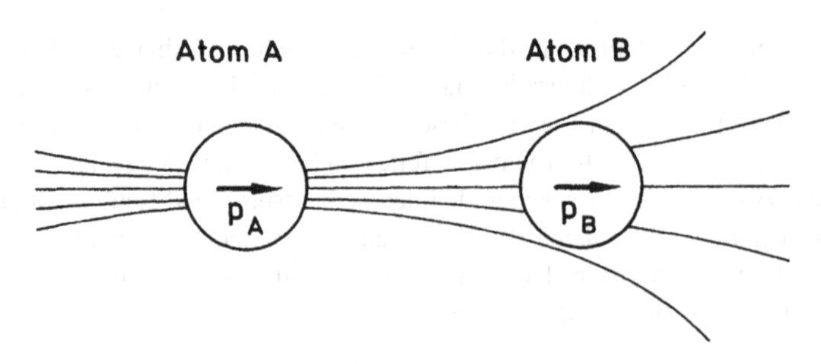

Abb. 1.27 Klassisches Modell zur Erklärung der van-der-Waals-Kräfte (nach Kittel, C.: Einführung in die Festkörperphysik. 3. Aufl. Oldenbourg 1973)

es z. B. bei den Edelgasen überhaupt zu einer Kristallbindung kommt, da deren Atome im Zeitmittel doch eine kugelsymmetrische Ladungsverteilung mit der Gesamtladung Null haben. Bei Verwendung eines klassischen Modells lässt sich die Anziehung zwischen den Atomen folgendermaßen erklären: Durch die Bewegung der Elektronen um den Atomkern wird die Kugelsymmetrie ständig gestört, und es entstehen fluktuierende elektrische Dipole. Wie Abb. 1.27 zeigt, kann nun z. B. das elektrische Feld des Dipols p_A des Atoms A im Atom B ein elektrisches Dipolmoment p_B induzieren. Die Wechselwirkung zwischen den beiden Dipolen bewirkt aber gerade eine Anziehung zwischen den Atomen A und B. Die Kräfte, die hier auftreten, bezeichnet man als *van-der-Waals*[15]*-Kräfte*. Bei der quantenmechanischen Störungsrechnung treten sie erst in zweiter Näherung auf. Das van-der-Waals-Potenzial hat die Form

$$U(r) = -\text{const}/r^6 \; , \tag{1.78}$$

wenn r der Abstand der Gitteratome ist.

Die Kristallbindung durch Van-der-Waals-Kräfte ist sehr schwach. Die Bindungsenergie liegt bei 0,1 eV. Dementsprechend haben Molekülkristalle niedrige Schmelz- und Siedepunkte.

Eine van-der-Waals-Wechselwirkung ist grundsätzlich bei allen Kristallen vorhanden. Treten aber gleichzeitig andere Bindungsarten auf, so spielt sie nur eine untergeordnete Rolle.

[15] Johannes Diderik van der Waals, *1837 Leiden, †1923 Amsterdam, Nobelpreis 1910.

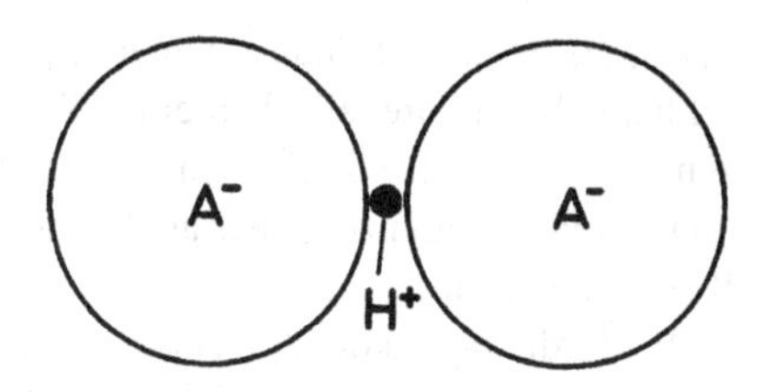

Abb. 1.28 Bindung zweier Atome über eine Wasserstoffbrücke

1.3.5 Bindung über Wasserstoffbrücken

Atome stark elektronegativer Elemente wie Fluor oder Sauerstoff können in einem Kristall eine Bindung über sog. *Wasserstoffbrücken* eingehen. Hierbei geben Wasserstoffatome ihre Elektronen an die elektronegativen Atome ab, und es bleiben nackte Protonen zurück. Da ein Proton im Vergleich zu einem Atom eine verschwindend kleine Ausdehnung hat, ist bei einem Proton ein enger räumlicher Kontakt lediglich mit zwei negativen Nachbarionen möglich (Abb. 1.28). Über eine Wasserstoffbrücke werden also immer nur zwei Ionen miteinander verbunden. Der bekannteste anorganische Festkörper mit einer Wasserstoffbrückenbindung ist Wasser in der Form von Eis. Beim Eis ist jedes Sauerstoffion über Wasserstoffbrücken mit vier weiteren Sauerstoffionen in tetraedrischer Anordnung verbunden.

Die Bindungsenergie zweier Gitteratome über eine Wasserstoffbrücke liegt in der Größenordnung von 0,1 eV. Im Übrigen lässt sich diese Bindungsart nicht sehr scharf gegenüber den anderen Bindungsarten abgrenzen.

1.4 Fehlordnungen im Kristall

Unter einer Fehlordnung versteht man jede Abweichung von einer streng periodischen Anordnung der Gitterbausteine im Kristall. Hierbei unterscheidet man zwischen *atomaren Fehlordnungen* und *makroskopischen Defekten*. Von atomarer Fehlordnung spricht man, wenn die Störbereiche von atomarer Größenordnung sind. Hierunter fallen unbesetzte Plätze im Kristallgitter, Atome auf Zwischengitterplätzen und die Farbzentren der Ionenkristalle. Aber auch Fremdatome im Kristall sind natürlich als Gitterstörungen zu betrachten. Bei den makroskopischen Defekten interessieren vor allem die sog. *Versetzungen*. Das sind Gitterstörungen, die korreliert längs einer Linie auftreten und die man deshalb auch als eindimensionale Fehlordnungen bezeichnet. Im Gegensatz dazu kennzeichnet man eine atomare Fehlstelle häufig als eine nulldimensionale Fehlordnung oder als eine

Fehlstelle nullter Ordnung. Unter die zweidimensionalen Fehlordnungen fallen schließlich alle Grenzflächen eines Kristalls. Es kann sich hierbei um Korngrenzen zwischen den verschieden orientierten Kristalliten (Körnern) eines Kristalls und um Phasengrenzen, aber auch ganz allgemein um die freien Oberflächen des Kristalls handeln.

Fehlordnungen können verschiedene Eigenschaften eines Festkörpers wesentlich beeinflussen. Zu diesen Eigenschaften gehört z. B. die mechanische Verformbarkeit eines Kristalls. Häufig wird auch die Farbe eines Kristalls durch Kristallfehler festgelegt. Ganz entscheidend bestimmen Fehlordnungen die elektrische Leitfähigkeit von Halbleitern und Isolatoren.

1.4.1 Leerstellen und Zwischengitteratome

Wenn Gitteratome aus dem Innern des Kristalls zur Kristalloberfläche wandern, bleiben im Kristallgitter unbesetzte Plätze zurück. Solche *Leerstellen* bezeichnet man als *Schottky*[16]*-Defekte*. Sie sind in einem Kristall bei Temperaturen oberhalb des absoluten Nullpunkts stets vorhanden. Ihre Konzentration im Festkörper lässt sich berechnen, wenn man davon ausgeht, dass im thermodynamischen Gleichgewicht bei vorgegebener Temperatur T und vorgegebenem Kristallvolumen V die freie Energie $F = U - TS$ des Systems einen Minimalwert annimmt (s. Anhang A). Die innere Energie U des Systems nimmt zwar zu, wenn Gitteratome von ihren Plätzen entfernt werden, gleichzeitig wächst aber infolge Erhöhung der Unordnung die Entropie S. Da die Entropie in dem Term $-TS$ in den Ausdruck für die freie Energie eingeht, stellt sich das Minimum von F gerade bei einer bestimmten endlichen Anzahl von Leerstellen ein. Meistens sind allerdings nicht die Temperatur und das Volumen eines Kristalls vorgegeben, sondern seine Temperatur und der äußere Druck p. Streng genommen hätte man in diesem Fall die Leerstellenkonzentration aus der Bedingung für das Auftreten eines Minimums in der freien Enthalpie $G = U + pV - TS$ zu berechnen. Aber solange p genügend klein ist, ist bei einer Änderung der Leerstellenkonzentration die Größe pdV in dem Differenzial $dG = dU + pdV - TdS$ vernachlässigbar klein gegenüber dU und TdS, und dF ist gleich dG.

Wir ermitteln zuerst die freie Energie eines Kristalls in Abhängigkeit von der Anzahl seiner Leerstellen. Hierbei wollen wir voraussetzen, dass die Leerstellenkonzentration so klein ist, dass sich die Leerstellen gegenseitig nicht beeinflussen. Sie sollen im Kristall also nicht unmittelbar benachbart sein.

[16] Walter Schottky, *1886 Zürich, †1976 Pretzfeld (Bayern).

Bezeichnen wir mit ϵ_V die Energie, die aufgebracht werden muss, um ein Gitteratom von seinem Gitterplatz innerhalb des Kristalls an einen Gitterplatz an der Kristalloberfläche zu bringen, so ist bei n Leerstellen die innere Energie des Kristalls um den Betrag

$$\Delta U = n\epsilon_V \tag{1.79}$$

größer als die eines idealen Kristalls.

Bei der Berechnung der Entropie S müssen wir beachten, dass bei einem Kristall mit Leerstellen zur thermischen Entropie S_{Th} noch die sog. Konfigurationsentropie S_{Kf} hinzukommt. Es ist

$$S = S_{\text{Th}} + S_{\text{Kf}} \ . \tag{1.80}$$

Zur Bestimmung der thermischen Entropie muss ermittelt werden, auf wie vielfältige Weise die thermische Energie des Kristalls auf mögliche Schwingungszustände des Kristallgitters verteilt werden kann. Es lässt sich zeigen, dass beim Vorhandensein von Leerstellen die Zahl W_{Th} der Verteilungsmöglichkeiten erhöht wird. Dies bedeutet gemäß der *Boltzmann*[17]*-Beziehung*

$$S_{\text{Th}} = k_B \ln W_{\text{Th}} \tag{1.81}$$

auch einen Zuwachs der thermischen Entropie. Die Größe k_B in (1.81) ist die Boltzmann-Konstante.

Ist σ_{Th} die Erhöhung der thermischen Entropie je erzeugter Leerstelle, so beträgt die Gesamterhöhung der thermischen Entropie des Systems bei n Leerstellen

$$\Delta S_{\text{Th}} = n\sigma_{\text{Th}} \ . \tag{1.82}$$

Zur Berechnung der Konfigurationsentropie müssen wir die Zahl W_{Kf} der Möglichkeiten ermitteln, einen Makrozustand mit n Leerstellen durch verschiedenartige Anordnungen der Leerstellen im Kristall zu realisieren. Bei N zur Verfügung stehenden Gitterplätzen gilt für diese Zahl

$$W_{\text{Kf}} = \frac{N!}{(N-n)!n!} \ . \tag{1.83}$$

Hierbei ist berücksichtigt worden, dass eine Vertauschung der Gitteratome untereinander und der Leerstellen untereinander keine neuen Konfigurationen ergibt.

[17] Ludwig Boltzmann, *1844 Wien, †1906 Duino (Görz).

Für die Konfigurationsentropie folgt aus (1.83)

$$S_{\mathrm{Kf}} = k_B \ln \frac{N!}{(N-n)!n!} \ . \tag{1.84}$$

Ist $F(T)$ die freie Energie des idealen Kristalls, so erhalten wir jetzt für die freie Energie des Kristalls mit n Leerstellen unter Berücksichtigung von (1.79), (1.82) und (1.84)

$$\begin{aligned} F(n,T) &= F(T) + \Delta U - T(\Delta S_{\mathrm{Th}} + S_{\mathrm{Kf}}) \\ &= F(T) + n(\epsilon_V - T\sigma_{\mathrm{Th}}) - Tk_B \ln \frac{N!}{(N-n)!n!} \ . \end{aligned} \tag{1.85}$$

Für das thermodynamische Gleichgewicht gilt

$$\left(\frac{\partial F}{\partial n}\right)_{T=\mathrm{const}} = 0 \ . \tag{1.86}$$

Bei Benutzung der Stirlingschen Näherungsformel

$$\ln x! = x \ln x - x \qquad \text{für} \qquad x \gg 1 \tag{1.87}$$

finden wir dann mit (1.85)

$$n = (N-n)e^{\sigma_{\mathrm{Th}}/k_B} e^{-\epsilon_V/k_B T} \ . \tag{1.88}$$

Für $n \ll N$ folgt hieraus für die Leerstellenkonzentration

$$\frac{n}{N} = e^{\sigma_{\mathrm{Th}}/k_B} e^{-\epsilon_V/k_B T} \ . \tag{1.89}$$

Die Größe ϵ_V hat nicht etwa den gleichen Betrag wie die Bindungsenergie $E_{\mathrm{Bind.}}$ eines Atoms in dem betreffenden Kristall. Das wäre nur dann der Fall, wenn die Positionen und die Ladungsverteilung der Gitteratome in der Nachbarschaft einer Leerstelle unverändert gegenüber dem ungestörten Zustand blieben. Dann wäre nämlich die Energie ϵ_V, die benötigt wird, um ein Gitteratom aus dem Kristallinnern an die Oberfläche zu bringen, gerade gleich der Energie, die erforderlich ist, um ein Gitteratom von der Kristalloberfläche abzulösen. Dies ist aber die Sublimationsenergie des Festkörpers, die bei Valenzkristallen und Metallen gleich der Bindungsenergie $E_{\mathrm{Bind.}}$ ist. In Wirklichkeit wird aber durch die Verrückung der Gitteratome in der Nachbarschaft einer Leerstelle Energie frei, die von $E_{\mathrm{Bind.}}$ abzuziehen ist, um ϵ_V zu erhalten.

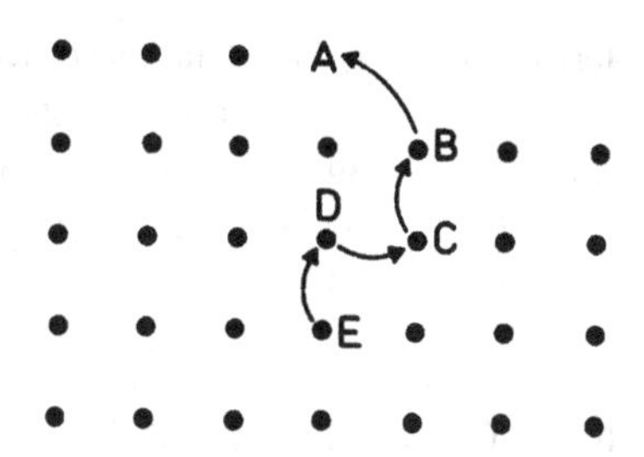

Abb. 1.29 Beispiel für die Entstehung eines Schottky-Defekts

Bei Valenzkristallen hat ϵ_V einen Wert von einigen Elektronvolt. Bei Edelmetallen beträgt ϵ_V etwa 1 eV. Der Entropiefaktor $e^{\sigma_{\text{Th}}/k_B}$ liegt in der Größenordnung von 10. Hieraus ergibt sich nach (1.89) für Edelmetalle bei einer Temperatur von 1000 K eine Leerstellenkonzentration von ungefähr 10^{-4}.

Abb. 1.29 zeigt, wie man sich die Entstehung von Schottky-Defekten im Kristall vorzustellen hat. Da die thermische Energie des Kristalls statistisch über die Gitteratome verteilt ist, kann ein Gitteratom z. B. auf dem Gitterplatz B momentan eine so hohe Energie besitzen, dass es seinen Platz verlässt und an die Oberfläche des Kristalls auf den Platz A springt. Die Leerstelle am Platz B kann dann von einem Gitteratom, das ursprünglich auf C saß, besetzt werden. Weitere Sprünge können folgen, und eine Leerstelle wandert auf diese Weise von der Oberfläche in den Kristall hinein. Die hierbei aufzuwendende Energie ist bei dem Sprung eines Gitteratoms von B nach A am größten. Sie nimmt ab, je weiter die Leerstelle in den Kristall hineinwandert, erreicht aber praktisch bereits nach einigen Sprüngen einen konstanten Wert. Obwohl dann die innere Energie des gesamten Kristalls vor und nach einem Sprung gleich ist, muss doch stets eine bestimmte *Aktivierungsenergie* ϵ_V^A aufgebracht werden, damit das Atom die Potenzialschwelle zwischen zwei benachbarten Gitterplätzen überwinden kann. Deswegen dauert es bei tiefen Temperaturen auch gewöhnlich eine längere Zeit, bis sich nach einer Temperaturänderung eine Leerstellenkonzentration entsprechend (1.89) eingestellt hat. So kann man z. B. die relativ große Leerstellenkonzentration, die bei einer hohen Kristalltemperatur vorliegt, durch rasches Abkühlen des Kristalls „einfrieren". In Tab. 1.2 sind die Energien $E_{\text{Bind.}}$, ϵ_V und ϵ_V^A für einige Metalle aufgeführt.

Auf ähnliche Weise kommt es auch in Ionenkristallen zur Ausbildung von Schottky-Defekten. Es werden hier im Allgemeinen nahezu gleichviele Kation- wie Anionlücken entstehen, sogar dann, wenn die Energie ϵ_V^+ zur Bildung einer Kationlücke sich stark von der Energie ϵ_V^- zur Bildung einer Anionlücke unterscheidet. Ist z. B. $\epsilon_V^+ < \epsilon_V^-$, so werden die zunächst in verstärktem Maße an die Oberfläche gelangenden positiven Ionen zu einer positiven Aufladung der Ober-

Tab. 1.2 $E_{\text{Bind.}}$, ϵ_V und ϵ_V^A für einige Metalle

	Al	Cu	Zn	Mo	W	Pt	Au
$E_{\text{Bind.}}$[eV]	3,39	3,49	1,35	6,82	8,90	5,84	3,81
ϵ_V[eV]	0,67	1,28	0,42	3,2	3,7	1,5	0,97
ϵ_V^A[eV]	0,62	0,71	0,40	1,3	1,8	1,4	0,74

fläche führen, während sich im Innern des Kristalls eine negative Raumladung aufbaut. Das auf diese Weise entstehende elektrische Feld wirkt aber gerade der Ausbildung von Kationlücken entgegen und begünstigt das entstehen von Anionlücken.

Eine Kationlücke verhält sich elektrostatisch in Bezug auf ihre Umgebung wie eine negative Ladung; das Umgekehrte gilt für eine Anionlücke. Hieraus folgt, dass sich eine Kation- und eine Anionlücke gegenseitig anziehen und zu einem räumlich unmittelbar benachbarten Paar zusammentreten können. Bei vorgegebener Kristalltemperatur wird ein bestimmtes Verhältnis zwischen der Zahl der räumlich voneinander getrennten Leerstellen und der zu einem Paar zusammengeschlossenen Leerstellen bestehen. Das Verhältnis hängt von der Energie ab, die erforderlich ist, um ein Leerstellenpaar räumlich zu trennen.

Andere Eigenfehlstellen im Kristall sind die sog. *Frenkel*[18]*-Defekte*. Es sind Fehlordnungen, die dadurch entstehen, dass Gitteratome, die ihre Plätze verlassen haben, auf Zwischengitterplätze wandern. Auf diese Weise treten im Kristall neben Leerstellen gleichzeitig *Zwischengitteratome* in Erscheinung. In Kristallen mit relativ offener Struktur können sich natürlich leichter Gitteratome auf Zwischengitterplätzen ansiedeln als in solchen mit dicht gepackter Struktur, wie z. B. in Metallen. Bei letzteren ist dementsprechend auch die Energie, die zur Bildung eines Frenkel-Defekts benötigt wird, relativ groß. Sie liegt bei einigen Elektronvolt und ist durch die starken Gitterverzerrungen, die sich in der Umgebung eines Zwischengitteratoms ausbilden, bedingt. In Metallen lassen sich deshalb durch Erwärmung praktisch keine Frenkel-Defekte erzeugen. Anders ist es dagegen bei Ionenkristallen. Hier liegen die Energiewerte für die Bildung von Schottky- und Frenkel-Defekten nahe beieinander, sodass sich bei einer Erwärmung beide Defektarten ausbilden. Bei Alkalihalogeniden überwiegen Schottky-Defekte, bei Silberhalogeniden Frenkel-Defekte.

In großer Zahl entstehen auch in Metallen Frenkel-Defekte, wenn man die Metalle mit schnellen Teilchen beschießt. Hierbei hat man zwischen der Bestrahlung mit schnellen Elektronen und dem Beschuss mit schweren Teilchen zu unterschei-

[18] Jakow Iljitsch Frenkel, *1894 Rostow, †1952 Leningrad.

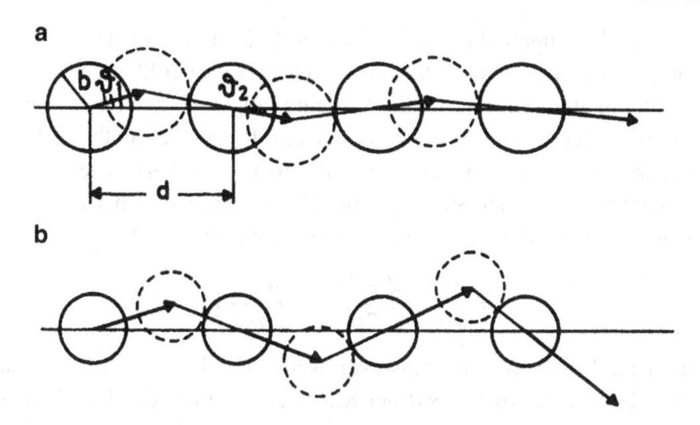

Abb. 1.30 Fokussierende (**a**) und defokussierende (**b**) Stoßfolge im Modell harter Kugeln

den. Ein mit der kinetischen Energie E in einen Kristall eingeschossenes Teilchen mit der Masse M_1 kann in einem Stoßprozess auf ein Gitteratom mit der Masse M_2 maximal die Energie

$$T_{\max} = \frac{4M_1M_2}{(M_1 + M_2)^2} E \tag{1.90}$$

übertragen. Da die Masse eines Elektrons viel kleiner als die Masse eines Gitteratoms ist, beträgt beim Beschuss eines Festkörpers mit Elektronen die auf ein Gitteratom übertragene Energie nur einen winzigen Bruchteil der Einfallsenergie. Um in einem Metall ein Gitteratom von seinem Platz zu entfernen, ist je nach Material eine Energie E_d zwischen etwa 10 und 40 eV nötig. Damit ein Elektron eine solche Energie übertragen kann, muss es selbst eine kinetische Energie von mehr als 1 MeV haben. Meistens wird je einfallendem Elektron nur ein einziges Gitteratom von seinem Platz entfernt; denn bevor es zu einem zweiten Stoß mit einem Gitteratom kommt, ist das Elektron durch Anregung von Kristallelektronen bereits soweit abgebremst worden, dass die an ein Gitteratom übertragene Energie nicht mehr ausreicht, dieses von seinem Platz zu stoßen.

Das primär angestoßene Gitteratom landet meistens nicht unmittelbar auf einem Zwischengitterplatz, sondern löst in einem Metall gewöhnlich eine sog. *Ersetzungsstoßfolge* aus.

Zur Beschreibung der Ersetzungsstoßfolgen geht man zweckmäßig von einem Modell harter Kugeln aus. In Abb. 1.30 sind zwei Stoßfolgen zwischen Kugeln dargestellt, die äquidistant in einer Reihe angeordnet sind. In beiden Folgen startet die erste Kugel unter demselben Winkel gegen die Verbindungsgerade der Kugelzentren, nur der Kugelradius b ist in beiden Reihen verschieden groß. Dieser Unterschied bewirkt aber gerade, dass in der ersten Folge der Stoßwinkel von Stoß zu Stoß monoton abnimmt und schließlich eine Folge von zentralen Stößen entsteht, während in der zweiten Folge mit kleinerem Radius der Stoßwinkel laufend größer wird, bis die Stoßfolge schließlich unterbrochen wird. Im ersten Fall spricht man von einer fokussierenden Stoßfolge. Bei kleinen Stoßwinkeln ϑ findet man für das Verhältnis zweier aufeinanderfolgender Stoßwinkel angenähert

$$\Lambda = \frac{\vartheta_2}{\vartheta_1} = \frac{d - 2b}{2b} = \frac{d}{2b} - 1 \; . \tag{1.91}$$

Eine fokussierende Stoßfolge liegt also vor, wenn $\Lambda < 1$ ist. Nach (1.91) hängt Λ nur vom Verhältnis des Abstandes d der Kugelzentren zum Kugeldurchmesser $2b$ ab.

Diese Gesetzmäßigkeiten lassen sich auf Stoßfolgen längs einer Gitterkette in einem Kristall übertragen. Steigt nämlich das Abstoßungspotenzial bei gegenseitiger Annäherung zweier Gitteratome sehr stark an, so kann man die Gitteratome in guter Näherung als harte Kugeln ansehen, deren Radius halb so groß ist wie der Minimalabstand bei zentralem Stoß. Dieser Abstand und damit auch der effektive Kugelradius ist natürlich umso größer, je niedriger die Energie der Gitteratome ist. Das bedeutet, dass sich eine fokussierende Stoßfolge nur ausbilden kann, wenn die kinetische Energie eines Gitteratoms einen bestimmten Wert unterschreitet. Außerdem lässt sich die Bedingung für das Auftreten einer fokussierenden Stoßfolge umso leichter erfüllen, je kleiner der Abstand d der Gitteratome in einer Gitterkette ist. Fokussierende Stoßfolgen bilden sich deshalb bevorzugt in dicht gepackten Kristallrichtungen aus. Das sind in einem fcc-Gitter die $\langle 110 \rangle$- und $\langle 100 \rangle$-Richtungen und in einem bcc-Gitter die $\langle 111 \rangle$- und $\langle 100 \rangle$-Richtungen.

In der Näherung harter Kugeln ist in einer fokussierenden Stoßfolge lediglich ein Energietransport und kein Massentransport möglich. Das Auftreten einer Ersetzungsstoßfolge, in der jedes Gitteratom seinen Nachbarn von seinem Platz stößt und dessen Position einnimmt, setzt voraus, dass das betreffende Gitteratom die Distanz $d/2$ (Abb. 1.30) überschreitet. Hierzu müsste $b < d/4$ sein, was aber nach (1.91) die Ausbildung einer fokussierenden Stoßfolge ausschließt. In Wirklichkeit treten in grober Abschätzung für $E_d < E < 2E_d$ Ersetzungsstoßfolgen auf, die, sobald $E < E_d$ geworden ist, in solche fokussierende Stoßfolgen übergehen, bei denen nur noch ein Energietransport erfolgt. Am Anfang einer Ersetzungsstoßfolge bildet sich also eine Leerstelle aus, und am Ende der Folge ist ein Gitteratom im Überschuss vorhanden, das als Zwischengitteratom in Erscheinung tritt. In den meisten Metallen teilen sich das überschüssige Atom und ein reguläres Gitteratom einen Gitterplatz in Form einer Hantel. In Abb. 1.31 ist eine solche *Hantelkon-*

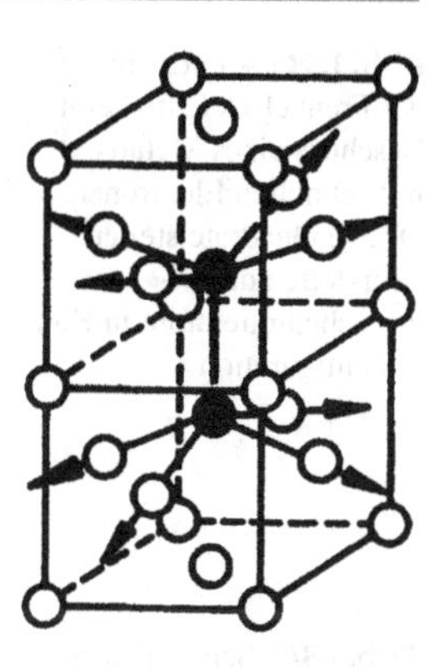

Abb. 1.31 Hantelkonfiguration für ein fcc-Gitter

figuration für ein fcc-Gitter und in Abb. 1.32 für ein bcc-Gitter dargestellt. Als Endergebnis erhält man also beim Beschuss eines Metalls mit schnellen Elektronen räumlich mehr oder weniger weit voneinander getrennte Frenkel-Defekte (Abb. 1.33).

Ganz anders ist es hingegen, wenn ein Metall mit schweren Teilchen, z. B. mit schnellen Neutronen oder Ionen, beschossen wird. In diesem Fall kann von einem einfallenden Teilchen soviel Energie auf ein Gitteratom übertragen werden, dass dieses in der Lage ist, selbst andere Gitteratome von ihren Plätzen zu stoßen. Auch diese können dann unter Umständen noch weitere Gitteratome fortbewegen. Man spricht von einer *Verlagerungskaskade*. Die räumliche Ausdehnung einer solchen Kaskade ist proportional zu $T_{\text{kin}}^{2/3}$, wenn T_{kin} die im Primärstoß an ein Gitteratom übertragene kinetische Energie ist. Für $T_{\text{kin}} = 80\,\text{keV}$ liegt die Ausdehnung der Kaskade bei etwa 100 Å.

Im Kaskadenbereich erfolgt kurzzeitig eine so hohe Aufheizung des Kristalls, dass die Gitteratome dort wie Gasmoleküle frei beweglich sind. Am Rande der

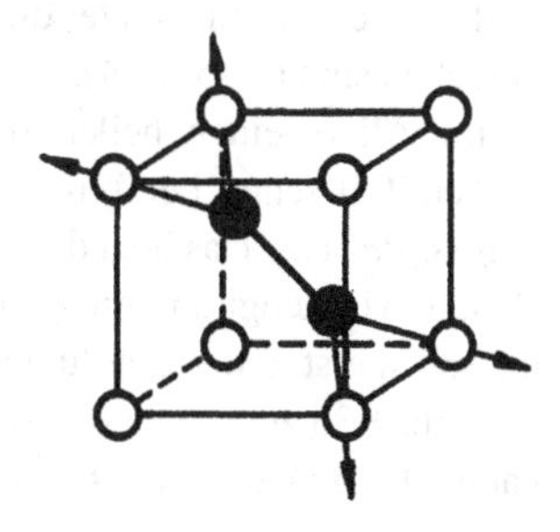

Abb. 1.32 Hantelkonfiguration für ein bcc-Gitter

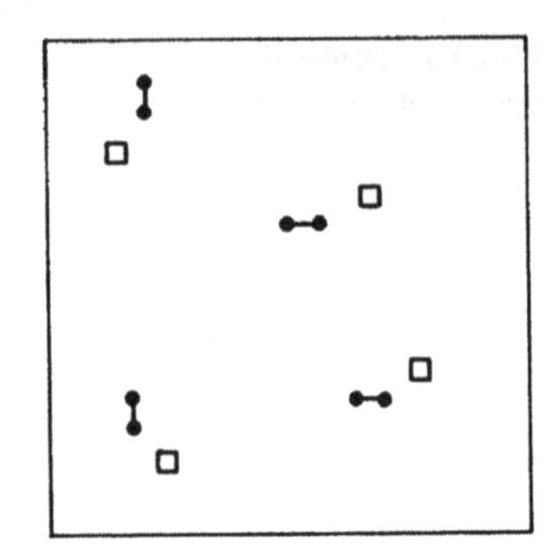

Abb. 1.33 Anordnung der Frenkel-Defekte beim Beschuss eines Metalls mit schnellen Elektronen. Offene Quadrate stellen Leerstellen dar, •–• ein Zwischengitteratom in Hantelkonfiguration

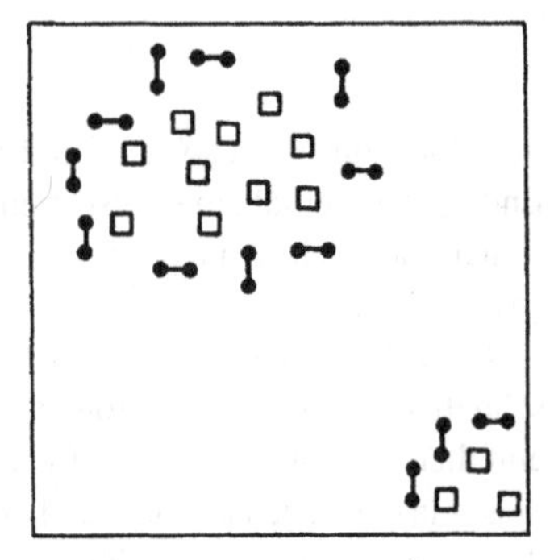

Abb. 1.34 Schematische Darstellung der Strahlenschäden in einem Metall nach Beschuss mit schnellen Neutronen oder Ionen. Offene Quadrate stellen Leerstellen dar, •–• ein Zwischengitteratom in Hantelkonfiguration

Verlagerungskaskade ist aber die auf die Gitteratome übertragene Energie soweit abgefallen, dass von dort aus Ersetzungsstoßfolgen starten können. An deren Ende treten wiederum Zwischengitteratome in Hantelkonfiguration auf. Im Kaskadenbereich fehlt dann natürlich die entsprechende Anzahl Gitteratome, sodass hier, sobald sich die Gitteratome wieder zu einem Kristallverband geordnet haben, Leerstellen in Erscheinung treten. Als Endergebnis erhält man in diesem Fall an Leerstellen reiche Kerngebiete, die von Zwischengitteratomen in Hantelkonfiguration umgeben sind (Abb. 1.34).

Im Allgemeinen heilen die hier beschriebenen *Strahlenschäden* zu einem großen Teil schon bei Temperaturen von einigen zehn Kelvin in der sog. *Erholungsstufe* I aus. Das liegt daran, dass bereits bei relativ niedrigen Temperaturen die Hantelzwischengitteratome eine hohe Beweglichkeit haben und mit Leerstellen, die selbst erst in der Erholungsstufe III zu wandern beginnen, rekombinieren.

Abb. 1.35 zeigt, wie die Wanderung einer Hantel in einem fcc-Gitter erfolgen kann. Die rücktreibende Kraft, die bei der Auslenkung eines Hantelatoms aus sei-

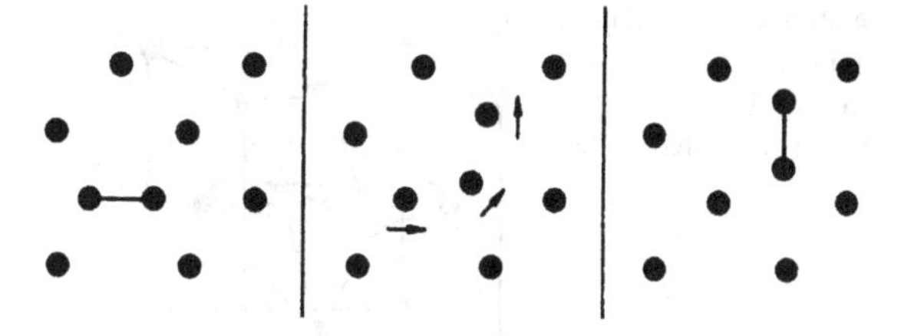

Abb. 1.35 Wanderung eines Zwischengitteratoms in Hantelkonfiguration in einem fcc-Gitter

ner Gleichgewichtslage von den benachbarten Gitteratomen auf das Hantelatom ausgeübt wird, wird teilweise durch die abstoßende Kraft zwischen den beiden Atomen der Hantel kompensiert. Deshalb hat die thermische Bewegung eines Hantelatoms schon bei tiefen Temperaturen eine relativ große Schwingungsamplitude, die den Sprung eines Hantelatoms in eine neue Gleichgewichtslage ermöglicht. Die Aktivierungsenergie für die Wanderung von Zwischengitteratomen liegt bei etwa 0,1 eV. Sie ist also, wie aus Tab. 1.2 ersichtlich, wesentlich kleiner als die Aktivierungsenergie ϵ_V^A für die Wanderung von Leerstellen.

Dass in der Erholungsstufe I nicht sogar alle Frenkel-Defekte ausheilen, beruht darauf, dass die Zwischengitteratome bei ihrer Wanderung im Kristall nicht nur mit Leerstellen rekombinieren, sondern sich aneinander anlagern. In der sich bei höheren Temperaturen anschließenden Erholungsstufe II erfolgt ein weiteres Anwachsen der Zwischengitteratomagglomerate. Erst in der Erholungsstufe III, etwa bei Zimmertemperatur, erfolgt wieder in verstärktem Maße ein Abbau von Strahlenschäden. Die Leerstellen, die ja jetzt beweglich sind, rekombinieren an den Zwischengitteratomagglomeraten. Gleichzeitig bilden sich aber auch Leerstellenagglomerate aus. In der Erholungsstufe IV wachsen die Leerstellenagglomerate weiter an. In der Erholungsstufe V schließlich erfolgt die vollständige Ausheilung der Strahlenschäden, indem die Leerstellenagglomerate dissoziieren und die einzelnen Leerstellen an den Zwischengitteratomagglomeraten rekombinieren.

1.4.2 Fremdatome in Kristallen

Fremdatome können sowohl Zwischengitterplätze als auch Gitterplätze des Wirtsgitters einnehmen. Im ersten Fall spricht man von *interstitionellen*, im zweiten Fall von *substitutionellen Fremdatomen*. Auf Zwischengitterplätzen findet man Fremdatome vor allem dann, wenn ihr Radius wesentlich kleiner ist als der der Wirtsgitteratome. Dies gilt im Allgemeinen für Wasserstoff-, Bor-, Kohlenstoff-, Stickstoff- und Sauerstoffatome. In allen anderen Fällen bilden sich gewöhnlich Substitutionsstörstellen aus.

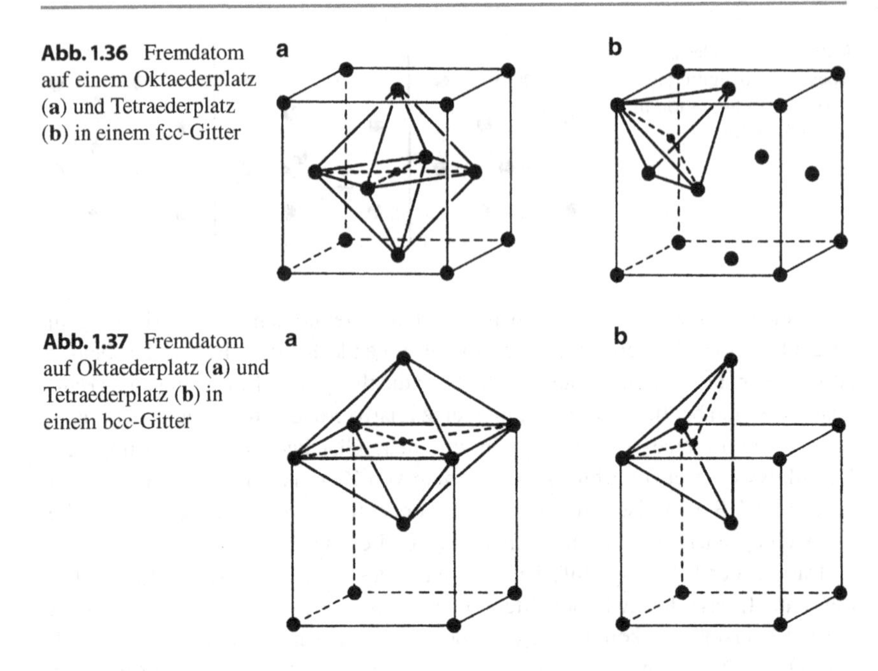

Abb. 1.36 Fremdatom auf einem Oktaederplatz (**a**) und Tetraederplatz (**b**) in einem fcc-Gitter

Abb. 1.37 Fremdatom auf Oktaederplatz (**a**) und Tetraederplatz (**b**) in einem bcc-Gitter

In Abb. 1.36 sind für eine fcc-Gitterstruktur typische Zwischengitterplätze angegeben, die von Fremdatomen mit kleinem Atomradius besetzt werden. Zwischengitteratome auf sog. *Oktaederplätzen* haben die Koordinaten $(1/2, 1/2, 1/2)$, auf sog. *Tetraederplätzen* $(1/4, 1/4, 1/4)$.

In Abb. 1.37 sind die entsprechenden Zwischengitterplätze für eine bcc-Gitterstruktur eingezeichnet. Sie haben die Koordinaten $(1/2, 1/2, 0)$ bzw. $(1/2, 1/4, 0)$.

Häufig besteht eine starke Wechselwirkung der Fremdatome mit den Eigenfehlstellen des Kristalls. So sind z. B. in einem Metall Fremdatome mit relativ großem Radius häufig von mehreren Leerstellen umgeben. Auf diese Weise werden die elastischen Spannungen in der Umgebung des Fremdatoms reduziert. Ist andererseits in einem Metall der Radius der Fremdatome kleiner als der der Wirtsgitteratome, so können nach der Bestrahlung des Metalls mit schnellen Teilchen Fremdatome mit Wirtsgitteratomen sog. *gemischte Hanteln* bilden. Zwar entstehen bei einer kleinen Dotierung des Metalls mit Fremdatomen zunächst in überwiegender Mehrheit Hanteln aus Wirtsgitteratomen. Wenn aber eine solche Hantel bei der Diffusion durch den Kristall auf ein Fremdatom stößt, kann das eine Atom dieser Hantel vom Fremdatom eingefangen werden und mit ihm eine gemischte Hantel bilden. Das überschüssige Wirtsgitteratom nimmt dann den freigewordenen regu-

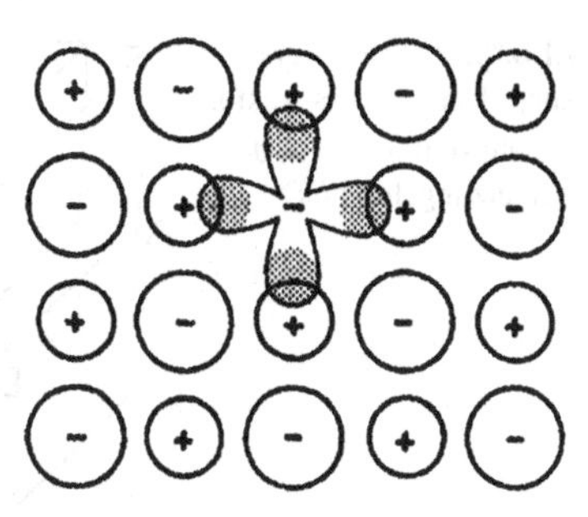

Abb. 1.38 Struktur eines F-Zentrums

lären Gitterplatz ein. Solche gemischte Hanteln sind meist wesentlich stabiler als die Hanteln aus Wirtsgitteratomen und rekombinieren mit Leerstellen häufig erst in der Erholungsstufe III.

1.4.3 Farbzentren

In Ionenkristallen, insbesondere in Alkalihalogeniden, kennt man noch eine weitere Art von Fehlstellen, die sog. *Farbzentren*. Ihr Name rührt daher, dass Kristalle mit derartigen Fehlstellen eine charakteristische Absorption elektromagnetischer Strahlung im Bereich des sichtbaren Lichts aufweisen.

Die am besten untersuchten Farbzentren sind die sog. *F-Zentren*. Hier ist in einer Halogenlücke ein einzelnes Elektron eingefangen. Das Elektron sitzt dabei aber nicht im Mittelpunkt der Lücke, sondern hat eine besonders große Aufenthaltswahrscheinlichkeit in der Nähe der die Lücke umgebenden positiven Metallionen (Abb. 1.38). F-Zentren lassen sich in einem Natriumchloridkristall z. B. dadurch erzeugen, dass man den Kristall in Natrium- oder Kaliumdampf erhitzt und anschließend schnell auf Raumtemperatur abkühlt. Die Alkaliatome werden an der Oberfläche des Kristalls adsorbiert und geben dort ihre Valenzelektronen an den Kristall ab. Gleichzeitig diffundieren von der Kristalloberfläche Halogenlücken in den Kristall hinein, da an der Oberfläche zum Aufbau einer neuen Kristallschicht Halogenionen benötigt werden. Trifft ein im Kristall diffundierendes Elektron auf eine solche Halogenlücke, so entsteht ein neues F-Zentrum.

1.4.4 Versetzungen

Bei den Versetzungen unterscheidet man zwei Grundtypen, die Stufenversetzung und die Schraubenversetzung. Diese beiden Versetzungsformen kommen aller-

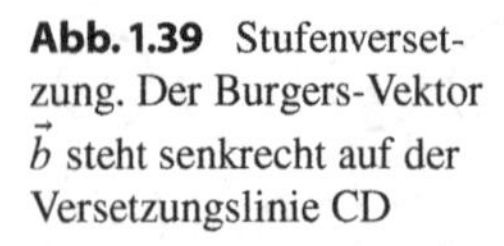

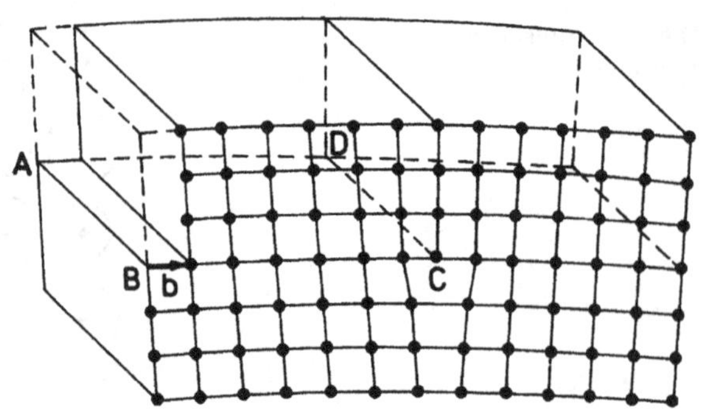

Abb. 1.39 Stufenversetzung. Der Burgers-Vektor $\vec{b}$ steht senkrecht auf der Versetzungslinie CD

dings selten in reiner Form vor, sondern überlagern sich gewöhnlich und bilden dann eine allgemeinere Versetzungsform.

Abb. 1.39 zeigt schematisch eine *Stufenversetzung* in einem kubisch primitiven Gitter. Ihre Entstehung kann man sich folgendermaßen vorstellen:

Das Kristallgitter wird längs der Ebene ABCD aufgeschnitten. Die obere Hälfte des Kristalls wird dann (inkl. der Atome in der Ebene) von links um die Strecke b nach rechts verschoben, während die rechte Seite des Kristalls keine Verrückung erfährt. Anschließend werden die beiden Hälften wieder zusammengefügt und ein Spannungsausgleich herbeigeführt. Durch diesen Prozess wird die obere Hälfte des Kristalls komprimiert, während sich in der unteren Hälfte eine Zugspannung ausbildet. Im Endergebnis sieht es so aus, als hätte man die Halbebene, die sich ursprünglich mit ihren Gitteratomen oberhalb AB befand, über der Linie CD in den Kristall hineingezwängt. Die Linie CD bezeichnet man als *Versetzungslinie*, den Vektor $\vec{b}$ als *Burgers-Vektor*. Bei einer Stufenversetzung steht der Burgers-Vektor senkrecht auf der Versetzungslinie.

Lässt man auf die Oberseite des Kristalls in Abb. 1.39 eine Schubkraft in Richtung des Burgers-Vektors einwirken, so wandert die Versetzungslinie im Kristallgitter nach rechts und erreicht schließlich die rechte Seite des Kristalls. Dann ist die obere Hälfte des Kristalls auf der unteren um die Strecke b abgeglitten (Abb. 1.40). Dieser Mechanismus spielt bei der plastischen Verformung von Kristallen eine ausschlaggebende Rolle. Es lässt sich nämlich zeigen, dass die Schubspannung, die notwendig ist, um einen derartigen Gleitmechanismus einzuleiten, unter Umständen weit mehr als einen Faktor Hundert kleiner als diejenige Schubspannung ist, die erforderlich wäre, um in einem idealen Kristall zwei Netzebenen gleichmäßig gegeneinander um die Gitterkonstante zu verschieben. Hierauf kommen wir später zurück.

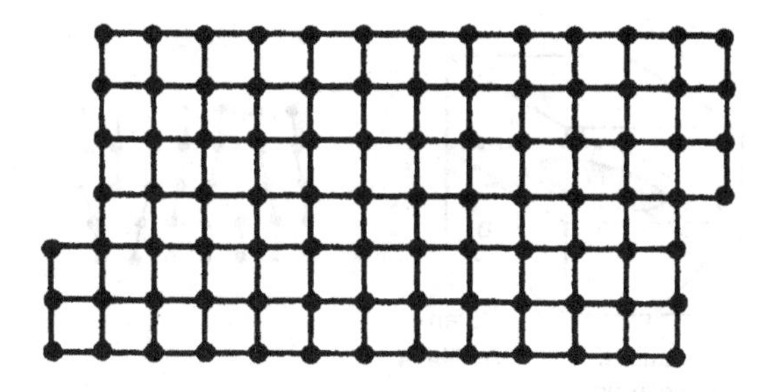

Abb. 1.40 Zur Wanderung von Versetzungslinien

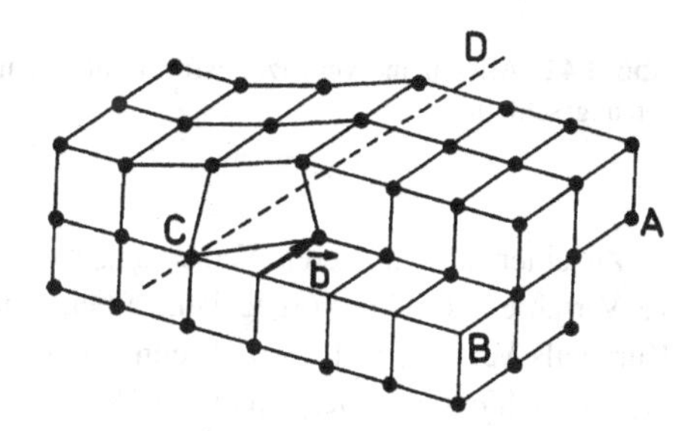

Abb. 1.41 Schraubenversetzung. Der Burgers-Vektor $\vec{b}$ verläuft parallel zur Versetzungslinie CD

In Abb. 1.41 ist eine *Schraubenversetzung* schematisch dargestellt. Um sie zu erhalten, wird wie bei der Diskussion der Stufenversetzung der Kristall längs einer Ebene ABCD aufgeschnitten. Die Schnittkante CD ist auch hier die Versetzungslinie. Nur wird in diesem Fall die Kristallhälfte oberhalb des Einschnitts nicht senkrecht zur Versetzungslinie wie bei der Stufenversetzung, sondern in Richtung der Versetzungslinie um den Burgers-Vektor $\vec{b}$ verschoben, in unserer Darstellung nach hinten. Bei der Schraubenversetzung verläuft der Burgers-Vektor also parallel zur Versetzungslinie. Umfährt man die Versetzungslinie im Uhrzeigersinn auf einer Netzebene, die zu dieser Linie senkrecht steht, so bewegt man sich in Richtung der Versetzungslinie in das Kristallgitter hinein, und zwar bei jeder Umrundung der Versetzungslinie gerade um die Strecke b. Daher kommt der Name für diese Versetzungsform.

Unter dem Einfluss einer Schubspannung auf die Oberseite des Kristalls in Richtung des Burgers-Vektors wird die Versetzungslinie in unserer Darstellung nach links verrückt. Wenn sie dabei die linke Seite des Kristalls erreicht hat, ist die obere Hälfte des Kristalls auf der unteren um die Strecke b nach hinten abgeglitten. Bei einer Schraubenversetzung entsteht die Stufe an der Oberfläche, die die Versetzungslinie durchstößt, bei einer Stufenversetzung an der Oberfläche, zu der die Versetzungslinie wandert.

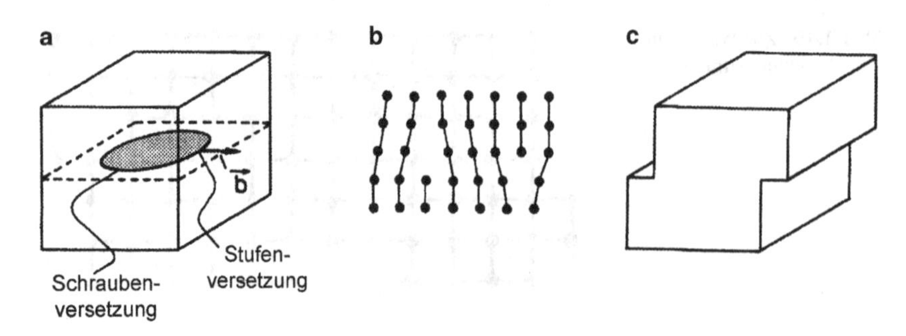

Abb. 1.42 Allgemeine Versetzungsform mit einem Burgers-Vektor $\vec{b}$ in der Ebene der Versetzungsschleife

Zu einer allgemeineren Versetzungsform gelangt man durch folgendes fiktive Verfahren: In eine vorgegebene Ebene innerhalb des Kristalls legt man eine Kurve als Versetzungslinie und schneidet den Kristall innerhalb des von der Kurve eingeschlossenen Bereichs auf (Abb. 1.42a). Das Material auf der einen Seite der Schnittfläche wird gegenüber dem Material auf der anderen Seite um den Burgers-Vektor $\vec{b}$ verschoben. Er verläuft in Abb. 1.42 parallel zur Schnittfläche. Anschließend wird der Kristall wieder zusammengesetzt, wobei die Verrückungen beibehalten, die inneren Spannungen soweit wie möglich ausgeglichen werden. Längs der Versetzungslinie liegt nur dort eine reine Stufenversetzung vor, wo ein Längenelement der Versetzungslinie senkrecht zum Burgers-Vektor $\vec{b}$ verläuft. Genauso gibt es nur dort eine reine Schraubenversetzung, wo ein Längenelement der Versetzungslinie parallel zum Burgers-Vektor gerichtet ist. In allen anderen Fällen hat man es mit einer kombinierten Stufen- und Schraubenversetzung zu tun. Abb. 1.42b zeigt die Atomanordnung in einem Schnittbild, das die reinen Stufenversetzungen an der Vorder- und Rückseite der Versetzungsschleife erfasst.

Unter dem Einfluss einer Schubspannung dehnt sich die Versetzungsschleife in Abb. 1.42a immer weiter aus, bis sie schließlich die Kristalloberfläche erreicht und eliminiert wird. Zurück bleiben Stufen der Breite b an den Seiten des Kristalls, auf die die senkrecht zum Burgers-Vektor gerichteten Längenelemente der Versetzungslinie treffen (Abb. 1.42c). Das gleiche Ergebnis hätte man erhalten, wenn eine reine Stufenversetzung von links nach rechts durch den Kristall gewandert wäre oder sich eine reine Schraubenversetzung von vorn nach hinten durch den Kristall bewegt hätte.

Wird der Radius R der Kreisschleife in Abb. 1.42a lediglich auf den Wert $R+b$ vergrößert, so erfolgt im Mittel eine Verrückung der oberen und unteren Kreishälf-

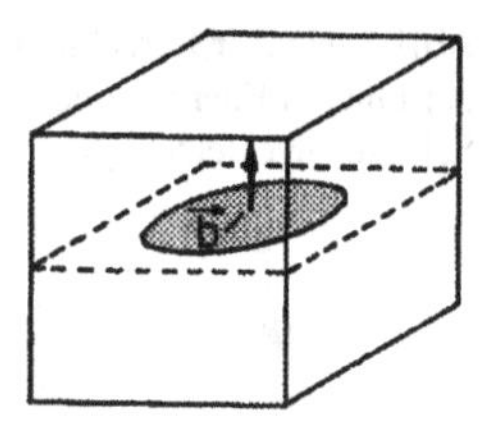

Abb. 1.43 Stufenversetzung mit kreisförmiger Versetzungslinie

te gegeneinander um den Betrag $(2\pi Rb/A)b$, wenn A die Größe der gesamten Gleitebene des Kristalls kennzeichnet. Von der von außen einwirkenden Schubspannung σ wird hierbei die Arbeit

$$W = A\sigma \frac{2\pi Rb}{A} b = 2\pi\sigma Rb^2 \tag{1.92}$$

geleistet. Diesen Ausdruck werden wir später dazu benutzen, die Schubspannung zu ermitteln, die zur Vergrößerung des Radius einer Versetzungsschleife erforderlich ist.

Das oben beschriebene fiktive Verfahren zur Erzeugung einer Versetzung ändern wir jetzt dahingehend ab, dass wir den Burgers-Vektor senkrecht zur Schnittfläche wählen (Abb. 1.43). Bei einer Verschiebung der Schnittflächen gegeneinander in Richtung des Burgers-Vektors wird nun entweder eine Lücke im Kristall entstehen oder eine Materialüberlappung erfolgen. Im ersten Fall wird Material hinzugefügt, im zweiten Fall wird das Material entfernt. Abb. 1.44 zeigt im Schnittbild das jeweilige Ergebnis nach erfolgtem Spannungsausgleich. Da der Burgers-Vektor überall auf der Versetzungslinie senkrecht steht, haben wir es hier mit reinen Stufenversetzungen zu tun. Die Versetzungslinie einer reinen Stufenversetzung muss also durchaus nicht geradlinig sein. Die Versetzungslinie einer reinen Schraubenversetzung ist dagegen immer eine Gerade.

Stufenversetzungen wie in Abb. 1.44 sind von besonderer Bedeutung als Quellen und Senken für Leerstellen und Zwischengitteratome. Diffundiert z. B. ein

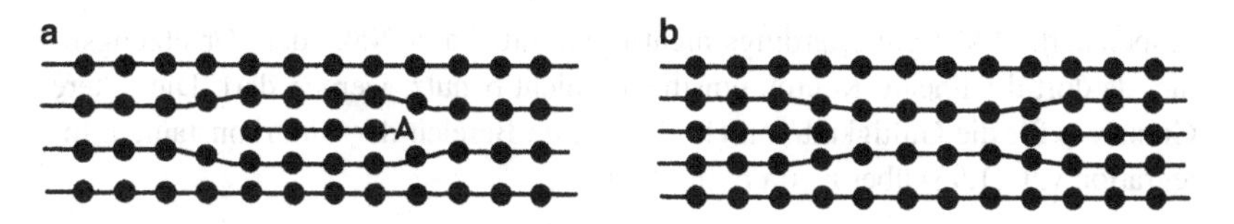

Abb. 1.44 Schnittbilder von Stufenversetzungen bei einer Versetzungslinie wie in Abb. 1.43 (nach Weertman, J.; Weertman, J.R.: Elementary Dislocation Theory. Macmillan 1964)

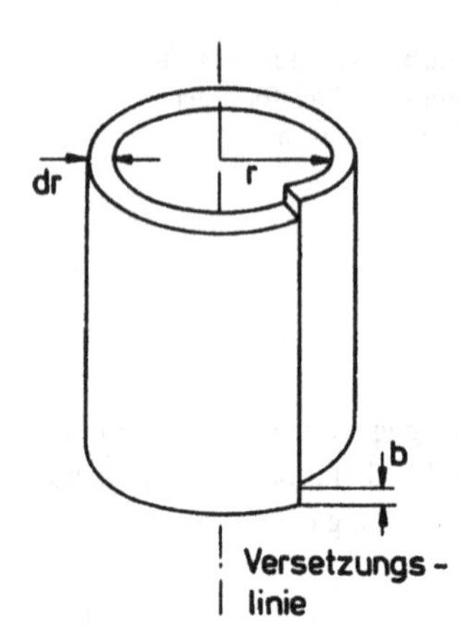

Abb. 1.45 Zur Berechnung der inneren Energie einer Schraubenversetzung

Gitteratom vom Platz A in Abb. 1.44a in den Kristall hinein, so entsteht ein Zwischengitteratom. Es kann auf diese Weise aber auch eine Leerstelle verschwinden. Lagert sich umgekehrt ein Gitteratom an die Stufenversetzung an, so kann das entweder die Entstehung einer Leerstelle oder das Verschwinden eines Zwischengitteratoms bedeuten.

Jede Versetzung verursacht in der Nachbarschaft ihrer Versetzungslinie eine Deformation des Kristalls. Es muss daher zur Ausbildung einer Versetzung Energie aufgebracht werden. Für eine Schraubenversetzung lässt sich diese Energie leicht abschätzen.

In einem zylindrischen Kristall mit Radius R und Länge L verlaufe die Versetzungslinie einer Schraubenversetzung entlang der Zylinderachse. In einer Schale des Zylinders mit Radius r und Dicke dr liegt dann eine Scherung um den Winkel $\gamma = b/2\pi r$ vor (Abb. 1.45). Wenn G der Schubmodul des Festkörpers ist, entspricht ihr eine elastische Energiedichte $G\gamma^2/2 = (Gb^2)/(8\pi^2 r^2)$. Im Zylindermantel ist also eine Deformationsenergie

$$dU = \frac{Gb^2 L}{4\pi} \frac{dr}{r} \tag{1.93}$$

gespeichert. (1.93) gilt allerdings nicht in unmittelbarer Nähe der Versetzungslinie, da dort die lineare Kontinuumstheorie nicht benutzt werden darf. Die untere Grenze r_0 für die Gültigkeit von (1.93) liegt im Bereich der Gitterkonstanten. Integration von (1.93) über r von r_0 bis R ergibt

$$U = \frac{Gb^2 L}{4\pi} \ln \frac{R}{r_0} \ . \tag{1.94}$$

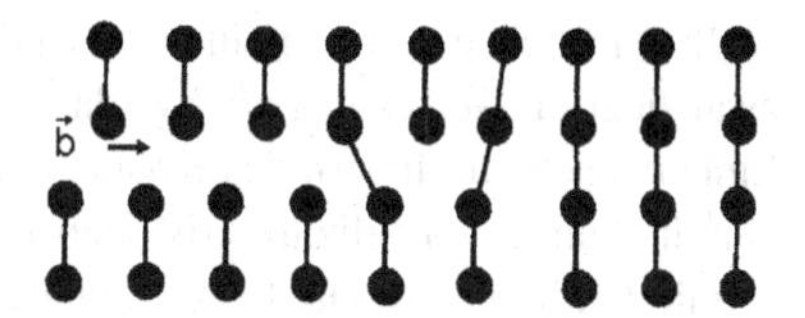

Abb. 1.46 Unvollständige Versetzung. Der Burgers-Vektor ist kleiner als eine primitive Translation

Vernachlässigen wir in erster Näherung den Beitrag, den der Kristall innerhalb des Bereichs mit dem Radius r_0 zur Deformationsenergie leistet, so können wir mithilfe von (1.94) die innere Energie einer Schraubenversetzung abschätzen. Mit den Werten $R = 1$ cm, $r_0 = 10^{-7}$ cm, $b = 2{,}5 \cdot 10^{-8}$ cm und $G = 5 \cdot 10^{10}$ Newton/m^2 finden wir einen Energiebeitrag von $4 \cdot 10^{-11}$ Joule $= 2{,}5 \cdot 10^8$ eV je cm Länge des zylindrischen Kristalls. Das entspricht einer Energie von etwa 7 eV je Atom der Versetzungslinie. Verglichen mit der inneren Energie einer atomaren Fehlstelle ist dieses ein hoher Wert. Die elastische Energie einer Stufenversetzung liegt in der gleichen Größenordnung.

Nach (1.94) ist die innere Energie einer Versetzung dem Quadrat ihres Burgers-Vektors proportional. Das macht verständlich, weshalb der Burgers-Vektor einer Versetzung im Allgemeinen einer primitiven Translation des Gitters oder einer sehr einfachen Kombination der primitiven Translationen entspricht; denn eine Versetzung mit einem längeren Burgers-Vektor $\vec{b}$ kann immer in zwei Versetzungen mit den Burgers-Vektoren $\vec{b}_1$ und $\vec{b}_2$ dissozieren, wobei $b_1^2 + b_2^2 \leq b^2$ ist.

Grundsätzlich kann der Burgers-Vektor auch kleiner als eine primitive Translation sein. Da aber in diesem Fall nicht nur in der unmittelbaren Umgebung der Versetzungslinie Verrückungen der Netzebenen gegeneinander auftreten, sondern innerhalb des gesamten von der Versetzungslinie umschlossenen Bereichs (Abb. 1.46), hat eine solche Versetzung im Allgemeinen eine sehr große innere Energie und ist deshalb instabil. Es gibt allerdings Ausnahmen, die wir später bei der Behandlung der sog. Stapelfehler kennenlernen werden.

Die Konfigurationsentropie von Versetzungen ist sehr klein. Jede Versetzungslinie kann man als eine Folge von punktförmigen Fehlordnungen auffassen. Im Gegensatz zu den am Anfang dieses Kapitels besprochenen atomaren Fehlordnungen, die sich statistisch über den Kristall verteilen, hat man in einer Versetzung eine starke Korrelation zwischen den Punktdefekten. Sie müssen in einer Linie aufeinander folgen. Dadurch wird die Zahl der Realisierungsmöglichkeiten einer bestimmten Konfiguration sehr stark herabgesetzt und wir können den Beitrag der Entropie zur freien Energie von Versetzungen praktisch vernachlässigen. Die freie Energie erreicht somit ein Minimum, wenn auch die innere Energie einen Minimalwert annimmt, d. h. wenn im Kristall keine Versetzungen vorhanden sind.

In Wirklichkeit sind in einem Kristall aber stets Versetzungen vorhanden. Und zwar liegt die *Versetzungsdichte*, das ist die Zahl der Versetzungslinien, die eine Einheitsfläche im Innern des Kristalls durchsetzen, zwischen 10^2 Versetzungen je cm^2 in sehr guten Siliziumkristallen und 10^{12} Versetzungen je cm^2 in stark deformierten Metallen. Die letzte Angabe bedeutet, dass in diesem Fall der mittlere Abstand der Versetzungslinien nur etwa 100 Å beträgt.

Versetzungen entstehen zunächst immer in großer Zahl beim Erstarren einer Schmelze. Über ihren Bildungsmechanismus gibt es unter anderem folgende Vorstellung: Die Gleichgewichtskonzentration der Leerstellen ist an der relativ heißen Grenzfläche zur Schmelze wesentlich größer als in den bereits stärker abgekühlten Bereichen des neu gebildeten Kristalls. Da der Kristall ständig wächst, verschiebt sich diese Grenzfläche stetig. Die im Innern des Kristalls jetzt im Überschuss vorhandenen Leerstellen können in der kurzen zur Verfügung stehenden Zeit im Allgemeinen nicht aus dem Kristall hinausdiffundieren. Sie agglomerieren vielmehr zu scheibenförmigen Gebilden. Von einem bestimmten Durchmesser an wird ein solches Agglomerat aber instabil und wandelt sich in eine Stufenversetzung mit einem Burgers-Vektor senkrecht zur Scheibenebene um (Abb. 1.44b). Durch anschließendes Tempern des Kristalls kann man die Versetzungsdichte zwar stark herabsetzen, aber keineswegs auf Null reduzieren. Dies liegt daran, dass die Versetzungen sich bei ihrer Wanderung durch den Kristall gegenseitig stören und dadurch z. B. verhindert wird, dass eine Versetzung die Kristalloberfläche erreicht und dort verschwindet. Da jede Versetzung von einem elastischen Spannungsfeld umgeben ist, treten nämlich Wechselwirkungskräfte zwischen den einzelnen Versetzungen auf, die eine relativ große Reichweite haben. Je nach Art und Lage der Versetzungen und der Richtung ihrer Burgers-Vektoren können anziehende oder abstoßende Kräfte auftreten, wodurch die Auslöschung einer Versetzung begünstigt oder auch gerade verhindert wird. Es kann sich auf diese Weise eine Versetzungskonfiguration ausbilden, die zwar im thermodynamischen Sinne instabil, mechanisch aber recht stabil ist.

Am Anfang dieses Abschnitts wurde auf die große Bedeutung der Versetzungen für die plastische Verformung von Kristallen hingewiesen. Bei der Wanderung einer einzelnen Versetzung durch einen Kristall wird die eine Hälfte des Kristalls gegenüber der anderen nur um den Burgers-Vektor, also nur um einige Å verschoben. In Wirklichkeit sind die Verrückungen um mehrere Zehnerpotenzen größer. Solche Verrückungen werden dadurch ermöglicht, dass während der Verformung ständig neue Versetzungen erzeugt werden. Dies kann durch einen von F.C. Frank[19] und W.T. Read beschriebenen Mechanismus geschehen.

[19] F. Charles Frank, *1911 Durban (South Africa), †1998 Bristol.

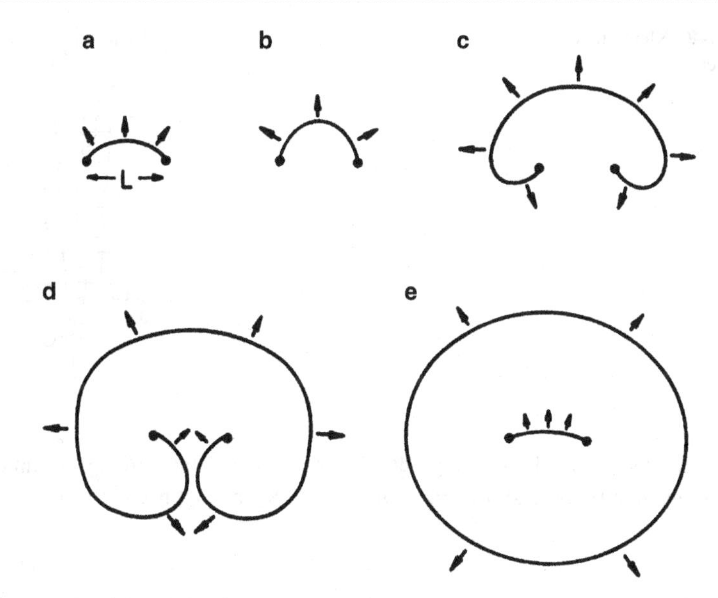

Abb. 1.47 Frank-Read-Quelle

Bei der Diskussion der sog. *Frank-Read-Quelle* geht man zweckmäßig von dem Stück einer Versetzungslinie aus, das mit seinen beiden Enden im Abstand L voneinander im Kristall verankert ist (Abb. 1.47a). Eine solche „Verankerung" kann z. B. der Schnittpunkt dreier Versetzungen sein. Eine äußere Schubspannung dehnt die Versetzungslinie aus, wobei ihr Krümmungsradius zunächst kleiner wird und bei halbkreisförmiger Ausbuchtung den minimalen Wert $R = L/2$ erreicht (Abb. 1.47b). Anschließend wird der Krümmungsradius der Versetzungslinie wieder größer. Die Schubspannung, die für eine solche Ausdehnung der Versetzungslinie erforderlich ist, lässt sich folgendermaßen berechnen:

Bei der Vergrößerung des Radius R einer kreisförmigen Versetzungslinie durch eine von außen wirkende Schubspannung σ um den Betrag b liegt der Zuwachs der elastischen Energie nach (1.94) bei $Gb^2 \cdot 2\pi b = 2\pi Gb^3$. Dieser Energiebetrag muss durch die Arbeit der Schubspannung gedeckt werden, die man aus (1.92) erhält. Es muss also gelten:

$$2\pi\sigma Rb^2 \geq 2\pi Gb^3 \qquad \text{oder} \qquad \sigma \geq \frac{Gb}{R} . \tag{1.95}$$

Je kleiner R ist, desto größer muss die Schubspannung sein, die ein weiteres Anwachsen des Radius der kreisförmigen Versetzungslinie bewirken kann. Bei einer

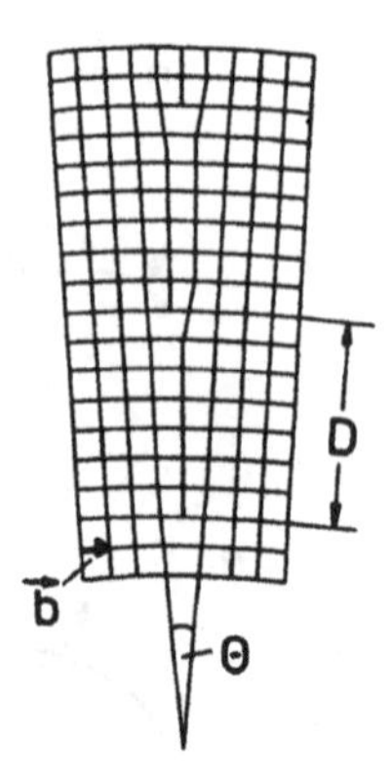

Abb. 1.48 Kleinwinkelkorngrenze

Frank-Read-Quelle wird also die größte Schubspannung dann benötigt, wenn die Versetzungslinie Halbkreisform angenommen hat. Sie beträgt nach (1.95)

$$\sigma = \frac{2Gb}{L} \ . \tag{1.96}$$

Um eine weitere Ausdehnung der Versetzungslinie zu bewirken, braucht die Schubspannung nicht anzuwachsen, da der Krümmungsradius ja wieder größer wird. Es werden so nacheinander die Stadien c und d in Abb. 1.47 durchlaufen. Schließlich treffen Teilstücke der Versetzungslinie aufeinander. Diese können sich gegenseitig auslöschen, wobei die ursprüngliche Ausgangslage wieder hergestellt wird. Gleichzeitig hat sich aber eine geschlossene kreisförmige Versetzungslinie gebildet, die sich weiter ausdehnt (Abb. 1.47e). Der gesamte Prozess kann sich in der gleichen Weise fortlaufend wiederholen.

1.4.5 Kleinwinkelkorngrenzen und Stapelfehler

Im Folgenden behandeln wir zwei typische zweidimensionale Fehlordnungen, die auch in guten Einkristallen mehr oder weniger stark ausgeprägt in Erscheinung treten.

Es wurde bereits gesagt, dass in einem realen Kristall stets sehr viele Versetzungen vorhanden sind. Sie ordnen sich immer in einer möglichst stabilen Konfiguration an. Eine sehr stabile Konfiguration bilden z. B. Stufenversetzungen, die, wie es in Abb. 1.48 dargestellt ist, mit parallel verlaufenden Versetzungslinien übereinanderliegen. Man kann dies insgesamt als eine zweidimensionale Fehlordnung auffassen, die senkrecht auf der Ebene in Abb. 1.48 steht. Man bezeichnet sie als

Kleinwinkelkorngrenze; denn der eine Teil des Kristalls hat gegenüber dem anderen Teil eine kleine Drehung um den Winkel $\Theta = b/D$ erfahren, wenn D der Abstand der Versetzungslinien voneinander ist. Je kleiner Θ ist, umso höher ist die Güte des Einkristalls. Bei guten Metalleinkristallen beträgt Θ etwa $10'$.

Im vorigen Abschnitt wurde darauf hingewiesen, dass sich unter Umständen auch stabile Versetzungen ausbilden können, deren Burgers-Vektor kleiner als eine primitive Translation des betreffenden Gitters ist. Durch solch eine *unvollständige Versetzung* kann bei einer fcc-Struktur die Reihenfolge ABCABC... der dichtest gepackten Netzebenen (Abb. 1.9) in die Reihenfolge ACABCA... überführt werden. Im Bereich ACA entspricht die Struktur jetzt der hexagonal dichtesten Kugelpackung. Solche zweidimensionalen Fehlordnungen heißen *Stapelfehler*.

1.5 Experimentelle Methoden zur Untersuchung von Kristallstrukturen mithilfe von Röntgenstrahlen

Sämtliche Verfahren zur Strukturanalyse von Kristallen mithilfe von Röntgenstrahlen sind durch die Braggsche Reflexionsbedingung (s. (1.26)) vorgezeichnet. Je nachdem, ob man einkristalline oder polykristalline Proben benutzt, monochromatische Röntgenstrahlung oder Strahlung mit einem kontinuierlichen Spektrum verwendet, gelangt man zu unterschiedlichen Messanordnungen.

1.5.1 Laue-Verfahren

Beim *Laue-Verfahren* lässt man einen kollimierten Röntgenstrahl mit einem breiten Wellenlängenspektrum auf einen Einkristall fallen und bestimmt mithilfe einer fotografischen Platte oder eines Röntgenbildverstärkers die Richtungen, in die die am Kristall gebeugten Röntgenstrahlen ausgesandt werden (Abb. 1.49).

Zu jeder Netzebenenschar mit den Millerschen Indizes $(hk\ell)$ gibt es im kontinuierlichen Röntgenspektrum eine Strahlung geeigneter Wellenlänge, die gemäß (1.26) an dieser Netzebenenschar reflektiert wird. Man erhält also gleichzeitig von jeder Netzebenenschar einen Röntgenreflex; auf einer fotografischen Platte erscheint ein Beugungsbild in Form eines Punktmusters. Dieses sog. *Laue-Diagramm* hängt natürlich von der Orientierung des Einkristalls gegen die einfallenden Strahlung ab. Fällt die Strahlung längs einer n-zähligen Symmetrieachse in den Kristall ein, so weist auch das Laue-Diagramm eine n-zählige Symmetrie auf (Abb. 1.50). Das Laue-Verfahren kann also dazu benutzt werden, Einkristalle für geplante Experimente nach vorgegebenen Kristallrichtungen zu orientieren. Das ist auch das eigentliche Anwendungsgebiet dieses Verfahrens. Zur

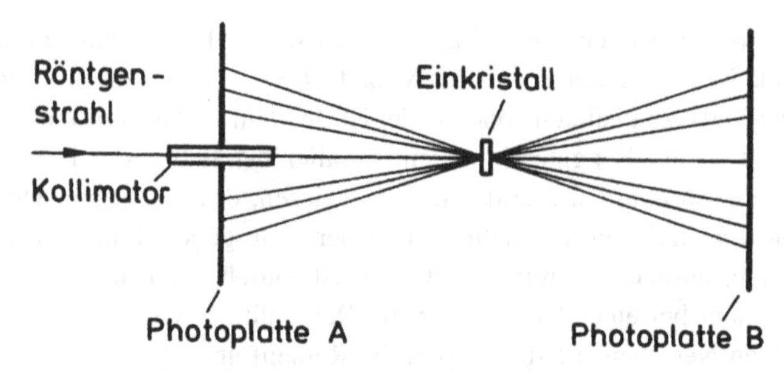

Abb. 1.49 Schema einer Vorrichtung zur Aufnahme eines Laue-Diagramms. Bei Beobachtung der rückwärts reflektierten Röntgenstrahlen wird die Fotoplatte bei *A*, bei Durchstrahlungsexperimenten bei *B* angeordnet

Abb. 1.50 Laue-Diagramm eines Bariumtitanatkristalls bei einem Strahlungseinfall in einer [100]-Richtung

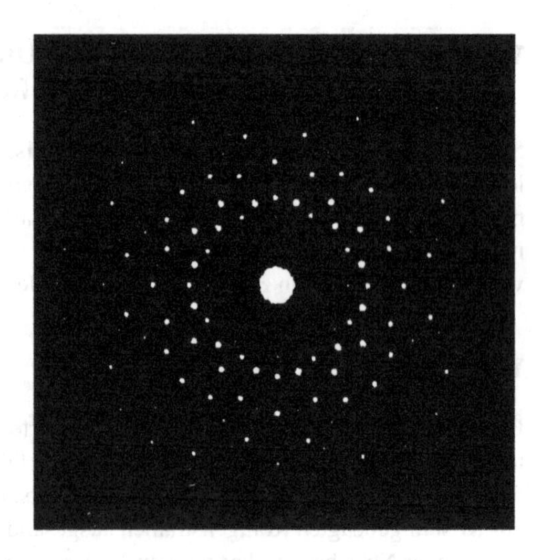

Ermittlung von Kristallstrukturen und zur Bestimmung von Gitterkonstanten ist es nicht geeignet. Hierzu verwendet man zwei andere Verfahren, die im Folgenden kurz erläutert werden.

1.5.2 Drehkristallverfahren

Beim *Drehkristallverfahren* wird monochromatische Röntgenstrahlung auf einen Einkristall gerichtet, der um eine feste Achse gedreht werden kann (Abb. 1.51). Um die gleiche Achse wird auf einem Kreisbogen ein Röntgendetektor (z. B. Szin-

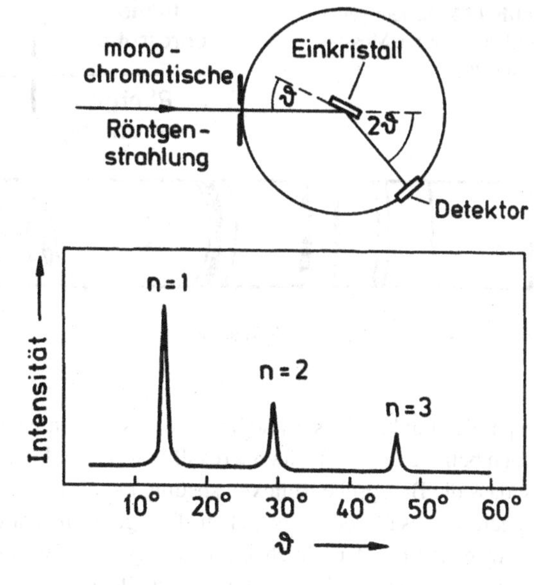

Abb. 1.51 Schema einer Vorrichtung zur Aufnahme eines Röntgenspektrums nach dem Drehkristallverfahren

Abb. 1.52 Röntgenspektrum nach dem Drehkristallverfahren

tillationsdetektor oder Proportionalzählrohr) bewegt, mit dem die Intensität der Beugungsreflexe gemessen werden kann. Wird der Glanzwinkel ϑ, den der einfallende Röntgenstrahl mit einer vorgegebenen Netzebenenschar bildet, gerade so gewählt, dass die Braggsche Reflexionsbedingung erfüllt ist, so erscheint ein gebeugter Röntgenstrahl unter dem Winkel 2ϑ in Bezug auf die Richtung des Primärstrahls. In diese Winkelstellung ist also auch der Detektor zu bringen. Wird nun der Glanzwinkel vergrößert und gleichzeitig der Detektor um den doppelten Winkelbetrag mitgeführt, so lassen sich nacheinander Intensitätsmaxima registrieren, die jeweils zu einer unterschiedlichen Beugungsordnung n gehören (Abb. 1.52). Auf diese Weise lassen sich Kristallstrukturen bestimmen und bei bekannter Röntgenwellenlänge λ auch die Gitterkonstanten des Kristalls.

1.5.3 Debye-Scherrer-Verfahren

Beim *Debye*[20]*-Scherrer*[21]*-Verfahren* benutzt man wie beim Drehkristallverfahren monochromatische Röntgenstrahlung, aber anstelle eines Einkristalls verwendet

[20] Peter Debye, *1884 Maastricht, †1966 Ithaca (New York), Nobelpreis 1936.
[21] Paul Scherrer, *1890 in St. Gallen, †1969 Zürich.

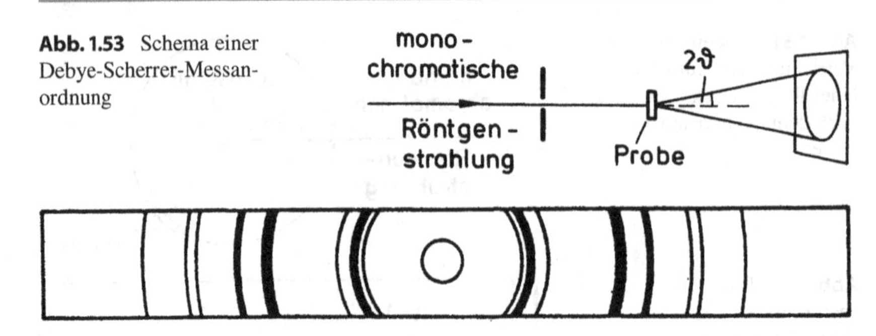

Abb. 1.53 Schema einer Debye-Scherrer-Messanordnung

Abb. 1.54 Debye-Scherrer-Aufnahme

man hier feinkörniges Kristallpulver, das sich in einem dünnwandigen Glasröhrchen befindet. Die einzelnen Kristallite weisen alle möglichen Orientierungen auf, sodass die Braggsche Reflexionsbedingung für Netzebenen mit beliebigen Millerschen Indizes für jede vorgegebene Röntgenwellenlänge erfüllt ist. Strahlen, die an Netzebenen mit den gleichen Indizes reflektiert werden, liegen auf einem Kegelmantel um den einfallenden Strahl und bilden mit ihm den Winkel 2ϑ (Abb. 1.53). Diese Kegel durchdringen einen konzentrisch um die Probe angeordneten zylindrischen Film in kreisähnlichen Bogenstücken (Abb. 1.54).

Dynamik des Kristallgitters 2

Bisher waren wir bei unseren Überlegungen von einem starren Kristallgitter ausgegangen und hatten nur gelegentlich berücksichtigt, dass z. B. die Gitteratome stets Schwingungen um ihre Gleichgewichtslage ausführen. Die meisten physikalischen Eigenschaften eines Festkörpers werden aber gerade durch die Bewegungen der Kristallbausteine bestimmt. Bei Metallen ist es zweckmäßig, die Atomrümpfe – darunter versteht man die Atomkerne mit ihren quasigebundenen Elektronen – und die quasifreien Elektronen getrennt zu behandeln; denn verschiedene Festkörpereigenschaften hängen nur vom Verhalten der Atomrümpfe, andere nur von dem der Leitungselektronen ab. Die Berechtigung für eine derartige Unterteilung ist in der recht unterschiedlichen Trägheit der Atomrümpfe und der Elektronen zu suchen. Die Atomrümpfe reagieren sehr langsam auf eine Änderung der Elektronenkonfiguration, während die Elektronen einer Positionsänderung der Atomrümpfe unmittelbar folgen. Für das Potenzialfeld, in dem sich die Atomrümpfe bewegen, ist deshalb neben ihrer gegenseitigen Wechselwirkung nur die mittlere Verteilung der quasifreien Elektronen massgebend, während die Bewegung der Elektronen durch die momentanen Positionen der Atomrümpfe beeinflusst wird. In dieser Betrachtungsweise hängt der Hamilton-Operator für die Atomrümpfe einzig von den Koordinaten der Rümpfe ab, während der Hamilton-Operator der quasifreien Elektronen neben den Elektronenkoordinaten auch noch die Koordinaten der Atomrümpfe enthält. Gewöhnlich legt man für eine Untersuchung der Elektronenbewegung die Gleichgewichtspositionen der Rümpfe zugrunde und berücksichtigt den Einfluss der Auslenkungen der Rümpfe aus ihrer Gleichgewichtslage auf die Elektronen durch ein Störungsglied. Dieses erfasst die sog. dynamische Wechselwirkung zwischen Elektronen und Atomrümpfen und ist bei der Behandlung von Transportproblemen im Festkörper von ausschlaggebender Bedeutung.

In diesem Kapitel befassen wir uns nur mit der Bewegung der Atomrümpfe, wobei die Kräfte, die auf die Rümpfe bei einer Auslenkung aus ihrer Gleichgewichtslage einwirken, durch einen allgemeinen Ansatz vorgegeben werden. In der

© Springer-Verlag GmbH Deutschland 2017

K. Kopitzki, P. Herzog, *Einführung in die Festkörperphysik*,
DOI 10.1007/978-3-662-53578-3_2

sog. harmonischen Näherung wählt man die Kräfte so, dass sie den Auslenkungen proportional sind. Das führt auf eine Bewegung der Gitteratome in Form von Gitterschwingungen. Hiermit beschäftigen wir uns in Abschn. 2.1. Außerdem werden wir hier mit den Phononen als den Energiequanten der Gitterschwingungen erstmals Quasiteilchen kennenlernen, deren Verwendung sich bei der Beschreibung von Wechselwirkungen des Kristallgitters mit Neutronen, Elektronen und Photonen als sehr nützlich erweisen wird. Aufbauend auf Abschn. 2.1 behandeln wir in Abschn. 2.2 die Theorie der spezifischen Wärme eines Festkörpers. Hier werden wir auch den Begriff der Zustandsdichte diskutieren, der in der Festkörperphysik von grundlegender Bedeutung ist. Zur Beschreibung mancher thermischer Eigenschaften der Kristalle reicht die harmonische Näherung nicht aus. Solche sog. anharmonischen Effekte sind die thermische Ausdehnung eines Festkörpers und die Wärmeleitfähigkeit von Isolatoren. Sie sind Thema von Abschn. 2.3. In Abschn. 2.4 schließlich befassen wir uns mit der Spektroskopie von Phononen.

2.1 Gitterschwingungen

Die Gesamtheit der Gitteratome in einem Kristall lässt sich als ein System gekoppelter Oszillatoren auffassen, das zu Eigenschwingungen angeregt werden kann. Mit diesen Schwingungen wollen wir uns im Folgenden beschäftigen. Hierbei beschränken wir uns zunächst auf Strukturen mit einer einatomigen Basis.

2.1.1 Eigenschwingungen von Kristallgittern mit einatomiger Basis

Wir untersuchen als erstes den einfachen Fall, dass sich die einzelnen Netzebenen eines Kristalls in Richtung ihrer Normalen gegeneinander verschieben (Abb. 2.1). Die Auslenkung der durch den Index s gekennzeichneten Netzebene aus der Gleichgewichtslage lässt sich dann durch eine einzige Koordinate u_s beschreiben.

Für kleine Auslenkungen ist die Kraft, die die Atome der Ebene mit dem Index $(s+n)$ auf die Atome der Ebene s ausüben, proportional zu $(u_{s+n}-u_s)$. Die Kraft, die insgesamt auf ein Atom der Ebene s wirkt, beträgt dann

$$F_s = \sum_n f_n(u_{s+n} - u_s) \ , \tag{2.1}$$

wenn f_n die Kopplungskonstante der Netzebene $(s + n)$ mit einem Atom der Ebene s ist. n durchläuft dabei alle positiven und negativen ganzen Zahlen. Die

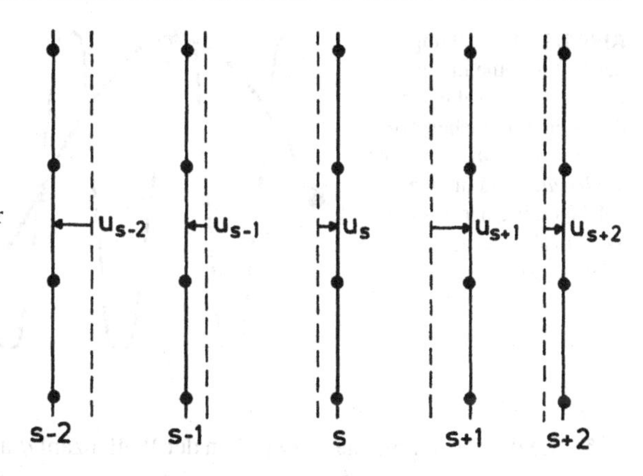

Abb. 2.1 Schematische Darstellung der Auslenkung der Netzebenen bei einer longitudinalen Gitterschwingung. Die *gestrichelten Linien* stellen die Gleichgewichtslage dar

Bewegungsgleichung eines Atoms der Netzebene s mit der Masse M ist daher

$$M \frac{d^2 u_s}{dt^2} = \sum_n f_n (u_{s+n} - u_s) \ . \tag{2.2}$$

Als Lösungsansatz wählen wir

$$u_{s+n} = A \ e^{i(qna - \omega t)} \ , \tag{2.3}$$

wobei q die Wellenzahl und ω die Kreisfrequenz einer fortschreitenden Welle und a der Gleichgewichtsabstand der Netzebenen ist. Zwischen q und der Wellenlänge λ besteht der Zusammenhang $q = 2\pi/\lambda$.

Mit (2.3) erhalten wir aus (2.2)

$$-\omega^2 M = \sum_n f_n (e^{iqna} - 1) \ . \tag{2.4}$$

Da aus Symmetriegründen $f_{-n} = f_n$ ist, können wir (2.4) umformen zu

$$-\omega^2 M = \sum_{n=1}^{\infty} f_n (e^{iqna} + e^{-iqna} - 2) \ = 2 \ \sum_{n=1}^{\infty} f_n (\cos qna - 1)$$

und bekommen schließlich

$$\omega^2 = \frac{2}{M} \sum_{n=1}^{\infty} f_n (1 - \cos qna) \ . \tag{2.5}$$

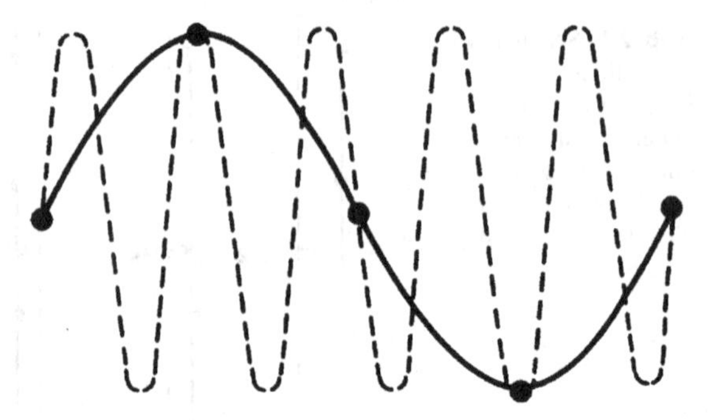

Abb. 2.2 Auslenkung der Gitteratome in einer transversalen Welle mit der kleinstmöglichen Wellenlänge (*durchgezogener Wellenzug*) und in einer solchen mit einer größeren Wellenzahl (*gestrichelter Wellenzug*)

(2.5), die den Zusammenhang zwischen der Wellenzahl q und der Kreisfrequenz ω der fortschreitenden Welle liefert, bezeichnet man als *Dispersionsrelation* der Welle.

Ersetzen wir in (2.3) q durch $\left(q + \frac{2\pi m}{a}\right)$, wobei m eine positive oder negative ganze Zahl ist, so bleiben die Auslenkungen u_s unverändert. Ein Schwingungszustand mit der Wellenzahl $\left(q + \frac{2\pi m}{a}\right)$ ist also der gleiche wie der mit der Wellenzahl q. In Abb. 2.2 ist dieser Sachverhalt dargestellt, der besseren Übersicht wegen für eine transversale Welle. Der gestrichelte Wellenzug, zu dem eine höhere Wellenzahl gehört, liefert über den Schwingungszustand der Atome keine andere Information als der durchgezogene Wellenzug; denn physikalisch ist es ohne Bedeutung, wie der Wellenverlauf zwischen den Atomen aussieht, lediglich die Auslenkungen der Atome sind von Interesse. Um eine eindeutige Zuordnung zwischen dem Schwingungszustand des Gitters und der Wellenzahl zu erhalten, muss man die Wellenzahl auf einen Bereich $2\pi/a$ beschränken. Man wählt gewöhnlich den Bereich

$$-\frac{\pi}{a} < q \leq +\frac{\pi}{a} \quad , \tag{2.6}$$

wobei die positiven Werte von q eine Wellenausbreitung in der einen und die negativen eine Ausbreitung in der entgegengesetzten Richtung bedeuten. Der durch (2.6) definierte q-Bereich entspricht der ersten Brillouin-Zone eines eindimensionalen Gitters (s. Abschn. 1.1.5).

Berücksichtigen wir nur die Wechselwirkung der Atome unmittelbar benachbarter Netzebenen, so erhalten wir aus (2.5)

$$\omega^2 = \frac{2f_1}{M}(1 - \cos qa) = \frac{4f_1}{M}\sin^2\frac{qa}{2} \quad , \tag{2.7}$$

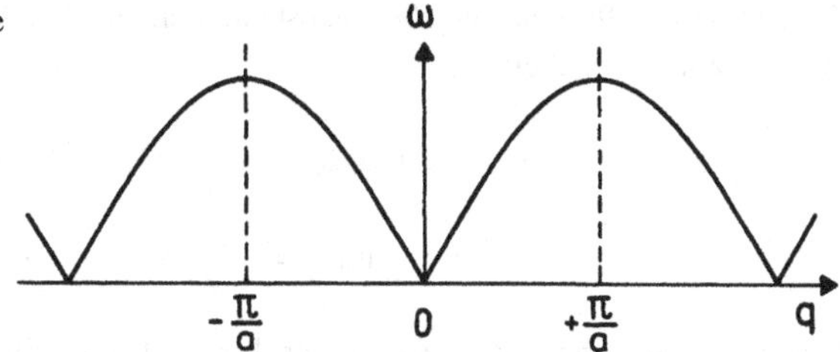

Abb. 2.3 Dispersionskurve für ein Kristallgitter mit einatomiger Basis nach (2.8)

weil dann nur die Kopplungskonstante f_1 von Null verschieden ist. Daraus folgt

$$\omega = \sqrt{\frac{4f_1}{M}} \left| \sin \frac{qa}{2} \right| \ . \tag{2.8}$$

In Abb. 2.3 ist die Abhängigkeit der Kreisfrequenz ω von der Wellenzahl q nach (2.8) dargestellt. Für $qa \ll 1$ oder $q \ll 1/a$ wird aus (2.8)

$$\omega = \sqrt{\frac{f_1 a^2}{M}} \, q \ . \tag{2.9}$$

Die Kreisfrequenz ω ist also für kleine Werte von q dieser Größe direkt proportional. Die Bedingung $q \ll 1/a$ ist gleichbedeutend damit, dass die Wellenlänge λ viel größer als der Netzebenenabstand a ist. In diesem Fall darf man das Kristallgitter bezüglich der Wellenausbreitung als ein Kontinuum ansehen, und der Ausdruck

$$v_s = \frac{d\omega}{dq} = \sqrt{\frac{f_1 a^2}{M}} \tag{2.10}$$

liefert die Ausbreitungsgeschwindigkeit einer longitudinalen Schallwelle für eine vorgegebene Kristallrichtung. Sie ist unabhängig von der Wellenzahl.

Einen linearen Zusammenhang zwischen ω und q erhält man für $qa \ll 1$ auch unmittelbar aus (2.5). Zwar hat die Proportionalitätskonstante dann einen anderen Wert als in (2.9), aber die Proportionalität von ω zu q ist unabhängig davon, ob man nur die Wechselwirkung unmittelbar benachbarter Netzebenen zu berücksichtigen braucht oder auch die Wechselwirkung von Netzebenen erfassen muss, die sich in größerem Abstand voneinander befinden.

Wie aus Abb. 2.3 ersichtlich ist, erreicht die Kreisfrequenz an den Rändern der ersten Brillouin-Zone ihren Maximalwert. Für eine Abschätzung dieses Maximalwertes legen wir für die Schallgeschwindigkeit v_s im Festkörper einen Wert von

$4 \cdot 10^3$ m/s und für den Netzebenenabstand a einen Wert von $2 \cdot 10^{-10}$ m zugrunde. Es gilt dann angenähert

$$\omega_{\max} \approx v_s q_{\max} = v_s \frac{\pi}{a} = 2\pi \cdot 10^{13}\,\mathrm{s}^{-1}$$

$$\text{oder} \qquad \nu_{\max} = \frac{\omega_{\max}}{2\pi} \approx 10^{13}\,\mathrm{Hz}\ . \tag{2.11}$$

Unsere Untersuchungen bezogen sich bis jetzt auf rein longitudinal polarisierte Wellen. Entsprechende Ergebnisse erhält man auch für transversal polarisierte Wellen. In der Dispersionsrelation (2.5) haben dann natürlich die Kopplungskonstanten f_n andere Werte. Die Ausbildung einer rein longitudinal oder rein transversal polarisierten Welle ist allerdings nur bei Ausbreitung in Richtung einer Symmetrieachse des Kristalls möglich, bei einem kubischen Kristall z. B. in [100]-, [110]- oder [111]-Richtung. Im Allgemeinen Fall bewegen sich die Gitteratome in der ebenen Welle weder parallel noch senkrecht zur Ausbreitungsrichtung, sondern ihre Auslenkungen haben gleichzeitig longitudinale und transversale Komponenten. Eine solche Auslenkung lässt sich für eine Welle mit dem Wellenzahlvektor $\vec{q}$ durch den Ausdruck

$$\vec{u}_{\vec{R}} = \vec{A}\ e^{i(\vec{q}\cdot\vec{R}-\omega t)} \tag{2.12}$$

darstellen, wobei $\vec{R}$ der Translationsvektor (s. (1.1)) des betreffenden Gitteratoms in Bezug auf ein Gitteratom im Koordinatenursprung ist. Hierbei gibt es zu jedem Wellenzahlvektor $\vec{q}$ drei Wellen, von denen jede im Allgemeinen eine andere Kreisfrequenz hat. Der Wellenzahlvektor ist im reziproken Raum des Kristallgitters auf die erste Brillouin-Zone beschränkt, kann aber bei einem unendlich ausgedehnten Kristall jeden Wert innerhalb dieses Bereichs annehmen. Wir wollen nun untersuchen, welche Konsequenzen sich daraus ergeben, dass jeder Kristall in Wirklichkeit nur endlich ausgedehnt ist.

Der Kristall sei ein Parallelepiped mit den Seiten $m\vec{a}_1$, $m\vec{a}_2$ und $m\vec{a}_3$. Die $\vec{a}_k$ seien dabei die primitiven Translationen und m eine große positive ganze Zahl. Den Kristall denken wir uns periodisch bis ins Unendliche fortgesetzt, indem wir dreidimensional an den ursprünglichen Kristall gleichartige Kristalle anlagern. Damit erreichen wir, dass die Translationssymmetrie gesichert ist und infolgedessen Ausdrücke wie in (2.12), die fortschreitenden ebenen Wellen entsprechen, Lösungen des Schwingungsproblems sind. Der Lösungsansatz in (2.12) unterliegt jetzt den periodischen Randbedingungen

$$\vec{u}_{\vec{R}+p_1 m\vec{a}_1+p_2 m\vec{a}_2+p_3 m\vec{a}_3} = \vec{u}_{\vec{R}}$$

mit beliebigen ganzzahligen Werten für p_1, p_2 und p_3. Das bedeutet, wenn wir z. B. $p_1 = 1$ und $p_2 = p_3 = 0$ setzen, dass $\vec{q} \cdot m\vec{a}_1$ ein ganzzahliges Vielfaches von 2π sein muss. Entsprechendes gilt für $\vec{q} \cdot m\vec{a}_2$ und $\vec{q} \cdot m\vec{a}_3$. Wir erhalten also

$$m\vec{q} \cdot \vec{a}_1 = 2\pi h_1 \ , \qquad m\vec{q} \cdot \vec{a}_2 = 2\pi h_2 \ , \qquad m\vec{q} \cdot \vec{a}_3 = 2\pi h_3 \ ,$$

wobei h_1, h_2 und h_3 jeweils ganze Zahlen sind. Diese Beziehungen lassen sich nach (1.8) erfüllen, wenn $m\vec{q}$ gleich dem Vektor $(h_1\vec{b}_1 + h_2\vec{b}_2 + h_3\vec{b}_3)$ des reziproken Gitters ist oder wenn

$$\vec{q} = \frac{1}{m}(h_1\vec{b}_1 + h_2\vec{b}_2 + h_3\vec{b}_3) \tag{2.13}$$

ist. Nun hatten wir gesehen, dass die $\vec{q}$-Werte auf die erste Brillouin-Zone beschränkt sind. Wir können sie aber genauso gut auf das Parallelepiped beschränken, das von den primitiven Translationen $\vec{b}_1$, $\vec{b}_2$ und $\vec{b}_3$ aufgespannt wird. Letzteres bedeutet nach (2.13), dass alle h_k/m $(k = 1, 2, 3)$ größer oder gleich Null und kleiner als eins sein müssen. Dann gilt

$$0 \leq h_1 < m \ , \qquad 0 \leq h_2 < m \ , \qquad 0 \leq h_3 < m \ .$$

Hiernach kann jede der Zahlen h_k nur m verschiedene Werte annehmen. Die Gesamtzahl der möglichen $\vec{q}$-Werte ist somit m^3 (s. (2.13)). Das ist aber gerade die Anzahl N der Elementarzellen im ursprünglichen Kristall.

Bei einem endlichen Kristall kann also der Wellenzahlvektor $\vec{q}$ nur diskrete Werte annehmen. Je größer N ist, d. h., je größer der Kristall ist, umso näher rücken die möglichen $\vec{q}$-Werte zusammen. Da jedem Wellenzahlvektor drei Kreisfrequenzen zugeordnet werden können, besteht das Frequenzspektrum aus $3N$ diskreten Werten. Bei einem makroskopischen Kristall liegen allerdings wegen des großen Betrages von N die Frequenzwerte so dicht beisammen, dass man von einem quasikontinuierlichen Spektrum spricht.

2.1.2 Phononen

Bei der mathematischen Behandlung der Schwingungen eines Systems miteinander gekoppelter Oszillatoren führt man gewöhnlich durch eine lineare Transformation sog. Normalkoordinaten ein, da diese in der harmonischen Näherung die Aufstellung von Bewegungsgleichungen völlig entkoppelter Oszillatoren ermöglichen. Das Frequenzspektrum der Normalschwingungen der ungekoppelten Oszillatoren entspricht hierbei dem der Eigenschwingungen des Systems der gekoppelten Oszillatoren, also in unserem Fall dem der Gitterschwingungen. Die

Normalkoordinaten können natürlich nicht mehr wie die Auslenkungen $\vec{u}_{\vec{R}}$ den einzelnen Gitteratomen zugeordnet werden. Für die Energie eines einzelnen harmonischen Oszillators mit der Kreisfrequenz ω_ρ liefert die Quantenmechanik die Eigenwerte

$$E_n = \left(n + \frac{1}{2}\right)\hbar\omega_\rho \ , \tag{2.14}$$

wobei die Quantenzahl n die Werte $0, 1, 2, 3\ldots$ annehmen kann. $\hbar\omega_\rho/2$ ist die Nullpunktsenergie des Oszillators. Kennt man das Spektrum der Gitterschwingungen eines Kristalls, so kann man die Besetzung der Energieniveaus der verschiedenen Normalschwingungen für eine vorgegebene Kristalltemperatur berechnen. Hiermit wollen wir uns im Folgenden beschäftigen.

Die verschiedenen Normalschwingungen sind durch ihre Kreisfrequenzen gekennzeichnet und bilden somit ein Ensemble unterscheidbarer Elemente. Das bedeutet, dass wir für die Lösung unserer Aufgabe Boltzmann-Statistik benutzen müssen. Die Wahrscheinlichkeit, dass ein Schwingungszustand der Frequenz ω_ρ mit Quantenzahl n_ρ angeregt ist beträgt dann unabhängig von der Anregung von Schwingungen anderer Frequenzen

$$P(n_\rho) = \frac{e^{-(n_\rho+1/2)\hbar\omega_\rho/k_BT}}{\sum\limits_{n_\rho=0}^{\infty} e^{-(n_\rho+1/2)\hbar\omega_\rho/k_BT}} = \frac{e^{-n_\rho\hbar\omega_\rho/k_BT}}{\sum\limits_{n_\rho=0}^{\infty} e^{-n_\rho\hbar\omega_\rho/k_BT}} \ . \tag{2.15}$$

Für den Mittelwert von n_ρ erhalten wir dann

$$\overline{n}_\rho = \frac{\sum\limits_{n_\rho=0}^{\infty} n_\rho e^{-n_\rho\hbar\omega_\rho/k_BT}}{\sum\limits_{n_\rho=0}^{\infty} e^{-n_\rho\hbar\omega_\rho/k_BT}} \ . \tag{2.16}$$

Mit $\hbar\omega_\rho/k_BT = x$ wird hieraus

$$\begin{aligned}\overline{n}_\rho &= \frac{\sum\limits_{n_\rho=0}^{\infty} n_\rho e^{-n_\rho x}}{\sum\limits_{n_\rho=0}^{\infty} e^{-n_\rho x}} = -\frac{d}{dx}\ln\sum_{n_\rho=0}^{\infty} e^{-n_\rho x} \\ &= -\frac{d}{dx}\ln\frac{1}{1-e^{-x}} = \frac{d}{dx}\ln(1-e^{-x}) = \frac{e^{-x}}{1-e^{-x}} = \frac{1}{e^x-1}\end{aligned}$$

oder, wenn wir wieder x durch $\hbar\omega_\rho/k_BT$ ersetzen,

$$\overline{n}_\rho = \frac{1}{e^{\hbar\omega_\rho/k_BT} - 1} \;. \tag{2.17}$$

Dieser Ausdruck ist aber gerade die Bosesche Verteilungsfunktion für Teilchen einer Energie $\hbar\omega_\rho$ für den Fall, dass die Erhaltung der Gesamtteilchenzahl nicht gefordert wird (s. (B.14)). Also lässt sich der Schwingungszustand eines Kristallgitters statt durch Gitterschwingungen auch durch Teilchen beschreiben, die der Bose[1]-Statistik gehorchen. Diese Teilchen nennt man *Phononen*. Die Phononen lassen sich den Gitterschwingungen des Kristalls in ganz analoger Weise zuordnen wie die Photonen den elektromagnetischen Wellen.

Außer einer Energie kann man einem Phonon auch einen Impuls zuschreiben. Es lässt sich zeigen, dass ein Phonon mit anderen Teilchen wechselwirkt, als hätte es einen Impuls $\hbar\vec{q}$, wenn $\vec{q}$ der Wellenzahlvektor der zugeordneten Gitterschwingung ist. Man kann dann einen Impulserhaltungssatz aufstellen, der zusammen mit einem Erhaltungssatz für die Energie die Beschreibung von Streuprozessen in Kristallen sehr vereinfacht. Wir kommen hierauf in Abschn. 2.3 und 2.4 zurück.

Da der Wellenzahlvektor $\vec{q}$ einer Gitterschwingung auf die erste Brillouin-Zone beschränkt ist, kann der Impuls eines Phonons nicht wie der eines Photons beliebig groß werden. In Wirklichkeit ist $\hbar\vec{q}$ auch gar kein echter Impuls, da mit einer Gitterschwingung, von derjenigen mit $\vec{q} = 0$ einmal abgesehen, keine Bewegung des Massenschwerpunktes des Kristalls verbunden ist. Man bezeichnet deshalb die Größe $\hbar\vec{q}$ im Allgemeinen als Quasiimpuls und ein Phonon selbst als Quasiteilchen.

2.1.3 Eigenschwingungen von Kristallgittern mit zweiatomiger Basis

Wir untersuchen jetzt die Gitterschwingungen eines Kristalls mit einer Basis aus zwei verschiedenen Atomen. Dabei nehmen wir zunächst wieder an, dass sich die einzelnen Netzebenen in Richtung ihrer Normalen gegeneinander bewegen. Die zur Schwingungsrichtung senkrechten Ebenen des Kristalls sollen jeweils nur eine Atomart enthalten (Abb. 2.4). Das träfe z. B. bei einem Natriumchloridkristall für eine Schwingung in einer [111]-Richtung zu. Die Ebenen mit Atomen der Masse M_1 sollen durch ungerade Indizes und die Ebenen mit Atomen der Masse M_2 durch gerade Indizes gekennzeichnet werden. Der gegenseitige Abstand der

---

[1] Satyendra Nath Bose, *1894, †1974 Kalkutta.

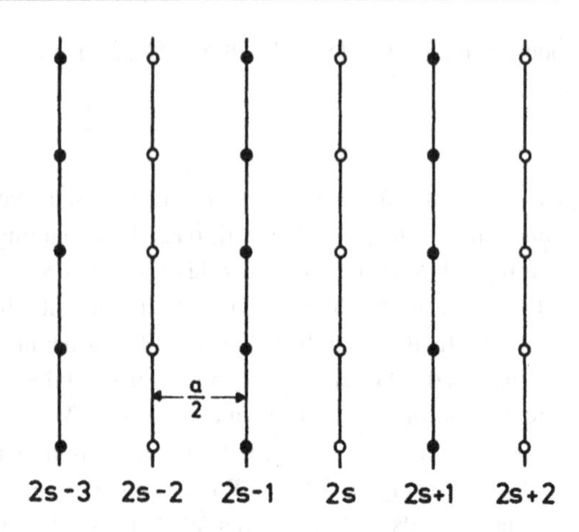

Abb. 2.4 Schematische Darstellung der Netzebenen eines Kristallgitters mit einer Basis aus zwei verschiedenartigen Atomen

Ebenen betrage im Gleichgewicht $a/2$. Der Abstand zweier Ebenen mit Atomen gleicher Masse ist also a. Wir wollen weiter annehmen, dass wir nur die Wechselwirkung unmittelbar benachbarter Ebenen zu berücksichtigen haben und die Auslenkungen so klein sind, dass ein in den Verrückungen linearer Kraftansatz mit der Kopplungskonstanten f gerechtfertigt ist. Die Bewegungsgleichung eines Gitteratoms der Ebene $2s + 1$ mit der Masse M_1 lautet dann

$$M_1 \frac{d^2 u_{2s+1}}{dt^2} = f(u_{2s} + u_{2s+2} - 2u_{2s+1}) \ . \tag{2.18}$$

Entsprechend erhalten wir für ein Atom der Ebene $2s$ mit der Masse M_2

$$M_2 \frac{d^2 u_{2s}}{dt^2} = f(u_{2s-1} + u_{2s+1} - 2u_{2s}) \ . \tag{2.19}$$

Als Lösungsansatz für (2.18) und (2.19) wählen wir

$$u_{2s+1} = A e^{i\left(q\frac{(2s+1)a}{2} - \omega t\right)} \tag{2.20}$$

$$\text{und} \qquad u_{2s} = B e^{i(qsa - \omega t)} \ . \tag{2.21}$$

Setzen wir die Ansätze in (2.18) und (2.19) ein, so erhalten wir

$$\begin{aligned} (\omega^2 M_1 - 2f)A + \left(2f \cos \frac{qa}{2}\right) B &= 0 \\ \left(2f \cos \frac{qa}{2}\right) A + (\omega^2 M_2 - 2f) B &= 0 \ . \end{aligned} \tag{2.22}$$

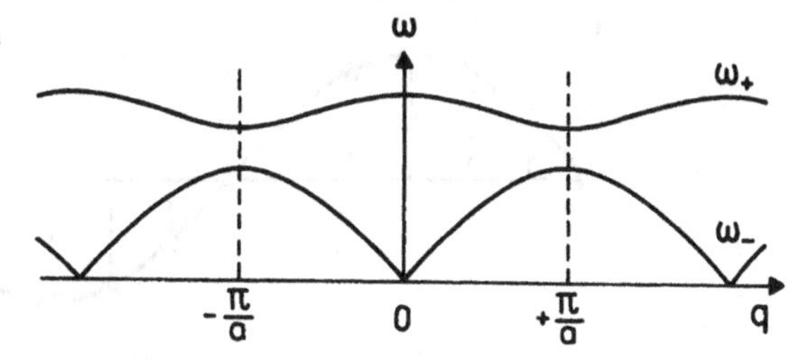

Abb. 2.5 Dispersionskurve für ein Kristallgitter mit einer zweiatomigen Basis nach (2.23)

Dieses lineare Gleichungssystem hat nur dann nichtverschwindende Lösungen für die Amplituden A und B, wenn die Koeffizientendeterminante von A und B gleich Null ist, wenn also

$$\begin{vmatrix} \omega^2 M_1 - 2f & 2f \cos \frac{qa}{2} \\ 2f \cos \frac{qa}{2} & \omega^2 M_2 - 2f \end{vmatrix} = 0 \; .$$

Hieraus folgt für die Kreisfrequenz ω

$$\omega^2 = f\left(\frac{1}{M_1} + \frac{1}{M_2}\right) \pm f\sqrt{\left(\frac{1}{M_1} + \frac{1}{M_2}\right)^2 - \frac{4}{M_1 M_2}\sin^2\frac{qa}{2}} \; . \qquad (2.23)$$

Zu jeder Wellenzahl q gehören also zwei positive Werte von ω, die wir mit ω_+ und ω_- bezeichnen. In Abb. 2.5 sind sie in Abhängigkeit von q dargestellt.

Die erste Brillouin-Zone ist durch die Beziehung

$$-\frac{\pi}{a} < q \leq +\frac{\pi}{a} \qquad (2.24)$$

definiert. Für $q = 0$ folgt aus (2.23)

$$\omega_+(0) = \sqrt{2f\left(\frac{1}{M_1} + \frac{1}{M_2}\right)} \quad \text{und} \quad \omega_-(0) = 0 \; . \qquad (2.25)$$

Für $q = \pm\pi/a$ ergibt sich, wenn $M_1 > M_2$ ist,

$$\omega_+\left(\frac{\pi}{a}\right) = \sqrt{\frac{2f}{M_2}} \quad \text{und} \quad \omega_-\left(\frac{\pi}{a}\right) = \sqrt{\frac{2f}{M_1}} \; . \qquad (2.26)$$

Zwischen den Frequenzwerten $\omega_+(\pi/a)$ und $\omega_-(\pi/a)$ ist eine Frequenzlücke, die umso größer ist, je größer das Verhältnis M_1/M_2 ist. Dieses Verhältnis bestimmt

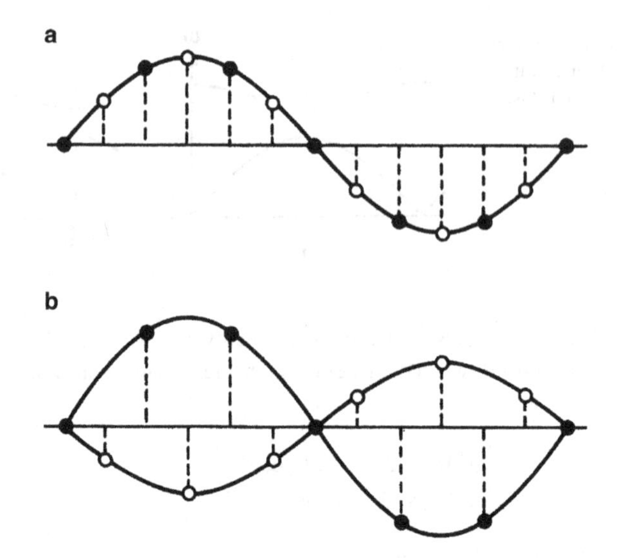

Abb. 2.6 Darstellung einer akustischen (**a**) und einer optischen Gitterschwingung (**b**)

auch die Breite des Frequenzbandes ω_+. Je größer M_1/M_2 ist, umso schmaler wird das Frequenzband ω_+. Für das Verhältnis der Schwingungsamplituden A und B aus (2.20) und (2.21) erhalten wir ein besonders übersichtliches Ergebnis, wenn wir $q = 0$ setzen. Wir finden dann aus (2.22) unter Berücksichtigung von (2.25)

$$\frac{A}{B} = -\frac{M_2}{M_1} \quad \text{für} \quad \omega_+ \qquad \text{und} \qquad \frac{A}{B} = 1 \quad \text{für} \quad \omega_- \,. \tag{2.27}$$

Im Frequenzband ω_- schwingen die benachbarten Massen M_1 und M_2 in gleicher Richtung, genauso wie es bei akustischen Wellen der Fall ist. Das Frequenzband ω_- bezeichnet man deshalb als *akustischen Zweig* des Frequenzspektrums. Im Band ω_+ schwingen dagegen die benachbarten Gitteratome gegeneinander. Diese beiden Schwingungsmöglichkeiten sind in Abb. 2.6 für eine transversale Welle dargestellt. Wenn die Gitteratome wie bei den Ionenkristallen entgegengesetzte Ladung haben, so treten bei Schwingungen im Band ω_+ starke elektrische Dipolmomente auf, die sich im optischen Verhalten des Kristalls bemerkbar machen. Diesen Frequenzbereich bezeichnet man deshalb als *optischen Zweig* des Frequenzspektrums. Auf die optischen Schwingungen kommen wir in Kap. 4 bei der Untersuchung der dielektrischen Eigenschaften eines Festkörpers zurück.

Geht man auch hier wieder zur Wellenausbreitung im Dreidimensionalen über, so erhält man bei Kristallen mit einer zweiatomigen Basis im Frequenzspektrum zu jeder Ausbreitungsrichtung 3 akustische und 3 optische Zweige. Enthält die Basis p Atome, so sind im Phononenspektrum $3p$ Zweige vorhanden, 3 akustische und $3(p-1)$ optische.

2.2 Spezifische Wärme von Kristallen

Die spezifische Wärme eines Festkörpers ist durch die Beziehung

$$c = \frac{1}{M}\frac{dU}{dT} \tag{2.28}$$

definiert, wo U die innere Energie und M die Masse des Festkörpers ist. In diesem Abschnitt behandeln wir den Beitrag der Gitteratome zur spezifischen Wärme. Bei Metallen kommt noch der Beitrag der quasifreien Elektronen hinzu. Damit werden wir uns allerdings erst in Abschn. 3.1 beschäftigen.

Streng genommen hat man zwischen der spezifischen Wärme bei konstantem Volumen und der bei konstantem Druck zu unterscheiden. Solange man sich aber bei der Untersuchung der Gitterbewegungen auf die harmonische Näherung beschränkt, ist eine solche Unterscheidung nicht notwendig, da in dieser Näherung die thermische Ausdehnung des Kristalls entfällt (s. Abschn. 2.3.1).

Im Folgenden verstehen wir unter U die thermische Energie des Kristallgitters. Sie ist gleich der Gesamtenergie der Phononen, die den Schwingungszustand des Kristalls beschreiben. Ist n_ρ die Anzahl der Phononen mit der Energie $\hbar\omega_\rho$, so erhalten wir für U

$$U = \sum_\rho n_\rho \hbar\omega_\rho \ . \tag{2.29}$$

Die Summierung hat hier über alle Werte von ω_ρ zu erfolgen. Ihre Anzahl beträgt $3pN$, wenn N die Zahl der Elementarzellen im Kristall und p die Zahl der Basisatome in der Elementarzelle bedeuten. Die Nullpunktsenergien der harmonischen Oszillatoren sind in (2.29) nicht enthalten, da sie in der Phononendarstellung nicht erscheinen. Sie sind für alles Weitere aber auch ohne Bedeutung, da ihr Beitrag zu U nicht von der Temperatur abhängt.

Benutzen wir für n_ρ die Bosesche Verteilungsfunktion nach (2.17), so wird aus (2.29)

$$U = \sum_\rho \frac{\hbar\omega_\rho}{e^{\hbar\omega_\rho/k_BT} - 1} \ . \tag{2.30}$$

Wir hatten in Abschn. 2.1.1 gesehen, dass die Kreisfrequenzen ω_ρ sehr dicht liegen. Zur Auswertung der Summe in (2.30) gehen wir deshalb zweckmäßig zu einer Integration über, wobei die einzelnen Zweige des Frequenzspektrums getrennt behandelt werden.

Ist $Z_i(\omega)d\omega$ die Anzahl der Frequenzen im Intervall zwischen ω und $\omega + d\omega$ für einen einzelnen durch den Index i gekennzeichneten Zweig des Frequenzspektrums, so erhalten wir anstelle von (2.30) für jeden der $3p$ Zweige

$$U_i = \int_\omega \frac{\hbar\omega}{e^{\hbar\omega/k_BT} - 1} Z_i(\omega)d\omega \; . \tag{2.31}$$

Die Funktion $Z_i(\omega)$ bezeichnet man als *Zustandsdichte* im i-ten Zweig des Frequenzspektrums. Mit ihr wollen wir uns zunächst befassen. Da es sich hierbei immer um einen einzelnen Zweig handeln soll, lassen wir den Index i fort.

2.2.1 Zustandsdichte im Phononenspektrum

Als erstes ermitteln wir die Anzahl der Wellenzahlvektoren in der Volumeneinheit des $\vec{q}$-Raums. Nach (2.13) bilden die $\vec{q}$-Werte im Raum des reziproken Gitters ein dreidimensionales Punktgitter, wobei jedem $\vec{q}$-Wert ein Volumen

$$V_{\vec{q}} = \frac{1}{m^3}(\vec{b}_1 \cdot \vec{b}_2 \times \vec{b}_3) \tag{2.32}$$

zuzuordnen ist. $\vec{b}_1$, $\vec{b}_2$ und $\vec{b}_3$ sind hierbei die primitiven Translationen des reziproken Gitters, und m^3 ist gleich der Anzahl N der Elementarzellen im Kristall. Ersetzen wir $\vec{b}_1$, $\vec{b}_2$ und $\vec{b}_3$ nach (1.7) durch die primitiven Translationen $\vec{a}_1$, $\vec{a}_2$ und $\vec{a}_3$ des Kristallgitters, so wird aus (2.32)

$$V_{\vec{q}} = \frac{1}{N}\frac{8\pi^3}{\vec{a}_1 \cdot \vec{a}_2 \times \vec{a}_3} = \frac{1}{N}\frac{8\pi^3}{V_z} \; . \tag{2.33}$$

V_z ist das Volumen der Elementarzelle. Nun ist $N V_z$ gerade gleich dem Gesamtvolumen V des Kristalls, und wir bekommen

$$V_{\vec{q}} = \frac{8\pi^3}{V} \; . \tag{2.34}$$

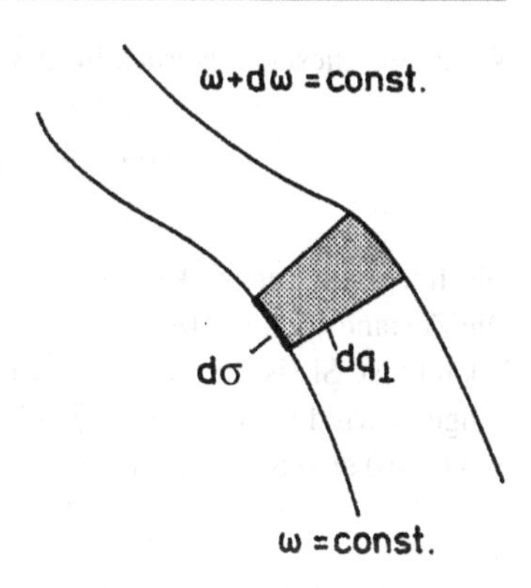

Abb. 2.7 Zur Herleitung der Zustandsdichte in einem Zweig des Phononenspektrums für ein Frequenzintervall zwischen ω und $\omega + d\omega$

Die Wellenzahldichte im $\vec{q}$-Raum beträgt demnach

$$\rho_{\vec{q}} = \frac{V}{8\pi^3} \ . \tag{2.35}$$

Die Anzahl der Phononenzustände im Frequenzintervall zwischen ω und $\omega + d\omega$ eines einzelnen Zweiges erhalten wir jetzt, indem wir über das Volumen des $\vec{q}$-Raums, das von den beiden Flächen $\omega(\vec{q}) = \text{const}$ und $\omega(\vec{q}) + d\omega(\vec{q}) = \text{const}$ begrenzt wird, integrieren und das Ergebnis mit der Wellenzahldichte $\rho_{\vec{q}}$ multiplizieren. Es ist also

$$Z(\omega)d\omega = \frac{V}{8\pi^3} \int\limits_{\omega(\vec{q})}^{\omega(\vec{q})+d\omega(\vec{q})} d^3q \ . \tag{2.36}$$

Zur Ausführung der Integration setzen wir

$$d^3q = d\sigma dq_\perp \ , \tag{2.37}$$

wobei $d\sigma$ ein Flächenelement der Fläche $\omega(\vec{q}) = \text{const}$ und $dq_\perp$ der jeweilige Abstand der Fläche $(\omega + d\omega)(\vec{q}) = \text{const}$ von der Fläche $\omega(\vec{q}) = \text{const}$ ist (Abb. 2.7). Es gilt

$$d\omega = |\operatorname{grad}_{\vec{q}} \omega(\vec{q})| dq_\perp \ . \tag{2.38}$$

Somit ist

$$d^3q = \frac{d\sigma}{|\operatorname{grad}_{\vec{q}} \omega(\vec{q})|} d\omega \ . \tag{2.39}$$

Setzen wir diesen Ausdruck in (2.36) ein, so erhalten wir für die Zustandsdichte

$$Z(\omega) = \frac{V}{8\pi^3} \int\limits_{\omega=\mathrm{const}} \frac{d\sigma}{|\operatorname{grad}_{\vec{q}}\, \omega(\vec{q})|} \ . \tag{2.40}$$

Die Integration erstreckt sich hierbei im $\vec{q}$-Raum über die Fläche $\omega(\vec{q}) = \mathrm{const}$. Die Zustandsdichte $Z(\omega)$ lässt sich berechnen, wenn die Dispersionsrelation $\omega(\vec{q})$ bekannt ist. Sie ist für diejenigen Frequenzwerte besonders hoch, für die die Gruppengeschwindigkeit $\operatorname{grad}_{\vec{q}}\, \omega(\vec{q})$ klein ist. Für $\operatorname{grad}_{\vec{q}}\, \omega(\vec{q}) = 0$ tritt im Integrand von (2.40) eine Singularität auf. Man bezeichnet sie als *van-Hove-Singularität.*

2.2.2 Debyesches Näherungsverfahren

Die Berechnung der Zustandsdichte nach (2.40) ist recht mühsam und lässt sich nur numerisch durchführen. Man benötigt aber die Zustandsdichte, um die thermische Energie und die spezifische Wärme eines Festkörpers theoretisch zu ermitteln. Wir behandeln deshalb im Folgenden ein Näherungsverfahren, mit dem man den Verlauf der spezifischen Wärme eines Kristalls in Abhängigkeit von seiner Temperatur bestimmen kann. Es liefert trotz grundsätzlicher Mängel verhältnismäßig gute Resultate, ist allerdings auf Kristalle mit einer einatomigen Basis beschränkt.

In der sog. *Debyeschen Näherung* betrachtet man den Kristall als isotropes Kontinuum. Die Gitterstruktur wird nur dadurch berücksichtigt, dass man die Anzahl der Kreisfrequenzen auf $3N$ beschränkt. In einem echten Kontinuum ist die Anzahl der Kreisfrequenzen nicht begrenzt.

Die Näherung durch ein Kontinuum bedeutet, dass innerhalb der einzelnen Zweige des Frequenzspektrums die Ausbreitungsgeschwindigkeit der Wellen konstant wird (s. Abschn. 2.1.1). Die zusätzliche Annahme der Isotropie besagt darüber hinaus, dass auch keine Richtungsabhängigkeit der Ausbreitungsgeschwindigkeit vorhanden ist. Wir können also eine einheitliche longitudinale Schallgeschwindigkeit v_L und eine einheitliche transversale Schallgeschwindigkeit v_T für den gesamten Frequenzbereich und jede Ausbreitungsrichtung verwenden. Die Flächen konstanter Kreisfrequenz im $\vec{q}$-Raum sind in dieser Näherung Kugeloberflächen. Für die Größe $|\operatorname{grad}_{\vec{q}}\, \omega(\vec{q})|$ in (2.40) erhält man v_L für den longitudinalen Zweig des Spektrums und v_T für die beiden transversalen Zweige. Damit ergibt sich für die Zustandsdichte des longitudinalen Zweiges

$$Z_L(\omega) = \frac{V}{8\pi^3} \int\limits_{\omega=\mathrm{const}} \frac{d\sigma}{v_L} = \frac{V}{8\pi^3 v_L} 4\pi q^2 = \frac{V}{2\pi^2 v_L^3} \omega^2 \ . \tag{2.41}$$

Entsprechend erhält man für die Zustandsdichte in jedem der beiden transversalen Zweige

$$Z_T(\omega) = \frac{V}{2\pi^2 v_T^3}\omega^2 \ . \tag{2.42}$$

Die gesamte Zustandsdichte beträgt dann

$$Z(\omega) = \frac{V}{2\pi^2}\left(\frac{1}{v_L^3} + \frac{2}{v_T^3}\right)\omega^2 \ . \tag{2.43}$$

Hiernach steigt die Zustandsdichte quadratisch mit der Frequenz an. Die maximale Frequenz, die sog. *Debyesche Grenzfrequenz* ω_D ergibt sich aus der Forderung

$$\int_0^{\omega_D} Z(\omega) d\omega = 3N \ . \tag{2.44}$$

Benutzen wir in (2.44) für $Z(\omega)$ (2.43), so erhalten wir

$$\omega_D = v_s \sqrt[3]{\frac{6\pi^2 N}{V}} \ . \tag{2.45}$$

Hierbei ist die mittlere Schallgeschwindigkeit v_s durch die Beziehung

$$\frac{1}{v_s^3} = \frac{1}{3}\left(\frac{1}{v_L^3} + \frac{2}{v_T^3}\right) \tag{2.46}$$

definiert. An sich müsste man für den longitudinalen Zweig und die transversalen Zweige die Grenzfrequenz getrennt ermitteln. Es hat sich aber gezeigt, dass man eine bessere Übereinstimmung zwischen berechneter und experimentell bestimmter spezifischer Wärme erhält, wenn man eine gemeinsame Grenzfrequenz verwendet.

Führen wir mithilfe von (2.45) unter Berücksichtigung von (2.46) die Grenzfrequenz ω_D in (2.43) ein, so bekommen wir

$$Z(\omega) = \frac{9N}{\omega_D^3}\omega^2 \ . \tag{2.47}$$

In Abb. 2.8 ist zum Vergleich die Zustandsdichte für Wolfram nach der Gittertheorie und in der Debyeschen Näherung dargestellt.

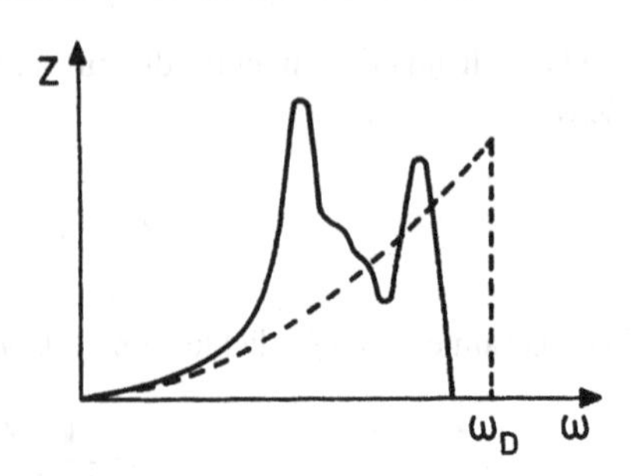

Abb. 2.8 Zustandsdichte $Z(\omega)$ des Phononenspektrums von Wolfram nach der Gittertheorie (*durchgezogene Kurve*) und in der Debyeschen Näherung (*gestrichelte Kurve*)

Wir kommen jetzt wieder auf (2.31) zurück und setzen dort die Zustandsdichte aus (2.47) ein. Wir erhalten dann für die thermische Energie

$$U = \frac{9N}{\omega_D^3} \int_0^{\omega_D} \frac{\hbar\omega}{e^{\hbar\omega/k_B T} - 1} \omega^2 d\omega \tag{2.48}$$

und für die spezifische Wärme

$$c = \frac{1}{M} \frac{9Nk_B}{\omega_D^3} \int_0^{\omega_D} \frac{\left(\frac{\hbar\omega}{k_B T}\right)^2 e^{\hbar\omega/k_B T}}{(e^{\hbar\omega/k_B T} - 1)^2} \omega^2 d\omega \ . \tag{2.49}$$

Das Integral lässt sich nur dann einfach auswerten, wenn die Temperatur T sehr groß oder sehr klein gegen die sog. *Debye-Temperatur* Θ_D ist. Diese ist durch

$$\hbar\omega_D = k_B \Theta_D \tag{2.50}$$

definiert. Wenn $T \gg \Theta_D$ ist, gilt $\hbar\omega_D / k_B T \ll 1$. Da aber alle unter dem Integral in (2.49) auftretenden Frequenzen kleiner oder gleich ω_D sind, gilt auch

$$\frac{\hbar\omega}{k_B T} \ll 1 \ .$$

Entwickeln wir die Exponentialfunktionen in (2.49) in eine Reihe und berücksichtigen im Zähler und im Nenner nur das Glied niedrigster Ordnung in $\hbar\omega/k_B T$, so erhalten wir

$$c = \frac{1}{M} \frac{9Nk_B}{\omega_D^3} \int_0^{\omega_D} \omega^2 d\omega = \frac{1}{M} 3Nk_B \ . \tag{2.51}$$

Die Wärmekapazität Mc beträgt dann $3Nk_B$ oder $3\nu Lk_B$, wenn L die Avogadrosche Zahl und ν die Molzahl ist. Für die Molwärme bekommen wir schließlich, wenn wir für Lk_B die Gaskonstante R einführen

$$C = 3R \approx 25\,\mathrm{J/(mol \cdot K)} \ . \tag{2.52}$$

Diese Gleichung ist als *Dulong*[2]*-Petitsches*[3] *Gesetz* bekannt. Das Gesetz besagt, dass bei Temperaturen, die hoch gegenüber der Debye-Temperatur sind, die Molwärmen aller Festkörper mit einatomiger Basis gleich groß sind.

Wenn $T \ll \Theta_D$ ist, gilt $\hbar\omega_D/k_BT \gg 1$. Das bedeutet nach (2.17), dass für $\omega \geq \omega_D$ praktisch keine Phononen existieren. Wir können also in diesem Fall in (2.49) den Integrationsbereich über ω_D hinaus bis Unendlich erweitern, ohne den Gesamtwert des Integrals wesentlich zu beeinflussen. Setzen wir in (2.49) $\hbar\omega/k_BT = x$ und führen die Debye-Temperatur ein, so erhalten wir

$$c = \frac{1}{M} 9Nk_B \left(\frac{T}{\Theta_D}\right)^3 \int\limits_0^\infty \frac{x^4 e^x}{(e^x - 1)^2} dx \ . \tag{2.53}$$

Das Integral hat den Wert $4\pi^4/15$. Für die Molwärme gilt dann

$$C = \frac{12\pi^4}{5} R \left(\frac{T}{\Theta_D}\right)^3 \approx 234\, R \left(\frac{T}{\Theta_D}\right)^3 \ . \tag{2.54}$$

Diese Beziehung bezeichnet man als das *Debyesche* T^3*-Gesetz*. Für mittlere Temperaturen lässt sich (2.49) nur numerisch auswerten. Abb. 2.9 zeigt den gesamten Verlauf der Molwärme als Funktion der Temperatur in der Debyeschen Näherung. Trotz der gemachten Vereinfachungen gibt die Debyesche Theorie die Temperaturabhängigkeit der spezifischen Wärme eines Festkörpers im Prinzip richtig wieder. Um eine quantitative Übereinstimmung zu erzielen, hat man jedoch anstelle der nach (2.50) und (2.45) berechneten Debye-Temperatur einen kleineren Temperaturwert zu benutzen. Im Anhang D ist die Debye-Temperatur für die verschiedenen Elemente aufgeführt, wie sie sich aus den experimentell gefundenen Werten der Molwärme für tiefe Temperaturen ergibt.

Bei Kristallen mit mehratomiger Basis treten zu den akustischen noch die optischen Gitterschwingungen hinzu. Für die beiden Grenzfälle $T \gg \Theta_D$ und $T \ll \Theta_D$ erhält man die gleichen Ergebnisse wie in der Debyeschen Theorie; Denn für

---

[2] Pierre Louis Dulong, *1785 Rouen, †1838 Paris.
[3] Alexis Therese Petit, *1791 Vesoul, †1820 Paris.

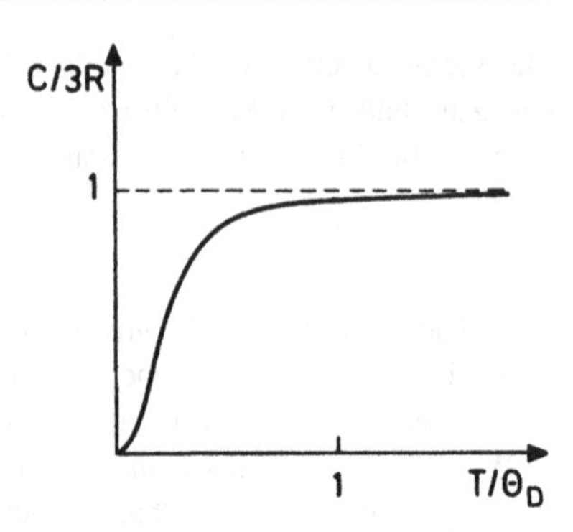

Abb. 2.9 Molwärme C eines Festkörpers als Funktion der Temperatur in der Debyeschen Näherung. Θ_D ist die Debye-Temperatur, R die Gaskonstante

$T \gg \Theta_D$ ist die Molwärme von der Frequenzverteilung unabhängig, und für $T \ll \Theta_D$ sind sowieso nur die niedrigen Frequenzen in den akustischen Zweigen von Bedeutung. Für mittlere Temperaturen hingegen muss das Debyesche Modell erweitert werden. Dies kann dadurch geschehen, dass man die optischen Frequenzbereiche durch einzelne feste Frequenzen approximiert. Besonders bei stark unterschiedlichen Teilchenmassen ist dies eine gute Näherung, da dann die optischen Frequenzbereiche sehr schmal sind.

2.3 Anharmonische Effekte

Zur Berechnung der spezifischen Wärme eines Festkörpers benutzten wir eine Verteilungsfunktion, die angibt, wieviele Phononen mit einer bestimmten Energie bei vorgegebener Temperatur im thermodynamischen Gleichgewicht vorhanden sind. Damit sich ein solcher Gleichgewichtszustand einstellen kann, muss eine Wechselwirkung zwischen den Phononen existieren. Diese wird bei einer Behandlung der Gitterschwingungen in der harmonischen Näherung nicht erfasst. Die Eigenschwingungen des Systems, denen die Phononen zugeordnet sind, sind völlig entkoppelt. Erst wenn man Abweichungen von einem linearen Kraftgesetz zwischen den Gitteratomen berücksichtigt, erhält man eine Wechselwirkung zwischen den Phononen. Ohne diese Wechselwirkung würde eine im Kristall angeregte Gitterschwingung für alle Zeiten fortbestehen, oder, anders ausgedrückt, die freie Weglänge eines Phonons wäre unendlich groß.

Bei der Wechselwirkung zwischen Phononen interessieren vor allem die sog. *Dreiphononenprozesse*. Hierbei werden entweder zwei Phononen in ein einzelnes neues Phonon umgewandelt, oder ein einzelnes Phonon zerfällt in zwei Phononen.

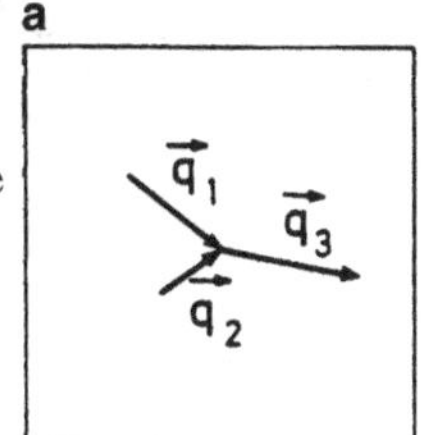

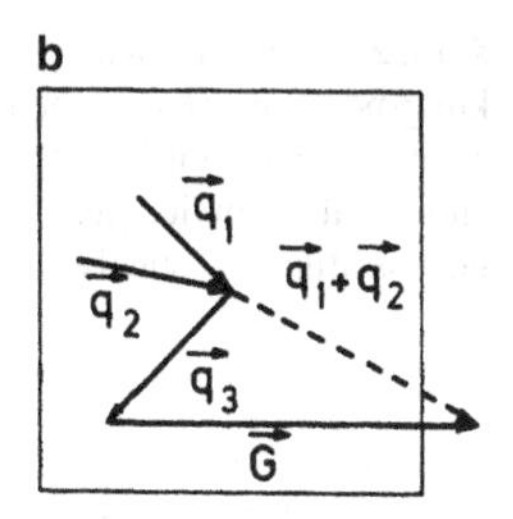

Abb. 2.10 Dreiphononenprozesse in einem zweidimensionalen quadratischen Gitter. Die Quadrate stellen die erste Brillouin-Zone dar. **a** Normalprozess, **b** Umklappprozess

Es lässt sich zeigen, dass Dreiphononenprozesse durch den ersten anharmonischen Term im Kraftansatz für die Wechselwirkung zwischen den Gitteratomen beschrieben werden. Die Berücksichtigung höherer anharmonischer Terme führt dann zu Vierphononen-Prozessen usw. Allerdings ist die Wahrscheinlichkeit für Prozesse, an denen mehr als drei Phononen beteiligt sind, sehr gering, da die Größe der anharmonischen Terme mit steigender Ordnung schnell abnimmt.

Für Dreiphononenprozesse gilt der Energieerhaltungssatz

$$\hbar\omega_1 + \hbar\omega_2 = \hbar\omega_3 \tag{2.55}$$

und der Erhaltungssatz

$$\vec{q}_1 + \vec{q}_2 = \vec{q}_3 + \vec{G} \tag{2.56}$$

für die Wellenzahlvektoren. Hierbei ist in (2.56) der Vektor $\vec{G}$ des reziproken Gitters stets so zu wählen, dass alle auftretenden $\vec{q}$-Werte in der ersten Brillouin-Zone liegen. Nach R.E. Peierls[4] bezeichnet man einen Dreiphononenprozess, bei dem $\vec{G}$ gleich Null ist, als einen *Normalprozess* und einen solchen, bei dem $\vec{G}$ von Null verschieden ist, als einen *Umklappprozess*. (2.56) lässt sich auch als Impulserhaltungssatz auffassen, da $\hbar\vec{q}$ der Quasiimpuls eines Phonons ist.

In Abb. 2.10 sind ein Normalprozess und ein Umklappprozess in einem zweidimensionalen quadratischen Gitter dargestellt. Bei einem Normalprozess liegt der Summenvektor $\vec{q}_3$ der beiden Wellenzahlvektoren $\vec{q}_1$ und $\vec{q}_2$ innerhalb der ersten Brillouin-Zone. Der Quasiimpuls der Phononen bleibt also erhalten. Bei einem Umklappprozess reicht hingegen der Vektor $\vec{q}_1 + \vec{q}_2$ über die erste Brillouin-Zone hinaus. Erst durch die Wahl eines geeigneten Vektors $\vec{G}$ wird erreicht, dass $\vec{q}_3$ wieder in der ersten Brillouin-Zone erscheint. Durch das Hinzufügen von $\vec{G}$ wird aber bewirkt, dass der Wellenzahlvektor $\vec{q}_3$ den Vektoren $\vec{q}_1$ und $\vec{q}_2$ mehr oder weniger

[4] Rudolf Ernst Peierls, *1907 Berlin, †1995 Oxford.

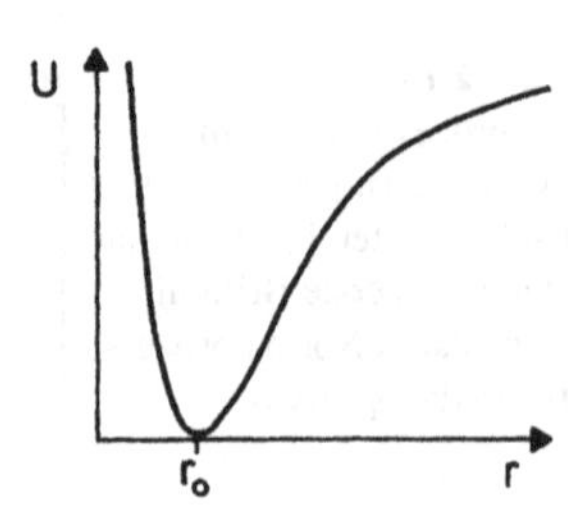

Abb. 2.11 Wechselwirkungspotenzial U zwischen zwei benachbarten Gitteratomen als Funktion des gegenseitigen Abstands

entgegengesetzt gerichtet ist. Daher rührt der Name für diesen Prozess. Bei der Diskussion der Wärmeleitung in Isolatoren in Abschn. 2.3.2 wird gezeigt, dass die Größe des Wärmewiderstandes wesentlich durch die Häufigkeit der Umklappprozesse bestimmt wird.

Andere physikalische Eigenschaften eines Festkörpers, die auch nur durch eine Nichtlinearität der Gitterkräfte erklärt werden können, sind die thermische Ausdehnung und die Temperaturabhängigkeit der elastischen Konstanten. Bei der Behandlung der spezifischen Wärme eines Festkörpers reicht dagegen ein linearer Kraftansatz aus, um Ergebnisse zu finden, die relativ gut mit der Erfahrung übereinstimmen. Nur die bei hohen Temperaturen zu beobachtende geringfügige Zunahme der spezifischen Wärme mit steigender Temperatur ist als ein anharmonischer Effekt aufzufassen.

2.3.1 Thermische Ausdehnung

In Abb. 2.11 ist das Wechselwirkungspotenzial zwischen zwei benachbarten Gitteratomen in Abhängigkeit vom gegenseitigen Abstand aufgetragen. Der Gleichgewichtsabstand betrage r_0. Für das Potenzial machen wir nun für kleine ρ den Ansatz

$$U(\rho) = a\rho^2 - b\rho^3 \ , \tag{2.57}$$

wobei $\rho = r - r_0$ die Auslenkung aus der Gleichgewichtslage ist. Für $b = 0$ liefert der Potenzialverlauf ein lineares Kraftgesetz für die Wechselwirkung zwischen den Gitteratomen. Dies entspricht der harmonischen Näherung. Der Term $-b\rho^3$ mit $b > 0$ bewirkt die Asymmetrie der Potenzialkurve. Durch das negative Vorzeichen wird berücksichtigt, dass die Abstoßungskräfte bei der Annäherung zweier Gitteratome aus der Gleichgewichtslage stärker anwachsen als die Anziehungskräfte bei der Auseinanderbewegung der Atome. Für Schwingungen kleiner

Amplitude, die hier ausschließlich betrachtet werden sollen, ist nur das Minimum von U bei $\rho = 0$ wirksam. Der Abfall von U für große ρ spielt hier keine Rolle.

Wir wollen nun mit einer klassischen Behandlung des Schwingungsproblems die Abhängigkeit der Gleichgewichtslage von der Temperatur abschätzen. Für diese Abschätzung berücksichtigen wir nur die Koordinate ρ. Dann erhalten wir für die mittlere Auslenkung aus der Gleichgewichtslage $\rho = 0$

$$\overline{\rho} = \frac{\int\limits_{\text{Schwingbereich}} \rho e^{-U(\rho)/(k_B T)} d\rho}{\int\limits_{\text{Schwingbereich}} e^{-U(\rho)/(k_B T)} d\rho} \ . \tag{2.58}$$

Da wir nur kleine Auslenkungen betrachten, ist $b\rho^3$ klein gegen $k_B T$. Dann können wir die Exponentialfunktion in (2.58) entwickeln als

$$e^{-\frac{U(\rho)}{k_B T}} = e^{-\frac{a\rho^2 - b\rho^3}{k_B T}} = e^{-\frac{a\rho^2}{k_B T}} \cdot e^{\frac{b\rho^3}{k_B T}} \approx e^{-\frac{a\rho^2}{k_B T}} \left(1 + \frac{b\rho^3}{k_B T}\right) \ .$$

Wir setzen diese Entwicklung in (2.58) ein und gehen gleichzeitig für die Ausführung der Integration zu den neuen Integrationsgrenzen $\pm\infty$ über. Dies ist zwar unphysikalisch, verfälscht aber unser Ergebnis wegen des schnellen Abfalls der Gauss-Funktion für große ρ nicht. Wir erhalten so für den Zähler von (2.58)

$$\int\limits_{-\infty}^{+\infty} e^{-\frac{a\rho^2}{k_B T}} \left(\rho + \frac{b\rho^4}{k_B T}\right) d\rho = \frac{b(k_B T)^{3/2}}{a^{5/2}} \int\limits_{-\infty}^{+\infty} x^4 e^{-x^2} dx = \frac{b(k_B T)^{3/2}}{a^{5/2}} \frac{3}{4} \sqrt{\pi} \ .$$

Für den Nenner folgt entsprechend

$$\int\limits_{-\infty}^{+\infty} e^{-\frac{a\rho^2}{k_B T}} \left(1 + \frac{b\rho^3}{k_B T}\right) d\rho = \frac{(k_B T)^{1/2}}{a^{1/2}} \sqrt{\pi} \ .$$

Zusammen ergibt sich

$$\overline{\rho} = \frac{3bk_B}{4a^2} T \ . \tag{2.59}$$

Für die relative Längenänderung des Kristalls erhalten wir dann

$$\frac{\overline{\rho}}{r_0} = \frac{3bk_B}{4a^2 r_0} T \tag{2.60}$$

und für den linearen Ausdehnungskoeffizienten

$$\alpha = \frac{d}{dT}\frac{\overline{\rho}}{r_0} = \frac{3bk_B}{4a^2 r_0} \ . \qquad (2.61)$$

Für $b = 0$, also in der harmonischen Näherung, verschwindet α. Die thermische Ausdehnung beruht also auf der Nichtlinearität der Gitterkräfte. Es sollte aber bemerkt werden, dass α, wie eine genauere Betrachtung ergibt, nur für hohe Temperaturen näherungsweise konstant ist.

2.3.2 Wärmeleitung in Isolatoren

Es wurde bereits in Abschn. 2.3 erwähnt, dass für die Wärmeleitung in Isolatoren die bei einer Phononenwechselwirkung auftretenden Umklappprozesse von ausschlaggebender Bedeutung sind. Durch Normalprozesse wird der Wärmewiderstand eines Festkörpers nicht beeinflusst, da bei solchen Prozessen der Gesamtimpuls der Phononen erhalten bleibt und infolgedessen der Wärmetransport nicht gestört wird. Umklappprozesse bewirken hingegen, dass die Ausbreitungsrichtung der Phononen ständig umgekehrt wird. Auf diese Weise kann sich z. B. längs eines Stabes, dessen Enden auf unterschiedlichen Temperaturen gehalten werden, ein Phononenkonzentrationsgefälle ausbilden. Erst in diesem Fall ist es überhaupt sinnvoll, von einem Temperaturgradienten längs des Stabes und von einem endlichen Wärmewiderstand zu sprechen.

Die Wärmestromdichte $\vec{j}$, d. h. die Wärmemenge, die je Zeiteinheit durch eine Flächeneinheit strömt, ist mit dem Gradienten der Temperatur T durch die Beziehung

$$\vec{j} = -\lambda \ \mathrm{grad}\, T \qquad (2.62)$$

verknüpft, wobei λ der Koeffizient der Wärmeleitfähigkeit ist. Für λ können wir den aus der kinetischen Gastheorie bekannten Ausdruck für die Wärmeleitfähigkeit in Gasen übernehmen. Es gilt

$$\lambda = \frac{1}{3}\rho c v_s \Lambda \ . \qquad (2.63)$$

Hierbei ist in unserem Fall ρ die Dichte des Festkörpers, c seine spezifische Wärme, v_s die Schallgeschwindigkeit im Festkörper und Λ die mittlere freie Weglänge der Phononen für Umklappprozesse. Die Verwendung einer einheitlichen

Geschwindigkeit v_s aller Phononen vernachlässigt die Dispersion der Gitterschwingungen.

Bei Temperaturen von etwa 10 K sind praktisch nur niederenergetische Phononen angeregt. Sie können keine Umklappprozesse bewirken. Die Wärmeleitfähigkeit eines Isolators wird in diesem Fall durch eine Streuung der Phononen an Gitterfehlern und an der Oberfläche des Körpers begrenzt. Die Temperaturabhängigkeit von λ wird für tiefe Temperaturen durch die Temperaturabhängigkeit von c bestimmt. Nach (2.54) ist c hier proportional T^3. Da die Dichte ρ und die Schallgeschwindigkeit v_s nur geringfügig von T abhängen, gilt dann die gleiche Temperaturabhängigkeit nach (2.63) auch für λ.

Damit Umklappprozesse stattfinden können, muss, wie aus Abb. 2.10 ersichtlich ist, der Betrag des Wellenzahlvektors der wechselwirkenden Phononen mindestens gleich einem Viertel des Durchmessers der ersten Brillouin-Zone sein. In der Debyeschen Näherung entspricht dies einer Phononenenergie von etwa $k_B \Theta_D/2$, wenn Θ_D die Debye-Temperatur des betreffenden Kristalls ist. Nun ist die mittlere freie Weglänge Λ für die Wechselwirkung solcher Phononen umgekehrt proportional ihrer Konzentration. Hieraus folgt bei Beachtung von (2.17)

$$\Lambda \sim e^{\Theta_D/2T} - 1 \ . \tag{2.64}$$

Für $T \ll \Theta_D$ ergibt sich aus (2.64)

$$\Lambda \sim e^{\Theta_D/2T} \ . \tag{2.65}$$

Ist dagegen $T \gg \Theta_D$, so erhält man

$$\Lambda \sim \frac{1}{T} \ . \tag{2.66}$$

Wenn Umklappprozesse möglich sind, ist bei der Ermittlung der Temperaturabhängigkeit von λ sowohl der Temperaturverlauf der spezifischen Wärme c (Abb. 2.9) als auch der der freien Weglänge Λ zu berücksichtigen. In Abb. 2.12 ist als typisches Beispiel der Temperaturverlauf von λ für synthetischen Korund (Al_2O_3) für den gesamten Temperaturbereich dargestellt.

Der hier besprochene Wärmetransport durch Phononen existiert natürlich auch bei Metallen, nur kommt hier noch die Wärmeleitung durch Leitungselektronen hinzu. Sie ist bei reinen Metallen für alle Temperaturen größer als die Wärmeleitung durch Phononen und kann diese bei Zimmertemperatur sogar um zwei Zehnerpotenzen überragen. Das besagt nun aber nicht, dass die Wärmeleitfähigkeit von Isolatoren bei tiefen Temperaturen immer kleiner ist als die von Metallen.

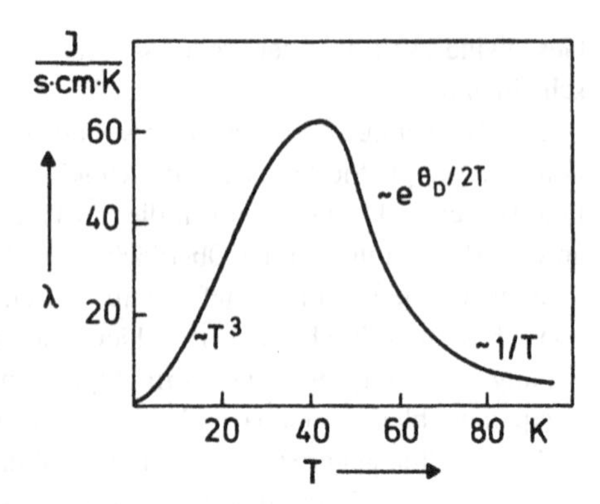

Abb. 2.12 Wärmeleitfähigkeit λ von synthetischem Korund in Abhängigkeit von der Temperatur

So ist z. B. bei Temperaturen um 30 K die Wärmeleitfähigkeit von Korund größer als die von Kupfer. Mit der Wärmeleitung durch Leitungselektronen beschäftigen wir uns in Abschn. 3.1.

2.4 Phononenspektroskopie

In diesem Abschnitt befassen wir uns mit experimentellen Methoden zur Bestimmung der Dispersionsrelation für Phononen. Aus dem funktionalen Zusammenhang zwischen der Frequenz ω und dem Wellenzahlvektor $\vec{q}$ von Gitterschwingungen lassen sich sehr genau Rückschlüsse auf die Wechselwirkungskräfte zwischen den Gitteratomen eines Kristalls ziehen. Bei dem einfachen in Abschn. 2.1.1 dargestellten Problem können wir z. B. aus der experimentell ermittelten Dispersionsrelation $\omega(q)$ die Kopplungskonstanten f_n im Kraftansatz in (2.1) berechnen. Um eine Beziehung zwischen f_n und $\omega(q)$ zu erhalten, multiplizieren wir die Dispersionsrelation aus (2.5) auf beiden Seiten mit $\cos qpa$, wobei p eine positive ganze Zahl ist, und integrieren über q von $-\pi/a$ bis $+\pi/a$. Wir erhalten so

$$\int_{-\pi/a}^{+\pi/a} dq\, \omega^2(q) \cos qpa = \frac{2}{M} \sum_{n=1}^{\infty} f_n \int_{-\pi/a}^{+\pi/a} dq (1 - \cos qna) \cos qpa \ . \tag{2.67}$$

Das Integral auf der rechten Seite von (2.67) ist nur dann von Null verschieden, wenn $p = n$ ist. Dann hat es den Wert $-\pi/a$. Damit ergibt sich für die Kopplungskonstanten

$$f_n = -\frac{Ma}{2\pi} \int_{-\pi/a}^{+\pi/a} dq\, \omega^2(q) \cos qna \ . \tag{2.68}$$

2.4.1 Inelastische Neutronenstreuung

Zur experimentellen Bestimmung der Dispersionsrelation von Phononen wird besonders gern die inelastische Streuung thermischer Neutronen benutzt. Bei einem solchen Streuprozess wird entweder ein Phonon erzeugt oder vernichtet. Es lassen sich hier genau wie bei dem in Abschn. 2.3 besprochenen Dreiphononenprozess Erhaltungssätze für Energie und Wellenzahlvektoren aufstellen. Ist $\vec{k}_{0,N}$ der Wellenzahlvektor des einfallenden Neutrons und $\vec{k}_N$ der des gestreuten Neutrons, so lautet der Energieerhaltungssatz

$$\frac{(\hbar k_{0,N})^2}{2M_N} = \frac{(\hbar k_N)^2}{2M_N} \pm \hbar\omega \ . \tag{2.69}$$

$\hbar\omega$ ist hierbei die Energie des am Streuprozess beteiligten Phonons, M_N die Neutronenmasse. Das positive Vorzeichen bezieht sich auf eine Phononenerzeugung, das negative auf eine Phononenvernichtung.

Für die Erhaltung der Wellenzahlvektoren erhält man in diesem Fall

$$\vec{k}_{0,N} + \vec{G} = \vec{k}_N \pm \vec{q} \ , \tag{2.70}$$

wenn $\vec{q}$ der Wellenzahlvektor des Phonons und $\vec{G}$ ein Vektor des reziproken Gitters ist. Mit $\vec{q} = 0$ und $\hbar\omega = 0$ gehen (2.69) und (2.70) in die entsprechenden Beziehungen für eine elastische Streuung über (s. (1.21)).

In Abb. 2.13 ist der Zusammenhang zwischen den Vektoren aus (2.70) im Raum des reziproken Gitters dargestellt. Von einem beliebigen Gitterpunkt aus ist der Wellenzahlvektor $\vec{k}_{0,N}$ der auf den Kristall auftreffenden monoenergetischen Neutronen abgetragen. Der Endpunkt dieses Vektors ist der Mittelpunkt der Ewaldschen Kugel (Abb. 1.18). Während aber bei einer elastischen Streuung der Wellenzahlvektor der gestreuten Teilchen auf der Ewaldschen Kugel liegt, ist dies bei einer inelastischen Streuung nicht der Fall. Er befindet sich (wegen (2.69)) innerhalb der Kugel bei einer Phononenerzeugung, außerhalb der Kugel bei einer

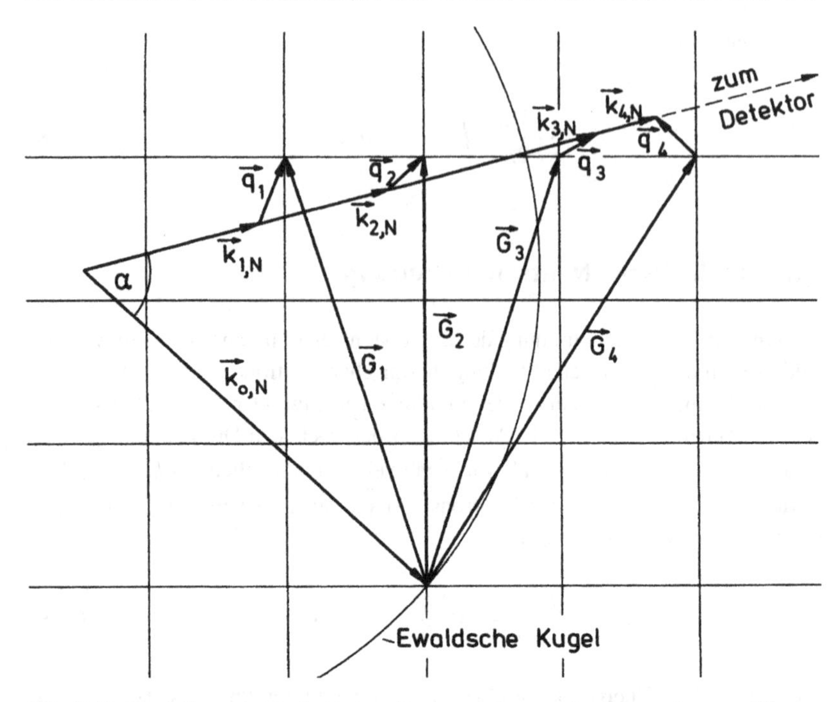

Abb. 2.13 Darstellung der inelastischen Neutronenstreuung im Raum eines zweidimensionalen reziproken Gitters nach (2.70). $\vec{k}_{0,N}$ ist der Wellenzahlvektor eines einfallenden Neutrons. $\vec{k}_{1,N}$, $\vec{k}_{2,N}$, $\vec{k}_{3,N}$ und $\vec{k}_{4,N}$ sind die Wellenzahlvektoren inelastisch gestreuter Neutronen. $\vec{q}_1$ und $\vec{q}_2$ sind die Wellenzahlvektoren zweier bei der Streuung erzeugter, $\vec{q}_3$ und $\vec{q}_4$ die zweier vernichteter Phononen. $\vec{G}_1$, $\vec{G}_2$, $\vec{G}_3$ und $\vec{G}_4$ sind Vektoren des reziproken Gitters

Phononenvernichtung. In Abb. 2.13 sind die bei einem vorgegebenen Streuwinkel α im Experiment zu beobachtenden Wellenzahlvektoren $\vec{k}_{1,N}$, $\vec{k}_{2,N}$ u. s. w. der gestreuten Neutronen aufgetragen. Die Verbindungslinien von den Enden dieser Vektoren zu den nächstbenachbarten Gitterpunkten des reziproken Gitters liefern die Wellenzahlvektoren $\vec{q}_1$, $\vec{q}_2$ u. s. w. der bei den Streuprozessen erzeugten oder vernichteten Phononen. Die den Wellenzahlvektoren der Phononen zuzuordnenden Kreisfrequenzen ω erhält man dann aus (2.69).

Thermische Neutronen sind für derartige Experimente deshalb besonders gut geeignet, weil ihre Impuls- und Energiewerte in der gleichen Größenordnung wie diejenigen von Phononen liegen. Damit erfolgt bei der Erzeugung bzw. Vernichtung eines Phonons in einem inelastischen Streuprozess eine für die Messung aus-

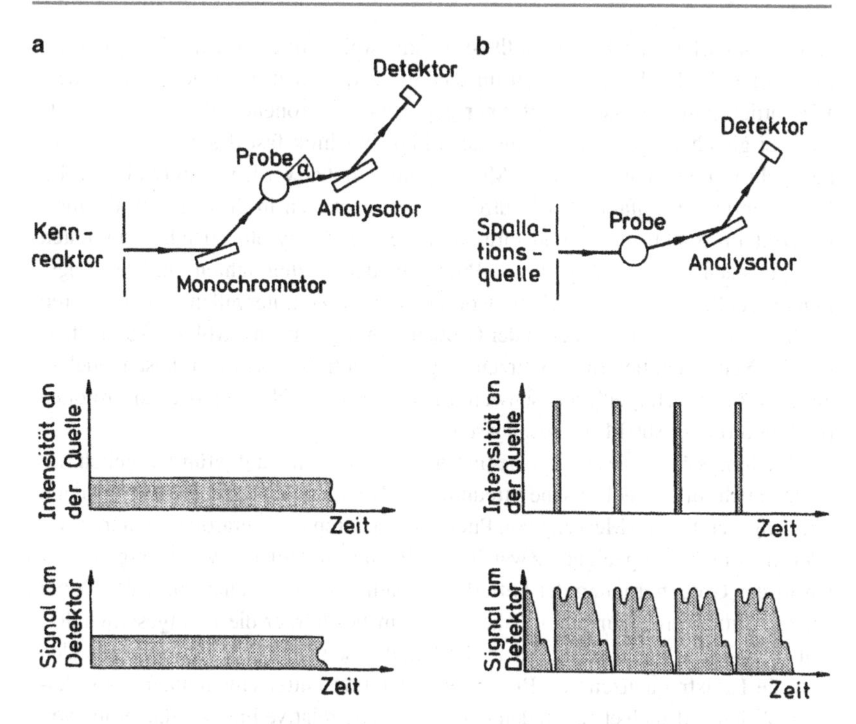

Abb. 2.14 Anordnungen zur Untersuchung der Neutronenstreuung an Einkristallen für Neutronen aus einem Kernreaktor (**a**) und einer Spallationsquelle (**b**), schematisch

reichend große Änderung des Impulses und der Energie des Neutrons. Wir haben in Abschn. 1.2.5 gesehen, dass die de-Broglie-Wellenlänge thermischer Neutronen die Größenordnung der Gitterkonstanten a eines Kristalls hat. Ihre Wellenzahl liegt also bei $2\pi/a$. Dies ist aber gerade die Ausdehnung der ersten Brillouin-Zone, die die möglichen Wellenzahlvektoren der Phononen enthält. Die Energie von Neutronen, die der wahrscheinlichsten Geschwindigkeit bei 20°C entspricht, beträgt 0,025 eV. Die Energie von Phononen, die zu einer maximalen Frequenz von 10^{14} Hz gehört, ist ungefähr 0,07 eV.

In einem typischen Experiment selektiert man aus den thermischen Reaktorneutronen durch Braggsche Reflexion an einem Einkristall monochromatische Neutronen des Wellenvektors $\vec{k}_{0,N}$. Die an der Probe unter dem Winkel α gestreuten Neutronen mit dem Wellenzahlvektor $\vec{k}_N$ werden mithilfe der Braggschen Reflexion an einem zweiten Einkristall analysiert. Mit dieser Methode, die in

Abb. 2.14a schematisch dargestellt ist, kann jeweils nur ein kleiner Bruchteil des Spektrums der Reaktorneutronen für das Streuexperiment herangezogen werden. Wesentlich günstiger ist es, mit einer gepulsten Neutronenquelle zu arbeiten, da hier bei gleichzeitiger Anwendung der Flugzeittechnik fast das gesamte Neutronenspektrum bei einer einzelnen Messung ausgenutzt werden kann (Abb. 2.14b). Die Energie der einfallenden Neutronen berechnet sich in diesem Fall aus ihrer Flugzeit im Spektrometer und ihrer mithilfe des Analysatorkristalls ermittelten Energie nach der Streuung in der Probe. In den letzten Jahren sind leistungsfähige Spallationsquellen gebaut worden, die in Zeitintervallen von mehreren Millisekunden für eine Dauer in der Größenordnung von einer Mikrosekunde thermische Neutronen liefern. Zur Erzeugung der Neutronen wird bei diesen Quellen ein Auffänger („Target") aus schweren Atomen mit hochenergetischen Protonen (Größenordnung 800 MeV) beschossen.

Erhaltungssätze wie die am Beginn dieses Abschnitts aufgeführten gelten natürlich auch für die inelastische Streuung von Röntgenquanten und Elektronen am Kristallgitter. Für die Messung von Phononenspektren sind derartige Streuprozesse allerdings nicht gut geeignet. Zwar liegt z. B. die Wellenlänge von Röntgenstrahlen in der Größenordnung der Gitterkonstanten und ihre Wellenzahl folglich bei der der Gitterschwingungen, da aber in einem Festkörper die Lichtgeschwindigkeit ungefähr 10^5-mal so groß wie die Schallgeschwindigkeit ist, unterscheiden sich die Kreisfrequenzen von Röntgenstrahlen und Gitterschwingungen bei gleicher Wellenzahl auch etwa um den Faktor 10^5. Die relative Frequenzänderung von Röntgenstrahlen bei einer Streuung am Kristallgitter ist deshalb nur sehr gering. Entsprechendes gilt auch für Elektronen, die bei einer de-Broglie-Wellenlänge von 0,1 nm nach (1.50) eine Energie von 150 eV haben.

2.4.2 Raman-Streuung

Die inelastische Streuung von Licht des sichtbaren und ultravioletten Spektralbereichs an Kristallgittern bezeichnet man als *Raman*[5]*-Streuung*. Häufig spricht man allerdings nur dann von Raman-Streuung, wenn durch den Streuprozess optische Phononen erzeugt oder vernichtet werden, während man die entsprechende Wechselwirkung mit akustischen Phononen *Brillouin-Streuung* nennt.

Die Kreisfrequenz des Lichts im sichtbaren und ultravioletten Spektralbereich liegt zwischen 10^{15} und 10^{16} Hz. Dies bedeutet, dass selbst bei einer Erzeugung oder Vernichtung von optischen Phononen, die eine verhältnismäßig hohe Kreis-

---

[5] Chandrasekhara Raman, *1888 Trichinopoli (Indien), †1970 Bangalore, Nobelpreis 1930.

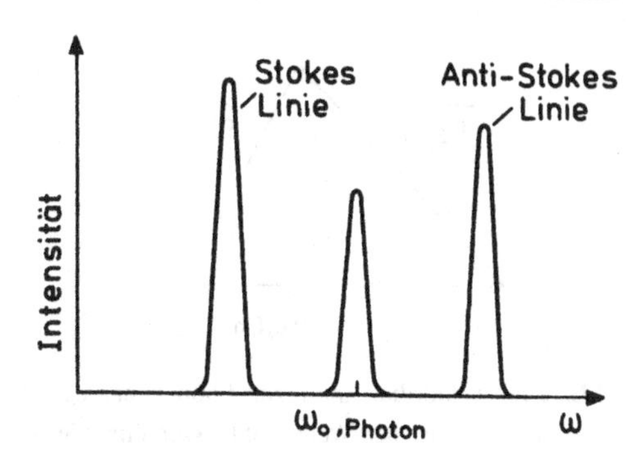

Abb. 2.15 Typisches Spektrum bei der Lichtstreuung an einem Einkristall (Raman-Streuung)

frequenz von 10^{14} Hz haben, eine relative Frequenzverschiebung von nur 1 bis 10 % erfolgt. Um den gleichen Prozentsatz ändert sich auch der Wellenzahlvektor des gestreuten Lichts, dessen Länge für den sichtbaren Spektralbereich nur etwa 1/1000 der Ausdehnung der ersten Brillouin-Zone beträgt. Folglich liegt sowohl der Wellenzahlvektor $\vec{k}_{0,\mathrm{Ph}}$ des einfallenden Lichts als auch der des gestreuten Lichts $\vec{k}_{\mathrm{Ph}}$ in der ersten Brillouin-Zone, und im Erhaltungssatz für die Wellenzahlvektoren tritt kein Vektor $\vec{G}$ des reziproken Gitters auf. Demnach gelten für die inelastische Streuung von sichtbarem und ultraviolettem Licht die Erhaltungssätze

$$\omega_{0,\mathrm{Ph}} = \omega_{\mathrm{Ph}} \pm \omega \tag{2.71}$$

$$\text{und} \quad \vec{k}_{0,\mathrm{Ph}} = \vec{k}_{\mathrm{Ph}} \pm \vec{q} \ . \tag{2.72}$$

Hierbei sind ω und $\vec{q}$ Kreisfrequenz und Wellenzahlvektor des erzeugten bzw. vernichteten Phonons.

Nach (2.72) ist jede Lichtstreuung, bei der der Streuwinkel von Null verschieden ist, mit der Erzeugung oder Vernichtung eines Phonons verknüpft und bewirkt somit nach (2.71) eine Änderung der Lichtfrequenz. Das beim Streuprozess abgelenkte Licht sollte hiernach nur die Frequenzen $\omega_{0,\mathrm{Ph}} - \omega$ und $\omega_{0,\mathrm{Ph}} + \omega$ nicht aber die Frequenz $\omega_{0,\mathrm{Ph}}$ aufweisen. In Wirklichkeit beobachtet man im abgelenkten Strahl aber auch Licht der Frequenz $\omega_{0,\mathrm{Ph}}$. Diese Strahlung rührt von der elastischen Lichtstreuung an Fehlordnungen im Kristall her. Man bezeichnet sie als *Rayleigh*[6]*-Streuung*. Ein typisches Streuspektrum ist in Abb. 2.15 wiedergegeben. Die Spektrallinie mit der Frequenz $\omega_{0,\mathrm{Ph}} - \omega$ bezeichnet man gewöhnlich

[6] John William Rayleigh, *1842 Langford (Essex), †1919 Terling Place (Essex), Nobelpreis 1904.

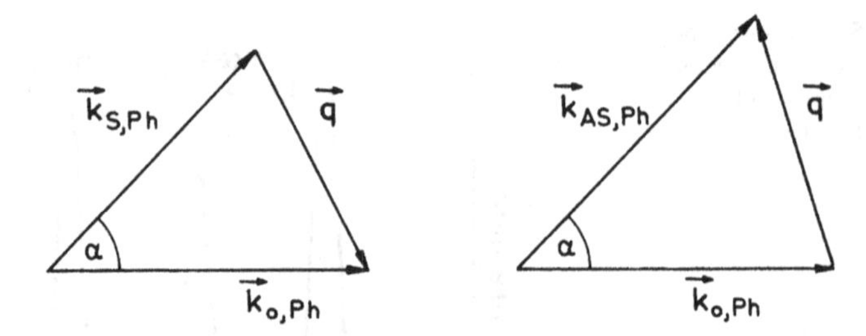

Abb. 2.16 Vektordiagramm zur Phononenanregung und -vernichtung bei der Raman-Streuung. $\vec{k}_{S,\mathrm{Ph}}$ ist der Wellenzahlvektor einer Stokes-Linie, $\vec{k}_{AS,\mathrm{Ph}}$ derjenige einer Anti-Stokes-Linie

als *Stokes*[7]*-Linie*, die mit der Frequenz $\omega_{0,\mathrm{Ph}} + \omega$ als *Anti-Stokes-Linie*. Das Intensitätsverhältnis dieser Linien hängt stark von der Temperatur ab; damit nämlich eine Anti-Stokes-Linie beobachtet werden kann, müssen bereits Gitterschwingungen im Kristall angeregt sein. Die Intensität einer Anti-Stokes-Linie nimmt also bei einer Temperaturerniedrigung ab.

In Abb. 2.16 ist der Zusammenhang zwischen den Wellenzahlvektoren aus (2.72) in einem Vektordiagramm dargestellt und zwar sowohl für eine Phononenanregung als auch für eine -vernichtung. Ist α der Winkel, um den das einfallende Licht gestreut wird, so gilt

$$q^2 = k_{0,\mathrm{Ph}}^2 + k_{\mathrm{Ph}}^2 - 2k_{0,\mathrm{Ph}}k_{\mathrm{Ph}}\cos\alpha \ . \tag{2.73}$$

Die Wellenzahlen $k_{0,\mathrm{Ph}}$ und k_{Ph} stehen hierbei über die Beziehungen

$$\omega_{0,\mathrm{Ph}} = \frac{c}{n_0}k_{0,\mathrm{Ph}} \qquad \text{und} \qquad \omega_{\mathrm{Ph}} = \frac{c}{n}k_{\mathrm{Ph}} \tag{2.74}$$

mit den Lichtfrequenzen $\omega_{0,\mathrm{Ph}}$ und ω_{Ph} aus (2.71) in Verbindung. n_0 und n sind die Brechungsindizes für Licht der Frequenzen $\omega_{0,\mathrm{Ph}}$ und ω_{Ph}, c ist die Lichtgeschwindigkeit im Vakuum.

(2.71) liefert dann die Kreisfrequenz ω, die zu der Wellenzahl aus (2.73) gehört. Der Wert von ω hängt natürlich auch vom Phononenzweig und der Richtung des Vektors $\vec{q}$ im Kristall ab.

Mit $k_{0,\mathrm{Ph}}$ und k_{Ph} ist auch $\vec{q}$ sehr viel kleiner als die Ausdehnung der ersten Brillouin-Zone. Es lässt sich deshalb mithilfe der Raman- und Brillouin-Streuung

[7] George Gabriel Stokes, *1819 Skreen (Irland), †1903 London.

die Dispersionsrelation der Phononen nur für $\vec{q}$-Werte aus dem Zentrum der ersten Brillouin-Zone bestimmen. Für die Anregung bzw. Absorption von akustischen Phononen hat dann auch ω sehr kleine Werte, so dass bei der Messung der Frequenzverschiebung extrem monochromatisches Licht benutzt werden muss. Heute werden hier mit großem Erfolg Hochleistungslaser eingesetzt.

2.5 Aufgaben zu Kap. 1 und 2

1.1 Zeigen Sie, dass den primitiven Translationen eines hexagonal primitiven Gitters die Matrix

$$A = \begin{pmatrix} a & -a/2 & 0 \\ 0 & \sqrt{3}a/2 & 0 \\ 0 & 0 & c \end{pmatrix}$$

und den primitiven Translationen des zugehörigen reziproken Gitters die Matrix

$$B = 2\pi \cdot \begin{pmatrix} 1/a & 0 & 0 \\ 1/(\sqrt{3}a) & 2/(\sqrt{3}a) & 0 \\ 0 & 0 & 1/c \end{pmatrix}$$

zuzuordnen ist.

1.2 Weisen Sie mithilfe von (1.22) nach, dass bei einem kubisch primitiven Kristallgitter mit der Gitterkonstanten a der Abstand $d_{hk\ell}$ zweier Netzebenen $a/\sqrt{h^2 + k^2 + \ell^2}$ beträgt.

1.3 Ein fcc-Gitter mit einatomiger Basis lässt sich auf ein kubisch primitives Gitter zurückführen, indem man seine Basis auf vier Atome erweitert. Zeigen Sie anhand von (1.37), dass für $n = 1$ keine Braggsche Reflexion an solchen Netzebenen erfolgt, deren Millersche Indizes teilweise gerade und teilweise ungerade sind.

2.1 Wie in Abschn. 2.1.1 gezeigt wurde, führt (2.2), die als eine Bewegungsgleichung für Gitteratome aufgefasst werden kann, auf fortschreitende Wellen im Kristallgitter. Falls die Wellenlänge λ einer solchen Welle viel größer als die Gitterkonstante a ist, geht (2.2) in die Wellengleichung $\partial^2 u/\partial x^2 = (1/v^2)\partial^2 u/\partial t^2$ für ein elastisches Kontinuum über. Beweisen Sie dies für den Fall, dass für ein einzelnes Gitteratom lediglich eine Wechselwirkung mit Atomen unmittelbar benachbarter Netzebenen berücksichtigt zu werden braucht. Beachten Sie dabei, dass für $\lambda \gg a$ der Differenzenquotient $[u(x+a)-u(x)]/a$ durch den Differenzialquotient $\partial u(x)/\partial x$ ersetzt werden kann.

3 Elektronen im Festkörper

Verschiedene wichtige Eigenschaften eines Metalls werden durch das Verhalten seiner quasifreien Elektronen bestimmt. Diese Elektronen treten im Kristall sowohl mit den Atomrümpfen als auch miteinander in Wechselwirkung. Bei der Untersuchung der Elektronenbewegung geht man im Allgemeinen zunächst von einem starren Kristallgitter aus, das der Gleichgewichtskonfiguration der Atomrümpfe entspricht. Die positiv geladenen Atomrümpfe liefern in diesem Fall ein streng periodisches Potenzial. Die Wechselwirkung der quasifreien Elektronen untereinander berücksichtigt man in einer ersten Näherung durch ein gemitteltes Potenzial. Es beeinflusst die Periodizität des Potenzialfeldes der Atomrümpfe nicht. Bei einer solchen Betrachtungsweise bewegt sich jedes quasifreie Elektron im gleichen Potenzialfeld, und das eigentlich vorhandene Vielelektronenproblem wird auf ein Einelektronproblem reduziert. In dieser sog. *Einelektronnäherung* sucht man also nach Lösungen der Schrödinger-Gleichung für ein einzelnes Elektron in einem gitterperiodischen Potenzialfeld und ermittelt seine Energieniveaus. Mithilfe der Statistik erhält man dann die Verteilung der Elektronengesamtheit auf die verschiedenen Energieniveaus.

Betrachtet man in grober Näherung das Potenzial innerhalb des Kristalls als konstant, so gelangt man zum Modell des freien Elektronengases. In Abschn. 3.1 wird dieses Modell dazu benutzt, den Beitrag der quasifreien oder Leitungselektronen zur spezifischen Wärme und zur Wärmeleitfähigkeit eines Metalls zu ermitteln. Außerdem wird anhand dieses Modells die Glühemission von Elektronen aus Metallen und die metallische Bindung untersucht. Es kann dabei natürlich nicht die Frage geklärt werden, weshalb in gewissen Festkörpern Leitungselektronen vorhanden sind und in anderen nicht. Eine Antwort auf diese Frage erfolgt in Abschn. 3.2. Ein räumlich periodischer Ansatz für das Potenzialfeld im Kristall führt hier zur sog. *Bändertheorie* der Festkörper. Diese bildet eine wesentliche Grundlage der gesamten Festkörperphysik. Ihre Anwendbarkeit ist nicht auf quasifreie

© Springer-Verlag GmbH Deutschland 2017

K. Kopitzki, P. Herzog, *Einführung in die Festkörperphysik*,
DOI 10.1007/978-3-662-53578-3_3

Elektronen beschränkt, sondern sie gilt genauso gut für quasigebundene Elektronen. In Abschn. 3.3 wird der Einfluss äußerer Kraftfelder auf die Kristallelektronen untersucht. Hier erweist sich der Begriff der effektiven Masse eines Elektrons und der des Defektelektrons oder Lochs als sehr nützlich. Bei der Behandlung der elektrischen Leitfähigkeit eines Metalls muss neben der beschleunigenden Wirkung eines äußeren elektrischen Feldes auf die Leitungselektronen die Kopplung der Elektronenbewegung mit den Gitterschwingungen berücksichtigt werden. Diese Kopplung führt zu der als Elektron-Phonon-Streuung bekannten Wechselwirkung. Sie wird hier in einer linearisierten Boltzmann-Gleichung in der sog. Relaxationszeitnäherung erfasst. Schließlich wird in diesem Abschnitt noch die elektrische Leitung in gekreuzten elektrischen und magnetischen Feldern behandelt und die als Hall-Effekt bekannte Erscheinung diskutiert. In Abschn. 3.4 wird für Halbleiter die Ladungsträgerkonzentration und die Lage des Fermi-Niveaus bei Eigenleitung und Störstellenleitung untersucht. Außerdem wird hier der Ladungstransport durch die Grenzschicht zwischen einem p- und n-Halbleiter besprochen. In Abschn. 3.5 wird gezeigt, wie der Hall-Effekt und die Erscheinung der Zyklotronresonanz dazu benutzt werden können, die charakteristischen Eigenschaften eines Halbleiters experimentell zu ermitteln. In Abschn. 3.6 schließlich wird der Quanten-Hall-Effekt kurz behandelt.

3.1 Modell des freien Elektronengases

Nach dem Sommerfeld[1]-Modell des freien Elektronengases befinden sich die Leitungselektronen eines Metalls in einem Potenzialtopf, in dem sie sich wie die in einem Behälter eingeschlossenen Gasatome völlig frei bewegen und aus dem sie bei Zimmertemperatur nicht entweichen können. Als Teilchen mit halbzahligem Spin gehorchen sie der Fermi[2]-Statistik. Hierbei stellt sich zunächst die Frage, ob zur Beschreibung des Verhaltens der Leitungselektronen die Fermische Verteilungsfunktion in Strenge benutzt werden muss oder ob die Boltzmannsche Verteilungsfunktion als Näherung herangezogen werden darf. Wie in Anhang B gezeigt wird, hängt die Antwort vom Verhältnis der Temperatur des Elektronengases zu seiner Fermi-Temperatur T_F ab. T_F ist durch die Beziehung

$$k_B T_F = E_F(0) \tag{3.1}$$

[1] Arnold Sommerfeld, *1868 Königsberg, †1951 München.

[2] Enrico Fermi, *1901 Rom, †1954 Chicago, Nobelpreis 1938.

Tab. 3.1 Elektronenzahldichte, Fermi-Energie und Fermi-Temperatur für freie Elektronen in einigen Metallen

	Wertigkeit	Elektronenzahldichte $[10^{22}\text{cm}^{-3}]$	Fermi-Energie [eV]	Fermi-Temperatur [K]
Li	1	4,70	4,72	54.800
Rb	1	1,15	1,85	21.500
Cu	1	8,45	7,00	81.200
Au	1	5,90	5,51	63.900
Be	2	24,20	14,14	164.100
Zn	2	13,10	9,39	109.000
Al	3	18,06	11,63	134.900
Pb	4	13,20	9,37	108.700

definiert, wobei k_B die Boltzmann-Konstante und $E_F(0)$ die Fermi-Energie des Elektronengases am absoluten Nullpunkt der Temperatur ist. Für $E_F(0)$ gilt (B.27)

$$E_F(0) = \frac{\hbar^2}{2m} \left(\frac{3\pi^2 N_e}{V} \right)^{2/3} . \tag{3.2}$$

Hierbei ist $\hbar$ das Plancksche Wirkungsquantum geteilt durch 2π, m die Masse des Elektrons. N_e die Anzahl der Leitungselektronen im Kristall und V das Kristallvolumen. Bei einwertigen Metallen ist N_e gleich der Anzahl der Gitteratome im Kristall. Tab. 3.1 gibt für freie Elektronen in verschiedenen Metallen die Elektronenzahldichte N_e/V, die Fermi-Energie $E_F(0)$ und die Fermi-Temperatur T_F an.

Wie Tab. 3.1 zeigt, wird die Temperatur T des Elektronengases in einem Metall immer kleiner als die Fermi-Temperatur T_F sein. Es muss also zur statistischen Behandlung stets die Fermische Verteilungsfunktion benutzt werden. Weil $T \ll T_F$ gilt, liegt sogar der Fermische Grenzfall vor. Das bedeutet unter anderem, dass die Fermi-Energie $E_F(T)$ für die auftretenden Temperaturen T nicht wesentlich von dem nach (3.2) berechneten Wert $E_F(0)$ abweicht. Wir brauchen deshalb in diesem Fall nicht zwischen $E_F(T)$ und $E_F(0)$ zu unterscheiden und werden die Fermi-Energie im Folgenden abgekürzt durch E_F kennzeichnen.

Wir benutzen das Modell des freien Elektronengases zunächst dazu, den Beitrag der Leitungselektronen zur spezifischen Wärme eines Kristalls zu berechnen. Der Beitrag der Gitterschwingungen wurde bereits in Abschn. 2.2 behandelt.

3.1.1 Spezifische Wärme von Metallen

Für die innere Energie des Elektronengases in einem Festkörper gilt

$$U = \int_0^\infty E f_0(E,T) Z(E) dE \ . \tag{3.3}$$

Hierbei gibt die Fermi-Funktion

$$f_0(E,T) = \frac{1}{e^{(E-E_F)/k_B T} + 1} \tag{3.4}$$

die Besetzungswahrscheinlichkeit eines Zustandes mit der Elektronenenergie E an (s. (B.25)). Die Funktion

$$Z(E) = \frac{V}{2\pi^2} \left(\frac{2m}{h^2}\right)^{3/2} \sqrt{E} \tag{3.5}$$

ist die Zustandsdichte freier Elektronen (s. (B.21)). Wir formen (3.3) folgendermaßen um

$$\begin{aligned} U &= \int_0^\infty E f_0(E,T) Z(E) dE \\ &= \int_0^\infty (E - E_F) f_0(E,T) Z(E) dE + E_F \int_0^\infty f_0(E,T) Z(E) dE \\ &= \int_0^\infty (E - E_F) f_0(E,T) Z(E) dE + N_e E_F \ . \end{aligned}$$

N_e ist hier die Gesamtzahl der Leitungselektronen. Für den Beitrag des Elektronengases zur spezifischen Wärme eines Metalls ergibt sich dann

$$\begin{aligned} c &= \frac{1}{M} \frac{dU}{dT} \\ &= \frac{1}{M} \int_0^\infty (E - E_F) Z(E) \frac{d}{dT} (f_0(E,T)) dE \ . \end{aligned} \tag{3.6}$$

M ist die Masse des Festkörpers.

Für den Fermischen Grenzfall ist die Ableitung der Fermi-Funktion nach der Temperatur nur für Werte von E in der Nähe von E_F merklich von Null verschieden. Wir dürfen deshalb in (3.6) in guter Näherung die Zustandsdichte $Z(E)$ durch ihren konstanten Wert für $E = E_F$ ersetzen. Aus dem gleichen Grund dürfen wir auch die untere Integrationsgrenze bis nach $-\infty$ verrücken, ohne den Wert des Integrals zu verändern. Das vereinfacht die spätere Integration. Nach Ausführung der Differenziation erhalten wir jetzt aus (3.6)

$$c = \frac{1}{M} Z(E_F) \int_{-\infty}^{+\infty} \frac{(E - E_F)^2}{k_B T^2} \frac{e^{(E-E_F)/k_B T}}{(e^{(E-E_F)/k_B T} + 1)^2} dE \ . \tag{3.7}$$

Setzen wir $(E - E_F)/k_B T = x$, so folgt aus (3.7)

$$c = \frac{1}{M} Z(E_F) k_B^2 T \int_{-\infty}^{+\infty} x^2 \frac{e^x}{(e^x + 1)^2} dx \ .$$

Das bestimmte Integral hat den Wert $\pi^2/3$, und wir bekommen

$$c = \frac{1}{M} \frac{\pi^2}{3} Z(E_F) k_B^2 T \ . \tag{3.8}$$

Benutzen wir in (3.8) für die Zustandsdichte den Ausdruck in (3.5) mit $E = E_F$ und berücksichtigen (3.2) und (3.1), so erhalten wir

$$c = \frac{1}{M} \frac{\pi^2}{2} N_e k_B \frac{T}{T_F} \ . \tag{3.9}$$

Für den Beitrag der Leitungselektronen zur Molwärme eines Metalls ergibt sich damit (vgl. Abschn. 2.2.2)

$$C = \frac{\pi^2}{2} \frac{N_e}{N} R \frac{T}{T_F} \ . \tag{3.10}$$

R ist hierbei die Gaskonstante und N die Gesamtzahl der Gitteratome.

Der Beitrag der Gitterschwingungen zur Molwärme eines Metalls beträgt nach (2.52) für Temperaturen oberhalb der Debye-Temperatur $3R$. In diesem Temperaturbereich ist der Beitrag der Leitungselektronen zur Molwärme viel kleiner als der der Phononen; denn für normale Temperaturen oberhalb der Debye-Temperatur liegt der Faktor T/T_F in (3.10) in der Größenordnung 0,01. Dieses Ergebnis ist

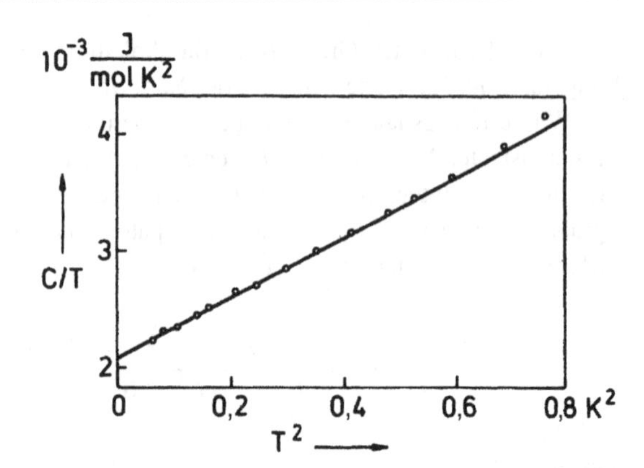

Abb. 3.1 Experimentelle Werte der Molwärme C von Kalium für tiefe Temperaturen. Aufgetragen ist C/T gegen T^2 (nach Lien, W.H.; Phillips, N.E.: Phys. Rev. **133A** (1964) 1370)

verständlich, wenn man beachtet, dass nur solche Elektronen thermisch angeregt werden können, deren Energie in der Nähe der Fermi-Energie in einem Bereich von etwa $4k_BT$ liegt (Abb. B.2). Die Anzahl dieser Elektronen ist aber klein verglichen mit der Gesamtzahl der Leitungselektronen. Bei sehr tiefen Temperaturen dagegen, wo für den Beitrag der Phononen zur Molwärme das Debyesche T^3-Gesetz gilt, ist der Beitrag der Leitungselektronen mit dem der Phononen vergleichbar und lässt sich deshalb experimentell bestimmen. Bei tiefen Temperaturen beträgt die Molwärme eines Metalls nach (2.54) und (3.10) insgesamt

$$C_{\text{ges.}} = \frac{\pi^2}{2}\frac{N_e}{N}R\frac{T}{T_F} + \frac{12\pi^4}{5}R\left(\frac{T}{\Theta_D}\right)^3 = \gamma T + BT^3 \ .$$

Hieraus folgt

$$\frac{C_{\text{ges.}}}{T} = \gamma + BT^2 \ .$$

Trägt man experimentelle Werte von $C_{\text{ges.}}/T$ gegen T^2 auf (Abb. 3.1), so liegen zwar in Übereinstimmung mit der Theorie die Messpunkte auf einer Geraden, aber die Ordinatenabschnitte γ weichen mehr oder weniger stark von den theoretischen Werten $\pi^2 N_e R/(2NT_F)$ ab. Die Abweichungen sind darauf zurückzuführen, dass die Leitungselektronen in Wirklichkeit doch nicht als völlig frei angesehen werden dürfen und dementsprechend der Wert der Zustandsdichte für $E = E_F$, der in (3.8) einzusetzen ist, nicht den für freie Elektronen berechneten Wert hat. Man kann formal Übereinstimmung zwischen Theorie und Experiment erreichen, wenn man in (3.10) in den Ausdruck für die Fermi-Temperatur

$$T_F = \frac{E_F(0)}{k_B} = \frac{\hbar^2}{2mk_B}\left(\frac{3\pi^2 N_e}{V}\right)^{3/2}$$

die Masse des freien Elektrons durch seine sog. *effektive thermische Masse* m_{th} ersetzt. m_{th} hat z. B. bei Kalium den Wert $1{,}25\,m$ und bei Cadmium den Wert $0{,}74\,m$.

3.1.2 Wärmeleitung in Metallen

Es wurde bereits in Abschn. 2.3 erwähnt, dass der Wärmetransport in Metallen sowohl durch Phononen als auch durch Leitungselektronen erfolgt und dass bei reinen Metallen die Wärmeleitung durch das Elektronengas stets größer als die Wärmeleitung durch Phononen ist. Genauso wie bei der Behandlung des Wärmetransports durch Phononen können wir bei der Untersuchung des Transports durch das Elektronengas für den Koeffizienten λ der Wärmeleitfähigkeit den aus der kinetischen Gastheorie bekannten Ausdruck

$$\lambda = \frac{1}{3}\rho c v_F \Lambda \tag{3.11}$$

benutzen. Hierbei ist ρ die Dichte des Metalls und c der Beitrag des Elektronengases zur spezifischen Wärme. Da nur Elektronen an der Fermi-Energie zum Wärmetransport beitragen können, ist auch nur deren Geschwindigkeit v_F in (3.11) berücksichtigt. Λ ist dementsprechend die mittlere freie Weglänge der Elektronen mit der Geschwindigkeit v_F.

Setzen wir in (3.11) $\rho = M/V$, wobei M und V Masse und Volumen des Metalls ist, und verwenden wir für c den Ausdruck aus (3.9), so ergibt sich

$$\lambda = \frac{1}{6}\pi^2 \frac{N_e}{V} k_B \frac{T}{T_F} v_F \Lambda \ .$$

Führen wir für die Elektronenzahldichte N_e/V die Bezeichnung n ein, benutzen für T_F die (3.1) und ersetzen dort $E_F(0)$ durch $mv_F^2/2$, wobei m die Masse eines Elektrons ist, so erhalten wir

$$\lambda = \frac{\pi^2}{3}\frac{nk_B^2 T}{m}\frac{\Lambda}{v_F} \ .$$

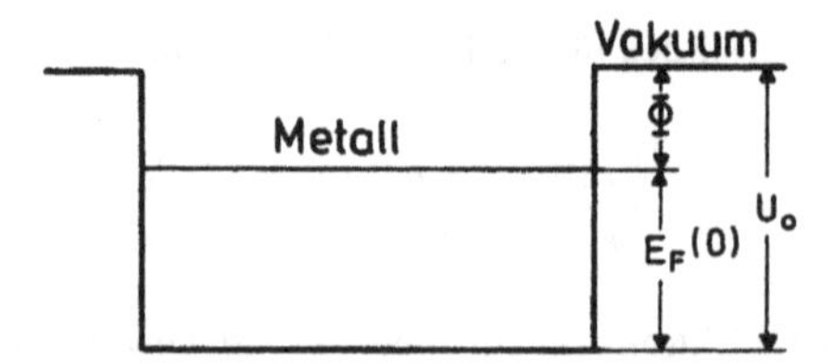

Abb. 3.2 Potenzialtopfmodell für die Leitungselektronen eines Metalls. U_0 Tiefe des Potenzialtopfes, $E_F(0)$ und Φ Fermi-Energie und Austrittsarbeit der Elektronen

Die Größe Λ/v_F ist die mittlere freie Flugzeit τ der Leitungselektronen mit der Geschwindigkeit v_F. Hiermit erhalten wir schließlich für die Wärmeleitfähigkeit eines Metalls aufgrund des Transports durch Leitungselektronen

$$\lambda = \frac{\pi^2}{3} \frac{n k_B^2 T \tau}{m} \ . \tag{3.12}$$

Auf diese Gleichung kommen wir in Abschn. 3.3 zurück.

3.1.3 Glühemission von Elektronen aus Metallen[§]

In einem weiteren Beispiel wollen wir das Modell des freien Elektronengases dazu benutzen, die Elektronenemission bei der Erhitzung eines Metalls zu berechnen.

Damit ein Leitungselektron aus einem Metall austreten kann, muss seine kinetische Energie größer sein als U_0, wenn U_0 die Tiefe des Potenzialtopfes ist, in dem sich die Elektronen befinden (s. Abb. 3.2). Für $T = 0\,\mathrm{K}$ beträgt die maximale kinetische Energie der Elektronen E_F. Die Größe

$$\Phi = U_0 - E_F \tag{3.13}$$

bezeichnet man als *Austrittsarbeit* der Elektronen.

Wir nehmen nun an, dass der Kristall bezüglich des gewählten Koordinatensystems so ausgerichtet ist, dass eine seiner Oberflächen senkrecht zur x-Achse verläuft. Ein Elektron kann den Kristall durch diese Oberfläche verlassen, wenn für die x-Komponente p_x seines Impulses gilt

$$p_x \geq p_{x0} \qquad \text{mit} \qquad \frac{p_{x0}^2}{2m} = U_0 \ . \tag{3.14}$$

Ist $n(p_x)dp_x$ die Anzahl der Leitungselektronen je Volumeneinheit mit einer x-Komponente des Impulses zwischen p_x und $p_x + dp_x$, so treffen

$$\frac{p_x}{m} n(p_x) dp_x$$

derartige Elektronen je Zeiteinheit auf die Flächeneinheit der Oberfläche. Die elektrische Stromdichte der austretenden Elektronen beträgt also

$$j = \frac{e}{m} \int\limits_{p_{x0}}^{\infty} p_x n(p_x) dp_x \ . \tag{3.15}$$

Für die weitere Rechnung müssen wir zunächst die Funktion $n(p_x)$ ermitteln. Die Wellenzahldichte der Leitungselektronen im $\vec{k}$-Raum hat nach (B.19) den Wert $V/8\pi^3$. Die Anzahl der Elektronenzustände im Volumenelement $dk_x dk_y dk_z$ des $\vec{k}$-Raums beträgt somit

$$2 \frac{V}{8\pi^3} dk_x dk_y dk_z \ .$$

Hierbei wird durch den Faktor 2 die durch den Elektronenspin bedingte Entartung eines Quantenzustandes mit vorgegebenem $\vec{k}$ berücksichtigt. Für die Anzahl der Elektronen mit Impulskomponenten zwischen p_x und $p_x + dp_x$, p_y und $p_y + dp_y$, p_z und $p_z + dp_z$ gilt dann, wenn wir noch beachten, dass $\vec{p} = \hbar \vec{k}$ ist,

$$N(p_x, p_y, p_z) dp_x dp_y dp_z = \frac{V}{4\pi^3 \hbar^3} \frac{1}{e^{(E-E_F)/k_B T} + 1} dp_x dp_y dp_z \ . \tag{3.16}$$

$n(p_x)$ erhalten wir jetzt, indem wir den Ausdruck in (3.16) auf die Volumenheit beziehen und über p_y und p_z integrieren.

$$n(p_x) dp_x = \frac{1}{4\pi^3 \hbar^3} dp_x \int\limits_{-\infty}^{+\infty} \int\limits_{-\infty}^{+\infty} \frac{dp_y dp_z}{e^{(E-E_F)/k_B T} + 1} \ . \tag{3.17}$$

Wir interessieren uns nur für solche Elektronen, für die $E \geq U_0$ ist. Dies bedeutet nach (3.13), dass $(E - E_F) \geq \Phi$ sein soll. Da die Austrittsarbeit Φ bei allen Metallen für Temperaturen unterhalb des Schmelzpunktes viel größer als $k_B T$ ist, ist für die betreffenden Elektronen auch $(E - E_F) \gg k_B T$. Wir können deshalb im Nenner des Integranden in (3.17) die 1 gegen die Exponentialfunktion vernachlässigen und erhalten

$$\begin{aligned} n(p_x)dp_x &= \frac{1}{4\pi^3\hbar^3} e^{E_F/k_BT} e^{-p_x^2/2mk_BT} dp_x \int_{-\infty}^{+\infty} e^{-p_y^2/2mk_BT} dp_y \int_{-\infty}^{+\infty} e^{-p_z^2/2mk_BT} dp_z \\ &= \frac{mk_BT}{2\pi^3\hbar^3} e^{E_F/k_BT} e^{-p_x^2/2mk_BT} dp_x \int_{-\infty}^{+\infty} e^{-y^2} dy \int_{-\infty}^{+\infty} e^{-z^2} dz \\ &= \frac{mk_BT}{2\pi^2\hbar^3} e^{E_F/k_BT} e^{-p_x^2/2mk_BT} dp_x . \end{aligned} \tag{3.18}$$

Setzen wir diesen Ausdruck in (3.15) ein, so erhalten wir für die thermische Emissionsstromdichte

$$\begin{aligned} j &= \frac{ek_BT}{2\pi^2\hbar^3} e^{E_F/k_BT} \int_{p_{x0}}^{\infty} p_x e^{-p_x^2/2mk_BT} dp_x \\ &= \frac{emk_B^2}{2\pi^2\hbar^3} T^2 e^{E_F/k_BT} e^{-p_{x0}^2/2mk_BT} \\ &= \frac{emk_B^2}{2\pi^2\hbar^3} T^2 e^{-\Phi/k_BT} \end{aligned}$$

oder $$j = AT^2 e^{-\Phi/k_BT} , \tag{3.19}$$

wobei $$A = \frac{emk_B^2}{2\pi^2\hbar^3} = 120\,\mathrm{A/K^2\,cm^2} . \tag{3.20}$$

(3.19) ist als *Richardson*[3]*-Dushman*[4]*-Beziehung* bekannt. Sie kann dazu benutzt werden, die Austrittsarbeit Φ experimentell zu bestimmen. Hierzu misst man die Sättigungsstromdichte j_s einer Glühkathode in Abhängigkeit von der Kathodentemperatur und trägt $\ln(j_s/T^2)$ gegen $1/T$ auf. Man erhält eine Gerade, aus deren Steigung Φ ermittelt werden kann. Dabei ist zu beachten, dass die Austrittsarbeit vom äußeren elektrischen Feld abhängt. Ein äußeres Feld wird aber benötigt, um die Elektronen von der Kathode abzuziehen. Deshalb muss der bei einem endlichen äußeren Feld gemessene Strom auf Feldstärke Null extrapoliert werden. Die

---

[3] Owen Williams Richardson, *1879 Dewsburg (Yorkshire), †1959 Alton (Hampshire), Nobelpreis 1928.

[4] Saul Dushman, *1883 Rostov (Russland), †1954 Scotia (N.Y., USA).

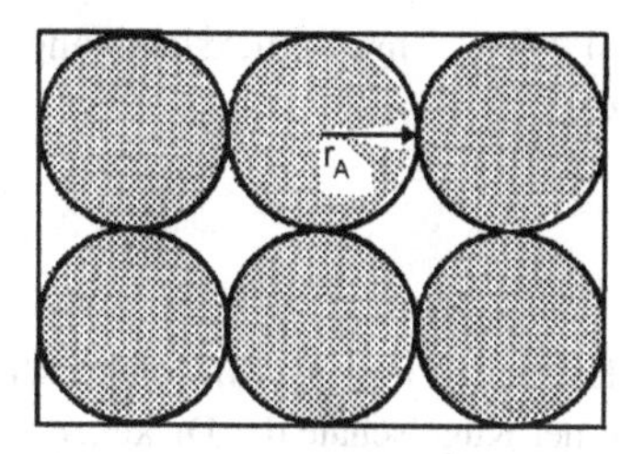

Abb. 3.3 Stark vereinfachendes Modell zur Untersuchung der metallischen Bindung

Austrittsarbeit von reinem polykristallinem Wolfram beträgt 4,15 eV, die von Caesium 1,87 eV. Die Austrittsarbeit kann durch Verunreinigungen stark abgeändert werden. Bei Einkristallen hängt sie außerdem von der kristallografischen Orientierung der emittierenden Oberfläche ab.

§

3.1.4 Metallische Bindung

Zur Untersuchung der metallischen Bindung gehen wir von folgendem stark vereinfachendem Modell aus: Die Gitteratome eines einwertigen Metalls sind als positive Punktladungen in einen See aus negativer elektrischer Ladung eingebettet, wobei die Ladung eines einzelnen Leitungselektrons gleichmäßig über eine Kugel mit dem Radius r_A verteilt ist (Abb. 3.3). Anhand dieses Modells ermitteln wir die Gesamtenergie der Anordnung als Funktion von r_A und bestimmen denjenigen Wert von r_A, für den die Energie minimal wird.

Die Gesamtenergie der Anordnung ist gleich der Summe der kinetischen Energie der Leitungselektronen und der potenziellen Energie der einzelnen Leitungselektronen im Feld der positiven Ionen. Wir bezeichnen die auf ein einzelnes Gitteratom bezogenen Energien mit E_{kin} und E_{pot}.

Die mittlere kinetische Energie eines freien Elektrons beträgt bei $T = 0\,\text{K}$ nach (B.28) $3/5 E_F(0)$. Setzen wir für die Fermi-Energie den Ausdruck aus (3.2) ein und beachten, dass die Elektronenzahldichte N_e/V in unserem Fall $3/(4\pi r_A^3)$ ist, so erhalten wir

$$E_{\text{kin}} = \frac{3}{10}\left(\frac{9\pi}{4}\right)^{2/3} \frac{\hbar^2}{m} \frac{1}{r_A^2} \; . \tag{3.21}$$

Die elektrostatische Wechselwirkungsenergie E_{pot} finden wir folgendermaßen: Das elektrostatische Potenzial im Abstand r von einer positiven Punktladung $+e$

in Abb. 3.3 mit Berücksichtigung der Elektronenladung bis zum Abstand r beträgt

$$\frac{e - e\left(\frac{r}{r_A}\right)^3}{4\pi\epsilon_0 r} \ .$$

Hierbei ist $r \leq r_A$. Eine elektrische Raumladung der Dichte $\eta = -3e/(4\pi r_A^3)$ in einer Kugelschale der Dicke dr im Abstand r von der Punktladung $+e$ liefert zur elektrostatischen Wechselwirkungsenergie den Beitrag

$$dE_{\text{pot}} = \frac{e\left(1 - \left(\frac{r}{r_A}\right)^3\right)}{4\pi\epsilon_0 r} 4\pi r^2 \eta dr = -\frac{3e^2}{4\pi\epsilon_0}\left(\frac{r}{r_A^3} - \frac{r^4}{r_A^6}\right) dr \ .$$

Für die gesamte Wechselwirkungsenergie gilt dann

$$E_{\text{pot}} = \int\limits_0^{r_A} dE_{\text{pot}} = -\frac{9e^2}{40\pi\epsilon_0}\frac{1}{r_A} \ . \tag{3.22}$$

Für die Gesamtenergie erhält man aus (3.21) und (3.22)

$$E = \frac{3}{10}\left(\frac{9\pi}{4}\right)^{2/3} \frac{\hbar^2}{m}\frac{1}{r_A^2} - \frac{9e^2}{40\pi\epsilon_0}\frac{1}{r_A} \ . \tag{3.23}$$

E nimmt einen Minimalwert an für

$$r_A = \frac{8\pi\epsilon_0}{3}\left(\frac{9\pi}{4}\right)^{2/3} \frac{\hbar^2}{e^2 m} \approx 1{,}3\,\text{Å} \ . \tag{3.24}$$

Der Abstand zwischen zwei nächst benachbarten Atomrümpfen in einem einwertigen Metall beträgt hiernach 2,6 Å. Trotz des groben Modells ist dies eine relativ gute Abschätzung.

3.2 Bändertheorie des Festkörpers

Das in Abschn. 3.1 benutzte Modell wird nun verbessert, indem wir für das Kraftfeld, in dem sich ein Kristallelektron bewegt, ein räumlich periodisches Potenzial zugrunde legen. Es setzt sich zusammen aus dem Potenzial der periodisch angeordneten positiv geladenen Atomrümpfe und dem mittleren Potenzial der quasifreien Elektronen. Für die potenzielle Energie eines Kristallelektrons soll also gelten

$$U(\vec{r}) = U(\vec{r} + \vec{R}) \ . \tag{3.25}$$

Hierbei ist $\vec{R}$ eine Translation nach (1.1). Wir untersuchen zunächst die allgemeine Struktur der Eigenfunktion $\psi(\vec{r})$ einer Schrödinger[5]-Gleichung mit gitterperiodischem Potenzial.

3.2.1 Bloch-Funktion

Die Schrödinger-Gleichung für ein Kristallelektron lautet

$$\left[-\frac{\hbar^2}{2m}\Delta + U(\vec{r})\right]\psi(\vec{r}) = E\psi(\vec{r}) \ , \tag{3.26}$$

wobei $U(\vec{r})$ invariant gegen Translationen $\vec{R}$ ist. Der Hamilton-Operator

$$\mathcal{H} = -\frac{\hbar^2}{2m}\Delta + U(\vec{r}) \tag{3.27}$$

ist dann ebenfalls invariant gegen solche Transformationen, da die Wirkung des Differenzialoperators Δ auf eine Ortsfunktion durch die Hinzunahme von konstanten Größen zu den Variablen nicht abgeändert wird. Ordnen wir einer Translation um den Vektor $\vec{R}$ den Operator $\mathcal{T}$ zu, so dürfen wir $\mathcal{H}$ mit $\mathcal{T}$ vertauschen. Wir erhalten also, wenn wir $\mathcal{T}$ auf (3.26) anwenden

$$\mathcal{H}[\mathcal{T}\psi(\vec{r})] = E[\mathcal{T}\psi(\vec{r})] \ . \tag{3.28}$$

Mit $\psi(\vec{r})$ sind demnach gleichzeitig alle Funktionen $\mathcal{T}\psi(\vec{r})$ Eigenfunktionen der Schrödinger-Gleichung zum Eigenwert E. Für einen nicht entarteten Eigenwert unterscheiden sich dann $\psi(\vec{r})$ und $\psi(\vec{r} + \vec{R})$ nur durch einen konstanten Faktor, der allerdings noch von $\vec{R}$ abhängen kann. Ein entsprechendes Ergebnis erhält man auch für einen entarteten Eigenwert bei einer geeignet gewählten Linearkombination der zugehörigen Eigenfunktionen. Es gilt ganz allgemein

$$\psi(\vec{r} + \vec{R}) = f(\vec{R})\psi(\vec{r}) \ . \tag{3.29}$$

[5] Erwin Schrödinger, *1887 Wien, †1961 Wien, Nobelpreis 1933.

Diese Beziehung ist für beliebige Gittervektoren gültig. Wir dürfen also schreiben:

$$\psi(\vec{r} + \vec{R}_1 + \vec{R}_2) = f(\vec{R}_1 + \vec{R}_2)\psi(\vec{r}),$$

aber auch

$$\psi(\vec{r} + \vec{R}_1 + \vec{R}_2) = f(\vec{R}_2)\psi(\vec{r} + \vec{R}_1) = f(\vec{R}_2)f(\vec{R}_1)\psi(\vec{r}) \ .$$

Hieraus folgt

$$f(\vec{R}_1 + \vec{R}_2) = f(\vec{R}_1)f(\vec{R}_2) \ . \tag{3.30}$$

(3.30) können wir befriedigen, wenn wir

$$f(\vec{R}) = e^{i\vec{k}\cdot\vec{R}} \tag{3.31}$$

setzen. Hierbei ist $\vec{k}$ zunächst ein beliebiger Vektor im Raum des reziproken Gitters, der bewirkt, dass der Exponent in (3.31) dimensionslos ist. Mit (3.31) erhalten wir aus (3.29) die als *Blochsches Theorem* bekannte Beziehung

$$\psi_k(\vec{r} + \vec{R}) = e^{i\vec{k}\cdot\vec{R}}\psi_k(\vec{r}) \ . \tag{3.32}$$

Mit f werden jetzt natürlich auch die Eigenfunktion ψ und der Eigenwert E von $\vec{k}$ abhängig.

Eine Eigenfunktion der Schrödinger-Gleichung mit einem gitterperiodischen Potenzial muss der (3.32) genügen. Für die sog. *Bloch*[6]*-Funktion*

$$\psi_k(\vec{r}) = u_k(\vec{r})e^{i\vec{k}\cdot\vec{r}} \tag{3.33}$$

$$\text{mit} \quad u_k(\vec{r} + \vec{R}) = u_k(\vec{r}) \tag{3.34}$$

trifft dieses zu. Hiervon können wir uns überzeugen, indem wir (3.33) in (3.32) einsetzen. Eine Bestimmungsgleichung von $u_k(\vec{r})$ erhalten wir, wenn wir mit der Funktion $\psi_k(\vec{r})$ aus (3.33) in (3.26) eingehen.

Wir sind nun auch in der Lage, die physikalische Bedeutung des Vektors $\vec{k}$ anzugeben. Der Vektor $\vec{k}$ erscheint in der Bloch-Funktion als Wellenzahlvektor einer ebenen Welle, die mit der gitterperiodischen Funktion $u_k(\vec{r})$ moduliert ist. Man bezeichnet sie allgemein als *Bloch-Welle*. In Abb. 3.4 ist dieser Sachverhalt an einem Beispiel dargestellt.

[6] Felix Bloch, *1905 Zürich, †1983 Zürich, Nobelpreis 1952.

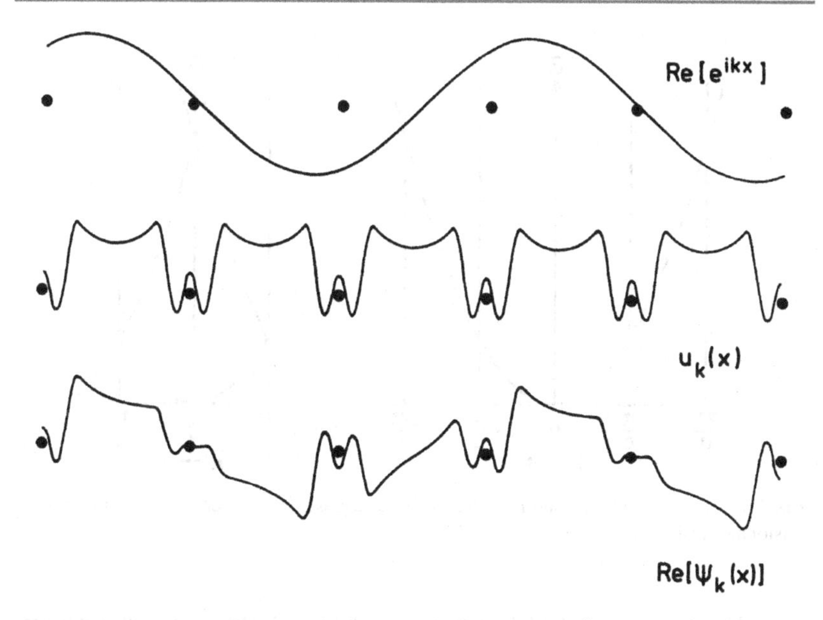

Abb. 3.4 Konstruktion einer Bloch-Funktion $\psi_k(x) = u_k(x)e^{ikx}$ für ein eindimensionales Gitter aus einer Wellenfunktion e^{ikx}, die mit einer gitterperiodischen Funktion $u_k(x)$ moduliert ist

Bei Elektronenwellen im Festkörper besteht an sich kein zwingender physikalischer Grund, den Wellenzahlvektor $\vec{k}$ auf die erste Brillouin-Zone zu beschränken. Im Gegensatz zu den Gitterschwingungen, bei denen man sich nur für eine Bewegung diskreter Gitteratome interessiert, sind Elektronenwellen überall im Kristallvolumen definiert. Trotzdem ist es oft zweckmäßig, auch bei Elektronenwellen für die Wellenzahlvektoren nur Werte aus der ersten Brillouin-Zone zuzulassen. Das lässt sich folgendermaßen begründen:

Reicht in der Bloch-Funktion in (3.33) der Wellenzahlvektor über die erste Brillouin-Zone hinaus, so können wir mithilfe eines geeigneten Vektors $\vec{G}$ des reziproken Gitters den Wellenzahlvektor auf die erste Brillouin-Zone reduzieren. Für den reduzierten Wellenzahlvektor $\vec{k}'$ gilt

$$\vec{k}' = \vec{k} + \vec{G} \ .$$

Wir erhalten dann

$$\psi_k(\vec{r}) = u_k(\vec{r})e^{i\vec{k}\cdot\vec{r}} = u_k(\vec{r})e^{-i\vec{G}\cdot\vec{r}}e^{i\vec{k}'\cdot\vec{r}} \equiv u_{k'}(\vec{r})e^{i\vec{k}'\cdot\vec{r}} = \psi_{k'}(\vec{r}) \ .$$

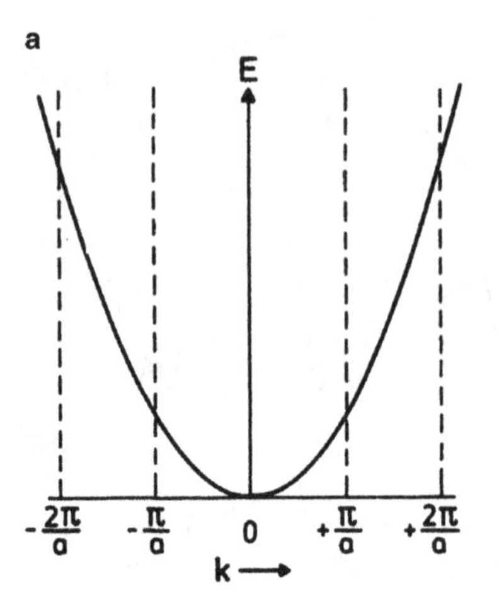

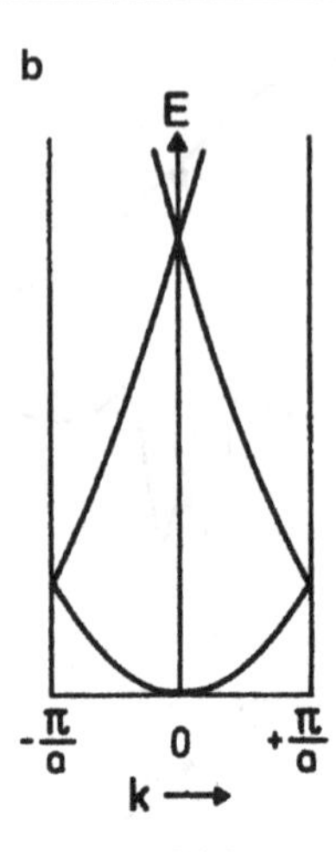

Abb. 3.5 Ausgedehntes (**a**) und reduziertes (**b**) Energieschema freier Elektronen in eindimensionaler Darstellung

Für die Funktion $u_{k'}(\vec{r})$ gilt (3.34) genauso wie für $u_k(\vec{r})$. Das sehen wir, wenn wir im Ausdruck $u_{k'}(\vec{r}) = u_k(\vec{r})e^{-i\vec{G}\cdot\vec{r}}$ den Ortsvektor $\vec{r}$ durch $\vec{r} + \vec{R}$ ersetzen und beachten, dass das Skalarprodukt $\vec{G} \cdot \vec{R}$ gleich einem ganzzahligen Vielfachen von 2π ist (s. (1.10)). Es ist dann aber $\psi_{k'}(\vec{r})$ ebenfalls eine Bloch-Funktion. Die beiden Funktionen $\psi_{k'}(\vec{r})$ und $\psi_k(\vec{r})$ unterscheiden sich nur dadurch, dass der Ausdruck $e^{-i\vec{G}\cdot\vec{r}}$ einmal der „Amplitude" $u_{k'}(\vec{r})$ und das andere Mal dem Wellenfaktor $e^{i\vec{k}\cdot\vec{r}}$ zugeordnet wird. Das bewirkt jedoch gerade, dass der Wellenzahlvektor in den beiden Fällen unterschiedliche Werte hat. Eine eindeutige Aussage über die Größe von $\vec{k}$ erhalten wir hingegen, wenn wir nur $\vec{k}$-Werte aus dem Bereich der ersten Brillouin-Zone wählen. Es ist allerdings zu beachten, dass durch die Reduktion der Wellenzahlvektoren auf die erste Brillouin-Zone einem bestimmten $\vec{k}$-Wert mehrere Energiewerte zugeordnet werden. Dies zeigt Abb. 3.5 für freie Elektronen in eindimensionaler Darstellung. Hier ist neben einem *ausgedehnten Energieschema* ein *reduziertes Energieschema* gezeichnet.

Außerdem kennt man noch das *periodische Energieschema*. Man erhält es, indem man das reduzierte Energieschema periodisch in den gesamten $\vec{k}$-Raum überträgt. In Abb. 3.6 ist dies dargestellt. Die Energiewerte weisen beim periodischen Energieschema die gleiche Periodizität wie das zugehörige reziproke Gitter auf. Es gilt also

$$E(\vec{k}) = E(\vec{k} + \vec{G}) \quad . \tag{3.35}$$

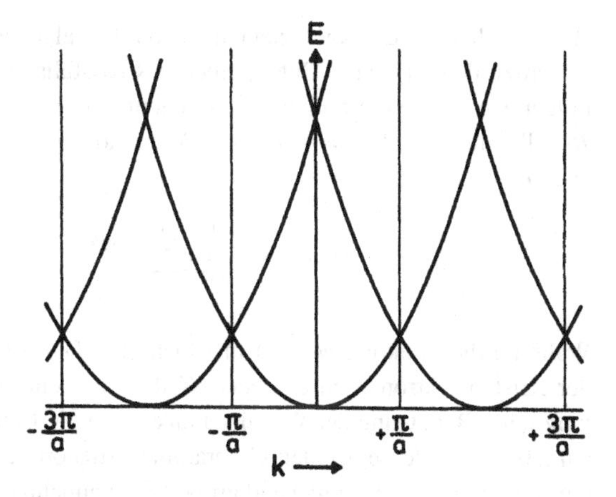

Abb. 3.6 Periodisches Energieschema freier Elektronen in eindimensionaler Darstellung

Während in einem unendlich ausgedehnten Kristall $\vec{k}$ jeden Wert innerhalb der ersten Brillouin-Zone annehmen darf, werden in einem endlichen Kristall nur eine abzählbare Menge von Werten angenommen. Dies lässt sich wie in Abschn. 2.1.1 beweisen, wenn man an Stelle der Gitterschwingungen die Bloch-Funktionen betrachtet. Die Anzahl der möglichen $\vec{k}$-Werte ist gleich der Zahl N der Elementarzellen im Kristall.

Anstatt die Bloch-Funktion als eine Funktion im Ortsraum aufzufassen, können wir sie wegen ihrer Abhängigkeit vom Wellenzahlvektor $\vec{k}$ auch als eine Funktion im Raum des reziproken Gitters ansehen. Sie ist allerdings nur innerhalb der ersten Brillouin-Zone definiert und lässt sich dementsprechend in die Fourier-Reihe

$$\psi(\vec{k},\vec{r}) = \frac{1}{\sqrt{N}} \sum_i c_i(\vec{r}) e^{i\vec{k}\cdot\vec{R}_i} \tag{3.36}$$

entwickeln, wobei die Summation über die N Vektoren $\vec{R}_i$ läuft, die die Lage der Gitterpunkte im Kristallvolumen kennzeichnen. Der Faktor $1/\sqrt{N}$ dient der Normierung. Für die Fourier-Koeffizienten der Reihe in (3.36) gilt wegen des diskreten Charakters der $\vec{k}$-Werte

$$c_i(\vec{r}) = \frac{1}{\sqrt{N}} \sum_k \psi(\vec{k},\vec{r}) e^{-i\vec{k}\cdot\vec{R}_i}$$

oder bei Berücksichtigung von (3.33)

$$c_i(\vec{r}) = \frac{1}{\sqrt{N}} \sum_k u_k(\vec{r}) e^{i\vec{k}\cdot(\vec{r}-\vec{R}_i)} \quad .$$

Hiernach hängen die Koeffizienten c_i von der relativen Lage $(\vec{r} - \vec{R}_i)$ der Elektronen zu den einzelnen Gitteratomen des Kristalls ab. Wir benutzen deshalb im Folgenden für sie die Funktionsbezeichnung $w(\vec{r} - \vec{R}_i)$. Man bezeichnet $w(\vec{r} - \vec{R}_i)$ allgemein als *Wannier-Funktion*. Verwenden wir diese Schreibweise, so lautet (3.36)

$$\psi(\vec{k}, \vec{r}) = \frac{1}{\sqrt{N}} \sum_i e^{i\vec{k}\cdot\vec{R}_i} w(\vec{r} - \vec{R}_i) \ . \tag{3.37}$$

Während die Funktion $\psi(\vec{k}, \vec{r})$ in Blochscher Darstellung an eine Beschreibung der Kristallelektronen durch ebene Wellen angelehnt ist, wird bei einer Darstellung unter Benutzung der Wannier-Funktionen die Eigenfunktion aus Funktionen aufgebaut, die den einzelnen Gitteratomen zuzuordnen sind und die nur am Ort dieser Gitteratome entsprechend große Werte annehmen (s. auch Aufgabe 3.1).

Nachdem wir die allgemeine Struktur der Eigenfunktionen einer Schrödinger-Gleichung mit periodischem Potenzial kennengelernt haben, wollen wir uns nun mit der eigentlichen Lösung beschäftigen. Hierzu hat man verschiedene Näherungsmethoden entwickelt. Man geht entweder von den Eigenfunktionen gebundener Elektronen in freien Atomen aus, oder man benutzt die Eigenfunktionen freier Elektronen als Ausgangspunkt für die Näherung.

3.2.2 Näherung für quasigebundene Elektronen

Das Näherungsverfahren, das wir zuerst behandeln, setzt voraus, dass das Verhalten eines Kristallelektrons am Ort eines bestimmten Gitteratoms nur sehr wenig von den übrigen Atomen im Kristall beeinflusst wird. Etwas derartiges trifft allerdings nur für Elektronen der inneren Schalen der Atome zu. In diesem Fall können wir in guter Näherung in (3.37) die Wannier-Funktionen $w(\vec{r} - \vec{R}_i)$ durch die Eigenfunktionen $\varphi(\vec{r} - \vec{R}_i)$ von Elektronen freier Atome ersetzen, die sich an den Gitterplätzen $\vec{R}_i$ befinden. Wir erhalten dann anstelle von (3.37) für die Eigenfunktion eines Kristallelektrons

$$\psi(\vec{k}, \vec{r}) = \frac{1}{\sqrt{N}} \sum_i e^{i\vec{k}\cdot\vec{R}_i} \varphi(\vec{r} - \vec{R}_i) \ . \tag{3.38}$$

Die Atomfunktionen $\varphi(\vec{r} - \vec{R}_i)$, die wir im Folgenden als normiert annehmen, gehören natürlich alle zum gleichen gebundenen Atomzustand und somit zum gleichen Eigenwert E_0. Ist $U_A(\vec{r} - \vec{R}_i)$ die potenzielle Energie des betreffenden

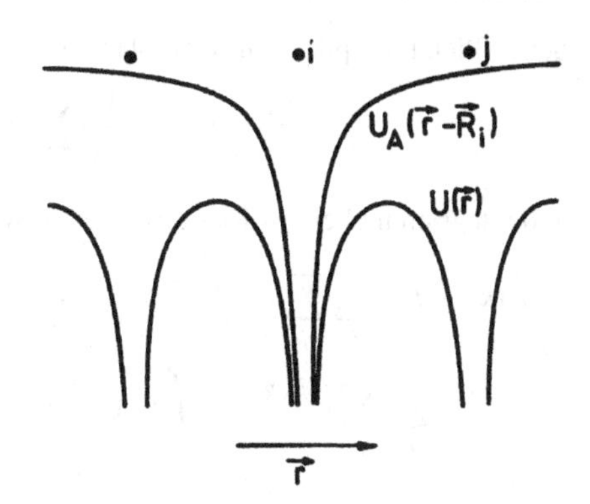

Abb. 3.7 Verlauf der potenziellen Energie $U(\vec{r})$ eines Kristallelektrons im Vergleich mit der potenziellen Energie $U_A(\vec{r} - \vec{R}_i)$ eines Elektrons im freien Atom

Elektrons im freien Atom, so gilt

$$\left\{-\frac{\hbar^2}{2m}\Delta + U_A(\vec{r} - \vec{R}_i)\right\}\varphi(\vec{r} - \vec{R}_i) = E_0\varphi(\vec{r} - \vec{R}_i) \ . \tag{3.39}$$

Wir berechnen nun die Energie $E(\vec{k})$ des Elektrons mit dem Wellenzahlvektor $\vec{k}$, indem wir mit (3.38) in die Schrödinger-Gleichung (3.26) eingehen. Wir erhalten

$$\left\{-\frac{\hbar^2}{2m}\Delta + U(\vec{r})\right\}\sum_i e^{i\vec{k}\cdot\vec{R}_i}\varphi(\vec{r} - \vec{R}_i) = E(\vec{k})\sum_i e^{i\vec{k}\cdot\vec{R}_i}\varphi(\vec{r} - \vec{R}_i) \ . \tag{3.40}$$

$U(\vec{r})$ ist hierbei die potenzielle Energie des Kristallelektrons. Sie wird in Abb. 3.7 mit $U_A(\vec{r} - \vec{R}_i)$ verglichen.

Führen wir U_A und E_0 in (3.40) ein und nehmen eine geeignete Umordnung der einzelnen Glieder vor, so bekommen wir

$$\begin{aligned}&\sum_i [U(\vec{r}) - U_A(\vec{r} - \vec{R}_i) + E_0 - E(\vec{k})]e^{i\vec{k}\cdot\vec{R}_i}\varphi(\vec{r} - \vec{R}_i)\\ &\quad = -\sum_i e^{i\vec{k}\cdot\vec{R}_i}\left[-\frac{\hbar^2}{2m}\Delta + U_A(\vec{r} - \vec{R}_i) - E_0\right]\varphi(\vec{r} - \vec{R}_i) \ .\end{aligned}$$

Die rechte Seite dieser Gleichung ist gleich Null (s. (3.39)) und wir finden

$$\begin{aligned}&[E(\vec{k}) - E_0]\sum_i e^{i\vec{k}\cdot\vec{R}_i}\varphi(\vec{r} - \vec{R}_i)\\ &\quad = \sum_i e^{i\vec{k}\cdot\vec{R}_i}[U(\vec{r}) - U_A(\vec{r} - \vec{R}_i)]\varphi(\vec{r} - \vec{R}_i) \ .\end{aligned} \tag{3.41}$$

Schließlich multiplizieren wir (3.41) mit

$$\psi^*(\vec{k},\vec{r}) = \frac{1}{\sqrt{N}} \sum_j e^{-i\vec{k}\cdot\vec{R}_j} \varphi^*(\vec{r}-\vec{R}_j)$$

und integrieren über das Kristallvolumen. Wir erhalten

$$\begin{aligned} &[E(\vec{k}) - E_0] \sum_i \sum_j e^{i\vec{k}\cdot(\vec{R}_i-\vec{R}_j)} \int \varphi^*(\vec{r}-\vec{R}_j)\varphi(\vec{r}-\vec{R}_i)dV \\ &= \sum_i \sum_j e^{i\vec{k}\cdot(\vec{R}_i-\vec{R}_j)} \int \varphi^*(\vec{r}-\vec{R}_j)[U(\vec{r}) - U_A(\vec{r}-\vec{R}_i)]\varphi(\vec{r}-\vec{R}_i)dV\,. \end{aligned} \tag{3.42}$$

Die Funktionen $\varphi(\vec{r}-\vec{R}_i)$ und $\varphi^*(\vec{r}-\vec{R}_j)$ überlappen sich nach den hier gemachten Voraussetzungen selbst für unmittelbar benachbarte Gitteratome nur wenig. Wir dürfen deshalb in erster Näherung auf der linken Seite von (3.42) die Glieder mit $i \neq j$ unberücksichtigt lassen. Die Summe auf der linken Seite ist dann gleich der Anzahl N der Elementarzellen im Kristall. Auf der rechten Seite von (3.42) ist eine solche Vernachlässigung aber nicht erlaubt; denn $|U(\vec{r}) - U_A(\vec{r}-\vec{R}_i)|$ hat am Ort des Gitteratoms bei $\vec{R}_j$ wesentlich höhere Werte als am Ort des Gitteratoms bei $\vec{R}_i$ (s. Abb. 3.7). Wegen des raschen Abfalls von $\varphi(\vec{r}-\vec{R}_i)$ brauchen wir allerdings für $i \neq j$ nur diejenigen Kombinationen in der Doppelsumme auf der rechten Seite von (3.42) zu berücksichtigen, die unmittelbar benachbarten Gitteratomen entsprechen. Wir erhalten so aus (3.42)

$$\begin{aligned} N[E(\vec{k}) - E_0] &= N \int \varphi^*(\vec{r}-\vec{R}_i)[U(\vec{r}) - U_A(\vec{r}-\vec{R}_i)]\varphi(\vec{r}-\vec{R}_i)dV \\ &+ N \sum_m e^{i\vec{k}\cdot(\vec{R}_i-\vec{R}_m)} \int \varphi^*(\vec{r}-\vec{R}_m)[U(\vec{r}) - U_A(\vec{r}-\vec{R}_i)]\varphi(\vec{r}-\vec{R}_i)dV\;. \end{aligned}$$

Hierbei erstreckt sich die Summation über m einzig auf die nächsten Nachbarn des i-ten Gitteratoms. Wenn wir zusätzlich annehmen, dass die betrachtete Eigenfunktion φ Kugelsymmetrie besitzt, also einem s-Zustand entspricht, dann gelten für die Eigenwerte der Schrödinger-Gleichung

$$E(\vec{k}) = E_0 - \alpha - \gamma \sum_m e^{i\vec{k}\cdot(\vec{R}_i - R_m)}\;, \tag{3.43}$$

$$\text{wobei} \quad \alpha = \int \varphi^*(\vec{r}-\vec{R}_i)[U_A(\vec{r}-\vec{R}_i) - U(\vec{r})]\varphi(\vec{r}-\vec{R}_i)dV \tag{3.44}$$

$$\text{und} \quad \gamma = \int \varphi^*(\vec{r}-\vec{R}_m)[U_A(\vec{r}-\vec{R}_i) - U(\vec{r})]\varphi(\vec{r}-\vec{R}_i)dV \tag{3.45}$$

ist. Der Zusammenbau der Atome zu einem Kristallgitter bringt demnach einmal eine Verschiebung des Elektronenterms des freien Atoms E_0 um die Größe α hervor, außerdem bewirkt er aber eine Aufspaltung des Terms entsprechend der Mannigfaltigkeit des reduzierten Wellenzahlvektors $\vec{k}$. Aus einem diskreten Energieniveau wird im Festkörper ein *Energieband*. Das wird im Folgenden für ein kubisch primitives Gitter genauer untersucht.

Im kubisch primitiven Gitter hat ein Gitteratom sechs nächste Nachbarn im Abstand a. Sie haben relativ zum Bezugsatom die kartesischen Koordinaten $(\pm a, 0{,}0)$, $(0, \pm a, 0)$ und $(0{,}0, \pm a)$. Für die Eigenwerte $E(\vec{k})$ erhalten wir deshalb mit (3.43)

$$E(\vec{k}) = E_0 - \alpha - 2\gamma(\cos k_x a + \cos k_y a + \cos k_z a) \ . \tag{3.46}$$

Die Extremwerte für $E(\vec{k})$ ergeben sich für $k_x = k_y = k_z = 0$ bzw. $\pm\pi/a$, da dann die Kosinusfunktionen jeweils den Wert $+1$ bzw. -1 haben. Die Bandbreite beträgt 12γ. Aus der Definition von γ in (3.45) folgt, dass die Bandbreite um so größer ist, je stärker sich die Eigenfunktionen benachbarter „freier Atome" überlappen. Die Elektronen aus den inneren Schalen der freien Atome erzeugen beim Einbau in das Gitter nur schmale Energiebänder. Die Bandbreiten, die den Elektronen der äußeren Schalen entsprechen, sind größer, und hier kann es sogar zu einer Überlappung der Energiebänder, die zu verschiedenen Energiewerten der freien Atome gehören, kommen. Um das Verhalten dieser äußeren Elektronen zu untersuchen, ist die hier besprochene Näherung allerdings weniger gut geeignet.

Ob es sich bei dem Extremwert für $k_x = k_y = k_z = 0$ um die obere oder die untere Bandgrenze handelt, hängt vom Vorzeichen des Integrals γ ab. In Abb. 3.8 sind die beiden verschiedenen Möglichkeiten für zwei Energiebänder dargestellt. Kurve 1 entspricht einem positiven Wert von γ, Kurve 2 einem negativen Wert.

Für kleine Werte von $|\vec{k}|$, also in der Nähe des Zentrums der ersten Brillouin-Zone können wir die Kosinusfunktionen in (3.46) entwickeln und erhalten

$$E(\vec{k}) = E_0 - \alpha - 6\gamma + \gamma a^2 k^2 \ . \tag{3.47}$$

Bezogen auf das Energieniveau $E_0 - \alpha - 6\gamma$ ist hier die Energie $E(\vec{k})$ der Kristallelektronen proportional zu k^2, genau wie für freie Elektronen. Für diese gilt nämlich

$$E(\vec{k}) = \frac{\hbar^2 k^2}{2m} \ . \tag{3.48}$$

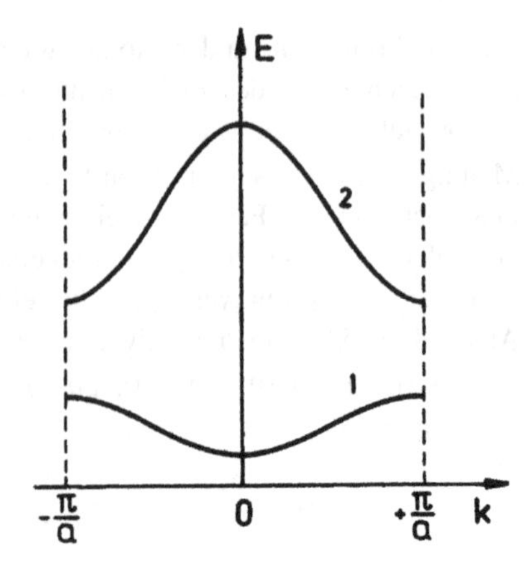

Abb. 3.8 Struktur zweier Energiebänder mit der unteren (1) und der oberen (2) Bandgrenze bei $k = 0$

Wir können deshalb auch die Elektronen im Kristall als freie Teilchen behandeln, wenn wir ihnen anstelle der Masse des freien Elektrons m eine geeignete *effektive Masse* m^* zuordnen. Sie ergibt sich aus der Beziehung

$$\frac{\hbar^2 k^2}{2m^*} = \gamma a^2 k^2$$

$$\text{zu} \qquad m^* = \frac{\hbar^2}{2\gamma a^2} \; . \tag{3.49}$$

Ist γ positiv, so hat auch m^* einen positiven Wert. Ist γ dagegen negativ, so haben wir es mit einer negativen effektiven Masse zu tun. Die physikalische Bedeutung der effektiven Masse diskutieren wir in Abschn. 3.3.

Entwickeln wir die Kosinusfunktionen in (3.46) um die Eckpunkte der ersten Brillouin-Zone bei $k_x = k_y = k_z = \pm\pi/a$ in eine Reihe, so erhalten wir mit $k'_x = \pm\pi/a - k_x$ usw.

$$E(\vec{k}') = E_0 - \alpha + 6\gamma - \gamma a^2 k'^2 \; . \tag{3.50}$$

Auch hier ist also die Energie der Kristallelektronen bezogen auf $E_0 - \alpha + 6\gamma$ dem Quadrat eines Wellenzahlvektors proportional, der jetzt allerdings von den Eckpunkten der ersten Brillouin-Zone aus gemessen wird. Wenn wir den Elektronen die effektive Masse

$$m^* = -\frac{\hbar^2}{2\gamma a^2}$$

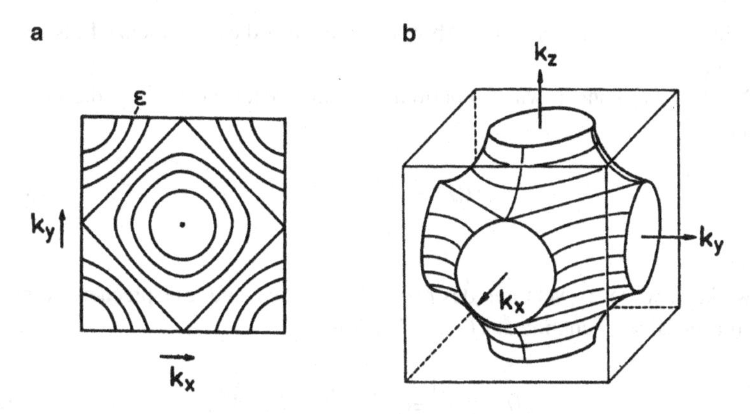

Abb. 3.9 **a** Kurven konstanter Energie in der k_x, k_y-Ebene ($k_z = 0$) der ersten Brillouin-Zone eines kubisch primitiven Gitters. **b** Fläche konstanter Energie im $\vec{k}$-Raum derselben Brillouin-Zone

zuordnen, können wir sie ebenfalls als freie Elektronen betrachten. In diesem Fall bedeutet ein negativer Wert von γ, dass die effektive Masse positiv ist. Kurve 2 in Abb. 3.8 entspricht einem negativen Wert von γ. Bei ihr haben die Elektronen an den Eckpunkten der ersten Brillouin-Zone ihre minimale Energie. Ganz allgemein gilt, dass die Kristallelektronen, wenn man sie als freie Elektronen behandelt, an der unteren Bandgrenze eine positive effektive Masse und an der oberen Bandgrenze eine negative effektive Masse besitzen.

Aus (3.47) folgt, dass für kleine Werte von $|\vec{k}|$ die Flächen konstanter Energie im $\vec{k}$-Raum Kugelschalen sind. Entsprechend gilt nach (3.50), dass in der Umgebung der Eckpunkte der ersten Brillouin-Zone die Flächen konstanter Energie Kugelschalen um diese Eckpunkte sind. Abb. 3.9a zeigt für ein kubisch primitives Gitter die Kurven konstanter Energie in der k_x, k_y-Ebene der ersten Brillouin-Zone, wie man sie nach (3.46) erhält. Abb. 3.9b gibt eine Fläche konstanter Energie in der ersten Brillouin-Zone selbst wieder. Die dargestellte Fläche entspricht in etwa der durch ε gekennzeichneten Kurve in Abb. 3.9a.

3.2.3 Näherung für quasifreie Elektronen

Bei der Behandlung der quasifreien Elektronen geht man zweckmäßig von einem konstanten Potenzial U_0 für die Kristallelektronen aus und betrachtet die durch die Gitterperiodizität bedingten Abweichungen von diesem Potenzial als kleine Störung.

Nach (1.11) können wir das periodische Gitterpotenzial $U(\vec{r})$ in die Fourier-Reihe

$$U(\vec{r}) = \sum_{\vec{G}} U_{\vec{G}} e^{i\vec{G}\cdot\vec{r}} \tag{3.51}$$

entwickeln, wobei $\vec{G}$ Vektoren des reziproken Gitters sind. Entsprechend können wir für die Bloch-Funktion aus (3.33) den Ansatz

$$\psi_k(\vec{r}) = \frac{1}{\sqrt{V}} e^{i\vec{k}\cdot\vec{r}} \sum_{\vec{G}} u_{\vec{G}}(\vec{k}) e^{i\vec{G}\cdot\vec{r}} \tag{3.52}$$

machen, wo V das Kristallvolumen ist. Die Eigenfunktionen des ungestörten Problems sind

$$\psi_k^0(\vec{r}) = \frac{1}{\sqrt{V}} e^{i\vec{k}\cdot\vec{r}} \quad . \tag{3.53}$$

Zu ihnen gehören die Eigenwerte

$$E_0(\vec{k}) = U_0 + \frac{\hbar^2 k^2}{2m} \quad . \tag{3.54}$$

Gehen wir mit (3.51) und (3.52) in die Schrödinger-Gleichung (3.26) ein, so erhalten wir

$$\left(-\frac{\hbar^2}{2m} \Delta + \sum_{\vec{G}''} U_{\vec{G}''} e^{i\vec{G}''\cdot\vec{r}} \right) \frac{1}{\sqrt{V}} e^{i\vec{k}\cdot\vec{r}} \sum_{\vec{G}'} u_{\vec{G}'}(\vec{k}) e^{i\vec{G}'\cdot\vec{r}}$$
$$= E(\vec{k}) \frac{1}{\sqrt{V}} e^{i\vec{k}\cdot\vec{r}} \sum_{\vec{G}'} u_{\vec{G}'}(\vec{k}) e^{i\vec{G}'\cdot\vec{r}}$$

oder

$$\frac{1}{\sqrt{V}} \sum_{\vec{G}'} \left[\frac{\hbar^2}{2m} (\vec{k} + \vec{G}')^2 - E(\vec{k}) \right] u_{\vec{G}'}(\vec{k}) e^{i(\vec{k}+\vec{G}')\cdot\vec{r}}$$
$$+ \frac{1}{\sqrt{V}} \sum_{\vec{G}''} U_{\vec{G}''} e^{i\vec{G}''\cdot\vec{r}} \sum_{\vec{G}'} u_{\vec{G}'}(\vec{k}) e^{i(\vec{k}+\vec{G}')\cdot\vec{r}} = 0 \quad . \tag{3.55}$$

Multiplizieren wir nun (3.55) mit $1/\sqrt{V}e^{-i(\vec{k}+\vec{G})\cdot\vec{r}}$ und integrieren über das Kristallvolumen V, so bekommen wir

$$\left[\frac{\hbar^2}{2m}(\vec{k}+\vec{G})^2 - E(\vec{k})\right]u_{\vec{G}}(\vec{k}) + \sum_{\vec{G}'} U_{\vec{G}-\vec{G}'}u_{\vec{G}'}(\vec{k}) = 0 \ . \tag{3.56}$$

Hierbei haben wir benutzt, dass

$$\frac{1}{V}\int_V e^{i\vec{G}\cdot\vec{r}}dV = \delta_{\vec{G},0}$$

gilt. (3.56) gilt für jedes $\vec{G}$.

Um zunächst einmal abzuschätzen, wie die Fourier-Koeffizienten $u_{\vec{G}}(\vec{k})$ für $\vec{G} \neq 0$ vom Wellenzahlvektor $\vec{k}$ abhängen, benutzen wir in (3.56) für $E(\vec{k})$ die Eigenwerte des ungestörten Problems aus (3.54). Außerdem berücksichtigen wir in der Summe über $\vec{G}'$ nur die beiden größten Glieder, also diejenigen, in denen U_0 oder $u_0(\vec{k})$ vorkommt. Wir erhalten dann

$$\frac{\hbar^2}{2m}\left[(\vec{k}+\vec{G})^2 - k^2\right]u_{\vec{G}}(\vec{k}) - U_0u_{\vec{G}}(\vec{k}) + U_0u_{\vec{G}}(\vec{k}) + U_{\vec{G}}u_0(\vec{k}) = 0$$

oder

$$u_{\vec{G}}(\vec{k}) = \frac{U_{\vec{G}}u_0(\vec{k})}{\frac{\hbar^2}{2m}\left[k^2 - (\vec{k}+\vec{G})^2\right]} \ . \tag{3.57}$$

Da die Fourier-Koeffizienten $U_{\vec{G}}$ für $\vec{G} \neq 0$ kleine Werte haben, fallen in erster Näherung die Größen $u_{\vec{G}}(\vec{k})$ nur für solche Wellenzahlvektoren $\vec{k}$ ins Gewicht, die der Bedingung $k^2 \approx (\vec{k}+\vec{G})^2$ genügen. Um herauszufinden, welche Bedeutung die Beziehung

$$k^2 = (\vec{k}+\vec{G})^2 \tag{3.58}$$

hat, dehnen wir den Begriff „Brillouin-Zone" auf höhere Zonen aus. Wir haben bisher stets nur die erste Brillouin-Zone, die als Elementarzelle des reziproken Gitters eingeführt wurde, benutzt. Wir verwenden jetzt die in Abschn. 1.1.5 beschriebene Konstruktionsvorschrift für die erste Brillouin-Zone zur Konstruktion höherer Zonen, indem wir auch die weiter entfernt liegenden Gitterpunkte des reziproken Gitters berücksichtigen. In Abb. 3.10 ist dargestellt, wie für ein quadratisches Gitter die Konstruktion der zweiten und dritten Brillouin-Zone zu erfolgen hat.

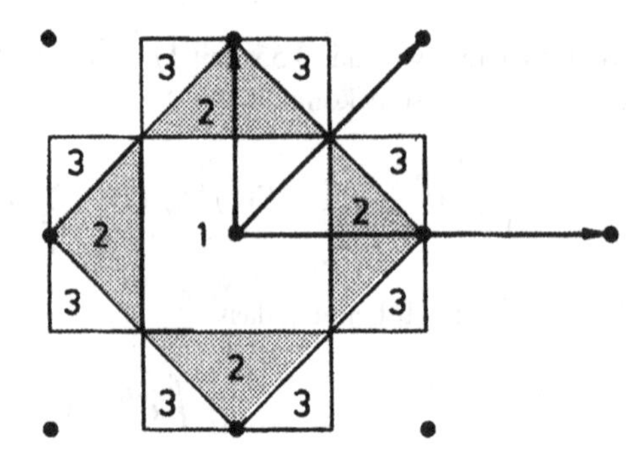

Abb. 3.10 Konstruktion der ersten drei Brillouin-Zonen eines quadratischen Gitters im Zweidimensionalen

Jedem Vektor des reziproken Gitters wird dabei eine Ebene zugeordnet, die in der Mitte des betreffenden Vektors senkrecht auf ihm errichtet ist und eine Begrenzungsfläche einer Brillouin-Zone bildet. Die erste Brillouin-Zone wird allseitig von der zweiten umschlossen, diese von der dritten und so fort. Sämtliche Brillouin-Zonen haben gleich großes Volumen. Durch eine einfache Umformung erhalten wir aus (3.58)

$$\vec{k} \cdot \frac{(-\vec{G})}{2} = \left|\frac{\vec{G}}{2}\right|^2 . \tag{3.59}$$

Abb. 3.10 können wir entnehmen, dass (3.59) und damit auch (3.58) gerade für alle diejenigen Vektoren $\vec{k}$ erfüllt ist, die auf die Begrenzungsfläche einer Brillouin-Zone führen, die zum Vektor $-\vec{G}$ gehört. Nur für $\vec{k}$-Werte auf der Begrenzung einer Brillouin-Zone und ihrer nächsten Umgebung wird also außer $u_0(\vec{k})$ noch ein weiterer Koeffizient $u_{\vec{G}}(\vec{k})$ hinreichend groß sein, während für alle anderen $\vec{k}$-Werte sämtliche Koeffizienten $u_{\vec{G}}(\vec{k})$ für $\vec{G} \neq 0$ in erster Näherung verschwinden. Für die beiden Koeffizienten $u_0(\vec{k})$ und $u_{\vec{G}}(\vec{k})$ gewinnen wir aus (3.56) unter Berücksichtigung von (3.58) die beiden Beziehungen

$$\left[\frac{\hbar^2}{2m}k^2 - E(\vec{k})\right] u_0(\vec{k}) + U_0 u_0(\vec{k}) + U_{-\vec{G}} u_{\vec{G}}(\vec{k}) = 0$$

und

$$\left[\frac{\hbar^2}{2m}k^2 - E(\vec{k})\right] u_{\vec{G}}(\vec{k}) + U_{\vec{G}} u_0(\vec{k}) + U_0 u_{\vec{G}}(\vec{k}) = 0 .$$

Hieraus folgt

$$\left[\frac{\hbar^2}{2m}k^2 + U_0 - E(\vec{k})\right]^2 = U_{\vec{G}} U_{-\vec{G}} .$$

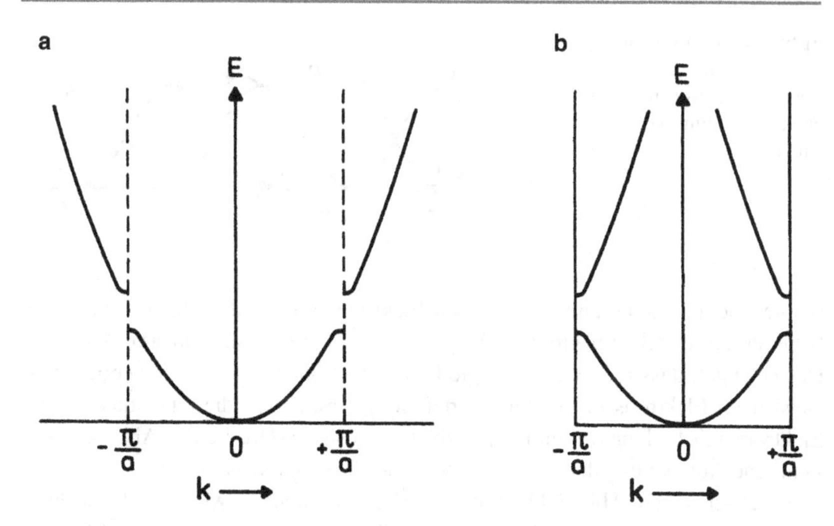

Abb. 3.11 Ausgedehntes (**a**) und reduziertes (**b**) Energieschema quasifreier Kristallelektronen in eindimensionaler Darstellung

Da das Potenzial $U(\vec{r})$ in (3.51) reell ist, muss $U_{-\vec{G}} = U^*_{\vec{G}}$ sein. Damit erhalten wir schließlich, wenn wir noch die Eigenwerte $E_0(\vec{k})$ der freien Elektronen aus (3.54) einführen

$$E(\vec{k}) = E_0(\vec{k}) \pm |U_{\vec{G}}| \; . \tag{3.60}$$

Unter dem Einfluss eines periodischen Störpotenzials erfolgt also an den Begrenzungsflächen einer Brillouin-Zone eine Aufspaltung der Energieeigenwerte. Im Energiekontinuum entsteht an diesen Stellen eine Lücke, wie es Abb. 3.11 in eindimensionaler Darstellung im ausgedehnten und reduzierten Energieschema zeigt.

Auf anschaulichere Weise erhält man dieses Ergebnis folgendermaßen: (3.58) ergibt sich unmittelbar aus (1.21), die die Braggsche Reflexion an einem Kristallgitter beschreibt. Demnach erfahren in einem Kristall alle diejenigen Elektronenwellen eine Braggsche Reflexion, deren Wellenzahlvektor auf die Begrenzungsfläche einer Brillouin-Zone führt. Für ein eindimensionales Gitter heißt das, dass sich für $k = \pm n\pi/a$ durch eine Überlagerung von einlaufenden und reflektierten Wellen stehende Wellen ausbilden, die für die Elektronen eine Wahrscheinlichkeitsdichte ρ haben, die entweder proportional zu $\cos^2 n\pi x/a$ oder zu $\sin^2 n\pi x/a$ ist. Dies ist in Abb. 3.12 für $n = 1$ schematisch dargestellt. Für $\rho_1 \sim \cos^2 \pi x/a$

Abb. 3.12 Wahrscheinlichkeitsdichte ρ für zwei stehende Elektronenwellen in einem eindimensionalen Gitter

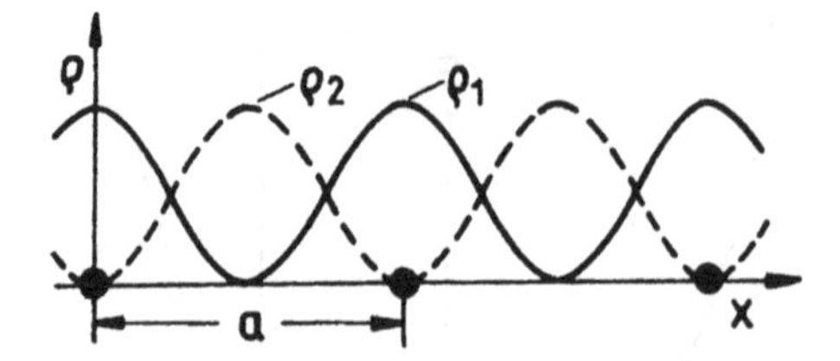

ist die Ladungsdichte eines quasifreien Elektrons am Ort der positiv geladenen Gitteratome jeweils am größten, für $\rho_2 \sim \sin^2 \pi x/a$ ist sie dort am kleinsten. Das bedeutet, dass relativ zur Energie freier Elektronen die Gesamtenergie eines quasifreien Elektrons mit Ladungsverteilung ρ_1 erniedrigt, die eines quasifreien Elektrons mit Ladungsverteilung ρ_2 erhöht ist. Dies erklärt die aus Abb. 3.11 ersichtliche Aufspaltung der Energiewerte an den Zonengrenzen.

Vergleichen wir Abb. 3.11b mit Abb. 3.8, so erkennen wir, dass beide hier beschriebenen Näherungsmethoden auf eine ähnliche Bandstruktur für die Elektronenenergie führen. Das Ergebnis kommt aber auf unterschiedliche Weise zustande. Während die Näherung für quasigebundene Elektronen eine Verbreiterung der diskreten Energieniveaus der freien Atome zu Bändern ergibt, erfolgt in der Näherung für quasifreie Elektronen eine Aufspaltung und Schrumpfung des Energiekontinuums der freien Elektronen an den Begrenzungsflächen der Brillouin-Zonen.

Die hier behandelten Näherungsverfahren können nur grundsätzliche Aussagen über die Struktur der Energiebänder liefern. Für eine genauere Berechnung der Bandstrukturen werden andere, kompliziertere Verfahren benutzt, die nur mithilfe von leistungsfähigen Rechnern angewandt werden können.

3.2.4 Metalle, Halbmetalle, Isolatoren und Halbleiter

Wie im Folgenden gezeigt wird, lassen sich aus der Struktur der Energiebänder und dem Grad ihrer Besetzung wichtige Informationen über die elektrischen Eigenschaften eines Festkörpers gewinnen. Wir sahen in Abschn. 3.2.2, dass die diskreten Energieniveaus freier Atome beim Zusammenbau zu einem Kristallgitter eine Aufspaltung erfahren, die der Mannigfaltigkeit des reduzierten Wellenvektors $\vec{k}$ entspricht. Die Anzahl der möglichen $\vec{k}$-Werte innerhalb der ersten Brillouin-Zone ist gerade gleich der Zahl N der Elementarzellen im Kristall. Hinzu kommt, dass man bei jedem durch $\vec{k}$ gekennzeichneten Zustand zwei verschiedene Orientierungsmöglichkeiten des Elektronenspins zu berücksichtigen hat. Insgesamt gibt es also in jedem Energieband $2N$ unabhängige Quantenzustände. Ein einzelnes Band kann deshalb nach dem Pauli-Prinzip höchstens $2N$ Elektronen aufnehmen.

Bei 0 K sind alle Energieniveaus bis zu einem maximalen Energiewert besetzt. Sind nun alle Energiebänder, in denen sich Elektronen befinden, gerade voll aufgefüllt, so ist der Kristall ein Isolator. Ist dagegen mindestens ein Band nur teilweise besetzt, so ist der Festkörper ein Metall, also ein Leiter. Hier wird nämlich durch ein äußeres elektrisches Feld bewirkt, dass Elektronen des teilbesetzten Bandes durch Energieaufnahme in benachbarte unbesetzte Niveaus des gleichen Bandes angehoben werden. Dadurch erhalten sie eine zusätzliche Geschwindigkeit, und infolgedessen fließt ein elektrischer Strom. Bei Isolatoren liegen unbesetzte Niveaus erst in demjenigen Band, das auf das höchste vollbesetzte Band folgt. Um dieses zu erreichen, müssen die Elektronen die Energielücke zwischen den beiden Bändern überspringen. Die Energie, die dazu benötigt wird, können elektrische Felder üblicher Stärke nicht liefern. Auf Einzelheiten des elektrischen Leitungsmechanismus gehen wir in Abschn. 3.3 ein.

Ein Kristall hat immer dann metallische Eigenschaften, wenn die Zahl seiner Valenzelektronen je Elementarzelle ungerade ist; denn in diesem Fall ist mindestens ein Energieband nur teilweise besetzt. Dies gilt z. B. für die Alkalimetalle und die Edelmetalle mit einem Valenzelektron je Elementarzelle, aber auch für Aluminium mit drei Valenzelektronen je Elementarzelle. Ist hingegen die Zahl der Valenzelektronen je Elementarzelle gerade, so kann der Kristall Isolator sein. Das setzt allerdings voraus, dass sich die Energiebänder nicht überlappen. Bei einer Überlappung hat man es auch in diesem Fall mit einem Metall zu tun, da dann statt völlig aufgefüllter Bänder zwei oder mehr nur teilweise besetzte Bänder vorliegen. Erdalkali-Kristalle haben z. B. zwei Valenzelektronen pro Elementarzelle. Da sich ihre oberen Energiebänder aber überlappen, haben diese Festkörper metallische Eigenschaften. Ist die Überlappung nur sehr gering wie z. B. bei Arsen, Antimon und Wismut, so spricht man von *Halbmetallen*. Bei ihnen ist auch die elektrische Leitfähigkeit nur sehr klein. Bei Silizium- und Germanium-Kristallen mit zwei vierwertigen Atomen je Elementarzelle ist hingegen keine Überlappung der Energiebänder vorhanden. Diese Kristalle sind also, wenigstens bei $T = 0\,\mathrm{K}$, Isolatoren.

In Abb. 3.13 ist die Besetzung der oberen Bänder bei Metallen und Isolatoren noch einmal schematisch dargestellt. In das Schema ist auch die Lage des Fermi-Niveaus E_F eingezeichnet. Bei Metallen liegt das Fermi-Niveau natürlich im teilbesetzten Band. Bei Isolatoren liegt es, wie in Abschn. 3.4 gezeigt wird, in der Energielücke zwischen dem obersten vollbesetzten sog. *Valenzband* und dem darüberliegenden sog. *Leitungsband*.

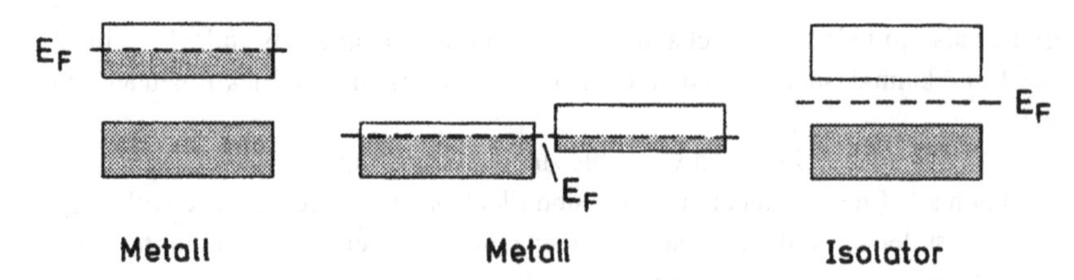

Abb. 3.13 Lage des Fermi-Niveaus im Bänderschema. *Links* bzw. *Mitte* bei Metallen, *rechts* bei einem Isolator. Die *schattierten Flächen* geben die mit Elektronen besetzten Bereiche an

Bei Temperaturen oberhalb des absoluten Nullpunkts können bei Isolatoren Elektronen aus dem Valenzband ins Leitungsband gelangen. Im Allgemeinen wird allerdings die thermische Energie der Elektronen im Vergleich zur Energielücke zwischen Valenz- und Leitungsband so klein sein, dass nur eine unmerklich kleine Anzahl die Lücke überspringt. Nur wenn die Energielücke besonders schmal ist, können so viele Elektronen das Leitungsband erreichen, dass der betreffende Kristall nachweisbar elektrisch leitend wird. Seine elektrische Leitfähigkeit wird jedoch immer viel kleiner sein als die eines Metalls. Man nennt solche Kristalle *Halbleiter*. Im Gegensatz zu einem Halbmetall, das auch bei tiefen Temperaturen seine elektrische Leitfähigkeit behält, wird ein reiner Halbleiter am absoluten Nullpunkt zum Isolator.

3.2.5 Fermi-Flächen von Metallen

Nach (3.54) sind bei völlig freien Elektronen die Flächen konstanter Energie im $\vec{k}$-Raum Kugeln. Die unter dem Einfluss eines periodischen Störpotenzials an den Begrenzungsflächen der Brillouin-Zonen bewirkte Aufspaltung der Energiewerte hat zur Folge, dass an diesen Stellen Abweichungen von der Kugelgestalt auftreten. Bei Metallen interessiert man sich vor allem für die Fläche mit der Elektronenenergie $E_F(0)$, die sog. *Fermi-Fläche*. Sie bildet bei $T = 0\,\mathrm{K}$ die Grenzfläche zwischen besetzten und unbesetzten Zuständen. Veränderungen in der Zustandsbesetzung im $\vec{k}$-Raum bei einer Erhöhung der Kristalltemperatur und vor allem beim Anlegen äußerer Kraftfelder spielen sich nur in der Nähe der Fermi-Fläche ab. Die elektronischen Eigenschaften eines Metalls werden deshalb weitgehend durch die Gestalt seiner Fermi-Fläche bestimmt.

Es wird nun gezeigt, dass man bereits aufgrund einfacher theoretischer Überlegungen wesentliche Aussagen über die Gestalt der Fermi-Fläche verschiedener Metalle machen kann.

Als erstes wollen wir Metalle mit einer fcc Kristallstruktur betrachten, die nur ein Valenzelektron haben. In diesem Fall ist die Zahl der Elektronen im obersten teilbesetzten Band gleich der Zahl N der Gitteratome. Das Volumen, das im $\vec{k}$-Raum von diesen N Elektronen benötigt wird, beträgt

$$V_N = \frac{N}{2}\frac{8\pi^3}{V} , \tag{3.61}$$

wenn V das Kristallvolumen ist. Hierbei ist $8\pi^3/V$ nach (2.34) das Volumen, das einem einzelnen $\vec{k}$-Wert im $\vec{k}$-Raum zuzuordnen ist. Außerdem ist in (3.61) berücksichtigt, dass wegen des Spins zu jedem $\vec{k}$ zwei Zustände gehören.

Bei völlig freien Elektronen ist V_N eine Kugel, die sog. *Fermi-Kugel*. Ihr Radius k_F berechnet sich aus der Beziehung

$$\frac{4}{3}\pi k_F^3 = \frac{N}{2}\frac{8\pi^3}{V}$$

$$\text{zu} \qquad k_F = \left(3\pi^2\frac{N}{V}\right)^{1/3} . \tag{3.62}$$

Die Größe N/V ist in unserem Beispiel sowohl die Zahl der Elektronen als auch die der Gitteratome je Volumeneinheit. Für ein fcc-Gitter gilt

$$\frac{N}{V} = \frac{4}{a^3} , \tag{3.63}$$

wenn a die Gitterkonstante des Kristalls ist. Setzen wir diesen Wert in (3.62) ein, so erhalten wir schließlich

$$k_F = \left(\frac{12\pi^2}{a^3}\right)^{1/3} \approx \frac{4{,}91}{a} . \tag{3.64}$$

Wie in Abschn. 1.1.5 gezeigt wurde, beträgt der kürzeste Abstand einer Begrenzungsfläche der ersten Brillouin-Zone eines fcc-Gitters vom Mittelpunkt der Zone

$$\frac{1}{2}\frac{2\pi}{a}\sqrt{3} \approx \frac{5{,}44}{a} .$$

Dieser Wert ist größer als k_F. Die Fermi-Kugel der völlig freien Elektronen berührt also die Begrenzungen der ersten Brillouin-Zone nicht. Nun haben wir aber

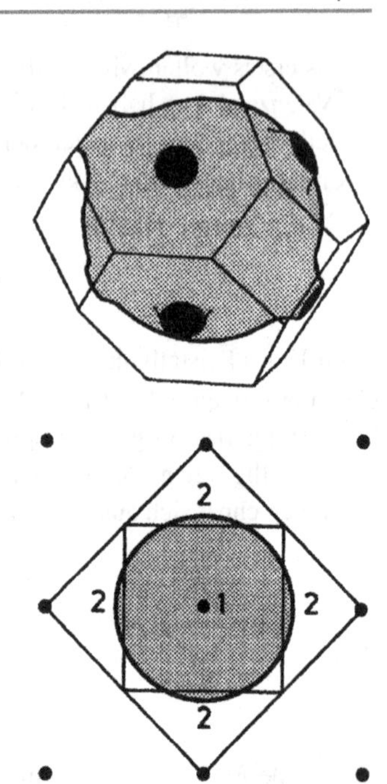

Abb. 3.14 Fermi-Fläche für Kupfer

Abb. 3.15 Fermi-Fläche für freie Elektronen im ausgedehnten Zonenschema eines zweidimensionalen quadratischen Gitters bei einer Teilbesetzung der ersten und zweiten Brillouin-Zone. Die mit Elektronen besetzten Zustände sind *schattiert*

in Abschn. 3.2.3 gesehen, dass unter dem Einfluss eines periodischen Störpotenzials die Bandenergie an den Begrenzungsflächen der ersten Brillouin-Zone erniedrigt wird. Das hat zur Folge, dass die Fermi-Fläche an den Oktaederflächen der Brillouin-Zone leicht aufgewölbt ist und diese Flächen trifft. Abb. 3.14 zeigt eine solche Fermi-Fläche für Kupfer.

Bei Metallen mit mehr als einem Valenzelektron reicht wegen der größeren Elektronenzahldichte die Fermi-Kugel der freien Elektronen über die erste Brillouin-Zone hinaus. Dies ist in Abb. 3.15 für ein quadratisches zweidimensionales Gitter wiedergegeben. Die hier benutzte Darstellung im ausgedehnten Zonenschema lässt sich wie in Abb. 3.5 auf die erste Brillouin-Zone reduzieren. Wir erhalten dann die in Abb. 3.16 gezeigten Bilder. Sowohl das erste als auch das zweite Band sind nur teilbesetzt.

Schließlich geben wir noch in Abb. 3.17 eine Darstellung im periodischen Zonenschema. Hier sind die Fermi-Flächen in den einzelnen Zonen zusammenhängend. Es sei darauf hingewiesen, dass auch bei einem zweidimensionalen Gitter der Begriff „Fermi-Fläche“ verwendet wird, obwohl es sich hier in Wirklichkeit um eine Begrenzungskurve handelt.

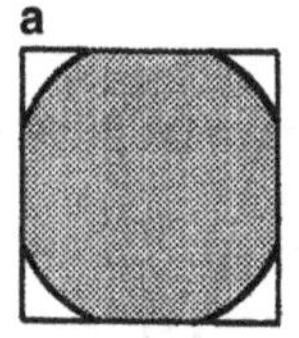

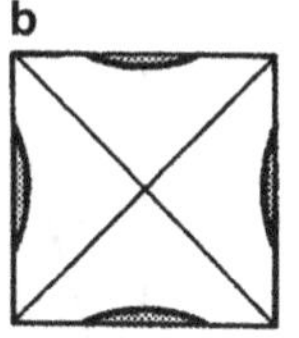

Abb. 3.16 Darstellung der Fermi-Fläche aus Abb. 3.15 im reduzierten Zonenschema für das erste (**a**) und zweite (**b**) Energieband

Gehen wir von völlig freien Elektronen zu solchen in einem gitterperiodischen Potenzial über, so haben wir die Energielücke an der Begrenzung der ersten Brillouin-Zone zu beachten. In Abb. 3.15 wurde der Radius des von der Fermi-Fläche begrenzten Kreises so gewählt, dass sein Flächeninhalt gerade gleich dem der ersten Brillouin-Zone ist. Das bedeutet, dass bei einer genügend großen Energielücke an der Berandung der ersten Brillouin-Zone nur diese mit Kristallelektronen besetzt ist; es läge also keine Überlappung von Energiebändern vor. Bei einer kleinen Energielücke kann es dagegen zu einer solchen Überlappung kommen. Für die in Abb. 3.17 durch die Indizes [10] und [11] gekennzeichneten Kristallrichtungen ist in Abb. 3.18 die Energie der schwach gebundenen Elektronen über der Wellenzahl k aufgetragen (vgl. Abb. 3.11). In der [10]-Richtung wird die Berandung der ersten Brillouin-Zone bei einem kleineren k-Wert erreicht als in der [11]-Richtung. Die Energielücke zwischen dem ersten und zweiten Band beginnt dementsprechend in der [10]-Richtung bei einer niedrigeren Energie als in der [11]-Richtung. Ist nun die Energielücke nicht zu groß, so werden sich, wie in Abb. 3.18 dargestellt, die Energiebänder überlappen.

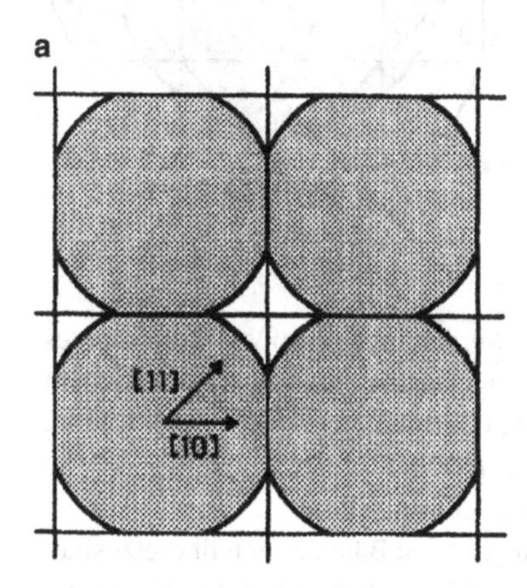

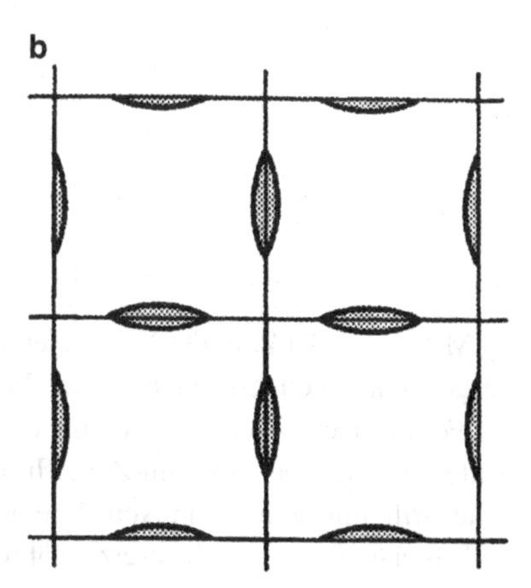

Abb. 3.17 Darstellung der Fermi-Fläche aus Abb. 3.15 im periodischen Zonenschema für das erste (**a**) und zweite (**b**) Band

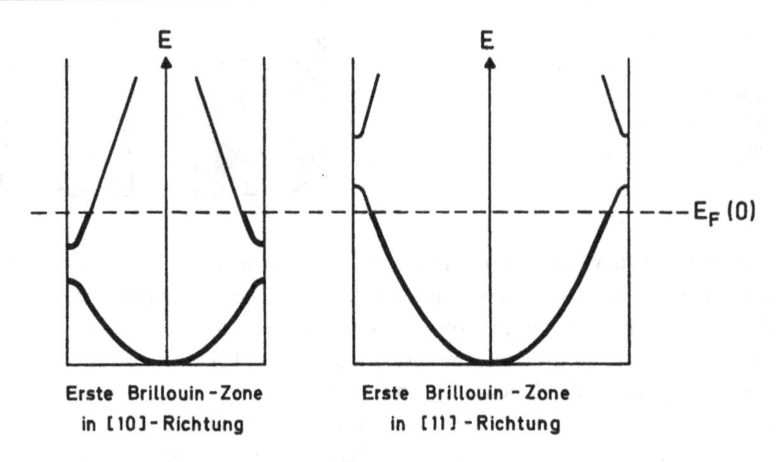

Abb. 3.18 Zur Veranschaulichung der Überlappung von Energiebändern, siehe Text

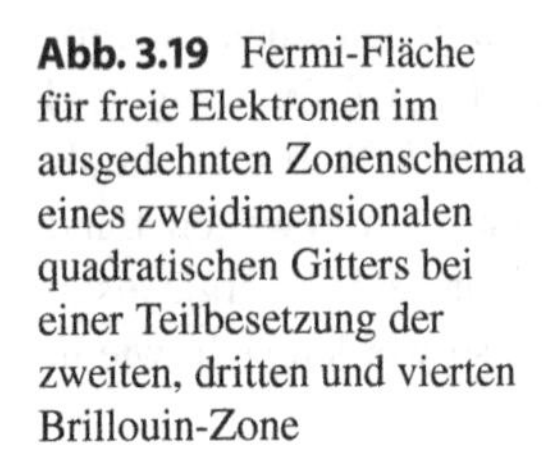
Abb. 3.19 Fermi-Fläche für freie Elektronen im ausgedehnten Zonenschema eines zweidimensionalen quadratischen Gitters bei einer Teilbesetzung der zweiten, dritten und vierten Brillouin-Zone

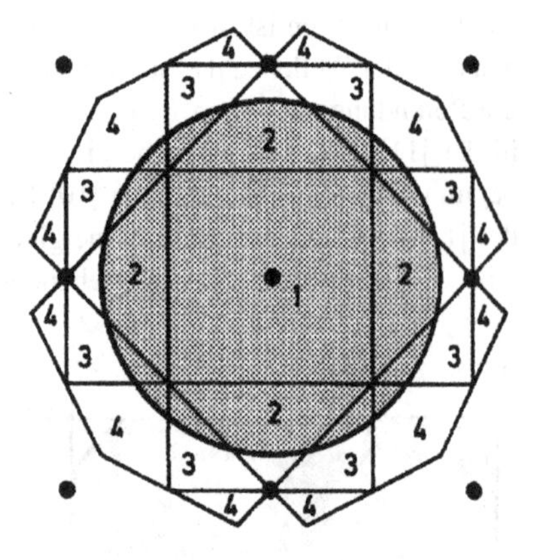

Mit steigender Zahl der Valenzelektronen werden immer größere Bereiche des ausgedehnten Zonenschemas von der Fermi-Kugel erfasst. In Abb. 3.19 umschließt die Fermi-Fläche in einem zweidimensionalen Gitter Bereiche der ersten, zweiten, dritten und vierten Brillouin-Zone. In diesem Fall liefert eine Reduktion auf die erste Brillouin-Zone die in Abb. 3.20 wiedergegebenen Bilder.

Das erste Band ist voll besetzt, während die übrigen Bänder nur teilbesetzt sind. Die entsprechende Darstellung im periodischen Zonenschema für das zweite, dritte und vierte Band zeigt Abb. 3.21.

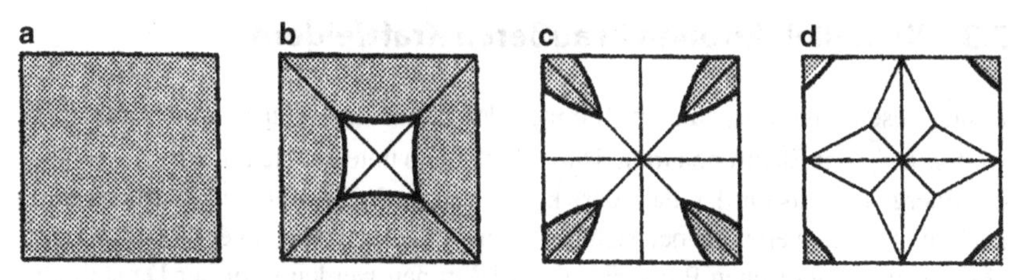

Abb. 3.20 Reduktion des ausgedehnten Zonenschemas von Abb. 3.19 auf die erste Brillouin-Zone für das erste (**a**), zweite (**b**), dritte (**c**) und vierte (**d**) Energieband

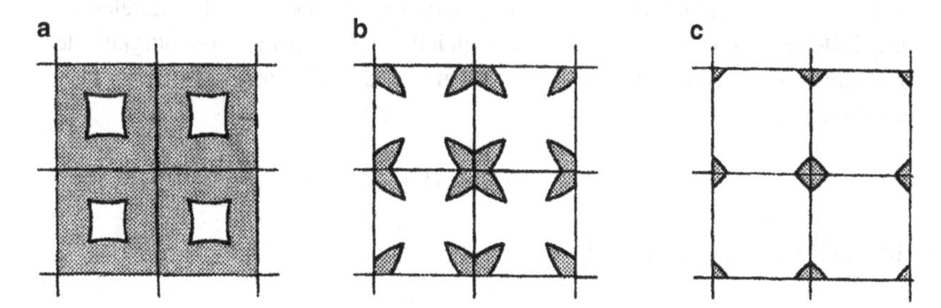

Abb. 3.21 Darstellung der Fermi-Fläche aus Abb. 3.19 im periodischen Zonenschema für das zweite (**a**), dritte (**b**) und vierte (**c**) Energieband

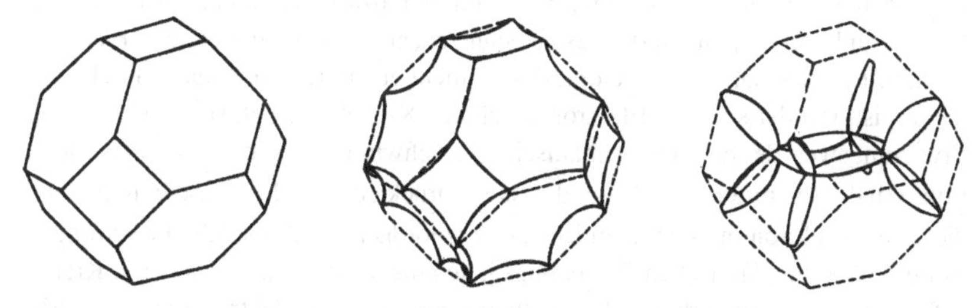

Abb. 3.22 Besetzung der drei obersten Energiebänder von Aluminium für völlig freie Elektronen (nach Mackintosh, A.R.: Fermi Surface of Metals. Sci. Amer. **110** (1963))

Unter ähnlichen Bedingungen wie in Abb. 3.19 erhält man für ein dreidimensionales Gitter im reduzierten Zonenschema eine Darstellung wie in Abb. 3.22. Sie zeigt die Besetzung der drei obersten Energiebänder von Aluminium. Aluminium hat drei Valenzelektronen und fcc-Kristallstruktur. Das erste Band ist vollbesetzt. Das zweite Band enthält nur außerhalb der eingezeichneten Fermi-Fläche Elektronen. Das dritte Band ist nur innerhalb der zigarrenförmigen Fermi-Fläche besetzt.

3.3 Kristallelektronen in äußeren Kraftfeldern

Bisher beschäftigten wir uns im Rahmen der Bändertheorie nur mit den Energiewerten $E(\vec{k})$ der Elektronen im Kristall. Außerdem untersuchten wir die Besetzung der Energieniveaus für den Fall, dass keine äußeren Kräfte auf die Elektronen wirken. Die Energiewerte ergaben sich als Eigenwerte der Schrödinger-Gleichung mit einem gitterperiodischen Potenzial. Die Elektronen werden in dieser Darstellung durch Bloch-Wellen beschrieben. Um den Einfluss äußerer Kraftfelder auf die Bewegung der Elektronen zu ermitteln, gehen wir zunächst vom Wellenbild der Elektronen zum Teilchenbild über. Wir ordnen zu diesem Zweck einem Kristallelektron eine Teilchengeschwindigkeit $\vec{v}$ zu, die gleich der Gruppengeschwindigkeit des Wellenpakets aus Bloch-Wellen ist, mit dem sich das Elektron lokalisieren lässt. Wir setzen also

$$\vec{v} = \text{grad}_{\vec{k}}\, \omega(\vec{k}) \ . \tag{3.65}$$

Mit $E(\vec{k}) = \hbar\omega(\vec{k})$ erhalten wir

$$\vec{v} = \frac{1}{\hbar}\, \text{grad}_{\vec{k}}\, E(\vec{k}) \ . \tag{3.66}$$

Die Gradientenbildung ist hierbei im $\vec{k}$-Raum durchzuführen, und für $E(\vec{k})$ ist die Energiefunktion desjenigen Bandes zu benutzen, aus dem das betreffende Elektron stammt. Es sei ausdrücklich betont, dass $\vec{v}$ nicht etwa die momentane Geschwindigkeit ist, mit der sich das Elektron durch den Kristall bewegt, sondern $\vec{v}$ ist der Erwartungswert des quantenmechanischen Geschwindigkeitsoperators eines Elektrons mit der Energie $E(\vec{k})$ oder, anders ausgedrückt, die mittlere Geschwindigkeit, die einem Elektron mit der Energie $E(\vec{k})$ zuzuordnen ist. Für solche Erwartungswerte gelten die klassischen Bewegungsgleichungen. Wenn keine äußeren Kräfte auf das Elektron einwirken, ist $\vec{v}$ zeitlich konstant. Das Elektron wird im periodischen Gitterpotenzial zwar ständig in abwechselnder Folge beschleunigt und verzögert, im Zeitmittel ist die Krafteinwirkung aber gleich Null.

In Abb. 3.23 ist die Geschwindigkeit $\vec{v}$ als Funktion von $\vec{k}$ nach (3.66) für eine Energiefunktion $E(\vec{k})$, die der Kurve 1 in Abb. 3.8 entspricht, wiedergegeben. An der oberen und unteren Bandkante ist hier $v = 0$. Die Geschwindigkeit $\vec{v}$ ist bei einem vorgegebenem $\vec{k}$-Wert um so höher, je größer die Bandbreite ist. Im übrigen treten in einem vollbesetzten Energieband Elektronen mit der Geschwindigkeit $\vec{v}$ und $-\vec{v}$ stets paarweise auf. In einem teilbesetzten Band ist dies nur dann der Fall, wenn keine äußeren Kräfte die Bewegung der Elektronen beeinflussen.

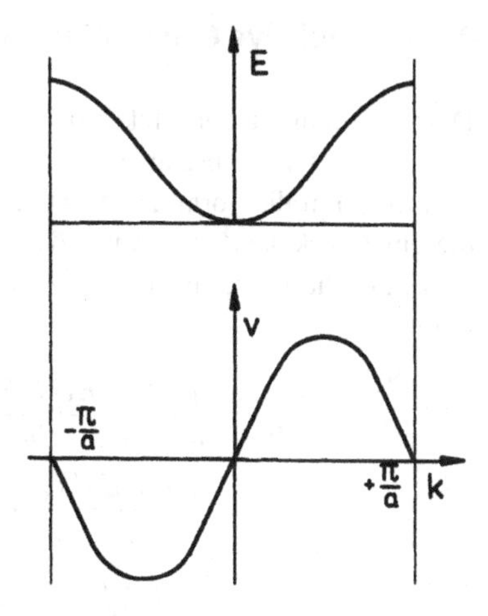

Abb. 3.23 Mittlere Geschwindigkeit v eines Kristallelektrons als Funktion der Wellenzahl k bei vorgegebener Energiefunktion $E(k)$

Wirkt nun eine äußere Kraft $\vec{F}$ während der Zeit dt auf ein Kristallelektron ein, so wird nach dem Korrespondenzprinzip dem Elektron die Energie

$$dE(\vec{k}) = \vec{F} \cdot \vec{v}dt \tag{3.67}$$

zugeführt. Unter Beachtung von (3.66) gilt aber auch

$$dE(\vec{k}) = \text{grad}_{\vec{k}}\, E(\vec{k}) \cdot d\vec{k} = \hbar\vec{v} \cdot d\vec{k} \ . \tag{3.68}$$

Es ist also

$$\hbar\vec{v} \cdot d\vec{k} = \vec{F} \cdot \vec{v}dt$$

$$\text{oder} \qquad \hbar\frac{d\vec{k}}{dt} = \vec{F} \ . \tag{3.69}$$

(3.69) gibt die Änderung des Wellenzahlvektors $\vec{k}$ eines Elektrons unter dem Einfluss einer äußeren Kraft an und lässt sich als Bewegungsgleichung für ein Kristallelektron auffassen.

Die Größe $\hbar\vec{k}$ erscheint in (3.69) als Impuls des Elektrons, obwohl $\hbar\vec{k}$ im Kristall nicht wie bei einem freien Elektron der wirkliche Erwartungswert für den Impuls eines Elektrons ist. Man bezeichnet die Größe $\hbar\vec{k}$ als Pseudoimpuls des Kristallelektrons. Bei Stoßprozessen im Kristall geht ein Elektron mit seinem Pseudoimpuls in den Impulserhaltungssatz ein.

3.3.1 Effektive Masse eines Kristallelektrons

Durch Einführung der effektiven Masse m^* des Kristallelektrons, eines Begriffs, den wir bereits in Abschn. 3.2.2 in einem speziellen Beispiel benutzt haben, lässt sich (3.69) in die Form des Newtonschen Grundgesetzes bringen. Wir bilden zu diesem Zweck die Zeitableitung der mittleren Geschwindigkeit $\vec{v}$ des Kristallelektrons. Für die Komponente dv_x/dt erhalten wir unter Beachtung von (3.66) und (3.69)

$$\begin{aligned}\frac{dv_x}{dt} &= \frac{d}{dt}\left(\frac{1}{\hbar}\frac{\partial E(k_x,k_y,k_z)}{\partial k_x}\right)\\ &= \frac{1}{\hbar}\left(\frac{\partial^2 E}{\partial k_x^2}\frac{dk_x}{dt} + \frac{\partial^2 E}{\partial k_x \partial k_y}\frac{dk_y}{dt} + \frac{\partial^2 E}{\partial k_x \partial k_z}\frac{dk_z}{dt}\right)\\ &= \frac{1}{\hbar^2}\left(\frac{\partial^2 E}{\partial k_x^2}F_x + \frac{\partial^2 E}{\partial k_x \partial k_y}F_y + \frac{\partial^2 E}{\partial k_x \partial k_z}F_z\right) \ .\end{aligned}$$

Fassen wir diese Beziehung mit den entsprechend zu bildenden Ausdrücken für dv_y/dt und dv_z/dt zusammen und setzen

$$\frac{1}{\hbar^2}\begin{pmatrix}\frac{\partial^2 E}{\partial k_x^2} & \frac{\partial^2 E}{\partial k_x \partial k_y} & \frac{\partial^2 E}{\partial k_x \partial k_z}\\ \frac{\partial^2 E}{\partial k_y \partial k_x} & \frac{\partial^2 E}{\partial k_y^2} & \frac{\partial^2 E}{\partial k_y \partial k_z}\\ \frac{\partial^2 E}{\partial k_z \partial k_x} & \frac{\partial^2 E}{\partial k_z \partial k_y} & \frac{\partial^2 E}{\partial k_z^2}\end{pmatrix} = \frac{1}{m^*} \ , \tag{3.70}$$

so bekommen wir

$$\frac{d\vec{v}}{dt} = \frac{1}{m^*}\vec{F} \ . \tag{3.71}$$

Die effektive Masse eines Kristallelektrons ist demnach ein Tensor, und die Beschleunigung braucht somit nicht in die Richtung der äußeren Kraft zu erfolgen. Natürlich kann dieser Tensor für bestimmte Werte von $\vec{k}$ auch zu einem Skalar entarten. Hat m^* in diesem Fall einen negativen Wert, wie es nach den Ausführungen in Abschn. 3.2.2 an einer oberen Bandgrenze immer zutrifft, so ist die Beschleunigung des Kristallelektrons der äußeren Kraft sogar entgegengerichtet. In Wirklichkeit hat selbstverständlich ein Elektron im Kristall die gleiche Masse wie im Vakuum. Dass in (3.71) das Kristallelektron mit einer anderen Masse in Erscheinung tritt, ist nur darauf zurückzuführen, dass in dieser Gleichung lediglich die äußeren Kräfte berücksichtigt werden und die inneren durch das periodische Kristallpotenzial bedingten Kräfte explizit nicht vorkommen.

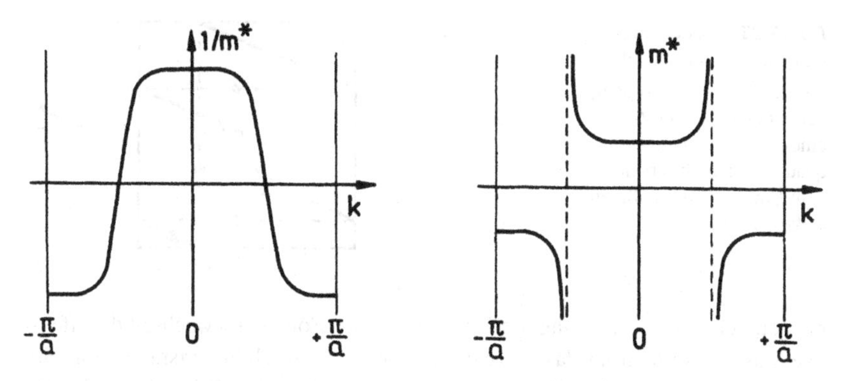

Abb. 3.24 Reziproke effektive Masse $1/m^*$ und effektive Masse m^* eines Kristallelektrons als Funktion der Wellenzahl k für eine Energiefunktion $E(k)$, die der Kurve 1 in Abb. 3.8 entspricht

In Abb. 3.24 ist $1/m^*$ und m^* für eine Energiefunktion, die der Kurve 1 in Abb. 3.8 entspricht, in eindimensionaler Darstellung in Abhängigkeit von k aufgetragen. Im Innern der ersten Brillouin-Zone, in der die Energiefunktion $E(k)$ durch eine Parabel beschrieben werden kann, hat m^* einen konstanten Wert. Bei einer Annäherung an den Zonenrand wird m^* zunächst unendlich groß und nimmt anschließend negative Werte an.

3.3.2 Bewegung eines Kristallelektrons in einem elektrischen Feld; Defektelektronen

Der Wellenzahlvektor $\vec{k}$ eines Kristallelektrons wird unter dem Einfluss eines äußeren elektrischen Feldes $\vec{\mathcal{E}}$ während der Zeit dt nach (3.69) um den Wert

$$d\vec{k} = -\frac{1}{\hbar} e\vec{\mathcal{E}} dt \tag{3.72}$$

geändert. Ist die Richtung des elektrischen Feldes zeitlich konstant, so wächst $\vec{k}$ so lange an, bis die Begrenzung der ersten Brillouin-Zone erreicht ist. Hier erfolgt durch eine Braggsche Reflexion (siehe Abschn. 3.2.3) ein Umklappen derjenigen Komponente des Wellenzahlvektors, die senkrecht auf der Zonenbegrenzung steht. In Abb. 3.25 ist dieses Verhalten von $\vec{k}$ für ein zweidimensionales quadratisches Gitter im reduzierten Zonenschema dargestellt. Die durchgezogenen Linien geben den Weg der Spitze von $\vec{k}$ an. Bei der Pendelbewegung des $\vec{k}$-Vektors innerhalb der ersten Brillouin-Zone wird das Elektron abwechselnd beschleunigt und abge-

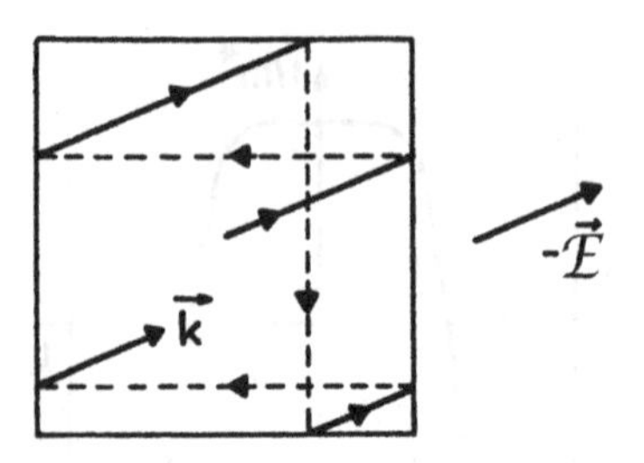

Abb. 3.25 Pendelbewegung des Wellenzahlvektors $\vec{k}$ eines Kristallelektrons in der ersten Brillouin-Zone eines zweidimensionalen quadratischen Gitters unter dem Einfluss eines äußeren elektrischen Feldes $\vec{\mathcal{E}}$

bremst; denn bei Annäherung des $\vec{k}$-Vektors an den Zonenrand wechselt die effektive Masse des Elektrons das Vorzeichen (Abb. 3.24). Auch im Ortsraum führt ein Kristallelektron unter dem Einfluss eines äußeren elektrischen Feldes Pendelbewegungen aus, da die Geschwindigkeit $\vec{v}$ ebenfalls periodisch ihre Richtung ändert (Abb. 3.23). Im Volumen von Halbleitern und Metallen können derartige Pendelbewegungen allerdings nicht beobachtet werden; denn infolge der Streuung der Elektronen an Phononen und Gitterfehlern stellt sich unter dem Einfluss eines konstanten elektrischen Feldes stets nur eine relativ kleine stationäre Verrückung des Wellenzahlvektors ein. Anders ist die Situation in Halbleiter Übergittern. Wegen der entsprechend großen Übergitterkonstante hat man hier eine Mini-Brillouin-Zone, die eine so hohe Frequenz der Bloch-Oszillationen zur Folge hat, dass trotz schneller Dephasierung Oszillationen beobachtet werden können. Der erste experimentelle Nachweis wurde 1992 veröffentlicht (J. Feldmann et al., Phys. Rev. B **46** (1992) 7252). Für einen Überblick sei der Leser auf den Artikel *Bloch-Oszillationen in Halbleiter-Übergittern* (T. Dekorsy, H. Kurz: Phys. Bl. **52** (1996) 1015) verwiesen.

Bei einem vollbesetzten Energieband wird durch die zeitliche Änderung des $\vec{k}$-Wertes der einzelnen Elektronen unter dem Einfluss eines äußeren elektrischen Feldes nach den obigen Überlegungen keine Änderung des Besetzungszustandes des Bandes bewirkt. Es bleiben also sämtliche Zustände besetzt. Wie wir in Abschn. 3.3 gesehen haben, gibt es bei einem voll besetzten Band zu jedem Elektron mit der mittleren Geschwindigkeit $\vec{v}$ auch ein Elektron mit der Geschwindigkeit $-\vec{v}$. Für ein vollbesetztes Band gilt demnach

$$\sum_{\vec{k}} \vec{v}(\vec{k}) = 0 \ , \tag{3.73}$$

wobei die Summierung über alle $\vec{k}$-Werte der ersten Brillouin-Zone erfolgen muss. (3.73) bedeutet gleichzeitig, dass ein vollbesetztes Band keinen Beitrag zu einem elektrischen Strom in einem Festkörper leistet.

Bei einem teilbesetzten Band beträgt die elektrische Stromdichte in einem Festkörper unter dem Einfluss eines elektrischen Feldes

$$\vec{j} = -e\frac{2}{V} \sum_{\vec{k}_{\text{besetzt}}} \vec{v}(\vec{k}) \ . \tag{3.74}$$

V ist das Kristallvolumen. Durch den Faktor 2 wird der Spin berücksichtigt. Es ist natürlich nur über die $\vec{k}$-Werte der besetzten Zustände zu summieren. Wegen (3.73) können wir anstelle von (3.74) aber auch schreiben

$$\vec{j} = +e\frac{2}{V} \sum_{\vec{k}_{\text{unbesetzt}}} \vec{v}(\vec{k}) \ , \tag{3.75}$$

wenn diesmal über alle unbesetzten Zustände des Bandes summiert wird. Hiernach lässt sich ein elektrischer Strom entweder durch den Strom der negativ geladenen Kristallelektronen beschreiben oder aber durch einen Strom fiktiver positiv geladener Teilchen, die den unbesetzten Zuständen im betreffenden Band zugeordnet sind. Diese fiktiven Ladungsträger bezeichnet man als *Defektelektronen* oder *Löcher*. Benutzt man zur Beschreibung des elektrischen Stromes Defektelektronen, so erscheinen natürlich die mit Elektronen besetzten Zustände als unbesetzt. Im Übrigen ist in diesem Fall Folgendes zu beachten:

1. Nach (3.75) ist die mittlere Geschwindigkeit $\vec{v}_p$ eines Defektelektrons gleich der Elektronengeschwindigkeit $\vec{v}_e$, die dem zugehörigen unbesetzten Zustand zuzuordnen ist. Der Bewegungsablauf eines Lochs unter dem Einfluss eines elektrischen Feldes ist also im Ortsraum gleich dem eines Elektrons, wenn sich dieses in dem betreffenden unbesetzten Zustand befände. Die Bewegungsgleichung für das Elektron lautet

$$m_e^* \frac{d\vec{v}_e}{dt} = -e\vec{\mathcal{E}}$$

und die für das Loch ist

$$m_p^* \frac{d\vec{v}_p}{dt} = +e\vec{\mathcal{E}} \ ,$$

wenn m_e^* und m_p^* die effektiven Massen von Elektron und Loch sind. $\vec{v}_p$ kann nur dann gleich $\vec{v}_e$ sein, wenn

$$m_p^* = -m_e^* \tag{3.76}$$

ist.

2. Die Summe über die Wellenzahlvektoren der Elektronen eines vollbesetzten Bandes ist gleich Null. Wenn wir nun ein Elektron mit $\vec{k}_e$ aus dem Band entfernen, so beträgt die Summe der Wellenzahlvektoren der restlichen Elektronen des Bandes $-\vec{k}_e$. Da sich ein Band mit einem fehlenden Elektron genauso gut durch das entsprechende Loch beschreiben lässt, können wir dem Loch den Wellenzahlvektor $-\vec{k}_e$ zuordnen. Es gilt also für den Wellenzahlvektor $\vec{k}_p$ des Defektelektrons

$$\vec{k}_p = -\vec{k}_e \ . \tag{3.77}$$

3. Wir legen jetzt den Bezugspunkt für die Energiefunktion der Elektronen und Löcher in die Oberkante eines vollbesetzten Bandes. Entfernen wir aus diesem Band ein Elektron mit der Energie $E_e(\vec{k}_e)$ so erfährt das System eine Anregung um den Energiebetrag $-E_e(\vec{k}_e)$. Hierbei ist $-E_e(\vec{k}_e)$ größer als Null, da bei unserer Wahl des Bezugspunktes $E_e(\vec{k}_e)$ negativ ist. Wir können nun die Anregungsenergie einem Loch zuordnen, das das Band mit dem fehlenden Elektron ersetzt. Wir erhalten dann

$$E_p(\vec{k}_e) = -E_e(\vec{k}_e) \ . \tag{3.78}$$

Da

$$E_p(\vec{k}_e) = E_p(-\vec{k}_p) = E_p(\vec{k}_p)$$

ist, folgt aus (3.78)

$$E_p(\vec{k}_p) = -E_e(\vec{k}_e) \ . \tag{3.79}$$

Zusammenfassend stellen wir fest: Wenn wir aus einem vollbesetzten Band ein Elektron entfernen, so können wir das restliche Band durch ein positiv geladenes Loch beschreiben, dessen effektive Masse, Wellenzahlvektor und Energie das umgekehrte Vorzeichen wie beim fehlenden Elektron haben, aber das die gleiche Geschwindigkeit wie das Elektron besitzt.

Ob man den elektrischen Strom in einem Festkörper zweckmäßig durch einen Strom von Elektronen oder von Löchern beschreibt, hängt vom Besetzungsgrad des betreffenden Bandes ab. Bei einem schwach besetzten Band, wie z. B. beim Leitungsband eines Halbleiters, wird man Elektronen als Ladungsträger des elektrischen Stroms ansehen; denn diese haben hier praktisch alle die gleiche effektive Masse. Anders ist es dagegen, wenn ein Band fast voll besetzt ist, wie es z. B. beim Valenzband eines Halbleiters der Fall sein kann. Hier hätte man bei der

Berechnung des elektrischen Stromes über die Bewegung von Elektronen die unterschiedliche teilweise sogar negative effektive Masse der beteiligten Elektronen zu berücksichtigen. Fasst man hingegen den elektrischen Strom als Ladungstransport durch Löcher auf, so hat man es nur mit relativ wenigen Ladungsträgern zu tun, denen man eine einheitliche effektive Masse zuordnen darf, die außerdem positiv ist.

3.3.3 Bewegung eines Kristallelektrons im magnetischen Feld; Zyklotronfrequenz

Für ein Kristallelektron, das sich in einem Magnetfeld[7] mit der Kraftflussdichte $\vec{B}$ befindet, lautet die Bewegungsgleichung (s. (3.69))

$$\hbar \frac{d\vec{k}}{dt} = -e(\vec{v} \times \vec{B}) \ . \tag{3.80}$$

Benutzen wir für $\vec{v}$ (3.66), so erhalten wir

$$\frac{d\vec{k}}{dt} = \frac{e}{\hbar^2}(\vec{B} \times \mathrm{grad}_{\vec{k}}\, E(\vec{k})) \ . \tag{3.81}$$

Hiernach bewegt sich das Elektron im $\vec{k}$-Raum senkrecht zu $\mathrm{grad}_{\vec{k}}\, E(\vec{k})$, also auf einer Fläche konstanter Energie. Außerdem verläuft die Bewegung in einer Ebene senkrecht zu $\vec{B}$. Die Lage dieser Ebene im $\vec{k}$-Raum ist durch die Komponente des Wellenzahlvektors $\vec{k}$ in Richtung des Magnetfeldes bestimmt. Die Bahnkurve ergibt sich demnach als Schnittlinie dieser Ebene mit der Fläche $E(\vec{k}) = const.$ Man unterscheidet zwischen *geschlossenen* und *offenen Bahnen*. Sämtliche Bahnkurven auf den Fermi-Flächen in Abb. 3.21 sind geschlossene Bahnen. Eine offene Bahn ist in Abb. 3.26 dargestellt. Sie setzt sich im periodischen Zonenschema immer weiter fort, ohne sich jemals zu schließen.

Bei einer geschlossenen Bahn kann von der umschlossenen Fläche aus betrachtet die Energie $E(\vec{k})$ entweder nach außen oder nach innen zunehmen. In Abb. 3.21b und c ist für eine Bahnkurve auf der Fermi-Fläche das erste der Fall. Der Vektor $\mathrm{grad}_{\vec{k}}\, E(\vec{k})$ zeigt hier nach außen (Abb. 3.27). Weist nun z. B. der Vektor $\vec{B}$ aus der Zeichenebene nach oben, so verläuft die Bahn eines Elektrons auf

[7] Entsprechend dem in der Physik üblichen Sprachgebrauch wird da, wo keine Verwechslung möglich ist, die magnetische Induktion oder Kraftflussdichte B verkürzt mit „Magnetfeld" bezeichnet.

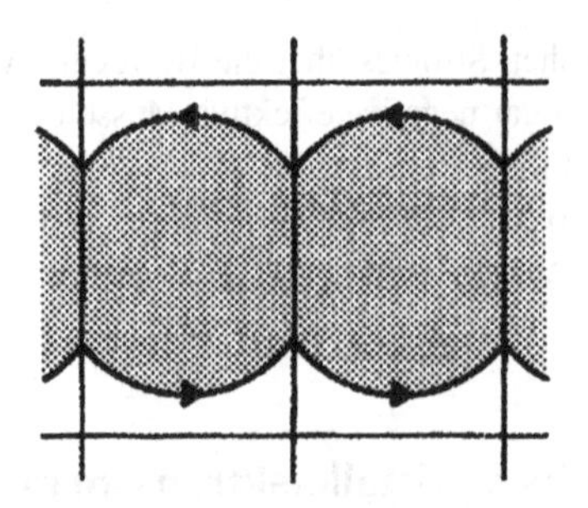

Abb. 3.26 Bewegung des Wellenzahlvektors $\vec{k}$ eines Kristallelektrons auf einer Fermi-Fläche längs einer offenen Bahnkurve unter dem Einfluss eines senkrecht zur Zeichenebene gerichteten Magnetfeldes dargestellt im periodischen Zonenschema. Der *schattierte Bereich* des $\vec{k}$-Raums ist mit Elektronen besetzt

Abb. 3.27 Bewegung des Wellenzahlvektors $\vec{k}$ eines Kristallelektrons auf einer Fermi-Fläche längs einer elektronenartigen Bahn

Abb. 3.28 Bewegung des Wellenzahlvektors $\vec{k}$ eines Kristallelektrons auf einer Fermi-Fläche längs einer Lochbahn

der Fermi-Fläche entgegen dem Uhrzeigersinn genau wie die Bahn eines freien Elektrons. Umgekehrt sind dagegen die Verhältnisse für eine Bahnkurve auf der Fermi-Fläche in Abb. 3.21a. Hier zeigt $\text{grad}_{\vec{k}}\, E(\vec{k})$ nach innen (Abb. 3.28). Ein Elektron der Fermi-Fläche bewegt sich deshalb in einem wie eben orientierten Magnetfeld im Uhrzeigersinn auf seiner Bahn. Das Kristallelektron verhält sich wie ein positiv geladenes Teilchen. Seine Bahn bezeichnet man deshalb als *Lochbahn.* Dies entspricht den Überlegungen im vorigen Unterabschnitt.

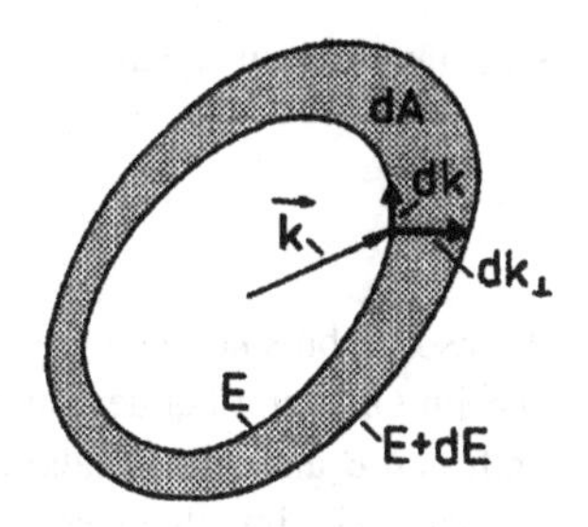

Abb. 3.29 Zur Berechnung der Zyklotronfrequenz eines Kristallelektrons

Wir berechnen jetzt die Umlaufzeit eines Kristallelektrons im Magnetfeld auf einer im $\vec{k}$-Raum geschlossenen Bahn. Natürlich hat die Umlaufzeit im Ortsraum denselben Wert.

Aus (3.81) folgt für ein Bahnelement dk der Bahnkurve (Abb. 3.29)

$$dk = \frac{e}{\hbar^2} B \frac{dE}{dk_\perp} dt \; . \tag{3.82}$$

Hierbei ist $dE/dk_\perp$ die Komponente von $\text{grad}_{\vec{k}}\, E(\vec{k})$ senkrecht zu B. Integrieren wir (3.82) über einen Umlauf und beachten, dass $\oint dk_\perp dk$ gleich dem Flächenelement dA in der Bahnebene zwischen den Flächen mit den Energien E und $E + dE$ und $\int dt$ die Umlaufzeit T ist, so erhalten wir

$$T = \frac{\hbar^2}{eB} \frac{dA}{dE} \; . \tag{3.83}$$

Die Umlauffrequenz beträgt dann

$$\omega_c = \frac{2\pi}{T} = \frac{2\pi e B}{\hbar^2 (dA/dE)} \; . \tag{3.84}$$

Die Größe ω_c bezeichnet man gewöhnlich als *Zyklotronfrequenz* der Kristallelektronen. Im Allgemeinen hat sie für die verschiedenen Elektronen eines Energiebandes unterschiedliche Werte.

Für freie Elektronen ist die Bahn im $\vec{k}$-Raum ein Kreis. In diesem Fall gilt

$$A = \pi k^2 = \pi \frac{2mE}{\hbar^2}$$

und somit

$$\frac{dA}{dE} = \frac{2\pi m}{\hbar^2} \; .$$

Setzen wir diesen Ausdruck in (3.84) ein, so bekommen wir

$$\omega_c = \frac{eB}{m} \ . \qquad (3.85)$$

Dieses Ergebnis können wir auch einfacher gewinnen, wenn wir davon ausgehen, dass im Ortsraum bei der Bewegung eines Elektrons im Magnetfeld die Lorentz-Kraft $e\omega rB$ als Zentripetalkraft $m\omega^2 r$ auftritt. r ist hierbei der Radius der kreisförmigen oder im allgemeineren Fall spiralförmigen Elektronenbahn.

Formal kann man den Ausdruck für die Zyklotronfrequenz eines Kristallelektrons in (3.84) so darstellen, dass er (3.85) entspricht. Man führt zu diesem Zweck die sog. *Zyklotronmasse*

$$m_c = \frac{\hbar^2}{2\pi}\frac{dA}{dE} \qquad (3.86)$$

ein. Aus (3.84) wird dann

$$\omega_c = \frac{eB}{m_c} \ . \qquad (3.87)$$

Hierauf kommen wir im Abschn. 3.5 zurück.

3.3.4 Elektrische Leitfähigkeit von Metallen

Es wurde bereits in Abschn. 3.3.2 erwähnt, dass die Bewegung der Kristallelektronen unter dem Einfluss eines äußeren elektrischen Feldes durch Streuung an Phononen und Gitterfehlern wesentlich beeinflusst wird. Infolge dieser Wechselwirkung stellt sich in einem Metall, an das eine zeitlich konstante Spannung gelegt worden ist, ein stationärer elektrischer Strom ein. Eine Gleichung, die als Ausgangsbasis zur Berechnung der elektrischen Leitfähigkeit von Metallen geeignet ist, muss also nicht nur die beschleunigende Wirkung des elektrischen Feldes erfassen, sondern hat auch einen durch die Streuprozesse bedingten der Elektronenbeschleunigung entgegenwirkenden Mechanismus zu berücksichtigen. Dabei gilt es herauszufinden, wie sich die Funktion $f(\vec{k})$, die die Verteilung der Elektronen auf die verschiedenen durch $\vec{k}$ gekennzeichneten Energiezustände unter dem Einfluss eines äußeren elektrischen Feldes und der oben genannten Streuprozesse angibt, von der ohne Störung vorhandenen Gleichgewichtsverteilung $f_0(\vec{k})$ unterscheidet.

$f_0(\vec{k})$ ist hierbei die Fermi-Funktion für das thermodynamische Gleichgewicht, also

$$f_0(\vec{k}) = \frac{1}{e^{\left[E(\vec{k})-E_F\right]/k_B T} + 1} \quad . \tag{3.88}$$

Die durch das äußere Feld bestimmte zeitliche Änderungsrate der Verteilungsfunktion $f(\vec{k})$ bezeichnen wir mit $(\partial f/\partial t)_{\text{Feld}}$, die durch die Streuprozesse bedingte Änderungsrate mit $(\partial f/\partial t)_{\text{Stoß}}$. Ein stationärer Zustand liegt vor, wenn

$$\left(\frac{\partial f}{\partial t}\right)_{\text{Feld}} + \left(\frac{\partial f}{\partial t}\right)_{\text{Stoß}} = 0 \tag{3.89}$$

ist.

Wir lassen zunächst die Streuprozesse unberücksichtigt und betrachten also nur den Einfluss des äußeren Feldes. In diesem Fall befinden sich zum Zeitpunkt $t + \Delta t$ in einem durch $(\vec{r}, \vec{k})$ gekennzeichneten Volumenelement des Phasenraums gerade diejenigen Elektronen, die zur Zeit t in einem durch $\left(\vec{r} - \dot{\vec{r}}\Delta t, \vec{k} - \dot{\vec{k}}\Delta t\right)$ gekennzeichneten Volumenelement waren. Der Unterschied der Verteilungsfunktion in diesen beiden Volumenelementen ist deshalb gleich der Änderung der Verteilungsfunktion in dem durch $(\vec{r}, \vec{k})$ gekennzeichneten Volumenelement des Phasenraums in der Zeitspanne Δt. Hieraus folgt

$$\begin{aligned} \left(\frac{\partial f}{\partial t}\right)_{\text{Feld}} &= \lim_{\Delta t \to 0} \frac{f\left(\vec{r} - \dot{\vec{r}}\Delta t, \vec{k} - \dot{\vec{k}}\Delta t\right) - f(\vec{r}, \vec{k})}{\Delta t} \\ &= -\dot{\vec{r}} \cdot \operatorname{grad}_{\vec{r}} f(\vec{r}, \vec{k}) - \dot{\vec{k}} \cdot \operatorname{grad}_{\vec{k}} f(\vec{r}, \vec{k}) \quad . \end{aligned} \tag{3.90}$$

Setzen wir diesen Ausdruck in (3.89) ein, so erhalten wir

$$\left(\frac{\partial f}{\partial t}\right)_{\text{Stoß}} = \dot{\vec{r}} \cdot \operatorname{grad}_{\vec{r}} f(\vec{r}, \vec{k}) + \dot{\vec{k}} \cdot \operatorname{grad}_{\vec{k}} f(\vec{r}, \vec{k}) \quad . \tag{3.91}$$

Dies ist die allgemeine Form der sog. *Boltzmann-Gleichung* für ein Elektronensystem im stationären Zustand. Die Gleichung vereinfacht sich, wenn wir voraussetzen, dass der betreffende Leiter eine einheitliche Temperatur hat. Dann hängt die Verteilung f nicht mehr von $\vec{r}$ ab, und es gilt

$$\operatorname{grad}_{\vec{r}} f(\vec{r}, \vec{k}) = 0 \quad .$$

Benutzen wir schließlich noch für $\dot{\vec{k}}$ die Beziehung aus (3.72), so wird aus (3.91)

$$\left(\frac{\partial f}{\partial t}\right)_{\text{Stoß}} = -\frac{e}{\hbar}\vec{\mathcal{E}} \cdot \text{grad}_{\vec{k}}\, f(\vec{k}) \ . \qquad (3.92)$$

Wir kommen nun zum Stoßterm $(\partial f/\partial t)_{\text{Stoß}}$.

Zu Beginn von Kap. 2 hatten wir gesehen, dass man die Hamilton-Funktion, die für die Untersuchung der Elektronenbewegung benutzt wird, gewöhnlich in zwei Anteile zerlegt, in ein Hauptglied, das die Wechselwirkung der Elektronen mit einem starren, streng periodischen Gitter beschreibt, und ein Störglied, das die Kopplung der Elektronenbewegung mit den Gitterschwingungen berücksichtigt. Das Hauptglied führt in der Einelektronnäherung zu der in Abschn. 3.2 behandelten Bändertheorie. Das Störglied dagegen führt zu der als Elektron-Phonon-Streuung bekannten Wechselwirkung. Für diese Wechselwirkung gelten die gleichen Erhaltungssätze wie für die Streuung von Neutronen ((2.69) und (2.70)). Es ist also

$$E(\vec{k}_0) = E(\vec{k}) \pm \hbar\omega \qquad (3.93)$$

$$\text{und} \qquad \vec{k}_0 + \vec{G} = \vec{k} \pm \vec{q} \ . \qquad (3.94)$$

Hierbei sind $\vec{k}_0$ und $\vec{k}$ die Wellenzahlvektoren eines Leitungselektrons vor und nach dem Streuprozess, $\vec{q}$ und ω Wellenzahlvektor und Kreisfrequenz des bei dem inelastischen Streuprozess erzeugten bzw. vernichteten Phonons und $\vec{G}$ ein Vektor des reziproken Gitters.

Zu der Elektron-Phonon-Streuung, die in einem idealen fehlerfreien Kristall allein für die Behinderung des Ladungstransports von Bedeutung wäre, kommt in einem realen Kristall noch die Streuung an Gitterfehlern hinzu; denn Fehlordnungen stören ebenfalls die strenge Periodizität des Kristallgitters. Allerdings ist an Gitterfehlern nur elastische Streuung möglich, für die es überdies keine Auswahlregel, die (1.21) entspricht, gibt.

In Abb. 3.30 ist die Wirkungsweise der oben beschriebenen Streuprozesse im $\vec{k}$-Raum schematisch dargestellt. Durch ein äußeres elektrisches Feld wird die Fermi-Kugel nach (3.72) in die Richtung von $-\vec{\mathcal{E}}$ verschoben. Diese Verschiebung wird dadurch gebremst, dass Elektronen von der Vorderseite der Kugel ständig auf ihre Rückseite gestreut werden. Das kann bei inelastischer Streuung in einem einzigen Schritt erfolgen (Abb. 3.30a). Bei einer elastischen Streuung ist hingegen die Rückseite der Fermi-Kugel nicht unmittelbar zu erreichen. Hier muss in einem zweiten Schritt noch eine inelastische Streuung stattfinden (Abb. 3.30b). Durch inelastische Streuung geben die Leitungselektronen Energie an das Kristallgitter ab, die als Joulesche Wärme in Erscheinung tritt.

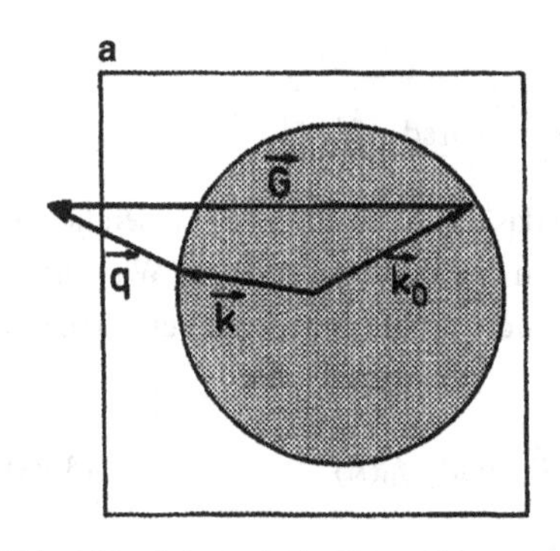

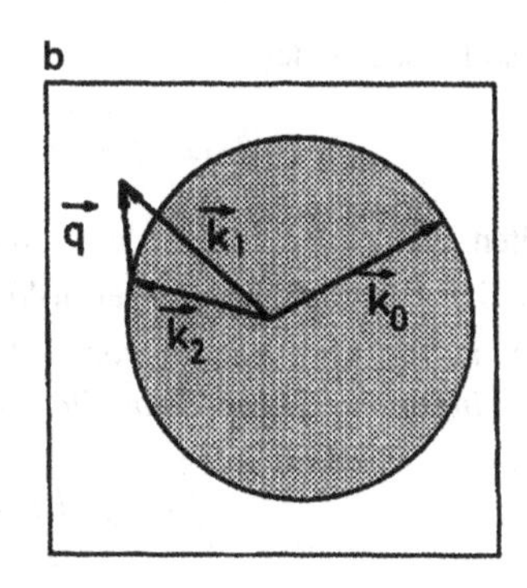

Abb. 3.30 Schematische Darstellung (**a**) der inelastischen Streuung eines Kristallelektrons mit dem Wellenzahlvektor $\vec{k}_0$ an einem Phonon und (**b**) der elastischen Streuung an einem Gitterfehler mit nachfolgender inelastischer Streuung an einem Phonon

Die Auswirkung der Streuprozesse auf die Verteilungsfunktion wird in der sog. *Relaxationszeitnäherung* durch folgenden Ansatz erfasst

$$\left(\frac{\partial f}{\partial t}\right)_{\text{Stoß}} = -\frac{f(\vec{k}) - f_0(\vec{k})}{\tau(\vec{k})} \,. \tag{3.95}$$

Danach ist die durch die Streuprozesse bedingte zeitliche Änderungsrate der Verteilungsfunktion um so höher, je stärker sich $f(\vec{k})$ von der Gleichgewichtsverteilung $f_0(\vec{k})$ unterscheidet. Die Größe $\tau(\vec{k})$ bezeichnet man als *Relaxationszeit*. Es lässt sich zeigen, dass dieser Ansatz fast immer gerechtfertigt ist.

Die physikalische Bedeutung der Größe $\tau(\vec{k})$ erkennt man, wenn man untersucht, wie sie die Änderung von $f - f_0$ nach Aufhebung der äußeren Störung beeinflusst. Aus (3.95) ergibt sich für den Zeitpunkt t nach Ende der Störung

$$(f(\vec{k}) - f_0(\vec{k}))_t = (f(\vec{k}) - f_0(\vec{k}))_{t=0} e^{-t/\tau(\vec{k})} \,. \tag{3.96}$$

Danach ist die Relaxationszeit $\tau(\vec{k})$ die Zeitkonstante für den durch (3.96) beschriebenen Abklingvorgang.

Mit (3.95) wird aus (3.92)

$$\frac{f(\vec{k}) - f_0(\vec{k})}{\tau(\vec{k})} = \frac{e}{\hbar}\vec{\mathcal{E}} \cdot \operatorname{grad}_{\vec{k}} f(\vec{k}) \,. \tag{3.97}$$

Um die Größe $f(\vec{k}) - f_0(\vec{k})$ aus (3.97) zu ermitteln, setzen wir voraus, dass durch das elektrische Feld $\vec{\mathcal{E}}$ die Verteilungsfunktion f_0 nur relativ wenig geändert wird.

Es soll insbesondere

$$|\vec{\mathcal{E}} \cdot \text{grad}_{\vec{k}}(f - f_0)| \ll |\vec{\mathcal{E}} \cdot \text{grad}_{\vec{k}} f_0|$$

gelten. Diese Forderung bedeutet, dass durch das elektrische Feld im wesentlichen nur eine Verschiebung der Fermi-Verteilung im $\vec{k}$-Raum bewirkt wird. Wir dürfen dann auf der rechten Seite von (3.97) $f(\vec{k})$ durch $f_0(\vec{k})$ ersetzen und erhalten die sog. *linearisierte Boltzmann-Gleichung*

$$f(\vec{k}) - f_0(\vec{k}) = \frac{e}{\hbar}\tau(\vec{k})\vec{\mathcal{E}} \cdot \text{grad}_{\vec{k}} f_0(\vec{k}) \ . \tag{3.98}$$

Mithilfe von (3.98) können wir nun unsere eigentliche Aufgabe, die Berechnung der elektrischen Leitfähigkeit eines Metalls, erfüllen. Die elektrische Leitfähigkeit σ ist mit der Stromdichte $\vec{j}$ und der elektrischen Feldstärke $\vec{\mathcal{E}}$ durch die als Ohmsches Gesetz bekannte Beziehung verknüpft

$$\vec{j} = \sigma\vec{\mathcal{E}} \ . \tag{3.99}$$

σ ist bei einem Festkörper im allgemeinen Fall ein Tensor, d. h. $\vec{j}$ und $\vec{\mathcal{E}}$ brauchen nicht die gleiche Richtung zu haben. Nur bei Kristallen mit kubischer Kristallstruktur und natürlich bei polykristallinem Material ist σ zu einem Skalar entartet. Im Folgenden werden wir einfachheitshalber σ als Skalar annehmen. Die grundlegenden Ergebnisse werden dadurch nicht beeinflusst.

Zur Berechnung der Stromdichte $\vec{j}$ gehen wir von (3.74) aus. Wir ersetzen allerdings die Summe über die $\vec{k}$-Werte der besetzten Zustände der ersten Brillouin-Zone durch ein Integral über die gesamte Zone und berücksichtigen die Besetzungswahrscheinlichkeit der Zustände durch die Verteilungsfunktion $f(\vec{k})$. Beachten wir außerdem, dass nach (2.35) die Wellenzahldichte im $\vec{k}$-Raum $V/8\pi^3$ beträgt, so erhalten wir anstelle von (3.74)

$$\vec{j} = -e\frac{1}{4\pi^3} \int\limits_{\text{1. Brill.-Zone}} \vec{v}(\vec{k}) f(\vec{k}) d^3k \ . \tag{3.100}$$

In (3.100) dürfen wir $f(\vec{k})$ durch $f(\vec{k}) - f_0(\vec{k})$ ersetzen, da Elektronen, die nach $f_0(\vec{k})$ verteilt sind, insgesamt keinen Beitrag zur Stromdichte liefern. Benutzen wir jetzt für $f(\vec{k}) - f_0(\vec{k})$ den Ausdruck aus (3.98), so wird aus (3.100)

$$\vec{j} = -\frac{e^2}{4\pi^3\hbar} \int \vec{v}(\vec{k})\tau(\vec{k})\vec{\mathcal{E}} \cdot \text{grad}_{\vec{k}} f_0(\vec{k}) d^3k \ . \tag{3.101}$$

Mit einem elektrischen Feld in x-Richtung folgt hieraus für den Betrag der Stromdichte

$$j = -\frac{e^2}{4\pi^3\hbar}\mathcal{E}\int v_x(\vec{k})\tau(\vec{k})\frac{\partial f_0(\vec{k})}{\partial k_x}d^3k \ . \qquad (3.102)$$

Hierbei ist berücksichtigt, dass bei skalarem σ die Stromdichte $\vec{j}$ die gleiche Richtung wie das elektrische Feld $\vec{\mathcal{E}}$ haben muss.

Unter Beachtung von (3.66) gilt

$$\frac{\partial f_0}{\partial k_x} = \frac{\partial f_0}{\partial E}\frac{\partial E}{\partial k_x} = \frac{\partial f_0}{\partial E}\hbar v_x \ . \qquad (3.103)$$

Setzen wir diese Beziehung in (3.102) ein, so erhalten wir

$$j = -\frac{e^2}{4\pi^3}\mathcal{E}\int v_x^2(\vec{k})\tau(\vec{k})\frac{\partial f_0}{\partial E}d^3k \ . \qquad (3.104)$$

Denselben Wert für j müssen wir natürlich auch erhalten, wenn das elektrische Feld in y- oder z-Richtung weist. Hieraus folgt

$$v_x^2 = v_y^2 = v_z^2 \quad \text{oder, da} \quad v_x^2 + v_y^2 + v_z^2 = v^2 \quad \text{ist,} \quad v_x^2 = \frac{1}{3}v^2 \ .$$

Damit wird aus (3.104)

$$j = -\frac{e^2}{12\pi^3}\mathcal{E}\int v^2(\vec{k})\tau(\vec{k})\frac{\partial f_0}{\partial E}d^3k \ . \qquad (3.105)$$

Für die elektrische Leitfähigkeit erhalten wir dann

$$\sigma = \frac{j}{\mathcal{E}} = -\frac{e^2}{12\pi^3}\int v^2(\vec{k})\tau(\vec{k})\frac{\partial f_0}{\partial E}d^3k \ . \qquad (3.106)$$

Setzen wir ähnlich wie in Abschn. 2.2.1

$$d^3k = dAdk_\perp \ ,$$

wobei dA ein Element der Fläche $E(\vec{k}) = \text{const.}$ und $dk_\perp$ der Abstand der Fläche $(E + dE)(\vec{k}) = \text{const.}$ von der Fläche $E(\vec{k}) = \text{const.}$ ist (vgl. Abb. 2.7), so ergibt sich

$$d^3k = \frac{dA}{|\,\mathrm{grad}_{\vec{k}}\, E(\vec{k})|}dE = \frac{dA}{\hbar v(\vec{k})}dE \ . \qquad (3.107)$$

Hiermit wird aus (3.106)

$$\sigma = \frac{e^2}{12\pi^3\hbar} \int\limits_{\text{Leitungsband}} g(E)\left(-\frac{\partial f_0}{\partial E}\right) dE \;, \tag{3.108}$$

$$\text{wobei} \qquad g(E) = \int\limits_{E=\text{const}} v(\vec{k})\tau(\vec{k})dA \tag{3.109}$$

ist. Da $\partial f_0/\partial E$ bei Leitungselektronen nur für Werte von E in unmittelbarer Umgebung der Fermi-Energie $E_F(0)$ merklich von Null verschieden ist, dürfen wir in guter Näherung die Funktion $g(E)$ in (3.108) durch ihren konstanten Wert für $E = E_F(0)$ ersetzen. Berücksichtigen wir außerdem, dass

$$\int\limits_{\text{Leitungsband}} \left(-\frac{\partial f_0}{\partial E}\right) dE = 1$$

ist, so erhalten wir aus (3.108) und (3.109)

$$\sigma = \frac{e^2}{12\pi^3\hbar} g(E_F) = \frac{e^2}{12\pi^3\hbar} \int\limits_{E=E_F} v(\vec{k})\tau(\vec{k})dA \;. \tag{3.110}$$

Die Integration erstreckt sich hierbei über die Fermi-Fläche. Die elektrische Leitfähigkeit eines Metalls hängt also von der Geschwindigkeit und Relaxationszeit nur derjenigen Elektronen ab, deren Wellenzahlvektor auf die Fermi-Fläche weist. Je größer diese Geschwindigkeiten und Relaxationszeiten sind, und je ausgedehnter die Fermi-Fläche ist, umso besser ist die elektrische Leitfähigkeit. Hieraus erkennt man die große Bedeutung der Fermi-Fläche für die elektronischen Eigenschaften eines Metalls.

Wir wollen nun (3.110) unter der Voraussetzung auswerten, dass wir die Leitungselektronen als frei mit einheitlicher effektiver Masse m^* betrachten dürfen. Dann ist

$$E(\vec{k}) = \frac{\hbar^2 k^2}{2m^*} \tag{3.111}$$

und dementsprechend nach (3.66)

$$v(\vec{k}) = \frac{\hbar k}{m^*} \;. \tag{3.112}$$

Die Fermi-Fläche ist in diesem Fall die Oberfläche einer Kugel mit Radius k_F und hat die Größe $4\pi k_F^2$. Wir erhalten jetzt aus (3.110)

$$\sigma = \frac{e^2}{12\pi^3\hbar}\frac{\hbar k_F}{m^*}\tau(k_F)4\pi k_F^2 = \frac{e^2 k_F^3}{3\pi^2 m^*}\tau(k_F) \ . \tag{3.113}$$

Nach (3.62) gilt

$$k_F^3 = 3\pi^2 n \ ,$$

wo n die Leitungselektronendichte ist. Damit folgt aus (3.113)

$$\sigma = \frac{ne^2\tau(E_F)}{m^*} \ . \tag{3.114}$$

In diesem Zusammenhang sei erwähnt, dass ein Ausdruck für die elektrische Leitfähigkeit von Metallen wie (3.114) bereits im Jahr 1900 von P. Drude[8] hergeleitet wurde. Dabei wurde das Elektronengas allerdings als klassisches Gas angesehen und angenommen, dass die durch ein äußeres Feld beschleunigten Elektronen durch Zusammenstöße mit den Metallionen abgebremst werden. Die Relaxationszeit wurde entsprechend der Gesamtheit der Leitungselektronen zugeordnet. Außerdem wurde in (3.114) anstelle der effektiven Masse m^* die Masse des freien Elektrons benutzt.

Bekanntlich hängt die elektrische Leitfähigkeit eines Metalls von der Temperatur ab. Dies lässt sich nach (3.114) nur mit der Temperaturabhängigkeit der Relaxationszeit begründen; denn die Elektronenzahldichte ist bei einem Metall temperaturunabhängig. Die Streuung an Phononen und Gitterfehlern wirkt sich unterschiedlich auf die Temperaturabhängigkeit der elektrischen Leitfähigkeit oder auf die reziproke Größe, den spezifischen Widerstand ρ aus. Da die Phononenzahldichte mit steigender Temperatur zunimmt, nimmt auch der durch Phononenstreuung bedingte Anteil ρ_{Phonon} des spezifischen Widerstandes mit der Temperatur zu. Es lässt sich zeigen, dass $\rho_{\text{Phonon}} \sim T$ für Temperaturen wesentlich größer als die Debye-Temperatur Θ_D gilt. Für $T \ll \Theta_D$ gilt $\rho_{\text{Phonon}} \sim T^5$. Der durch die Elektronenstreuung an Gitterfehlern hervorgerufene elektrische Widerstand eines Metalls ist von der Temperatur praktisch unabhängig. Bei sehr tiefen Temperaturen tritt er allein in Erscheinung. Man bezeichnet ihn deshalb als spezifischen *Restwiderstand* ρ_{Rest}. Für den gesamten spezifischen Widerstand eines Metalls gilt näherungsweise die sog. *Matthiesensche Regel*

$$\rho(T) = \rho_{\text{Rest}} + \rho_{\text{Phonon}}(T) \ . \tag{3.115}$$

[8] Paul Drude, *1863 Braunschweig, †1906 Berlin.

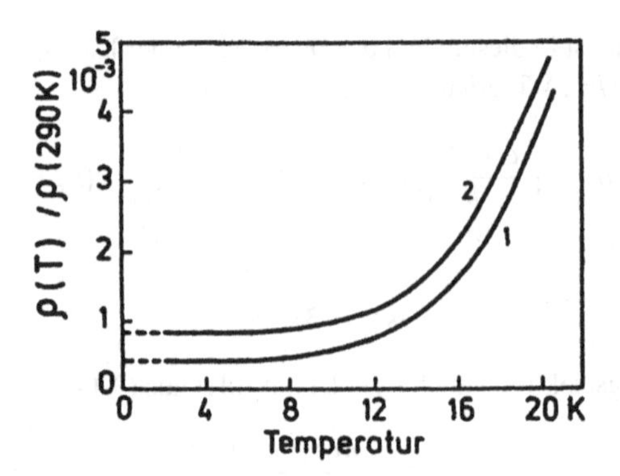

Abb. 3.31 Spezifischer elektrischer Widerstand von Natrium bezogen auf seinen Wert bei Zimmertemperatur in Abhängigkeit von der Temperatur. Die Probe der Messkurve 1 hat einen höheren Reinheitsgrad als die von Messkurve 2 (nach MacDonald, D.K.C.; Mendelsohn, K.: Proc. Roy. Soc. (London) **A202** (1950) 103)

In Abb. 3.31 ist der elektrische Widerstand von Natrium normiert auf seinen Wert bei Zimmertemperatur in Abhängigkeit von der Temperatur für zwei Proben mit unterschiedlichem Reinheitsgrad aufgetragen. Die Probe mit der größeren Reinheit hat den kleineren Restwiderstand. Das Verhältnis $\rho_{\text{Rest}}/\rho(290\,\text{K})$ kann bei sehr reinen Metallen bis auf Werte von 10^{-6} abfallen. Der Restwiderstand von Einkristallen ist kleiner als der von polykristallinem Material des gleichen Elements, da bei einem Polykristall Korngrenzen als zusätzliche Gitterfehler vorliegen. Im übrigen erhöhen Strahlenschäden den Restwiderstand eines Metalls. Durch Messung des Restwiderstandes lassen sich in diesem Fall Defektkonzentrationen bestimmen und Ausheilprozesse (vgl. Abschn. 1.4.1) quantitativ verfolgen.

Die in Abb. 3.31 dargestellte typische Temperaturabhängigkeit kann bei einem unmagnetischen Metall dadurch abgeändert werden, dass magnetische Fremdionen in den betreffenden Kristall eingebaut werden. Durch eine Austauschwechselwirkung zwischen den magnetischen Momenten der Fremdionen und Leitungselektronen entsteht ein zusätzlicher Streumechanismus. Er kann bewirken, dass der elektrische Widerstand bei tiefen Temperaturen wieder ansteigt und auf diese Weise die Widerstandskurve ein Minimum aufweist. Diese Erscheinung ist als *Kondo-Effekt* bekannt.

Nach (3.96) lässt sich die Größe $\tau(\vec{k}_F)$ auch als mittlere freie Flugzeit eines Elektrons der Fermi-Fläche zwischen zwei Streuprozessen auffassen. Für die mitt-

Tab. 3.2 Mittlere freie Flugzeit τ, Geschwindigkeit v und mittlere freie Weglänge Λ von Leitungselektronen der Fermi-Fläche berechnet aus Leitfähigkeit und Elektronendichte

	Leitfähigkeit $[10^5\,\Omega^{-1}\,\text{cm}^{-1}]$	Elektronendichte $[10^{22}\,\text{cm}^{-3}]$	$\tau(k_F)$ $[10^{-14}\,\text{s}]$	$v(k_F)$ $[10^8\,\text{cm/s}]$	$\Lambda(k_F)$ [Å]
Li	1,2	4,70	0,9	1,29	110
Na	2,3	2,50	3,3	1,04	350
Cu	6,5	8,45	2,7	1,57	430
Ag	6,6	5,76	4,1	1,38	560
Au	4,9	5,90	2,9	1,39	410

lere freie Weglänge solcher Elektronen gilt dann

$$\Lambda(\vec{k}_F) = v(\vec{k}_F)\tau(\vec{k}_F) \ , \tag{3.116}$$

wenn $v(\vec{k}_F)$ die Geschwindigkeit dieser Elektronen ist. Betrachten wir die Leitungselektronen als freie Elektronen, deren effektive Masse gleich der wahren Elektronenmasse m ist, so gilt nach (3.112)

$$v(\vec{k}_F) = \frac{\hbar k_F}{m} \ . \tag{3.117}$$

$\tau(k_F)$ ergibt sich in diesem Fall aus (3.114) zu

$$\tau(k_F) = \frac{\sigma m}{n e^2} \ . \tag{3.118}$$

In Tab. 3.2 sind für einige Metalle die Größen $\tau(k_F)$, $v(k_F)$ und $\Lambda(k_F)$ nach den obigen Gleichungen aus ihrer spezifischen elektrischen Leitfähigkeit σ und ihrer Elektronendichte n berechnet worden. Für den Radius k_F der Fermi-Kugel ist hierbei die Beziehung

$$k_F = (3\pi^2 n)^{1/3}$$

aus (3.62) benutzt worden. Die Werte gelten für Zimmertemperatur.

Danach hat bei Zimmertemperatur die Relaxationszeit Werte in der Größenordnung von 10^{-14} s und die mittlere freie Weglänge Werte von einigen hundert Å. Λ ist also auch bei Zimmertemperatur sehr groß im Vergleich zur Gitterkonstanten. Mit sinkender Temperatur nimmt Λ noch zu.

In Abschn. 3.1.2 erhielten wir für die Wärmeleitfähigkeit von Metallen den Ausdruck

$$\lambda = \frac{\pi^2}{3}\frac{nk_B^2 T\tau}{m^*} \quad .$$

Bilden wir den Quotienten aus diesem λ und dem durch (3.114) bestimmten Wert für σ, so erhalten wir unter der Voraussetzung, dass die Relaxationszeiten für elektrische und thermische Prozesse gleich groß sind,

$$\frac{\lambda}{\sigma} = \frac{\pi^2}{3}\left(\frac{k_B}{e}\right)^2 T = LT \quad . \tag{3.119}$$

Dies ist das sog. *Wiedemann*[9]*-Franzsche*[10] *Gesetz.* Die universelle Konstante

$$L = \frac{\pi^2}{3}\left(\frac{k_B}{e}\right)^2 = 2{,}45 \cdot 10^{-8}\,\mathrm{W\,\Omega\,K^{-2}} \tag{3.120}$$

bezeichnet man als *Lorenz-Zahl.* Das Gesetz besagt, dass der Quotient aus thermischer und elektrischer Leitfähigkeit von Metallen direkt proportional zur Temperatur sein soll, wobei die Proportionalitätskonstante vom jeweiligen Metall unabhängig ist. Bei genügend hohen Temperaturen wird das Gesetz durch die Experimente recht gut bestätigt. Ist die Temperatur dagegen wesentlich kleiner als die jeweilige Debye-Temperatur, so ist der experimentelle Wert von L kleiner als der durch (3.120) vorausgesagte theoretische Wert. Der Grund dafür ist, dass bei tiefen Temperaturen die thermischen und elektrischen Relaxationszeiten verschieden sind.

3.3.5 Elektrische Leitung in gekreuzten elektrischen und magnetischen Feldern; Hall-Effekt

In Abschn. 3.3.4 hatten wir gesehen, dass sich in einem genügend schwachen äußeren elektrischen Feld $\vec{\mathcal{E}}$ die Verteilung der Leitungselektronen auf die Quantenzustände durch die linearisierte Boltzmann-Gleichung

$$f(\vec{k}) = f_0(\vec{k}) + \frac{e}{\hbar}\tau(\vec{k})\vec{\mathcal{E}} \cdot \mathrm{grad}_{\vec{k}}\, f_0(\vec{k})$$

---

[9] Gustav Heinrich Wiedemann, *1826 Berlin, †1899 Leipzig.

[10] Johann Carl Rudolph Franz, *1826 Berlin, †1902 Berlin.

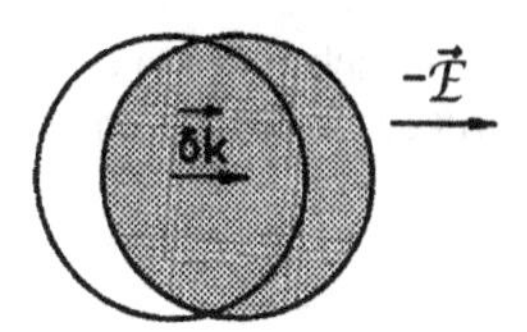

Abb. 3.32 Verschiebung der Fermi-Kugel um den Vektor $\delta\vec{k}$ unter dem Einfluss eines elektrischen Feldes $\vec{\mathcal{E}}$

beschreiben lässt. Die rechte Seite dieser Gleichung entspricht der Entwicklung der Funktion $f_0(\vec{k})$ um einen durch $\vec{k}$ gekennzeichneten Punkt im $\vec{k}$-Raum, bei der nur das in $\vec{\mathcal{E}}$ lineare Glied berücksichtigt wird. In dieser Näherung gilt also

$$f(\vec{k}) = f_0(\vec{k} + \frac{e}{\hbar}\tau\vec{\mathcal{E}}) \ . \tag{3.121}$$

Dürfen wir die Leitungselektronen als freie Elektronen der effektiven Masse m^* betrachten, so lässt sich (3.121) dahingehend interpretieren, dass das elektrische Feld $\vec{\mathcal{E}}$ eine Verschiebung der Fermi-Kugel um den Vektor

$$\delta\vec{k} = -\frac{e}{\hbar}\tau\vec{\mathcal{E}}$$

bewirkt (Abb. 3.32). Nach (3.112) erhalten dadurch alle Leitungselektronen formal die Zusatzgeschwindigkeit

$$\delta\vec{v} = -\frac{e\tau}{m^*}\vec{\mathcal{E}} \ . \tag{3.122}$$

Die Größe $\delta\vec{v}$ bezeichnet man auch als *Driftgeschwindigkeit* der Leitungselektronen. Mit (3.122) erhalten wir aus der Beziehung

$$\vec{j} = -ne\delta\vec{v} \tag{3.123}$$

für die spezifische Leitfähigkeit σ den gleichen Ausdruck wie in (3.114).

Ist neben einem elektrischen auch noch ein magnetisches Feld $\vec{B}$ vorhanden, so tritt an die Stelle von (3.122) die Beziehung

$$\delta\vec{v} = -\frac{e\tau}{m^*}(\vec{\mathcal{E}} + \delta\vec{v} \times \vec{B}) \; . \tag{3.124}$$

Hierbei tritt in der Lorentz-Kraft nur die Zusatzgeschwindigkeit $\delta\vec{v}$ der Elektronen auf; denn für $\vec{\mathcal{E}} = 0$ ist zu jedem Elektron mit der Geschwindigkeit $\vec{v}$ auch ein Elektron mit der Geschwindigkeit $-\vec{v}$ vorhanden (Abb. 3.23), sodass in diesem Fall kein Effekt beobachtet werden kann.

Für $\vec{B}$ in z-Richtung erhalten wir aus (3.124) für die kartesischen Komponenten von $\delta\vec{v}$

$$\begin{aligned}
\delta v_x &= -\frac{e\tau}{m^*}(\mathcal{E}_x + \delta v_y B) \; , \\
\delta v_y &= -\frac{e\tau}{m^*}(\mathcal{E}_y - \delta v_x B) \; , \\
\delta v_z &= -\frac{e\tau}{m^*}\mathcal{E}_z \; .
\end{aligned}$$

Lösen wir diese drei Gleichungen nach δv_x, δv_y und δv_z auf und führen mithilfe der Beziehung in (3.123) die elektrische Stromdichte $\vec{j}$ ein, so bekommen wir

$$\begin{pmatrix} j_x \\ j_y \\ j_z \end{pmatrix} = \frac{\sigma_0}{1 + \frac{e^2\tau^2}{m^{*2}}B^2} \begin{pmatrix} 1 & -\frac{e\tau}{m^*}B & 0 \\ \frac{e\tau}{m^*}B & 1 & 0 \\ 0 & 0 & 1 + \frac{e^2\tau^2}{m^{*2}}B^2 \end{pmatrix} \begin{pmatrix} \mathcal{E}_x \\ \mathcal{E}_y \\ \mathcal{E}_z \end{pmatrix} . \tag{3.125}$$

Hierbei ist

$$\sigma_0 = \frac{ne^2\tau}{m^*} \; .$$

Wir untersuchen nun den speziellen Fall, dass sich ein stabförmiger Kristall mit rechteckigem Querschnitt in einem äußeren elektrischen Feld befindet, das längs des Stabes in Richtung der x-Achse verläuft und die Stärke $\mathcal{E}_x$ hat (Abb. 3.33). Das Magnetfeld $\vec{B}$ weise in Richtung der z-Achse. Ein Ladungsabfluss soll nur in x-Richtung möglich sein; es ist also

$$j_y = 0 \; . \tag{3.126}$$

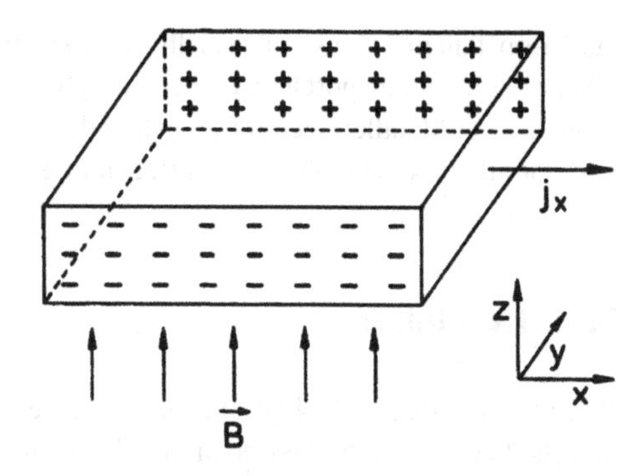

Abb. 3.33 Zur Veranschaulichung des Hall-Effekts

Das bedeutet nach (3.125), dass

$$\frac{e\tau}{m^*} B\mathcal{E}_x + \mathcal{E}_y = 0$$

$$\text{oder} \quad \mathcal{E}_y = -\frac{e\tau}{m^*} B\mathcal{E}_x \ . \tag{3.127}$$

Hiernach baut sich im Kristall ein elektrisches Feld in $(-y)$-Richtung auf. Diese Erscheinung bezeichnet man als *Hall*[11]*-Effekt.* Das elektrische Transversalfeld heißt *Hall-Feld.* Es kommt dadurch zustande, dass unmittelbar nach Einschalten des Feldes $\mathcal{E}_x$ infolge der Ablenkung durch das Magnetfeld Elektronen von der Stabendfläche in y-Richtung abwandern und sich auf der gegenüberliegenden Fläche ansammeln. Das elektrische Feld, das sich dadurch ausbildet, kompensiert gerade die Ablenkung im Magnetfeld B.

Drücken wir in (3.127) mithilfe von (3.125) $\mathcal{E}_x$ durch j_x aus, so erhalten wir

$$\mathcal{E}_y = -\frac{1}{ne} B j_x = R_H B j_x \ . \tag{3.128}$$

Die Größe

$$R_H = -\frac{1}{ne} \tag{3.129}$$

bezeichnet man als *Hall-Konstante* des betreffenden Festkörpers. Aus ihrem experimentell ermittelten Wert lässt sich die Ladungsträgerkonzentration n bestimmen.

Bei unseren Überlegungen haben wir bisher nicht berücksichtigt, dass sich Kristallelektronen im Magnetfeld unter Umständen wie positiv geladene Teilchen verhalten (s. Abschn. 3.3.3. Solche Elektronen liefern einen positiven Beitrag zur

[11] Edwin Herbert Hall, *1855 Great Falls (Maine), †1938 Cambridge (Mass.).

Hall-Konstanten. Man kann deshalb am Vorzeichen der Hall-Konstanten erkennen, ob der Ladungstransport überwiegend durch Elektronen oder Löcher erfolgt. Diese Frage ist bei Metallen, deren Energiebänder überlappen (vgl. Abb. 3.17 und 3.18) und vor allem bei Halbleitern von Bedeutung.

3.4 Halbleiter

Wie wir in Abschn. 3.2.4 gesehen haben, unterscheidet sich ein Halbleiter von einem Isolator dadurch, dass beim Halbleiter der Abstand zwischen Leitungs- und Valenzband so klein ist, dass bereits bei normalen Temperaturen Elektronen in nachweisbarer Zahl aus dem Valenzband ins Leitungsband gelangen. Dadurch wird der Kristall elektrisch leitend. Dabei sieht man zweckmäßig im Leitungsband Elektronen und im Valenzband Löcher als Ladungsträger des elektrischen Stroms an (s. Abschn. 3.3.2). Diese durch Band-Band-Übergänge bedingte elektrische Leitfähigkeit bezeichnet man als *Eigenleitung*. Daneben gibt es die sog. *Störstellenleitung*. Sie tritt auf, wenn geeignete elektrisch aktive Störstellen in einen Halbleiterkristall eingebaut werden. Durch diesen Eingriff, den man als *Dotieren* bezeichnet, lässt sich nicht nur die elektrische Leitfähigkeit um mehrere Größenordnungen heraufsetzen, sondern man kann auch bestimmen, ob der Ladungstransport im Wesentlichen durch Elektronen oder durch Löcher erfolgen soll. Gerade hierauf beruht die große technische Bedeutung der Halbleiter in der Festkörperelektronik.

3.4.1 Eigenleitung

Wir berechnen zunächst die Ladungsträgerkonzentration eines Halbleiters bei Eigenleitung. Gleichzeitig ermitteln wir die Lage des Fermi-Niveaus. Hierbei beziehen wir sowohl die Energie der Elektronen im Leitungsband als auch die der Löcher im Valenzband auf die Oberkante des Valenzbands. Außerdem nehmen wir an, dass wir den Elektronen im Leitungsband die einheitliche effektive Masse m_e^* und den Löchern im Valenzband die einheitliche effektive Masse m_p^* zuordnen dürfen. Wir erhalten dann für die Dichte der Elektronenzustände im Leitungsband einen Ausdruck, wie er für freie Elektronen gilt, nämlich nach (B.21)

$$Z_e(E) = \frac{V}{2\pi^2} \left(\frac{2m_e^*}{\hbar^2} \right)^{3/2} \sqrt{E - E_g} \ . \tag{3.130}$$

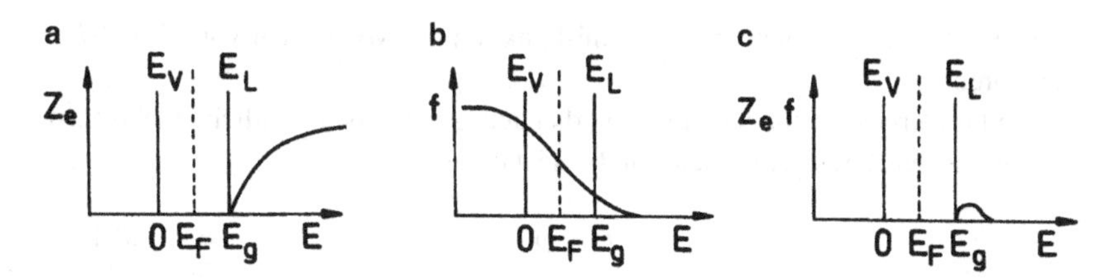

Abb. 3.34 **a** Dichte Z_e der Elektronenzustände im Leitungsband, **b** Fermi-Funktion f und **c** Verteilungsfunktion $Z_e f$ der Leitungselektronen für einen Halbleiter bei Eigenleitung. E_g Bandlücke zwischen Leitungs- und Valenzband, E_F Fermi-Niveau, E_V Energie der Oberkante des Valenzbandes, E_L Energie der Unterkante des Leitungsbandes

Dabei ist E_g die Bandlücke zwischen Leitungs- und Valenzband (Abb. 3.34) und V das Kristallvolumen. Für die Dichte der Lochzustände im Valenzband bekommen wir entsprechend

$$Z_p(E) = \frac{V}{2\pi^2}\left(\frac{2m_p^*}{\hbar^2}\right)^{3/2}\sqrt{-E} \ . \tag{3.131}$$

In (3.131) ist berücksichtigt, dass man bei der Beschreibung des Besetzungszustandes eines Bandes mit Löchern nach (3.79) das Vorzeichen der Energie umkehren muss.

Die Anzahl n der Elektronen im Leitungsband pro Volumen erhalten wir jetzt, indem wir die auf das Einheitsvolumen bezogene Zustandsdichte aus (3.130) mit der Fermi-Funktion multiplizieren und über das Leitungsband integrieren. Dabei dürfen wir die obere Integrationsgrenze in guter Näherung durch Unendlich ersetzen, da die Fermi-Funktion mit zunehmender Energie stark abfällt und deshalb nur die niedrigsten Energiewerte einen wesentlichen Beitrag zum Integral liefern. Es gilt also

$$n = \frac{1}{2\pi^2}\left(\frac{2m_e^*}{\hbar^2}\right)^{3/2}\int_{E_g}^{\infty}\sqrt{E-E_g}\,\frac{1}{e^{(E-E_F)/k_BT}+1}dE \ . \tag{3.132}$$

Analog erhalten wir für die Dichte p der Löcher im Valenzband

$$p = \frac{1}{2\pi^2}\left(\frac{2m_p^*}{\hbar^2}\right)^{3/2}\int_{-\infty}^{0}\sqrt{-E}\,\frac{1}{e^{(E_F-E)/k_BT}+1}dE \ . \tag{3.133}$$

Hierbei mussten wir auch in der Fermi-Funktion die Vorzeichen von E und E_F umkehren.

Sind Im Kristall keine Störstellen vorhanden, so stammen sämtliche Elektronen im Leitungsband aus dem Valenzband. Es ist dann also

$$n = p \ . \tag{3.134}$$

Diese Beziehung kann dazu benutzt werden, die Lage des Fermi-Niveaus zu ermitteln. Für den Fall, dass $m_e^* = m_p^*$ ist, ergibt eine einfache Rechnung, dass das Fermi-Niveau genau in der Mitte der Energielücke zwischen Valenz- und Leitungsband liegt. Daraus folgt aber wieder, dass $|E - E_F|$ bei den üblichen Kristalltemperaturen viel größer als $k_B T$ ist; denn E_g liegt in der Größenordnung von 1 eV, während $k_B T$ bei Zimmertemperatur nur 0,025 eV beträgt. Wir dürfen deshalb in der Fermi-Funktion in (3.132) und (3.133) die Zahl eins im Nenner weglassen und erhalten

$$\begin{aligned} n &= \frac{1}{2\pi^2}\left(\frac{2m_e^*}{\hbar^2}\right)^{3/2} \int\limits_{E_g}^{\infty} \sqrt{E - E_g} e^{-(E-E_F)/k_B T} dE \\ &= \frac{1}{2\pi^2}\left(\frac{2m_e^*}{\hbar^2}\right)^{3/2} (k_B T)^{3/2} e^{-(E_g-E_F)/k_B T} \int\limits_0^{\infty} \sqrt{x} e^{-x} dx \\ &= \frac{1}{2\pi^2}\left(\frac{2m_e^* k_B T}{\hbar^2}\right)^{3/2} \frac{\sqrt{\pi}}{2} e^{-(E_g-E_F)/k_B T} \\ &= 2\left(\frac{m_e^* k_B T}{2\pi\hbar^2}\right)^{3/2} e^{-(E_g-E_F)/k_B T} \end{aligned} \tag{3.135}$$

und

$$\begin{aligned} p &= \frac{1}{2\pi^2}\left(\frac{2m_p^*}{\hbar^2}\right)^{3/2} \int\limits_{-\infty}^{0} \sqrt{-E}\, e^{-(E_F-E)/k_B T} dE \\ &= 2\left(\frac{m_p^* k_B T}{2\pi\hbar^2}\right)^{3/2} e^{-E_F/k_B T} \ . \end{aligned} \tag{3.136}$$

Mit (3.134) ergibt sich nun für die Lage des Fermi-Niveaus bei einem beliebigen Verhältnis zwischen m_e^* und m_p^* aus (3.135) und (3.136)

$$E_F = \frac{1}{2}E_g + \frac{3}{4}k_B T \ln \frac{m_p^*}{m_e^*} \ . \tag{3.137}$$

Je nachdem, ob m_p^* größer oder kleiner als m_e^* ist, ist das Fermi-Niveau aus der Mittellage zwischen Valenz- und Leitungsband zu höheren bzw. niedrigeren Energien hin verschoben. Diese Verschiebung nimmt mit steigender Temperatur zu.

Mithilfe von (3.137) können wir E_F aus (3.135) und (3.136) eliminieren. Wir erreichen dies aber auch, wenn wir n und p aus (3.135) und (3.136) miteinander multiplizieren. Wir erhalten dann

$$np = 4\left(\frac{k_B T}{2\pi\hbar^2}\right)^3 (m_e^* m_p^*)^{3/2} e^{-E_g/k_B T} \quad . \tag{3.138}$$

Dieses Ergebnis entspricht dem Massenwirkungsgesetz der chemischen Reaktionskinetik. Bei seiner Herleitung wurde die Beziehung $n = p$ aus (3.134) nicht verwendet. Es gilt also auch für die Störstellenleitung, mit der wir uns weiter unten beschäftigen werden. Zunächst benutzen wir jedoch (3.138) dazu, die Ladungsträgerkonzentrationen n und p bei Eigenleitung zu berechnen. Hier ist

$$n = p = \sqrt{np}$$

und deshalb

$$n = p = 2\left(\frac{k_B T}{2\pi\hbar^2}\right)^{3/2} (m_e^* m_p^*)^{3/4} e^{-E_g/2k_B T} \quad . \tag{3.139}$$

Die Ladungsträgerkonzentration hängt also exponentiell von $E_g/2k_B T$ ab. Sie ist um so größer, je höher die Temperatur und je kleiner die Bandlücke ist. Die Temperaturabhängigkeit der Ladungsträgerkonzentration bestimmt auch ausschlaggebend die Temperaturabhängigkeit der elektrischen Leitfähigkeit eines Halbleiters. Für sie gilt (vgl. (3.114))

$$\sigma = \frac{ne^2\tau_e}{m_e^*} + \frac{pe^2\tau_p}{m_p^*} \quad . \tag{3.140}$$

Zwar nehmen die Relaxationszeiten τ_e und τ_p mit steigender Temperatur ab (s. Abschn. 3.3.4), dies hat aber gegenüber dem exponentiellen Anstieg der Ladungsträgerkonzentration nur untergeordnete Bedeutung.

Die bekanntesten Halbleiter sind Silizium und Germanium. Bei Silizium beträgt die Bandlücke 1,12 eV und bei Germanium 0,67 eV. Diese Werte gelten für eine Temperatur von 300 K. Eine solche Angabe ist erforderlich, da wegen der Temperaturabhängigkeit der Gitterkonstanten auch die Bandlücke eine gewisse Temperaturabhängigkeit aufweist. Die Ladungsträgerkonzentration beträgt bei 300 K in

Silizium $1{,}5 \cdot 10^{10}\,\mathrm{cm}^{-3}$ und in Germanium $2{,}4 \cdot 10^{13}\,\mathrm{cm}^{-3}$. Dies sind sehr kleine Werte verglichen mit der Ladungsträgerkonzentration in Metallen von etwa 10^{22} bis $10^{23}\,\mathrm{cm}^{-3}$.

Die vierwertigen Elemente Silizium und Germanium haben beide eine Diamantstruktur (Abb. 1.7). Diamant selbst ist ein Isolator, da bei ihm die Energielücke zwischen Valenz- und Leitungsband den relativ großen Betrag von 5,4 eV hat. Andere Halbleiter liegen in Form einer Verbindung vor. Ihre Kristalle haben gewöhnlich Zinkblendestruktur. Wie bei Diamantstruktur sitzen auch hier die einzelnen Gitteratome jeweils im Mittelpunkt eines Tetraeders, der von den vier nächsten Nachbarn gebildet wird. Die Zinkblendestruktur unterscheidet sich von der Diamantstruktur nur dadurch, dass bei ihr die Basis zwei verschiedenartige Atome enthält. Von diesen kann z. B. eines zu einem Element der III. Gruppe und das andere zu einem Element der V. Gruppe des periodischen Systems gehören. Man spricht in diesem Fall von III-V-Halbleitern. Hierunter fallen die Verbindungen InSb, InAs, InP, GaSb, GaAs, GaP und AlSb. Bei ihnen hat jedes Atom im Mittel vier Valenzelektronen. Allerdings liegt bei diesen Halbleitern keine reine kovalente Bindung wie bei Silizium und Germanium vor, sondern es ist gleichzeitig eine Ionenbindung vorhanden. Ähnliches gilt für die sog. II-VI-Halbleiter, zu denen z. B. CdTe, CdSe, CdS und ZnS gehören.

3.4.2 Störstellenleitung

Ist in einem Silizium- oder Germaniumkristall ein Gitteratom durch ein Fremdatom eines Elements aus der V. Gruppe des periodischen Systems wie Phosphor, Arsen oder Antimon ersetzt, so werden von den fünf Valenzelektronen des Fremdatoms nur vier für die kovalente Bindung im Wirtsgitter gebraucht. Das fünfte Elektron, das keinen Bindungspartner hat, kann mit sehr kleinem Energieaufwand vom Atomrumpf abgetrennt werden und steht dann im Leitungsband für den Ladungstransport zur Verfügung. Fremdatome, die leicht Elektronen abgeben, bezeichnet man als *Donatoren*.

In Abb. 3.35a ist schematisch dargestellt, wie man sich vorzustellen hat, was der Einbau z. B. eines As-Atoms in ein Si-Gitter bewirkt. Das überschüssige Elektron des As-Atoms bewegt sich im Coulomb-Feld des einfach positiv geladenen Rumpfes des As-Atoms wie das Leuchtelektron eines Wasserstoffatoms im Felde seines Atomkerns, wobei allerdings beim Donatoratom die Coulomb-Wechselwirkung durch den Si-Kristall als Dielektrikum stark abgeschwächt wird. Anhand dieses Modells können wir die Ionisierungsenergie E_d des Donators abschätzen. Wir ersetzen hierzu in der bekannten Beziehung für die Energieterme eines H-Atoms die

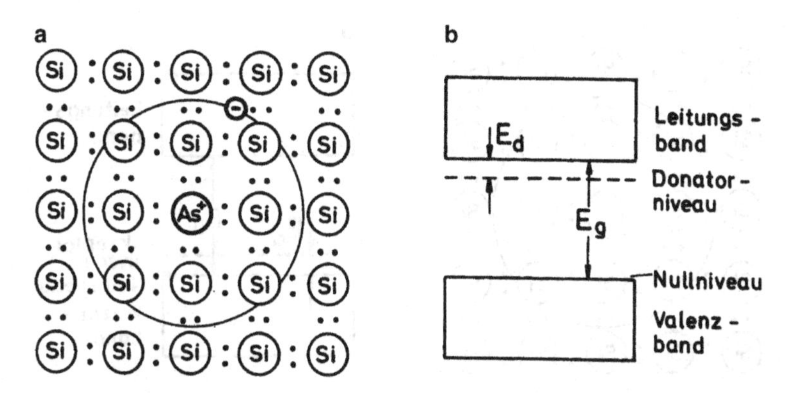

Abb. 3.35 **a** Schematische Darstellung der Wirkung eines As-Atoms als Donator in einem Si-Kristall. Der „Bohrsche Radius" der Elektronenbahn ist nicht maßstabsgetreu; er ist in Wirklichkeit mehr als zehnmal so groß wie der gegenseitige Abstand der Si-Atome. **b** Energetische Lage des Grundzustands eines Donators. E_d ist seine Ionisierungsenergie

Masse m_e des freien Elektrons durch die effektive Masse m_e^* eines Leitungselektrons in Si und berücksichtigen außerdem die Dielektrizitätskonstante ϵ des Si. Wir erhalten dann für die Energieterme des Donatoratoms

$$E_n = \frac{m_e^* e^4}{2(4\pi\epsilon_0\epsilon)^2\hbar^2}\frac{1}{n^2} \; . \tag{3.141}$$

n ist hier die Hauptquantenzahl, $n = 1, 2, 3 \ldots$. Für $n = 1$ entspricht (3.141) der Ionisierungsenergie E_d des Donators. Die Ionisierungsenergie des H-Atoms beträgt 13,6 eV. Beachten wir nun, dass bei Si m_e^* ungefähr $0{,}3 m_e$ ist und ϵ den Wert 11,7 hat, so finden wir $E_d \approx 30\,\text{meV}$.

In Abb. 3.35b ist der Grundzustand ($n = 1$) eines Donators in ein Bänderschema eingezeichnet. Zwischen dem Grundzustand und der unteren Kante des Leitungsbandes liegen mit $n > 1$ die angeregten Zustände des Donators. Sie gehen, mit zunehmender Hauptquantenzahl immer dichter aufeinander folgend in das Kontinuum des Leitungsbandes über. Im Folgenden ordnen wir sämtliche angeregten Zustände dem Leitungsband zu.

Mit dem eben skizzierten Modell eines Donators kann man auch seinen Bohrschen Radius berechnen. In Analogie zum H-Atom erhalten wir

$$r_d = \frac{4\pi\epsilon_0\epsilon\hbar^2}{m_e^* e^2} \; . \tag{3.142}$$

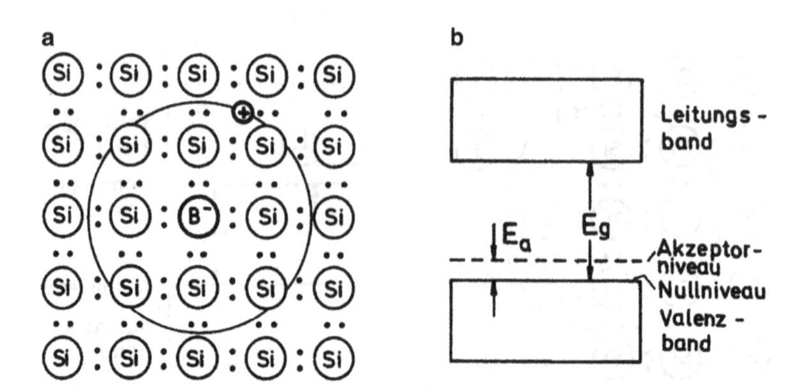

Abb. 3.36 **a** Schematische Darstellung der Wirkung eines B-Atoms als Akzeptor in einem Si-Kristall. **b** Lage des Grundzustands eines Akzeptors. E_a ist seine Ionisierungsenergie

Er ist um den Faktor $\epsilon m_e/m_e^*$ größer als der Bohrsche Radius des H-Atoms von 0,53 Å und beträgt bei Si etwa 30 Å. Er ist also wesentlich größer als der interatomare Abstand von 2,35 Å in Si. Dies rechtfertigt nachträglich die Verwendung der Dielektrizitätskonstanten des Si im Ausdruck für die Terme des Donators in (3.141).

Ganz anders sind die Verhältnisse beim substitutionellen Einbau eines Fremdatoms der III. Gruppe (B, Al, Ga, In) in einen Si- oder Ge- Kristall. Diese Atome haben nur drei Valenzelektronen, und bei der Bindung im vierwertigen Wirtsgitter entsteht eine Bindungslücke, die sich sehr leicht als Loch vom Fremdatom trennen lässt. Dies geschieht durch Aufnahme eines Elektrons aus dem Valenzband. Fremdatome, die leicht Elektronen aufnehmen, bezeichnet man als *Akzeptoren.*

Auch zur Beschreibung eines Akzeptors lässt sich das Wasserstoffatommodell mit Erfolg benützen. Dies ist in Abb. 3.36a für einen mit Bor dotierten Si-Kristall schematisch dargestellt. Ein positiv geladenes Loch umkreist hier ein negativ geladenes B-Atom als Akzeptor. Eine Ionisierung des Akzeptors ist gleichbedeutend mit der Freisetzung des Lochs. Hierzu muss ein Elektron aus dem Valenzband in ein sog. *Akzeptorniveau* gehoben werden. Dies liegt im Bandschema oberhalb des Valenzbands, wobei sein Abstand von der Oberkante des Bandes gleich der Ionisierungsenergie E_a des Akzeptors ist (Abb. 3.36b). Zur Berechnung von E_a lässt sich wieder (3.141) benutzen, wenn in ihr die effektive Masse m_e^* eines Elektrons durch die effektive Masse m_p^* eines Lochs ersetzt wird. E_a liegt in der gleichen Größenordnung wie E_d.

Enthält ein Halbleiter gleichzeitig Donatoren und Akzeptoren, so kann das freigesetzte Elektron eines Donators zu einem Akzeptor wandern und dort die Bindungslücke ausfüllen. Auf diese Weise heben sich die Wirkungen des Donators und Akzeptors gegenseitig auf. Hieraus folgt, dass nur dann Störstellenleitung beobachtet werden kann, wenn ungleich viele Donatoren und Akzeptoren im Kristall vorhanden sind. Überwiegt die Anzahl der Donatoren, so erfolgt die Störstellenleitung durch Elektronen. Man spricht in diesem Fall von einem n-*Halbleiter*. Sind dagegen Akzeptoren im Überfluss vorhanden, so erfolgt die Störstellenleitung durch Löcher. Derartiges Material bezeichnet man als p-*Halbleiter*. Quantitativ werden die Zusammenhänge durch (3.138) beschrieben. Danach ist bei vorgegebener Temperatur das Produkt np konstant. Erhöht man also in einem Halbleiter z. B. die Anzahl der Donatoren und damit auch die Elektronenkonzentration n, so nimmt gleichzeitig die Löcherkonzentration p ab. Die Summe $n + p$ wird dadurch größer, was wiederum eine Zunahme der elektrischen Leitfähigkeit bedeutet. Auf diese Weise ist es möglich, die Leitfähigkeit eines Halbleiters in weiten Grenzen zu verändern.

Zur Ermittlung der Ladungsträgerkonzentration bei der Störstellenleitung können wir auf (3.135) und (3.136) zurückgreifen, da sie gleichermaßen für Eigen- und Störstellenleitung gültig sind. Bei ihrer Ableitung wurde lediglich vorausgesetzt, dass der Abstand des Fermi-Niveaus vom Valenzband und vom Leitungsband groß gegenüber $k_B T$ sein soll. Für die weitere Auswertung der Gleichungen müssen wir eine geeignete Beziehung für die Ladungsbilanz bei der Störstellenleitung aufstellen, die anstelle von (3.134) tritt; denn bei der Störstellenleitung stammen die Elektronen im Leitungsband nur zum Teil aus dem Valenzband. Der im Allgemeinen größere Teil ist durch Ionisierung der Donatoren dorthin gelangt. Entsprechendes gilt für die Löcher im Valenzband.

Die Teilchenzahldichte n_D der Donatoren im Kristall lässt sich in die Anteile n_D^0 und n_D^+ zerlegen, wenn n_D^0 die Dichte der neutralen Donatoren und n_D^+ die Dichte der positiv geladenen Donatoren, die ein Elektron an das Leitungsband abgegeben haben, angibt. Es ist also

$$n_D = n_D^0 + n_D^+ \ . \tag{3.143}$$

Analog gilt für die Dichte n_A der Akzeptoren

$$n_A = n_A^0 + n_A^- \ . \tag{3.144}$$

Da insgesamt Ladungsneutralität vorliegen muss, gilt die Bilanzgleichung

$$n + n_A^- = p + n_D^+ \ . \tag{3.145}$$

Um diese Beziehung zur Bestimmung der Lage des Fermi-Niveaus auszunutzen, müssen wir uns noch einen Ausdruck für die Größen n_D^+ und n_A^- verschaffen. Die

Energie des Donatorniveaus beträgt bei der hier gewählten Lage des Energienullpunktes $E_g - E_d$ (Abb. 3.35b). Für die Konzentration der Überschusselektronen in diesem Niveau, die gerade gleich n_D^0 ist, erhalten wir dann

$$n_D^0 = n_D \frac{1}{e^{(E_g - E_d - E_F)/k_B T} + 1} \quad . \tag{3.146}$$

Da wir nicht voraussetzen, dass der Abstand des Donatorniveaus vom Fermi-Niveau groß gegen $k_B T$ ist, müssen wir in (3.146) den vollständigen Ausdruck für die Fermi-Funktion benutzen und dürfen sie nicht wie in (3.135) durch die Boltzmann-Verteilung annähern.

Die Konzentration der von den Donatoren an das Leitungsband abgegebenen Elektronen, die gleich der gesuchten Größe n_D^+ ist, beträgt jetzt nach (3.143)

$$n_D^+ = n_D - n_D^0 = n_D \frac{1}{e^{-(E_g - E_d - E_F)/k_B T} + 1} \quad . \tag{3.147}$$

Durch analoge Überlegungen über die Besetzung der Akzeptorniveaus mit Löchern und Anwendung von (3.144) erhalten wir

$$n_A^- = n_A - n_A^0 = n_A \frac{1}{e^{-(E_F - E_a)/k_B T} + 1} \quad . \tag{3.148}$$

Durch Einsetzen der Ausdrücke für n, p, n_D^+ und n_A^- aus (3.135), (3.136), (3.147) und (3.148) in (3.145) erhalten wir eine Bestimmungsgleichung für E_F. Sie lässt sich allerdings bei gleichzeitiger Berücksichtigung von Donatoren und Akzeptoren nicht geschlossen auswerten. Wir beschränken uns deshalb hier auf die Behandlung eines n-Leiters, der nur Donatoren als Störstellen enthält. Außerdem soll die Temperatur so niedrig sein, dass wir die Zahl der Elektronen, die durch Anregung aus dem Valenzband ins Leitungsband gelangen, gegenüber den durch die Ionisierung der Donatoren erzeugten Leitungselektronen vernachlässigen können. In (3.145) sollen also n_A^- und p gleich Null sein. Diese Gleichung reduziert sich also auf

$$n = n_D^+ \quad . \tag{3.149}$$

Mit (3.135) und (3.147) wird hieraus

$$n_0(T) e^{-(E_g - E_F)/k_B T} = n_D \frac{1}{e^{-(E_g - E_d - E_F)/k_B T} + 1} \quad . \tag{3.150}$$

Hierbei haben wir zur Abkürzung die von der Temperatur abhängige Größe

$$n_0(T) = 2\left(\frac{m_e^* k_B T}{2\pi\hbar^2}\right)^{3/2} \tag{3.151}$$

eingeführt. Auflösung von (3.150) nach E_F ergibt

$$E_F = E_g - E_d + k_B T \ln\left\{\frac{1}{2}\left(\sqrt{1 + 4\frac{n_D}{n_0(T)} e^{E_d/k_B T}} - 1\right)\right\} \quad . \tag{3.152}$$

Setzen wir diesen Wert von E_F in (3.147) ein und benutzen die Beziehung aus (3.149), so erhalten wir für die Ladungsträgerkonzentration im Leitungsband

$$n = \frac{2n_D}{1 + \sqrt{1 + 4\frac{n_D}{n_0(T)} e^{E_d/k_B T}}} \quad . \tag{3.153}$$

Bei genügend tiefen Temperaturen ist

$$4\frac{n_D}{n_0(T)} e^{E_d/k_B T} \gg 1 \ .$$

In diesem Fall ergibt sich aus (3.153) bei Berücksichtigung von (3.151)

$$n \approx \sqrt{2n_D \left(\frac{m_e^* k_B T}{2\pi\hbar^2}\right)^{3/2}} \, e^{-E_d/2k_B T} \quad . \tag{3.154}$$

Bei tiefen Temperaturen, bei denen nur relativ wenige Donatoren ionisiert sind, hängt n ähnlich wie bei der Eigenleitung exponentiell von der Temperatur ab. Allerdings erscheint bei der Störstellenleitung im Exponenten die im Vergleich zur Bandlücke E_g wesentlich kleinere Ionisierungsenergie E_d der Donatoren. Für die Lage des Fermi-Niveaus erhalten wir aus (3.152) für tiefe Temperaturen

$$E_F = E_g - \frac{1}{2}E_d + \frac{1}{2}k_B T \ln\frac{n_D}{n_0(T)} \quad . \tag{3.155}$$

Bei $T = 0$ liegt das Fermi-Niveau genau in der Mitte zwischen dem Donatorniveau und dem Leitungsband. Es verschiebt sich mit steigender Temperatur zunächst, solange n_D noch größer als $n_0(T)$ ist, zu höheren Energien, um dann wieder abzusinken. E_F durchläuft also ein Maximum. Dies ist bei einer kleinen Donatorkonzentration n_D allerdings kaum bemerkbar.

Bei höheren Temperaturen, wenn

$$4\frac{n_D}{n_0(T)}e^{E_d/k_BT} \ll 1$$

ist, aber erst sehr wenige Elektronen durch Anregung aus dem Valenzband ins Leitungsband gelangen wird nach (3.153)

$$n \approx n_D \ , \tag{3.156}$$

d. h. alle Donatoren sind jetzt ionisiert.

Steigt die Temperatur noch weiter, so spielt die Anregung von Elektronen aus dem Valenzband eine immer stärkere Rolle, bis schließlich die gleichen Verhältnisse wie bei eigenleitendem Material vorliegen.

Die hier besprochenen Gesetzmäßigkeiten sind in Abb. 3.37 schematisch dargestellt. Hier ist die Elektronendichte im Leitungsband und die Lage des Fermi-Niveaus in Abhängigkeit von $1/T$ aufgetragen.

Ein entsprechendes Ergebnis erhält man, wenn bei tiefen Temperaturen reine p-Leitung vorliegt. Es sei noch erwähnt, dass in einem halbleitenden Einkristall, selbst bei Verwendung von sehr reinem Material, stets elektrisch aktive Störstellen vorhanden sind. Die niedrigste Verunreinigungskonzentration, die man hier heute erreichen kann, liegt in der Größenordnung von $10^{10}\ \text{cm}^{-3}$. Das bedeutet, dass im Allgemeinen auch bei hochwertigen Halbleiterkristallen die Störstellenleitung bei Zimmertemperatur größer als die Eigenleitung ist.

3.4.3 *p*-*n*-Übergang

Bisher haben wir uns nur mit homogenen Halbleitern beschäftigt. Für Anwendungen in der Elektronik sind aber besonders solche Halbleiter interessant, bei denen die Konzentration der Donator- und Akzeptorstörstellen vom Ort abhängt. Ein derartiger *inhomogener* Halbleiter liegt z. B. vor, wenn in einem stabförmigen Kristall ein p-leitender und ein n-leitender Bereich aneinandergrenzen (Abb. 3.38a). In der Grenzschicht tritt in diesem Fall eine Verarmung an Ladungsträgern auf. Sie kommt dadurch zustande, dass ein Teil der im n-Bereich überwiegend vorhandenen Elektronen und der im p-Bereich überwiegend vorhandenen Löcher jeweils in das Gebiet mit der anderen Leitfähigkeit diffundiert und Elektronen und Löcher dort teilweise rekombinieren (Abb. 3.38b). Durch das Abwandern von Elektronen aus der n-Zone der Grenzschicht entsteht an dieser Stelle eine positive Raumladung; entsprechend bildet sich in der p-Zone der Grenzschicht eine negative

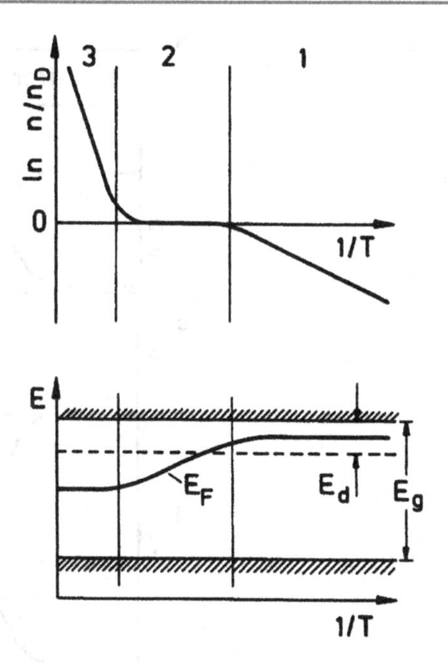

Abb. 3.37 Elektronendichte n im Leitungsband und Lage von E_F in Abhängigkeit von $1/T$ für einen n-Halbleiter ohne Akzeptoren. n_D Donatorkonzentration, E_g Energielücke zwischen Leitungs- und Valenzband, E_d Ionisierungsenergie der Donatoren. Im Bereich 1 bei tiefen Temperaturen liegt reine Störstellenleitung vor. Im Bereich 2 sind alle Donatoren ionisiert, d. h. die Elektronendichte im Leitungsband ist gleich der Donatorkonzentration. Im Bereich 3 tritt mit steigender Temperatur die Eigenleitung gegenüber der Störstellenleitung immer mehr in den Vordergrund

Raumladung aus (Abb. 3.38c). So wird in der Grenzschicht ein elektrisches Feld erzeugt, das dem vom Konzentrationsgefälle der Elektronen bzw. Löcher getriebenen Diffusionsstrom entgegenwirkt. Die resultierende elektrische Spannung zwischen n- und p-Bereich bezeichnet man als *Diffusionsspannung* V_D (Abb. 3.38d).

Das Bänderschema eines *p-n-Übergangs* erhält man durch folgende Überlegung: Wir stellen uns vor, dass der p- und n-Bereich zunächst nicht miteinander verbunden sind. Dann liegen die Fermi-Niveaus in den Kristallhälften auf unterschiedlicher Höhe (Abb. 3.39a). Bringen wir nun die beiden Kristallhälften miteinander in Kontakt, so muss sich ein gemeinsames Fermi-Niveau ausbilden. Dies wird durch den oben beschriebenen Diffusionsvorgang bewirkt, der zu einer Erhöhung der potenziellen Elektronenenergie im p-Bereich gegenüber

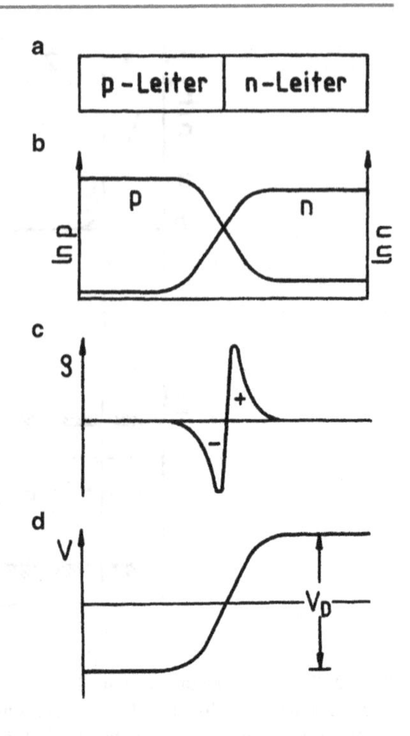

Abb. 3.38 Elektronendichte n und Lochdichte p, elektrische Raumladungsdichte ρ sowie elektrostatisches Potenzial V in der Grenzschicht zwischen einem p- und n-Leiter

der im n-Bereich um den Betrag eV_D führt. Auf diese Weise kommt es zu der in Abb. 3.39b dargestellten Bandverbiegung.

Bisher haben wir nicht berücksichtigt, dass im p-Bereich außer Löchern auch Leitungselektronen allerdings nur in relativ kleiner Zahl vorhanden sind. Gelangen solche Elektronen in die Grenzschicht, so werden sie durch das elektrische Feld in dieser Schicht in den n-Bereich transportiert, während im p-Bereich ständig Elektronen durch thermische Anregung aus dem Valenzband nachgeliefert werden. Man bezeichnet deshalb den Strom, der sich auf diese Weise ausbildet, als *Generationsstrom* $I_{e,G}$ der Leitungselektronen. Durch den Generationsstrom wird aber das Ladungsgleichgewicht gestört. Ein Ausgleich wird dadurch erreicht, dass Leitungselektronen des n-Bereichs, deren Energie ausreicht, die Potenzialschwelle eV_D zu überwinden, in den p-Bereich gelangen. Hier werden die Elektronen jedoch sehr schnell mit den im p-Bereich in großer Zahl vorhandenen Löchern rekombinieren. Man nennt diesen Strom deshalb *Rekombinationsstrom* $I_{e,R}$ der Leitungselektronen. Im thermodynamischen Gleichgewicht ist

$$I_{e,R}(0) + I_{e,G}(0) = 0 \ . \tag{3.157}$$

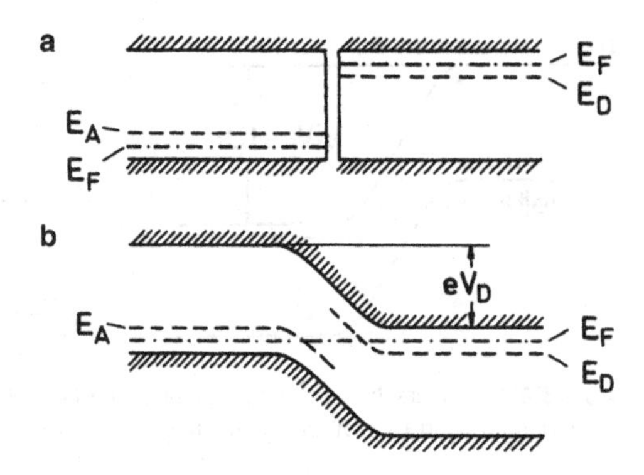

Abb. 3.39 Bänderschema eines p-n-Übergangs, siehe Text. E_F Fermi-Niveau, E_A Akzeptorniveau, E_D Donatorniveau, V_D Diffusionsspannung

Eine entsprechende Beziehung lässt sich auch für den Rekombinationsstrom $I_{p,R}$ und den Generationsstrom $I_{p,G}$ der Löcher aufstellen. Es gilt also hier

$$I_{p,R}(0) + I_{p,G}(0) = 0 \ . \tag{3.158}$$

Durch das Argument (0) in (3.157) und (3.158) soll hervorgehoben werden, dass diese Gleichungen nur gelten, wenn keine äußere Spannung anliegt.

Generations- und Rekombinationsstrom erhalten besondere Bedeutung, sobald man eine äußere Spannung U an den Kristall legt. Dabei fällt nahezu der gesamte Betrag von U über der Grenzschicht zwischen p- und n-Bereich ab; denn dort ist wegen der starken Verarmung an Ladungsträgern die Leitfähigkeit wesentlich kleiner als in den anderen Bereichen des Kristalls. Im Folgenden soll die Spannung U am Kristall als positiv gelten, wenn die positive Seite der Spannungsquelle mit dem p-Bereich verbunden ist.

Wir betrachten zunächst den Fall, dass $U < 0$ ist. Dann ist die Potenzialschwelle, die die Elektronen aus dem n-Bereich überwinden müssen, um in den p-Bereich zu gelangen, um den Betrag von U heraufgesetzt (Abb. 3.40a). Der Rekombinationsstrom der Elektronen ist proportional zum Boltzmann-Faktor $e^{-e(V_D+|U|)/k_BT}$. Es ist also

$$I_{e,R}(U) = \text{const} \cdot e^{-eV_D/k_BT} e^{-e|U|/k_BT} \ .$$

Führen wir in diesen Ausdruck den Rekombinationsstrom $I_{e,R}(0) = \text{const} \cdot e^{-eV_D/k_BT}$ für $U = 0$ ein, so bekommen wir

$$I_{e,R}(U) = I_{e,R}(0) e^{-e|U|/k_BT} \ . \tag{3.159}$$

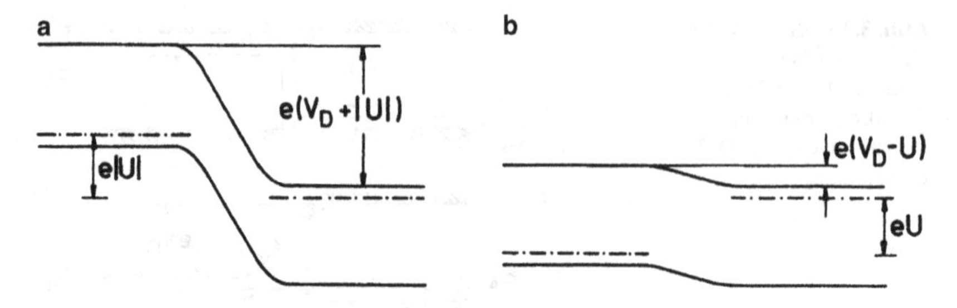

Abb. 3.40 Bänderschema eines p-n-Übergangs bei von außen angelegter Spannung U **a** in Sperrrichtung und **b** in Durchlassrichtung

Der Generationsstrom $I_{e,G}$ der Elektronen wird durch die äußere Spannung praktisch nicht beeinflusst. Demnach gilt

$$I_{e,G}(U) = I_{e,G}(0) = I_{e,G} \ . \tag{3.160}$$

Der resultierende Elektronenstrom beträgt

$$I_e = I_{e,R}(U) + I_{e,G}(U) = I_{e,R}(0)e^{-e|U|/k_BT} + I_{e,G} \ .$$

Unter Berücksichtigung von (3.157) und (3.160) wird hieraus

$$I_e = I_{e,G}(1 - e^{-e|U|/k_BT}) \ . \tag{3.161}$$

Für $U < 0$ ist also $I_{e,G}$ der größtmögliche Elektronenstrom durch einen p-n-Übergang.

Ist $U > 0$, so ist die Potenzialschwelle, die den p-Bereich vom n-Bereich trennt, um U herabgesetzt, siehe Abb. 3.40b. Es können deshalb mehr Elektronen aus dem n-Bereich in den p-Bereich gelangen als für $U = 0$. In diesem Fall gilt

$$\begin{aligned} I_e &= I_{e,R}(U) + I_{e,G}(U) = I_{e,R}(0)e^{eU/k_BT} + I_{e,G} \\ &= -I_{e,G}(e^{eU/k_BT} - 1) \ . \end{aligned} \tag{3.162}$$

Für $U > 0$ nimmt also der Elektronenstrom exponentiell mit der angelegten Spannung zu.

In der gleichen Weise wie der Elektronenstrom wird auch der Löcherstrom durch eine äußere Spannung beeinflusst. Wir erhalten also insgesamt für den Strom

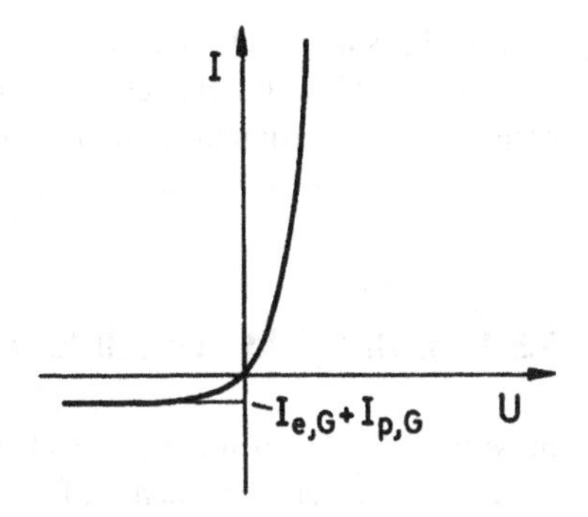

Abb. 3.41 Strom-Spannung-Kennlinie eines p-n-Übergangs. $I_{e,G}$ und $I_{p,G}$ Generationsstrom von Elektronen und Löchern

durch einen p-n-Übergang

$$I = (I_{e,G} + I_{p,G})(1 - e^{-e|U|/k_BT}) \quad \text{für} \quad U < 0 \tag{3.163}$$

und

$$I = -(I_{e,G} + I_{p,G})(e^{eU/k_BT} - 1) \quad \text{für} \quad U > 0\ . \tag{3.164}$$

In Abb. 3.41 ist die Strom-Spannung-Kennlinie eines p-n-Übergangs nach (3.163) und (3.164) dargestellt. Der sog. *Durchlassstrom* für $U > 0$ kann um mehrere Größenordnungen höher sein als der sog. *Sperrstrom* für $U < 0$. Dieser Effekt wird z. B. zur Gleichrichtung von Wechselströmen benutzt.

3.5 Experimentelle Methoden zur Bestimmung der charakteristischen Eigenschaften eines Halbleiters

Das elektrische Verhalten eines Halbleiters wird bei Eigenleitung nach (3.139) und (3.140) durch die Breite E_g der Energielücke zwischen Leitungs- und Valenzband, durch die effektiven Massen von Elektronen und Löchern m_e^* und m_p^* sowie durch ihre Relaxationszeiten τ_e und τ_p bestimmt. Bei Störstellenleitung kommt noch die Abhängigkeit von den Ionisierungsenergien E_d und E_a der Donatoren und Akzeptoren sowie ihren Dichten n_D und n_A hinzu.

An Stelle der Relaxationszeiten betrachten wir im Folgenden die Beweglichkeiten b_e und b_p der Elektronen bzw. Löcher als charakteristische Größen eines Halbleiters.

Mit diesen Größen lautet (3.140)

$$\sigma = neb_e + peb_p\ , \tag{3.165}$$

$$\text{wobei} \quad b_e = \frac{e\tau_e}{m_e^*} \quad \text{und} \quad b_p = \frac{e\tau_p}{m_p^*} \tag{3.166}$$

ist. n und p sind die Dichten der Elektronen und Löcher. Die Größen E_g, E_d, E_a, n_D, n_A, b_e und b_p lassen sich experimentell durch Ausnutzung des Hall-Effekts ermitteln. Zur Bestimmung von m_e^* und m_p^* benutzt man bevorzugt die Methode der *Zyklotronresonanz*.

3.5.1 Hall-Effekt bei Halbleitern

In Abschn. 3.3.5 haben wir den Hall-Effekt für den Fall untersucht, dass nur eine Art Ladungsträger vorhanden ist. Bei einem Halbleiter kann der Ladungstransport aber sowohl durch Elektronen als auch durch Löcher erfolgen. Bei der gleichen Versuchsanordnung wie in Abb. 3.33 gilt deshalb hier anstelle von (3.126)

$$j_{e,y} + j_{p,y} = 0 \ , \tag{3.167}$$

wenn $j_{e,y}$ die Komponente der Stromdichte der Elektronen und $j_{p,y}$ die der Löcher in y-Richtung ist.

Aus (3.167) folgt durch Anwendung von (3.125)

$$\frac{\sigma_{e,0}}{1 + \frac{e^2\tau_e^2}{m_e^{*2}} B^2} \left(\frac{e\tau_e}{m_e^*} B\mathcal{E}_x + \mathcal{E}_y \right) + \frac{\sigma_{p,0}}{1 + \frac{e^2\tau_p^2}{m_p^{*2}} B^2} \left(-\frac{e\tau_p}{m_p^*} B\mathcal{E}_x + \mathcal{E}_y \right) = 0 \ .$$

Führen wir in diesem Ausdruck mithilfe der Beziehungen (3.165) und (3.166) die Beweglichkeiten b_e und b_p ein, und setzen wir außerdem voraus, dass im Halbleiter das Magnetfeld $\vec{B}$ so klein ist, dass wir die Terme $(e^2\tau_e^2/m_e^{*2})B^2$ und $(e^2\tau_p^2/m_p^{*2})B^2$ gegenüber 1 vernachlässigen können, so erhalten wir

$$n b_e^2 B\mathcal{E}_x + n b_e \mathcal{E}_y - p b_p^2 B\mathcal{E}_x + p b_p \mathcal{E}_y = 0$$

$$\text{oder} \qquad \mathcal{E}_y = \frac{p b_p^2 - n b_e^2}{p b_p + n b_e} B\mathcal{E}_x \ . \tag{3.168}$$

Die obige Voraussetzung ist bei Berücksichtigung von (3.87) gleichbedeutend mit der Forderung, dass $(\omega_{e,c}\tau_e)^2$ und $(\omega_{p,c}\tau_p)^2$ klein gegen 1 sein sollen. $\omega_{e,c}$ und $\omega_{p,c}$ sind die Zyklotronfrequenzen von Elektronen und Löchern im Magnetfeld B. Die Relaxationszeiten τ_e und τ_p sollen also klein sein gegen die Umlaufzeiten der Ladungsträger im Magnetfeld.

Drücken wir in (3.168) mithilfe von (3.125) $\mathcal{E}_x$ durch $j_x = j_{e,x} + j_{p,x}$ und $\mathcal{E}_y$ aus und vernachlässigen wieder die Terme mit B^2, so erhalten wir für das Hall-Feld

$$\mathcal{E}_y = \frac{pb_p^2 - nb_e^2}{(pb_p + nb_e)^2 e} Bj_x = R_H Bj_x \tag{3.169}$$

mit der Hall-Konstanten

$$R_H = \frac{pb_p^2 - nb_e^2}{(pb_p + nb_e)^2 e} \quad . \tag{3.170}$$

Bei reiner Eigenleitung ist $p = n$, und aus (3.170) wird

$$R_{H,i} = \frac{1}{ne} \frac{b_p - b_e}{b_p + b_e} \quad . \tag{3.171}$$

Danach ist bei Eigenleitung die Hall-Konstante positiv, wenn $b_p > b_e$, negativ, falls $b_p < b_e$, und 0, wenn $b_p = b_e$ ist.

Bei reiner Störstellenleitung erhalten wir aus (3.170)

$$R_{H,e} = -\frac{1}{ne} \qquad \text{oder} \qquad R_{H,p} = \frac{1}{pe} \quad , \tag{3.172}$$

je nachdem, ob n-Leitung mit $p = 0$ oder p-Leitung mit $n = 0$ vorliegt. Dies ist in Übereinstimmung mit (3.129).

Wir untersuchen nun, wie wir aus den experimentell durch Messung von $\mathcal{E}_y$, B und j_x nach (3.169) bestimmten Werten der Hall-Konstanten die in Abschn. 3.5 aufgeführten charakteristischen Größen eines Halbleiters berechnen können.

Zur Bestimmung der Bandlücke E_g wird die Temperaturabhängigkeit der Hall-Konstanten $R_{H,i}$ für die Eigenleitung gemessen. Bei hohen Temperaturen wird durch $R_{H,i}$ auch für einen dotierten Halbleiter die Stärke des Hall-Feldes festgelegt. Für die Elektronendichte n in (3.171) gilt (3.139). Danach ist

$$n \sim T^{3/2} e^{-E_g/2k_B T} \quad . \tag{3.173}$$

Der Term $(b_p - b_e)/(b_p + b_e)$ in (3.171) hängt nicht von der Temperatur ab, da die Temperaturabhängigkeit der Beweglichkeiten sich bei der Quotientenbildung heraushebt. Aus (3.171) folgt dann bei Beachtung von (3.173)

$$\ln(|R_{H,i}|T^{3/2}) = \text{const} + \frac{E_g}{2k_B} \frac{1}{T} \quad . \tag{3.174}$$

Trägt man also $\ln(|R_{H,i}|T^{3/2})$ in Abhängigkeit von $1/T$ auf, so erhält man eine Gerade, deren Steigung $E_g/2k_B$ beträgt.

Zur Bestimmung der Ionisierungsenergie E_d eines n-Halbleiters mithilfe des Hall-Effekts muss die Temperatur so niedrig sein, dass wir im Ausdruck für $R_{H,e}$ in (3.172) für n die (3.154) benutzen dürfen. In diesem Fall gilt

$$n \sim T^{3/4} e^{-E_d/2k_B T} \quad , \tag{3.175}$$

und wir erhalten

$$\ln(|R_{H,e}|T^{3/4}) = \text{const} + \frac{E_d}{2k_B}\frac{1}{T} \quad . \tag{3.176}$$

Trägt man diesmal $\ln(|R_{H,e}|T^{3/4})$ über $1/T$ auf, so erhält man eine Gerade mit der Steigung $E_d/2k_B$. Entsprechendes gilt für die Bestimmung von E_a bei einem p-Halbleiter.

Bei einem n-Halbleiter, der keine Akzeptoren enthält, ist nach (3.156) im Temperaturbereich 2 der Abb. 3.37 die Elektronendichte n gleich der Dichte n_D der Donatoren. Es ist dann also nach (3.172)

$$n_D = -\frac{1}{R_{H,e}e} \quad . \tag{3.177}$$

Für die Dichte n_A der Akzeptoren bei einem p-Leiter ohne Donatoren gilt

$$n_A = \frac{1}{R_{H,p}e} \quad . \tag{3.178}$$

Die Beweglichkeiten b_e und b_p der Elektronen bzw. Löcher hängen wie die Relaxationszeiten τ_e und τ_p, mit denen sie durch die Beziehungen in (3.166) verknüpft sind, von der Temperatur ab. Für einen Temperaturbereich, in dem reine Störstellenleitung vorliegt, erhält man die Beweglichkeiten durch eine kombinierte Messung der Hall-Konstanten $R_{H,e}$ bzw. $R_{H,p}$ und der elektrischen Leitfähigkeit σ. Aus (3.172) und (3.165) folgt hier

$$b_e = |R_{H,e}|\sigma \qquad \text{und} \qquad b_p = |R_{H,p}|\sigma \quad . \tag{3.179}$$

Bei reiner Eigenleitung ergibt sich aus (3.171) und (3.165)

$$R_{H,i}\sigma = b_p - b_e \quad . \tag{3.180}$$

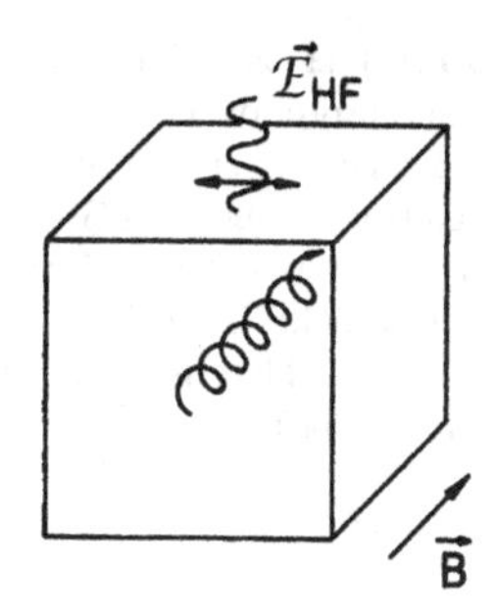

Abb. 3.42 Zur Messung der Zyklotronfrequenz in einem Halbleiter. $\vec{B}$ statisches Magnetfeld, $\vec{\mathcal{E}}_{HF}$ elektrischer Feldvektor einer linear polarisierten Welle

Eine zweite Bestimmungsgleichung zur Berechnung von b_p und b_e lautet

$$\sigma = ne(b_p + b_e) \ . \tag{3.181}$$

Um aus diesen beiden Gleichungen b_p und b_e zu berechnen, benötigt man außer den Größen $R_{H,i}$ und σ noch die Elektronendichte n bei Eigenleitung. n kann man aus (3.139) ermitteln, wenn man außer der Bandlücke E_g noch die effektiven Massen m_e^* und m_p^* der Elektronen und Löcher kennt.

3.5.2 Zyklotronresonanz bei Halbleitern

In Abschn. 3.3.3 haben wir gesehen, dass für die Umlauffrequenz ω_c eines Kristallelektrons in einem Magnetfeld die Beziehung

$$\omega_c = \frac{eB}{m_c}$$

gilt, wenn m_c die jeweilige Zyklotronmasse des Elektrons ist. Kennt man den Zusammenhang zwischen Zyklotronmasse und effektiver Masse von Elektronen und Löchern, so lassen sich durch Messung der Zyklotronfrequenz und damit der Zyklotronmasse die effektiven Massen der Elektronen und Löcher bestimmen.

Ein Verfahren zur Messung der Zyklotronfrequenz durch Beobachtung von Resonanzen ist schematisch in Abb. 3.42 dargestellt.

Der zu untersuchende Halbleiter wird in ein variables statisches Magnetfeld gebracht. Senkrecht zum Magnetfeld wird eine linear polarisierte elektromagnetische Welle mit einer Wellenlänge im Zentimeterbereich eingestrahlt. Wird das Magnetfeld so gewählt, dass die Zyklotronfrequenz der Elektronen gerade gleich der Frequenz des elektrischen Wechselfeldes ist, so werden die Elektronen durch das

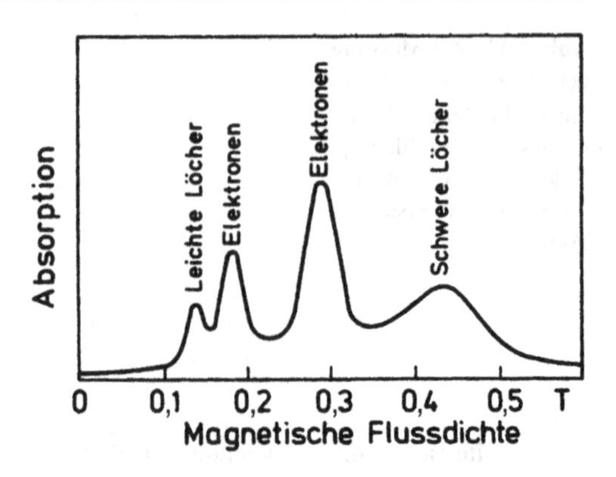

Abb. 3.43 Zyklotronresonanzabsorption an Silizium. Frequenz der eingestrahlten Hochfrequenz 24 GHz, Temperatur 4 K (nach Dresselhaus, G.; Kip, A.F.; Kittel, C.: Phys. Rev. **98** (1955) 368)

Wechselfeld längs ihrer gesamten Bahn beschleunigt, und man misst eine maximale Absorption der eingestrahlten Welle. Damit eine solche Resonanzerscheinung beobachtet werden kann, muss sich im Magnetfeld eine kreisförmige oder – allgemeiner – eine spiralförmige Bahn der Elektronen tatsächlich ausbilden können. Das setzt voraus, dass die Relaxationszeit τ, die man auch als mittlere freie Flugzeit der Elektronen auffassen kann, groß gegen die Umlaufzeit der Elektronen im Magnetfeld ist, dass also $\omega_c \tau \gg 1$ ist. Diese Bedingung lässt sich erfüllen, wenn man erstens durch ein starkes Magnetfeld für eine hohe Zyklotronfrequenz sorgt und zweitens die Experimente bei sehr tiefen Temperaturen an Kristallen mit möglichst geringen Fehlordnungen durchführt, da dann die Relaxationszeiten relativ groß sind. Als Ergebnis erhält man eine Absorptionskurve, wie sie in Abb. 3.43 für einen Siliziumkristall dargestellt ist. Wir wollen nun auf die Interpretation der Kurve eingehen.

In Abb. 3.44 ist die Struktur des Leitungsbandes und zweier Valenzbänder von Si längs eines Durchmessers der ersten Brillouin-Zone in einer [100]-Richtung wiedergegeben. In anderen Richtungen hat $E(\vec{k})$ natürlich einen anderen Verlauf, aber beim Si liegen die vor allem interessierenden Minima des Leitungsbandes in den [100]-Richtungen nahe des Zonenrandes. In der Umgebung dieser Minima sind die Flächen konstanter Energie Rotationsellipsoide mit den [100]-Richtungen als Rotationsachsen (Abb. 3.45). Die Energie lässt sich in der Umgebung der Minima als

$$E(\vec{k}) = E_L + \frac{\hbar^2(k_1^2 + k_2^2)}{2m_{\text{et}}^*} + \frac{\hbar^2 k_3^2}{2m_{\text{el}}^*} , \tag{3.182}$$

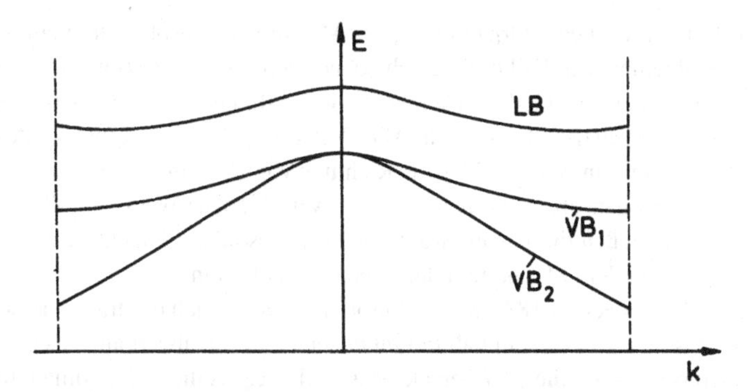

Abb. 3.44 Verlauf des Leitungsbandes LB und zweier Valenzbänder VB_1 und VB_2 von Silizium längs eines Durchmessers der ersten Brillouin-Zone in einer [100]-Richtung (nach Cardona, M.; Pollak, F.H.: Phys. Rev. **142** (1966) 530), Ausschnitt

Abb. 3.45 Flächen konstanter Elektronenenergie im Leitungsband von Silizium

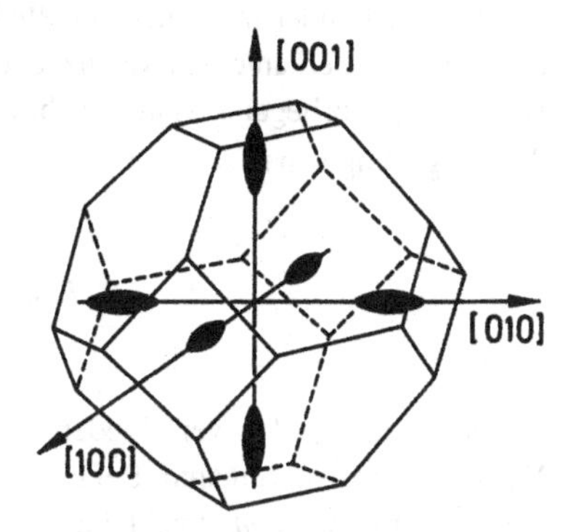

anschreiben, wobei E_L der Energiewert an der unteren Kante des Leitungsbandes und m_{et}^* und m_{el}^* die sog. *transversale* und *longitudinale effektive Masse* der Leitungselektronen ist. Die Komponenten k_1, k_2 und k_3 des Wellenzahlvektors beziehen sich hierbei auf die Position eines Minimums der Energiefunktion.

Es lässt sich nun anhand von (3.86) zeigen (s. z. B. Haug, A.: Theoretische Festkörperphysik Bd. II, S. 220), dass in einem Magnetfeld, dessen Richtung mit der Rotationsachse eines der oben beschriebenen Ellipsoide den Winkel ϑ einschließt, zwischen der Zyklotronmasse m_c und den transversalen und longitudinalen effektiven Massen m_{et}^* und m_{el}^* der Zusammenhang

$$\frac{1}{m_c^2} = \frac{\cos^2\vartheta}{m_{\text{et}}^2} + \frac{\sin^2\vartheta}{m_{\text{et}}^* m_{\text{el}}^*} \tag{3.183}$$

besteht. Bei vorgegebener Orientierung des Magnetfeldes beobachtet man bei Silizium im allgemeinsten Fall drei verschiedene Werte für die Zyklotronmasse entsprechend den drei verschiedenen Winkeln, die die Richtung des Magnetfeldes mit den Rotationsachsen der Ellipsoide in Abb. 3.45 bildet. Bei der Aufnahme des Absorptionsspektrums in Abb. 3.43 lag die Richtung von $\vec{B}$ in einer (110)-Ebene. Hier erfolgt eine Resonanzabsorption nur für zwei verschiedene Werte von B; denn in diesem Fall schließen die Rotationsachsen der Ellipsoide, die nicht in der (110)-Ebene liegen, mit dem Magnetfeld denselben Winkel ϑ ein.

Für $\vartheta = 0$ ist nach (3.183) die Zyklotronmasse m_c gleich der transversalen effektiven Masse m_{et}^*. In diesem Fall nimmt m_c einen Minimalwert an. Das bedeutet aber andererseits, dass die transversale Masse kleiner als die longitudinale Masse ist.

Das Maximum des Valenzbandes liegt für Silizium bei $\vec{k} = 0$, also im Mittelpunkt der ersten Brillouin-Zone (Abb. 3.44). Allerdings berühren sich in diesem Punkt zwei Bänder mit unterschiedlicher Krümmung. Das bedeutet nach (3.70), dass an der Oberkante des Valenzbandes Löcher mit zwei verschiedenen effektiven Massen vorliegen. Man spricht hier von *leichten* und *schweren Löchern*. In der Umgebung von $\vec{k} = 0$ gilt

$$E(\vec{k}) = \frac{\hbar^2 k^2}{2m_p^*} , \tag{3.184}$$

wobei für die beiden verschiedenen Bänder verschiedene Werte der effektiven Masse m_p^* einzusetzen sind. Bei einer Abhängigkeit wie in (3.184) ist nach (3.86) die Zyklotronmasse m_c unabhängig von der Richtung des Magnetfeldes in Bezug auf die Kristallachsen, und m_c hat den gleichen Wert wie die effektive Masse m_p^*. Bei einem Zyklotronresonanz-Experiment liefern sowohl die leichten als auch die schweren Löcher jeweils nur ein einzelnes Absorptionsmaximum (Abb. 3.43).

Wenn wie beim Silizium das Maximum des Valenzbandes und das Minimum des Leitungsbandes nicht beim selben $\vec{k}$-Wert liegen, spricht man von einem *indirekten Halbleiter*. Germanium ist ebenfalls ein indirekter Halbleiter. Das Maximum des Valenzbandes liegt hier bei $\vec{k} = 0$, aber die Minima des Leitungsbandes liegen in den [111]-Richtungen auf dem Rand der ersten Brillouin-Zone. Von den III-V-Halbleitern haben InSb, InAs, InP, GaSb und GaAs eine direkte Bandlücke, d. h. das Valenzbandmaximum und das Leitungsbandminimum liegen beim selben $\vec{k}$-Wert. GaP und AlSb sind hingegen indirekte Halbleiter.

In Tab. 3.3 sind für verschiedene Halbleiter die effektiven Massen der Elektronen und Löcher angegeben.

Tab. 3.3 Effektive Massen von Elektronen und Löchern in verschiedenen Halbleitern

	m_e^*/m	m_{et}^*/m	m_{el}^*/m	$m_{p\text{Leicht}}^*/m$	$m_{p\text{Schwer}}^*/m$
Si		0,19	0,98	0,16	0,52
Ge		0,082	1,57	0,043	0,34
InSb	0,015			0,021	0,39
InAs	0,026			0,025	0,41
InP	0,073			0,078	0,4
GaSb	0,047			0,06	0,3
GaAs	0,07			0,12	0,68

3.6 Quanten-Hall-Effekt

Bei der Behandlung der elektrischen Leitfähigkeit von Metallen in gekreuzten elektrischen und magnetischen Feldern erhielten wir mit (3.128) das Ergebnis, dass das Hall-Feld, das sich senkrecht zur Richtung des elektrischen Stromes und senkrecht zur Richtung des Magnetfeldes ausbildet, in Abhängigkeit von der Elektronendichte n einen mit $1/n$ monoton abfallenden Verlauf zeigt. Hiervon abweichend fand K. von Klitzing[12] im Jahre 1980, dass in dem zweidimensionalen Elektronensystem einer Halbleiterrandschicht das Hall-Feld bei sehr tiefer Temperatur und sehr starkem Magnetfeld charakteristische Plateaus in Abhängigkeit von n aufweist. Die diesen Plateaus zugeordneten sog. Hall-Widerstände ließen sich durch Naturkonstanten ausdrücken. Zur genaueren Beschreibung dieser als *(Ganzzahliger) Quanten-Hall-Effekt* (integral quantum Hall effect, IQHE) bezeichneten Erscheinung werden wir zunächst die Erzeugung einer zweidimensionalen Ladungsträgerschicht in einem Feldeffekttransistor diskutieren und anschließend das Verhalten der Ladungsträger dieser Schicht in gekreuzten elektrischen und magnetischen Feldern untersuchen.

Abb. 3.46 zeigt schematisch den Aufbau eines selbstsperrenden n-Kanal MOSFET („metal-oxide semiconductor field effect transistor"). Auf eine (100)-Schnittfläche eines p-leitenden Siliziumeinkristalls ist über eine 0,1 bis 1 μm dicke Isolationsschicht aus SiO_2 eine Metallschicht als sog. Gate-Elektrode aufgedampft. Die Stromzuführung erfolgt über zwei als „Source" und „Drain" bezeichnete hochdotierte n-leitende Bereiche, die ebenfalls mit metallischen Elektroden versehen sind. Liegt zwischen Gate und Halbleiterkristall keine elektrische Spannung, so ist ein Stromfluss zwischen Source und Drain wegen der sich ausbildenden Sperrschicht an einem der p-n-Übergänge im Halbleiterkristall nicht möglich, deshalb

[12] Klaus von Klitzing, *1943 Posen, Nobelpreis 1985.

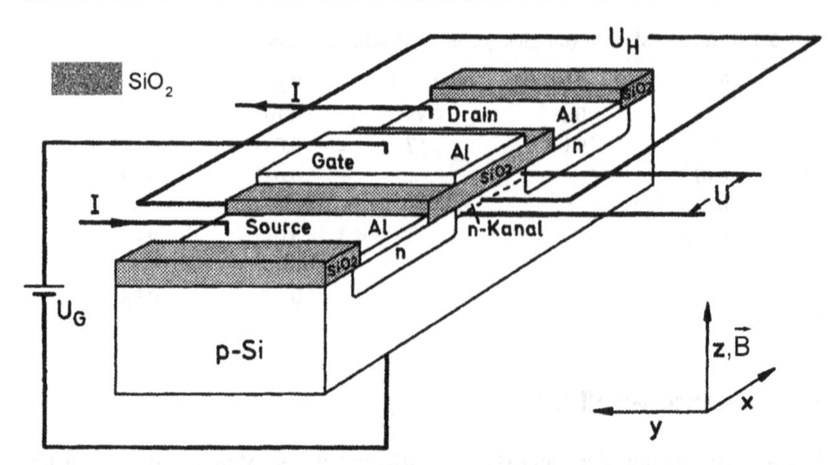

Abb. 3.46 Zur Wirkungsweise eines selbstsperrenden n-Kanal MOSFET und zur Messung des Quanten-Hall-Effekts. U_G Gate-Spannung, U Spannungsabfall zwischen Drain und Source beim Strom I, U_H Hall-Spannung

die Bezeichnung *selbstsperrend.* Durch Anlegen einer positiven Spannung zwischen Gate und Halbleiter wird nun unmittelbar an der Grenzfläche zwischen Isolator und Halbleiter durch Influenz ein n-leitender Kanal zwischen Source und Drain aufgebaut. Seine Leitfähigkeit kann durch die Gate-Spannung U_G gesteuert werden. Das besondere an dieser n-leitenden Randschicht ist nun, dass sie unter geeigneten Bedingungen als zweidimensionale Ladungsträgerschicht aufgefasst werden kann. Dies erkennt man folgendermaßen:

Eine positive Spannung zwischen Gate und Halbleiter führt zu einer Absenkung der potenziellen Elektronenenergie in der Randschicht und somit zu der in Abb. 3.47 dargestellten Bandverbiegung. Überschreitet diese Spannung einen bestimmten Schwellenwert $U_{\mathrm{Schw.}}$, so wird die untere Kante des Leitungsbandes an der Grenzfläche zum Isolator unter das Fermi-Niveau abgesenkt. In diesem Fall gelangen in unmittelbarer Nähe der Grenzfläche Elektronen in das Leitungsband. Diese Elektronen können sich allerdings nur parallel zur Grenzfläche frei bewegen; denn senkrecht zur Grenzfläche befinden sie sich in einem näherungsweise dreieckförmigen Potenzialtopf, was zur Quantisierung der Bewegung in dieser Richtung führt. Wählen wir die Grenzfläche als xy-Ebene eines kartesischen Koordinatensystems, so gilt für die Energie der Leitungselektronen

$$E(\vec{k}) = E_n + \left(\frac{\hbar^2 k_x^2}{2m^*} + \frac{\hbar^2 k_y^2}{2m^*}\right) \qquad (n = 0, 1, 2 \ldots) \; . \tag{3.185}$$

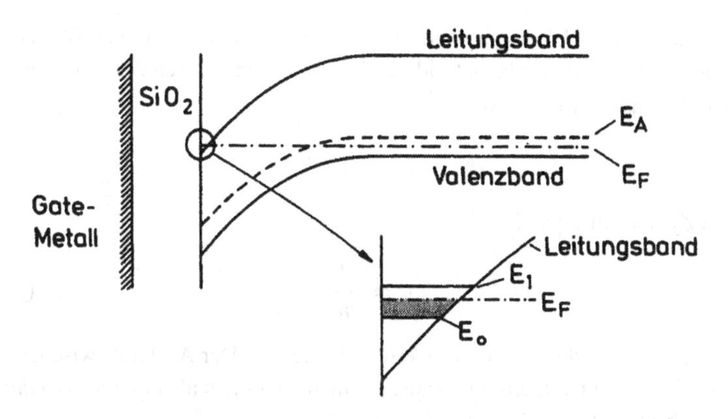

Abb. 3.47 Zur Entstehung einer zweidimensionalen Ladungsträgerschicht zwischen Drain und Source eines MOSFET unter der Einwirkung einer Gate-Spannung. E_F Fermi-Niveau, E_A Akzeptorniveau, E_0 und E_1 diskrete Energieniveaus für eine Bewegung der Ladungsträger senkrecht zur Ladungsträgerschicht

Hierbei sind die E_n die diskreten Eigenwerte der Schrödinger-Gleichung für die Bewegung der Elektronen in z-Richtung bei einem Potenzialverlauf, wie er rechts unten in Abb. 3.47 dargestellt ist. Auf jeden Eigenwert E_n als Grundterm baut sich ein Quasikontinuum, ein sog. Subband, auf, das durch die kinetische Energie der Elektronen parallel zur Grenzfläche bedingt ist. Bei tiefen Temperaturen lässt sich erreichen, dass nur im untersten Subband Elektronen vorhanden sind. In diesem Fall kann man die Elektronen der Randschicht als ein zweidimensionales System betrachten. Für die Elektronendichte in der Randschicht gilt

$$n \sim (U_G - U_{\text{Schw.}}) \ . \tag{3.186}$$

Bei einem zweidimensionalen System völlig freier Elektronen, die sich in einem Rechteck mit den Seitenlängen L_1 und L_2 befinden, beträgt die Zustandsdichte nach (B.23) unter Berücksichtigung des Spins

$$Z(E) = 2\frac{m}{2\pi\hbar^2} L_1 L_2 \ . \tag{3.187}$$

Durch ein Magnetfeld $\vec{B}$ senkrecht zur Ladungsträgerschicht wird die Zustandsdichte abgeändert. Wie in Abschn. 5.2 gezeigt wird, kondensieren im dreidimensionalen $\vec{k}$-Raum freie Elektronen im Magnetfeld auf Kreiszylindern, deren gemeinsame Achse in Richtung des Magnetfeldes verläuft. Bei einem zweidimensionalen Elektronensystem treten anstelle der Kreiszylinder konzentrische Kreise.

Hierbei haben die Elektronen nach (5.25) bei Vernachlässigung der Wechselwirkung des Spins mit dem Magnetfeld auf den einzelnen Kreisen des zweidimensionalen $\vec{k}$-Raums die Energiewerte

$$E_\nu = (\nu + 1/2)\hbar\omega_c \ . \tag{3.188}$$

Für die Zyklotronfrequenz ω_c gilt (s. (3.85))

$$\omega_c = \frac{eB}{m} \ . \tag{3.189}$$

Die Quantenzahl ν durchläuft die Werte $0, 1, 2, 3 \ldots$. Der Abstand zwischen zwei aufeinanderfolgenden Energieniveaus, die man allgemein als *Landau-Niveaus* bezeichnet, beträgt demnach

$$\hbar\omega_c = \hbar\frac{eB}{m} \ . \tag{3.190}$$

Wenn kein Magnetfeld vorhanden ist, liegen in diesem Energieintervall (vgl. (3.187) und (3.190))

$$N_\nu = Z(E)\hbar\omega_c = 2\frac{eB}{2\pi\hbar}L_1L_2 \tag{3.191}$$

Zustände. Dies ist aber auch gerade die Zahl der Zustände, die bei angelegtem Magnetfeld auf einem Landau-Niveau kondensieren. Durch das Magnetfeld wird gleichzeitig die Spinentartung aufgehoben (s. (5.25)). Jedes Landau-Niveau zerfällt in zwei Niveaus, die einzeln $eB/(2\pi\hbar)L_1L_2$ Zustände enthalten. Je Flächeneinheit ergibt dies für das einzelne Energieniveau

$$n_0 = \frac{eB}{2\pi\hbar} \tag{3.192}$$

Zustände.

Beim Übergang von freien Elektronen zu den Leitungselektronen in der Ladungsträgerschicht eines Si-MOSFET haben wir Folgendes zu beachten:

1. In (3.187) haben wir die Masse des freien Elektrons durch die effektive Masse m^* zu ersetzen, in (3.190) durch die Zyklotronmasse m_c. In einer zweidimensionalen Schicht ist jedoch m^* mit m_c identisch. In (3.191) tritt also auch jetzt eine Masse nicht auf.
2. Durch das Magnetfeld wird neben der Spinentartung auch noch eine durch die Struktur des Leitungsbandes in Si bedingte zweifache sog. Valley-Entartung

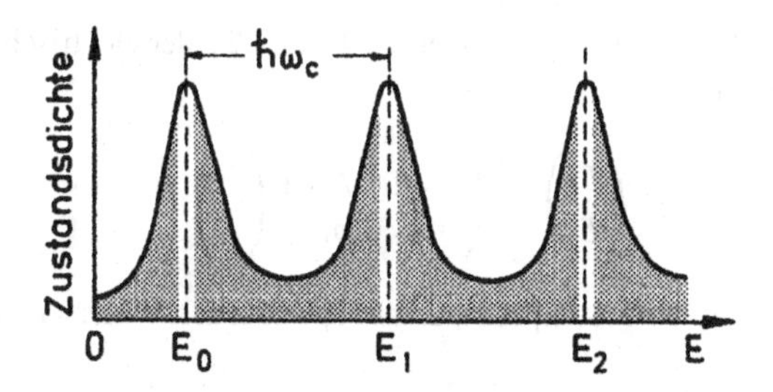

Abb. 3.48 Zustandsdichte eines zweidimensionalen Elektronensystems in einem starken Magnetfeld. $E_0, E_1, E_2, \ldots$ sind die Energien der einzelnen Landau-Niveaus. In den schattierten Energiebereichen sind die Zustände an Störstellen lokalisiert

aufgehoben. Dies bedeutet, dass in Wirklichkeit jedes Landau-Niveau insgesamt in vier Unterniveaus aufspaltet, die einzeln pro Flächeneinheit maximal mit der durch (3.192) festgelegten Anzahl von Elektronen besetzt sein können.

3. Durch Streuung an Phononen und Gitterfehlern wird die freie Flugzeit τ der Elektronen begrenzt. Dies führt durch eine Verbreiterung der Landau-Niveaus zu sich überlappenden Bändern (Abb. 3.48). Damit sich dennoch gegenüber dem feldfreien Zustand eine genügend ausgeprägte Struktur in der Zustandsdichte ausbilden kann, muss $\omega_c \tau \gg 1$ gelten. Das ist bei Proben mit hoher Beweglichkeit der Elektronen ($\mu \geq 10^4\,\mathrm{cm^2/Vs}$ bei 4,5 K) z. B. bei einem Magnetfeld von 18 T und einer Temperatur von 1,5 K gewährleistet.

Zur Untersuchung der elektrischen Leitfähigkeit einer zweidimensionalen Ladungsträgerschicht in gekreuzten elektrischen und magnetischen Feldern können wir auf (3.125) zurückgreifen. Führen wir in diese Gleichung die Zyklotronfrequenz $\omega_c = eB/m^*$ ein, so erhalten wir für die Stromdichte in einer Schicht in der xy-Ebene mit einem Magnetfeld in z-Richtung die Tensorbeziehung

$$\begin{pmatrix} j_x \\ j_y \end{pmatrix} = \begin{pmatrix} \sigma_{xx} & \sigma_{xy} \\ -\sigma_{xy} & \sigma_{xx} \end{pmatrix} \begin{pmatrix} \mathcal{E}_x \\ \mathcal{E}_y \end{pmatrix} \tag{3.193}$$

mit den Komponenten des Leitfähigkeitstensors

$$\sigma_{xx} = \frac{ne}{B} \frac{\omega_c \tau}{1 + \omega_c^2 \tau^2} \tag{3.194}$$

und
$$\sigma_{xy} = -\frac{ne}{B} \frac{\omega_c^2 \tau^2}{1 + \omega_c^2 \tau^2} \ . \tag{3.195}$$

Lösen wir (3.193) nach den Komponenten $\mathcal{E}_x$ und $\mathcal{E}_y$ der elektrischen Feldstärke auf, so erhalten wir

$$\begin{pmatrix} \mathcal{E}_x \\ \mathcal{E}_y \end{pmatrix} = \begin{pmatrix} \rho_{xx} & \rho_{xy} \\ -\rho_{xy} & \rho_{xx} \end{pmatrix} \begin{pmatrix} j_x \\ j_y \end{pmatrix} . \tag{3.196}$$

Hierbei gilt für die Tensorkomponenten des spezifischen Widerstandes

$$\rho_{xx} = \frac{B}{ne} \frac{1}{\omega_c \tau} \tag{3.197}$$

$$\text{und} \qquad \rho_{xy} = \frac{B}{ne} . \tag{3.198}$$

Ist ein Ladungsabfluss nur in x-Richtung möglich, so ergibt sich aus (3.196)

$$\mathcal{E}_x = \rho_{xx} j_x \tag{3.199}$$

$$\text{und} \qquad \mathcal{E}_y = -\rho_{xy} j_x . \tag{3.200}$$

Bei einem zweidimensionalen System, das sich in einem Rechteck mit den Kantenlängen L_1 in x-Richtung und L_2 in y-Richtung befindet, folgt aus (3.199) für die Spannung U in Richtung des Stromes I

$$U = \mathcal{E}_x L_1 = \rho_{xx} \frac{L_1}{L_2} j_x L_2 = \rho_{xx} \frac{L_1}{L_2} I , \tag{3.201}$$

d. h., der Widerstand in Stromrichtung beträgt

$$R = \rho_{xx} \frac{L_1}{L_2} . \tag{3.202}$$

Für die Spannung senkrecht zur Stromrichtung, d. h. die Hall-Spannung, erhalten wir aus (3.200)

$$U_H = |\mathcal{E}_y| L_2 = \rho_{xy} j_x L_2 = \rho_{xy} I . \tag{3.203}$$

Dabei ist der sog. *Hall-Widerstand* ρ_{xy} unabhängig von den Ausmaßen des zweidimensionalen Systems. Im Übrigen hat in einem zweidimensionalen System der spezifische elektrische Widerstand die gleiche Dimension wie der Widerstand selbst.

Bei völlig freien Elektronen ist die Relaxationszeit, die in (3.194) und (3.197) eingeht, unendlich groß. Deshalb verschwinden dann, anders als man naiv erwarten würde, sowohl σ_{xx} als auch ρ_{xx}. Der Strom in x-Richtung wird in diesem Fall

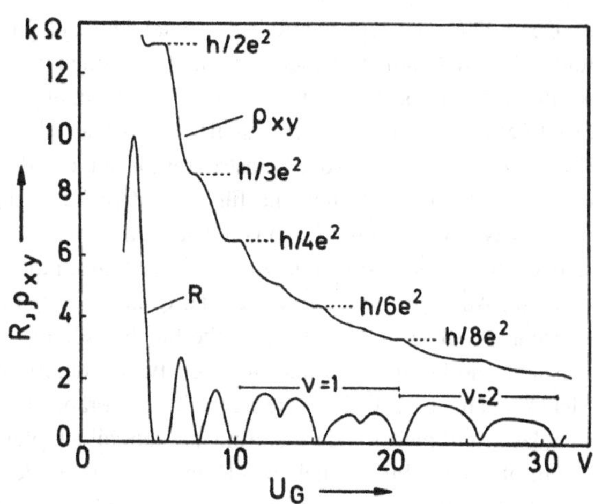

Abb. 3.49 Längswiderstand R und Hall-Widerstand ρ_{xy} der zweidimensionalen Ladungsträgerschicht eines MOSFET in Abhängigkeit von der Gate-Spannung U_G. Ein Magnetfeld von 18,9 T steht senkrecht zur Schicht, die Temperatur ist 1,5 K. ν ist die Quantenzahl des Landau-Niveaus. (nach K. von Klitzing in Treusch, J. (Hrsg.): Festkörperprobleme XXI, S. 1. Braunschweig: Vieweg 1981)

nicht durch ein elektrisches Längsfeld $\mathcal{E}_x$ verursacht sondern nach (3.193) und (3.195) durch die kombinierte Wirkung des Magnetfeldes $\vec{B}$ und des Hall-Feldes $\mathcal{E}_y$. Das Gleiche gilt, wenn aus einem bestimmten Grund in der Ladungsträgerschicht eines MOSFET eine Streuung der Leitungselektronen an Phononen und Gitterfehlstellen nicht möglich ist. Hier hat sich nun gezeigt, dass σ_{xx} und ρ_{xx} und somit nach (3.202) auch der Längswiderstand R immer dann Null werden, wenn durch eine Erhöhung der Gate-Spannung am MOSFET die Elektronendichte n in der Ladungsträgerschicht ungefähr ein ganzzahliges Vielfaches i desjenigen Wertes erreicht hat, der durch (3.192) gegeben ist (Abb. 3.49). R bleibt bei weiterer Erhöhung der Elektronendichte innerhalb eines bestimmten Intervalls Δn konstant Null. Besonders bedeutungsvoll kommt jetzt aber noch hinzu, dass der Hall-Widerstand ρ_{xy} innerhalb der einzelnen Intervalle Δn ebenfalls einen konstanten Wert annimmt. Diesen Wert erhalten wir, indem wir für die Elektronendichte n in (3.198) den mit der Zahl i multiplizierten Wert n_0 aus (3.192) benutzen, wenn i die Zahl der mit Elektronen fast vollständig besetzten Landau-Bänder ist. Wir erhalten dann für den Hall-Widerstand in den einzelnen Plateaubereichen (Abb. 3.49)

$$\rho_{xy} = \frac{1}{i}\frac{h}{e^2}\ , \qquad i = 1,2,3,\ldots \tag{3.204}$$

Unabhängig von den Abmessungen und der Beschaffenheit der Ladungsträgerschicht ist also hier der Hall-Widerstand ein rationaler Bruchteil von h/e^2 oder anders ausgedrückt, die Hall-Leitfähigkeit $1/\rho_{xy}$ ist in Einheiten von e^2/h quantisiert.

Der IQHE ist heute theoretisch verstanden. Entsprechend der obigen Ableitung würde der Hall-Widerstand genau dann seinen quantisierten Wert annehmen, wenn bei einem bestimmten Wert der Gate-Spannung ein Landau-Niveau gerade exakt gefüllt ist. Dies wäre eine schlechte Ausgangsbasis für die Ausnutzung des Effekts zur Bestimmung der Feinstrukturkonstanten oder zur Definition eines Widerstandsnormals. Entscheidend für diese Zwecke ist das Auftreten der Plateaus im Hall-Widerstand und der entsprechenden breiten Bereiche, in denen ρ_{xx} verschwindet. Wichtig ist es nun zu verstehen, warum die Plateaus auftreten und ob durch ihr Auftreten die Genauigkeit der Quantisierung beeinträchtigt wird.

Heute weiß man, dass die Ursache für die Bildung von Plateaus im Hall-Widerstand und breiten Minima im Magnetwiderstand in der Existenz lokalisierter Elektronen liegt. Trotz der extrem sorgfältigen Präparation der Grenzschicht, in der sich das zweidimensionale Elektronensystem bildet, bleiben entlang der Grenzfläche infolge von übriggebliebenen Defekten, Stufen oder Verunreinigungen lokale Potenzialhügel und -täler. Wenn nun ein Landau-Niveau mit Elektronen gefüllt wird, werden einige Elektronen an diesen Unregelmäßigkeiten, die sich energetisch in den Energieausläufern der Niveaus befinden, eingefangen, *lokalisiert*. Diese Elektronen nehmen an der elektrischen Leitung in der Probe nicht mehr teil; die Stellen, wo sie sitzen, werden inaktiv und wirken wie ausgestanzte Löcher in der zweidimensionalen Fläche. Die Folge ist wie bei einer löchrigen Metallfolie: Die Löcher beeinflussen die Messung der Dichte der mobilen Ladungsträger im ungestörten Teil der Fläche nicht, die Ladungsträger umgehen die Hügel und Täler des Potenzials. Der Hall-Widerstand und der Magnetwiderstand der Probe bleiben konstant, solange das Füllen bzw. Entleeren eines Landau-Niveaus nur die lokalisierten Zustände in den Energieausläufern füllt bzw. leert, das Landau-Niveau im ungestörten Bereich jedoch genau voll bleibt. Da das Landau-Niveau in den leitenden Bereichen dann voll ist, verharrt der Hall-Widerstand beim quantisierten Wert. Die lokalisierten Elektronen bilden einen Ladungsträgerpuffer, der die Landau-Niveaus im energetisch flachen Bereich der zweidimensionalen Fläche für größere Bereiche der Gate-Spannung exakt voll hält und in diesen Bereichen auch den Längswiderstand verschwinden lässt. Die Genauigkeit der Quantisierung hängt nicht von Form oder Größe der Probe ab. Paradoxerweise erfordert die Existenz und die Präzision der Plateaus beim IQHE die Existenz von kleinen Fehlern in der Probe.

Die Plateauwerte des Hall-Widerstands lassen sich mit sehr großer Genauigkeit messen. Deswegen wird der IQHE seit dem 1.1.1990 in den meisten metrologischen Staatsinstituten als primäres Widerstandsnormal eingesetzt. Hierzu hat das internationale Komitee für Maß und Gewicht (CIPM) den Wert des Hall-Widerstands auf dem ersten Plateau nach dem damaligen Kenntnisstand auf 25.812,807 Ω festgelegt. Die relative Unsicherheit dieses Wertes im SI ist $2 \cdot 10^{-7}$, d. h. zwei Größenordnungen schlechter als die Reproduzierbarkeit auf Basis des IQHE.

Der IQHE kann auch zur Präzisionsbestimmung der *Sommerfeldschen Feinstrukturkonstanten*

$$\alpha = \frac{\mu_0 c}{2} \frac{e^2}{h}$$

herangezogen werden. Deren genaue Kenntnis ist u. a. wichtig für einen Vergleich der Voraussagen der Quantenelektrodynamik mit experimentellen Befunden.

Noch bessere zweidimensionale Elektronensysteme kann man mit „modulation-doped" GaAs/AlGaAs Heterostrukturen erreichen. Da die beiden Materialien praktisch identische Gitterkonstanten haben, gelingt es, durch Herstellung mit Molekularstrahlepitaxie atomar glatte Grenzflächen zwischen zwei verschiedenen kristallinen Halbleitern sehr hoher Reinheit zu erzeugen. Während des Aufbringens von AlGaAs auf die GaAs-Schicht werden in einem Abstand von etwa $0{,}1\,\mu$m von der Grenzfläche Si Donatoren hinzugefügt. Die überschüssigen Elektronen der Si-Atome, die die Plätze von Ga-Atomen einehmen, fallen in energetisch tiefere Zustände im GaAs, das nur $0{,}1\,\mu$m entfernt ist. Dort können sie sich im hochreinen Material ungehindert von ihren Donatoratomen, die im AlGaAs bleiben, bewegen. Die Anziehung der positiv geladenen Si-Ionen zieht die beweglichen Elektronen gegen die AlGaAs Energiebarriere der Grenzfläche. So entstehen ganz analoge Verhältnisse wie beim Si-MOSFET. Inzwischen gelingt es, solche Proben mit einer Beweglichkeit der Elektronen von mehr als $10^7\,\mathrm{cm}^2/(\mathrm{Vs})$ für $T < 1\,\mathrm{K}$ herzustellen. Dadurch ist es möglich, das Verhalten eines zweidimensionalen Elektronensystems weitgehend frei von Streueffekten zu untersuchen. Da die Elektronendichte in solchen Heterostrukturen durch die Dotierung ($\sim 10^{11}\,\mathrm{cm}^{-2}$) festliegt, erfolgen die Messungen des Hall-Effekts durch Variation des Magnetfeldes. An einer GaAs-/AlGaAs-Probe wurde im Jahr 1981 auch für eine Füllung des niedrigsten Landau-Niveaus von nur $\nu = 1/3$ der möglichen Kapazität ein Plateau im Hall-Widerstand ρ_{xy} und ein Minimum im Magnetwiderstand ρ_{xx} gefunden. Der *Fractional Quantum Hall Effect* (**FQHE**) war entdeckt. Für die Entdeckung und Deutung erhielten R.B. Laughlin[13], H.L. Störmer[14] und D.C. Tsui[15] 1998 den Nobelpreis. Seit der Entdeckung ist der FQHE mit verbesserten Proben bei tiefen Temperaturen ($T = 0{,}1 \ldots 0{,}01\,\mathrm{K}$) auch für eine ganze Reihe anderer Füllfaktorbruchzahlen nachgewiesen worden. Sowohl die experimentelle als auch die

[13] Robert B. Laughlin, *1950 Viasalia (Cal.), Nobelpreis 1998.
[14] Horst L. Störmer, *1949 Frankfurt a. Main, Nobelpreis 1998.
[15] Daniel C. Tsui, *1939 Provinz Henan (China), Nobelpreis 1998.

theoretische Untersuchung des FQHE sind noch nicht abgeschlossen. Während der IQHE durch die zweidimensionale quantisierte Bewegung von Einzelelektronen in einem Magnetfeld im wesentlichen als Einzelteilcheneffekt unter Berücksichtigung des Pauli-Prinzips erklärt werden kann, kommt es beim FQHE zu Elektronenkorrelationseffekten bei denen die Wechselwirkung zwischen den Elektronen von Bedeutung ist. Für die Deutung wurden komplexe Teilchen, zusammengesetzt aus einem Elektron und einer ganzen Zahl von Magnetflussquanten, herangezogen. Zum Beispiel erhält jedes Elektron beim oben angeführten Zustand mit $\nu = 1/3$ genau 3 Flussvertizes in der Größe von je einem Flussquant. Eine genauere Beschreibung des heutigen Forschungsstands am FQHE geht weit über den Rahmen dieses Buches hinaus. Die Leser, die durch die wenigen Stichworte Geschmack auf ein hoch interessantes Gebiet der Festkörperphysik bekommen haben, seien auf die im Literaturverzeichnis zu Kap. 3 am Buchende aufgeführten Nobelpreisvorträge von 1998, die in Review of Modern Physics erschienen sind, verwiesen.

3.7 Aufgaben zu Kap. 3

3.1 In Abschn. 3.2.1 wurde erwähnt, dass die Wannier-Funktionen nur am Ort der Gitteratome, denen sie zuzuordnen sind, größere Werte annehmen. Dies trifft sogar auch dann zu, wenn man als Bloch-Funktion die ebene Welle $\psi(\vec{k},\vec{r}) = 1/\sqrt{V}\, e^{i\vec{k}\cdot\vec{r}}$ wählt, die ein völlig freies Elektron beschreibt. Die Wannier-Funktion, die sich auf ein Atom am Gitterplatz $\vec{R}_i$ bezieht, lautet in diesem Fall

$$w(\vec{r}-\vec{R}_i) = \frac{1}{\sqrt{V}}\frac{1}{\sqrt{N}}\sum_{\vec{k}} e^{i\vec{k}\cdot(\vec{r}-\vec{R}_i)} \quad .$$

Setzen Sie in dieser Gleichung (s. (2.13))

$$\begin{aligned}\vec{r} &= \xi_1\vec{a}_1 + \xi_2\vec{a}_2 + \xi_3\vec{a}_3\\ \vec{R}_i &= n_1\vec{a}_1 + n_2\vec{a}_2 + n_3\vec{a}_3\\ \vec{k} &= \frac{1}{m}(h_1\vec{b}_1 + h_2\vec{b}_2 + h_3\vec{b}_3) \quad .\end{aligned}$$

Die Koeffizienten h_1,h_2 und h_3 sollen hierbei alle ganzen Zahlen zwischen $-m/2$ und $(+m/2) - 1$ durchlaufen. Zeigen Sie, dass bei der zutreffenden

Annahme, $m \gg 1$, gilt:

$$w(\vec{r} - \vec{R}_i) = \frac{1}{\sqrt{V_z}} \prod_{\ell=1}^{3} \frac{\sin \pi(\xi_\ell - n_\ell)}{\pi(\xi_\ell - n_\ell)} \quad .$$

V_z ist in diesem Ausdruck das Volumen der Elementarzelle.

3.2 In Abschn. 3.5.2 wurde vermerkt, dass beim Silizium in der Umgebung der Minima des Leitungsbandes die Flächen konstanter Energie Rotationsellipsoide mit den [100]-Richtungen als Rotationsachsen sind. Zeigen Sie mithilfe von (3.86) unter Verwendung der Energiefunktion (3.182), dass in einem Magnetfeld, das in einer der [100]-Richtungen verläuft, die Zyklotronmasse der Elektronen des Leitungsbandes entweder den Wert m^*_{et} oder den Wert $\sqrt{m^*_{\mathrm{et}} m^*_{\mathrm{el}}}$ hat. Beachten Sie dabei, dass bei einem Magnetfeld senkrecht zur Rotationsachse der Ellipsoide die Fläche A in (3.86) von einer Ellipse berandet wird, deren Halbachsen $\sqrt{2m^*_{\mathrm{et}} E}/\hbar$ und $\sqrt{2m^*_{\mathrm{el}} E}/\hbar$ betragen.

4 Dielektrische Eigenschaften der Festkörper

Das dielektrische Verhalten eines Festkörpers wird durch seine Dielektrizitätskonstante ϵ bestimmt. Sie verknüpft gemäß der Beziehung

$$\vec{D} = \epsilon_0 \epsilon \vec{\mathcal{E}}$$

die elektrische Feldstärke $\vec{\mathcal{E}}$ mit der elektrischen Flussdichte $\vec{D}$. Bei einem Festkörper ist die Dielektrizitätskonstante im allgemeinen Fall ein symmetrischer Tensor zweiter Stufe; nur für kubische Kristalle, mit denen wir uns hier allein beschäftigen, ist dieser Tensor zu einem Skalar entartet. Es interessiert vor allem, wie die Dielektrizitätskonstante von der Frequenz eines in ihm erzeugten elektrischen Wechselfeldes abhängt. Diese Beziehung ist für das Verständnis der optischen Eigenschaften der Festkörper von besonderer Bedeutung.

In Abschn. 4.1 untersuchen wir den Zusammenhang zwischen der Dielektrizitätskonstanten eines Festkörpers und der Polarisierbarkeit seiner Gitteratome. Die Dielektrizitätskonstante ist eine Materialkonstante, die Polarisierbarkeit dagegen eine atomare Eigenschaft des Festkörpers. In Abschn. 4.2 wird die elektrische Polarisation von Isolatoren behandelt. Die verschiedenen Beiträge zur elektrischen Suszeptibilität eines Nichtleiters werden diskutiert. Mit dem Polariton lernen wir hier ein neues Quasiteilchen kennen. Bei Isolatoren ist die makroskopische Polarisation durch ortsgebundene elektrische Dipole bedingt. Bei Metallen und Halbleitern kommt noch eine durch Verschiebung von quasifreien Elektronen hervorgerufene Polarisation hinzu. Mit der elektrischen Polarisation von Leitern und Halbleitern beschäftigen wir uns in Abschn. 4.3. Außerdem werden hier zwei weitere Quasiteilchen, das Plasmon und das Exziton eingeführt. In Abschn. 4.4 behandeln wir die spontane elektrische Polarisation. Sie führt zu der Erscheinung der Ferro- und Antiferroelektrizität. In Abschn. 4.5 besprechen wir schließlich experimentelle Methoden zur Ermittlung der Frequenzabhängigkeit der Dielektrizitätskonstanten. Zur Auswertung der Messergebnisse erweisen sich die Kramers-Kronig-Relationen als sehr nützlich.

© Springer-Verlag GmbH Deutschland 2017

K. Kopitzki, P. Herzog, *Einführung in die Festkörperphysik*,
DOI 10.1007/978-3-662-53578-3_4

4.1 Zusammenhang zwischen Dielektrizitätskonstante und Polarisierbarkeit

Anders als bei Gasen, in denen die Moleküle soweit voneinander entfernt sind, dass die elektrische Polarisation eines einzelnen Gasmoleküls durch Nachbarmoleküle nicht beeinflusst wird, hat man bei der Polarisation eines Atoms im Festkörper im Allgemeinen die Wechselwirkung mit den Nachbaratomen zu beachten. Die elektrische Polarisation eines Gitteratoms wird nicht nur durch das äußere elektrische Feld bewirkt, sondern es ist außerdem noch ein Zusatzfeld zu berücksichtigen, das von der Polarisation der übrigen Gitteratome des Festkörpers herrührt. Dies hat zur Folge, dass sich der Zusammenhang zwischen der Dielektrizitätskonstante eines Festkörpers und der Polarisierbarkeit seiner Gitteratome komplizierter darstellt als der zwischen der Dielektrizitätskonstanten eines Gases und der Polarisierbarkeit seiner Moleküle.

Ist α die Polarisierbarkeit eines Gasmoleküls, so erhält es in einem elektrischen Feld $\vec{\mathcal{E}}$ im Gasraum das elektrische Diplomoment

$$\vec{p} = \epsilon_0 \alpha \vec{\mathcal{E}} \ . \tag{4.1}$$

Sind im Gasraum nur gleichartige Moleküle vorhanden und ist ihre Anzahl je Volumeneinheit N_V, so beträgt das elektrische Dipolmoment des Gases je Volumeneinheit, d. h. seine elektrische Polarisation

$$\vec{P} = \epsilon_0 N_V \alpha \vec{\mathcal{E}} \ . \tag{4.2}$$

Zwischen $\vec{P}$ und $\vec{\mathcal{E}}$ besteht gleichzeitig die Beziehung

$$\vec{P} = \epsilon_0 \chi \vec{\mathcal{E}} \ , \tag{4.3}$$

wenn χ die elektrische Suszeptibilität des Gases ist. Hieraus folgt

$$\chi = N_V \alpha \ .$$

Für die Dielektrizitätskonstante ϵ gilt allgemein

$$\epsilon = 1 + \chi \ . \tag{4.4}$$

Damit erhalten wir für die Dielektrizitätskonstante eines Gases

$$\epsilon = 1 + N_V \alpha \ . \tag{4.5}$$

Bei einem Festkörper haben wir in (4.1) und (4.2) das makroskopische elektrische Feld $\vec{\mathcal{E}}$ um das oben erwähnte Zusatzfeld zu ergänzen. Bezeichnen wir das resultierende am Ort eines Gitteratoms wirksame elektrische Feld mit $\vec{\mathcal{E}}_{\text{lokal}}$, so ist bei einem Festkörper

$$\vec{p} = \epsilon_0 \alpha \, \vec{\mathcal{E}}_{\text{lokal}} \tag{4.6}$$

$$\text{und} \qquad \vec{P} = \epsilon_0 N_V \alpha \, \vec{\mathcal{E}}_{\text{lokal}} \; . \tag{4.7}$$

(4.3) bleibt hingegen auch beim Festkörper gültig.

Um bei einem Festkörper den Zusammenhang zwischen seiner Dielektrizitätskonstanten und der Polarisierbarkeit der einzelnen Gitteratome zu bestimmen, müssen wir uns zunächst einen Ausdruck für das *lokale elektrische Feld* $\vec{\mathcal{E}}_{\text{lokal}}$ verschaffen. Anschließend können wir dann mithilfe von (4.7), (4.3) und (4.4) die gesuchte Beziehung zwischen ϵ und α ermitteln.

4.1.1 Lokales elektrisches Feld

Das auf ein einzelnes Gitteratom im Festkörper einwirkende lokale elektrische Feld $\vec{\mathcal{E}}_{\text{lokal}}$ setzt sich aus dem ungestörten elektrischen Feld $\vec{\mathcal{E}}_{\text{ext}}$ außerhalb der Probe und dem von den Dipolmomenten aller übrigen Gitteratome der Probe herrührenden elektrischen Feld $\vec{\mathcal{E}}_{\text{probe}}$ zusammen. Es gilt also

$$\vec{\mathcal{E}}_{\text{lokal}} = \vec{\mathcal{E}}_{\text{ext}} + \vec{\mathcal{E}}_{\text{probe}} \; . \tag{4.8}$$

Wir ermitteln im Folgenden $\vec{\mathcal{E}}_{\text{probe}}$ für eine ellipsoidförmige Probe, wenn wie in Abb. 4.1 eine Achse des Ellipsoids parallel zu einem als homogen angenommenen äußeren elektrischen Feld verläuft. Zu diesem Zweck stellen wir uns vor, das Gitteratom befände sich im Mittelpunkt einer fiktiven Kugel, und setzen $\vec{\mathcal{E}}_{\text{probe}}$ aus dem elektrischen Feld der Dipole innerhalb und außerhalb der Kugel zusammen. Bei genügend großem Kugelradius können wir außerhalb der Kugel die Verteilung der Dipole als kontinuierlich ansehen und dementsprechend ihren Einfluss auf $\vec{\mathcal{E}}_{\text{probe}}$ durch Oberflächenladungen der Flächenladungsdichte P_n erfassen. Hierbei ist P_n die Normalkomponente der elektrischen Polarisation $\vec{P}$ an der in Betracht zu ziehenden Oberfläche. Dabei handelt es sich einmal um die äußere Oberfläche der Probe und zum anderen um die Oberfläche des kugelförmigen Hohlraums, der entsteht, wenn wir die Materie innerhalb der fiktiven Kugel entfernen. Die Ladungen auf der äußeren Oberfläche liefern das sog. *Entelektrisierungsfeld* $\vec{\mathcal{E}}_N$, während

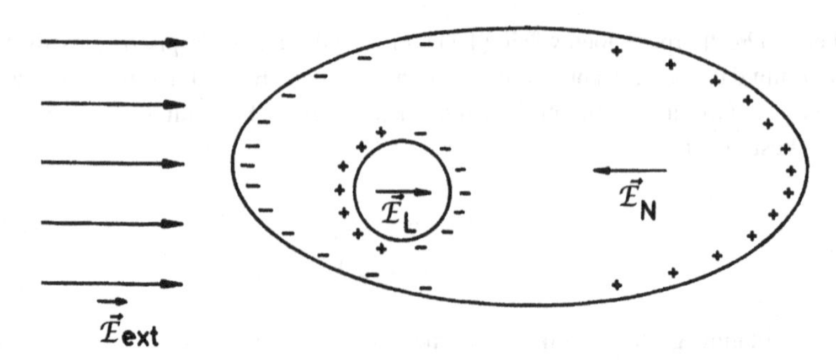

Abb. 4.1 Zur Berechnung des lokalen elektrischen Feldes am Ort eines Gitteratoms für eine ellipsoidförmige Probe

man das Feld, das von den Ladungen auf der Oberfläche der Hohlkugel herrührt, als *Lorentz*[1]*-Feld* $\vec{\mathcal{E}}_L$ bezeichnet.

Bei der in Abb. 4.1 dargestellten Anordnung ist die Probe homogen polarisiert. Für das Entelektrisierungsfeld gilt deshalb

$$\vec{\mathcal{E}}_N = -\frac{1}{\epsilon_0} N \vec{P} \ , \tag{4.9}$$

wenn N der aus der Elektrizitätslehre bekannte Entelektrisierungsfaktor ist. Kugel und Scheibe können als Grenzfälle eines Ellipsoids aufgefasst werden. Bei einer kugelförmigen Probe hat N den Wert $1/3$. Für eine dünne Scheibe senkrecht zum elektrischen Feld ist $N = 1$. Liegt $\vec{\mathcal{E}}_{\text{ext}}$ in der Scheibenebene, so ist $N = 0$.

Die Größe

$$\vec{\mathcal{E}} = \vec{\mathcal{E}}_{\text{ext}} + \vec{\mathcal{E}}_N \tag{4.10}$$

bezeichnet man gewöhnlich als *makroskopisches elektrisches Feld*. Es ist das über das Volumen der Elementarzelle gemittelte elektrische Feld. Der Unterschied zwischen $\vec{\mathcal{E}}$ und $\vec{\mathcal{E}}_{\text{lokal}}$ ist vor allem dadurch bedingt, dass zum makroskopischen Feld alle Dipole des Festkörpers beitragen, während zum lokalen Feld das herausgegriffene Gitteratom selbst keinen Beitrag liefert. Die Maxwellschen Gleichungen der Elektrodynamik enthalten das makroskopische elektrische Feld.

Für das Lorentz-Feld gilt

$$\vec{\mathcal{E}}_L = \frac{1}{3\epsilon_0} \vec{P} \ . \tag{4.11}$$

[1] Hendrik Antoon Lorentz, *1853 Arnheim, †1928 Haarlem, Nobelpreis 1902.

Dieser Ausdruck folgt unmittelbar aus (4.9), wenn man berücksichtigt, dass die Ladungsdichte auf der Oberfläche des fiktiven kugelförmigen Hohlraums bis auf das Vorzeichen mit der Ladungsdichte auf der Oberfläche einer homogen polarisierten Vollkugel übereinstimmt.

Schließlich ist noch das Feld zu untersuchen, das am Ort des Gitteratoms von denjenigen Dipolen erzeugt wird, die sich innerhalb der Kugel befinden. Dieses Feld $\vec{\mathcal{E}}_I$ hängt als einziges von der Kristallstruktur ab. Im Folgenden wird gezeigt, dass für einen Kristall mit kubisch primitivem Gitter $\vec{\mathcal{E}}_I = 0$ ist.

Ist a die Gitterkonstante des Kristalls, so sind die kartesischen Koordinaten der elektrischen Dipole innerhalb der Kugel bezogen auf ihren Mittelpunkt ia, ja und ka. i, j und k sind hierbei positive oder negative ganze Zahlen.

Das elektrische Feld im Abstand $\vec{r}$ von einem punktförmigen Dipol mit Moment $\vec{p}$ beträgt

$$\vec{\mathcal{E}}(\vec{r}) = \frac{3(\vec{p}\cdot\vec{r})\vec{r} - r^2\vec{p}}{4\pi\epsilon_0 r^5} \quad .$$

Daraus folgt für die x-Komponente von $\vec{\mathcal{E}}_I$

$$\mathcal{E}_{Ix} = \sum_{ijk} \frac{3(p_x i^2 + p_y ij + p_z ik) - (i^2 + j^2 + k^2)p_x}{4\pi\epsilon_0(i^2 + j^2 + k^2)^{5/2} a^3} \quad .$$

Die Summation ist über sämtliche Gitteratome innerhalb der Kugel durchzuführen. Da zu jedem positiven Wert von j und k auch ein negativer gehört, fallen in der Summe die gemischten Glieder $p_y ij$ und $p_z ik$ heraus, und man bekommt

$$\mathcal{E}_{Ix} = \frac{p_x}{4\pi\epsilon_0 a^3} \sum_{ijk} \frac{3i^2 - (i^2 + j^2 + k^2)}{(i^2 + j^2 + k^2)^{5/2}} \quad . \tag{4.12}$$

Außerdem gilt

$$\sum_{ijk} \frac{i^2}{(i^2 + j^2 + k^2)^{5/2}} = \sum_{ijk} \frac{j^2}{(i^2 + j^2 + k^2)^{5/2}} = \sum_{ijk} \frac{k^2}{(i^2 + j^2 + k^2)^{5/2}} \quad .$$

Nach (4.12) ist deshalb

$$\mathcal{E}_{Ix} = 0 \quad .$$

Dasselbe gilt beim kubisch primitiven Gitter für $\mathcal{E}_{Iy}$ und $\mathcal{E}_{Iz}$. Hier liefern also die Dipole innerhalb der Kugel keinen Beitrag zum lokalen elektrischen Feld. Durch eine entsprechende Beweisführung lässt sich zeigen, dass $\vec{\mathcal{E}}_I$ auch bei fcc- und bcc-Kristallgittern sowie bei Ionenkristallen mit Natrium- oder Cäsiumchloridstruktur verschwindet. Von Null verschieden ist $\vec{\mathcal{E}}_I$ dagegen bei Kristallen mit Perowskitstruktur (Abb. 4.15). Es liegt hier zwar eine kubische Kristallstruktur vor, jedoch weist die Umgebung der einzelnen Gitteratome nicht überall kubische Symmetrie auf.

Ist $\vec{\mathcal{E}}_I = 0$, so enthält $\vec{\mathcal{E}}_{\text{probe}}$ nur das Entelektrisierungsfeld und das Lorentz-Feld. In diesem Fall gilt also unter Beachtung von (4.8), (4.9) und (4.11)

$$\vec{\mathcal{E}}_{\text{lokal}} = \vec{\mathcal{E}}_{\text{ext}} - \frac{1}{\epsilon_0} N \vec{P} + \frac{1}{3\epsilon_0} \vec{P} \ . \tag{4.13}$$

Das ergibt für das lokale elektrische Feld in einer kugelförmigen Probe

$$\vec{\mathcal{E}}_{\text{lokal}} = \vec{\mathcal{E}}_{\text{ext}} - \frac{1}{3\epsilon_0} \vec{P} + \frac{1}{3\epsilon_0} \vec{P} = \vec{\mathcal{E}}_{\text{ext}} \ ,$$

in einer dünnen Scheibe senkrecht zum elektrischen Feld

$$\vec{\mathcal{E}}_{\text{lokal}} = \vec{\mathcal{E}}_{\text{ext}} - \frac{1}{\epsilon_0} \vec{P} + \frac{1}{3\epsilon_0} \vec{P} = \vec{\mathcal{E}}_{\text{ext}} - \frac{2}{3\epsilon_0} \vec{P} \tag{4.14}$$

und in einer dünnen Scheibe mit elektrischem Feld parallel zur Scheibenebene

$$\vec{\mathcal{E}}_{\text{lokal}} = \vec{\mathcal{E}}_{\text{ext}} + \frac{1}{3\epsilon_0} \vec{P} \ . \tag{4.15}$$

4.1.2 Clausius-Mossottische Gleichung

Hat der Festkörper ein Kristallgitter mit kubischer Symmetrie und ist $\vec{\mathcal{E}}$ das makroskopische elektrische Feld in seinem Innern, so gilt

$$\vec{\mathcal{E}}_{\text{lokal}} = \vec{\mathcal{E}} + \vec{\mathcal{E}}_L = \vec{\mathcal{E}} + \frac{1}{3\epsilon_0} \vec{P} \ .$$

Setzen wir diesen Wert für $\vec{\mathcal{E}}_{\text{lokal}}$ in (4.7) ein, so bekommen wir

$$\vec{P} = \epsilon_0 N_V \alpha \left(\vec{\mathcal{E}} + \frac{1}{3\epsilon_0} \vec{P} \right)$$

$$\text{oder} \qquad \vec{P} = \epsilon_0 \frac{N_V \alpha}{1 - \frac{1}{3} N_V \alpha} \vec{\mathcal{E}} \ . \tag{4.16}$$

Mithilfe von (4.3) erhalten wir hieraus für die elektrische Suszeptibilität des Festkörpers

$$\chi = \frac{N_V \alpha}{1 - \frac{1}{3} N_V \alpha} \ . \tag{4.17}$$

Für seine Dielektrizitätskonstante ergibt sich

$$\epsilon = 1 + \frac{N_V \alpha}{1 - \frac{1}{3} N_V \alpha} \ . \tag{4.18}$$

Ein Vergleich von (4.18) mit (4.5) zeigt, dass (4.18) durch (4.5) angenähert wird, wenn $1/3 N_V \alpha$ klein gegen 1 ist. Dies ist bei Gasen der Fall.

Löst man (4.18) nach $N_V \alpha$ auf, so erhält man die sog. *Clausius*[2]*-Mossottische*[3] *Gleichung*

$$\frac{1}{3} N_V \alpha = \frac{\epsilon - 1}{\epsilon + 2} \ . \tag{4.19}$$

Sie kann dazu benutzt werden, aus der experimentell bestimmten Dielektrizitätskonstanten die Polarisierbarkeit der Gitteratome zu bestimmen.

4.2 Elektrische Polarisation und optische Eigenschaften von Isolatoren

Bei Festkörpern unterscheidet man zwischen *dielektrischen, parelektrischen* und *ferro-* bzw. *antiferroelektrischen* Substanzen.

Die Polarisation von dielektrischen Substanzen beruht darauf, dass die Elektronen der Gitteratome in einem elektrischen Feld gegenüber den Atomkernen eine Auslenkung aus ihrer Gleichgewichtslage erfahren und dadurch elektrische Dipole entstehen. Man bezeichnet dies als *elektronische Polarisation.* Bei Ionenkristallen werden in einem elektrischen Feld außerdem die positiven und negativen Ionen gegeneinander verschoben. Dies nennt man *ionische Polarisation.* In beiden Fällen verwendet man zur Beschreibung der Polarisation und ihrer Abhängigkeit von der Frequenz eines elektrischen Wechselfeldes in der klassischen Theorie das *Lorentzsche Oszillatormodell.*

[2] Rudolf Clausius, *1822 Köslin, †1888 Bonn.
[3] Ottaviano Fabrizio Mossoti, *1791 Novara, †1863 Pisa.

Parelektrische Substanzen enthalten permanente Dipole, die in einem elektrischen Feld mehr oder weniger stark ausgerichtet werden. Man spricht hier von *Orientierungspolarisation*. Die Ausrichtung der Dipole nimmt mit steigender Temperatur ab. Orientierungspolarisation lässt sich nur beobachten, wenn der Festkörper aus asymmetrischen Molekülen oder Molekülionen aufgebaut ist. Beispiele hierfür sind Eismoleküle und Cyanidionen (CN^-).

In ferro- und antiferroelektrischen Substanzen tritt eine spontane Polarisation auf. Dieses Phänomen wird erst in Abschn. 4.4 behandelt.

4.2.1 Lorentzsches Oszillatormodell

Wir benutzen das Oszillatormodell zunächst zur Beschreibung der elektronischen Polarisation eines Festkörpers. Hiernach erfährt ein Elektron eines Gitteratoms bei einer Auslenkung x aus der Gleichgewichtslage eine rücktreibende Kraft, die der Auslenkung proportional ist. Unter der Einwirkung eines zeitlich periodischen elektrischen Feldes mit der Kreisfrequenz ω wird das Elektron zu einer erzwungenen Schwingung angeregt, die durch gleichzeitige Energieabstrahlung des schwingenden Dipols gedämpft wird. Wir erhalten also für das Elektron mit der Ladung $-e$ und der Masse m die Bewegungsgleichung

$$m\frac{d^2x}{dt^2} + m\beta\frac{dx}{dt} + m\omega_0^2 x = -e\mathcal{E}^0_{\text{lokal}} e^{-i\omega t} \quad . \tag{4.20}$$

Hierbei ist β die Dämpfungskonstante, ω_0 die Kreisfrequenz des ungedämpften Oszillators und $\mathcal{E}^0_{\text{lokal}}$ die Amplitude des am Ort des Gitteratoms wirksamen Wechselfeldes. Diese Differenzialgleichung liefert wegen der komplexen Darstellung des elektrischen Feldes einen komplexen Wert für die Auslenkung x. Sie beträgt im stationären Zustand, der sich mit einer Relaxationszeit $\tau = 1/\beta$ einstellt,

$$x = -\frac{e}{m}\frac{1}{\omega_0^2 - \omega^2 - i\beta\omega}\mathcal{E}_{\text{lokal}} \quad .$$

Das jeweilige elektrische Dipolmoment des Atoms ist dann $-ex$, und für die elektronische Polarisierbarkeit gilt gemäß (4.6)

$$\alpha_{\text{el}}(\omega) = \frac{e^2}{\epsilon_0 m}\frac{1}{\omega_0^2 - \omega^2 - i\beta\omega} \quad . \tag{4.21}$$

Aus der komplexen Polarisierbarkeit erhalten wir die verallgemeinerte Dielektrizitätskonstante oder *dielektrische Funktion* $\epsilon(\omega)$ mithilfe von (4.18)

$$\begin{aligned} \epsilon(\omega) &= 1 + \frac{N_V e^2}{\epsilon_0 m} \frac{1}{\omega_0^2 - \omega^2 - i\beta\omega - \frac{1}{3} N_V \frac{e^2}{\epsilon_0 m}} \\ &= 1 + \frac{N_V e^2}{\epsilon_0 m} \frac{1}{\omega_1^2 - \omega^2 - i\beta\omega} \end{aligned} \tag{4.22}$$

$$\text{wobei} \quad \omega_1^2 = \omega_0^2 - \frac{1}{3} N_V \frac{e^2}{\epsilon_0 m} \ . \tag{4.23}$$

Zerlegen wir die dielektrische Funktion in Real- und Imaginärteil

$$\epsilon(\omega) = \epsilon'(\omega) + i\epsilon''(\omega) \ , \tag{4.24}$$

so erhalten wir

$$\epsilon'(\omega) = 1 + \frac{N_V e^2}{\epsilon_0 m} \frac{\omega_1^2 - \omega^2}{(\omega_1^2 - \omega^2)^2 + \beta^2\omega^2} \tag{4.25}$$

$$\text{und} \quad \epsilon''(\omega) = \frac{N_V e^2}{\epsilon_0 m} \frac{\beta\omega}{(\omega_1^2 - \omega^2)^2 + \beta^2\omega^2} \ . \tag{4.26}$$

Für nichtmagnetische Isolatoren sind ϵ' und ϵ'' durch die Beziehung

$$(n + i\kappa)^2 = \epsilon' + i\epsilon'' \tag{4.27}$$

mit den optischen Konstanten Brechungsindex n und Absorptionskoeffizient κ verknüpft. Beide Größen sind natürlich genau wie ϵ' und ϵ'' von der Kreisfrequenz ω abhängig.

Aus (4.27) ergibt sich

$$n^2 - \kappa^2 = \epsilon' \tag{4.28}$$

$$\text{und} \quad 2n\kappa = \epsilon'' \ . \tag{4.29}$$

Bei Benutzung des komplexen Brechungsindex $n + i\kappa$ lässt sich eine in z-Richtung fortschreitende ebene Welle folgendermaßen darstellen:

$$\vec{\mathcal{E}} = \vec{\mathcal{E}}^0 e^{i\left[(n+i\kappa)\frac{\omega}{c}z - \omega t\right]} = \vec{\mathcal{E}}^0 e^{-\frac{\kappa\omega}{c}z} e^{i\left(n\frac{\omega}{c}z - \omega t\right)} \ . \tag{4.30}$$

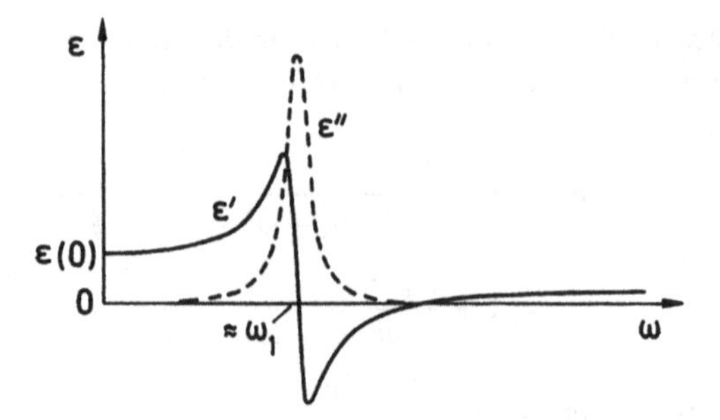

Abb. 4.2 Verlauf des Realteils ϵ' und des Imaginärteils ϵ'' der dielektrischen Funktion in Abhängigkeit von der Kreisfrequenz ω eines zeitlich periodischen elektrischen Feldes nach dem Oszillatormodell. Bei schwacher Dämpfung liegt die erste Nullstelle von ϵ' ungefähr bei der Resonanzfrequenz ω_1. $\epsilon(0)$ ist die statische Dielektrizitätskonstante

c ist hierbei die Lichtgeschwindigkeit im Vakuum. Die Amplitude der Welle aus (4.30) klingt längs der Ausbreitungsrichtung mit $e^{-\kappa\omega z/c}$ ab. Die Abnahme der Intensität erfolgt entsprechend mit $e^{-2\kappa\omega z/c}$. Die Größe

$$K = \frac{2\kappa\omega}{c} \tag{4.31}$$

bezeichnet man gewöhnlich als Absorptionskonstante.

In Abb. 4.2 ist der typische Verlauf von $\epsilon'(\omega)$ und $\epsilon''(\omega)$, wie er sich nach (4.25) und (4.26) ergibt, aufgetragen. Die Frequenzabhängigkeit dieser Funktionen ist durch die Lage der Resonanzstelle bei ω_1 gekennzeichnet. Nach (4.23) hat die Resonanzfrequenz ω_1 der dielektrischen Funktion $\epsilon(\omega)$ einen anderen Wert als die Resonanzfrequenz ω_0 der elektronischen Polarisierbarkeit $\alpha_{el}(\omega)$. Dies ist durch den Unterschied zwischen dem lokalen und dem makroskopischen elektrischen Feld bedingt. Die Resonanzfrequenz ω_0, die beim klassischen Oszillatormodell durch die Größe der Federkonstanten f der rücktreibenden Kraft gemäß $\omega_0 = \sqrt{f/m}$ bestimmt ist, wird quantenmechanisch durch eine Übergangsfrequenz im Absorptionsspektrum der Elektronenhülle eines Gitteratoms erfasst. Die Übergangsfrequenzen liegen vorwiegend im ultravioletten Spektralbereich, also bei $10^{16}\,\mathrm{s}^{-1}$. Hier liegt auch die Resonanzfrequenz ω_1.

Der Imaginärteil $\epsilon''(\omega)$ der dielektrischen Funktion hat die Form einer Resonanzkurve und ist nur in der Umgebung von ω_1 merklich von Null verschieden. Der Absorptionskoeffizient κ ist also nach (4.29) außerhalb des Resonanzbereichs praktisch gleich Null. Die Breite der Resonanzkurve hängt vom Wert der Dämpfungskonstante β ab.

Der Realteil der dielektrischen Funktion $\epsilon'(\omega)$ ist für $\omega < \omega_1$ größer als eins und nimmt, wenigstens solange $(\omega_1^2 - \omega^2) \gg \beta\omega$ ist, mit ω wie $1/(\omega_1^2 - \omega^2)$ zu. Im Resonanzbereich erreicht $\epsilon'(\omega)$ einen Maximalwert und ist für $\omega = \omega_1$ wieder auf eins abgefallen. Für $\omega > \omega_1$ ist $\epsilon'(\omega)$ kleiner als eins. Unterhalb des Resonanzbereichs strebt $\epsilon'(\omega)$ mit abnehmender Frequenz dem statischen Wert für $\omega = 0$ zu. Da ω_1 im ultravioletten Spektralbereich liegt, wird der statische Wert im Allgemeinen bereits im sichtbaren Bereich des elektromagnetischen Spektrums erreicht. Oberhalb des Resonanzbereichs geht $\epsilon'(\omega)$ mit zunehmender Frequenz gegen eins.

Außerhalb des Resonanzbereichs ist der Brechungsindex n, da hier der Absorptionskoeffizient κ verschwindet, nach (4.28) gleich $\sqrt{\epsilon'(\omega)}$. Dementsprechend ist der Brechungsindex eines Isolators, wenn nur eine elektronische Polarisation vorliegt, für Frequenzen unterhalb des Resonanzbereichs größer als eins. Dies ist das aus der Optik bekannte Frequenzgebiet der normalen Dispersion. Oberhalb des Resonanzbereichs ist n kleiner als eins.

Die Frequenzabhängigkeit von ϵ' und ϵ'' und damit auch von n und κ wird durch das Oszillatormodell im wesentlichen richtig wiedergegeben. Es ist allerdings zu beachten, dass es bereits bei freien Atomen nicht nur eine sondern stets mehrere Resonanzfrequenzen gibt, bedingt durch die verschiedenen erlaubten Elektronenübergänge. Alle diese Übergänge liefern entsprechend ihrer quantenmechanisch zu berechnenden Oszillatorenstärke einen Beitrag zur elektronischen Polarisierbarkeit. Beim Festkörper kommt dann noch hinzu, dass durch den Zusammenbau der Atome zum Kristallgitter die Niveaus der freien Atome zu Bändern aufgespalten werden und dementsprechend die Elektronenübergänge zwischen den Energieniveaus der einzelnen Bänder erfolgen. Bei Isolatoren sind nur Übergänge zwischen Niveaus verschiedener Bänder möglich. Man spricht in diesem Fall von Interbandübergängen. Bei Metallen und Halbleitern können außerdem optische Übergänge zwischen besetzten und unbesetzten Niveaus des Leitungsbands erfolgen. Solche Übergänge bezeichnet man als Intrabandübergänge. Hierauf kommen wir in Abschn. 4.3 zurück.

4.2.2 Eigenschwingungen von Ionenkristallen

In Abschn. 2.1.3 wurden die Eigenschwingungen von Kristallgittern mit einer zweiatomigen Basis untersucht. Die dort gefundenen Frequenzwerte für den optischen Dispersionszweig gelten allerdings nur unter der Voraussetzung, dass die Basisatome ungeladen sind. Bei Ionenkristallen wird am Ort eines jeden Ions durch die Verrückung der Nachbarionen während der Gitterschwingung ein elektrisches

Feld $\vec{\mathcal{E}}_{\text{lokal}}$ erzeugt, das auf das Ion mit einer zusätzlichen Kraft zurückwirkt. Ist die Wellenzahl der Gitterschwingung gleich Null, d. h. schwingen die beiden Untergitter mit den positiven Ionen der Masse M_1 und den negativen Ionen der Masse M_2 starr gegeneinander, so erhält man anstelle von (2.18) und (2.19) für die Auslenkungen $\vec{u}_1$ und $\vec{u}_2$ der Untergitter die beiden Bewegungsgleichungen

$$M_1 \frac{d^2\vec{u}_1}{dt^2} = -2f(\vec{u}_1 - \vec{u}_2) + q\vec{\mathcal{E}}_{\text{lokal}} \tag{4.32}$$

und

$$M_2 \frac{d^2\vec{u}_2}{dt^2} = 2f(\vec{u}_1 - \vec{u}_2) - q\vec{\mathcal{E}}_{\text{lokal}} \ . \tag{4.33}$$

q ist hier der Betrag der Ladung eines einzelnen Ions.

Dividiert man (4.32) durch M_1 und (4.33) durch M_2 und subtrahiert die zweite Gleichung von der ersten, so ergibt sich für die Verschiebung $\vec{u} = \vec{u}_1 - \vec{u}_2$ der Untergitter gegeneinander

$$\mu \frac{d^2\vec{u}}{dt^2} + \mu\omega_0^2\vec{u} = q\vec{\mathcal{E}}_{\text{lokal}} \ . \tag{4.34}$$

In dieser Gleichung ist $\mu = M_1M_2/(M_1 + M_2)$ die reduzierte Masse eines Ionenpaars. ω_0 ist die Grenzfrequenz der optischen Schwingungen für $k = 0$, wie sie sich nach (2.25) für neutrale Gitteratome berechnet.

Im Folgenden wird zunächst das lokale elektrische Feld $\vec{\mathcal{E}}_{\text{lokal}}$ auf die Verschiebung $\vec{u}$ zurückgeführt. Auf diese Weise wird eine Umwandlung von (4.34) in eine Differenzialgleichung für eine freie Schwingung ermöglicht.

Die Gesamtpolarisation eines Ionenkristalls setzt sich aus einer elektronischen und einer ionischen Polarisation zusammen. Für die elektronische Polarisation mit einer zweiatomigen Basis gilt (vgl. (4.7))

$$\vec{P}_{\text{el}} = \epsilon_0 N_V(\alpha_{\text{el}}^+ + \alpha_{\text{el}}^-)\vec{\mathcal{E}}_{\text{lokal}} \ , \tag{4.35}$$

wenn N_V die Anzahl der Ionenpaare je Volumeneinheit und α_{el}^+ und α_{el}^- die elektronischen Polarisierbarkeiten der positiven bzw. negativen Ionen sind.

Mit der Abkürzung

$$\alpha_{\text{el}} = \alpha_{\text{el}}^+ + \alpha_{\text{el}}^- \tag{4.36}$$

wird aus (4.35)

$$\vec{P}_{\text{el}} = \epsilon_0 N_V \alpha_{\text{el}} \vec{\mathcal{E}}_{\text{lokal}} \ . \tag{4.37}$$

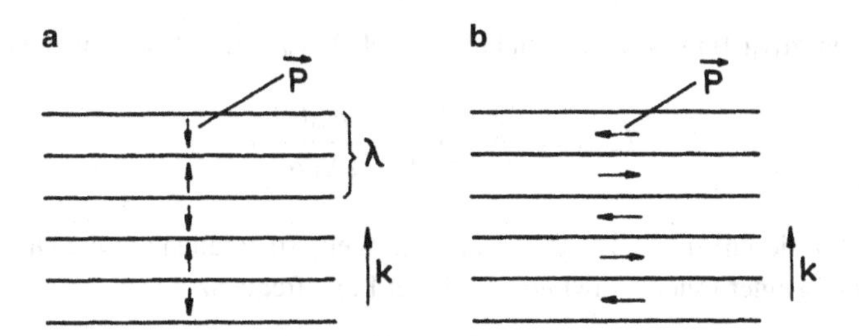

Abb. 4.3 Zur Herleitung der Eigenfrequenz einer longitudinalen und einer transversalen optischen Gitterschwingung bei einem Ionenkristall

Für die ionische Polarisation erhält man

$$\vec{P}_{\text{ion}} = N_V q \vec{u} \ , \tag{4.38}$$

wenn man beachtet, dass jedes einzelne Ionenpaar mit dem elektrischen Dipolmoment $q\vec{u}_1 - q\vec{u}_2 = q\vec{u}$ zur Polarisation beiträgt. Die Gesamtpolarisation eines Ionenkristalls beträgt also

$$\vec{P} = \epsilon_0 N_V \alpha_{\text{el}} \vec{\mathcal{E}}_{\text{lokal}} + N_V q \vec{u} \ . \tag{4.39}$$

In Abb. 4.3a und b ist die Richtung der Polarisation $\vec{P}$ in einer longitudinalen und einer transversalen optischen Gitterschwingung schematisch dargestellt. In einer im Vergleich zur Wellenlänge dünnen Scheibe parallel zu den Wellenfronten kann man die Polarisation als homogen ansehen.

Bei einer longitudinalen optischen Welle verläuft die Polarisation senkrecht zu der fiktiven Scheibe. In diesem Fall erhalten wir für das lokale elektrische Feld nach (4.14)

$$\vec{\mathcal{E}}_{\text{lokal}} = -\frac{2}{3\epsilon_0} \vec{P}$$

und unter Berücksichtigung von (4.39)

$$\vec{\mathcal{E}}_{\text{lokal}} = -\frac{2}{3} N_V \alpha_{\text{el}} \vec{\mathcal{E}}_{\text{lokal}} - \frac{2}{3\epsilon_0} N_V q \vec{u} \ . \tag{4.40}$$

Die ionische Polarisierbarkeit ist als $\alpha_{\text{ion}} = qu/\epsilon_0 \mathcal{E}_{\text{lokal}}$ definiert. Für ihren statischen Wert ergibt sich aus (4.34)

$$\alpha_{\text{ion}}(0) = \frac{q^2}{\epsilon_0 \mu \omega_0^2} \ . \tag{4.41}$$

Führen wir $\alpha_{\text{ion}}(0)$ in (4.40) ein und lösen nach $\vec{\mathcal{E}}_{\text{lokal}}$ auf, so bekommen wir

$$\vec{\mathcal{E}}_{\text{lokal}} = -\frac{1}{q}\mu\omega_0^2 \frac{\frac{2}{3}N_V\alpha_{\text{ion}}(0)}{1+\frac{2}{3}N_V\alpha_{\text{el}}}\vec{u} \ . \tag{4.42}$$

Setzen wir diesen Ausdruck für $\vec{\mathcal{E}}_{\text{lokal}}$ in (4.34) ein, so erhalten wir die Differenzialgleichung einer freien Schwingung mit der Eigenfrequenz

$$\omega_L = \omega_0\sqrt{1+\frac{\frac{2}{3}N_V\alpha_{\text{ion}}(0)}{1+\frac{2}{3}N_V\alpha_{\text{el}}(0)}} \tag{4.43}$$

für die longitudinale Schwingung. ω_0 liegt im infraroten Spektralbereich, also bei $10^{14}\,\text{s}^{-1}$. In diesem Frequenzbereich hat die elektronische Polarisierbarkeit bereits ihren statischen Wert erreicht, der deshalb auch in (4.43) benutzt wurde.

Bei einer transversalen optischen Welle verläuft die Polarisation parallel zur Scheibenebene (Abb. 4.3b). Das Lokale elektrische Feld berechnet sich demnach nach (4.15) zu

$$\vec{\mathcal{E}}_{\text{lokal}} = \frac{1}{3\epsilon_0}\vec{P} \ .$$

Verfahren wir analog zu oben, so erhalten wir für die Eigenfrequenz der transversalen Schwingung

$$\omega_T = \omega_0\sqrt{1-\frac{\frac{1}{3}N_V\alpha_{\text{ion}}(0)}{1-\frac{1}{3}N_V\alpha_{\text{el}}(0)}} \ . \tag{4.44}$$

Zusammenfassend können wir feststellen, dass bei Ionenkristallen die Eigenfrequenz ω_L einer longitudinalen optischen Gitterschwingung höher und die einer transversalen ω_T niedriger ist als die Eigenfrequenz ω_0 einer optischen Gitterschwingung neutraler Teilchen. Dies liegt daran, dass bei einer longitudinalen Schwingung die rücktreibende Kraft durch das sich ausbildende lokale elektrische Feld verstärkt und bei einer transversalen Schwingung abgeschwächt wird.

Dividieren wir ω_L^2 durch ω_T^2, so erhalten wir

$$\begin{aligned}\frac{\omega_L^2}{\omega_T^2} &= \frac{1+\frac{2}{3}N_V[\alpha_{\text{el}}(0)+\alpha_{\text{ion}}(0)]}{1-\frac{1}{3}N_V[\alpha_{\text{el}}(0)+\alpha_{\text{ion}}(0)]} : \frac{1+\frac{2}{3}N_V\alpha_{\text{el}}(0)}{1-\frac{1}{3}N_V\alpha_{\text{el}}(0)} \\ &= \left(1+\frac{N_V[\alpha_{\text{el}}(0)+\alpha_{\text{ion}}(0)]}{1-\frac{1}{3}N_V[\alpha_{\text{el}}(0)+\alpha_{\text{ion}}(0)]}\right) : \left(1+\frac{N_V\alpha_{\text{el}}(0)}{1-\frac{1}{3}N_V\alpha_{\text{el}}(0)}\right) \ . \end{aligned} \tag{4.45}$$

Der erste Ausdruck in diesem Quotienten ist gerade die statische Dielektrizitätskonstante ϵ_0. Das folgt unmittelbar aus (4.18), wenn man dort α durch $(\alpha_{\text{el}} + \alpha_{\text{ion}})$ ersetzt. Diese Erweiterung ist notwendig, wenn man neben einer elektronischen auch eine ionische Polarisierbarkeit zu berücksichtigen hat. Der zweite Ausdruck ist die Dielektrizitätskonstante $\epsilon(\omega_s)$ für Frequenzen des sichtbaren Bereichs des elektromagnetischen Spektrums, also für Frequenzen bei 10^{15} Hz. Hier ist α_{ion} praktisch gleich Null und α_{el} bereits in guter Näherung gleich dem statischen Wert.

Es gilt also

$$\frac{\omega_L^2}{\omega_T^2} = \frac{\epsilon(0)}{\epsilon(\omega_s)} \ . \tag{4.46}$$

Diese Formel bezeichnet man als *Lyddane-Sachs-Teller-Relation*. Sie bestimmt das Verhältnis der Eigenfrequenz der longitudinalen optischen Schwingung eines Ionenkristalls zur Eigenfrequenz der transversalen optischen Schwingung für $k = 0$. Die Beziehung hat u. a. die bemerkenswerte Konsequenz, dass $\epsilon(0)$ sehr hohe Werte annimmt, wenn ω_T sehr klein wird. Dies ist bei einigen ferroelektrischen Substanzen der Fall.

4.2.3 Optisches Verhalten von Ionenkristallen

Durch Bestrahlung mit elektromagnetischen Wellen können in einem Kristall natürlich nur transversale und keine longitudinalen optischen Gitterschwingungen angeregt werden. Die Frequenz der optischen Gitterschwingungen liegt bei 10^{13} Hz. Zur Erzeugung von transversalen optischen Phononen werden also Photonen des infraroten Spektralbereichs benötigt. Bei einer solchen Reaktion muss gleichzeitig die Bedingung für Impulserhaltung

$$\vec{q}_{\text{Phonon}} = \vec{k}_{\text{Photon}} \tag{4.47}$$

erfüllt sein. Die Wellenzahl von entsprechenden Photonen liegt in der Größenordnung von $10^3\,\text{cm}^{-1}$. Die Wellenzahl der Phononen erstreckt sich hingegen insgesamt bis etwa $10^8\,\text{cm}^{-1}$. Deshalb können nur solche Phononen erzeugt werden, deren Wellenzahlvektor in der unmittelbaren Umgebung des Mittelpunkts der ersten Brillouin-Zone liegt.

Für die erzwungene Schwingung eines Ionengitters mit zweiatomiger Basis durch ein makroskopisches elektrisches Feld $\vec{\mathcal{E}}$ (s. (4.10)) erhalten wir wieder eine Beziehung wie in (4.34), nur gilt jetzt nach (4.15)

$$\vec{\mathcal{E}}_{\text{lokal}} = \vec{\mathcal{E}} + \frac{1}{3\epsilon_0}\vec{P} \ . \tag{4.48}$$

Setzen wir in (4.48) für $\vec{P}$ den Ausdruck aus (4.39) ein, führen mithilfe der Beziehung aus (4.41) die statische ionische Polarisierbarkeit $\alpha_{\text{ion}}(0)$ ein und lösen schließlich nach $\vec{\mathcal{E}}_{\text{lokal}}$ auf, so bekommen wir

$$\vec{\mathcal{E}}_{\text{lokal}} = \frac{1}{1 - \frac{1}{3}N_V\alpha_{\text{el}}}\vec{\mathcal{E}} + \frac{1}{q}\mu\omega_0^2\frac{\frac{1}{3}N_V\alpha_{\text{ion}}(0)}{1 - \frac{1}{3}N_V\alpha_{\text{el}}}\vec{u} \ .$$

Hiermit erhalten wir aus (4.34) bei Berücksichtigung von (4.44)

$$\mu\frac{d^2\vec{u}}{dt^2} + \mu\omega_T^2\vec{u} = \frac{q}{1 - \frac{1}{3}N_V\alpha_{\text{el}}(0)}\vec{\mathcal{E}} \ . \tag{4.49}$$

Für die elektronische Polarisierbarkeit ist wieder der statische Wert benutzt worden. Ist ω die Kreisfrequenz der elektromagnetischen Strahlung, so hat (4.49) die Lösung

$$\vec{u} = \frac{q}{\mu}\frac{1}{1 - \frac{1}{3}N_V\alpha_{\text{el}}(0)}\frac{1}{\omega_T^2 - \omega^2}\vec{\mathcal{E}} \ . \tag{4.50}$$

Für den ionischen Beitrag zur elektrischen Suszeptibilität gilt nach (4.3) und (4.38)

$$\chi_{\text{ion}} = \frac{N_V q u}{\epsilon_0 \mathcal{E}} \ . \tag{4.51}$$

Hieraus folgt mit (4.50)

$$\chi_{\text{ion}} = \frac{N_V q^2}{\epsilon_0\mu}\frac{1}{1 - \frac{1}{3}N_V\alpha_{\text{el}}(0)}\frac{1}{\omega_T^2 - \omega^2} \ . \tag{4.52}$$

Der statische Wert beträgt

$$\chi_{\text{ion}}(0) = \frac{N_V q^2}{\epsilon_0\mu}\frac{1}{1 - \frac{1}{3}N_V\alpha_{\text{el}}(0)}\frac{1}{\omega_T^2} \ . \tag{4.53}$$

Führen wir diesen Wert in (4.52) ein, so erhalten wir

$$\chi_{\text{ion}} = \frac{\chi_{\text{ion}}(0)\omega_T^2}{\omega_T^2 - \omega^2} \ . \tag{4.54}$$

Für die Dielektrizitätskonstante des Ionenkristalls gilt

$$\epsilon = 1 + \chi_{\text{el}} + \chi_{\text{ion}} \ , \tag{4.55}$$

wenn χ_{el} der elektronische Beitrag zur elektrischen Suszeptibilität ist. Der statische Wert der Dielektrizitätskonstanten ist

$$\epsilon(0) = 1 + \chi_{\text{el}}(0) + \chi_{\text{ion}}(0) = \epsilon(\omega_s) + \chi_{\text{ion}}(0) \ , \tag{4.56}$$

wenn $\epsilon(\omega_s)$ die Dielektrizitätskonstante für Frequenzen des sichtbaren Bereichs ist. Sowohl der Wert von $\chi_{\text{el}}(0)$ als auch der von $\chi_{\text{ion}}(0)$ liegt bei den meisten Festkörpern zwischen 1 und 2.

Ersetzen wir in (4.54) $\chi_{\text{ion}}(0)$ mithilfe von (4.56) durch $\epsilon(0)$ und $\epsilon(\omega_s)$ und benutzen anschließend (4.55), so erhalten wir

$$\epsilon = 1 + \chi_{\text{el}} + \frac{[\epsilon(0) - \epsilon(\omega_s)]\omega_T^2}{\omega_T^2 - \omega^2} \ . \tag{4.57}$$

Beschränken wir uns nach oben auf Frequenzen des sichtbaren Bereichs, so wird aus (4.57)

$$\epsilon = \epsilon(\omega_s) + \frac{[\epsilon(0) - \epsilon(\omega_s)]\omega_T^2}{\omega_T^2 - \omega^2} \ . \tag{4.58}$$

Führen wir jetzt noch mithilfe der Lyddane-Sachs-Teller-Beziehung aus (4.46) die longitudinale optische Eigenfrequenz in (4.58) ein, so erhalten wir schließlich

$$\epsilon = \epsilon(\omega_s)\frac{\omega_L^2 - \omega^2}{\omega_T^2 - \omega^2} \ . \tag{4.59}$$

Diese Funktion hat eine Singularität bei $\omega = \omega_T$ und eine Nullstelle bei $\omega = \omega_L$. Für $\omega_T < \omega < \omega_L$ hat sie negative Werte. Der Verlauf ist in Abb. 4.4 aufgetragen.

Ein negativer Wert der reellen Funktion ϵ bedeutet nach (4.27), dass

$$n = 0 \qquad \text{und} \qquad \kappa = \sqrt{|\epsilon|} \tag{4.60}$$

ist. Damit wird aus (4.30)

$$\vec{\mathcal{E}} = \vec{\mathcal{E}}^0 e^{-\sqrt{|\epsilon|}\frac{\omega}{c}z} e^{-i\omega t} \ . \tag{4.61}$$

In diesem Fall kann die elektromagnetische Welle überhaupt nicht in den Kristall eindringen sondern wird an der Oberfläche total reflektiert.

Für das Reflexionsvermögen einer Kristalloberfläche, das gleich dem Verhältnis der Intensitäten von reflektierter und einfallender Welle ist, gilt bei senkrechter Inzidenz allgemein

$$R = \frac{(n-1)^2 + \kappa^2}{(n+1)^2 + \kappa^2} \ . \tag{4.62}$$

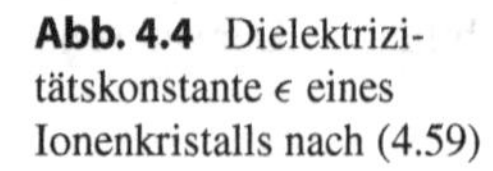

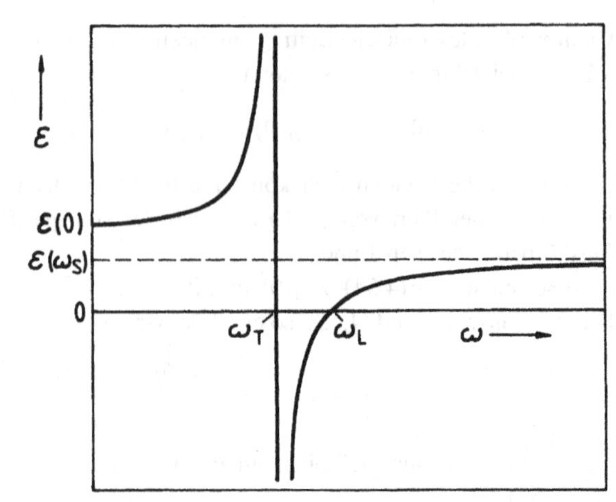

Abb. 4.4 Dielektrizitätskonstante ϵ eines Ionenkristalls nach (4.59)

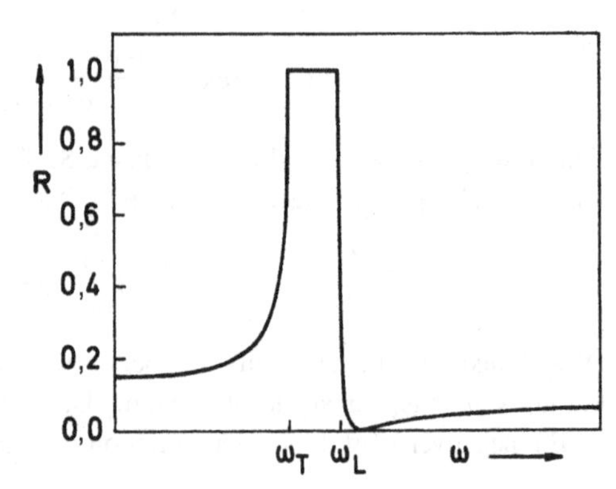

Abb. 4.5 Reflexionsvermögen eines Ionenkristalls im infraroten Spektralbereich ohne Berücksichtigung der Strahlungsdämpfung. ω_T transversale und ω_L longitudinale optische Eigenfrequenz

In Abb. 4.5 ist das Reflexionsvermögen in Abhängigkeit von der Kreisfrequenz der einfallenden Welle aufgetragen, wobei für die Dielektrizitätskonstante (4.59) verwendet wurde. Für $\omega_T < \omega < \omega_L$ ist $R = 1$. Außerhalb dieses Frequenzbereichs ist

$$n = \sqrt{\epsilon} \qquad \text{und} \qquad \kappa = 0 \ , \tag{4.63}$$

und R ist somit kleiner als eins.

Bisher wurde eine Strahlungsdämpfung nicht berücksichtigt. Sie lässt sich wie in (4.20) durch ein Dämpfungsglied in der Bewegungsgleichung erfassen. Hierdurch kommt es in der Nachbarschaft von ω_T zu einer starken Strahlungs-

Tab. 4.1 Transversale und longitudinale optische Eigenfrequenz einiger Ionenkristalle

	ω_T $[10^{13}\text{s}^{-1}]$	ω_L $[10^{13}\text{s}^{-1}]$
LiF	5,8	12,0
LiBr	3,0	6,1
NaF	4,5	7,8
NaCl	3,1	5,0
KCl	2,7	4,0
CsCl	1,9	3,1
MgO	7,5	14,0
AgBr	1,5	2,5

absorption. Die Dämpfung bewirkt außerdem, dass das Reflexionsvermögen im Frequenzbereich $\omega_T < \omega < \omega_L$ jetzt etwas kleiner als eins ist und von ω abhängt. Das Maximum von R liegt hierbei oberhalb der Frequenz ω_T für maximale Absorption.

In Tab. 4.1 sind ω_T und ω_L für einige Ionenkristalle angegeben. Hierbei ist ω_T aus dem Absorptionsspektrum bestimmt worden. ω_L wurde mithilfe der Lyddane-Sachs-Teller-Beziehung berechnet.

Durch eine mehrmalige Reflexion von infraroter Strahlung an Ionenkristallen bleiben schließlich nur Strahlen mit Frequenzen zwischen ω_L und ω_T übrig. Man bezeichnet sie allgemein als *Reststrahlen*.

4.2.4 Polaritonen

Aus der Wellengleichung

$$\frac{\partial^2 \vec{\mathcal{E}}}{\partial z^2} = \frac{\epsilon(\omega)}{c^2}\frac{\partial^2 \vec{\mathcal{E}}}{\partial t^2}$$

für ebene elektromagnetische Wellen in einem unmagnetischen, isolierenden Medium folgt mit dem Ansatz

$$\vec{\mathcal{E}} = \vec{\mathcal{E}}^0 e^{i(kz-\omega t)}$$

die Dispersionsrelation

$$k^2 = \frac{\epsilon(\omega)}{c^2}\omega^2 \quad .$$

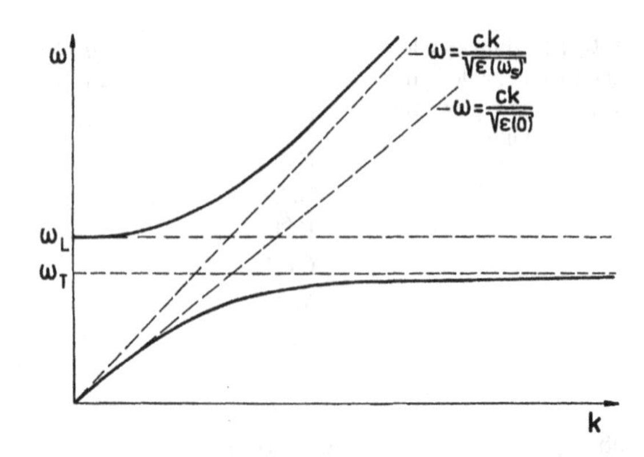

Abb. 4.6 Dispersionskurven für Polaritonen

Benutzt man für $\epsilon(\omega)$ den Ausdruck aus (4.59) für den infraroten Spektralbereich, so erhält man

$$k^2 = \frac{\epsilon(\omega_s)}{c^2} \frac{\omega_L^2 - \omega^2}{\omega_T^2 - \omega^2} \omega^2 \ . \tag{4.64}$$

In Abb. 4.6 ist die Relation $\omega = \omega(k)$, wie sie sich aus (4.64) ergibt, aufgetragen. Man erhält zwei Dispersionszweige, die durch eine Frequenzlücke getrennt sind. Die Frequenzlücke reicht von ω_T bis ω_L. In diesem Bereich erlaubt (4.64) keine Lösung mit reelen Werten für ω und k. Der Verlauf der Dispersionskurven ist durch die starke Kopplung von elektromagnetischen und mechanischen Wellen im Resonanzbereich bedingt. Durch Absorption von Strahlungsenergie wird eine transversale optische Gitterschwingung angeregt, die selbst wiederum eine elektromagnetische Strahlung der gleichen Frequenz hervorruft. Auf diese Weise bildet sich eine Welle aus, die man als Mischung einer elektromagnetischen und einer mechanischen Welle ansehen kann. Die Quanten der Eigenschwingungen dieses Mischzustands bezeichnet man als *Polaritonen*. In einer solchen Betrachtungsweise lassen sich die in Abb. 4.6 wiedergegebenen Kurven als Dispersionskurven für Polaritonen auffassen.

Für den unteren Zweig folgt aus (4.64) für k-Werte unterhalb des Resonanzbereichs, für die $\omega \ll \omega_T$ ist,

$$k^2 = \frac{\epsilon(\omega_s)}{c^2} \frac{\omega_L^2}{\omega_T^2} \omega^2$$

oder bei Verwendung von (4.46)

$$\omega = \frac{c}{\sqrt{\epsilon(0)}} k \ . \tag{4.65}$$

Dies ist die Dispersionsrelation für Photonen für Frequenzen unterhalb des Resonanzbereichs. Die Umwandlung eines Photons in ein transversales optisches Phonon ist hier nicht möglich, da sich bei gleicher Wellenzahl die Frequenzen der Quasiteilchen zu stark voneinander unterscheiden.

Oberhalb des Resonanzbereichs geht der untere Dispersionszweig mit wachsendem k-Wert in die Dispersionskurve für transversale optische Phononen über, da auch hier wieder eine Entkopplung von elektromagnetischer und mechanischer Welle eintritt.

Für die obere Dispersionskurve in Abb. 4.6 gelten entsprechende Überlegungen. Hier folgt aus (4.64) für k-Werte oberhalb des Resonanzbereichs, für die $\omega \gg \omega_L$ ist,

$$\omega = \frac{c}{\sqrt{\epsilon(\omega_s)}} k \ . \tag{4.66}$$

Dies ist die Dispersionsrelation für Photonen mit Frequenzen oberhalb des Resonanzbereichs im Infraroten.

4.2.5 Orientierungspolarisation

In Gasen wirkt der Ausrichtung von Dipolmolekülen in einem elektrischen Feld nur die thermische Bewegung entgegen. In einem Festkörper können dagegen zusätzlich Gitterkräfte die Umorientierung der Dipole behindern. Ihr Einfluss ist bei den einzelnen Substanzen verschieden groß und lässt sich nicht allgemeingültig erfassen. Nur dann, wenn die Temperatur so hoch ist, dass die thermische Energie $k_B T$ wesentlich größer als die durch das Kristallfeld bedingten von der Dipolorientierung abhängigen Unterschiede der potenziellen Dipolenergie ist, erhält man eine einfache Abhängigkeit der statischen elektrischen Suszeptibilität eines parelektrischen Festkörpers von der Temperatur. Sie entspricht dem Curieschen Gesetz für paramagnetische Substanzen (s. Abschn. 5.1) und lautet

$$\chi_{\text{dip}}(0) = \frac{C}{T} \ . \tag{4.67}$$

Hierbei ist

$$C = N_V \frac{p_{\text{dip}}^2}{3\epsilon_0 k_B} \ , \tag{4.68}$$

wenn p_{dip} das Moment der permanenten Dipole bedeutet. In einem elektrischen Wechselfeld nimmt χ_{dip} mit wachsender Frequenz ab. Dies liegt daran, dass für die Neuorientierung der Permanentdipole eine bestimmte Zeitspanne, die sog. *Relaxationszeit* benötigt wird. Zur Umorientierung der Dipole muss Aktivierungsarbeit gegen die Gitterkräfte geleistet werden, die aus der thermischen Energie aufgebracht wird. Die Relaxationszeit wird also mit steigender Temperatur abnehmen und ist in Festkörpern im Allgemeinen größer als in Flüssigkeiten. Die Gleichung, die hier den Relaxationsprozess beschreibt, lautet (vgl. Abschn. 3.3)

$$\frac{d\vec{P}_{\text{dip}}(\omega)}{dt} = \frac{\vec{P}_{\text{dip}}(0)e^{-i\omega t} - \vec{P}_{\text{dip}}(\omega)}{\tau} \quad . \tag{4.69}$$

Hierbei ist $\vec{P}_{\text{dip}}(0)$ die statische Dipolpolarisation und $\vec{P}_{\text{dip}}(0)e^{-i\omega t}$ derjenige Wert, den $\vec{P}_{\text{dip}}$ in einem Wechselfeld der Frequenz ω jeweils annehmen würde, wenn die Relaxationszeit Null wäre. Die Änderungsgeschwindigkeit von $\vec{P}_{\text{dip}}(\omega)$ ist umso größer, je stärker der „Istwert" $\vec{P}_{\text{dip}}(\omega)$ vom „Sollwert" $\vec{P}_{\text{dip}}(0)e^{-i\omega t}$ abweicht. Außerdem ist sie umgekehrt proportional zur Relaxationszeit τ.

Natürlich hat auch $\vec{P}_{\text{dip}}(\omega)$ den zeitlich periodischen Verlauf $e^{-i\omega t}$, allerdings mit einer durch die Relaxationszeit bedingten Phasenverschiebung. Dieser Sachverhalt lässt sich durch Einführung einer komplexen elektrischen Suszeptibilität beschreiben. Man macht also den Ansatz

$$\vec{P}_{\text{dip}}(\omega) = \epsilon_0[\chi'_{\text{dip}}(\omega) + i\chi''_{\text{dip}}(\omega)]\vec{\mathcal{E}}^0 e^{-i\omega t} \tag{4.70}$$

und erhält mit

$$\vec{P}_{\text{dip}}(0) = \epsilon_0 \chi_{\text{dip}}(0)\vec{\mathcal{E}}^0 \tag{4.71}$$

aus (4.69)

$$-i\omega[\chi'_{\text{dip}}(\omega) + i\chi''_{\text{dip}}(\omega)] = \frac{\chi_{\text{dip}}(0) - [\chi'_{\text{dip}}(\omega) + i\chi''_{\text{dip}}(\omega)]}{\tau} \quad .$$

Für Real- und Imaginärteil von $\chi_{\text{dip}}(\omega)$ ergeben sich hieraus die *Debyeschen Formeln*

$$\chi'_{\text{dip}}(\omega) = \frac{1}{1 + \omega^2\tau^2}\chi_{\text{dip}}(0) \tag{4.72}$$

$$\text{und} \qquad \chi''_{\text{dip}}(\omega) = \frac{\omega\tau}{1 + \omega^2\tau^2}\chi_{\text{dip}}(0) \quad . \tag{4.73}$$

In Abb. 4.7 sind $\chi'_{\text{dip}}/\chi_{\text{dip}}(0)$ und $\chi''_{\text{dip}}/\chi_{\text{dip}}(0)$ über ${}^{10}\log\omega\tau$ aufgetragen. Für sehr niedrige Frequenzen, $\omega \ll 1/\tau$, hat $\chi'_{\text{dip}}/\chi_{\text{dip}}(0)$ den Wert 1. Die Perma-

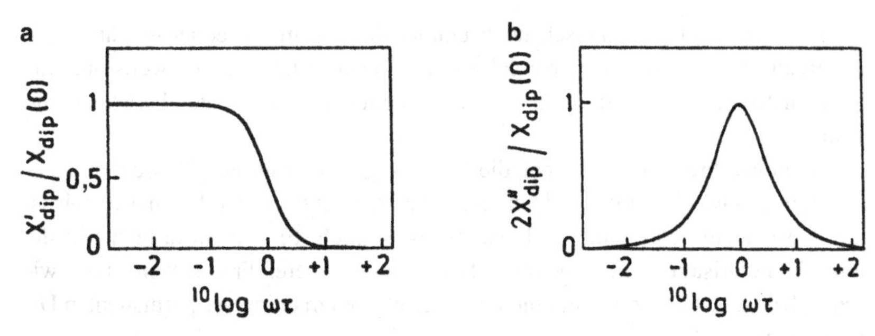

Abb. 4.7 Real- und Imaginärteil der elektrischen Suszeptibilität bei der Orientierungspolarisation

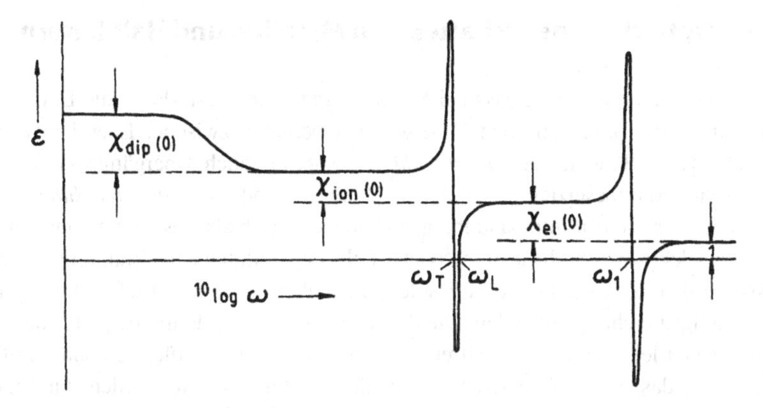

Abb. 4.8 Frequenzabhängigkeit der Dielektrizitätskonstante eines parelektrischen Ionenkristalls, schematisch. ω_T und ω_L transversale bzw. longitudinale optische Eigenfrequenz, ω_1 Resonanzfrequenz bei der elektronischen Polarisation. $\chi_{\mathrm{el}}(0)$, $\chi_{\mathrm{ion}}(0)$ und $\chi_{\mathrm{dip}}(0)$ sind die Beiträge der elektronischen, ionischen und Orientierungspolarisation zum statischen Wert der Dielektrizitätskonstante

nentdipole können ohne Phasenverzögerung dem elektrischen Wechselfeld folgen. $\chi''_{\mathrm{dip}}/\chi_{\mathrm{dip}}(0)$ verschwindet; dielektrische Verluste treten noch nicht auf. Mit steigender Frequenz nimmt $\chi'_{\mathrm{dip}}/\chi_{\mathrm{dip}}(0)$ immer mehr ab, während $\chi''_{\mathrm{dip}}/\chi_{\mathrm{dip}}(0)$ zunimmt. Bei $\omega = 1/\tau$ ist $\chi'_{\mathrm{dip}}/\chi_{\mathrm{dip}}(0)$ auf 0,5 abgefallen. Die dielektrischen Verluste sind hier maximal. Wird schließlich $\omega \gg 1/\tau$, so ist sowohl Real- als auch Imaginärteil Null. Die Dipole vermögen dem elektrischen Wechselfeld nicht mehr zu folgen.

Abb. 4.8 zeigt schematisch noch einmal die gesamte Frequenzabhängigkeit des Realteils von ϵ für einen parelektrischen Ionenkristall. Es ist jeweils nur eine Resonanzfrequenz im infraroten und ultravioletten Spektralbereich berücksichtigt worden.

Bei hohen Frequenzen können die Ionen wegen ihrer großen Masse dem elektrischen Wechselfeld nicht folgen. Im sichtbaren und ultravioletten Bereich ist deshalb nur eine elektronische Polarisation möglich. Erst im Infraroten tritt die ionische Polarisation in Erscheinung. Bei noch niedrigeren Frequenzen, etwa zwischen 10^{10} und 10^8 Hz, kommt die Orientierungspolarisation der permanenten Dipole hinzu.

4.3 Optische Eigenschaften von Metallen und Halbleitern

Es wurde bereits erwähnt, dass bei Metallen und Halbleitern durch die Einstrahlung einer elektromagnetischen Welle sowohl Übergänge zwischen Energieniveaus verschiedener Bänder, sog. *Interbandübergänge*, als auch Übergänge zwischen besetzten und unbesetzten Zuständen des Leitungsbands, sog. *Intrabandübergänge*, möglich sind. Ein Intrabandübergang kann klassisch als Beschleunigung eines Leitungselektrons durch das elektrische Feld der einfallenden Strahlung aufgefasst werden, und wir können für solch ein Elektron wie in Abschn. 4.2.1 eine Bewegungsgleichung aufstellen. Die dort benutzte (4.20) gilt allerdings für quasigebundene Elektronen, bei quasifreien Elektronen entfällt die rücktreibende Kraft. Die durch das periodische Kristallpotenzial bedingten Kräfte werden durch eine effektive Masse m^* berücksichtigt. Außerdem ist jetzt das Dämpfungsglied nicht durch die Abstrahlung elektromagnetischer Wellen sondern durch Elektron-Phonon-Streuung bedingt. Diese kann, wie in Abschn. 3.3.4 gezeigt wurde, durch eine Relaxationszeit τ erfasst werden. Die eindimensionale Bewegungsgleichung für ein Leitungselektron in einem zeitlich periodischen elektrischen Feld lautet also

$$m^* \frac{d^2x}{dt^2} + m^* \frac{1}{\tau} \frac{dx}{dt} = -e\mathcal{E}^0 e^{-i\omega t} \quad . \tag{4.74}$$

(4.74) hat die stationäre Lösung

$$x = \frac{e}{m^*} \frac{1}{\omega \left(\omega + i\frac{1}{\tau}\right)} \mathcal{E} \quad .$$

Ist N_L die Anzahl der Leitungselektronen pro Volumeneinheit, so erhält man für ihren Beitrag zur elektrischen Polarisation

$$P_L = -N_L e x = -\frac{N_L e^2}{m^*} \frac{1}{\omega\left(\omega + i\frac{1}{\tau}\right)} \mathcal{E} \ . \tag{4.75}$$

Für den Beitrag der Leitungselektronen zur elektrischen Suszeptibilität ergibt sich entsprechend

$$\chi_L = \frac{P_L}{\epsilon_0 \mathcal{E}} = -\frac{N_L e^2}{\epsilon_0 m^*} \frac{1}{\omega\left(\omega + i\frac{1}{\tau}\right)} \ . \tag{4.76}$$

Für die dielektrische Funktion gilt

$$\epsilon = 1 + \chi_{\text{el}} + \chi_L = \epsilon_{\text{el}} + \chi_L \ . \tag{4.77}$$

Dabei ist χ_{el} der Beitrag der quasigebundenen Elektronen zur elektrischen Suszeptibilität. Mit (4.76) bekommt man dann

$$\epsilon = \epsilon_{\text{el}} \left(1 - \frac{N_L e^2}{\epsilon_0 \epsilon_{\text{el}} m^*} \frac{1}{\omega\left(\omega + i\frac{1}{\tau}\right)}\right) \ . \tag{4.78}$$

Die Relaxationszeit τ liegt für Metalle bei einigen 10^{-14} s (s. Tab. 3.2). Für ein ω oberhalb etwa $10^{15}\,\text{s}^{-1}$ ist also $\omega \gg \frac{1}{\tau}$, und man kann den imaginären Term in (4.78) vernachlässigen. In diesem Fall erhält man mit

$$\omega_P = \sqrt{\frac{N_L e^2}{\epsilon_0 \epsilon_{\text{el}} m^*}} \tag{4.79}$$

die reelle Dielektrizitätskonstante

$$\epsilon = \epsilon_{\text{el}} \left(1 - \frac{\omega_P^2}{\omega^2}\right) \ . \tag{4.80}$$

Für $\omega < \omega_P$ ist ϵ negativ. Dies bedeutet nach den Ausführungen in Abschn. 4.2.3, dass die einfallenden elektromagnetischen Wellen total reflektiert werden.

Ist dagegen $\omega > \omega_P$, so ist ϵ positiv, und das Metall wird, da gleichzeitig der Absorptionskoeffizient $\kappa \approx 0$ ist, für elektromagnetische Strahlung durchlässig. Dies trifft z. B. für Alkalimetalle im ultravioletten Spektralbereich zu.

In Abb. 4.9a ist die Dielektrizitätskonstante nach (4.80) und in Abb. 4.9b das hieraus berechnete Reflexionsvermögen in Abhängigkeit von der Frequenz des elektromagnetischen Wechselfeldes aufgetragen.

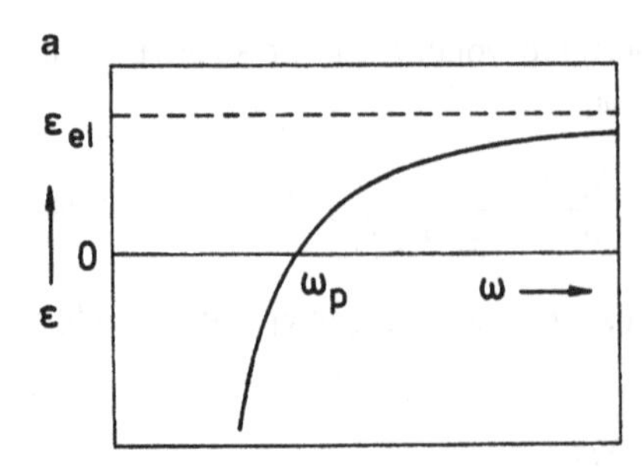

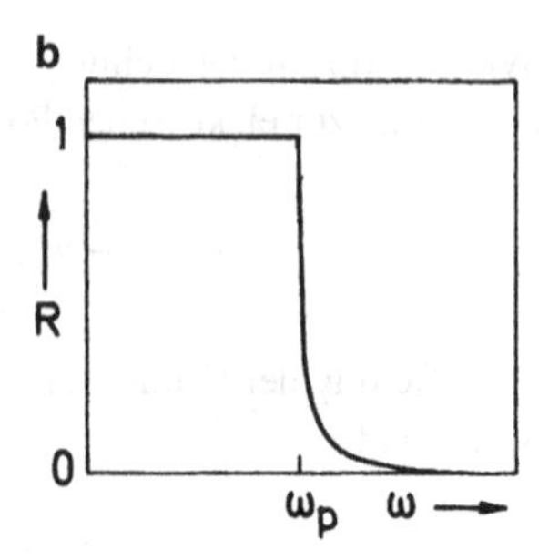

Abb. 4.9 **a** Dielektrizitätskonstante und **b** Reflexionsvermögen eines Metalls oder eines Halbleiters im Bereich der Plasmafrequenz ω_P

4.3.1 Plasmaschwingungen

Wir hatten gesehen, vergleiche (4.59), dass bei Ionenkristallen die Dielektrizitätskonstante für $\omega_T < \omega < \omega_L$ negativ wird, wenn ω_T die Eigenfrequenz einer transversalen und ω_L die einer longitudinalen optischen Gitterschwingung ist. Die gleiche Gesetzmäßigkeit gilt nach (4.80) für Leitungselektronen, wenn die Eigenfrequenz einer Transversalschwingung des Elektronengases den Wert Null hat und wir ω_P als Eigenfrequenz einer Longitudinalschwingung des Elektronengases ansehen dürfen. In einem Elektronengas können sich genau wie in einem normalen Gas keine freien Transversalschwingungen ausbilden. Wir können deshalb den Leitungselektronen die transversale Eigenfrequenz $\omega_T = 0$ zuordnen. Im Folgenden wird nun gezeigt, dass ω_P tatsächlich die Eigenfrequenz einer Longitudinalschwingung des Elektronengases ist.

Wir gehen von einem Metallmodell aus, in dem die Leitungselektronen zusammen mit den positiv geladenen Metallionen ein Plasma bilden. Dabei wird angenommen, dass nur die Elektronen beweglich sind. Die vergleichsweise schweren Metallionen bilden einen festen positiven Ladungshintergrund. Im Gleichgewicht ist ein Plasma feldfrei und elektrisch neutral. Deshalb treten, sobald durch eine Störung Elektronen aus ihren Gleichgewichtspositionen ausgelenkt werden und dadurch die Ladungsneutralität aufgehoben wird, rücktreibende Kräfte auf, die zu sog. *Plasmaschwingungen* führen. Zunächst wird die Frequenz einer Plasmaschwingung berechnet, bei der alle Leitungselektronen eine gleichförmige Verschiebung erfahren.

In einer dünnen Metallplatte sollen die Leitungselektronen senkrecht zur Plattenebene um die Strecke s verschoben werden. Wenn N_L die Leitungselektronendichte ist, tritt dann auf der der Verrückung zugewandten Seite der Platte eine

Abb. 4.10 Zur Berechnung der Plasmafrequenz

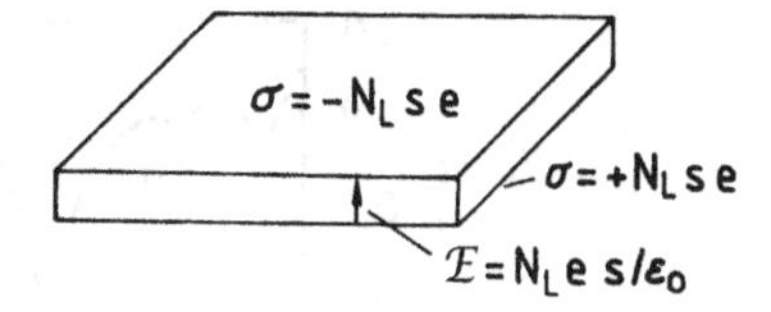

Flächenladungsdichte $-N_L se$ auf. Auf der anderen Seite der Platte beträgt die Ladungsdichte $+N_L se$ (Abb. 4.10). In der Platte entsteht ein elektrisches Feld $\mathcal{E} = N_L es/\epsilon_0$, das auf jedes Leitungselektron die rücktreibende Kraft

$$F = -e\mathcal{E} = -\frac{N_L e^2}{\epsilon_0} s$$

ausübt. In diesem Plasmamodell lautet die Bewegungsgleichung für ein Elektron

$$m^* \frac{d^2 s}{dt^2} + \frac{N_L e^2}{\epsilon_0} s = 0 \ .$$

Dies ist die Bewegungsgleichung eines harmonischen Oszillators. Seine Eigenfrequenz, die sog. *Plasmafrequenz* beträgt

$$\tilde{\omega}_P = \sqrt{\frac{N_L e^2}{\epsilon_0 m^*}} \ . \tag{4.81}$$

Die Größe $\tilde{\omega}_P$ lässt sich als Eigenfrequenz einer Longitudinalschwingung des Elektronengases mit unendlich großer Wellenlänge oder der Wellenzahl $k = 0$ auffassen. Sie stimmt mit der Frequenz ω_P aus (4.79) bis auf die durch Polarisation der Gitterteilchen bedingte Größe ϵ_{el} überein. Gewöhnlich wird die Plasmafrequenz durch die Nullstelle der dielektrischen Funktion aus (4.80) definiert.

Bei einer Plasmaschwingung handelt es sich um eine kollektive Anregung der Leitungselektronen. Die Energiequanten dieser Anregung bezeichnet man als *Plasmonen.* Ihre Energie $\hbar\omega_P$ liegt in der Größenordnung von 10 eV; eine thermische Anregung von Plasmonen ist deshalb nicht möglich. Sie werden dagegen durch Wechselwirkung schneller Teilchen mit dem Elektronengas erzeugt. So lassen sich Plasmonen durch Messung der Energieverluste nachweisen, die Elektronen einer Energie von einigen keV bei ihrem Durchgang durch dünne Metallfolien erleiden. Die Energieverluste stimmen häufig recht gut mit $\hbar\omega_P$ oder einem ganzzahligen Vielfachen überein.

Die Eigenfrequenz von Plasmaschwingungen nimmt mit wachsender Wellenzahl k zu. Man kann zeigen, dass für kleine Werte von k für Plasmonen die Dis-

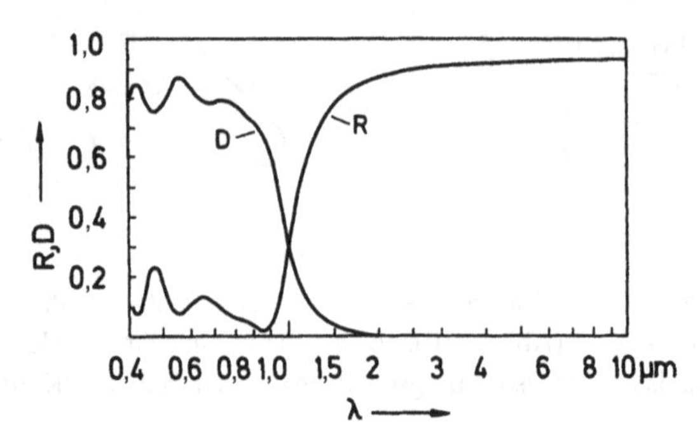

Abb. 4.11 Reflexionsvermögen R und Durchlässigkeit D einer 0,3 μm dicken mit Sn dotierten In_2O_3-Schicht für sichtbares und infrarotes Licht. Die Ladungsträgerkonzentration ist $1{,}3 \cdot 10^{21}\,\mathrm{cm}^{-3}$ (nach Köstlin, H.; Jost, R.; Lems, W.: Phys. Stat. Sol. A **29** (1975) 87)

persionsrelation

$$\omega = \omega_P \left(1 + \frac{3v_F^2}{10\omega_P^2} k^2\right) \tag{4.82}$$

gilt. v_F ist hierbei die Geschwindigkeit der Elektronen auf der Fermi-Fläche.

In Halbleitern kann man durch geeignete Dotierung mit Fremdatomen die Ladungsträgerkonzentration N_L in weiten Grenzen variieren. Dies bedeutet aber nach (4.79), dass man auch die Plasmafrequenz variieren kann. Technisch interessant sind hier vor allem solche Stoffe, die elektromagnetische Wellen des sichtbaren Spektralbereichs fast ungehindert hindurchlassen aber ein hohes Reflexionsvermögen für infrarote Strahlung aufweisen. Dies lässt sich z. B. mit Sb dotiertem SnO_2 und Sn dotiertem In_2O_3 bei einer Ladungsträgerkonzentration von 10^{20} bis $10^{21}\,\mathrm{cm}^{-3}$ erreichen (vgl. Abb. 4.11). In dünnen Schichten aufgetragen können diese Substanzen dazu benutzt werden, die Wärmeisolation von Natriumdampflampen zu erhöhen, den Wirkungsgrad von Sonnenkollektoren heraufzusetzen oder den Wärmedurchgang durch Fensterisolierverglasung zu verringern.

Es sei noch erwähnt, dass bei Halbleitern auch die Valenzelektronen zu Plasmaschwingungen angeregt werden können. Die Plasmonenenergie liegt hier in der gleichen Größenordnung wie bei Metallen.

4.3.2 Interbandübergänge

Bei den meisten Metallen überlagern gewöhnlich Interbandübergänge die Anregung von Leitungselektronen durch Intrabandübergänge. Das hat zur Folge, dass

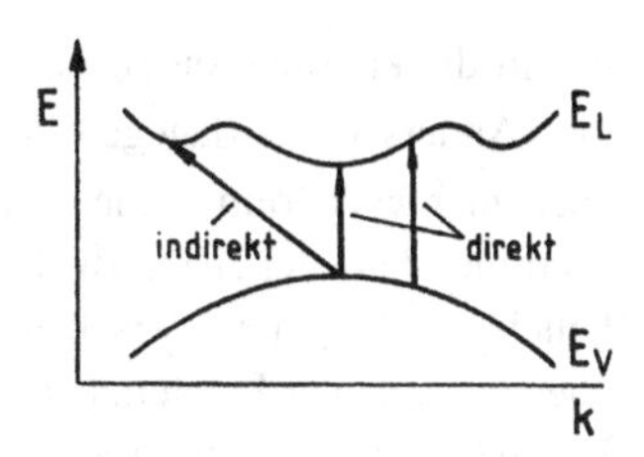

Abb. 4.12 Direkte und indirekte Interbandübergänge bei einem Halbleiter

das Reflexionsspektrum eines Metalls unter Umständen beträchtlich von der Darstellung in Abb. 4.9b abweicht. Zur Auswertung solcher Spektren ist eine sorgfältige Analyse erforderlich. Hiermit werden wir uns in Abschn. 4.5 beschäftigen.

In Abb. 4.12 sind Interbandübergänge zwischen Energieniveaus $E_V(\vec{k})$ des Valenzbandes und Niveaus $E_L(\vec{k}')$ des Leitungsbandes eines Halbleiters schematisch dargestellt. Hierbei unterscheidet man zwischen *direkten* und *indirekten Übergängen.*

Direkte Übergänge erfolgen durch Absorption von Lichtquanten ohne Beteiligung von Phononen. Hier gilt also

$$E_L\left(\vec{k}'_{\text{Elektron}}\right) = E_V\left(\vec{k}_{\text{Elektron}}\right) + \hbar\omega_{\text{Photon}} \ . \tag{4.83}$$

Außerdem muss für die Wellenzahlvektoren der am Prozess beteiligten Quasiteilchen die Bedingung

$$\vec{k}'_{\text{Elektron}} = \vec{k}_{\text{Elektron}} + \vec{k}_{\text{Photon}} \tag{4.84}$$

erfüllt sein.

Da die Wellenzahl k_{Photon} eines absorbierten Lichtquants um mehrere Größenordnungen kleiner als die eines Kristallelektrons ist, kombinieren praktisch nur solche Elektronenzustände, deren Wellenzahlen gleich sind.

Bei indirekten Übergängen werden außerdem Phononen erzeugt oder vernichtet. Man hat jetzt

$$E_L\left(\vec{k}'_{\text{Elektron}}\right) = E_V\left(\vec{k}_{\text{Elektron}}\right) + \hbar\omega_{\text{Photon}} \pm \hbar\omega_{\text{Phonon}} \tag{4.85}$$

$$\text{und} \qquad \vec{k}'_{\text{Elektron}} = \vec{k}_{\text{Elektron}} + \vec{k}_{\text{Photon}} \pm \vec{q}_{\text{Phonon}} \ . \tag{4.86}$$

ω_{Phonon} ist um etwa zwei Größenordnungen kleiner als ω_{Photon}. Man kann deshalb in (4.85) ω_{Phonon} gegenüber ω_{Photon} vernachlässigen. Die Energiebilanz bei einem direkten und einem indirekten Übergang unterscheidet sich nur geringfügig. Anders ist es dagegen bei den Wellenzahlvektoren. $\vec{k}_{\text{Photon}}$ spielt natürlich auch hier wiederum keine Rolle, aber $\vec{q}_{\text{Phonon}}$ kann genauso wie $\vec{k}_{\text{Elektron}}$ jeden Wert innerhalb der ersten Brillouin-Zone annehmen. Infolgedessen sind im Prinzip beliebige Übergänge zwischen den Energiebändern möglich. In Wirklichkeit sind aber bei solchen Dreiteilchen-Wechselwirkungen die Übergangswahrscheinlichkeiten so klein, dass indirekte Übergänge in Absorptions- oder Reflexionsspektren nur von Bedeutung sind, wenn sie nicht von direkten Übergängen überlagert werden. Aber auch dann treten sie nur in Erscheinung, wenn sie zwischen solchen Bereichen des Valenz- und Leitungsbandes stattfinden, bei denen sich Übergänge mit nahezu gleicher Frequenz häufen. Ein Beispiel hierfür sind Übergänge zwischen einem Maximum des Valenzbandes und einem Minimum des Leitungsbandes. In Abb. 4.12 ist ein derartiger indirekter Übergang eingezeichnet.

4.3.3 Exzitonen

Ein Kristallelektron, das durch Absorption eines Photons ins Leitungsband gehoben wird, lässt im Valenzband ein Loch zurück. Da dem Loch eine positive Ladung zuzuordnen ist, ziehen Elektron und Loch sich gegenseitig an. Dies kann zu einer Bindung der Quasiteilchen führen. Ein derartig gebundenes Elektron-Loch-Paar bezeichnet man als *Exziton*. Wie Elektronen können auch Exzitonen durch das Kristallgitter wandern. Sie transportieren dabei ihre Anregungsenergie. Diese Energie wird wieder frei, wenn das Elektron in das Loch des Valenzbandes zurückfällt. Man bezeichnet diesen Vorgang als Rekombination.

Die Anregung von Exzitonen hat zur Folge, dass in Halbleitern und Isolatoren eine Photonenabsorption nicht erst dann erfolgt, wenn die Photonenenergie gleich der Energielücke zwischen Valenz- und Leitungsband ist, sondern bereits bei etwas kleineren Energien. Der Energieunterschied entspricht gerade der Bindungsenergie eines Elektron-Loch-Paars. In Absorptions- und Reflexionsspektren von Halbleitern und Isolatoren lassen sich deshalb häufig Strukturen schon dicht unterhalb der Absorptionskante beobachten.

Man unterscheidet zwischen *Mott*[4]*-Wannier-* und *Frenkel-Exzitonen*. Bei Mott-Wannier-Exzitonen ist der Abstand zwischen Elektron und Loch groß im Vergleich zum Abstand der Gitteratome (Abb. 4.13). Sie treten in Erscheinung, wenn die Bindung der Elektronen an die Gitteratome relativ schwach ist. Dies ist z. B. bei Halbleitern der Fall. Bei Molekül- und Ionenkristallen beobachtet man dagegen

[4] Nevill Mott, *1905 Leeds, †1996 Milton Keynes (Bucks.), Nobelpreis 1977.

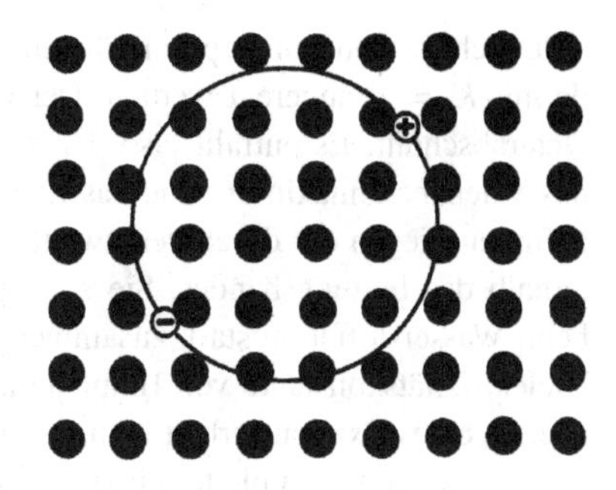

Abb. 4.13 Mott-Wannier-Exziton

Frenkel-Exzitonen. Bei ihnen sind das Elektron und das Loch am gleichen Gitteratom lokalisiert. Infolge der Kopplung benachbarter Gitteratome kann sich ein Frenkel-Exziton aber genauso durch den Kristall hindurch bewegen wie ein Mott-Wannier-Exziton. Im Folgenden werden wir uns nur mit dem Mott-Wannier-Exziton beschäftigen.

Ein Mott-Wannier-Exziton kann man als ein dem Wasserstoffatom ähnliches System auffassen, bei dem das Elektron und das Loch den gemeinsamen Schwerpunkt umkreisen. Zwischen ihnen hat man eine Coulomb-Wechselwirkung mit der potenziellen Energie

$$U(|\vec{r}_e - \vec{r}_p|) = -\frac{e^2}{4\pi\epsilon_0\epsilon|\vec{r}_e - \vec{r}_p|} \ . \tag{4.87}$$

$\vec{r}_e$ und $\vec{r}_p$ sind hier die Ortsvektoren von Elektron bzw. Loch, und ϵ ist die Dielektrizitätskonstante des Festkörpers.

Die zugehörige Schrödingergleichung erlaubt eine Separation nach Relativ- und Schwerpunktkoordinaten und liefert die Eigenwerte

$$E = E_G - \frac{1}{2}\frac{\mu^* e^4}{2(4\pi\epsilon_0)^2\epsilon^2\hbar^2}\frac{1}{n^2} + \frac{\hbar^2\vec{K}^2}{2(m_e^* + m_p^*)} \ . \tag{4.88}$$

In diesem Ausdruck ist E_G die Energielücke zwischen Valenz- und Leitungsband, der zweite Term ist eine abgewandelte Balmerenergie, und der dritte Term ist die Translationsenergie des Exzitons mit dem Wellenvektor $\vec{K}$ im Kristallgitter. Die Gitterkräfte, die neben der Coulomb-Kraft auf Elektron und Loch einwirken, werden dadurch berücksichtigt, dass für die Massen von Elektron und Loch ihre Effektivwerte benutzt werden. μ^* ist die effektive reduzierte Masse des Systems mit $1/\mu^* = 1/m_e^* + 1/m_p^*$. Die Hauptquantenzahl n nimmt die Werte $1, 2, 3 \ldots$ an.

Durch Photonenabsorption können bei einem direkten Übergang nur Zustände mit $\vec{K} = 0$ angeregt werden. Der Grund hierfür ist derselbe wie im vorigen Unterabschnitt. Es entfällt also der dritte Term in (4.88). Wenn in diesem Fall das Valenzbandmaximum und das Leitungsbandminimum bei demselben $\vec{k}$-Wert auftreten, liegen die durch den zweiten Term in (4.88) bestimmten Zustände unterhalb des Leitungsbandes. Sie sind gegenüber den entsprechenden Zuständen beim Wasserstoffatom stark zusammengeschoben. Dies ist durch die relativ hohe Dielektrizitätskonstante von Halbleitern ($\epsilon \approx 10$) verursacht. Die Dissoziationsenergie eines Exzitons erhält man, wenn man im zweiten Term von (4.88) $n = 1$ setzt. Sie liegt bei Halbleitern in der Größenordnung von 1 bis 10 meV. Durch Absorption von Phononen ist eine Dissoziation möglich. Elektron und Loch bewegen sich dann unabhängig voneinander durch den Kristall. Indirekte Übergänge werden in Aufgabe 4.2 am Ende von Kap. 4 behandelt.

4.4 Ferroelektrizität

Bei ferroelektrischen Kristallen beobachtet man eine elektrische Polarisation ohne Einwirkung eines äußeren elektrischen Feldes. Die Polarisation ist spontan. Infolgedessen verhalten sich diese Stoffe in einem äußeren elektrischen Feld auch anders als dielektrische Substanzen. Während bei letzteren eine lineare Beziehung zwischen Polarisation und elektrischer Feldstärke besteht, wird der entsprechende Zusammenhang bei ferroelektrischen Kristallen durch eine *Hysteresekurve* beschrieben. Eine solche Kurve ist in Abb. 4.14 dargestellt.

Im Allgemeinen hat die Polarisation in einem makroskopischen ferroelektrischen Kristall nicht überall die gleiche Richtung. Der Kristall besteht vielmehr aus einer Anzahl *Domänen* mit unterschiedlich ausgerichteter Polarisation. In Abb. 4.14 ist in der Ausgangslage im Punkte A die Summe der Dipolmomente der einzelnen Domänen gerade gleich Null. Wenn nun ein elektrisches Feld auf den Kristall einwirkt, wachsen die Domänen, die eine Polarisation in Richtung des elektrischen Feldes haben, auf Kosten der Domänen, bei denen dies nicht der Fall ist. Die Gesamtpolarisation des Kristalls nimmt also zu. Schließlich besteht der Kristall nur noch aus einer einzigen Domäne (Punkt B), und eine weitere Zunahme der Polarisation ist durch die normale dielektrische Polarisation bedingt. Durch Extrapolation des linearen Anstiegs BC der Hysteresekurve auf die Feldstärke Null erhält man den Wert P_s der spontanen Polarisation einer einzelnen Domäne. Zu unterscheiden ist hiervon die *remanente Polarisation* P_r des gesamten Kristalls. Sie bleibt zurück, wenn das äußere Feld wieder verschwindet. Um auch die rema-

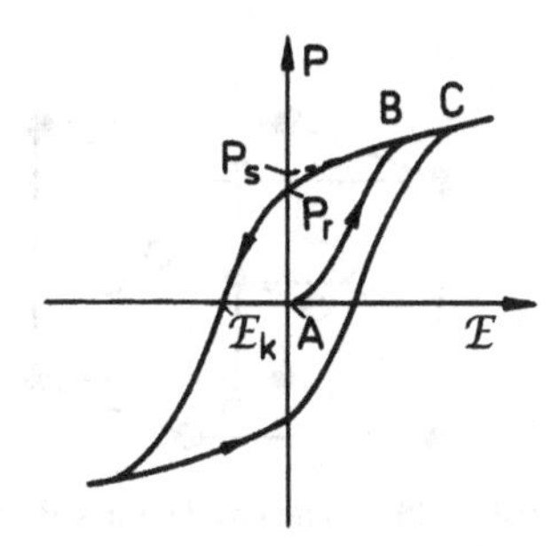

Abb. 4.14 Hysteresekurve eines ferroelektrischen Kristalls

nente Polarisation zu beseitigen, wird ein elektrisches Feld in entgegengesetzter Richtung benötigt. Man bezeichnet es als *Koerzitivfeld* $\mathcal{E}_k$.

Oberhalb einer kritischen Temperatur, der sog. *ferroelektrischen Curie-Temperatur* T_C, verschwindet die Spontanpolarisation. Für die Temperaturabhängigkeit der elektrischen Suszeptibilität gilt hier ein *Curie-Weiss-Gesetz* (s. Abschn. 5.3)

$$\chi = \frac{C_p}{T - \Theta} \ . \tag{4.89}$$

C_p ist die *parelektrische Curie-Konstante* und Θ die *parelektrische Curie-Temperatur*.

Unterhalb von T_C hängt χ von der Stärke des elektrischen Feldes und der Vorbehandlung des Kristalls ab. Im Allgemeinen versteht man unter der elektrischen Suszeptibilität eines ferroelektrischen Kristalls jedoch den Anstieg der Kurve AB im Punkte A der Abb. 4.14. Die so definierte Größe χ kann in der Nähe der kritischen Temperatur T_C Werte von 10^4 bis 10^5 annehmen.

Die hier beschriebenen Erscheinungen treten analog bei ferromagnetischen Substanzen auf. Daher rührt die Bezeichnung Ferroelektrizität. Es sei jedoch betont, dass diese Analogien nur das rein phänomenologische Verhalten betreffen. Die Mechanismen, die die Phänomene bewirken, sind in beiden Fällen recht unterschiedlich.

Es lässt sich zeigen, dass ein Festkörper nur dann ferroelektrische Eigenschaften besitzen kann, wenn seine Kristallstruktur polare Achsen aufweist, d. h., wenn keine Inversionssymmetrie vorliegt. Dies ist zwar eine notwendige, aber keine hinreichende Bedingung. Sind mehrere polare Achsen vorhanden, so ist der Kristall lediglich *piezoelektrisch*, d. h., er lässt sich durch eine mechanische Deformation elektrisch polarisieren. Dagegen bildet sich eine spontane Polarisation bei Kristallen mit einer einzigen polaren Achse aus. Solche Kristalle bezeichnet man all-

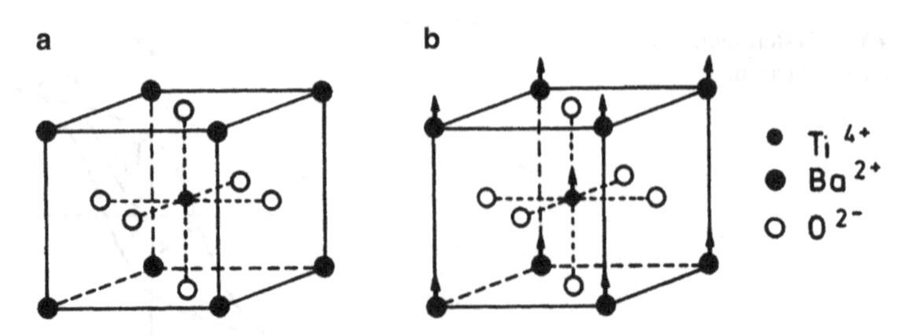

Abb. 4.15 Einheitszelle eines Bariumtitanatkristalls im parelektrischen (**a**) und ferroelektrischen (**b**) Zustand

gemein als *pyroelektrisch*. Gewöhnlich tritt bei ihnen die elektrische Polarisation aber nicht in Erscheinung, da die Oberflächenladung durch von außen angelagerte Ladungsträger kompensiert wird. Erst wenn man die Temperatur des Kristalls ändert und damit auch die spontane Polarisation vergrößert oder verkleinert, kann man Oberflächenladungen nachweisen. Hierauf beruht der Name Pyroelektrizität. Von Ferroelektrizität spricht man erst dann, wenn die elektrische Polarisation wie in Abb. 4.14 dargestellt durch ein geeignetes elektrisches Feld umgekehrt werden kann. Dies ist z. B. nicht möglich, wenn im Kristall ein elektrischer Durchschlag erfolgt, bevor die zur Umpolung erforderliche elektrische Feldstärke erreicht wird. Während Piezo- und Pyroelektrizität bereits durch die Kristallstruktur eines Festkörpers vorgegeben sind, können ferroelektrische Eigenschaften letztlich nur experimentell ermittelt werden. Es sei noch einmal darauf hingewiesen, dass zwar jeder ferroelektrische Kristall auch piezoelektrisch ist, das Umgekehrte aber nicht gilt. Zum Beispiel sind Quarzkristalle piezoelektrisch, aber nicht ferroelektrisch.

Je nachdem, wie der Übergang vom parelektrischen in den ferroelektrischen Zustand erfolgt, ordnet man die Ferroelektrika zwei verschiedenen Hauptgruppen zu. Die erste Gruppe umfasst ferroelektrische Kristalle mit Wasserstoffbrücken. Hierunter fällt z. B. Kaliumdihydrogenphosphat (KH_2PO_4). Bei dieser Substanz ist die Umlagerung von H^+-Ionen, die die Verbindung zwischen den PO_4-Ionen bewirken, wesentlich für die spontane Polarisation. Aus der Auswertung von Neutronenstreuexperimenten folgt, dass die im parelektrischen Zustand gleichmäßige Verteilung der H^+-Ionen über die verschiedenen möglichen Positionen in der Brücke unterhalb der Curie-Temperatur in eine Verteilung auf bevorzugte Positionen übergeht. Man spricht von einem *Unordnung-Ordnungs-Übergang*.

Zu der anderen Hauptgruppe gehören Ionenkristalle mit einer sog. *Perowskit-*(Kalziumtitanat-)*Struktur*. Der bekannteste Vertreter dieser Gruppe ist Bariumtitanat ($BaTiO_3$). Abb. 4.15 zeigt die Einheitszelle eines Bariumtitanatkristalls im parelektrischen und ferroelektrischen Zustand. Im parelektrischen Zustand liegt eine kubische Kristallstruktur vor.

Ein Ti^{4+}-Ion in der Mitte eines Würfels ist von acht Ba^{2+}-Ionen an den Würfelecken und sechs O^{2-}-Ionen in den Zentren der Seitenflächen umgeben. Die ferroelektrische Curie-Temperatur beträgt 128 °C. Unterhalb dieser Temperatur erfolgt durch Verschiebung der einzelnen Untergitter gegeneinander eine Umwandlung in ein tetragonales Kristallgitter. Man hat hier einen sog. *Verschiebungsübergang* vom parelektrischen in den ferroelektrischen Zustand. Bei einer weiteren Abkühlung des Kristalls bildet sich bei 5 °C eine rhombische und schließlich bei −90 °C eine rhomboedrische Kristallstruktur aus.

4.4.1 Polarisationskatastrophe§

Eine Theorie der Ferroelektrizität hat erstens die Entstehung der spontanen Polarisation zu erklären und zweitens die Gültigkeit des Curie-Weiss-Gesetzes zu begründen. Wir wollen unsere Überlegungen hier auf Ferroelektrika mit einer Perowskit-Struktur beschränken.

In Abschn. 4.1 wurde erwähnt, dass das Zusatzfeld $\vec{\mathcal{E}}_I$ nur dann verschwindet, wenn die Umgebung der einzelnen Gitteratome des betreffenden Kristalls kubische Symmetrie aufweist. Wie aus Abb. 4.15 ersichtlich ist dies beim Bariumtitanat für die O^{2-}-Ionen auch bei einer kubischen Kristallstruktur nicht zutreffend. Macht man in diesem Fall für die Summe aus dem Lorentz-Feld $\mathcal{E}_L$ und dem Zusatzfeld $\mathcal{E}_I$ den Ansatz

$$\vec{\mathcal{E}}_L + \vec{\mathcal{E}}_I = \frac{\gamma}{\epsilon_0}\vec{P} \ , \tag{4.90}$$

so erhält man für die elektrische Polarisation anstelle der (4.16) den allgemeineren Ausdruck

$$\vec{P} = \epsilon_0 \frac{N_V \alpha}{1 - \gamma N_V \alpha} \vec{\mathcal{E}} \ . \tag{4.91}$$

Hierbei beziehen sich γ und α auf die Ionenpaare Titan-Sauerstoff, die in der Polarisationsrichtung liegen. Es lässt sich ausrechnen, dass die Stärke der Polarisation überwiegend von diesen Ionenpaaren bestimmt wird und der Einfluss der übrigen Ionenpaare in erster Näherung vernachlässigt werden kann. γ ist wesentlich größer als der durch das Lorentz-Feld bedingte Faktor $1/3$ in (4.16).

Sobald die Größe $\gamma N_V \alpha$ in (4.91) den Wert eins erreicht, kommt es zur sog. *Polarisationskatastrophe*. Eine beliebig kleine Feldstörung würde jetzt nach (4.91) eine unendlich große Polarisation hervorrufen. Anschaulich bedeutet dies, dass das durch die Polarisation des ferroelektrischen Kristalls erzeugte lokale elektrische Feld bei einer Verrückung der Ionen schneller anwächst als die Rückstellkraft infolge der Gitterdeformation. Dass bei einer solchen spontanen Polarisation in Wirklichkeit doch nur endliche Verrückungen auftreten, liegt daran, dass bei einer stärkeren Deformation die rücktreibenden Kräfte nicht mehr direkt proportional zu den Verrückungen sind sondern auch Glieder höherer Ordnung auftreten.

Bei einer Erwärmung eines Bariumtitanat-Kristalls wird bei einer bestimmten Temperatur $\gamma N_V \alpha$ aufgrund der thermischen Ausdehnung kleiner als eins. Dadurch verschwindet die spontane Polarisation. Für Temperaturen oberhalb der Umwandlungstemperatur kann man näherungsweise ansetzen

$$\gamma N_V \alpha = 1 - \frac{1}{\gamma C_p}(T - \Theta) \ . \tag{4.92}$$

Hierbei ist

$$\frac{1}{\gamma C_p}(T - \Theta) \ll 1 \ .$$

Einsetzen in (4.91) liefert

$$\vec{P} = \epsilon_0 \frac{\frac{1}{\gamma}\left[1 - \frac{1}{\gamma C_p}(T - \Theta)\right]}{\frac{1}{\gamma C_p}(T - \Theta)} \vec{\mathcal{E}} \approx \epsilon_0 \frac{C_p}{T - \Theta} \vec{\mathcal{E}} \ . \tag{4.93}$$

Für die elektrische Suszeptibilität des Bariumtitanats im parelektrischen Zustand gewinnt man hieraus gerade das Curie-Weiss-Gesetz aus (4.89). Die parelektrische Curie-Konstante für Bariumtitanat ist $C_p = 1{,}5 \cdot 10^5$ K; Θ beträgt 115 °C.

§

4.4.2 Antiferroelektrizität

Auch bei antiferroelektrischen Substanzen liegt eine spontane elektrische Polarisation vor, die jedoch makroskopisch nicht in Erscheinung tritt. Bei einer typischen antiferroelektrischen Anordnung sind die Einheitszellen des Kristalls in benachbarten Reihen jeweils antiparallel zueinander polarisiert. In Abb. 4.16 ist dies schematisch für eine Perowskitstruktur dargestellt.

Die Bedingungen dafür, ob sich eine ferroelektrische oder eine antiferroelektrische Anordnung ausbildet, sind nicht sehr unterschiedlich. So geht z. B. Natriumniobat ($NaNbO_3$) bei Abkühlung auf eine Temperatur von −200 °C aus dem

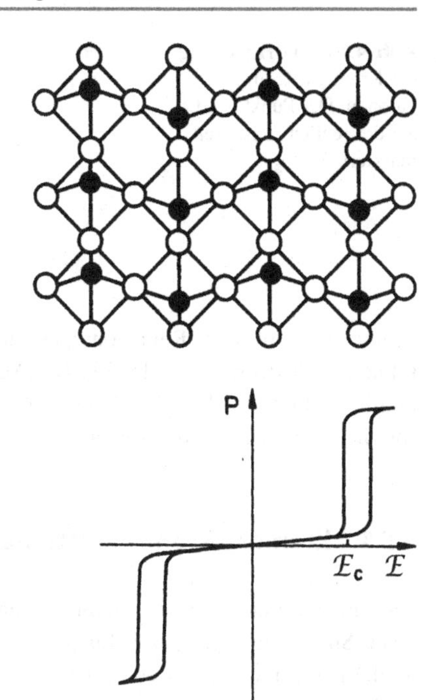

Abb. 4.16 Antiferroelektrische Struktur in zweidimensionaler Darstellung

Abb. 4.17 Hysteresekurve eines antiferroelektrischen Kristalls. Im gezeigten Beispiel erfolgt bei der kritischen Feldstärke $\mathcal{E}_c$ ein Übergang in den ferroelektrischen Zustand

antiferroelektrischen in den ferroelektrischen Zustand über. Auch durch Einwirkung eines äußeren elektrischen Feldes können antiferroelektrische Kristalle ferroelektrisch werden. Abb. 4.17 zeigt eine zugehörige Hysteresekurve. Bei kleineren Feldstärken beobachtet man eine normale dielektrische Polarisation des antiferroelektrischen Kristalls. Bei der kritischen Feldstärke $\mathcal{E}_c$ erfolgt dann ein Übergang in den ferroelektrischen Zustand. Bei Natriumniobat beträgt die kritische Feldstärke bei Zimmertemperatur 10^5 V/cm.

4.5 Experimentelle Methoden zur Bestimmung der dielektrischen Funktion

Der Frequenzverlauf der dielektrischen Funktion eines Festkörpers hängt von der Struktur seiner Energiebänder ab. Die experimentelle Bestimmung der dielektrischen Funktion ist deshalb ein wichtiger Schritt bei der Untersuchung der Bandstruktur eines Kristalls. Man kann sich die dielektrische Funktion z. B. durch Auf-

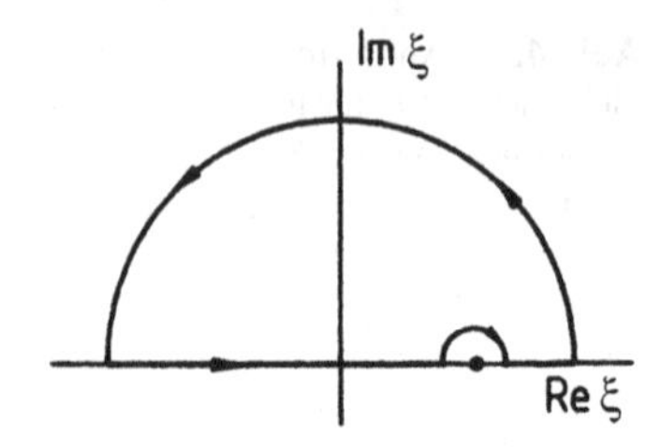

Abb. 4.18 Zur Herleitung der Kramers-Kronig-Relationen. Der Punkt ω ist auf der reellen Achse fett markiert

nahme eines optischen Reflexionsspektrums oder Messungen des Energieverlustes schneller Elektronen verschaffen. Die Auswertung solcher Messungen geschieht mithilfe sehr nützlicher Beziehungen aus der Theorie komplexer Funktionen, der sog. *Kramers-Kronig-Relationen.*

4.5.1 Kramers-Kronig-Relationen

Setzt man voraus, dass die komplexe Funktion $a(\omega)$ 1. in der oberen Halbebene keine Singularität hat und 2. für $|\omega| \rightarrow \infty$ gegen Null strebt, so lässt sich der Realteil $a'(\omega)$ von $a(\omega)$ berechnen, wenn man den Imaginärteil $a''(\omega)$ für alle reellen ω kennt. Entsprechendes gilt auch im umgekehrten Fall.

Um diesen Satz zu beweisen, bilden wir das Integral

$$\int \frac{a(\xi)}{\xi - \omega} d\xi$$

über den in Abb. 4.18 dargestellten geschlossenen Weg. ω ist auf der positiven reellen Achse durch einen Punkt markiert. Der Wert dieses Integrals ist Null, da nach Voraussetzung 1 die Funktion $a(\xi)$ in der oberen Halbebene analytisch ist. Lassen wir $|\xi| \rightarrow \infty$ gehen, so verschwindet das Integral über den Halbkreis, da der Integrand wegen Voraussetzung 2 schneller als $1/|\xi|$ gegen Null strebt. Es verbleiben die Integrale längs der reellen Achse und um die Polstelle bei $\xi = \omega$. Mit $\xi = \omega + \rho e^{i\varphi}$ erhalten wir für das Integral über den Halbkreis um die Polstelle

$$\int_{\pi}^{0} \frac{a(\omega + \rho e^{i\varphi})}{\rho e^{i\varphi}} i\rho e^{i\varphi} d\varphi \ .$$

Daraus ergibt sich für $\rho \rightarrow 0$ der Wert $-i\pi a(\omega)$.

Insgesamt bekommen wir jetzt

$$\lim_{\rho \to 0} \left[\int_{-\infty}^{\omega-\rho} \frac{a(\xi)}{\xi - \omega} \, d\xi + \int_{\omega+\rho}^{+\infty} \frac{a(\xi)}{\xi - \omega} \, d\xi \right] - i\pi a(\omega) = 0 \ . \tag{4.94}$$

Der erste Term ist der sog. Hauptwert P des Integrals zwischen $-\infty$ und $+\infty$. Aus (4.94) folgt

$$a(\omega) = \frac{1}{i\pi} P \int_{-\infty}^{+\infty} \frac{a(\xi)}{\xi - \omega} \, d\xi \ . \tag{4.95}$$

Setzen wir

$$a(\omega) = a'(\omega) + i a''(\omega) \tag{4.96}$$

und trennen in (4.95) Real- und Imaginärteil, so erhalten wir die beiden Kramers-Kronig-Relationen

$$a'(\omega) = \frac{1}{\pi} P \int_{-\infty}^{+\infty} \frac{a''(\xi)}{\xi - \omega} \, d\xi \tag{4.97}$$

$$\text{und} \qquad a''(\omega) = -\frac{1}{\pi} P \int_{-\infty}^{+\infty} \frac{a'(\xi)}{\xi - \omega} \, d\xi \ . \tag{4.98}$$

Mit ihnen lassen sich die oben angeführten Rechnungen durchführen. Ist für reelle ω $a'(\omega)$ eine gerade Funktion und $a''(\omega)$ eine ungerade, so können wir (4.97) und (4.98) weiter umformen. Wir erhalten

$$\begin{aligned} a'(\omega) &= \frac{1}{\pi} P \left[\int_0^{\infty} -\frac{a''(-\xi)}{\xi + \omega} \, d\xi + \int_0^{\infty} \frac{a''(\xi)}{\xi - \omega} \, d\xi \right] \\ &= \frac{1}{\pi} P \int_0^{\infty} a''(\xi) \left(\frac{1}{\xi + \omega} + \frac{1}{\xi - \omega} \right) d\xi \ . \end{aligned}$$

Dies ergibt

$$a'(\omega) = \frac{2}{\pi} P \int_0^{\infty} \frac{\xi a''(\xi)}{\xi^2 - \omega^2} \, d\xi \ . \tag{4.99}$$

Entsprechend erhält man

$$a''(\omega) = -\frac{2\omega}{\pi} P \int_0^\infty \frac{a'(\xi)}{\xi^2 - \omega^2} d\xi \ . \tag{4.100}$$

(4.22) lässt sich entnehmen, dass die elektrische Suszeptibilität $\chi(\omega) = \epsilon(\omega) - 1$ die oben gestellten Anforderungen an die Funktion $a(\omega)$ erfüllt. Außerdem ist nach (4.25) χ' eine gerade und nach (4.26) χ'' eine ungerade Funktion. Wir können also (4.99) und (4.100) auf die elektrische Suszeptibilität anwenden und erhalten für Real- und Imaginärteil der dielektrischen Funktion

$$\epsilon'(\omega) - 1 = \frac{2}{\pi} P \int_0^\infty \frac{\xi \epsilon''(\xi)}{\xi^2 - \omega^2} d\xi \tag{4.101}$$

und $$\epsilon''(\omega) = -\frac{2\omega}{\pi} P \int_0^\infty \frac{\epsilon'(\xi) - 1}{\xi^2 - \omega^2} d\xi \ . \tag{4.102}$$

4.5.2 Auswertung von optischen Reflexionsspektren

Aus optischen Reflexionsspektren kann man sämtliche Informationen über die dielektrischen Eigenschaften eines Festkörpers erhalten. Gewöhnlich führt man die Messungen an elektrolytisch polierten Kristallen bei senkrechtem Einfall der elektromagnetischen Strahlung durch. In diesem Fall gilt für das Verhältnis der reflektierten elektrischen Feldstärke zur einfallenden

$$r(\omega) = \frac{n - 1 + i\kappa}{n + 1 + i\kappa} \ . \tag{4.103}$$

Gemessen wird das Reflexionsvermögen R (s. (4.62)), das das Betragsquadrat von r ist,

$$R(\omega) = r^*(\omega) r(\omega) \ .$$

Setzt man

$$r(\omega) = |r(\omega)| e^{i\varphi(\omega)} \ ,$$

so gilt $$r(\omega) = \sqrt{R(\omega)} e^{i\varphi(\omega)} \tag{4.104}$$

und $$\ln r(\omega) = \frac{1}{2} \ln R(\omega) + i\varphi(\omega) \ . \tag{4.105}$$

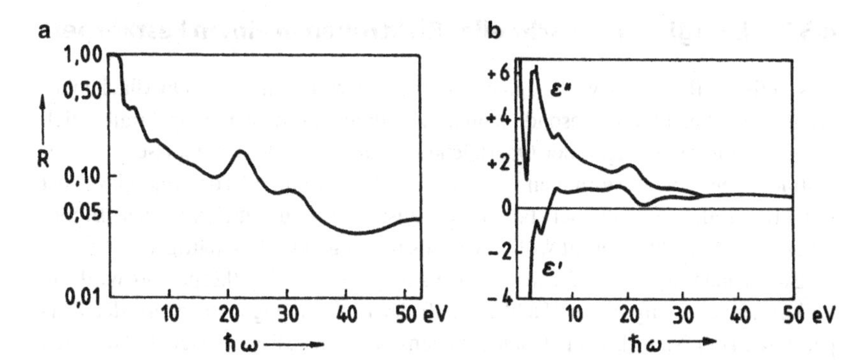

Abb. 4.19 Reflexionsspektrum von Gold (**a**) und die aus diesem Spektrum durch eine Kramers-Kronig-Analyse ermittelte spektrale Abhängigkeit des Real- und Imaginärteils der dielektrischen Funktion (**b**) (nach Cooper, B.R.; Ehrenreich, H.; Philipp, H.R.: Phys. Rev. **138A** (1965) 494). (NB: Das Zusammenfallen von ϵ' und ϵ'' für $35\,\text{eV} \leq \hbar\omega \leq 50\,\text{eV}$ ist nur zufällig. Für hohe ω sind die asymptotischen Werte 1 und 0)

Hat man nun den Frequenzverlauf von $R(\omega)$ experimentell ermittelt, so kann man die Phasenfunktion $\varphi(\omega)$ mithilfe von (4.100) berechnen. Man erhält

$$\varphi(\omega) = -\frac{\omega}{\pi} P \int_0^\infty \frac{\ln R(\xi)}{\xi^2 - \omega^2}\, d\xi \ . \tag{4.106}$$

Hieraus folgt nach partieller Integration

$$\varphi(\omega) = -\frac{1}{2\pi} P \int_0^\infty \ln\left|\frac{\xi + \omega}{\xi - \omega}\right| \frac{d \ln R(\xi)}{d\xi}\, d\xi \ . \tag{4.107}$$

Der Frequenzbereich in der Nachbarschaft von ω liefert den wesentlichen Beitrag zum Integral, während der Integrand für $\xi \ll \omega$ und $\xi \gg \omega$ verschwindend klein ist.

Man ist jetzt in der Lage, mithilfe von (4.104) den Frequenzverlauf von $r(\omega)$ anzugeben und anschließend aus (4.103) n und κ zu berechnen. (4.28) und (4.29) liefern dann $\epsilon'(\omega)$ und $\epsilon''(\omega)$ (vgl. Abb. 4.19).

4.5.3 Energieverlust schneller Elektronen in einem Festkörper

Das optische Reflexionsvermögen eines Kristalls wird von seiner Oberflächenbeschaffenheit beeinflusst. Besonders im kurzwelligen ultravioletten Spektralbereich können Verunreinigungen der Oberfläche die Güte der Messergebnisse stark beeinträchtigen. Solche Störungen spielen keine Rolle, wenn man den Energieverlust schneller Teilchen in dünnen Folien zur Bestimmung der dielektrischen Eigenschaften heranzieht. Hiermit wollen wir uns im Folgenden beschäftigen.

Bringt man eine punktförmige Probeladung in einen Festkörper, so wird die Elektronenverteilung in der Nachbarschaft der Probeladung abgeändert; der Körper wird in der Nähe des geladenen Teilchens polarisiert. Bewegt sich das Teilchen durch den Körper hindurch, so erfolgt eine Polarisation längs der Teilchenbahn. Auf diese Weise entsteht am jeweiligen Ort des Teilchens ein elektrisches Feld, das der Bewegung des Teilchens entgegenwirkt und so das Teilchen abbremst.

Das elektrische Potenzial V eines Elektrons, das sich mit der Geschwindigkeit $\vec{v}$ im Vakuum bewegt, ist durch die Poisson Gleichung

$$\Delta V(\vec{r},t) = \frac{e}{\epsilon_0}\delta(\vec{r}-\vec{v}t) \tag{4.108}$$

bestimmt. Hierbei ist $-e\delta(\vec{r}-\vec{v}t)$ die elektrische Ladungsdichte der negativen Punktladung $-e$.

Entwickeln wir $V(\vec{r},t)$ in ein Fourier-Integral

$$V(\vec{r},t) = \int V_k(t)e^{i\vec{k}\cdot\vec{r}}d^3k \tag{4.109}$$

und wenden auf diese Gleichung den Laplace-Operator an, so erhalten wir

$$\Delta V(\vec{r},t) = \int (-k^2)V_k(t)e^{i\vec{k}\cdot\vec{r}}d^3k \ . \tag{4.110}$$

Hieraus ergibt sich für die Fourier-Koeffizienten von $\Delta V(\vec{r},t)$

$$[\Delta V(\vec{r},t)]_k = -k^2 V_k(t) \ . \tag{4.111}$$

Andererseits folgt aus (4.108)

$$[\Delta V(\vec{r},t)]_k = \frac{1}{(2\pi)^3}\int \frac{e}{\epsilon_0}\delta(\vec{r}-\vec{v}t)e^{-i\vec{k}\cdot\vec{r}}d^3r = \frac{1}{(2\pi)^3}\frac{e}{\epsilon_0}e^{i\vec{k}\cdot\vec{v}t} \ , \tag{4.112}$$

sodass nach (4.111)

$$V_k(t) = -\frac{1}{(2\pi)^3}\frac{e}{\epsilon_0}\frac{1}{k^2}e^{-i\vec{k}\cdot\vec{v}t} \tag{4.113}$$

ist. Die Zeitabhängigkeit der Fourier-Koeffizienten V_k ist also durch die Kreisfrequenz $\omega = \vec{k} \cdot \vec{v}$ bestimmt.

Mit (4.113) wird aus (4.109)

$$V(\vec{r}, t) = -\frac{e}{(2\pi)^3 \epsilon_0} \int \frac{1}{k^2} e^{i\vec{k}\cdot(\vec{r}-\vec{v}t)} d^3k \ . \tag{4.114}$$

Für die elektrische Feldstärke erhalten wir dann

$$\vec{\mathcal{E}}_{\text{Vak}}(\vec{r}, t) = \frac{e}{(2\pi)^3 \epsilon_0} \int i \frac{\vec{k}}{k^2} e^{i\vec{k}\cdot(\vec{r}-\vec{v}t)} d^3k \ . \tag{4.115}$$

Entsprechend erhalten wir für das elektrische Feld eines Elektrons, das nicht ins Vakuum sondern in einen Festkörper mit der frequenzabhängigen Dielektrizitätskonstanten $\epsilon(\omega) = \epsilon(\vec{k} \cdot \vec{v})$ eingeschossen wird,

$$\vec{\mathcal{E}}(\vec{r}, t) = \frac{e}{(2\pi)^3 \epsilon_0} \int \frac{i}{\epsilon(\vec{k} \cdot \vec{v})} \frac{\vec{k}}{k^2} e^{i\vec{k}\cdot(\vec{r}-\vec{v}t)} d^3k \ . \tag{4.116}$$

Die Kraft, die auf das Elektron am Ort $\vec{r} = \vec{v}t$ aufgrund der Polarisation seiner Nachbarschaft einwirkt, beträgt

$$\vec{F} = -e[\vec{\mathcal{E}}(\vec{v}t, t) - \vec{\mathcal{E}}_{\text{Vak}}(\vec{v}t, t)] \ . \tag{4.117}$$

Diese Beziehung folgt aus der Überlegung, dass das Feld, das das Elektron im Vakuum erzeugen würde, keinen Einfluss auf die Abbremsung im Festkörper hat. Setzen wir die Ausdrücke aus (4.115) und (4.116) in (4.117) ein und bilden den Realteil, so erhalten wir für die Bremskraft des Festkörpers

$$\frac{dE}{dx} = \frac{e^2}{(2\pi)^3 \epsilon_0} \left| \int -\left(\frac{1}{\epsilon}\right)'' \frac{\vec{k}}{k^2} d^3k \right| \ . \tag{4.118}$$

Für uns ist hier vor allem von Bedeutung, dass der Abbremsvorgang durch die Größe $-(1/\epsilon(\omega))''$, die sog. *Energieverlustfunktion*, bestimmt wird. Sie lässt sich bei geeigneter Versuchsführung aus einer Messung des Energieverlustes der Elektronen ermitteln. Anschließend kann man dann mithilfe von (4.99) den Realteil $(1/\epsilon)'$ von $1/\epsilon$ berechnen und schließlich über die Beziehung

$$\frac{\left(\frac{1}{\epsilon}\right)' - i\left(\frac{1}{\epsilon}\right)''}{\left(\frac{1}{\epsilon}\right)'^2 + \left(\frac{1}{\epsilon}\right)''^2} = \epsilon' + i\epsilon'' \tag{4.119}$$

die dielektrische Funktion angeben.

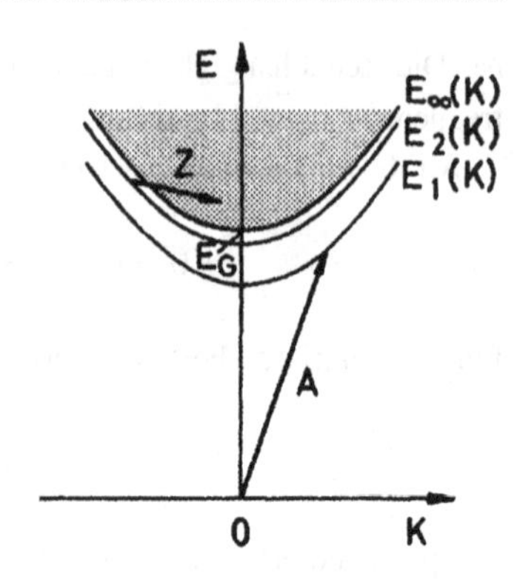

Abb. 4.20 Termschema für Mott-Wannier-Exzitonen

4.6 Aufgaben zu Kap. 4

4.1 Die Leitungselektreonen in einer metallischen Kugel, deren Anzahl je Volumeneinheit N_L beträgt, sollen aus ihrer Gleichgewichtslage eine gleichförmige Verschiebung um die Strecke s erfahren haben. Die elektrische Polarisation des Körpers beträgt dann $P = -eN_L s$. Geben Sie die rücktreibende Kraft an, die auf jedes einzelne Leitungselektron wirkt, und zeigen Sie, dass in diesem Fall die Eigenfrequenz der Plasmaschwingung den Wert $\omega_0 = \sqrt{(N_L e^2)/(3\epsilon_0 m^*)}$ hat.

4.2 In Abb. 4.20 ist die Energie eines Mott-Wannier-Exzitons in Abhängigkeit von seinem Wellenzahlvektor $\vec{K}$ für verschiedene durch die Quantenzahl n gekennzeichnete Anregungszustände nach (4.88) dargestellt. Der schattierte Energiebereich entspricht dem Dissoziationskontinuuum. In das Energieschema sind zwei indirekte, d. h. unter Beteiligung eines Phonons ablaufende Übergänge eingezeichnet. Hierbei entspricht der Übergang A einer durch Photonenabsorption hervorgerufenen Erzeugung eines Exzitons und der Übergang Z einem Prozess, bei dem ein Exziton in ein getrenntes Elektron-Loch-Paar zerfällt. Stellen Sie für jeden der beiden Prozesse die Erhaltungssätze für die Energie und den Wellenzahlvektor auf.

Magnetische Eigenschaften der Festkörper 5

Der Magnetismus eines Festkörpers kann folgende Ursachen haben: 1. Die durch die Bahnbewegung und den Spin der Elektronen bedingten magnetischen Momente werden in einem Magnetfeld ausgerichtet. Ist hierfür nur das äußere Magnetfeld verantwortlich, so spricht man von *Paramagnetismus*. Ist hingegen für die Ausrichtung eine Wechselwirkung mit den anderen Gitteratomen entscheidend, so hat man es mit den Erscheinungen des *Ferro-*, *Antiferro-* oder *Ferrimagnetismus* zu tun. Die magnetischen Momente der Atomkerne brauchen in diesem Zusammenhang nicht berücksichtigt zu werden. 2. Durch ein äußeres Magnetfeld werden in den Bausteinen des Festkörpers magnetische Momente induziert. Dies bezeichnet man als *Diamagnetismus*.

Bei der Untersuchung der magnetischen Eigenschaften von Festkörpern unterscheidet man zweckmäßig zwischen dem Magnetismus quasigebundener und quasifreier Elektronen. Da die quasigebundenen Elektronen den einzelnen Gitteratomen zuzuordnen sind, lassen sich die mit ihnen verknüpften magnetischen Erscheinungen auch als Magnetismus der Gitteratome auffassen. Die quasifreien Elektronen sind die Leitungselektronen der Metalle. Die Unterscheidung ist deshalb sinnvoll, weil für die statistische Behandlung der Dipolausrichtung bei den Leitungselektronen die Fermi-Statistik angewandt werden muss. Dagegen darf bei den Gitteratomen die Boltzmann-Statistik benutzt werden, da wegen ihrer vergleichsweise großen Masse die Fermi-Temperatur entsprechend niedrig ist. In Abschn. 5.1 werden wir uns dementsprechend mit dem Para- und Diamagnetismus der Gitteratome beschäftigen. Dies liefert uns die magnetische Suszeptibilität der Isolatoren. In Abschn. 5.2 untersuchen wir das para- und diamagnetische Verhalten der Leitungselektronen. Auf diese Weise erhalten wir Auskunft über die magnetischen Eigenschaften der Metalle.

Bei den para- und diamagnetischen Substanzen hat die magnetische Polarisation so kleine Werte, dass das lokale magnetische Feld am Ort eines Gitteratoms oder eines Leitungselektrons praktisch gleich dem äußeren Magnetfeld ist. Über-

© Springer-Verlag GmbH Deutschland 2017

K. Kopitzki, P. Herzog, *Einführung in die Festkörperphysik*,
DOI 10.1007/978-3-662-53578-3_5

legungen wie in Abschn. 4.1 sind deshalb hier nicht erforderlich. Ganz anders ist es hingegen bei den ferromagnetischen Substanzen. Hier wird auf das magnetische Moment eines Gitteratoms von den Nachbaratomen eine starke Richtkraft ausgeübt, die unterhalb einer kritischen Temperatur sogar zu einer spontanen Magnetisierung der Substanz führt. Die Richtkraft ist allerdings nicht auf eine magnetische Wechselwirkung zurückzuführen, sondern durch einen typisch quantenmechanischen Effekt, nämlich durch Austauschwechselwirkung bedingt. Hiermit beschäftigen wir uns in Abschn. 5.3. In Abschn. 5.4 schließlich wird der Antiferromagnetismus behandelt.

In verschiedenen Legierungen, denen statistisch verteilt magnetische Ionen beigemischt sind, kann es unterhalb einer kritischen Temperatur zur Ausbildung eines sog. *Spinglas-Zustands* kommen. Hiermit befassen wir uns in Abschn. 5.5.

5.1 Para- und Diamagnetismus von Isolatoren

Zur Berechnung der Magnetisierung $\vec{M}$ eines Isolators geht man zweckmäßig von der Zusatzenergie E aus, die seine Gitteratome in einem von außen angelegten Magnetfeld der Induktion $\vec{B}_{\text{ext}}$ erhalten. Besitzen die Atome ein permanentes magnetisches Moment, so hängt die Energie von der Orientierung der magnetischen Dipole zum äußeren Magnetfeld ab. Aus der Zusatzenergie gewinnen wir die Komponente m_B des magnetischen Moments eines Gitteratoms in Richtung des Magnetfeldes mithilfe der aus der Elektrodynamik bekannten Beziehung

$$m_B = -\frac{dE}{dB_{\text{ext}}} \ . \tag{5.1}$$

Die Magnetisierung des Isolators erhalten wir dann, indem wir die Werte von m_B mit der Anzahl je Volumeneinheit $n(E)$ der Gitteratome einer Energie E multiplizieren und über die verschiedenen möglichen Energiezustände summieren. Wir untersuchen zunächst den Magnetismus freier Atome und diskutieren anschließend die Besonderheiten, die durch den Zusammenbau der Atome zu Molekülen und Kristallen auftreten können.

Für die Zusatzenergie, die freie Atome in einem Magnetfeld haben, liefert eine quantenmechanische Störungsrechnung in erster Näherung den Ausdruck

$$E_M = g\mu_B M B_{\text{ext}} + \frac{e^2}{8m_e} B_{\text{ext}}^2 \sum_{\nu} \overline{(x_\nu^2 + y_\nu^2)} \ . \tag{5.2}$$

Im ersten Term ist μ_B das Bohrsche[1] Magneton. Es hat den Wert

$$\mu_B = 9{,}2741 \cdot 10^{-24}\,\mathrm{A\,m^2} \ . \tag{5.3}$$

g ist der Landésche[2] Aufspaltungsfaktor bei der im Allgemeinen vorliegenden Russel-Saunders-Kopplung der Spin- und Bahnmomente der einzelnen Elektronen eines Atoms. Er beträgt

$$g = 1 + \frac{J(J+1) + S(S+1) - L(L+1)}{2J(J+1)} \ , \tag{5.4}$$

wenn L die Bahndrehimpulsquantenzahl, S die Spinquantenzahl und J die Gesamtdrehimpulsquantenzahl des Atoms ist. Die magnetische Quantenzahl M nimmt die Werte $-J, -J+1, \ldots, +J$ an.

Im zweiten Term ist $\overline{(x_\nu^2 + y_\nu^2)}$ das mittlere Quadrat des Abstands des ν-ten Elektrons von einer Achse durch den Atomkern, die parallel zum Magnetfeld liegt. Dies ist hier die z-Achse. Die Summierung erfolgt über alle Elektronen des Atoms.

5.1.1 Langevinscher Para- und Diamagnetismus

Der erste Term in (5.2), mit dem wir uns zunächst beschäftigen, führt zum sog. *Langevin*[3]*-Paramagnetismus*. Wenden wir auf diesen Term (5.1) an, so erhalten wir

$$m_B = -g\mu_B M \ . \tag{5.5}$$

Der paramagnetische Beitrag zur Magnetisierung eines Gases aus gleichartigen Atomen beträgt dann (s. (B.13))

$$\begin{aligned} M_{\text{para}} &= \sum_{M=-J}^{+J} (-g\mu_B M) n(E) \\ &= n_0 \frac{\sum\limits_{M=-J}^{+J} (-g\mu_B M) e^{-\frac{g\mu_B M B_{\text{ext}}}{k_B T}}}{\sum\limits_{M=-J}^{+J} e^{-\frac{g\mu_B M B_{\text{ext}}}{k_B T}}} \ . \end{aligned} \tag{5.6}$$

[1] Niels Bohr, *1885 Kopenhagen, †1962 Kopenhagen, Nobelpreis 1922.
[2] Alfred Landé, *1889 Elberfeld, †1975 Columbus (Ohio).
[3] Paul Langevin, *1872 Paris, †1946 Paris.

n_0 ist die Anzahl der Atome pro Volumeneinheit. Zur Abkürzung führen wir in (5.6) die Größe

$$\alpha = \frac{g\mu_B J B_{\text{ext}}}{k_B T} \tag{5.7}$$

ein. Sie ist ein Maß für das Verhältnis der magnetischen Zusatzenergie zur thermischen Energie. Wir erhalten jetzt

$$M_{\text{para}} = n_0 g\mu_B \frac{\sum\limits_{M=-J}^{+J} M e^{\frac{M}{J}\alpha}}{\sum\limits_{M=-J}^{+J} e^{\frac{M}{J}\alpha}} = n_0 g\mu_B J \frac{\frac{d}{d\alpha}\sum\limits_{M=-J}^{+J} e^{\frac{M}{J}\alpha}}{\sum\limits_{M=-J}^{+J} e^{\frac{M}{J}\alpha}} \; . \tag{5.8}$$

Mit dem Summationsindex $K = J + M$ erhalten wir

$$\begin{aligned} \sum_{M=-J}^{+J} e^{\frac{M}{J}\alpha} &= e^{-\alpha} \sum_{K=0}^{2J} e^{\frac{K}{J}\alpha} = e^{-\alpha} \frac{1 - e^{\frac{\alpha}{J}(2J+1)}}{1 - e^{\frac{\alpha}{J}}} \\ &= \frac{e^{\frac{1}{2J}\alpha}\left(e^{-\frac{2J+1}{2J}\alpha} - e^{\frac{2J+1}{2J}\alpha}\right)}{e^{\frac{1}{2J}\alpha}\left(e^{-\frac{1}{2J}\alpha} - e^{\frac{1}{2J}\alpha}\right)} = \frac{\sinh \frac{2J+1}{2J}\alpha}{\sinh \frac{1}{2J}\alpha} \; . \end{aligned} \tag{5.9}$$

Mit diesem Ergebnis wird aus (5.8)

$$M_{\text{para}} = n_0 g\mu_B J B_J(\alpha) \; , \tag{5.10}$$

$$\text{wobei} \qquad B_J(\alpha) = \frac{2J+1}{2J} \coth \frac{2J+1}{2J}\alpha - \frac{1}{2J} \coth \frac{1}{2J}\alpha \tag{5.11}$$

die sog. *Brillouin-Funktion* ist. In Abb. 5.1 ist sie für $J = 2$ dargestellt.

Für $\alpha \gg 1$, d. h. für sehr tiefe Temperaturen, wird $B_J(\alpha) = 1$. Die Magnetisierung hat den maximal möglichen Wert erreicht. Gewöhnlich ist $\alpha \ll 1$. Bei $T = 300\,\text{K}$ und dem sehr hohen Feld von $5\,\text{T}$ ist α nur ungefähr 10^{-2}. Man kann in diesem Fall die Reihenentwicklung

$$\coth x = \frac{1}{x} + \frac{x}{3} - \frac{x^3}{45} + \ldots$$

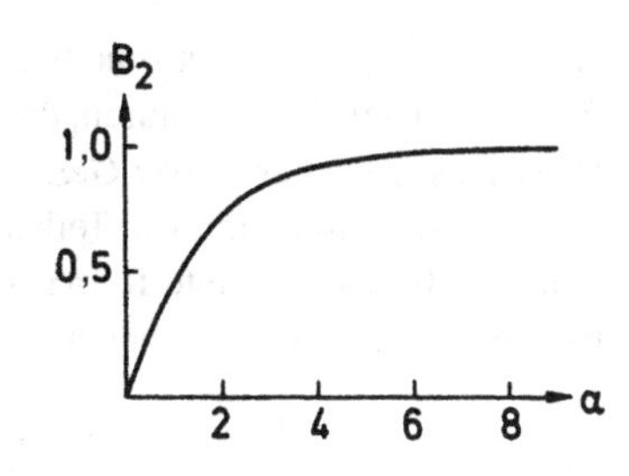

Abb. 5.1 Brillouin-Funktion für $J = 2$

benutzen und die Reihe nach dem zweiten Glied abbrechen. Wir erhalten dann für die Brillouin-Funktion

$$B_J(\alpha) = \frac{J+1}{J}\frac{\alpha}{3} \tag{5.12}$$

und nach (5.10) bei Beachtung von (5.7) für den paramagnetischen Beitrag zur Magnetisierung

$$M_{\text{para}} = n_0 \frac{g^2 J(J+1)\mu_B^2}{3k_B T} B_{\text{ext}} \ . \tag{5.13}$$

Die Größe

$$p = g\sqrt{J(J+1)} \tag{5.14}$$

bezeichnet man gewöhnlich als *effektive Magnetonenzahl*. Mit

$$\chi = \frac{M}{H} = \mu_0 \frac{M}{B_{\text{ext}}} \tag{5.15}$$

ergibt sich aus (5.13) für die paramagnetische Suszeptibilität

$$\chi_{\text{para}} = n_0 \frac{\mu_0 g^2 J(J+1)\mu_B^2}{3k_B T}$$

$$\text{oder} \quad \chi_{\text{para}} = \frac{C}{T} \ , \tag{5.16}$$

wenn man die sog. *Curie*[4]*-Konstante*

$$C = n_0 \frac{\mu_0 g^2 J(J+1)\mu_B^2}{3k_B} \tag{5.17}$$

[4] Pierre Curie, *1859 Paris, †1906 Paris, Nobelpreis 1903.

einführt. Die paramagnetische Suszeptibilität χ_{para} ist also, wenn $\alpha \ll 1$ ist, d. h. für nicht zu tiefe Temperaturen, der absoluten Temperatur umgekehrt proportional. Diese Aussage ist als *Curie-Gesetz* bekannt. Bei Zimmertemperatur liegt χ_{para} für ein Atom-Ensemble mit der Teilchenzahldichte eines Festkörpers in der Größenordnung 10^{-3}. Der zweite Term in (5.2) führt zum sog. *Langevin-Diamagnetismus*. Er liefert nach (5.1) das magnetische Moment

$$m_B = -\frac{e^2}{4m_e} B_{\text{ext}} \sum_\nu \overline{(x_\nu^2 + y_\nu^2)} \; . \tag{5.18}$$

Um den diamagnetischen Beitrag zur Magnetisierung zu erhalten, haben wir über die verschiedenen Orientierungen der Atome in Bezug auf das Magnetfeld zu mitteln. Da bei freien Atomen keine Richtung ausgezeichnet ist, gilt

$$\overline{x_\nu^2} = \overline{y_\nu^2} = \overline{z_\nu^2} = \frac{\overline{r_\nu^2}}{3} \; , \tag{5.19}$$

wenn $\overline{r_\nu^2}$ das mittlere Abstandsquadrat des ν-ten Elektrons vom Atomkern ist. Bei einer Mittelung über alle Atome bekommen wir also

$$\overline{x_\nu^2 + y_\nu^2} = \frac{2}{3}\overline{r_\nu^2} \; . \tag{5.20}$$

Setzen wir diesen Ausdruck in (5.18) ein, so erhalten wir für die Magnetisierung

$$M_{\text{dia}} = -n_0 \frac{e^2}{6m_e} B_{\text{ext}} \sum_\nu \overline{r_\nu^2} \tag{5.21}$$

und für die diamagnetische Suszeptibilität nach (5.15)

$$\chi_{\text{dia}} = -n_0 \frac{\mu_0 e^2}{6m_e} \sum_\nu \overline{r_\nu^2} \; . \tag{5.22}$$

χ_{dia} ist negativ und hängt nicht von der Temperatur ab. Zur Berechnung von $\sum_\nu \overline{r_\nu^2}$ benutzt man quantenmechanische Näherungsmethoden wie das Hartree-Fock- oder das Thomas-Fermi-Verfahren. Beim Wasserstoff ist $\overline{r^2}$ gleich dem Quadrat des Bohrschen Radius $a_0 = 0{,}528 \cdot 10^{-10}$ m. Für eine grobe Abschätzung kann man aber auch bei anderen Atomen $\overline{r_\nu^2} = a_0^2$ setzen und hat dann

$$\sum_\nu \overline{r_\nu^2} = Z a_0^2 \; , \tag{5.23}$$

wenn Z die Ordnungszahl der Atome ist. Der Wert von χ_{dia} liegt nach dieser Abschätzung für einen Festkörper bei ungefähr $-10^{-6} Z$. χ_{dia} ist demnach wesentlich kleiner als χ_{para}. Der Langevinsche Diamagnetismus tritt deshalb nur dann merklich in Erscheinung, wenn kein Paramagnetismus vorhanden ist. Dies ist bei Atomen mit Gesamtdrehimpuls $J = 0$ der Fall.

Durch den Zusammenbau der Atome zu Molekülen und Kristallen findet im Allgemeinen eine Absättigung der Spin- und Bahnmomente der Valenzelektronen statt. Das resultierende magnetische Moment der einzelnen Gitterteilchen ist dann gleich Null, und der Festkörper ist diamagnetisch. Das gleiche gilt, wenn bei der Bildung von Ionenkristallen Gitterionen entstehen, die lediglich abgeschlossene Elektronenschalen besitzen. Bei Isolatoren wird also in der Regel Diamagnetismus vorliegen. Paramagnetismus ist nur bei solchen Ionenkristallen zu beobachten, bei denen die Gitterionen auch nicht abgeschlossene Elektronenschalen aufweisen. Dies trifft z. B. auf die Salze der seltenen Erden und der 3d-Elemente zu. Hiermit werden wir uns im Folgenden beschäftigen. Es sei allerdings noch erwähnt, dass eine quantenmechanische Störungsrechnung in zweiter Näherung einen positiven Beitrag zur magnetischen Suszeptibilität liefern kann. Dieser sog. *van Vleck*[5]-*Paramagnetismus* hängt nicht von der Temperatur ab. Er kann vor allem bei Molekülkristallen mit dem Langevinschen Diamagnetismus in Konkurrenz treten und ihn sogar überdecken.

5.1.2 Salze der seltenen Erden und der 3d-Elemente

Die Ionen der seltenen Erden (oder Lanthaniden) haben eine nicht abgeschlossene 4f-Schale. Sie wird durch die Elektronen der abgeschlossenen 5s- und 5p-Schale gegen die elektrischen Felder der Nachbarionen des Kristallgitters abgeschirmt. Die Bahnmomente der Elektronen der 4f-Schale werden deshalb durch das Kristallfeld nur sehr wenig beeinflusst, und man kann bei der Berechnung der magnetischen Suszeptibilität der Salze der seltenen Erden in sehr guter Näherung von völlig freien Ionen ausgehen.

In Abb. 5.2 wird die nach (5.14) berechnete effektive Magnetonenzahl der dreiwertigen Ionen der seltenen Erden mit den experimentell bei Zimmertemperatur aus der paramagnetischen Suszeptibilität nach (5.16) bestimmten Werten verglichen. Bei Zimmertemperatur befinden sich die Ionen der meisten seltenen Erden im Grundzustand. In diesem Fall findet man die Quantenzahlen S, L und J, die in

---

[5] John Hasbrouck van Vleck, *1899 Middletown (Conn.), †1980 Cambridge (Mass.), Nobelpreis 1977.

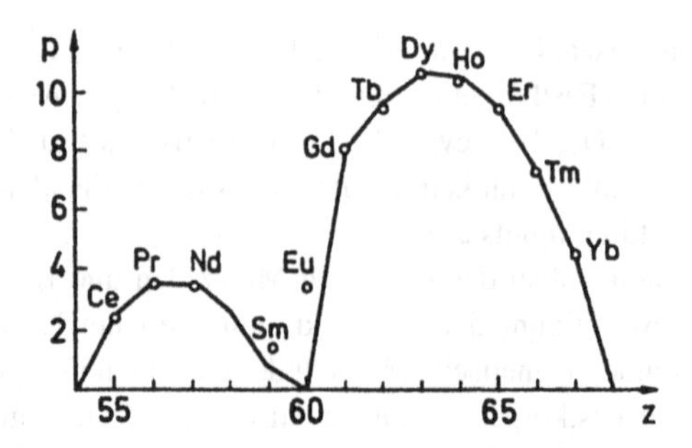

Abb. 5.2 Effektive Magnetonenzahl p der dreiwertigen Ionen der seltenen Erden als Funktion der Elektronenzahl z. Punkte: Aus der paramagnetischen Suszeptibilität experimentell ermittelte Werte. Kurve: Unter Anwendung der Hundschen Regeln nach (5.14) berechnete Werte

(5.14) u. a. zur Berechnung des Landéfaktors benötigt werden, mithilfe der aus der Atomphysik bekannten *Hundschen*[6]*-Regeln*. Diese lauten:

1. Der Gesamtspin eines Atoms setzt sich aus den Spins der einzelnen Elektronen einer nicht abgeschlossenen Schale so zusammen, dass man unter Berücksichtigung des Pauli-Prinzips den größtmöglichen Wert für die Spin-Quantenzahl S erhält.
2. Das gesamte Bahnmoment setzt sich aus den Bahnmomenten der einzelnen Elektronen der nicht abgeschlossenen Schale so zusammen, dass man bei Beachtung von Regel 1 den größtmöglichen Wert für L erhält.
3. Die Gesamtdrehimpulsquantenzahl J ist gleich $L - S$, wenn die betreffende Schale weniger als halbvoll ist, und gleich $L + S$, wenn sie mehr als halbvoll ist. Ist die Schale halbvoll, so ist $J = S$.

Wie Abb. 5.2 zeigt, hat man außer bei Samarium und Europium gute Übereinstimmung zwischen den berechneten und den gemessenen Werten. Bei Sm und Eu ist die Aufspaltung der $L - S$-Multipletts so gering, dass bereits bei Zimmertemperatur auch höhere Multiplettniveaus über dem Grundzustand besetzt sind.

Bei den Ionen der 3d-Elemente (Eisenreihe) liegt die nicht abgeschlossene 3d-Schale ganz außen. Die Elektronen dieser Schale sind starken elektrischen Feldern der Nachbarionen ausgesetzt. Hierdurch kommt es zu einer weitgehenden Entkopplung der mit den Quantenzahlen L und S verknüpften Bahn- und

[6] Friedrich Hund, *1896 Karlsruhe, †1997 Göttingen.

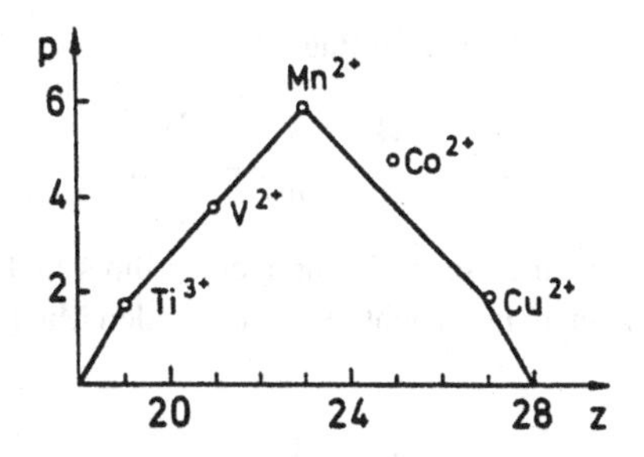

Abb. 5.3 Effektive Magnetonenzahl p verschiedener Ionen der Eisenreihe als Funktion der Elektronenzahl z. Punkte: Aus der paramagnetischen Suszeptibilität experimentell ermittelte Werte. Kurve: Nach (5.24) berechnete Werte

Spinmomente, und J verliert seine Bedeutung als Quantenzahl. Gleichzeitig wird die $(2L+1)$-fache Richtungsentartung der reinen Bahnzustände aufgehoben; es entsteht ein *Kristallfeldmultiplett*. Ist der Grundzustand dieses Multipletts ein Zustand mit der magnetischen Quantenzahl $M_L = 0$, ein sog. *Kramers*[7]*-Singulett*, so ist überhaupt keine Spin-Bahn-Wechselwirkung vorhanden, und der Spin kann sich völlig frei nach dem äußeren Magnetfeld orientieren. Man spricht hier von einer *Auslöschung (quenching) der Bahnmomente*. Die effektive Magnetonenzahl beträgt in diesem Fall

$$p = 2\sqrt{S(S+1)} \ . \tag{5.24}$$

Ist dagegen der tiefste Zustand des Kristallfeldmultipletts ein Zustand mit $M_L \neq 0$ (*Kramers-Dublett*), so führt die dann noch immer vorhandene Spin-Bahn-Kopplung zu einer gegenüber (5.24) abgeänderten effektiven Magnetonenzahl. In Abb. 5.3 wird die nach (5.24) berechnete effektive Magnetonenzahl mit der gemessenen verglichen.

5.2 Para- und Diamagnetismus von Metallen

Zur magnetischen Suszeptibilität von Metallen tragen sowohl die Atomrümpfe als auch die Leitungselektronen bei. Mit dem Magnetismus der Atomrümpfe haben wir uns bereits in Abschn. 5.1 befasst. Im Folgenden beschäftigen wir uns mit dem Beitrag der Leitungselektronen. Hierbei gehen wir von völlig freien Elektronen

[7] Hendrik Anthony Kramers, *1894 Rotterdam, †1952 Leiden.

aus. Ihre Energie beträgt im feldfreien Raum

$$E = \frac{\hbar^2(k_x^2 + k_y^2 + k_z^2)}{2m} ,$$

wenn k_x, k_y und k_z die kartesischen Komponenten ihres Wellenzahlvektors sind. Diese Energie wird in einem in z-Richtung verlaufenden Magnetfeld B abgeändert zu

$$E = \frac{\hbar^2 k_z^2}{2m} + \left(\nu + \frac{1}{2}\right)\hbar\omega_c \pm \mu_B B , \qquad (5.25)$$

wie eine quantenmechanische Behandlung des Problems (s. Aufgabe 5.2) ergibt. Die Quantenzahl ν kann hierbei die Werte $0, 1, 2, 3 \ldots$ annehmen.

Der letzte Term in (5.25) rührt vom magnetischen Moment der Elektronen her, wobei je nach der Spinorientierung im Magnetfeld die Energie der Elektronen entweder erhöht oder erniedrigt wird. Dieser Term erklärt den sog. *Pauli-Paramagnetismus* der Leitungselektronen. Die beiden ersten Terme beziehen sich auf die Bahnbewegung der Elektronen. Die Energie $\hbar^2 k_z^2/2m$, die zur Bewegung in z-Richtung gehört, wird durch das Magnetfeld nicht beeinflusst; die Energie $\hbar^2 k_\perp^2/2m$, die zu einer Bewegung senkrecht zum Magnetfeld gehört, ist dagegen wie bei einem Oszillator gequantelt. Die Kreisfrequenz ω_c des Energiequants $\hbar\omega_c$ ist hierbei die Zyklotronfrequenz

$$\omega_c = \frac{eB}{m}$$

(s. (3.85)). Die Quantelung bedeutet, dass in einem Magnetfeld die erlaubten Elektronenzustände im $\vec{k}$-Raum auf Kreiszylindern, den sog. *Landau*[8]*-Röhren* liegen, deren gemeinsame Achse in z-Richtung verläuft. Nur diejenigen Zustände, die sich innerhalb der Fermi-Kugel (s. Abschn. 3.2) befinden, sind hierbei besetzt (vgl. Abb. 5.4). Je stärker das Magnetfeld ist, desto größer ist der Durchmesser der einzelnen Landau-Röhren. Durch die „Kondensation" der Elektronen auf die Landau-Röhren wird die Energieverteilung der Elektronen innerhalb der Fermi-Kugel gegenüber dem feldfreien Zustand abgeändert. Die Umbesetzung hängt hierbei vom Durchmesser der Landau-Röhren und somit vom Magnetfeld ab. Dies ist die Ursache des sog. *Landau-Diamagnetismus* der Leitungselektronen (vgl. weiter unten).

Wir wollen uns nun etwas ausführlicher mit dem Paulischen Paramagnetismus beschäftigen. Das magnetische Moment eines Kristallelektrons kann in Feldrich-

[8] Lew Dawidowitsch Landau, *1908 Baku, †1968 Moskau, Nobelpreis 1962.

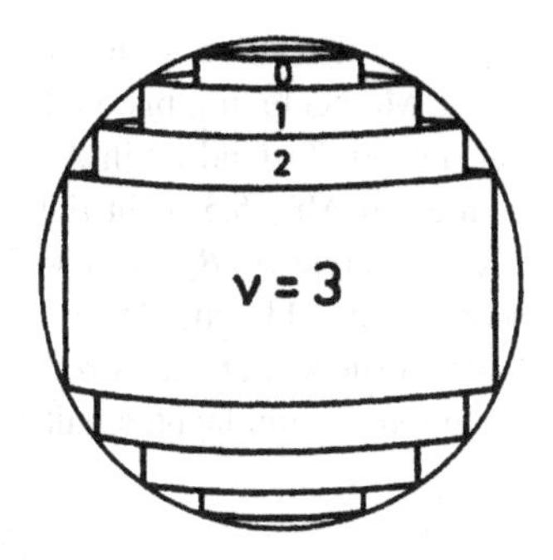

Abb. 5.4 Landau-Röhren innerhalb einer Fermi-Kugel

tung nur die beiden Werte

$$m_B = +\mu_B \qquad \text{und} \qquad m_B = -\mu_B$$

haben. Für den paramagnetischen Beitrag der Leitungselektronen zur Magnetisierung erhält man demnach

$$M_{\text{para}} = (n_+ - n_-)\mu_B \ , \tag{5.26}$$

wenn n_+ und n_- die Besetzungszahlen pro Volumeneinheit der beiden Zustände sind. Anhand von Abb. 5.5 wollen wir die Größe $(n_+ - n_-)$ berechnen. Hier ist für die Leitungselektronen die Fermische Verteilungsfunktion zur Temperatur $T = 0$ aufgetragen, jeweils auf der linken Seite der Diagramme für Elektronen mit magnetischem Moment in Feldrichtung, auf der rechten Seite für die entgegengesetzte Orientierung. Beim Einschalten eines Magnetfeldes B_{ext} stellt sich primär eine Verteilung wie in Abb. 5.5a mit einer Energieverschiebung um $-\mu_B B_{\text{ext}}$ bzw.

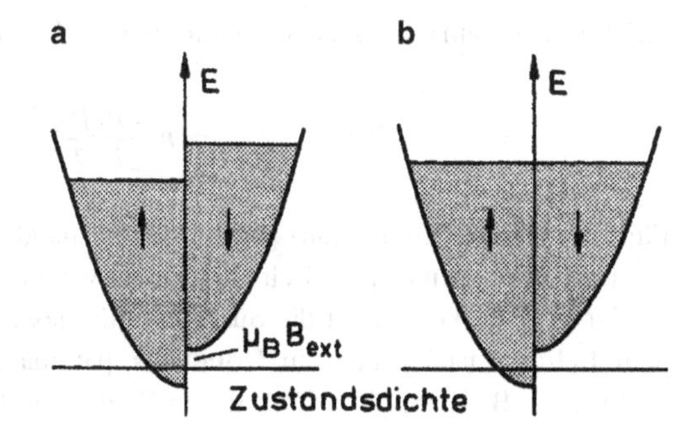

Abb. 5.5 Zur Erklärung des Paulischen Paramagnetismus

$+\mu_B B_{\text{ext}}$ ein. Diese Verteilung ist aber instabil, und es klappen so viele magnetische Momente um, bis die Fermi-Kante in beiden Verteilungen denselben Wert hat. Dieser Zustand ist in Abb. 5.5b dargestellt. Die wahren Größenverhältnisse werden in Abb. 5.5 nicht richtig wiedergegeben. In Wirklichkeit ist die magnetische Energie $\mu_B B_{\text{ext}}$ sehr viel kleiner als die Fermi-Energie $E_F(0)$. Bei einem sehr hohen Feld von 5 T beträgt $\mu_B B_{\text{ext}}$ nur ungefähr $3 \cdot 10^{-4}$ eV, während $E_F(0)$ bei 5 eV liegt. Für die Anzahl der Leitungselektronen je Volumeneinheit, deren Spinmoment umklappt, erhalten wir deshalb in guter Näherung

$$\begin{aligned} \Delta n_e &= \int\limits_{E_F(0)-\mu_B B_{\text{ext}}}^{E_F(0)} \frac{1}{2} \cdot \frac{1}{2\pi^2} \left(\frac{2m_e}{\hbar^2}\right)^{3/2} \sqrt{E}\,dE \\ &= \frac{1}{4\pi^2} \left(\frac{2m_e}{\hbar^2}\right)^{3/2} \sqrt{E_F(0)}\mu_B B_{\text{ext}} \ . \end{aligned} \tag{5.27}$$

Hierbei ist der Ausdruck unter dem Integralzeichen die Zustandsdichte der Leitungselektronen je Volumeneinheit für jede der beiden Spinmengen (s. (B.21)). Mithilfe von (B.27) ergibt sich daraus

$$\Delta n_e = n_e \frac{3\mu_B}{4k_B T_F} B_{\text{ext}} \ . \tag{5.28}$$

T_F ist die Fermi-Temperatur der Elektronen. Da die Größe $(n_+ - n_-)$ aus (5.26) gleich $2\Delta n_e$ ist, bekommen wir für den paramagnetischen Beitrag zur Magnetisierung

$$M_{\text{para}} = n_e \frac{3\mu_B^2}{2k_B T_F} B_{\text{ext}} \tag{5.29}$$

und für die paramagnetische Suszeptibilität der Leitungselektronen (s. (5.15))

$$\chi_{\text{para}} = n_e \frac{3\mu_0\mu_B^2}{2k_B T_F} \ . \tag{5.30}$$

Für $T > 0$ ist (5.30) nur ganz geringfügig abzuändern. Der Paramagnetismus der Leitungselektronen ist praktisch unabhängig von der Temperatur.

Für freie Elektronen ist die Suszeptibilität des Landauschen Diamagnetismus dem Betrage nach genau ein Drittel der paramagnetischen Suszeptibilität aus (5.30) (s. z. B. Haug, A.: Theoretische Festkörperphysik, Bd. 1, Franz Deuticke

1964, S. 324). In diesem Fall erhält man für die magnetische Suszeptibilität des Elektronengases insgesamt

$$\chi_e = \frac{2}{3}\chi_{\text{para}} = n_e \frac{\mu_0 \mu_B^2}{k_B T_F} \ . \tag{5.31}$$

Bei Leitungselektronen verhält sich der paramagnetische zum diamagnetischen Anteil im Allgemeinen nicht mehr genau wie 3 : 1, und zwar ist die Abweichung umso größer, je stärker sich die effektive Masse der Leitungselektronen von der Masse des freien Elektrons unterscheidet. χ_e liegt in der Größenordnung 10^{-6}.

Die Atomrümpfe der Metalle haben häufig abgeschlossene Schalen; ihr Beitrag zur magnetischen Suszeptibilität des Kristalls ist in diesem Fall diamagnetisch. Der Beitrag der Leitungselektronen ist dagegen paramagnetisch. Da beide Beiträge in der gleichen Größenordnung liegen, können Metalle insgesamt para- oder diamagnetisch erscheinen. Paramagnetisch sind z. B. die Alkalimetalle; diamagnetisch sind die Edelmetalle Kupfer, Silber und Gold.

5.3 Ferromagnetismus

Für ferromagnetische Substanzen ist charakteristisch, dass sie auch ohne äußeres Magnetfeld eine Magnetisierung aufweisen. Diese spontane Magnetisierung muss von einer Wechselwirkung herrühren, die einen starken Richteffekt auf die magnetischen Momente der Gitteratome auslöst. Wie wir später sehen werden, ist die magnetische Dipol-Dipol-Wechselwirkung zwischen benachbarten Atomen viel zu klein, um eine spontane Magnetisierung zu bewirken. Sie kann jedoch von Austauschwechselwirkungen verursacht werden.

Bei den Austauschwechselwirkungen, die zu einer spontanen Magnetisierung führen, unterscheidet man direkte und indirekte Wechselwirkungen. Eine direkte Wechselwirkung wird durch den Überlapp der Elektronenhüllen unmittelbar benachbarter magnetischer Gitteratome hervorgerufen (Abb. 5.6). Da nach dem Pauli-Prinzip die Eigenfunktion des gesamten Teilchensystems antisymmetrisch in Bezug auf die Vertauschung zweier Elektronen sein muss, ist bei einer antisymmetrischen Ortsfunktion die Spinfunktion symmetrisch. Das Entsprechende gilt im umgekehrten Fall. Nun ist aber die Verteilung der Elektronen bei einer antisymmetrischen Ortsfunktion anders als bei einer symmetrischen. Somit hängt die elektrostatische Wechselwirkungsenergie von der Spinorientierung ab. Nach dem sog. *Heisenberg*[9]*-Modell* beträgt die Austauschenergie zweier Gitteratome mit den

[9] Werner Heisenberg, *1901 Würzburg, †1976 München, Nobelpreis 1932.

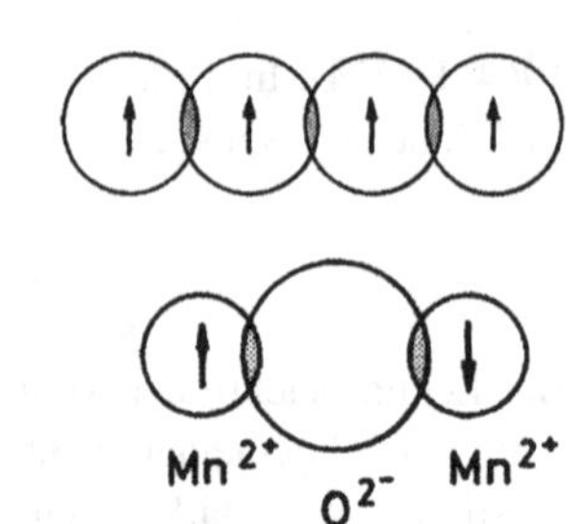

Abb. 5.6 Zur Austauschwechselwirkung überlappender Gitteratome

Abb. 5.7 Zum Superaustausch zwischen zwei Mn^{2+}-Ionen über ein O^{2-}-Ion

Spinvektoren $\vec{S}_1$ und $\vec{S}_2$

$$E = -2A\vec{S}_1 \cdot \vec{S}_2 \ , \tag{5.32}$$

wenn A die Austausch- oder Kopplungskonstante ist, die sich aus dem Überlapp der Elektronenhüllen der beiden Gitteratome ergibt. Ist A positiv, so gehört zum niedrigsten Energiewert, der ja den Grundzustand kennzeichnet, parallele Spinorientierung. Wir erhalten eine ferromagnetische Spinstruktur. Ist A negativ, so liegt eine antiferromagnetische Spinstruktur vor.

Auch wenn sich die Elektronenhüllen der Gitteratome mit magnetischem Moment nicht überlappen, kann es zu einer Spinwechselwirkung zwischen diesen Atomen kommen. Man spricht in diesem Fall von einer indirekten Austauschwechselwirkung. Zum Beispiel ist bei Isolatoren ein sog. *Superaustausch* möglich. Hierbei wird die Kopplung von zwei magnetischen Ionen durch ein diamagnetisches Ion bewirkt, das sich zwischen den magnetischen Ionen befindet. Beim Manganoxid werden z. B. zwei Mn^{2+}-Ionen mit halbaufgefüllter 3d-Schale durch ein O^{2-}-Ion mit abgeschlossener 2p-Schale verbunden (Abb. 5.7). Je ein 3d-Elektron der beiden Manganionen tritt mit einem p-Elektron eines Elektronenpaares des Sauerstoffions in Wechselwirkung, wodurch indirekt eine Kopplung der Manganmomente zustande kommt. Beim Manganoxid bildet sich auf diese Weise eine antiferromagnetische Struktur aus.

Eine andere indirekte Austauschwechselwirkung ist die nach M.A. Ruderman, C. Kittel, T. Kasuya und K. Yosida benannte *RKKY-Wechselwirkung*. Sie spielt beim Ferromagnetismus verschiedener seltener Erden eine entscheidende Rolle. Das magnetische Moment der Atomrümpfe ist hier durch ihre 4f-Elektronen bedingt. Diese weisen allerdings nur einen vernachlässigbar kleinen Überlapp mit den 4f-Elektronen der benachbarten Atomrümpfe auf. Die Kopplung der magnetischen Ionen erfolgt vielmehr durch die Leitungselektronen. Das magnetische Moment eines Atomrumpfes richtet die Spins der Leitungselektronen aus, und diese orientieren dann die magnetischen Momente der benachbarten Atomrümpfe. Im

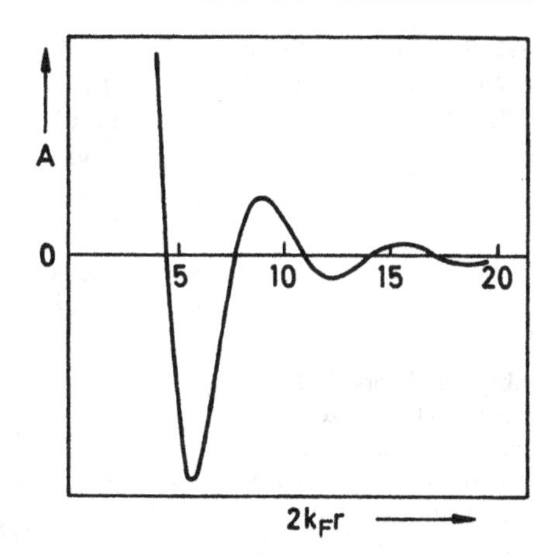

Abb. 5.8 Kopplungskonstante A bei der RKKY-Wechselwirkung. k_F ist der Radius der Fermi-Kugel, r der Abstand der Atomrümpfe

Gegensatz zu den beiden anderen hier besprochenen Austauschwechselwirkungen hat die RKKY-Wechselwirkung eine lange Reichweite und zeigt außerdem oszillatorisches Verhalten. D. h. je nach gegenseitigem Abstand zweier Atomrümpfe ist die Wechselwirkung ferromagnetisch oder antiferromagnetisch (s. z. B. Nolting, W.: Quantentheorie des Magnetismus, Bd. 1, Teubner 1986, S.259). In Abb. 5.8 ist der Wert der Kopplungskonstanten A in Abhängigkeit von $2k_F r$ aufgetragen. Hierbei ist k_F der Radius der Fermi-Kugel der Leitungselektronen und r der Abstand der Atomrümpfe.

Bei den bekanntesten ferromagnetischen Substanzen, den Elementen Eisen, Kobalt und Nickel, ist der Spin der 3d-Elektronen für den Ferromagnetismus verantwortlich. Die 3d-Elektronen sind allerdings nicht an die Atomrümpfe gebunden sondern als mehr oder weniger quasifreie Elektronen anzusehen. Hier lassen sich, wie weiter unten gezeigt wird, die experimentellen Ergebnisse durch eine Kombination von Bändermodell und Austauschwechselwirkung erklären.

Das Heisenberg-Modell wurde ursprünglich zur Behandlung der direkten Austauschwechselwirkung eingeführt; es lässt sich aber genauso gut zur Beschreibung der indirekten Austauschwechselwirkung benutzen. Die Kopplungskonstante A verlangt dann jedoch eine andere Interpretation. Ihr Wert lässt sich im Allgemeinen theoretisch nur schlecht abschätzen. Es ist deshalb zweckmäßig, die Kopplungskonstante als einen Parameter aufzufassen, der den experimentellen Ergebnissen angepasst wird.

Die spontane Magnetisierung eines Ferromagnetikums ist stark von der Temperatur abhängig. Oberhalb der *ferromagnetischen Curie-Temperatur* T_C verschwindet die spontane Magnetisierung, und der Kristall wird paramagnetisch. Im para-

Tab. 5.1 Charakteristische Parameter einiger Ferromagnetika

	T_C [K]	Θ [K]	C [K]	$M_s(0)$ [10^6 A/m]
Fe	1043	1100	2,22	1,746
Co	1395	1415	2,24	1,446
Ni	629	649	0,59	0,510
Gd	289	302		2,060
Dy	87	157		2,920
EuO	69,4	78	4,68	1,930
EuS	16,5	19	3,06	1,240

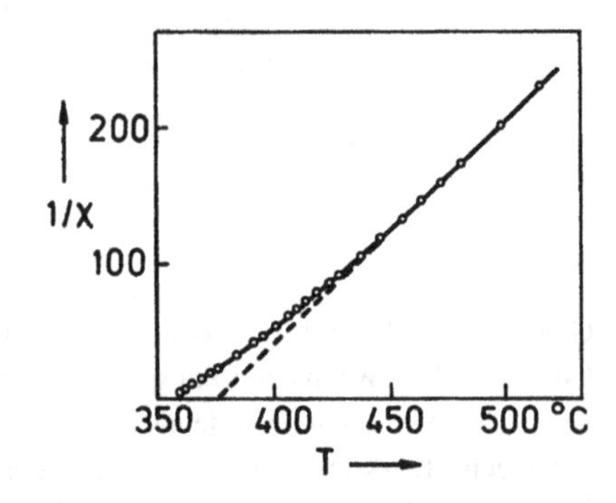

Abb. 5.9 Kehrwert der magnetischen Suszeptibilität von Nickel im paramagnetischen Bereich als Funktion der Temperatur (nach Weiss, P.; Forrer, R.: Ann. Phys. (Paris) **5** (1926) 153)

magnetischen Zustand wird die Temperaturabhängigkeit der magnetischen Suszeptibilität für $T \gg T_C$ durch das *Curie-Weiss*[10]*-Gesetz*

$$\chi = \frac{C}{T - \Theta} \tag{5.33}$$

wiedergegeben. Hierbei ist C die *Curie-Konstante* und Θ die *paramagnetische Curie-Temperatur*. Θ ist stets größer als T_C. In Abb. 5.9 ist $1/\chi$ für Nickel im paramagnetischen Bereich in Abhängigkeit von der Temperatur dargestellt. In Tab. 5.1 sind die experimentell ermittelten Werte von T_C, Θ und C sowie die spontane Magnetisierung M_s für $T = 0$ für einige Ferromagnetika angegeben.

Der Übergang vom ferro- in den paramagnetischen Zustand ist eine Umwandlung 2. Ordnung. Es tritt dabei also keine latente Wärme auf. Hingegen zeigt die spezifische Wärme bei $T = T_C$ einen endlichen Sprung.

Bei der theoretischen Behandlung der Magnetisierung eines Ferromagnetikums macht man von zwei verschiedenen Näherungsmethoden Gebrauch. Für hohe Temperaturen in der Nähe der Curie-Temperatur benutzt man die sog. *Molekularfeldnäherung*. Bei tiefen Temperaturen geht man von der *Spinwellentheorie* aus.

[10] Pierre Weiss, *1865 Mülhausen, †1940 Lyon.

5.3.1 Molekularfeldnäherung§

Die Molekularfeldnäherung wurde im Jahre 1907 von Weiss ursprünglich zur phänomenologischen Beschreibung des Ferromagnetismus entwickelt, fand aber später durch Berücksichtigung der Austauschwechselwirkung ihre physikalische Begründung. Man verfährt hier wie bei der Behandlung des Paramagnetismus in Abschn. 5.1. Nur führt man jetzt zusätzlich zum äußeren Magnetfeld $\vec{B}_{\text{ext}}$ ein inneres Feld $\vec{B}_A$ ein, durch das der Einfluss der Austauschwechselwirkung erfasst wird. Die Stärke dieses sog. *Molekular- oder Austauschfeldes* findet man folgendermaßen:

Wenn wir lediglich die Austauschwechselwirkung mit den nächsten Nachbarn eines Gitteratoms berücksichtigen und außerdem annehmen, dass die Kopplungskonstante für sämtliche wechselwirkenden Paare den gleichen Wert A hat, so erhalten wir nach (5.32) für die Austauschenergie des i-ten Gitteratoms mit seinen z nächsten Nachbarn

$$E = -2A \sum_{j=1}^{z} \vec{S}_j \cdot \vec{S}_i \ . \tag{5.34}$$

Ersetzen wir näherungsweise die Momentanwerte $\vec{S}_j$ der Spinvektoren der Atome in der Umgebung des i-ten Gitteratoms durch ihren zeitlichen Mittelwert $\langle \vec{S}_j \rangle$, so erhalten wir

$$E = -2zA\langle \vec{S}_j \rangle \cdot \vec{S}_i \ . \tag{5.35}$$

Außerdem gilt

$$\vec{M} = -n_0 g \mu_B \langle \vec{S}_j \rangle \ , \tag{5.36}$$

wenn n_0 die Anzahl der Atome pro Volumeneinheit, g der Landé-Faktor und μ_B das Bohrsche Magneton ist. Damit wird aus (5.35)

$$E = -(-g\mu_B \vec{S}_i) \cdot \frac{2zA}{n_0 g^2 \mu_B^2} \vec{M} \ . \tag{5.37}$$

(5.37) lässt sich als potenzielle Energie des magnetischen Dipols $(-g\mu_B \vec{S}_i)$ in dem einem Magnetfeld gleichwertigen Austauschfeld

$$\vec{B}_A = \frac{2zA}{n_0 g^2 \mu_B^2} \vec{M} \tag{5.38}$$

auffassen. Hiernach ist das Austauschfeld der Magnetisierung direkt proportional. Man schreibt gewöhnlich

$$\vec{B}_A = \mu_0 \gamma \vec{M} \tag{5.39}$$

und bezeichnet die Größe

$$\gamma = \frac{1}{\mu_0} \frac{2zA}{n_0 g^2 \mu_B^2} \tag{5.40}$$

als *Molekularfeldkonstante*.

Für das effektive Magnetfeld am Ort eines Gitteratoms gilt jetzt

$$B_{\text{eff}} = B_{\text{ext}} + B_A = B_{\text{ext}} + \mu_0 \gamma M \ . \tag{5.41}$$

Zur Berechnung der Magnetisierung M kann man wieder (5.10) benutzen, man hat also

$$M = n_0 g \mu_B J B_J(\alpha) \ . \tag{5.42}$$

Für α muss man jetzt allerdings

$$\alpha = \frac{g \mu_B J B_{\text{eff}}}{k_B T} = \frac{g \mu_B J (B_{\text{ext}} + \mu_0 \gamma M)}{k_B T} \tag{5.43}$$

einsetzen. Aus (5.42) können wir M als Funktion von T und B nicht explizit ermitteln, da M auch im Argument der Brillouin-Funktion B_J vorkommt. Die Aufgabe lässt sich aber lösen, wenn wir zunächst (5.43) nach M auflösen

$$M = \frac{k_B T}{\mu_0 \gamma g \mu_B J} \alpha - \frac{B_{\text{ext}}}{\mu_0 \gamma} \ . \tag{5.44}$$

Dann tragen wir M als Funktion von α sowohl nach (5.42) als auch nach (5.44) auf. Der Schnittpunkt der beiden Kurven liefert, wie in Abb. 5.10a dargestellt, für vorgegebene Temperatur und äußeres Magnetfeld die Magnetisierung. Natürlich muss man hierzu noch die Molekularfeldkonstante γ des Ferromagnetikums kennen. Außerdem muss man wissen, welcher Wert für g und J zu benutzen ist.

Setzen wir in (5.44) $B_{\text{ext}} = 0$, so können wir (5.42) und (5.44) dazu verwenden, die spontane Magnetisierung M_s in Abhängigkeit von der Temperatur T zu ermitteln. Wir erhalten einen Kurvenverlauf wie in Abb. 5.10b. Eine spontane Magnetisierung liegt nur dann vor, wenn sich die beiden Kurven schneiden, d. h., wenn

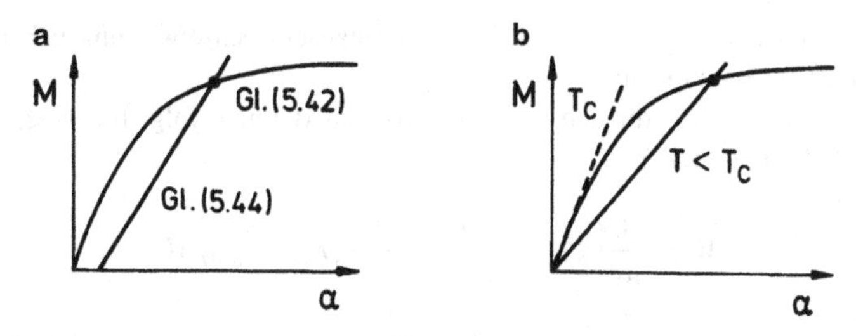

Abb. 5.10 Zur grafischen Bestimmung der Magnetisierung eines Ferromagnetikums nach (5.42) und (5.44) für $B_{\text{ext}} \neq 0$ (a) und $B_{\text{ext}} = 0$ (b)

die Steigung der eingezeichneten Geraden kleiner als der Anstieg der Tangente an die durch (5.42) vorgegebene Kurve an der Stelle $\alpha = 0$ ist. Für $\alpha \ll 1$ lässt sich nach (5.12) die Brillouin-Funktion durch $\frac{J+1}{J}\frac{\alpha}{3}$ nähern. Hiermit erhalten wir für die Ableitung von M aus (5.42) nach α an der Stelle $\alpha = 0$

$$n_0 g \mu_B \frac{J+1}{3} \ . \tag{5.45}$$

Der Anstieg der Geraden beträgt nach (5.44)

$$\frac{k_B T}{\mu_0 \gamma g \mu_B J} \ . \tag{5.46}$$

Die Substanz ist also nur dann im ferromagnetischen Zustand, wenn

$$\frac{k_B T}{\mu_0 \gamma g \mu_B J} < n_0 g \mu_B \frac{J+1}{3} \ , \tag{5.47}$$

gilt oder wenn für ihre Temperatur gilt

$$T < n_0 \frac{\mu_0 g^2 J(J+1)\mu_B^2}{3k_B} \gamma = T_C \ . \tag{5.48}$$

T_C ist nach Definition die ferromagnetische Curie-Temperatur. Führen wir in (5.48) mithilfe von (5.17) die Curie-Konstante C ein, so ergibt sich zwischen der ferromagnetischen Curie-Temperatur und der Molekularfeldkonstanten γ der Zusammenhang

$$T_C = C\gamma \ . \tag{5.49}$$

Ferromagnetische Substanzen mit starker Austauschwechselwirkung haben also eine hohe Curie-Temperatur.

Für $T > T_C$, also für den paramagnetischen Bereich, folgt für $\alpha \ll 1$ aus (5.13), (5.41) und (5.17)

$$\begin{aligned} M &= \frac{1}{\mu_0} n_0 \frac{\mu_0 g^2 J(J+1)\mu_B^2}{3k_B T}(B_{\text{ext}} + \mu_0 \gamma M) \\ &= \frac{1}{\mu_0}\frac{C}{T}(B_{\text{ext}} + \mu_0 \gamma M) \ . \end{aligned} \tag{5.50}$$

Lösen wir (5.50) nach M auf und berücksichtigen (5.49), so erhalten wir

$$M = \frac{1}{\mu_0}\frac{C}{T - T_C} B_{\text{ext}} \tag{5.51}$$

und somit nach (5.15)

$$\chi = \frac{C}{T - T_C} \ . \tag{5.52}$$

Dieser Ausdruck entspricht dem Curie-Weiss-Gesetz aus (5.33), wenn man die ferromagnetische Curie-Temperatur T_C gleich der paramagnetischen Curie-Temperatur Θ setzt. In der Molekularfeldnäherung fallen also die beiden Temperaturen zusammen.

Mithilfe von (5.49) lässt sich die Molekularfeldkonstante γ aus den experimentell ermittelten Werten von T_C und C berechnen. Mit den Angaben aus Tab. 5.1 findet man z. B. für Nickel $\gamma = 1070$. Für die Stärke des Molekularfeldes bei $T = 0$ erhält man in diesem Fall gemäß (5.39)

$$B_A = \mu_0 \gamma M_s(0) = 685\,\text{T} \ . \tag{5.53}$$

Dieses Feld ist viel größer als erreichbare äußere Magnetfelder. Diese haben daher bei tiefen Temperaturen kaum einen Einfluss auf die Magnetisierung des Ferromagnetikums. Außerdem ist das Molekularfeld sehr viel stärker als das Dipolfeld der Nachbaratome. Dies liegt in der Größenordnung von $\mu_0 \mu_B / 4\pi a^3$, wenn a die Gitterkonstante ist. Man erhält einen Wert von etwa 0,04 Tesla. Es sei noch einmal darauf hingewiesen, dass B_A in Wirklichkeit kein Magnetfeld ist und deshalb auch nicht in die Maxwellschen Gleichungen eingeht.

Als nächstes soll untersucht werden, welche Werte für J und g in (5.42) und (5.44) zu benutzen sind, und zwar zunächst für das nichtmetallische Europiumoxid und anschließend für Nickel.

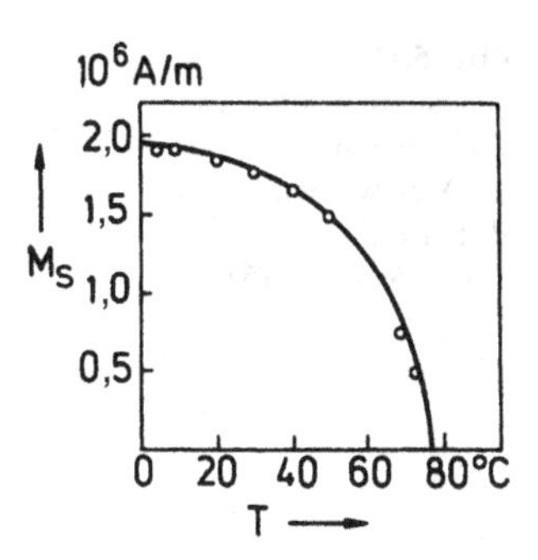

Abb. 5.11 Spontane Magnetisierung von EuO als Funktion der Temperatur. Zur Berechnung des Kurvenverlaufs. (Messwerte nach Matthias, B.T.; Bozorth, R.M.; van Vleck, J.H.: Phys. Rev. Lett. **7** (1961) 160)

Europiumoxid hat Natriumchloridstruktur (s. Abschn. 1.1). Dies bedeutet, dass zwischen den in einer [110]-Richtung aufeinanderfolgenden Eu^{2+}-Ionen eine direkte Austauschwechselwirkung möglich ist. Dagegen kann zwischen den Eu^{2+}-Ionen in [100]-Richtung nur eine Wechselwirkung durch Superaustausch stattfinden; denn hier befindet sich jeweils zwischen zwei Eu^{2+}-Ionen ein O^{2-}-Ion. Die Kopplungskonstante ist in beiden Fällen positiv, sodass sich im EuO unterhalb der Curie-Temperatur eine ferromagnetische Struktur ausbildet. Im Übrigen bestimmen die 7 Elektronen der nicht abgeschlossenen 4f-Schale des Eu^{2+}-Ions das magnetische Verhalten des Kristalls. Nach den Hundschen Regeln (s. Abschn. 5.1) hat das Eu^{2+}-Ion im Grundzustand die Quantenzahlen $S = 7/2$, $L = 0$ und $J = 7/2$. Hieraus folgt für den Landé-Faktor nach (5.4) $g = 2$. Mit diesen Werten lässt sich nach dem in Abb. 5.10 skizzierten Verfahren die spontane Magnetisierung in Abhängigkeit von der Temperatur ermitteln. Der so berechnete Kurvenverlauf ist in Abb. 5.11 dargestellt und wird dort mit experimentellen Daten verglichen. Man findet eine recht gute Übereinstimmung. Bei tiefen Temperaturen erhält man allerdings stets Messwerte, die niedriger als die in der Molekularfeldnäherung berechneten Werte liegen. Wie wir weiter unten sehen werden, hat man hier die Molekularfeld- durch die Spinwellennäherung zu ersetzen.

Wesentlich komplizierter sind die Verhältnisse bei Nickel. Die in Abhängigkeit von T/T_C gemessene Größe $M_s(T)/M_s(0)$ wird am besten durch einen Kurvenverlauf mit $J = 1/2$ wiedergegeben (Abb. 5.12). Aus $M_s(0)$ selbst lässt sich dann der Landé-Faktor g berechnen. Für die spontane Magnetisierung bei $T = 0\,\mathrm{K}$ gilt nach (5.42)

$$M_s(0) = n_0 g J \mu_B \quad . \tag{5.54}$$

Mit dem Wert von $M_s(0)$ aus Tab. 5.1 und mit $J = 1/2$ erhält man $g = 1{,}2$. Dieser Wert erscheint nach den bisherigen Überlegungen unverständlich. Eine Erklärung

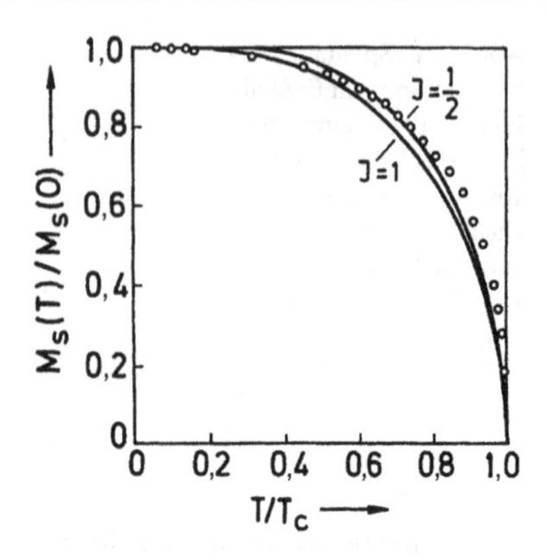

Abb. 5.12 Spontane Magnetisierung von Nickel als Funktion der Temperatur. Messwerte nach Weiss, P.; Forrer, R.: Ann. Phys. (Paris) **5** (1926) 153

dieses Sachverhalts ist jedoch nach J.C. Slater[11] bei Beachtung der Bandstruktur der Elektronenterme möglich.

In Abb. 5.13 sind für Nickel die berechneten Zustandsdichten der 3d- und 4s-Elektronen in Abhängigkeit von der Energie aufgetragen; links für Elektronen mit magnetischem Moment in Richtung des Austauschfeldes, rechts für die entgegengesetzte Richtung. Ähnlich wie bei freien Elektronen ein äußeres Magnetfeld eine Verschiebung der Zustände mit entgegengesetzter Spinorientierung gegeneinander bewirkt kommt es hier innerhalb der 3d-Bänder durch das Austauschfeld zu einer Verschiebung der Zustände mit entgegengesetztem Spin gegeneinander. Beim Nickel befinden sich insgesamt 10 Elektronen je Atom in den sich überlappenden 3d- und 4s-Bändern. Hieraus ergibt sich die Lage des Fermi-Niveaus in Abb. 5.13. Man sieht, dass ein Überschuss an Elektronen mit magnetischem Moment in Richtung des Austauschfeldes vorhanden ist. Er beträgt bei $T = 0\,\mathrm{K}$ im Mittel etwa 0,6 Elektronen je Atom und bewirkt die spontane Magnetisierung des Nickels. Hiernach können wir also jedem Atom im Mittel ein effektives magnetisches Moment von $0{,}6\mu_B$ zuordnen. Das entspricht aber gerade dem experimentellen Befund; denn wie oben dargelegt ergibt sich aus den Experimenten für gJ bei $T = 0\,\mathrm{K}$ ein Wert von 0,6, und die Größe gJ ist nach (5.54) die effektive Magnetonenzahl des magnetischen Moments eines Gitteratoms in Magnetisierungsrichtung. Für Eisen und Kobalt gelten entsprechende Überlegungen.

§

[11] John Clarke Slater, *1900 Oak Park (Ill.), †1976 Sunibel Island (Fla.).

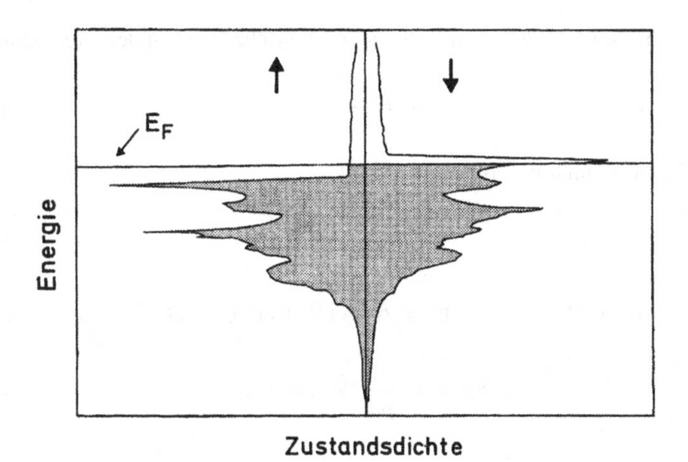

Abb. 5.13 Berechnete Zustandsdichte der 3d- und 4s-Elektronen für Nickel (nach Callaway, J.; Wang, C.S.: Phys. Rev. B **7** (1973) 1096)

5.3.2 Spinwellentheorie

In der Molekularfeldnäherung wird ähnlich wie bei der Behandlung des Paramagnetismus die Anregung des Systems durch Umklappen der magnetischen Momente einzelner Atome beschrieben. Hierdurch wird der Gesamtspin des Systems, der bei $T = 0\,\mathrm{K}$ seinen Maximalwert hat, herabgesetzt. Eine Änderung des Gesamtspins kann aber auch dadurch bewirkt werden, dass sich die Anregungsenergie gleichmäßig auf das gesamte Spinsystem verteilt. Bei einer solchen kollektiven Anregung sind die Bewegungsabläufe benachbarter Spins miteinander gekoppelt. Es kommt zur Ausbildung von sog. *Spinwellen*, deren mathematische Beschreibung der der Gitterschwingungen weitgehend entspricht. Mit den Spinwellen werden wir uns im Folgenden beschäftigen. Hierbei wählen wir eine halbklassische Betrachtungsweise, d. h. wir ersetzen die Spinvektoren durch klassische Vektoren der Länge S. Es lässt sich zeigen, dass dies zu den gleichen Ergebnissen führt wie eine quantenmechanische Behandlung des Problems.

Wir betrachten zunächst eine lineare Kette gleichartiger Atome, bei denen eine Austauschwechselwirkung nur mit den nächsten Nachbarn berücksichtigt wird. Es gilt dann nach (5.32) für die Austauschenergie des Atoms s mit seinen nächsten Nachbarn

$$E = -2A\vec{S}_s \cdot (\vec{S}_{s-1} + \vec{S}_{s+1}) \quad . \tag{5.55}$$

Das durch den Elektronenspin bedingte magnetische Moment des s-ten Atoms ist

$$\vec{m}_s = -g\mu_B \vec{S}_s \ . \tag{5.56}$$

Schreiben wir nun rein formal

$$E = -\vec{m}_s \cdot \vec{B}_A \ , \tag{5.57}$$

so finden wir für das Austauschfeld $\vec{B}_A$ bei Beachtung von (5.55) und (5.56)

$$\vec{B}_A = -\frac{2A}{g\mu_B}(\vec{S}_{s-1} + \vec{S}_{s+1}) \ . \tag{5.58}$$

Ist auch ein äußeres Magnetfeld $\vec{B}_{\text{ext}}$ vorhanden, so beträgt das effektive Feld

$$\vec{B}_{\text{eff}} = \vec{B}_{\text{ext}} - \frac{2A}{g\mu_B}(\vec{S}_{s-1} + \vec{S}_{s+1}) \ . \tag{5.59}$$

Bei einer halbklassischen Betrachtungsweise ist die zeitliche Ableitung des Drehimpulses $\hbar\vec{S}_s$ gleich dem am magnetischen Dipol $\vec{m}_s$ angreifenden Drehmoment $(\vec{m}_s \times \vec{B}_{\text{eff}})$. Es gilt also unter Berücksichtigung von (5.56) und (5.59)

$$\hbar\frac{d\vec{S}_s}{dt} = -g\mu_B(\vec{S}_s \times \vec{B}_{\text{ext}}) + 2A[\vec{S}_s \times (\vec{S}_{s-1} + \vec{S}_{s+1})] \ . \tag{5.60}$$

Im Folgenden soll $\vec{B}$ stets die Induktion des äußeren Feldes sein, wir lassen also den Index ext weg. Bei Benutzung kartesischer Koordinaten erhalten wir aus (5.60) die Beziehung

$$\begin{aligned}\hbar\frac{dS_{sx}}{dt} &= -g\mu_B(S_{sy}B_z - S_{sz}B_y) \\ &\quad + 2A[S_{sy}(S_{(s-1)z} + S_{(s+1)z}) - S_{sz}(S_{(s-1)y} + S_{(s+1)y})]\end{aligned} \tag{5.61}$$

und zwei weitere Gleichungen, die durch zyklische Vertauschung von x, y und z entstehen. Diese Gleichungen sind in den Spinkomponenten nicht linear. Setzen wir aber voraus, dass die Temperatur so niedrig ist, dass angenähert eine vollständige Magnetisierung z. B. in z-Richtung vorliegt, so können wir eine Linearisierung erreichen. Dann sind $|S_{sx}|$ und $|S_{sy}|$ viel kleiner als $|S_{sz}|$, und wir können in den

Gleichungen das Produkt $S_{sx}S_{sy}$ gegenüber den anderen Größen vernachlässigen. Außerdem können wir

$$S_{sz} = -S \tag{5.62}$$

setzen. Durch das negative Vorzeichen der Spinquantenzahl S wird berücksichtigt, dass die Magnetisierung in Richtung der positiven z-Achse erfolgt. Mit

$$B_x = B_y = 0 \quad \text{und} \qquad B_z = B \tag{5.63}$$

wird aus (5.61) und den anderen Komponentengleichungen

$$\begin{aligned}
\frac{dS_{sx}}{dt} &= -\frac{g\mu_B B}{\hbar}S_{sy} - \frac{2AS}{\hbar}(2S_{sy} - S_{(s-1)y} - S_{(s+1)y}) \\
\frac{dS_{sy}}{dt} &= \frac{g\mu_B B}{\hbar}S_{sx} + \frac{2AS}{\hbar}(2S_{sx} - S_{(s-1)x} - S_{(s+1)x}) \\
\frac{dS_{sz}}{dt} &= 0 \ .
\end{aligned} \tag{5.64}$$

Wir machen die Lösungsansätze

$$\begin{aligned}
S_{sx} &= S_x e^{i(ksa-\omega t)} \\
\text{und} \qquad S_{sy} &= S_y e^{i(ksa-\omega t)} \ ,
\end{aligned} \tag{5.65}$$

wobei a der Abstand der Atome der Kette ist. Damit erhalten wir aus den ersten beiden Gln. (5.64) das Gleichungssystem

$$i\omega S_x - \beta S_y = 0 \ , \qquad \beta S_x + i\omega S_y = 0 \ . \tag{5.66}$$

Hierbei ist

$$\beta = \frac{g\mu_B B}{\hbar} + \frac{4AS}{\hbar}(1 - \cos ka) \ . \tag{5.67}$$

Das Gleichungssystem (5.66) liefert nur dann für die Amplituden S_x und S_y von Null verschiedene Werte, wenn seine Koeffizientendeterminante verschwindet, wenn also

$$\omega^2 = \beta^2 \tag{5.68}$$

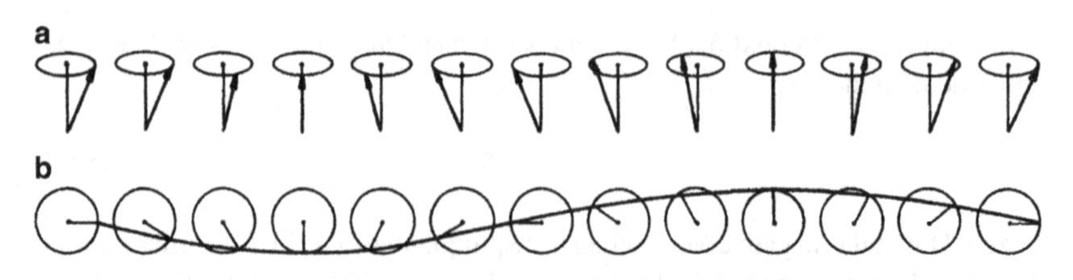

Abb. 5.14 Spinwelle längs einer einzelnen Gitterkette, **a** in perspektivischer Darstellung, **b** von oben gesehen (nach Morrish, A.H.: The Physical Principles of Magnetism. New York: J. Wiley & Sons 1965)

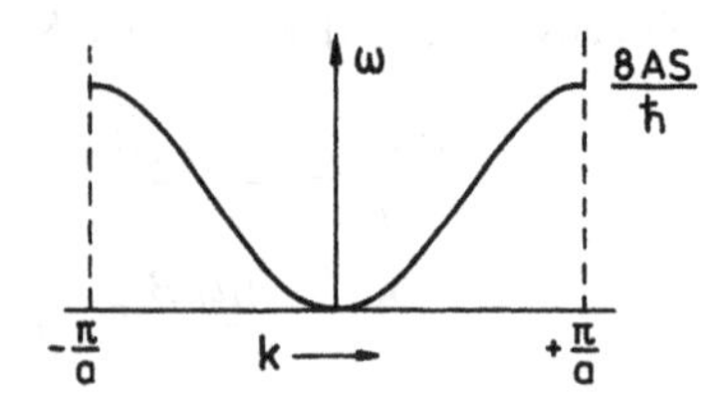

Abb. 5.15 Dispersionskurve für Magnonen in einer linearen Spinkette nach (5.69) für $B = 0$

ist. Hieraus folgt

$$\omega = \frac{g\mu_B B}{\hbar} + \frac{4AS}{\hbar}(1 - \cos ka) \ . \tag{5.69}$$

Mit (5.68) erhalten wir jetzt aus (5.66)

$$S_y = i S_x \ . \tag{5.70}$$

Die Amplituden von S_{sx} und S_{sy} sind also dem Betrag nach gleich groß; S_{sy} hat aber gegenüber S_{sx} eine Phasenverschiebung von $-\pi/2$. Dies bedeutet, dass die einzelnen Spins eine zirkulare Präzession um die $(-z)$-Achse ausführen, wobei von Atom zu Atom eine Phasenverschiebung von ka auftritt (Abb. 5.14). Derartige Wellenvorgänge, bei denen sich die Spinorientierung längs einer Gitterkette periodisch ändert, bezeichnet man als Spinwellen. Nur für $k = 0$ sind alle Spins parallel zueinander ausgerichtet und präzedieren nach (5.69) mit der Larmorfrequenz $g\mu_B B/\hbar$ um die $(-z)$-Achse. (5.69) ist die Dispersionsrelation für die oben betrachteten Spinwellen.

Sie ist in Abb. 5.15 für $B = 0$ dargestellt. Dabei ist die Wellenzahl k mit der gleichen Begründung wie in Abschn. 2.1 auf die erste Brillouin-Zone beschränkt.

Für $ka \ll 1$ und $B = 0$ wird aus (5.69)

$$\omega = \frac{2ASa^2}{\hbar}k^2 \ . \tag{5.71}$$

Für niedrige Werte von k ist also die Kreisfrequenz der Spinwellen proportional k^2 im Gegensatz zu den Verhältnissen bei akustischen Gitterschwingungen, bei denen für kleines k ein linearer Zusammenhang zwischen Kreisfrequenz und Wellenzahl besteht (s. (2.9)).

Die obigen Rechnungen gelten für eine lineare Kette von Atomen. Für ein kubisches Raumgitter erhält man durch entsprechende Überlegungen die Dispersionsrelation

$$\omega = \frac{2AS}{\hbar}\sum_i (1 - \cos \vec{k} \cdot \vec{r}_i) \ . \tag{5.72}$$

Die Summation ist dabei über alle Vektoren $\vec{r}_i$ durchzuführen, die ein zentrales Gitteratom mit den nächstbenachbarten Atomen verbinden. Beim kubisch primitiven Gitter sind dies 6, beim bcc-Gitter 8 und beim fcc-Gitter 12 Vektoren. In allen drei Fällen erhält man für $ka \ll 1$ in führender Ordnung wieder den Ausdruck aus (5.71), wobei a jetzt die Gitterkonstante des kubischen Gitters ist.

Die Energie der Spinwellen ist wie die der Gitterschwingungen gequantelt. Die Quanten der Spinwellen bezeichnet man als *Magnonen*. Sie lassen sich wie die anderen elementaren Anregungen, die wir bisher behandelt haben, als Quasiteilchen auffassen. Als solche gehorchen sie der Bose-Statistik.

Durch die Anregung eines Magnons wird der Gesamtspin des Systems um $\hbar$ herabgesetzt, und zwar gilt dies unabhängig von der Energie $\hbar\omega$ des Magnons. Ist N die Anzahl der Atome im Kristall und n die Anzahl der Magnonen, so beträgt die Spinquantenzahl des gesamten Systems

$$NS - n \ . \tag{5.73}$$

Eine Bestimmung der Temperaturabhängigkeit der spontanen Magnetisierung kann also dadurch erfolgen, dass man die Anzahl der Magnonen ermittelt, die bei vorgegebener Temperatur angeregt sind. Für die relative Änderung der Magnetisierung bei einer Erhöhung der Temperatur über den absoluten Nullpunkt auf den Wert T erhalten wir

$$\frac{M_s(0) - M_s(T)}{M_s(0)} = \frac{n}{NS} \ . \tag{5.74}$$

Magnonen können untereinander aber auch mit Phononen in Wechselwirkung treten. Auf diese Weise bildet sich bei vorgegebener Temperatur für die Magnonen eine Gleichgewichtsverteilung aus, die durch die Bosesche Verteilungsfunktion nach (B.14) beschrieben werden kann.

Ist $Z(\omega)d\omega$ die Anzahl der Magnonenzustände im Frequenzintervall zwischen ω und $\omega + d\omega$, so beträgt die Gesamtzahl der Magnonen

$$n = \int \frac{Z(\omega)}{e^{\hbar\omega/k_B T} - 1} d\omega \ . \tag{5.75}$$

Die Integration ist dabei über alle Werte von ω zu erstrecken, die den $\vec{k}$-Werten der ersten Brillouin-Zone zuzuordnen sind.

Da wir uns hier nur für das Verhalten des Ferromagneten bei tiefen Temperaturen interessieren und bei tiefen Temperaturen lediglich Magnonen mit kleinen $\vec{k}$-Werten angeregt sind, können wir als Dispersionsrelation (5.71) benutzen. Danach hängt die Kreisfrequenz ω der Spinwellen nur vom Betrag und nicht von der Richtung des Wellenzahlvektors $\vec{k}$ ab. Im $\vec{k}$-Raum sind also Flächen konstanter Kreisfrequenz Kugeloberflächen, und einer Kugelschale im $\vec{k}$-Raum mit dem Volumen $4\pi k^2 dk$ entspricht der Frequenzbereich $2\pi(\hbar/2ASa^2)^{3/2}\sqrt{\omega}\, d\omega$. Multiplizieren wir diesen Ausdruck mit der Wellenzahldichte im $\vec{k}$-Raum, die nach (2.35) $V/8\pi^3$ beträgt, so erhalten wir

$$Z(\omega)d\omega = \frac{V}{4\pi^2}\left(\frac{\hbar}{2ASa^2}\right)^{3/2} \sqrt{\omega}d\omega \ .$$

Verwenden wir diese Beziehung in (5.75), und verschieben außerdem die obere Integrationsgrenze bis ins Unendliche, was den Gesamtwert des Integrals nicht wesentlich beeinflusst, da bei tiefen Temperaturen der Integrand mit zunehmender Kreisfrequenz ω sehr schnell gegen Null geht, so erhalten wir

$$n = \frac{V}{4\pi^2}\left(\frac{\hbar}{2ASa^2}\right)^{3/2} \int_0^\infty \frac{\sqrt{\omega}}{e^{\hbar\omega/k_B T} - 1} d\omega = \frac{V}{4\pi^2}\left(\frac{k_B T}{2ASa^2}\right)^{3/2} \int_0^\infty \frac{\sqrt{x}}{e^x - 1} dx. \tag{5.76}$$

Das Integral hat den Wert $0{,}0586 \cdot 4\pi^2$. Damit wird aus (5.76)

$$n = 0{,}0586 \frac{V}{a^3}\left(\frac{k_B T}{2AS}\right)^{3/2} \ . \tag{5.77}$$

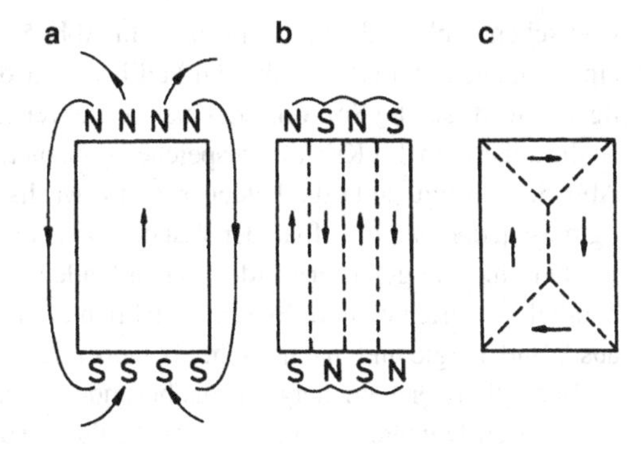

Abb. 5.16 Zur Ursache der Domänenstruktur eines Ferromagneten. (nach Kittel, C.: Rev. Mod. Phys. **17** (1949) 541)

Setzen wir diesen Ausdruck in (5.74) ein, so ergibt sich

$$\frac{M_s(0) - M_s(T)}{M_s(0)} = 0{,}0586 \frac{V}{Na^3} \frac{1}{S} \left(\frac{k_B T}{2AS} \right)^{3/2} . \tag{5.78}$$

Nun ist V/a^3 gerade die Anzahl der Einheitszellen im Kristall und demnach $s = Na^3/V$ gleich der Anzahl der Gitteratome je Einheitszelle. Sie beträgt 1 beim kubisch primitiven, 2 beim bcc- und 4 beim fcc-Gitter. Wir erhalten also schließlich

$$\frac{M_s(0) - M_s(T)}{M_s(0)} = \frac{0{,}0586}{sS} \left(\frac{k_B T}{2AS} \right)^{3/2} . \tag{5.79}$$

Dies ist das sog. *Blochsche $T^{3/2}$-Gesetz.* Es gibt die Temperaturabhängigkeit der spontanen Magnetisierung für tiefe Temperaturen sehr gut wieder.

5.3.3 Domänenstruktur§

Aus der Tatsache, dass ein Ferromagnetikum unterhalb der Curie-Temperatur eine spontane Magnetisierung aufweist, folgt nun nicht, dass jede Probe aus ferromagnetischem Material nach außen hin als magnetisch erscheint. Normalerweise besteht nämlich ein Ferromagnetikum aus einer großen Anzahl von Bezirken, die zwar einzeln eine einheitliche Magnetisierung haben, aber so angeordnet sind, dass insgesamt kein resultierendes magnetisches Moment zustande kommt. Solche Bezirke bezeichnet man gewöhnlich als *Domänen.* Die Richtungen, in denen innerhalb einer Domäne eine spontane Magnetisierung erfolgt, sind durch die Kristallstruktur vorgegeben. Der Grund, weshalb eine Domänenstruktur energetisch bevorzugt ist, wird anhand von Abb. 5.16 verständlich. Sie zeigt einen ferromagnetischen Einkristall im Querschnitt. In Abb. 5.16a besteht der Kristall nur aus einer einzigen Domäne. In diesem Fall hat zwar die Austauschenergie den günstigsten Wert, da alle Spinvektoren mehr oder weniger gleich gerichtet sind, jedoch ist die außerhalb des Kristalls gespeicherte magnetische Feldenergie maximal. Wie Abb. 5.16b zeigt, sinkt die Feldenergie mit wachsender Domänenzahl. Gleichzeitig muss jedoch zum Aufbau der Wände zwischen den Domänen Arbeit gegen die Austauschkräfte geleistet werden, da zu beiden Seiten der Wände die Spins antiparallel ausgerichtet sind. Bei einer stabilen Domänenstruktur nimmt die Summe aus Wandenergie und magnetischer Feldenergie gerade einen Minimalwert an.

Bezüglich der Feldenergie ist es besonders günstig, wenn die antiparallel magnetisierten Domänen wie in Abb. 5.16c durch sog. *Abschlussdomänen* begrenzt sind und nicht wie in Abb. 5.16b bis zur Kristalloberfläche reichen. Die Wand zwischen einer Abschlussdomäne und einer in Abb. 5.16c vertikal verlaufenden Domäne bildet mit der Magnetisierungsrichtung in jeder der beiden Domänen einen Winkel von 45°. In diesem Fall gehen die Normalkomponenten der Magnetisierung an der Grenzfläche stetig ineinander über. Es treten deshalb keine magnetischen Pole auf, und es existiert kein Magnetfeld außerhalb des Kristalls.

Dass innerhalb einer Domäne genau definierte Vorzugsrichtungen für die Magnetisierung auftreten, liegt im Wesentlichen daran, dass die Bahnbewegung der Elektronen eines Atoms durch die elektrostatischen Felder der Nachbaratome beeinflusst wird. Für den Ferromagnetismus ist zwar hauptsächlich der Elektronenspin verantwortlich, und die Spin-Bahn-Kopplung ist bei den 3d-Elementen nicht sehr groß. Sie ist jedoch ausreichend, um zu bewirken, dass das Kristallgitter über die Bahnbewegung der Elektronen die Ausrichtung der Elektronenspins beeinflusst. Um eine Magnetisierung in einer weniger günstigen Kristallrichtung zu erreichen, muss die sog. *Anisotropieenergie* aufgebracht werden.

Beim Eisen, das ein bcc-Gitter hat, erfolgt die spontane Magnetisierung in den [100]-Richtungen. Sind α_1, α_2 und α_3 die Richtungskosinusse einer willkürlichen Magnetisierungsrichtung mit einer [100]-Richtung, so kann aus Symmetriegründen die Anisotropieenergie nur gerade Potenzen von jedem Richtungskosinus enthalten. Außerdem muss die Energie invariant gegenüber einer Vertauschung der Richtungskosinusse sein. Diese Forderungen werden in niedrigster Ordnung durch die Kombination $(\alpha_1^2 + \alpha_2^2 + \alpha_3^2)$ erfüllt. Eine solche Kombination ist allerdings unbrauchbar, da sie identisch gleich Eins ist. Kombinationen nächst höherer Ordnungen sind $(\alpha_1^2\alpha_2^2 + \alpha_2^2\alpha_3^2 + \alpha_3^2\alpha_1^2)$ und $(\alpha_1^2\alpha_2^2\alpha_3^2)$. Mit ihnen erhält man für die Anisotropieenergie je Volumeneinheit den Ausdruck

$$\frac{E_{\text{an}}}{V} = K_1(\alpha_1^2\alpha_2^2 + \alpha_2^2\alpha_3^2 + \alpha_3^2\alpha_1^2) + K_2(\alpha_1^2\alpha_2^2\alpha_3^2) \quad . \tag{5.80}$$

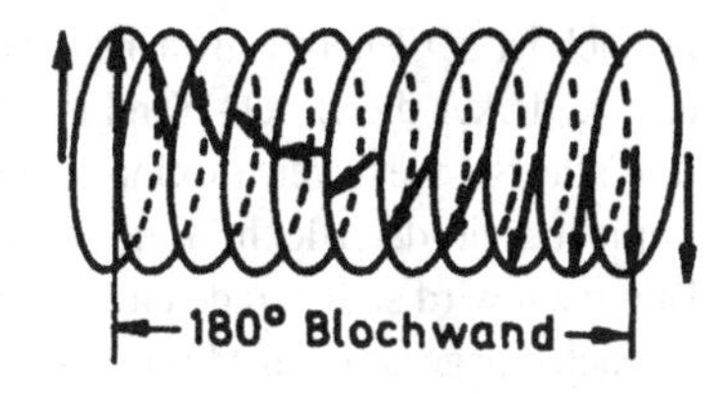

Abb. 5.17 Schematische Darstellung der Spinorientierungen in einer 180°-Bloch-Wand

Hierbei sind die *Anisotropiekonstanten* K_1 und K_2 von der Temperatur abhängig. Bei der Curie-Temperatur sind sie gleich Null. Für Eisen ist bei Zimmertemperatur

$$K_1 = 4{,}2 \cdot 10^4\,\mathrm{J/m^3} \qquad \text{und} \qquad K_2 = 1{,}5 \cdot 10^4\,\mathrm{J/m^3}\ . \tag{5.81}$$

Die Magnetisierung ändert sich beim Übergang von einer Domäne zu einer benachbarten nicht sprunghaft. Die Richtungsänderung erfolgt vielmehr innerhalb einer sog. *Blochwand* in vielen kleinen Schritten. Dies ist, wie wir im Folgenden sehen werden, energetisch günstiger.

In Abb. 5.17 sind die Spinorientierungen in einer 180°-Bloch-Wand schematisch dargestellt. Die Austauschenergie zwischen zwei benachbarten Spins, die miteinander den Winkel φ bilden, beträgt nach (5.32) $-2AS^2\cos\varphi$. Ist $\varphi \ll 1$, so können wir diesen Ausdruck durch $-2AS^2(1-\varphi^2/2)$ nähern und erhalten für den Energiezuwachs bei einer Kippung der Spins aus der Parallelstellung um den Winkel φ

$$\Delta E_1 = AS^2\varphi^2\ . \tag{5.82}$$

Bei n Kippungen längs einer Gitterkette jeweils um den Winkel φ bekommen wir dann

$$\Delta E_n = nAS^2\varphi^2\ . \tag{5.83}$$

Bei einer einzigen sprunghaften Änderung der Spinrichtung um den Winkel $n\varphi$ betrüge hingegen der Energiezuwachs

$$\Delta E = AS^2(n\varphi)^2 = n^2AS^2\varphi^2\ . \tag{5.84}$$

Es gilt also

$$\Delta E_n = \frac{1}{n}\Delta E\ . \tag{5.85}$$

Danach ist der Energiezuwachs umso kleiner, je größer die Anzahl n der Schritte, d. h. je dicker die Bloch-Wand ist. Nun weisen aber innerhalb einer Bloch-Wand fast alle Spinvektoren in eine ungünstige Magnetisierungsrichtung. Die Anisotropieenergie der Bloch-Wand ist deshalb umso kleiner, je dünner die Wand ist. Demnach wird sich gerade eine solche Wandstärke einstellen, bei der der Energiezuwachs insgesamt ein Minimum annimmt. Diese Stärke lässt sich für ein kubisch primitives Gitter mit der Gitterkonstanten a folgendermaßen abschätzen:

Für die Zunahme der Austauschenergie bei Ausbildung einer 180°-Bloch-Wand erhalten wir je Flächeneinheit nach (5.83) mit $n\varphi = \pi$

$$\frac{\Delta E_n}{F} = \frac{\pi^2 A S^2}{n a^2} \ . \tag{5.86}$$

Hierbei ist $1/a^2$ die Anzahl der Gitterketten je Flächeneinheit. Die Anisotropieenergie je Flächeneinheit ist nach (5.80) näherungsweise

$$\frac{E_{\text{an}}}{F} = \frac{1}{2} K_1 n a \ . \tag{5.87}$$

Dabei ist na die Stärke der Bloch-Wand. Die gesamte Wandenergie je Flächeneinheit beträgt also

$$\frac{E_{\text{wand}}}{F} = \frac{\pi^2 A S^2}{n a^2} + \frac{1}{2} K_1 n a \ . \tag{5.88}$$

Sie hat einen Minimalwert, wenn

$$\frac{\partial (E_{\text{wand}}/F)}{\partial n} = -\frac{\pi^2 A S^2}{n^2 a^2} + \frac{1}{2} K_1 a = 0 \ . \tag{5.89}$$

Hieraus folgt für die Stärke der Bloch-Wand

$$na = \sqrt{\frac{2\pi^2 A S^2}{K_1 a}} \ . \tag{5.90}$$

Die Bloch-Wand ist also umso dicker, je größer der Wert der Austauschkonstanten A und je kleiner die Anisotropiekonstante K_1 ist. Für Eisen liegt na in der Größenordnung von 40 nm. Die Wandstärke ist im Allgemeinen klein gegenüber den Lineardimensionen einer Domäne.

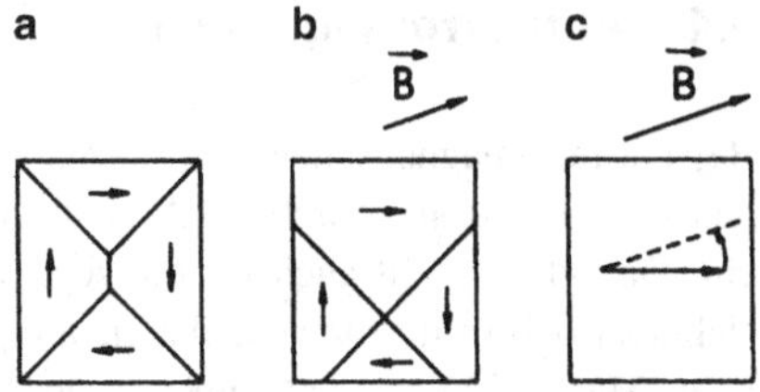

Abb. 5.18 Schematische Darstellung der Magnetisierung eines Ferromagneten unter dem Einfluss eines äußeren Magnetfeldes *B*

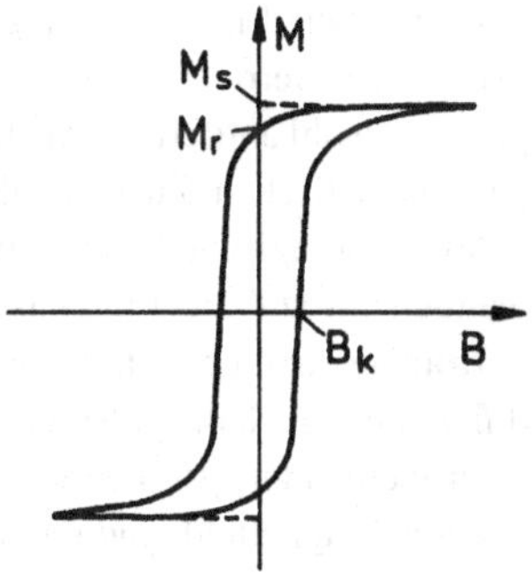

Abb. 5.19 Magnetisierungskurve eines Ferromagneten

Bringt man einen ferromagnetischen Kristall in ein äußeres Magnetfeld, so erfolgt bei kleinerer Feldstärke zunächst eine *Wandverschiebung*. Domänen, deren Magnetisierung relativ zum äußeren Feld günstig orientiert ist, wachsen auf Kosten der anderen Domänen (s. Abb. 5.18b). Bei höherer Feldstärke findet anschließen durch Drehung eine Ausrichtung der Magnetisierung nach dem äußeren Feld statt (s. Abb. 5.18c).

Abb. 5.19 zeigt die typische Magnetisierungskurve eines Ferromagneten. Der steile Anstieg der Kurve bei kleinen Feldstärken beruht auf Wandverschiebungen. Der flache Kurventeil ist durch Drehprozesse bedingt. M_r ist die *Remanenz* des Ferromagneten. Es ist die Magnetisierung, die zurückbleibt, wenn das äußere Feld wieder auf Null gebracht wird. Um die remanente Magnetisierung zu beseitigen, muss die sog. *Koerzitivkraft* B_K in Gegenrichtung aufgebracht werden.

Für Transformatorenkerne verwendet man Materialien mit kleiner Koerzitivkraft, um Energieverluste klein zu halten, für Permanentmagnete solche mit großer. Man kann die Koerzitivkraft eines ferromagnetischen Materials durch den Einbau von Gitterfehlern erhöhen.

§

5.4 Antiferromagnetismus

Bei antiferromagnetischen Substanzen stellen sich die magnetischen Momente benachbarter Atome durch die Austauschwechselwirkung antiparallel zueinander ein. Das gleiche gilt auch für die sog. ferrimagnetischen Substanzen. Während sich aber bei Antiferromagnetika die antiparallel eingestellten Momente ohne äußeres Magnetfeld gerade kompensieren, sodass die Magnetisierung verschwindet, überwiegen bei Ferrimagnetika die Momente einer Richtung, sodass insgesamt eine spontane Magnetisierung vorliegt. Ferrimagnetische Substanzen zeigen also nach außen ferromagnetisches Verhalten. Oberhalb einer kritischen Temperatur gehen sowohl antiferromagnetische als auch ferrimagnetische Substanzen in einen paramagnetischen Zustand über. Im Folgenden beschränken wir uns auf eine phänomenologische Beschreibung des Antiferromagnetismus. Hierzu können wir weitgehend auf die Ergebnisse zurückgreifen, die wir bei der Behandlung des Ferromagnetismus mithilfe der Molekularfeldnäherung gewonnen haben. Wir modifizieren jedoch die entsprechenden Rechnungen dahingehend, dass wir jetzt von zwei ineinandergestellten Untergittern aus gleichartigen Atomen ausgehen. Ohne äußeres Magnetfeld sind die Momente der Atome des einen Untergitters antiparallel zu denen des anderen Untergitters ausgerichtet. Zum Beispiel können die A-Atome des einen Untergitters auf den Eckpunkten der Einheitszellen eines bcc-Gitters sitzen und die B-Atome des anderen Untergitters auf den raumzentrierten Gitterpunkten angeordnet sein.

Für das Austauschfeld, das auf die A-Atome bzw. B-Atome einwirkt, machen wir den Ansatz (vgl. (5.39))

$$\begin{aligned} &\vec{B}_A^A = -\mu_0\gamma_{AA}\vec{M}_A - \mu_0\gamma_{AB}\vec{M}_B \\ \text{bzw.} \quad &\vec{B}_B^A = -\mu_0\gamma_{BA}\vec{M}_A - \mu_0\gamma_{BB}\vec{M}_B \ . \end{aligned} \tag{5.91}$$

Dabei sind $\vec{M}_A$ und $\vec{M}_B$ die Magnetisierungen der beiden Untergitter. Wir haben sowohl eine antiferromagnetische AB- als auch BA-, AA- und BB-Wechselwirkung vorausgesetzt. Die Molekularfeldkonstanten $\gamma_{AA}, \gamma_{BB}, \gamma_{AB}$ und γ_{BA} sind in diesem Fall positiv. γ_{AB} bzw. γ_{BA} werden größer als γ_{AA} bzw. γ_{BB} sein, da erstere die Austauschwechselwirkung mit dem nächsten Nachbarn kennzeichnen. Berücksichtigen wir, dass aus Symmetriegründen $\gamma_{BA} = \gamma_{AB}$ und $\gamma_{BB} = \gamma_{AA}$ gilt, so erhalten wir für den zweiten Teil von (5.91)

$$\vec{B}_B^A = -\mu_0\gamma_{AB}\vec{M}_A - \mu_0\gamma_{AA}\vec{M}_B \ . \tag{5.92}$$

Ist noch ein äußeres Feld $\vec{B}$ vorhanden, so erhalten wir für das effektive Feld am Ort der A- bzw. B-Atome

$$\begin{aligned} \vec{B}_A^{\text{eff}} &= \vec{B} - \mu_0\gamma_{AA}\vec{M}_A - \mu_0\gamma_{AB}\vec{M}_B \\ \text{bzw.} \qquad \vec{B}_B^{\text{eff}} &= \vec{B} - \mu_0\gamma_{AB}\vec{M}_A - \mu_0\gamma_{AA}\vec{M}_B \ . \end{aligned} \tag{5.93}$$

Wir untersuchen zunächst den Fall, dass $\vec{B} = 0$ ist. Dann ist im antiferromagnetischen Zustand

$$\vec{M}_B = -\vec{M}_A \ , \tag{5.94}$$

und (5.93) ergibt

$$\begin{aligned} \vec{B}_A^{\text{eff}} &= \mu_0(\gamma_{AB} - \gamma_{AA})\vec{M}_A \\ \text{bzw.} \qquad \vec{B}_B^{\text{eff}} &= \mu_0(\gamma_{AB} - \gamma_{AA})\vec{M}_B \ . \end{aligned} \tag{5.95}$$

Beide Gleichungen entsprechen (5.39), wenn wir γ durch $(\gamma_{AB} - \gamma_{AA})$ ersetzen. Es gelten also für $\vec{M}_A$ und $\vec{M}_B$ die gleichen Gesetzmäßigkeiten wie für die spontane Magnetisierung eines Ferromagnetikums. Insbesondere ergibt sich nach (5.49) für die kritische Temperatur, bei der der antiferromagnetische Zustand in den paramagnetischen übergeht,

$$T_N = C\frac{\gamma_{AB} - \gamma_{AA}}{2} \ . \tag{5.96}$$

Hierbei ist C die Curie-Konstante (s. (5.17)). Der Faktor $1/2$ ist dadurch bedingt, dass jedes Untergitter nur $n_0/2$ Atome pro Volumeneinheit enthält. T_N ist die sog. *antiferromagnetische Néel*[12]*-Temperatur.*

Für $T > T_N$, also im paramagnetischen Temperaturbereich, ist in einem äußeren Magnetfeld

$$\vec{M}_B = \vec{M}_A \tag{5.97}$$

und somit

$$\vec{M} = 2\vec{M}_A \ . \tag{5.98}$$

[12] Louis Néel, *1904 Lyon, †2000 Grenoble, Nobelpreis 1970.

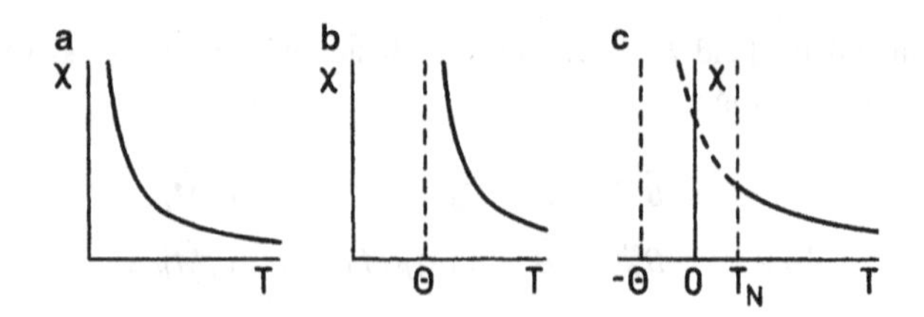

Abb. 5.20 Temperaturabhängigkeit der magnetischen Suszeptibilität einer paramagnetischen Substanz (**a**), eines Ferromagnetikums oberhalb der paramagnetischen Curie-Temperatur Θ (**b**) und einer antiferromagnetischen Substanz oberhalb der antiferromagnetischen Néel-Temperatur T_N (**c**). Θ in (**c**) ist die paramagnetische Néel-Temperatur

Mit diesen Beziehungen folgt aus (5.93)

$$\vec{B}_A^{\text{eff}} = \vec{B} - \mu_0 \frac{\gamma_{AB} + \gamma_{AA}}{2} \vec{M} \ . \tag{5.99}$$

Setzen wir diesen Ausdruck in (5.50) ein, so erhalten wir

$$M = \frac{1}{\mu_0} \frac{C}{T} \left(B - \mu_0 \frac{\gamma_{AB} + \gamma_{AA}}{2} M \right) \ . \tag{5.100}$$

Auflösen nach M ergibt

$$M = \frac{1}{\mu_0} \frac{C}{T + \Theta} B \ . \tag{5.101}$$

Hierbei ist

$$\Theta = C \frac{\gamma_{AB} + \gamma_{AA}}{2} \tag{5.102}$$

die *paramagnetische Néel-Temperatur.*

Für die magnetische Suszeptibilität einer antiferromagnetischen Substanz im paramagnetischen Temperaturbereich gilt dann

$$\chi = \frac{C}{T + \Theta} \ . \tag{5.103}$$

In Abb. 5.20 ist zum Vergleich die Temperaturabhängigkeit von χ für eine paramagnetische, eine ferromagnetische und eine antiferromagnetische Substanz dargestellt und zwar bei den beiden zuletzt genannten Substanzen für Temperaturen

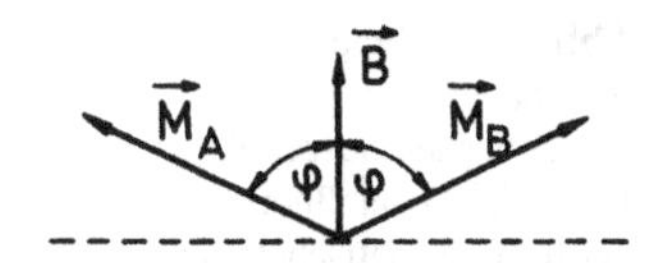

Abb. 5.21 Zur Herleitung der antiferromagnetischen Suszeptibilität

oberhalb der paramagnetischen Curie- bzw. antiferromagnetischen Néel-Temperatur.

Die weiter oben gemachten Aussagen über die magnetischen Eigenschaften eines Antiferromagneten sind für $\vec{B} = 0$ experimentell nicht nachprüfbar, da in diesem Fall die Gesamtmagnetisierung gleich Null ist. Anders ist es dagegen, wenn man ein äußeres Magnetfeld anlegt. Für Temperaturen unterhalb der antiferromagnetischen Néel-Temperatur T_N hängt hierbei das magnetische Verhalten des Kristalls von seiner Orientierung gegenüber dem Magnetfeld ab.

Im ersten Beispiel soll das Magnetfeld senkrecht zu einer Richtung stehen, in der eine spontane Magnetisierung der Untergitter erfolgt. In diesem Fall werden die Magnetisierungen $\vec{M}_A$ und $\vec{M}_B$ der Untergitter in Richtung auf das Magnetfeld $\vec{B}$ gedreht (Abb. 5.21). Im Gleichgewicht wird das Drehmoment durch das äußere Magnetfeld gerade durch das des Austauschfeldes kompensiert. Es muss dann also gelten

$$(\vec{M}_A \times \vec{B}) = [\vec{M}_A \times (\mu_0 \gamma_{AA} \vec{M}_A + \mu_0 \gamma_{AB} \vec{M}_B)] = \mu_0 \gamma_{AB} (\vec{M}_A \times \vec{M}_B) \ . \tag{5.104}$$

Ist φ der Winkel, den $\vec{M}_A$ und $\vec{M}_B$ im Gleichgewicht mit $\vec{B}$ bildet, so ergibt sich aus (5.104)

$$M_A B \sin\varphi = \mu_0 \gamma_{AB} M_A M_B \sin 2\varphi \tag{5.105}$$

$$\text{oder} \qquad 2M_B \cos\varphi = \frac{1}{\mu_0} \frac{1}{\gamma_{AB}} B \ . \tag{5.106}$$

Nun ist die linke Seite von (5.106) gerade gleich dem Betrag der Gesamtmagnetisierung, die sich aus $\vec{M}_A$ und $\vec{M}_B$ zusammensetzt. Wir erhalten also

$$|\vec{M}| = \frac{1}{\mu_0} \frac{1}{\gamma_{AB}} B \tag{5.107}$$

und für die antiferromagnetische Suszeptibilität

$$\chi_\perp = \frac{1}{\gamma_{AB}} \ . \tag{5.108}$$

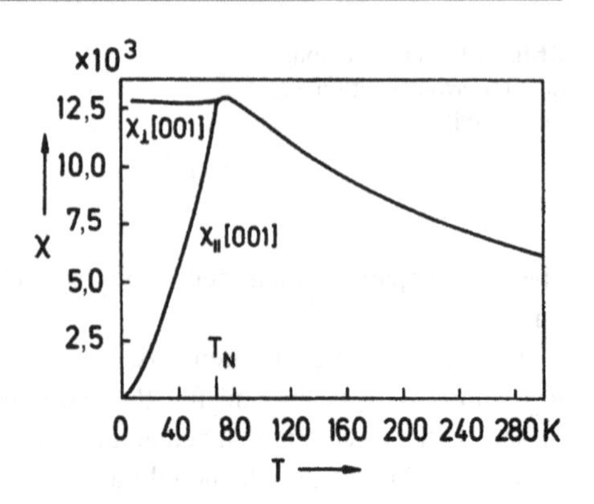

Abb. 5.22 Temperaturabhängigkeit der magnetischen Suszeptibilität von Manganfluorid im antiferromagnetischen und paramagnetischen Temperaturbereich (nach S. Foner in: Rosenberg, H.M.: Low Temperature Solid State Physics. Oxford: Clarendon Press 1965)

$\chi_\perp$ ist danach temperaturunabhängig. Ihr Wert geht für $T = T_N$ stetig in den nach (5.103) zu berechnenden Wert für die paramagnetische Suszeptibilität über.

Verläuft das äußere Magnetfeld in einer kristallografischen Vorzugsrichtung, so wird durch das Magnetfeld die Richtung der Gesamtmagnetisierung des antiferromagnetischen Kristalls nicht geändert. Es wird aber z. B. $\vec{M}_A$ zu- und $\vec{M}_B$ abnehmen, sodass eine Gesamtmagnetisierung in Richtung von $\vec{M}_A$ entsteht. Man kann zeigen, dass in diesem Fall die antiferromagnetische Suszeptibilität $\chi_\parallel$ vom Wert 0 bei $T = 0\,\mathrm{K}$ kontinuierlich mit steigender Temperatur auf $1/\gamma_{AB}$ bei $T = T_N$ anwächst. In Abb. 5.22 ist der Verlauf von $\chi_\perp$ und $\chi_\parallel$ sowie der der paramagnetischen Suszeptibilität für MnF_2 dargestellt.

In Tab. 5.2 sind für einige antiferromagnetische Substanzen die experimentell ermittelten Werte von T_N und Θ angegeben. Außerdem ist das Verhältnis Θ/T_N angeführt. Nach (5.96) und (5.102) gilt

$$\frac{\Theta}{T_N} = \frac{\gamma_{AB} + \gamma_{AA}}{\gamma_{AB} - \gamma_{AA}} . \qquad (5.109)$$

Θ/T_N ist bei allen aufgeführten Substanzen größer als eins. Daraus folgt, dass neben γ_{AB} auch γ_{AA} stets positiv ist. Unsere Annahme am Anfang von Abschn. 5.4,

Tab. 5.2 Charakteristische Größen für einige Antiferromagnetika

	T_N [K]	Θ [K]	Θ/T_N
MnO	122	610	5,3
MnF_2	67	82	1,24
FeO	195	570	2,9
$FeCl_2$	24	48	2
CoO	291	330	1,14

dass auch in den einzelnen Untergittern eine antiferromagnetische Wechselwirkung vorliegt, ist damit gerechtfertigt.

Die Behandlung antiferromagnetischer Spinwellen erfolgt in ähnlicher Weise wie die der ferromagnetischen Spinwellen. Man hat in diesem Fall allerdings von zwei Untergittern mit antiparallel ausgerichteten Spins auszugehen. Die resultierende Dispersionsrelation unterscheidet sich wesentlich von der für ferromagnetische Spinwellen. Bei antiferromagnetischen Wellen hängt für $ka \ll 1$ die Kreisfrequenz ω linear von der Wellenzahl k ab. Bei ferromagnetischen Spinwellen war die Abhängigkeit quadratisch (s. (5.71)).

Wie bereits am Ende von Abschn. 1.2 erwähnt lässt sich die magnetische Struktur von Festkörpern experimentell mithilfe der elastischen Streuung thermischer Neutronen ermitteln. Bei magnetischen Substanzen haben die Neutronen nicht nur starke Wechselwirkung mit den Kernen der Gitteratome. Es gibt zusätzlich eine magnetische Wechselwirkung der magnetischen Momente der Neutronen mit den Momenten der Gitteratome. Die Wirkungsquerschnitte für diese beiden Wechselwirkungen haben die gleiche Größenordnung. Im paramagnetischen Zustand, in dem die magnetischen Momente der Atome durch thermische Einwirkung entkoppelt sind und deshalb eine ungeordnete Orientierung aufweisen, ist jedem gleichartigen Atom bezüglich der Neutronenstreuung der gleiche atomare Streufaktor zuzuordnen. Hieraus folgt z. B., dass bei einem bcc-Gitter an Netzebenen, für die die Summe der Millerschen Indizes eine ungerade Zahl ist, keine Bragg-Reflexion des Neutronenstrahls beobachtet werden kann (s. Abschn. 1.2). Liegt dagegen spontane Magnetisierung vor, so ist in unserem Beispiel die Orientierung des magnetischen Moments der Atome auf einem Eckplatz und einem raumzentrierten Platz der Einheitszelle unterschiedlich. Dadurch weichen die atomaren Streufaktoren für Atome auf diesen beiden Plätzen voneinander ab. Die Konsequenz ist, dass zusätzliche Beugungsreflexe auftreten, deren Intensität mit sinkender Temperatur zunimmt.

5.5 Spingläser

Im Abschn. 5.3 wurde dargelegt, dass beim Europiumoxid zwischen den Eu^{2+}-Ionen Austauschwechselwirkungen mit positiven Kopplungskonstanten bestehen. EuO ist also unterhalb der Curie-Temperatur ferromagnetisch. Ersetzt man einen Teil der Europiumionen durch nichtmagnetische Ionen wie z. B. Strontiumionen, so wird das magnetische Verhalten des Mischkristalls außer durch seine Temperatur vor allem durch die Konzentration x der magnetischen Ionen bestimmt. Die hier auftretenden Gesetzmäßigkeiten sind in Abb. 5.23 in einem magnetischen

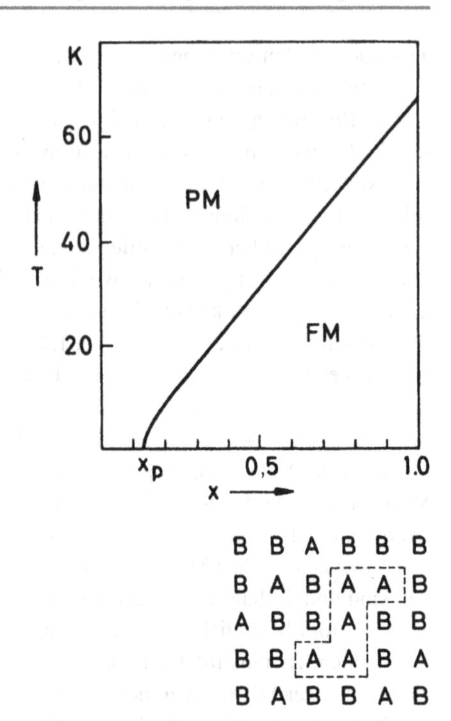

Abb. 5.23 Magnetisches Phasendiagramm von $Eu_xSr_{1-x}O$. PM paramagnetischer, FM ferromagnetischer Zustand. x_p ist die Perkolationsschwelle

Abb. 5.24 Zweidimensionales Gittermodell zur Erklärung der Perkolationsschwelle

Phasendiagramm dargestellt. x ist dabei das Verhältnis der Zahl der magnetischen Ionen zur Gesamtzahl der positiv geladenen Ionen. Die ferromagnetische Curie-Temperatur T_C nimmt mit zunehmender Beimischung unmagnetischer Ionen also sinkendem x zunächst ab, bis schließlich auch bei sehr tiefen Temperaturen keine spontane Magnetisierung mehr auftritt. Der Grund dafür ist, dass die Bereiche des Kristalls, die aus magnetischen Ionen bestehen, jetzt nicht mehr zusammenhängen: Die sog. *Perkolationsschwelle* ist unterschritten.

Zum Begriff Perkolationsschwelle kommen wir durch folgende Betrachtung: Abb. 5.24 zeigt ein zweidimensionales quadratisches Gitter, bei dem statistisch verteilt einzelne Gitterplätze mit A-Atomen und alle anderen mit B-Atomen besetzt sind. A-Atome auf benachbarten Gitterplätzen können wir zu Gruppen, sog. *Clustern*, zusammenfassen, wobei bei dem hier dargestellten Gitter nur die nächst benachbarten A-Atome berücksichtigt worden sind. Ihre Größe und Anzahl nimmt mit steigender Konzentration der A-Atome zu. Mit der Untersuchung solcher Cluster bei vorgegebener Kristallstruktur befasst sich die Perkolationstheorie. Es interessiert hier vor allem, wie groß die Besetzungswahrscheinlichkeit x eines Gitterplatzes mit A-Atomen mindestens sein muss, damit sich wenigstens ein Cluster aus A-Atomen ausbilden kann, das von einer Seite des Kristallgitters bis zur gegenüberliegenden Seite reicht. Den durch diese Forderung gekennzeichneten Wert x_p der Besetzungswahrscheinlichkeit oder Konzentration x der A-Atome bei unendlich ausgedehntem Gitter bezeichnet man als Perkolationsschwelle. Bei endlicher Ausdehnung ist dieser Schwellenwert im Allgemeinen nicht scharf definiert. Trotzdem ermittelt man häufig zunächst den Schwellenwert bei einem begrenzten Gitter und bestimmt dann die Perkolationsschwelle durch geeignete Extrapolation auf ein unbegrenztes Gitter.

Anstatt wie bei der Darstellung in Abb. 5.24 nur nächst benachbarte Atome zu einem Cluster zusammenzufassen, kann es genausogut sinnvoll sein, auch noch die zweitnächsten Nachbarn zu einem Cluster hinzuzurechnen. Dadurch wird natürlich die Perkolationsschwelle herabgesetzt. Während sie z. B. im ersten Fall bei einem fcc-Gitter den Wert 0,198 hat, beträgt sie im zweiten Fall nur 0,136. Europiumoxid hat Natriumchloridstruktur; die Eu^{2+}-Ionen bilden also (s. Abschn. 1.1) ein fcc-Gitter. Zwischen den Eu^{2+}-Ionen ist eine Austauschwechselwirkung mit positiver Kopplungskonstante bis zu den zweitnächsten Nachbarn vorhanden. Es ist demnach mit einer Perkolationsschwelle x_p von 0,136 zu rechnen. Dieser Wert wird, wie Abb. 5.23 zeigt, durch die Experimente sehr gut bestätigt.

Ein wesentlich anderes magnetisches Verhalten kann man beobachten, wenn man anstelle eines Europiumoxid- einen Europiumsulfidkristall mit Strontiumionen magnetisch verdünnt. Zwar ist auch EuS ferromagnetisch mit der gleichen Kristallstruktur wie EuO. Im Gegensatz zu EuO hat die Austauschwechselwirkung bei EuS aber nur zwischen den nächst benachbarten Eu^{2+}-Ionen eine positive Kopplungskonstante. Zwischen den zweitnächsten Nachbarn ist die Kopplungskonstante negativ. Der Betrag der negativen Kopplungskonstante ist etwa halb so groß wie die positive Kopplungskonstante. Nun lässt eine positive Kopplungskonstante eine parallele Spinorientierung, eine negative eine antiparallele Orientierung energetisch günstig erscheinen. Bei EuS haben wir also zwei konkurrierende Wechselwirkungen. Dies führt bei der Legierung $Eu_xSr_{1-x}S$ auf das in Abb. 5.25 gezeigte magnetische Phasendiagramm. Hier kommt es bei einer Temperaturerniedrigung bereits weit oberhalb der Perkolationsschwelle $x_p = 0{,}136$ nicht mehr zur Ausbildung einer ferromagnetischen Phase. Dieses Verhalten lässt sich anhand der in Abb. 5.26 und 5.27 dargestellten zweidimensionalen quadratischen Gitter erklären.

Sie entsprechen Ausschnitten aus der (100)-Netzebene eines fcc-Gitters. Die magnetischen Eu^{2+}-Ionen sind durch Pfeile und die unmagnetischen Sr^{2+}-Ionen durch Kreise gekennzeichnet. Die Pfeilrichtung gibt die Spinorientierung an. Nach dem sog. *Ising-Modell* des Ferromagnetismus, das wir hier der Einfachheit hal-

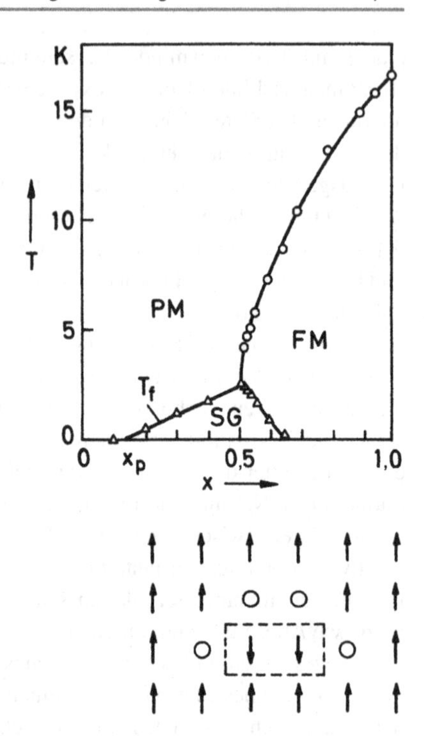

Abb. 5.25 Magnetisches Phasendiagramm von $Eu_xSr_{1-x}S$. PM paramagnetischer, FM ferromagnetischer, SG Spinglaszustand. x_p Perkolationsschwelle, T_f Spinglastemperatur (nach Maletta, H.: J. Appl. Phys. **53** (1982) 2185)

Abb. 5.26 Zweidimensionales Gittermodell zur Erläuterung des Einflusses konkurrierender Austauschwechselwirkungen

ber benutzen, können die Spins nur parallel oder antiparallel zueinander ausgerichtet sein. In Abb. 5.26 bildet sich in der Nachbarschaft der nichtmagnetischen Ionen ein Cluster aus zwei magnetischen Ionen, deren Spin antiparallel zur ferromagnetischen Umgebung orientiert ist. Diese Spinkonfiguration ergibt aufgrund der oben angegebenen Wechselwirkungseigenschaften der Eu^{2+}-Ionen in EuS den

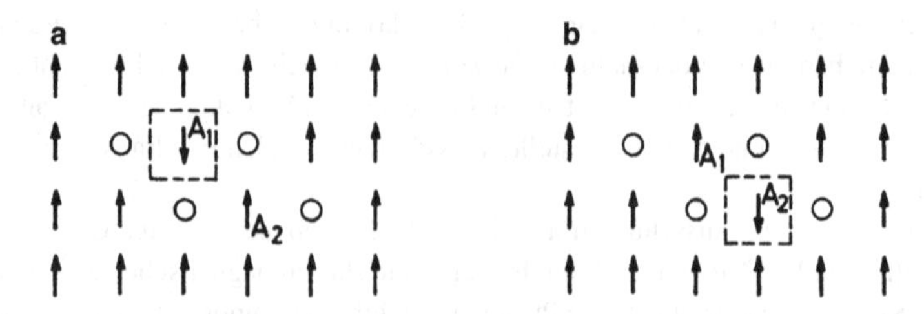

Abb. 5.27 Zweidimensionales Gittermodell zur Erläuterung des Frustrationseffekts

niedrigsten Energiewert. Bei einer Anordnung der nichtmagnetischen Ionen wie in Abb. 5.27a und b wird ein Zustand mit der niedrigsten Energie bereits erreicht, wenn nur bei jeweils einem magnetischen Ion der Spin antiparallel zur ferromagnetischen Umgebung ausgerichtet ist. Es ist jedoch sowohl eine Konfiguration wie in Abb. 5.27a als auch eine solche wie in Abb. 5.27b möglich. Der Grundzustand ist demnach entartet. Die Wechselwirkungen der beiden Ionen A_1 und A_2 mit ihrer Umgebung können in diesem Fall nicht gleichzeitig optimal befriedigt werden. Man spricht von einer *Frustration* der Wechselwirkungen. Benutzt man anstelle des Ising-Modells das in Abschn. 5.3 behandelte Heisenberg-Modell, so kommt man zu analogen Ergebnissen. Die Spins einzelner Ionen oder Ionencluster sind gegenüber den Spins der ferromagnetischen Umgebung um Winkel gedreht, deren Größe vom Verhältnis der beiden konkurrierenden Austauschwechselwirkungen abhängt.

Nimmt dementsprechend in der Legierung $Eu_xSr_{1-x}S$ die Konzentration $(1-x)$ der nichtmagnetischen Sr^{2+}-Ionen zu, so wächst auch die Anzahl und die Ausdehnung der Cluster an, die die ferromagnetische Ordnung stören. Schließlich entsteht bei hinreichend hoher Konzentration nichtmagnetischer Ionen und bei genügend tiefer Temperatur eine magnetische Struktur, bei der die Spins der magnetischen Ionen in regellos verteilten Orientierungen eingefroren sind. Systeme mit einer solchen Struktur bezeichnet man als *Spingläser*. Der Spinglaszustand hat Ähnlichkeit mit einer Momentaufnahme des paramagnetischen Zustands, wie er bei höheren Temperaturen auftritt.

Wie man Abb. 5.25 entnehmen kann, erfolgt beim $Eu_xSr_{1-x}S$ für eine Konzentration x der Eu^{2+}-Ionen zwischen etwa 0,13 und 0,51 bei einer Abkühlung des Kristalls auf genügend tiefe Temperaturen ein direkter Übergang vom paramagnetischen in den Spinglaszustand. Dieser Übergang erfolgt bei der sog. *Spinglastemperatur* T_f, die von x abhängt. Für $0{,}51 \leq x \leq 0{,}65$ hat man bei Erniedrigung der Temperatur zunächst einen Übergang vom paramagnetischen in den ferromagnetischen Zustand. Die ferromagnetische Ordnung ist hier infolge der konkurrierenden Austauschwechselwirkungen zwar stark gestört, allerdings wiederum nicht so stark, dass es zur Ausbildung eines Spinglaszustandes käme. Der Übergang in einen Spinglaszustand erfolgt überraschenderweise erst bei noch tieferen Temperaturen. Während das magnetische Verhalten der Legierung für $0{,}13 \leq x < 0{,}51$ anhand der oben vorgenommenen Überlegungen verständlich wird, ist eine Deutung der eigenartigen Effekte, die bei Abkühlung von $Eu_xSr_{1-x}S$ für $0{,}51 \leq x \leq 0{,}65$ auftreten, noch umstritten.

Die nichtleitende Legierung $Eu_xSr_{1-x}S$ ist nur eine von zahlreichen sehr unterschiedlichen Substanzen, bei denen ein Spinglasverhalten beobachtet werden kann. Beispiele für metallische Spingläser sind z. B. Kupfer mit einer Manganbei-

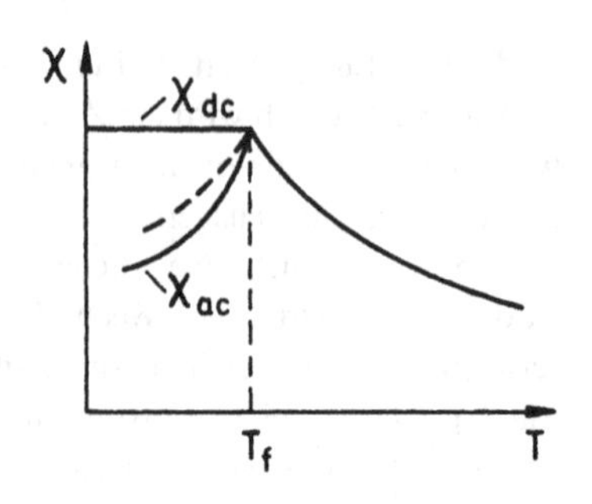

Abb. 5.28 Magnetische Suszeptibilität χ eines Spinglases in Abhängigkeit von der Temperatur T. χ_{dc} Gleichfeldsuszeptibilität, χ_{ac} Wechselfeldsuszeptibilität, T_f Spinglastemperatur

mischung und Gold, das mit Eisen verunreinigt ist. In diesen Legierungen besteht zwischen den Ionen mit magnetischem Moment, also den Mangan- bzw. Eisenionen eine RKKY-Wechselwirkung (s. Abschn. 5.3). Je nach dem gegenseitigen Abstand der magnetischen Ionen kommt es zu einer ferromagnetischen oder einer antiferromagnetischen Kopplung der Spins. Wir haben demnach auch hier wieder konkurrierende Wechselwirkungen, die bei einer statistischen Verteilung der magnetischen Ionen im Kristall zur Ausbildung von Spingläsern führen können.

Im Folgenden werden einige typische Eigenschaften eines Spinglases beschrieben. Hierzu ist in Abb. 5.28 schematisch die magnetische Suszeptibilität χ eines Spinglases in Abhängigkeit von der Temperatur aufgetragen. Wir haben dabei zwischen der Wechselfeldsuszeptibilität χ_{ac} und der Gleichfeldsuszeptibilität χ_{dc} zu unterscheiden. χ_{ac} weist bei der Spinglastemperatur T_f ein Maximum auf, während χ_{dc} beim Übergang vom paramagnetischen in den Spinglaszustand bei fast allen Spingläsern einen konstanten Wert annimmt. Letzteres ist allerdings nur dann der Fall, wenn die Abkühlung des Spinglases im Magnetfeld erfolgt. Wird dagegen das magnetische Gleichfeld unterhalb von T_f angelegt, so beobachtet man zunächst eine Suszeptibilität des Spinglases zwischen χ_{ac} und χ_{dc} (gestrichelte Kurve in Abb. 5.28). Die Suszeptibilität wächst aber langsam und erreicht schließlich nach ausreichend langer Zeit den Wert χ_{dc}. Schaltet man das Magnetfeld unterhalb der Spinglastemperatur ab, so tritt eine remanente Magnetisierung in Erscheinung, die jedoch mit der Zeit zurückgeht.

Die hier aufgezählten Phänomene werden verständlich, wenn man beachtet, dass es in einem Spinglas aufgrund des oben erläuterten Frustrationseffektes eine riesige Anzahl metastabiler Zustände gibt. Unterhalb von T_f weist die freie Energie eines Spinglases, das sich in einem Magnetfeld befindet, in Abhängigkeit von der Spinkonfiguration viele verschiedene Täler auf, die durch mehr oder weniger hohe Barrieren voneinander getrennt sind (Abb. 5.29).

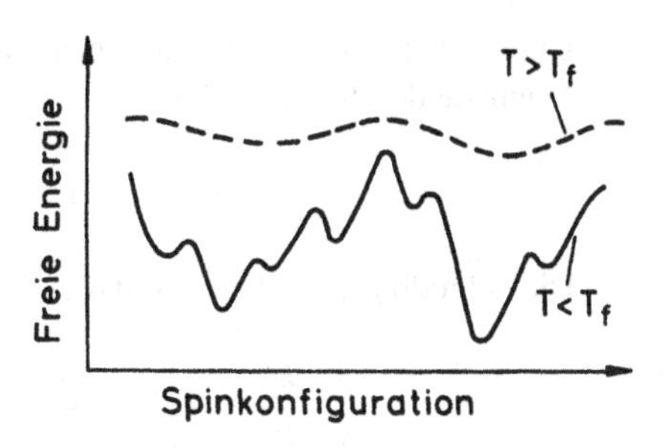

Abb. 5.29 Schematische Darstellung der freien Energie eines Spinglases in einem Magnetfeld in Abhängigkeit von der Spinkonfiguration seiner Atome für Temperaturen oberhalb und unterhalb der Spinglastemperatur T_f

Bei höheren Temperaturen sind diese Täler stark abgeflacht; außerdem ist ihre Anzahl wesentlich kleiner als bei tiefen Temperaturen. Bringt man den Körper zunächst in ein Magnetfeld und kühlt ihn erst dann unter die Spinglastemperatur ab, so kann das Spinsystem sofort in einen Zustand gelangen, in dem die freie Energie ihr absolutes Minimum hat und der somit dem Gleichgewichtszustand entspricht (s. den Beginn von Kap. 6). Wird dagegen das Magnetfeld erst unterhalb der Spinglastemperatur angelegt, so bleibt das Spinsystem zunächst in einem lokalen Minimum der freien Energie „hängen" und geht erst anschließend allmählich in den Zustand mit der absolut kleinsten freien Energie über. Auf diese Weise lässt sich der Verlauf der magnetischen Suszeptibilität in Abb. 5.28 erklären, ähnlich auch die remanente Magnetisierung und ihr zeitlicher Abfall. Im Übrigen ist es jedoch trotz vieler Teilerfolge bis heute nicht gelungen, das Verhalten von Spingläsern theoretisch exakt zu erfassen.

5.6 Aufgaben zu Kap. 5

5.1 Zeigen Sie mithilfe der Hundschen Regeln, dass der Grundzustand eines dreiwertigen Ytterbiumions ein $^2F_{7/2}$ Zustand ist.

5.2 In (5.25) wird die Energie angegeben, die freie Elektronen in einem in z-Richtung liegenden Magnetfeld B annehmen können. Lässt man das magnetische Moment der Elektronen unberücksichtigt, so gilt

$$E = \frac{\hbar^2 k_z^2}{2m} + \left(\nu + \frac{1}{2}\right)\hbar\omega_c \; . \tag{5.110}$$

ω_c ist hierbei die Zyklotronfrequenz eB/m. Die Quantenzahl ν durchläuft die Werte $0, 1, 2, 3 \ldots$

Um (5.110) zu beweisen, wählt man zweckmäßig für das Vektorpotenzial des Magnetfeldes die Darstellung:

$$A_x = 0 \ ; \qquad A_y = Bx \ ; \qquad A_z = 0 \ .$$

Die Schrödingergleichung für das oben skizzierte Problem lautet dann:

$$\left(-\frac{\hbar^2}{2m}\Delta - i\hbar\omega_c x\frac{\partial}{\partial y} + \frac{1}{2}m\omega_c^2 x^2 \right)\psi = E\psi \ .$$

In dieser Gleichung beschreibt das erste Glied in der Klammer das Verhalten freier Elektronen im feldfreien Raum. Das zweite und dritte Glied erfassen den Einfluss des äußeren Magnetfeldes. Diese beiden Glieder hängen explizit nur von x ab. In einem Lösungsansatz lässt sich deshalb die Abhängigkeit der Eigenfunktion ψ von y und z durch die Gleichung einer ebenen Welle darstellen. Wir setzen dementsprechend

$$\psi = \xi(x)e^{i(k_y y + k_z z)} \ .$$

Gehen Sie mit diesem Ansatz in die Schrödingergleichung ein, und zeigen Sie, dass man für die Funktion $\xi(x)$ eine Gleichung erhält, die der Schrödingergleichung eines harmonischen Oszillators entspricht, und dass hieraus folgend die Eigenwerte der Schrödingergleichung durch (5.110) beschrieben werden können.

Supraleitung

6

In einem Metall, das einem elektrischen Feld ausgesetzt ist, findet im normalleitenden Zustand durch Streuung von Leitungselektronen an Phononen und Gitterfehlern ein Energieaustausch zwischen den Leitungselektronen und dem Kristallgitter statt. Hierdurch kommt es im Metall zur Ausbildung eines elektrischen Widerstandes, der mit einem Energieverlust beim Ladungstransport verknüpft ist. Für den elektrischen Widerstand gilt in diesem Fall angenähert die Matthiesensche Regel (s. (3.115)). Sie besagt, dass sich der spezifische Widerstand zusammensetzen lässt aus einem Anteil, der durch Elektronenstreuung an Phononen bedingt ist und mit sinkender Temperatur abnimmt, und einem Anteil, der durch Elektronenstreuung an Gitterfehlern hervorgerufen wird und von der Temperatur praktisch unabhängig ist. Dieser zweite Anteil, den man auch als spezifischen Restwiderstand bezeichnet, tritt im normalleitenden Zustand bei sehr tiefen Temperaturen allein in Erscheinung. Er ist umso kleiner, je weniger Gitterfehler im Kristall vorhanden sind.

Bei verschiedenen Substanzen kennt man nun neben dem normalleitenden Zustand einen sog. *supraleitenden Zustand*. Er stellt sich bei Temperaturen unterhalb einer *kritischen Temperatur* T_c ein und ist dadurch gekennzeichnet, dass der elektrische Gleichstromwiderstand der Substanz verschwindet. Dieser Zustand wurde erstmals im Jahre 1911 von H. Kamerlingh Onnes[1] beobachtet. Er fand damals, dass der Widerstand von reinem Quecksilber mit sinkender Temperatur nicht immer weiter stetig abnimmt bzw. einen endlichen Restwert erreicht, sondern bei 4,2 K sprunghaft auf einen unmessbar kleinen Wert abfällt (Abb. 6.1). In der Folgezeit wurde festgestellt, dass die Supraleitung bei einer großen Anzahl meist metallischer Elemente, Legierungen und Verbindungen auftritt, wobei für die kritische Temperatur zunächst Werte zwischen einigen hundertstel und etwa 23 K gefunden wurden. In jüngster Zeit konnte dann der Temperaturbereich bis auf et-

[1] Heike Kamerlingh Onnes, *1853 Groningen, †1926 Leiden, Nobelpreis 1913.

© Springer-Verlag GmbH Deutschland 2017

K. Kopitzki, P. Herzog, *Einführung in die Festkörperphysik*,
DOI 10.1007/978-3-662-53578-3_6

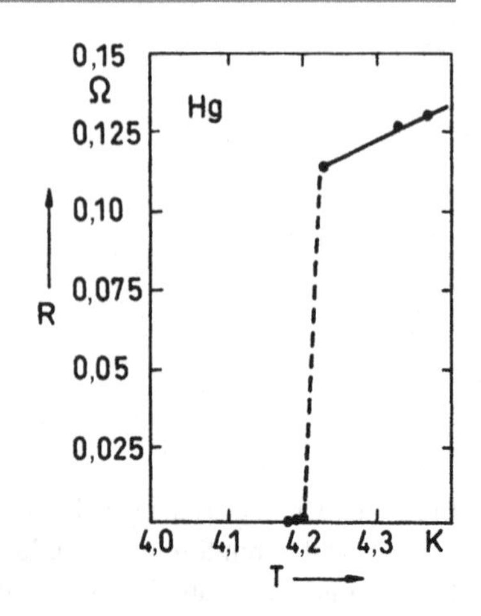

Abb. 6.1 Elektrischer Widerstand R einer Quecksilberprobe als Funktion der Temperatur T (nach Kamerlingh Onnes, H.: Comm. Leiden **120b** (1911))

wa 133 K ausgedehnt werden. Bei allen diesen Substanzen konnte auch mit den empfindlichsten Methoden kein messbarer Widerstand beobachtet werden. Wenn es bei einem Supraleiter überhaupt einen Restwiderstand gibt, so muss er mindestens um den Faktor 10^{16} kleiner sein als der entsprechende Widerstand bei Zimmertemperatur. Somit ist der Widerstandsunterschied zwischen einem Metall im supraleitenden Zustand und im normalleitenden Zustand mindestens ebenso groß wie zwischen guten metallischen Leitern im normalleitenden Zustand und gebräuchlichen Isolatoren. Es sei allerdings bereits an dieser Stelle erwähnt, dass der elektrische Strom in einem Supraleiter nicht beliebig groß werden kann. Überschreitet die Stromdichte einen bestimmten kritischen Wert, der sowohl von dem betreffenden Material als auch von der Temperatur der Probe und dem externen Magnetfeld abhängt, so geht der supraleitende Zustand in den normalleitenden Zustand über.

Genauso bedeutsam wie die elektrischen sind auch die magnetischen Eigenschaften eines Supraleiters. Dabei kann das Verhalten eines Supraleiters im Magnetfeld nicht allein aus seiner praktisch unendlich guten elektrischen Leitfähigkeit hergeleitet werden, sondern ergibt sich als eine zusätzliche Eigenschaft des supraleitenden Zustands. Kühlt man z. B. eine Probe unter ihre kritische Temperatur T_c ab und bringt sie dann in ein Magnetfeld, so werden nach den Gesetzen der Elektrodynamik in der Probe elektrische Dauerströme induziert, deren Magnetfeld das erregende Feld vom Innern des Supraleiters abschirmt (Abb. 6.2a). Bringt man hingegen die Probe bereits vor der Abkühlung in das Magnetfeld, so klingen die Induktionsströme in der Probe sehr schnell ab, und das Magnetfeld durchsetzt un-

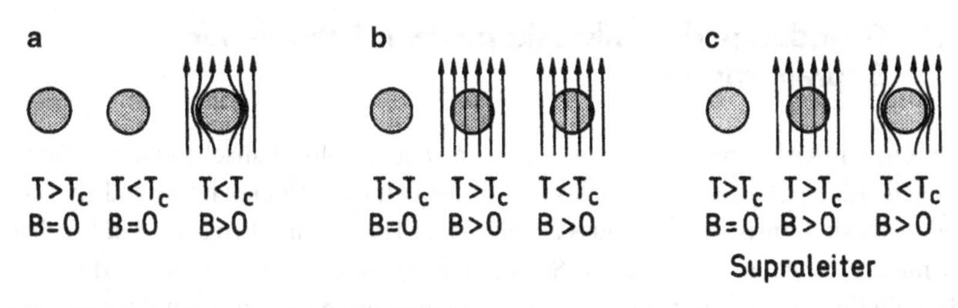

Abb. 6.2 Zum Meissner-Ochsenfeld-Effekt

gestört die Probe. Dieses Erscheinungsbild sollte sich bei einer anschließenden Abkühlung der Probe unter die kritische Temperatur nicht ändern, wenn man nur eine unendlich gute elektrische Leitfähigkeit als die wesentliche Eigenschaft eines Supraleiters zu berücksichtigen hätte (Abb. 6.2b). Vergleichen wir das Endstadium in Abb. 6.2a mit dem Endstadium in Abb. 6.2b, so ergäbe sich, dass die Eigenschaften der Probe im supraleitenden Zustand vom Prozessablauf abhängen würden. Dies bedeutet wiederum, dass der Übergang vom normal- zum supraleitenden Zustand nicht reversibel erfolgen würde. 1933 fanden aber W. Meissner[2] und R. Ochsenfeld[3] durch eine Vermessung des Magnetfeldes in der Umgebung einer Zinn- bzw. Bleiprobe, dass bei Eintritt der Supraleitung unabhängig von der Versuchsführung ein Magnetfeld aus dem Innern des Leiters herausgedrängt wird (Abb. 6.2c). Diese wichtige, als *Meissner-Ochsenfeld-Effekt* bekannte Entdeckung zeigte, dass der supraleitende Zustand ein echter, eigenständiger thermodynamischer Zustand ist.

Bei der Behandlung der Supraleitung werden wir hier nicht der historischen Entwicklung folgen, sondern uns in Abschn. 6.1 unmittelbar mit der BCS-Theorie beschäftigen. Als mikroskopische Theorie liefert sie die Erklärung für die Existenz des supraleitenden Zustands. Wir lernen dabei einige grundlegende Begriffe kennen, die sich bei der Diskussion der phänomenologischen Theorien der Supraleitung in den Abschn. 6.2 und 6.5 als sehr nützlich erweisen. In Abschn. 6.3 befassen wir uns mit den verschiedenen Josephson-Effekten. Sie zeigen eindrucksvoll, wie quantenmechanische Phänomene makroskopische Interferenzeffekte hervorrufen. In Abschn. 6.4 untersuchen wir die thermodynamischen Eigenschaften von Supraleitern. Sie bilden die Grundlage für die in Abschn. 6.5 behandelte Ginzburg-Landau-Theorie. Schließlich gehen wir in Abschn. 6.6 kurz auf die in neuerer Zeit entdeckten Hochtemperatur-Supraleiter ein.

[2] Fritz Walther Meissner, *1882 Berlin, †1974 München.
[3] Robert Ochsenfeld, *1901 Helberhausen (Siegerland), †1993 ebenda.

6.1 Grundzüge der mikroskopischen Theorie der Supraleitung

Mit einer mikroskopischen Theorie müssen sich aus physikalischen Grundprinzipien die Eigenschaften herleiten lassen, die für den supraleitenden Zustand charakteristisch sind. Insbesondere muss es mit dieser Theorie möglich sein, den Mechanismus zu erklären, der in vielen Substanzen bei tiefen Temperaturen verhindert, dass ein Energieaustausch zwischen den Leitungselektronen und dem Kristallgitter stattfindet. Eine solche Anforderung erfüllt die von J. Bardeen[4], L.N. Cooper[5] und J.R. Schrieffer[6] im Jahre 1957 vorgestellte und nach ihnen benannte *BCS-Theorie.*

Die BCS-Theorie setzt als grundlegend voraus, dass sich zwischen zwei Leitungselektronen in einem Festkörper eine anziehende Wechselwirkung ausbilden kann, deren Stärke die stets vorhandene Coulomb-Abstoßung der beiden Elektronen übertrifft. Einen ersten Ansatz zur Beschreibung einer derartigen Wechselwirkung machte H. Fröhlich[7] im Jahre 1950. Er zeigte, dass zwei Leitungselektronen durch Austausch eines virtuellen Phonons eine anziehende Kraft aufeinander ausüben können. Bei einer anderen Darstellung des gleichen Sachverhalts geht man davon aus, dass die Coulomb-Abstoßung zweier Leitungselektronen durch andere Leitungselektronen aber auch durch die positiv geladenen Atomrümpfe abgeschirmt wird. Da die Atomrümpfe wegen ihrer relativ großen Trägheit nicht in der Lage sind, den Bewegungen der Elektronen unmittelbar zu folgen, kann es unter geeigneten Bedingungen zu Ladungsfluktuationen kommen, die so beschaffen sind, dass das erste Elektron von einer positiven Ladung abgeschirmt wird, die größer als der Ladungsbetrag des Elektrons ist. Das zweite Elektron befindet sich dann im Kraftfeld einer resultierenden positiven Ladung und wird angezogen. Wir werden hier dieser zweiten Betrachtungsweise folgen, zumal sie, wenigstens im Rahmen des dabei benutzten Modells, auch quantitativ über die Stärke der Wechselwirkung Auskunft gibt.

Bei den bis 1986 bekannten Supraleitern scheint die anziehende Wechselwirkung zwischen Leitungselektronen tatsächlich durch den hier skizzierten Mechanismus zustande zu kommen. Experimentell wird dies durch den sog. *Isotopie-Effekt* belegt, mit dem wir uns am Ende von Abschn. 6.1 beschäftigen. Über den Mechanismus, der bei den Hochtemperatur-Supraleitern zu der geforderten gegenseitigen Anziehung von Leitungselektronen führt, besteht im Augenblick noch

[4] John Bardeen, *1908 Madison (Wis.), †1991 Boston, Nobelpreis 1956 und 1972.

[5] Leon Neil Cooper, *1930 New York, Nobelpreis 1972.

[6] John Robert Schrieffer, *1931 Oak Park (Ill.), Nobelpreis 1972.

[7] Herbert Fröhlich, *1905 Horb (Württ.), †1991 Liverpool.

keine volle Klarheit. Letzten Endes ist es für die BCS-Theorie aber auch unwesentlich, welche Ursache die Anziehung hat; entscheidend ist vielmehr, dass überhaupt eine anziehende Wechselwirkung auftritt.

Eine weitere grundlegende Überlegung zur mikroskopischen Theorie der Supraleitung stammt von L.N. Cooper. Er zeigte, dass eine anziehende Wechselwirkung zwischen zwei Leitungselektronen, auch wenn sie beliebig schwach ist, das Elektronenpaar in einen gebundenen Zustand überführen kann. Bei einem klassischen Zweikörperproblem muss bekanntlich die Stärke der anziehenden Wechselwirkung einen bestimmten minimalen Schwellenwert überschreiten, bevor es zur Ausbildung eines gebundenen Zustands kommt. Dass für zwei Leitungselektronen eine derartige Schwelle nicht zu existieren braucht, liegt, wie wir weiter unten sehen werden, an dem Einfluss der restlichen Leitungselektronen des Festkörpers, die als Fermi-Teilchen dem Pauli-Prinzip unterworfen sind. Die gebundenen Leitungselektronen bezeichnet man allgemein als *Cooper-Paare.* Sie sind charakteristisch für den supraleitenden Zustand eines Festkörpers. Experimentell kann aus der Größe des sog. *magnetischen Flussquants* auf die Existenz von Cooper-Paaren, die jeweils die zweifache Elementarladung tragen müssen, geschlossen werden. Hiermit befassen wir uns am Ende von Abschn. 6.2.

Nachdem gezeigt worden war, dass die die Leitungselektronen enthaltende Fermi-Kugel instabil gegenüber der Bildung von Cooper-Paaren ist, traten natürlich die Fragen auf, wie viele Cooper-Paare in einem Supraleiter im thermodynamischen Gleichgewicht vorhanden sind, und um welchen Betrag die Gesamtenergie des Systems durch die Bildung dieser Paare herabgesetzt wird. Solche Fragen lassen sich mithilfe der eigentlichen BCS-Theorie beantworten. Sie ergibt, dass eine Energielücke zwischen dem Grundzustand des Supraleiters und den angeregten Zuständen vorhanden ist, durch deren Existenz viele charakteristische Eigenschaften eines Supraleiters begründet werden.

Im Folgenden werden wir uns ausführlicher mit den hier angeführten Problemen befassen, wobei bei der Behandlung der BCS-Theorie eine elementare Darstellung gewählt wird.

6.1.1 Effektive Elektron-Elektron-Wechselwirkung

Um die effektive Wechselwirkung zwischen zwei Leitungselektronen zu untersuchen, verwenden wir für den Festkörper das stark vereinfachende sog. *Jellium-Modell* (jelly: engl. Bezeichnung für Gelee). Bei diesem Modell wird der Festkörper als ein System aus Leitungselektronen und punktförmigen Ionen aufgefasst, wobei die Kristallstruktur vollständig vernachlässigt wird. Der Festkörper wird also als eine Flüssigkeit aus Ladungsträgern angesehen, die über elektrostatische Kräfte miteinander in Wechselwirkung treten. Im Rahmen dieses Modells wollen wir das Matrixelement für die Wechselwirkung zweier Leitungselektronen berechnen und gehen zu diesem Zweck von der Coulomb-Streuung zweier Elektronen im Vakuum aus.

Sind $\vec{k}_1$ und $\vec{k}_2$ die Wellenzahlvektoren zweier einfallender Elektronenwellen und $\vec{k}_1'$ und $\vec{k}_2'$ die der gestreuten Wellen, so gilt für das Matrixelement des Wechselwirkungspotenzials im Vakuum

$$V_{k_1k_2,k_1'k_2'} = \frac{1}{\Omega^2}\int d^3r_2 \int d^3r_1 e^{-i\vec{k}_1'\cdot\vec{r}_1} e^{-i\vec{k}_2'\cdot\vec{r}_2} \frac{e^2}{4\pi\epsilon_0|\vec{r}_1-\vec{r}_2|} e^{i\vec{k}_1\cdot\vec{r}_1} e^{i\vec{k}_2\cdot\vec{r}_2} \quad . \tag{6.1}$$

Dabei ist Ω das Festkörpervolumen. Berücksichtigen wir, dass

$$\vec{k}_1 + \vec{k}_2 = \vec{k}_1' + \vec{k}_2'$$

ist, und führen wir anstelle von $\vec{r}_1$ die Relativkoordinate

$$\vec{r} = \vec{r}_1 - \vec{r}_2$$

ein, so wird aus (6.1) nach Integration über $\vec{r}_2$

$$V_{k_1k_1'} = \frac{1}{\Omega}\int d^3r \frac{e^2}{4\pi\epsilon_0 r} e^{i(\vec{k}_1-\vec{k}_1')\cdot\vec{r}} \quad .$$

Zur Auswertung dieses Integrals führen wir sphärische Polarkoordinaten ein und legen die Polarachse parallel zum Differenzvektor $\vec{k}_1 - \vec{k}_1'$. Wir erhalten dann

$$\begin{aligned} V_{k_1k_1'} &= \frac{1}{\Omega}\int_0^{2\pi} d\varphi \int_0^{\infty}\int_0^{\pi} \frac{e^2}{4\pi\epsilon_0} r e^{i|\vec{k}_1-\vec{k}_1'|r\cos\vartheta} \sin\vartheta d\vartheta dr \\ &= \frac{1}{\Omega}\frac{e^2}{2\epsilon_0}\int_0^{\infty}\int_{-1}^{+1} r e^{i|\vec{k}_1-\vec{k}_1'|r\cos\vartheta} d(\cos\vartheta) dr \\ &= \frac{1}{\Omega}\frac{e^2}{2\epsilon_0}\frac{1}{i|\vec{k}_1-\vec{k}_1'|}\int_0^{\infty} (e^{i|\vec{k}_1-\vec{k}_1'|r} - e^{-i|\vec{k}_1-\vec{k}_1'|r}) dr \quad . \end{aligned}$$

Um die Konvergenz des Integrals über r zu erzwingen, multiplizieren wir den Integranden mit dem Konvergenzfaktor $e^{-\mu r}$, wobei $\mu > 0$ ist, und lassen nach erfolgter Integration $\mu \to 0$ gehen. Wir bekommen so

$$V_{k_1 k_1'} = \frac{1}{\Omega} \frac{e^2}{2\epsilon_0} \frac{1}{i|\vec{k}_1 - \vec{k}_1'|} \lim_{\mu \to 0} \int_0^\infty e^{-\mu r} (e^{i|\vec{k}_1 - \vec{k}_1'|r} - e^{-i|\vec{k}_1 - \vec{k}_1'|r}) dr$$
$$= \frac{1}{\Omega} \frac{e^2}{\epsilon_0} \lim_{\mu \to 0} \frac{1}{\mu^2 + |\vec{k}_1 - \vec{k}_1'|^2} = \frac{1}{\Omega} \frac{e^2}{\epsilon_0 |\vec{k}_1 - \vec{k}_1'|^2} . \tag{6.2}$$

Setzen wir schließlich noch zur Abkürzung

$$\vec{k}_1 - \vec{k}_1' = \vec{q} , \tag{6.3}$$

so erhalten wir

$$V_{k_1 k_1'} = \frac{1}{\Omega} \frac{e^2}{\epsilon_0 q^2} . \tag{6.4}$$

Wir behandeln jetzt die *Dynamische Abschirmung.*
Befinden sich die beiden Elektronen nicht im Vakuum, sondern liegen sie als Leitungselektronen in einem Metall vor, so wird die Coulomb-Wechselwirkung zwischen ihnen sowohl durch andere Leitungselektronen als auch durch positiv geladene Atomrümpfe abgeschirmt. Den Abschirmeffekt können wir dadurch erfassen, dass wir in (6.4) eine dielektrische Funktion $\epsilon(\vec{q}, \omega)$ einführen, die vom Wellenzahlvektor aus (6.3) und der Frequenz

$$\omega = \frac{|E_{k_1'} - E_{k_1}|}{\hbar} \tag{6.5}$$

abhängt. Hierbei ist E_{k_1} die kinetische Energie des einfallenden Elektrons mit der Wellenzahl k_1 und $E_{k_1'}$ die des gestreuten Elektrons mit der Wellenzahl k_1'. Das effektive Matrixelement der Wechselwirkung beträgt dann

$$V_{k_1 k_1'}^{\text{eff}} = \frac{1}{\Omega} \frac{e^2}{\epsilon_0 \epsilon(\vec{q}, \omega) q^2} . \tag{6.6}$$

Um $\epsilon(\vec{q}, \omega)$ zu ermitteln, gehen wir davon aus, dass durch eine von außen in das Jellium hineingebrachte Ladung mit der räumlich periodischen Dichteverteilung $\rho_{\text{ext}}(\vec{r})$ in dem anfangs neutralen Jellium durch Verrückung der Atomrümpfe und der Leitungselektronen eine Ladung mit der Dichte $\rho_{\text{ind}}(\vec{r})$ induziert wird. $\rho_{\text{ext}}(\vec{r})$

und $\rho_{\text{ind}}(\vec{r})$ sind mit der dielektrischen Flussdichte $\vec{D}$ und der elektrischen Feldstärke $\vec{\mathcal{E}}$ durch die Beziehungen

$$\begin{aligned} \operatorname{div} \vec{D} &= \rho_{\text{ext}}(\vec{r}) \\ \text{und} \qquad \epsilon_0 \operatorname{div} \vec{\mathcal{E}} &= \rho_{\text{ext}}(\vec{r}) + \rho_{\text{ind}}(\vec{r}) \end{aligned} \tag{6.7}$$

verknüpft. Bei einer Fourier-Entwicklung von $\vec{D}, \vec{\mathcal{E}}, \rho_{\text{ext}}$ und ρ_{ind} erhalten wir dementsprechend

$$\begin{aligned} \operatorname{div} \sum_{\vec{q}} \vec{D}_q e^{i\vec{q}\cdot\vec{r}} &= \sum_{\vec{q}} \rho_{\text{ext},q} e^{i\vec{q}\cdot\vec{r}} \\ \text{bzw.} \qquad \epsilon_0 \operatorname{div} \sum_{\vec{q}} \vec{\mathcal{E}}_q e^{i\vec{q}\cdot\vec{r}} &= \sum_{\vec{q}} (\rho_{\text{ext},q} + \rho_{\text{ind},q}) e^{i\vec{q}\cdot\vec{r}} \ . \end{aligned}$$

Diese Gleichungen sind für Summanden, die zu demselben $\vec{q}$-Wert gehören, auch einzeln erfüllt. Wenn wir nun zwei zusammengehörige Gleichungen durcheinander dividieren und festsetzen, dass

$$\vec{D}_q = \epsilon_0 \epsilon(\vec{q}, \omega) \vec{\mathcal{E}}_q \tag{6.8}$$

ist, so finden wir

$$\epsilon(\vec{q}, \omega) = \frac{\rho_{\text{ext},q}}{\rho_{\text{ext},q} + \rho_{\text{ind},q}} \ . \tag{6.9}$$

Hiernach können wir $\epsilon(\vec{q}, \omega)$ angeben, wenn es uns gelingt, die Fourier-Transformierte $\rho_{\text{ind},q}$ bei vorgegebenem Wert von $\rho_{\text{ext},q}$ zu bestimmen.

Die Ladungsdichte $\rho_{\text{ind}}(\vec{r})$ zerlegen wir zweckmäßig in zwei Anteile, in eine ionische Komponente $\rho_i(\vec{r})$, die von der Verrückung der Atomrümpfe herrührt, und eine elektronische Komponente $\rho_e(\vec{r})$, die die Verschiebung der Leitungselektronen betrifft. Wir setzen also

$$\rho_{\text{ind}}(\vec{r}) = \rho_i(\vec{r}) + \rho_e(\vec{r}) \ . \tag{6.10}$$

Als erstes ermitteln wir $\rho_i(\vec{r})$. Dabei schlagen wir einen Weg ein, wie er von P.G. de Gennes (s. Literaturverzeichnis zu Kap. 6) vorgezeichnet wurde.

Für ein z-wertiges Ion mit der Masse M, auf das ein elektrisches Feld $\vec{\mathcal{E}}$ einwirkt, lautet die Bewegungsgleichung

$$M \frac{d\vec{v}_i}{dt} = ze\vec{\mathcal{E}} \ . \tag{6.11}$$

Wir wollen annehmen, dass wir die totale Ableitung $d\vec{v}_i/dt$ durch die partielle Ableitung $\partial\vec{v}_i/\partial t$ ersetzen dürfen. Dies ist erlaubt, wenn bei einer zeitlich periodischen Störung mit der Kreisfrequenz ω die Bedingung

$$\omega \gg q v_i \tag{6.12}$$

erfüllt ist. Anders ausgedrückt, wenn die Verrückung des Ions während einer Störperiode klein gegenüber der Wellenlänge des Störfeldes ist. Führen wir außerdem in (6.11) anstelle der Ionengeschwindigkeit $\vec{v}_i$ die Ionenstromdichte

$$\vec{j}_i = n_i z e \vec{v}_i$$

ein, wobei n_i die Anzahl der Ionen je Volumeneinheit ist, so bekommen wir

$$\frac{\partial \vec{j}_i}{\partial t} = \frac{n_i (ze)^2}{M} \vec{\mathcal{E}} \ . \tag{6.13}$$

Mithilfe der Kontinuitätsgleichung

$$\operatorname{div} \vec{j}_i = -\frac{\partial \rho_i}{\partial t}$$

können wir $\vec{j}_i$ aus (6.13) eliminieren. Wir erhalten

$$-\frac{\partial^2 \rho_i}{\partial t^2} = \frac{n_i (ze)^2}{M} \operatorname{div} \vec{\mathcal{E}} \ . \tag{6.14}$$

Bei einer zeitlich periodischen Störung mit der Kreisfrequenz ω ist $\partial^2 \rho_i/\partial t^2 = -\omega^2 \rho_i$. Für div $\vec{\mathcal{E}}$ benutzen wir die Beziehung aus (6.7). Dann ergibt sich aus (6.14)

$$\rho_i(\vec{r}) = \frac{\omega_i^2}{\omega^2} [\rho_{\text{ext}}(\vec{r}) + \rho_{\text{ind}}(\vec{r})] \tag{6.15}$$

$$\text{mit} \qquad \omega_i = \sqrt{\frac{n_i (ze)^2}{\epsilon_0 M}} \ . \tag{6.16}$$

ω_i ist die sog. *Ionen-Plasmafrequenz*. Sie ist um den Faktor $\sqrt{m/M}$ kleiner als die Plasmafrequenz der Leitungselektronen mit Masse m (s. (4.81)). ω_i liegt in der Größenordnung $10^{13}\,\text{s}^{-1}$.

Als nächstes wollen wir $\rho_e(\vec{r})$ berechnen. Hier können wir bei einer zeitlich periodischen Störung mit der Kreisfrequenz ω die Frequenzabhängigkeit von $\rho_e(\vec{r})$ vernachlässigen, d. h., die Störung als statisch ansehen, wenn

$$\omega \ll q v_F \tag{6.17}$$

ist. v_F ist hier die Geschwindigkeit der Elektronen der Fermi-Fläche. Da v_F viel größer als die typische Ionengeschwindigkeit v_i ist, folgt aus einem Vergleich von (6.12) und (6.17), dass in einem weiten Frequenzbereich und für ein großes Gebiet des $\vec{q}$-Raums gleichzeitig $\rho_i(\vec{r})$ von $\vec{q}$ und $\rho_e(\vec{r})$ von ω unabhängig sind. Im Übrigen benutzen wir für die Berechnung von $\rho_e(\vec{r})$ die sog. *Thomas-Fermi-Näherung*. Sie gilt unter der Voraussetzung, dass wir für die Gesamtenergie eines Leitungselektrons bei Vorliegen einer ortsabhängigen Störung mit dem Potenzial $V(\vec{r})$ den klassischen Ansatz

$$E(\vec{k}) = \frac{\hbar^2 k^2}{2m} - eV(\vec{r}) \tag{6.18}$$

machen dürfen. Die Energie unterscheidet sich in diesem Fall von dem Wert für ein freies Elektron um die potenzielle Energie am Ort $\vec{r}$. Ein solcher Ansatz ist natürlich nur dann gerechtfertigt, wenn sich $V(\vec{r})$ über eine Distanz, die der Ausdehnung des Wellenpakets eines Leitungselektrons entspricht, nur sehr wenig ändert. Die Ausdehnung eines derartigen Wellenpakets beträgt mindestens $1/k_F$, wenn k_F für freie Elektronen genommen wird. Für die Wellenzahl q der Störung muss demnach gelten

$$q \ll k_F \ . \tag{6.19}$$

Setzen wir in der Fermi-Funktion (s. (B.25))

$$f_0 = \frac{1}{e^{(E-E_F)/k_B T} + 1}$$

für E den Ausdruck aus (6.18) ein, so erhalten wir

$$f_0 = \frac{1}{e^{\left[\frac{\hbar^2 k^2}{2m} - eV(\vec{r}) - E_F\right]/k_B T} + 1}$$

$$\text{oder} \quad f_0 = \frac{1}{e^{\left[\frac{\hbar^2 k^2}{2m} - (E_F + eV(\vec{r}))\right]/k_B T} + 1} \ . \tag{6.20}$$

Diese Darstellung entspricht der Fermi-Funktion für freie Elektronen ohne Störfeld, wenn wir anstelle von E_F die Größe $(E_F + eV(\vec{r}))$ verwenden. Dies bedeutet aber wiederum nach (B.27), dass die ortsabhängige Elektronenzahldichte $n_e(\vec{r})$ proportional $[E_F + eV(\vec{r})]^{3/2}$ ist. Bezeichnen wir mit n_e^0 die Elektronenzahldichte ohne Störfeld, so gilt

$$\frac{n_e(\vec{r}) - n_e^0}{n_e^0} = \frac{[E_F + eV(\vec{r})]^{3/2} - E_F^{3/2}}{E_F^{3/2}} \ . \tag{6.21}$$

Für kleine Werte von $eV(\vec{r})$ können wir in (6.21) eine Taylor-Entwicklung vornehmen und erhalten

$$\frac{n_e(\vec{r}) - n_e^0}{n_e^0} = \frac{E_F^{3/2} + \frac{3}{2}E_F^{1/2}eV(\vec{r}) - E_F^{3/2}}{E_F^{3/2}} = \frac{3}{2}\frac{eV(\vec{r})}{E_F} \ . \tag{6.22}$$

Die Größe $-e[n_e(\vec{r}) - n_e^0]$ ist die elektronische Komponente $\rho_e(\vec{r})$ der durch die Störung induzierten elektrischen Ladungsdichte. Aus (6.22) folgt somit

$$\rho_e(\vec{r}) = -\frac{3}{2}n_e^0\frac{e^2V(\vec{r})}{E_F} \ . \tag{6.23}$$

Das elektrische Potenzial $V(\vec{r})$ ist über die Poisson-Gleichung

$$\Delta V(\vec{r}) = -\frac{1}{\epsilon_0}[\rho_{\text{ext}}(\vec{r}) + \rho_{\text{ind}}(\vec{r})]$$

mit den Ladungsdichten $\rho_{\text{ext}}(\vec{r})$ und $\rho_{\text{ind}}(\vec{r})$ verknüpft. Als Gleichung zwischen Fourier-Transformierten erhalten wir hieraus

$$q^2V_q = \frac{1}{\epsilon_0}(\rho_{\text{ext},q} + \rho_{\text{ind},q}) \ . \tag{6.24}$$

Gehen wir auch in (6.23) zu den Fourier-Transformierten über, so bekommen wir unter Verwendung von (6.24)

$$\rho_{e,q} = -\frac{k_{TF}^2}{q^2}(\rho_{\text{ext},q} + \rho_{\text{ind},q}) \ , \tag{6.25}$$

$$\text{wobei} \quad k_{TF}^2 = \frac{3}{2}\frac{n_e^0e^2}{\epsilon_0E_F} \tag{6.26}$$

ist. k_{TF} ist die sog. *Thomas-Fermi-Wellenzahl*. Ihre physikalische Bedeutung wird in Aufgabe 6.1 untersucht.

Für die Fourier-Transformierten von $\rho_i(\vec{r})$ folgt aus (6.15)

$$\rho_{i,q} = \frac{\omega_i^2}{\omega^2}(\rho_{\mathrm{ext},q} + \rho_{\mathrm{ind},q}) \ . \tag{6.27}$$

Schließlich erhalten wir für die Fourier-Transformierte $\rho_{\mathrm{ind},q}$ aus (6.10), (6.27) und (6.25)

$$\rho_{\mathrm{ind},q} = \left(\frac{\omega_i^2}{\omega^2} - \frac{k_{TF}^2}{q^2}\right)(\rho_{\mathrm{ext},q} + \rho_{\mathrm{ind},q}) \ . \tag{6.28}$$

Für die dielektrische Funktion $\epsilon(\vec{q}, \omega)$ ergibt sich dann nach (6.9)

$$\epsilon(\vec{q}, \omega) = 1 - \frac{\rho_{\mathrm{ind},q}}{\rho_{\mathrm{ext},q} + \rho_{\mathrm{ind},q}} = 1 - \frac{\omega_i^2}{\omega^2} + \frac{k_{TF}^2}{q^2} \ . \tag{6.29}$$

In (6.29) führen wir nun die Eigenfrequenzen der kollektiven Schwingungen des Elektronen-Ionen-Kontinuums ein. In einem Jellium können sich natürlich nur longitudinale und bei niedrigen Frequenzen auch nur akustische Schwingungen ausbilden. Wie finden die Eigenfrequenzen, indem wir in (6.28) $\rho_{\mathrm{ext},q} = 0$ setzen. Zu jeder Wellenzahl q gehört eine andere Eigenfrequenz $\omega(q)$. Es ist

$$\omega^2(q) = \frac{q^2}{q^2 + k_{TF}^2}\omega_i^2 \ . \tag{6.30}$$

Für kleine Wellenzahlen q geht (6.30) über in

$$\omega(q) = \frac{\omega_i}{k_{TF}} q \ .$$

Es besteht dann also ein linearer Zusammenhang zwischen ω und q, und $v_s = \omega/q$ ist die Schallgeschwindigkeit im Jellium. Mithilfe von (6.16) und (6.26) finden wir

$$v_s = \sqrt{\frac{2}{3} z \frac{E_F}{M}} = \sqrt{\frac{1}{3}\frac{m}{M} z} \ v_F \ . \tag{6.31}$$

Diese als *Bohm-Staver-Relation* bekannte Beziehung liefert trotz der stark vereinfachenden Annahmen, die dem Jellium-Modell zugrunde liegen, für viele Metalle

Schallgeschwindigkeiten, die recht gut mit den experimentellen Werten übereinstimmen.

Mithilfe von (6.30) eliminieren wir die Ionen-Plasmafrequenz ω_i aus (6.29) und erhalten

$$\frac{1}{\epsilon(\vec{q},\omega)} = \frac{q^2}{q^2 + k_{TF}^2} \left(1 + \frac{\omega^2(q)}{\omega^2 - \omega^2(q)} \right) . \tag{6.32}$$

Für das effektive Matrixelement der Wechselwirkung zweier Leitungselektronen gilt dann nach (6.6)

$$V_{k_1 k_1'}^{\text{eff}} = \frac{1}{\Omega} \frac{e^2}{\epsilon_0 (q^2 + k_{TF}^2)} \left(1 + \frac{\omega^2(q)}{\omega^2 - \omega^2(q)} \right) . \tag{6.33}$$

In dieser Gleichung stammt der Ausdruck vor der Klammer von der abstoßenden Coulomb-Wechselwirkung zwischen den beiden Leitungselektronen. Dabei ist die durch andere Leitungselektronen verursachte Abschirmung bereits berücksichtigt. Das Korrekturglied in der Klammer, das außer von der durch (6.3) definierten Wellenzahl q auch noch von der Frequenz ω aus (6.5) abhängt, erfasst die abschimende Wirkung der positiven Ionen. Die Frequenzabhängigkeit dieses Gliedes kommt daher, dass die Abschirmung durch die Ionen wegen ihrer relativ großen Masse retardiert erfolgt. Wenn ω kleiner als die Frequenz $\omega(q)$ der Eigenschwingungen des Jelliums ist, ist $V_{k_1 k_1'}^{\text{eff}}$ negativ. In diesem Fall wird die durch Elektronen abgeschirmte Coulomb-Abstoßung der beiden Leitungselektronen durch eine von den Ionen verursachte Abschirmung überkompensiert, und es kommt dadurch zu einer anziehenden Wechselwirkung zwischen den beiden Leitungselektronen. Bei Verwendung von (6.5) tritt sie auf, wenn

$$|E_{k_1'} - E_{k_1}| < \hbar\omega(q) \tag{6.34}$$

ist.

Der Maximalwert von $\omega(q)$ liegt in der Größenordnung der Debyeschen Grenzfrequenz ω_D (s. Abschn. 2.2). Sie hat bei Metallen einen Wert zwischen $5 \cdot 10^{12}$ und $5 \cdot 10^{13}\,\text{s}^{-1}$, was einer Phononenenergie $\hbar\omega$ von 0,003 bis 0,03 eV entspricht. Die Fermi-Energie E_F der Leitungselektronen ist demgegenüber etwa um einen Faktor 100 bis 1000 größer. Dies bedeutet, dass eine anziehende Wechselwirkung zwischen zwei Leitungselektronen nur dann auftritt, wenn bei der Streuung der beiden Elektronen aneinander eine Energie übertragen wird, die sehr klein im Vergleich zur Fermi-Energie ist. Deshalb kann der Mechanismus, der eine Anziehung der Elektronen bewirkt, für Leitungselektronen im Innern der Fermi-Kugel nicht wirksam werden; für diese Elektronen stehen nämlich unbesetzte Zustände, in die sie bei gleichzeitiger Erfüllung der Bedingung (6.34) hineingestreut werden könnten, nicht zur Verfügung. Daher sind Streuprozesse unter Einhaltung von (6.34) nur zwischen solchen Elektronenzuständen möglich, die sich im $\vec{k}$-Raum innerhalb einer dünnen Schale zu beiden Seiten der Fermi-Fläche befinden, die im Energiemaß eine Dicke von ungefähr $2\hbar\omega_D$ hat. Es sollte hier erwähnt werden, dass die BCS-Theorie selbst die Natur der Wechselwirkung offen lässt. Die Elektron-Phonon-Wechselwirkung ist eine mögliche Wechselwirkung.

6.1.2 Cooper-Paare

Wir diskutieren nun, wie es aufgrund der oben besprochenen Elektron-Elektron-Wechselwirkung zur Ausbildung gebundener Elektronenpaare kommt. Hierbei gehen wir von folgendem Modell aus:

Zu der bei $T = 0\,\mathrm{K}$ voll aufgefüllten Fermi-Kugel mit Radius k_F werden zwei Elektronen hinzugefügt, die aufgrund des Pauli-Prinzips gezwungen sind, Zustände einzunehmen, deren Wellenzahlen k_1 und k_2 größer als k_F sind. Es werden nur solche Wechselwirkungen zwischen diesen beiden Elektronen betrachtet, die anziehend sind. Von einem gebundenen Zustand des Elektronenpaares darf man nun reden, wenn die Energie des Paars kleiner als $2E_F$ ist. $2E_F$ wäre die Minimalenergie, die das Paar bei fehlender Wechselwirkung unter Beachtung des Pauli-Prinzips annehmen könnte.

Ohne Wechselwirkung hätte die Wellenfunktion des Elektronenpaares die Form

$$\psi(\vec{r}_1, \vec{r}_2) = \frac{1}{\Omega} e^{i\vec{k}_1\cdot\vec{r}_1} e^{i\vec{k}_2\cdot\vec{r}_2} \quad . \tag{6.35}$$

Infolge der Wechselwirkung werden die Elektronen ständig in Zustände mit anderen Wellenzahlvektoren gestreut. Hierbei bleibt der Gesamtwellenzahlvektor $\vec{K} = \vec{k}_1 + \vec{k}_2$ erhalten. Die Wechselwirkung wird umso stärker sein, je größer die Zahl der Übergangsmöglichkeiten ist. Die Skizze in Abb. 6.3 erlaubt eine Abschätzung, wie viele Übergänge bei vorgegebenem $\vec{K}$-Wert jeweils möglich sind. Nach (6.34) können anziehende Kräfte zwischen den beiden Elektronen nur dann auftreten, wenn sie sich im $\vec{k}$-Raum in einer dünnen an die Oberfläche der Fermi-Kugel grenzenden Schale befinden, die in Energieeinheiten eine Dicke von ungefähr $\hbar\omega_D$ hat. Wie die Skizze zeigt, kommen bei vorgegebenem $\vec{K}$ für die Übergänge nur $\vec{k}$-Werte in Frage, die innerhalb der schattierten Bereiche liegen. Ihre Zahl erreicht für $\vec{K} = 0$ ein scharfes Maximum, da in diesem Fall $\vec{k}_1$ und $\vec{k}_2$ sämtliche Werte inner-

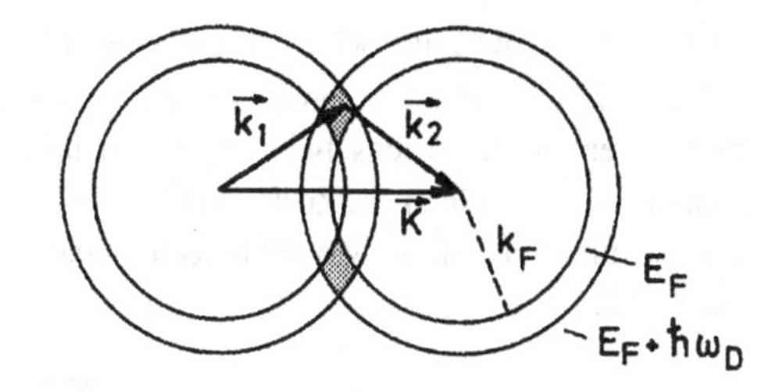

Abb. 6.3 Zur Abschätzung der Stärke der anziehenden Wechselwirkung zweier Leitungselektronen in Abhängigkeit vom Gesamtwellenzahlvektor $\vec{K}$

halb der dünnen Schale annehmen können. Hiernach erfahren also besonders viele Elektronenpaare dann eine anziehende Wechselwirkung, wenn $\vec{K} = 0$ ist, d. h., wenn die Elektronen einen gleich großen aber entgegengesetzt gerichteten Wellenzahlvektor besitzen. Die Wechselwirkungen in allen übrigen Konfigurationen sind dagegen vernachlässigbar. Wir beschränken uns deshalb auf den Fall $\vec{K} = 0$. Es lässt sich außerdem zeigen, dass die Anziehung für ein Paar mit antiparallelem Spin größer ist als für ein Paar mit parallelem Spin. Im Folgenden wird die Spinorientierung nicht eigens angegeben. Wir setzen stets voraus, dass $+\vec{k}$ mit „Spin aufwärts" und $-\vec{k}$ mit „Spin abwärts" verknüpft ist.

Mit Wechselwirkung ist für ein Elektronenpaar mit dem Gesamtwellenzahlvektor $\vec{K} = 0$ die Wellenfunktion eine Überlagerung von Funktionen, wie sie (6.35) angibt. Es ist also

$$\psi(\vec{r}_1, \vec{r}_2) = \frac{1}{\Omega} \sum_{k>k_F} A(\vec{k}) e^{i\vec{k}\cdot(\vec{r}_1 - \vec{r}_2)} \; . \tag{6.36}$$

Hierbei ist $|A(\vec{k})|^2$ ein Maß für die Wahrscheinlichkeit, das Elektronenpaar in einem Zustand mit den Wellenzahlvektoren $\vec{k}$ und $-\vec{k}$ vorzufinden. Für $k < k_F$ ist wegen des Pauli-Verbots $A(\vec{k}) = 0$.

Die Schrödinger-Gleichung für das Elektronenpaar lautet:

$$-\frac{\hbar^2}{2m}(\Delta_1 + \Delta_2)\psi(\vec{r}_1, \vec{r}_2) + \mathcal{V}(\vec{r}_1 - \vec{r}_2)\psi(\vec{r}_1, \vec{r}_2) = E\psi(\vec{r}_1, \vec{r}_2) \; ,$$

wenn $\mathcal{V}(\vec{r}_1 - \vec{r}_2)$ der Wechselwirkungsoperator ist. Wir setzen in diese Gleichung $\psi(\vec{r}_1, \vec{r}_2)$ aus (6.36) ein. Dann multiplizieren wir mit $e^{-i\vec{k}'\cdot(\vec{r}_1 - \vec{r}_2)}$ und integrieren über das Festkörpervolumen Ω. Mit $\vec{r} = \vec{r}_1 - \vec{r}_2$ erhalten wir

$$\frac{\hbar^2 k'^2}{m} A(\vec{k}') + \sum_{k>k_F} A(\vec{k}) \frac{1}{\Omega} \int \mathcal{V}(\vec{r}) e^{i(\vec{k}-\vec{k}')\cdot\vec{r}} d^3 r = E A(\vec{k}') \; . \tag{6.37}$$

$(\hbar^2 k'^2)/m$ ist die kinetische Energie eines Elektronenpaars mit den Wellenzahlvektoren $\vec{k}'$ und $-\vec{k}'$. Wir nennen diese Größe $\xi_{k'}$. $1/\Omega \int \mathcal{V}(\vec{r}) e^{i(\vec{k}-\vec{k}')\cdot\vec{r}} d^3r$ ist das Matrixelement des Wechselwirkungspotenzials für die Streuung eines Elektronenpaars mit $(\vec{k}, -\vec{k})$ in einen Zustand $(\vec{k}', -\vec{k}')$. Es ist also die Größe $V_{kk'}^{\text{eff}}$ aus (6.33), die wir mit dem Jellium-Modell berechnet haben. Mit diesen Bezeichnungen wird aus (6.37)

$$(E - \xi_{k'}) A(\vec{k}') = \sum_{k>k_F} A(\vec{k}) V_{kk'}^{\text{eff}} \ . \tag{6.38}$$

Zur Ermittlung der Energie E des Elektronenpaars aus (6.38) führte L.N. Cooper nun die nützliche Näherung ein, dass innerhalb des Bereichs einer anziehenden Wechselwirkung, also für Werte ξ_k und $\xi_{k'}$ größer als $2E_F$ und kleiner als $2E_F + 2\hbar\omega_D$, alle Matrixelemente $V_{kk'}^{\text{eff}}$ den konstanten Wert $-V$ haben sollen, während sie außerhalb verschwinden. Wir erhalten dann anstelle von (6.38)

$$A(\vec{k}') = V \frac{\sum\limits_{k>k_F} A(\vec{k})}{\xi_{k'} - E} \ . \tag{6.39}$$

Indem wir in (6.39) über $\vec{k}'$ summieren und anschließend $\sum A(\vec{k})$ eliminieren, bekommen wir schließlich

$$\frac{1}{V} = \sum_{k'>k_F} \frac{1}{\xi_{k'} - E} \ . \tag{6.40}$$

Wir ersetzen nun die Summe in (6.40) durch ein Integral, wobei wir gleichzeitig die Integrationsvariable k' in ξ überführen. Als Zustandsdichte benutzen wir einen Wert $Z(E_F)$, der dem für Elektronen bei der Fermi-Energie entspricht (s. (B.21)). Dann ist

$$\frac{1}{V} = \frac{1}{4} Z(E_F) \int\limits_{2E_F}^{2E_F+2\hbar\omega_D} \frac{d\xi}{\xi - E} = \frac{1}{4} Z(E_F) \ln \frac{2E_F - E + 2\hbar\omega_D}{2E_F - E} \ .$$

Hieraus folgt

$$E = 2E_F - \frac{2\hbar\omega_D e^{-4/[Z(E_F)V]}}{1 - e^{-4/[Z(E_F)V]}} \ . \tag{6.41}$$

Danach ist die Gesamtenergie des Elektronenpaars kleiner als $2E_F$. Die beiden Elektronen befinden sich also in einem gebundenen Zustand, sie bilden ein Cooper-Paar.

Es hat sich gezeigt, dass im Allgemeinen $Z(E_F)V \ll 1$ ist. Dann gilt:

$$E = 2E_F - 2\hbar\omega_D e^{-4/[Z(E_F)V]} \quad . \tag{6.42}$$

Die Größe

$$\Delta E = 2\hbar\omega_D e^{-4/[Z(E_F)V]} \tag{6.43}$$

lässt sich als Bindungenergie des Cooper-Paars auffassen und der Ausdruck in (6.36) als seine Wellenfunktion. Zur Zahl 4 im Exponenten siehe auch die Bemerkung nach (6.61). Die Bindungsenergie ist die Lösung des Zweiteilchenproblems. Davon zu unterscheiden ist die Energieabsenkung des gesamten Vielteilchensystems infolge des Übergangs in den supraleitenden Zustand, die Kondensationsenergie, s. (6.63). Es sei an dieser Stelle erwähnt, dass es nach (6.36) nicht möglich ist, den einzelnen Elektronen eines Cooper-Paars bestimmte Wellenzahlvektoren zuzuordnen. Die Wellenfunktion (6.36) enthält vielmehr alle Wellenzahlvektoren aus einem Energiebereich zwischen E_F und $E_F + \hbar\omega_D$. Die Verteilung auf die einzelnen Paarzustände wird durch den Gewichtsfaktor $A(\vec{k})$ angegeben. Er hat nach (6.39) seinen größten Wert, wenn die kinetische Energie ξ_k des Paars den Minimalwert $2E_F$ hat, und nimmt mit wachsendem ξ_k ab. Wie man bei Beachtung von (6.42) findet, erfolgt der Abfall umso schneller, je kleiner die Größe ΔE aus (6.43) ist.

Die Ergebnisse, die wir für das hier betrachtete zusätzliche Elektronenpaar erhielten, gelten natürlich auch für zwei Elektronen, die aus Zuständen dicht unterhalb der Oberfläche der Fermi-Kugel in Zustände unmittelbar darüber gestreut werden. Obwohl in diesem Fall die beiden Elektronen kinetische Energie aufnehmen, überwiegt der Gewinn an potenzieller Energie, sodass wiederum eine Überführung des Paars in einen gebundenen Zustand erfolgt.

6.1.3 Grundzustand und angeregte Zustände eines Supraleiters bei $T = 0\,\mathrm{K}$

Im Folgenden beschäftigen wir uns zunächst mit der Berechnung der Besetzungswahrscheinlichkeit von Zweiteilchenzuständen mit $(\vec{k}, -\vec{k})$ für $T = 0\,\mathrm{K}$, wenn die oben behandelten Wechselwirkungen der Leitungselektronen berücksichtigt werden. Die so gewonnenen Ergebnisse lassen sich dann dazu benutzen, die Energielücke zwischen dem Grundzustand und den angeregten Zuständen eines Supraleiters zu ermitteln sowie die Energiedifferenz zwischen dem normalleitenden und dem supraleitenden Zustand zu bestimmen.

Ist u_k^2 die Wahrscheinlichkeit, dass der Zustand $(\vec{k}, -\vec{k})$ von einem Elektronenpaar besetzt ist, und $v_k^2 = 1 - u_k^2$ die Wahrscheinlichkeit, dass dieser Zustand nicht besetzt ist, so erhält man für die innere Energie des supraleitenden Zustands eines Festkörpers

$$U_s(0) = 2\sum_k u_k^2 \epsilon_k + \sum_{kk'} V_{kk'}^{\text{eff}} u_k v_{k'} u_{k'} v_k \ . \tag{6.44}$$

Hierbei ist $V_{kk'}^{\text{eff}}$ das Matrixelement des Wechselwirkungspotenzials für die Streuung eines Elektronenpaars aus dem Zustand $(\vec{k}, -\vec{k})$ in den Zustand $(\vec{k}', -\vec{k}')$ (s. (6.33)) und ϵ_k die kinetische Energie eines Leitungselektrons mit der Wellenzahl k bzw. $-k$ von der Fermi-Energie E_F aus gemessen. Das erste Glied in (6.44) entspricht der kinetischen Gesamtenergie der Elektronen im supraleitenden Zustand. Der Faktor 2 kommt daher, dass jeder durch den Wellenzahlvektor $\vec{k}$ gekennzeichnete Quantenzustand wegen des Elektronenspins zweifach entartet ist. Das zweite Glied ist die Wechselwirkungsenergie des Elektronensystems aufgrund der Streuung von Elektronenpaaren aus den verschiedenen Zweiteilchenzuständen $(\vec{k}, -\vec{k})$ in die Zustände $(\vec{k}', -\vec{k}')$. Damit solche Übergänge erfolgen können, muss anfangs der Zustand $(\vec{k}, -\vec{k})$ besetzt und der Zustand $(\vec{k}', -\vec{k}')$ unbesetzt sein. Hierfür beträgt die Wahrscheinlichkeitsamplitude $u_k v_{k'}$. Andererseits hat die Wahrscheinlichkeitsamplitude für den betreffenden Endzustand den Wert $u_{k'} v_k$. Einfachheitshalber haben wir dabei u_k und v_k als reell angenommen.

Ähnlich wie bei der Behandlung der Cooper-Paare setzen wir nun:

$$\begin{aligned} V_{kk'}^{\text{eff}} &= -V \qquad \text{für} \qquad |\epsilon_k| \le \hbar\omega_D \ , \\ V_{kk'}^{\text{eff}} &= 0 \qquad \text{für} \qquad |\epsilon_k| > \hbar\omega_D \ . \end{aligned} \tag{6.45}$$

Gehen wir hiermit in (6.44) ein, und ersetzen wir außerdem v_k durch $\sqrt{1 - u_k^2}$, so erhalten wir

$$U_s(0) = 2\sum_k u_k^2 \epsilon_k - V \sum_{kk'} \sqrt{u_k^2(1 - u_{k'}^2)} \sqrt{u_{k'}^2(1 - u_k^2)} \ . \tag{6.46}$$

Wir können aus (6.46) einen Ausdruck für die Besetzungswahrscheinlichkeit u_k^2 bei $T = 0\,\text{K}$ gewinnen, indem wir berücksichtigen, dass für $T = 0\,\text{K}$ die innere

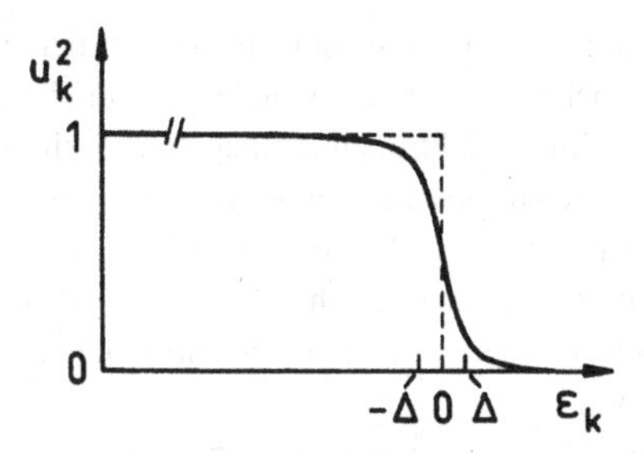

Abb. 6.4 Besetzungswahrscheinlichkeit u_k^2 von Zweiteilchenzuständen $(\vec{k}, -\vec{k})$ für $T = 0\,\mathrm{K}$ in Abhängigkeit von der kinetischen Energie der Einzelelektronen ϵ_k mit anziehender Wechselwirkung (*durchgezogene Kurve*) und ohne Wechselwirkung (*gestrichelte Kurve*). ϵ_k wird von der Fermi-Energie E_F aus gemessen. 2Δ ist die Energielücke bei $T = 0\,\mathrm{K}$

Energie im thermodynamischen Gleichgewicht als Funktion von u_k^2 einen Minimalwert annimmt. Es muss also gelten

$$\frac{\partial U_s(0)}{\partial u_k^2} = 2\epsilon_k - 2V \frac{1 - 2u_k^2}{2\sqrt{u_k^2(1 - u_k^2)}} \sum_{k'} \sqrt{u_{k'}^2(1 - u_{k'}^2)} = 0 \ . \tag{6.47}$$

Der Faktor 2 vor dem zweiten Glied hinter dem Gleichheitszeichen kommt dadurch zustande, dass sowohl $\vec{k}$ als auch $\vec{k}'$ jeden vorgegebenen $\vec{k}$-Wert durchlaufen.

$$\text{Mit} \qquad \Delta(0) = V \sum_{k'} \sqrt{u_{k'}^2(1 - u_{k'}^2)} \tag{6.48}$$

folgt aus (6.47)

$$u_k^2 = \frac{1}{2}\left(1 - \frac{\epsilon_k}{\sqrt{\epsilon_k^2 + \Delta^2(0)}}\right) . \tag{6.49}$$

Hierbei bleibt allerdings das Vorzeichen vor dem zweiten Glied in der Klammer zunächst unbestimmt. Da aber für $\epsilon_k \to \infty$ die Besetzungswahrscheinlichkeit $u_k^2 \to 0$ gehen muss, kommt nur das negative Vorzeichen in Frage.

In Abb. 6.4 ist u_k^2 in Abhängigkeit von ϵ_k aufgetragen. Der Funktionsverlauf hat große Ähnlichkeit mit dem Verlauf der Fermi-Funktion für $T > 0$ (Abb. B.2). Im BCS-Grundzustand sind also auch bei $T = 0\,\mathrm{K}$ Einelektronenzustände besetzt, deren kinetische Energie größer als die Fermi-Energie ist. Demnach ist die gesamte kinetische Energie der Leitungselektronen im supraleitenden Zustand größer als im normalleitenden; denn bei letzterem ist ja die Maximalenergie durch die Fermi-Energie festgelegt. Jedoch tritt im supraleitenden Zustand infolge der anziehenden Wechselwirkung der Leitungselektronen ein negativer Beitrag zur Gesamtenergie $U_s(0)$ auf, durch den $U_s(0)$ insgesamt kleiner als die Energie des normalleitenden Zustands $U_n(0)$ ist. Die Differenz $U_n(0) - U_s(0)$ werden wir weiter unten berechnen. Zunächst untersuchen wir die physikalische Bedeutung der Größe $\Delta(0)$. Hierzu befassen wir uns mit der Anregung eines Supraleiters aus seinem oben diskutierten Grundzustand.

Eine Anregung eines Supraleiters äußert sich darin, dass ein Cooper-Paar aufgebrochen wird. Dabei wird ein Elektron des betreffenden Paares mit $\vec{k}$ in einen anderen Zustand $\vec{k}'$ überführt. Ein ungepaartes Elektron mit $-\vec{k}$ bleibt zurück. Dadurch wird sowohl der vorher besetzte Paarzustand $(\vec{k}, -\vec{k})$ als auch der bisher unbesetzte Paarzustand $(\vec{k}', -\vec{k}')$ zerstört. Dem System wird auf diese Weise eine riesige Anzahl von Übergangsmöglichkeiten entzogen, was eine Abnahme der Wechselwirkungsenergie und somit eine Erhöhung der Gesamtenergie des Systems bedeutet. Wir berechnen als erstes die Anregungsenergie des Systems für den Fall, dass nur der Paarzustand $(\vec{k}_1, -\vec{k}_1)$ mit einem einzigen Elektron besetzt ist. Die Anregungsenergie ergibt sich als Differenz der Energie $U_{sk_1}(0)$ des angeregten Zustands und der Energie $U_s(0)$ des Grundzustands. Mit (6.46) finden wir

$$U_{sk_1}(0) - U_s(0) = \epsilon_{k_1} - 2u_{k_1}^2 \epsilon_{k_1} + 2V \sum_{k'} \sqrt{u_{k'}^2 (1 - u_{k'}^2)} \sqrt{u_{k_1}^2 (1 - u_{k_1}^2)} \ . \tag{6.50}$$

In der Form des ersten Gliedes auf der rechten Seite von (6.50) kommt zum Ausdruck, dass der Zustand mit $\vec{k}_1$ hier tatsächlich besetzt ist und nicht nur eine Aussage über die Besetzungswahrscheinlichkeit gemacht werden kann. Das dritte Glied entspricht der Wechselwirkungsenergie, die durch die verschiedenen möglichen Übergänge aus dem Zustand $(\vec{k}_1, -\vec{k}_1)$ heraus und in diesen Zustand hinein bedingt ist. Mit (6.48) wird aus (6.50)

$$U_{sk_1}(0) - U_s(0) = (1 - 2u_{k_1}^2)\epsilon_{k_1} + 2\Delta(0) \sqrt{u_{k_1}^2 (1 - u_{k_1}^2)} \ . \tag{6.51}$$

Aus (6.49) folgt

$$1 - 2u_{k_1}^2 = \frac{\epsilon_{k_1}}{\sqrt{\epsilon_{k_1}^2 + \Delta^2(0)}} \tag{6.52}$$

und

$$\sqrt{u_{k_1}^2 (1 - u_{k_1}^2)} = \frac{1}{2} \frac{\Delta(0)}{\sqrt{\epsilon_{k_1}^2 + \Delta^2(0)}} \ . \tag{6.53}$$

Hiermit erhalten wir schließlich für die Anregungsenergie

$$U_{sk_1}(0) - U_s(0) = \sqrt{\epsilon_{k_1}^2 + \Delta^2(0)} \ . \tag{6.54}$$

Diesen Anregungen lassen sich Quasiteilchen zuordnen, die ganz allgemein beim Wellenzahlvektor $\vec{k}$ die Energie

$$E_k = \sqrt{\epsilon_k^2 + \Delta^2(0)} \tag{6.55}$$

und den Impuls $\hbar\vec{k}$ besitzen. Es sind Fermi-Teilchen, die häufig nach N.N. Bogoljubov[8] als *Bogolonen* bezeichnet werden.

Sind dagegen zwei Paarzustände nur mit einem einzigen Elektron besetzt, wie es nach Aufbrechen eines Cooper-Paares stets der Fall ist, und kennzeichnen wir diese beiden Zustände durch $(\vec{k}_1, -\vec{k}_1)$ und $(\vec{k}_2, -\vec{k}_2)$, so beträgt die Anregungsenergie

$$\begin{aligned} U_{sk_1k_2}(0) - U_s(0) = {} & \epsilon_{k_1} + \epsilon_{k_2} - 2u_{k_1}^2\epsilon_{k_1} - 2u_{k_2}^2\epsilon_{k_2} \\ & + 2V\sum_{k'}\sqrt{u_{k'}^2(1-u_{k'}^2)}\sqrt{u_{k_1}^2(1-u_{k_1}^2)} \\ & + 2V\sum_{k'}\sqrt{u_{k'}^2(1-u_{k'}^2)}\sqrt{u_{k_2}^2(1-u_{k_2}^2)} \\ & - 2V\sqrt{u_{k_1}^2(1-u_{k_1}^2)}\sqrt{u_{k_2}^2(1-u_{k_2}^2)} \ . \end{aligned} \tag{6.56}$$

Auf der rechten Seite ist das letzte Glied gegenüber den anderen Gliedern vernachlässigbar klein. Wir erhalten dann mithilfe von Umformungen, die denen zu (6.50) entsprechen

$$U_{sk_1k_2}(0) - U_s(0) = \sqrt{\epsilon_{k_1}^2 + \Delta^2(0)} + \sqrt{\epsilon_{k_2}^2 + \Delta^2(0)} \ . \tag{6.57}$$

Die Anregungsenergie ist am kleinsten, wenn $k_1 = k_2 = k_F$ ist, da in diesem Fall bei unserer Wahl der Energieskala $\epsilon_{k_1} = \epsilon_{k_2} = 0$ ist

$$U_{sk_Fk_F}(0) - U_s(0) = 2\Delta(0) \ . \tag{6.58}$$

Demnach besteht im supraleitenden Zustand eine Energielücke vom Betrag $2\Delta(0)$ zwischen dem Grundzustand und den angeregten Zuständen. $2\Delta(0)$ ist die Energie,

[8] Nikolaj Nikolajewitsch Bogoljubov, *1909 Nischni Nowgorod, †1992 Moskau.

die mindestens aufgebracht werden muss, um ein Cooper-Paar aufzubrechen. Wir haben hier einen wesentlichen Unterschied zu den Verhältnissen im normalleitenden Zustand. Während dort eine Anregung des Elektronengases um beliebig kleine Beträge möglich ist, muss im supraleitenden Zustand zur Anregung des Elektronensystems stets zunächst ein Cooper-Paar aufgebrochen werden.

Zur Berechnung von $\Delta(0)$ benutzen wir (6.48) und (6.49). Wir erhalten

$$\Delta(0) = \frac{V}{2}\sum_{k'} \frac{\Delta(0)}{\sqrt{\epsilon_{k'}^2 + \Delta^2(0)}}$$

$$\text{oder} \quad 1 = \frac{V}{2}\sum_{k'} \frac{1}{\sqrt{\epsilon_{k'}^2 + \Delta^2(0)}} \ . \tag{6.59}$$

Wir ersetzen nun die Summation über $\vec{k}$ durch eine Integration über die Energiewerte ϵ zwischen den Grenzen $-\hbar\omega_D$ und $+\hbar\omega_D$; denn nur in diesem Bereich ist nach unserer Festsetzung in (6.45) V von Null verschieden. Ist $Z(E_F)d\epsilon$ die Zahl der Zustände der Einzelelektronen bei $\epsilon = 0$ im Energieintervall zwischen ϵ und $\epsilon + d\epsilon$, so wird aus (6.59)

$$1 = \frac{V}{4}\int_{-\hbar\omega_D}^{+\hbar\omega_D} \frac{Z(E_F)d\epsilon}{\sqrt{\epsilon^2 + \Delta^2(0)}} \ .$$

Legt man für die Zustandsdichte einen symmetrischen Verlauf zu beiden Seiten der Fermi-Kante zugrunde, so bekommen wir

$$\frac{2}{Z(E_F)V} = \int_0^{\hbar\omega_D/\Delta(0)} \frac{d(\epsilon/\Delta(0))}{\sqrt{1 + (\epsilon/\Delta(0))^2}} = \operatorname{arsinh}\left(\frac{\hbar\omega_D}{\Delta(0)}\right)$$

$$\text{oder} \quad \Delta(0) = \frac{\hbar\omega_D}{\sinh(2/Z(E_F)V)} \ . \tag{6.60}$$

Setzen wir wieder eine schwache Wechselwirkung der Elektronen voraus, nehmen wir also an, dass $Z(E_F)V \ll 1$ ist, so wird aus (6.60)

$$\Delta(0) = 2\hbar\omega_D e^{-2/[Z(E_F)V]} \ . \tag{6.61}$$

Hiernach ist die Energielücke $2\Delta(0)$ sehr viel kleiner als die maximale Phononenenergie $\hbar\omega_D$ im Festkörper. (NB: Im Exponenten des Ausdrucks für $\Delta(0)$ findet man in der Literatur häufig eine 1 statt der in (6.61) auftretenden 2. Der Grund ist, dass in der Literatur oft die Zustandsdichte $N_0(E)$ für eine Spinrichtung im Nenner des Exponenten verwendet wird, die mit der von uns verwendeten Zustandsdichte der Elektronen aus (B.21) über $N_0(E) = Z(E)/2$ zusammenhängt.) Mit der experimentellen Bestimmung des Betrages der Energielücke, die im Übrigen, wie wir weiter unten sehen werden, von der Temperatur abhängt, befassen wir uns am Ende dieses Abschnitts.

Am Anfang des Unterabschnitts über Cooper-Paare wurde dargelegt, dass wir (6.36) als Wellenfunktion eines Paars auffassen können. Diese Gleichung beschreibt ein Wellenpaket, dessen Energieunschärfe umso größer ist, je größer die Bindungsenergie ΔE oder, anders ausgedrückt, der Wert von $\Delta(0)$ ist. Bei dem dort vorgenommenen Gedankenexperiment haben wir uns allerdings auf k-Werte größer als k_F beschränkt. Diese Einschränkung tritt natürlich nicht bei den Überlegungen auf, die zum Ergebnis in (6.49) führten. Abb. 6.4, die dieses Ergebnis grafisch darstellt, können wir entnehmen, dass die Energieunschärfe der Einzelelektronen eines Cooper-Paars etwa $2\Delta(0)$ beträgt. Für die zugehörige Impulsunschärfe Δp gilt dann

$$2\Delta(0) \approx \frac{d}{dp}\left(\frac{p^2}{2m}\right)_{p_F} \Delta p = \frac{p_F}{m}\Delta p \qquad \text{oder} \quad \Delta p \approx \frac{2\Delta(0)m}{p_F} \ .$$

Nach der Heisenbergschen Unschärferelation erhalten wir hieraus für die Ortsunschärfe Δr, die wir als mittleren Durchmesser eines Cooper-Paars ansehen dürfen,

$$\Delta r = \frac{\hbar}{\Delta p} \approx \frac{\hbar p_F}{2\Delta(0)m} = \frac{1}{k_F}\frac{E_F}{\Delta(0)} \ .$$

Wie wir später sehen werden, liegt für konventionelle Supraleiter $E_F/\Delta(0)$ im Bereich zwischen 10^3 und 10^4; k_F ist in der Größenordnung von $10^8\,\text{cm}^{-1}$. Wir erhalten also für Δr Werte zwischen 10^{-5} und 10^{-4} cm. Dies bedeutet, dass sich im „Volumen" eines Cooper-Paars von etwa $10^{-12}\,\text{cm}^3$ mindestens 10^{10} Elektronen befinden, von denen wiederum, wie man zeigen kann, mehr als 10^6 mit anderen Elektronen Cooper-Paare bilden. Die Paare überlappen sich also sehr stark, und man darf sie deshalb nicht als voneinander unabhängige Teilchen betrachten. Im Übrigen können sich die Cooper-Paare eines Systems alle im gleichen Quantenzustand befinden. Das ist möglich, da sie Spin Null haben, weshalb sich das Pauli-Verbot nicht auswirkt. In dieser Hinsicht verhalten sie sich ähnlich wie Bosonen. Im Gegensatz zu Teilchen, für die Bose-Statistik gilt, gibt es jedoch für Cooper-Paare keine angeregten Zustände; sie existieren nur im Grundzustand. Es sollte hier angemerkt werden, dass Supraleitung keine Bose-Einstein Kondensation ist.

Als letztes berechnen wir schließlich noch die Differenz $U_n(0) - U_s(0)$ der inneren Energien des normal- und supraleitenden Zustands für $T = 0\,\mathrm{K}$. Es ist

$$U_n(0) = 2 \sum_{k<k_F} \epsilon_k \ .$$

Für $U_s(0)$ erhalten wir aus (6.46) bei Berücksichtigung von (6.49) und (6.48)

$$U_s(0) = \sum_k \left(\epsilon_k - \frac{\epsilon_k^2}{\sqrt{\epsilon_k^2 + \Delta^2(0)}} \right) - \frac{1}{2} \sum_k \frac{\Delta^2(0)}{\sqrt{\epsilon_k^2 + \Delta^2(0)}} \ .$$

Hiernach ist

$$\begin{aligned} U_n(0) - U_s(0) &= - \sum_{k<k_F} \left[(-\epsilon_k) - \frac{\epsilon_k^2}{\sqrt{\epsilon_k^2 + \Delta^2(0)}} \right] \\ &\quad - \sum_{k>k_F} \left[\epsilon_k - \frac{\epsilon_k^2}{\sqrt{\epsilon_k^2 + \Delta^2(0)}} \right] + \sum_{k>k_F} \frac{\Delta^2(0)}{\sqrt{\epsilon_k^2 + \Delta^2(0)}} \\ &= \sum_{k>k_F} \frac{2\epsilon_k^2 + \Delta^2(0)}{\sqrt{\epsilon_k^2 + \Delta^2(0)}} - \sum_{k>k_F} 2\epsilon_k \ . \end{aligned}$$

Benutzen wir wieder die Kontinuumsnäherung, so erhalten wir

$$\begin{aligned} U_n(0) - U_s(0) &= \frac{Z(E_F)}{2} \int_0^{\hbar\omega_D} \frac{2\epsilon^2 + \Delta^2(0)}{\sqrt{\epsilon^2 + \Delta^2(0)}} d\epsilon - Z(E_F) \int_0^{\hbar\omega_D} \epsilon \, d\epsilon \\ &= \frac{Z(E_F)}{2} \left[\epsilon \sqrt{\epsilon^2 + \Delta^2(0)} \right]_0^{\hbar\omega_D} - \frac{Z(E_F)}{2} \left[\epsilon^2 \right]_0^{\hbar\omega_D} \\ &= \frac{Z(E_F)}{2} (\hbar\omega_D)^2 \left(\sqrt{1 + \Delta^2(0)/(\hbar\omega_D)^2} - 1 \right) \ . \end{aligned} \tag{6.62}$$

Ist $Z(E_F)V \ll 1$, so ist nach (6.61) $\Delta(0) \ll \hbar\omega_D$, und aus (6.62) wird

$$U_n(0) - U_s(0) = \frac{1}{4} Z(E_F) \Delta^2(0) \ . \tag{6.63}$$

Die Größe $U_n(0) - U_s(0)$ bezeichnet man häufig als *Kondensationsenergie* des Supraleiters; denn sie gibt die Energie an, die bei der Kondensation der Leitungselektronen zu Cooper-Paaren frei wird.

6.1.4 Supraleitende Zustände für $T > 0\,\mathrm{K}$

Oberhalb $T > 0\,\mathrm{K}$ sind in einem Supraleiter im thermodynamischen Gleichgewicht stets Cooper-Paare aufgebrochen, und zwar umso mehr, je höher die Temperatur ist. Deswegen ist die Energie, die erforderlich ist, um über die Gleichgewichtskonfiguration hinaus noch ein weiteres Paar aufzubrechen und somit den Supraleiter anzuregen, von der Temperatur abhängig. Man erwartet, dass mit steigender Temperatur die Energielücke zwischen dem Grundzustand und den angeregten Zuständen kleiner wird; denn je mehr Paare schon aufgebrochen sind, umso weniger Übergangsmöglichkeiten werden beim Aufbrechen eines weiteren Paars dem System entzogen. Wir werden im Folgenden die Temperaturabhängigkeit der Energielücke genauer untersuchen.

Im Gleichgewicht sind für $T > 0\,\mathrm{K}$ im Wechselwirkungsbereich der Elektronen an der Oberfläche der Fermi-Kugel Cooper-Paare und die im vorigen Unterabschnitt eingeführten Quasiteilchen nebeneinander vorhanden. Da die Quasiteilchen der Fermi-Statistik gehorchen, gilt für die Wahrscheinlichkeit $f_0(E_k)$, dass ein Zustand mit Wellenzahlvektor $\vec{k}$ und der Energie

$$E_k = \sqrt{\epsilon_k^2 + \Delta^2(T)} \tag{6.64}$$

mit einem Quasiteilchen besetzt ist (s. (B.25)):

$$f_0(E_k) = \frac{1}{e^{E_k/k_B T} + 1} \ . \tag{6.65}$$

Entsprechend ist die Wahrscheinlichkeit, dass weder der Zustand $\vec{k}$ noch der Zustand $-\vec{k}$ mit einem Quasiteilchen besetzt ist,

$$1 - 2f_0(E_k) = \tanh \frac{E_k}{2k_B T} \ . \tag{6.66}$$

Berücksichtigen wir nun, dass bei der Anregung eines Quasiteilchens der Energie E_k ein Elektron in einen Zustand mit der kinetischen Energie ϵ_k überführt wird, so erhalten wir für die innere Energie des supraleitenden Grundzustands für $T > 0\,\mathrm{K}$

$$U_s(T) = 2\sum_k \{f_0(E_k) + [1 - 2f_0(E_k)]u_k^2\}\epsilon_k$$
$$- V\sum_{kk'} \sqrt{u_k^2(1-u_{k'}^2)}\sqrt{u_{k'}^2(1-u_k^2)}[1-2f_0(E_k)][1-2f_0(E_{k'})] \;.$$

Wie in (6.46) entspricht auch hier das erste Glied der kinetischen Gesamtenergie der Elektronen, wobei der zweite Term in der geschweiften Klammer die Wahrscheinlichkeit angibt, dass der Paarzustand $(\vec{k}, -\vec{k})$ tatsächlich mit einem korrelierten Elektronenpaar besetzt ist und nicht etwa nur mit einem einzelnen Quasiteilchen mit $\vec{k}$ bzw. $-\vec{k}$. Das zweite Glied ist durch die Wechselwirkung der Elektronen bedingt.

u_k^2 können wir ermitteln, indem wir das Minimum der freien Energie $F = U_s - TS$ in Abhängigkeit von u_k^2 aufsuchen. Die Entropie S des Systems hängt allerdings nur von der Verteilung der Quasiteilchen auf die verschiedenen Zustände ab und somit nur von $f_0(E_k)$; denn die Cooper-Paare befinden sich im Zustand höchster Ordnung und liefern deshalb keinen Beitrag zur Entropie. Wir haben also letztlich wieder nur $U_s(T)$ partiell nach u_k^2 zu differenzieren und erhalten

$$\frac{\partial U_s(T)}{\partial(u_k^2)} = 2[1-2f_0(E_k)]\epsilon_k$$
$$-V\frac{1-2u_k^2}{\sqrt{u_k^2(1-u_k^2)}}[1-2f_0(E_k)]\sum_{k'}\sqrt{u_{k'}^2(1-u_{k'}^2)}[1-2f_0(E_{k'})] = 0$$

$$\text{oder} \quad 2\epsilon_k = V\frac{1-2u_k^2}{\sqrt{u_k^2(1-u_k^2)}}\sum_{k'}\sqrt{u_{k'}^2(1-u_{k'}^2)}[1-2f_0(E_{k'})] \;. \tag{6.67}$$

Setzen wir

$$\Delta(T) = V\sum_{k'}\sqrt{u_{k'}^2(1-u_{k'}^2)}[1-2f_0(E_{k'})] \;, \tag{6.68}$$

so erhalten wir aus (6.67)

$$u_k^2 = \frac{1}{2}\left(1 - \frac{\epsilon_k}{\sqrt{\epsilon_k^2 + \Delta^2(T)}}\right) \;. \tag{6.69}$$

Mit dieser Definition von $\Delta(T)$ erweist sich $2\Delta(T)$ als die Energie, die mindestens aufgebracht werden muss, um über die Gleichgewichtskonfiguration hinaus noch ein weiteres Paar aufzubrechen (Der Beweis ist wie in Abschn. 6.1.3 zu führen.). $2\Delta(T)$ ist also gerade die Energielücke zwischen dem Grundzustand und den angeregten Zuständen.

Aus (6.68) und (6.69) ergibt sich

$$\Delta(T) = \frac{V}{2} \sum_{k'} \frac{\Delta(T)}{\sqrt{\epsilon_{k'}^2 + \Delta^2(T)}} [1 - 2 f_0(E_{k'})]$$

und hieraus bei Berücksichtigung von (6.66) und (6.64)

$$1 = \frac{V}{2} \sum_{k'} \frac{1}{\sqrt{\epsilon_{k'}^2 + \Delta^2(T)}} \tanh \frac{\sqrt{\epsilon_{k'}^2 + \Delta^2(T)}}{2k_B T} \; . \tag{6.70}$$

Gehen wir wie oben von der Summation zur Integration über, so erhalten wir

$$\frac{2}{Z(E_F)V} = \int_0^{\hbar\omega_D} \frac{d\epsilon}{\sqrt{\epsilon^2 + \Delta^2(T)}} \tanh \frac{\sqrt{\epsilon^2 + \Delta^2(T)}}{2k_B T} \; . \tag{6.71}$$

Diese Gleichung benutzen wir zunächst dazu, die kritische Temperatur T_c zu berechnen, bei der der supraleitende in den normalleitenden Zustand übergeht. Bei T_c sind alle Cooper-Paare aufgebrochen, d. h. $\Delta(T_c) = 0$. Verwenden wir diese Aussage in (6.71) und führen gleichzeitig die neue Integrationsvariable $x = \epsilon/2k_B T_c$ ein, so folgt

$$\frac{2}{Z(E_F)V} = \int_0^{\hbar\omega_D/2k_B T_c} \frac{\tanh x}{x} dx \; . \tag{6.72}$$

Für $k_B T_c \ll \hbar\omega_D$ ergibt sich aus (6.72)[9]

$$k_B T_c = 1{,}14 \hbar\omega_D e^{-2/[Z(E_F)V]} \; . \tag{6.73}$$

Mit (6.61) erhalten wir hieraus eine Beziehung zwischen der Größe der Energielücke bei 0 K und der kritischen Temperatur

$$2\Delta(0) = 3{,}52 \, k_B T_c \; . \tag{6.74}$$

[9] Zur Zahl 2 im Exponenten siehe die Bemerkung nach (6.61).

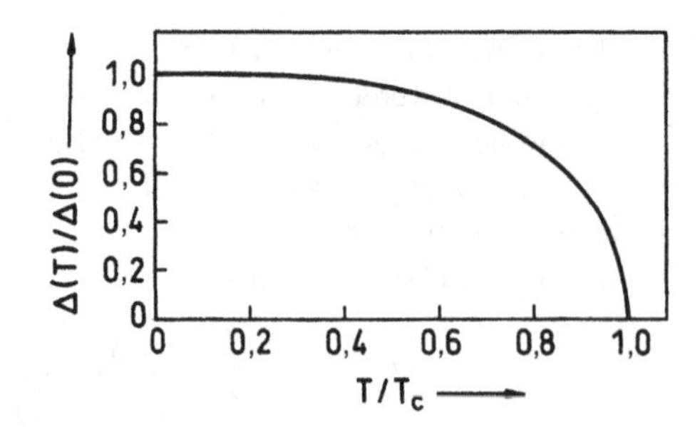

Abb. 6.5 Temperaturabhängigkeit des Energielückenparameters $\Delta(T)$ bezogen auf seinen Wert bei $T = 0\,\mathrm{K}$ nach der BCS-Theorie

Aus (6.71) folgt weiter, dass bei einer schwachen Wechselwirkung der Elektronen die Größe $\Delta(T)/\Delta(0)$ eine universelle Funktion von T/T_c ist (s. Aufgabe 6.2). Sie lässt sich allerdings nur numerisch ermitteln[10]. In Abb. 6.5 ist die Funktion dargestellt. Oberhalb $T = 0\,\mathrm{K}$ fällt sie zunächst sehr langsam ab. Wenn jedoch bei genügend hoher Temperatur ausreichend viele Cooper-Paare aufgebrochen sind, wird der Abfall der Funktion beschleunigt. Schließlich erreicht sie bei T_c mit vertikaler Tangente den Wert Null. In der Nähe von T_c gilt:

$$\frac{\Delta(T)}{\Delta(0)} \approx 1{,}74\sqrt{1-\frac{T}{T_c}} \; .$$

6.1.5 Isotopieeffekt

Nach (6.73) ist die kritische Temperatur T_c proportional der Debyeschen Grenzfrequenz ω_D, und diese ist wiederum für die verschiedenen Isotope eines Elements nach (2.45) und (2.10) umgekehrt proportional zur Wurzel aus der Atommasse M. Hätte nun die Größe $Z(E_F)V$ aus (6.73) für alle Isotope eines Elements den gleichen Wert, so wäre $T_c \sim 1/\sqrt{M}$. Diese Beziehung gilt tatsächlich für verschiedene Elemente wie z. B. Quecksilber und Blei. Für die Isotope anderer Elemente gilt hingegen die allgemeinere Beziehung

$$T_c \sim M^{-\alpha} \; , \tag{6.75}$$

wobei der sog. *Isotopenexponent* α mehr oder weniger stark von $1/2$ abweicht und sogar wie z. B. beim Ruthenium oder vielen der Hochtemperatursupraleiter Null

[10] Eine gute Näherung des Verlaufs gibt die implizite Thouless-Beziehung $\Delta(T)/\Delta(0) = \tanh(\Delta(T)T_c)/(\Delta(0)T)$ (D.J. Thouless, Phys. Rev. **117** (1960) 1256) oder die Beziehung von Sheahen $(\Delta(T)/\Delta(0))^2 = \cos(\pi(T/T_c)^2/2)$ (T.P. Sheahen, Phys. Rev. **149** (1966) 368).

Tab. 6.1 Isotopenexponent einiger Supraleiter

Substanz	α	Substanz	α
Zn	0,45	Os	0,15
Mo	0,33	Hg	0,50
Ru	0,00	Tl	0,50
Sn	0,47	Pb	0,49

werden kann. Diese Abweichungen werden verständlich, wenn man beachtet, dass zwar die Zustandsdichte $Z(E_F)$ der Leitungselektronen für alle Isotope eines Elements gleich groß ist, aber das Matrixelement $V_{kk'}^{\text{eff}}$ nach (6.33) außer von der rein elektronischen Größe k_{TF} über die akustischen Eigenfrequenzen $\omega(\vec{q})$ auch von M abhängt. Eine detailliertere Theorie kann die verschiedenen Werte der Größe α auch quantitativ richtig wiedergeben. Der durch (6.75) beschriebene Isotopieeffekt zeigt somit, dass Gitterschwingungen für die anziehende Wechselwirkung zwischen Leitungselektronen von wesentlicher Bedeutung sind. In Tab. 6.1 ist für verschiedene Supraleiter der Isotopenexponent angegeben.

Bei keramischen Hochtemperatur-Supraleitern, mit denen wir uns in Abschn. 6.6 beschäftigen, wird die elektronische Struktur weitgehend durch sich überlappende Cu-3d-O-2p-Bänder bestimmt. Hier konnte oft kein Einfluss der Isotopenmasse des Sauerstoffs auf die kritische Temperatur beobachtet werden. Wollte man dieses Ergebnis im Rahmen der BCS-Theorie erklären und gleichzeitig die Elektron-Elektron-Wechselwirkung allein mit dem Austausch virtueller Phononen begründen, so käme man auf schwer verständliche Werte für die entsprechenden Kopplungskonstanten. Man hat also hier nach anderen Wechselwirkungsmechanismen zu suchen.

6.1.6 Halbleitermodell des Supraleiters

Jeder Anregung eines Leitungselektrons im normalleitenden Zustand mit der Energie ϵ entspricht im supraleitenden Zustand umkehrbar eindeutig die Anregung eines Quasiteilchens mit der Energie $E = \sqrt{\epsilon^2 + \Delta^2(T)}$. Deshalb gilt, wenn $Z_n(\epsilon)$ die Zustandsdichte im normalleitenden und $Z_s(E)$ die im supraleitenden Zustand ist

$$Z_s(E)dE = Z_n(\epsilon)d\epsilon$$

$$\text{oder} \quad Z_s(E) = Z_n(\epsilon)\frac{d\epsilon}{dE} = Z_n(\epsilon)\frac{d}{dE}\sqrt{E^2 - \Delta^2(T)}$$

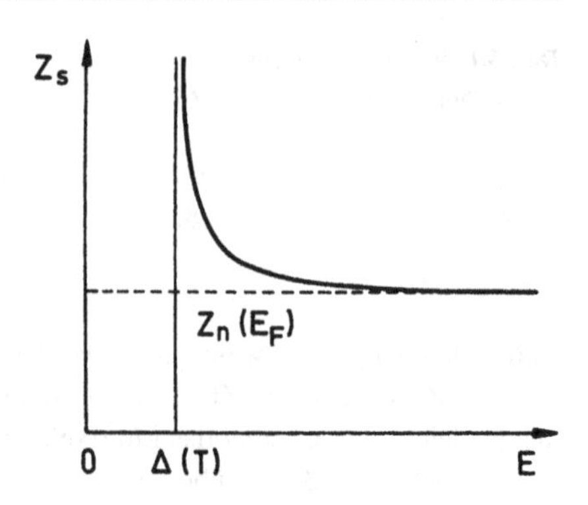

Abb. 6.6 Zustandsdichte Z_s der Quasiteilchen eines Supraleiters in Abhängigkeit von ihrer Anregungsenergie E. $Z_n(E_F)$ ist die Zustandsdichte der normalleitenden Elektronen bei E_F

und somit

$$Z_s(E) = Z_n(\epsilon)\frac{E}{\sqrt{E^2 - \Delta^2(T)}} \ . \tag{6.76}$$

Hiernach ist $Z_s(E)$ nur für $E \geq \Delta(T)$ definiert; für $E < \Delta(T)$ ist $Z_s(E) = 0$. In Abb. 6.6 ist $Z_s(E)$ grafisch dargestellt. Da wir uns nur in der Umgebung der Fermi-Energie für den Verlauf von $Z_s(E)$ interessieren, wurde für $Z_n(\epsilon)$ der konstante Wert $Z_n(E_F)$ gewählt. Für Werte von E, die viel größer als $\Delta(T)$ sind, ist $Z_s(E)$ praktisch gleich $Z_n(\epsilon)$.

In Abb. 6.7 wird die Energie E der Quasiteilchen mit der Anregungsenergie der Elektronen im normalleitenden Zustand verglichen. Dabei werden unbesetzte Zustände, deren Energie $\epsilon < 0$ ist, als Löcher mit der Energie $|\epsilon|$ aufgefasst (s. Abschn. 3.3). Beim sog. *Halbleitermodell* eines Supraleiters wird nun den Qua-

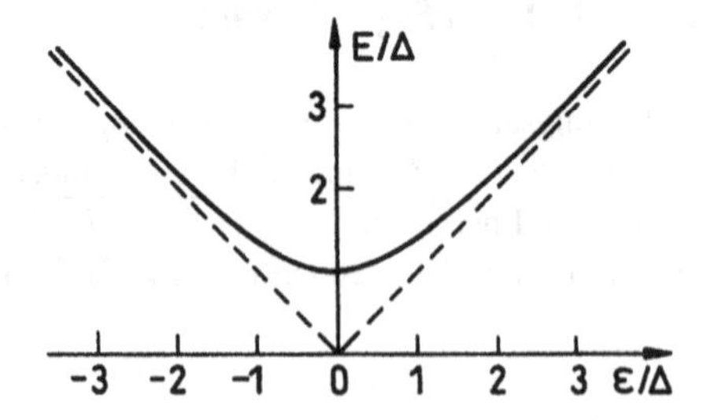

Abb. 6.7 Anregungsenergie E der Quasiteilchen normiert auf den Energielücken-Parameter Δ als Funktion der kinetischen Energie ϵ (*durchgezogene Kurve*). Zum Vergleich gibt die gestrichelte Kurve die Anregungsenergie der normalleitenden Elektronen an

Abb. 6.8 Zum Halbleitermodell eines Supraleiters

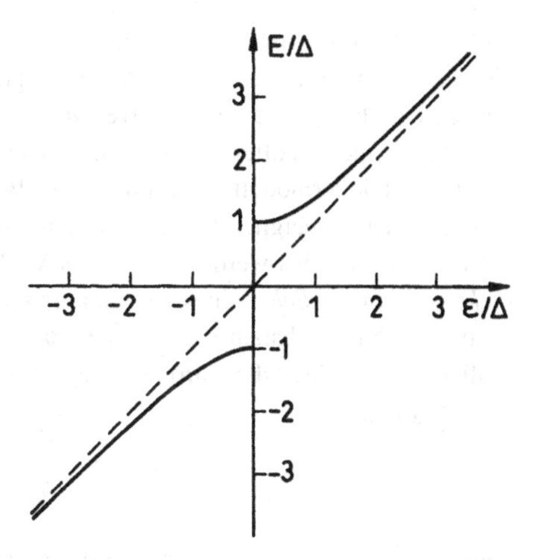

siteilchen mit $\epsilon < 0$ Lochcharakter zugeordnet, obwohl in Wirklichkeit, wie eine genauere Analyse zeigt, Quasiteilchen im Wechselwirkungsbereich in der Nähe von E_F eine komplizierte Mischform aus Elektronen- und Lochzuständen sind. Anstatt aber Lochzustände als Anregungszustände mit positiver Anregungsenergie anzusehen, kann man sie genausogut als Elektronenzustände mit negativer Anregungsenergie betrachten. Aus Abb. 6.7 erhalten wir dann eine Darstellung wie in Abb. 6.8. Bei $T = 0\,\mathrm{K}$ sind jetzt alle Zustände im unteren Kurvenast mit Quasiteilchen besetzt. Für $T > 0\,\mathrm{K}$ gibt es auch im oberen Kurvenast besetzte Zustände und entsprechend im unteren unbesetzte. Dieser Sachverhalt ist in Abb. 6.9 noch einmal

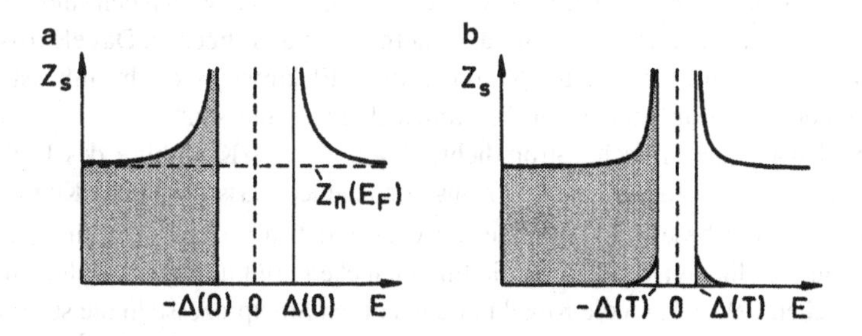

Abb. 6.9 Zustandsdichte Z_s der Quasiteilchen eines Supraleiters in der Nähe der Energielücke nach dem Halbleitermodell. **a** für $T = 0\,\mathrm{K}$, **b** für $T > 0\,\mathrm{K}$. Besetzte Zustände sind durch *Schattierung* gekennzeichnet. $Z_n(E_F)$ Zustandsdichte der normalleitenden Elektronen bei E_F

anders dargestellt. Hier sind wie in Abb. 6.6 die Zustandsdichten als Funktion der Energie E aufgetragen. Entsprechend der gerade vorgenommenen Betrachtungsweise sind aber jetzt auch negative Werte von E zugelassen. Besetzte Zustände sind durch eine Schattierung gekennzeichnet.

Das Halbleitermodell ist besonders zur Beschreibung der Giaeverschen[11] Tunnelexperimente geeignet. Hiermit werden wir uns im nächsten Unterabschnitt beschäftigen. Zunächst werden wir dieses Modell aber dazu benutzen, die *kritische elektrische Stromdichte* eines Supraleiters abzuschätzen.

In Abschn. 3.3 haben wir gesehen, dass wir die Stromführung in einem Normalleiter mit elektrischer Stromdichte $\vec{j}$ durch eine Verrückung der Fermi-Kugel im $\vec{k}$-Raum um

$$\delta\vec{k} = \frac{-m}{\hbar n_e e}\vec{j} \tag{6.77}$$

gegenüber der Position im stromlosen Zustand beschreiben können. Hierbei ist m die Masse der Leitungselektronen und n_e die Elektronendichte. Die durch ein elektrisches Feld ausgelöste Verrückung wird dadurch begrenzt, dass mit wachsender Verrückung Elektronen immer stärker von der Vorderseite der Fermi-Kugel auf ihre Rückseite gestreut werden. Die hier ablaufenden Streuprozesse sind Einelektronprozesse. Im supraleitenden Zustand zerstören sie die Korrelation der Elektronen zu Cooper-Paaren. Sie treten allerdings erst auf, wenn die Cooper-Paare durch Beschleunigung im elektrischen Feld so viel Energie gewonnen haben, dass die Energielücke $2\Delta(T)$ überwunden werden kann. Oberhalb einer kritischen Stromdichte j_c bricht also der supraleitende Zustand zusammen. Ist dagegen j kleiner als j_c, so sind die Cooper-Paare (im idealen Meissner Zustand) Träger eines verlustfreien elektrischen Stroms. Hierbei können die ungepaarten Elektronen, die für $T > 0\,\mathrm{K}$ neben den Cooper-Paaren stets vorhanden sind, natürlich Energie in beliebig kleinen Beträgen aufnehmen und abgeben. Das elektrische Leitvermögen wird für Gleichstrom durch diese Elektronen nicht beeinflusst. Sie werden durch die supraleitenden Elektronen „kurzgeschlossen".

Wollen wir die kritische Stromdichte j_c für $T = 0\,\mathrm{K}$ mithilfe des Halbleitermodells berechnen, so haben wir uns vorzustellen, dass die Fermi-Kugel, die im $\vec{k}$-Raum die besetzten Zustände der Quasiteilchen umfasst, bei einer durch Stromfluss bedingten Verrückung die Energielücke mitführt. Nach Abschalten des elektrischen Feldes kann die Kugel nur dann durch Streuprozesse in die stromlose Ausgangslage zurückbewegt werden, wenn die Translationsenergie $N\hbar^2(\delta k)^2/2m$ der N Quasiteilchen größer als die Kondensationsenergie des Supraleiters ist; denn

[11] Ivar Giaever, *1929 Bergen, Nobelpreis 1973.

dann kann die zum Aufbrechen der Cooper-Paare benötigte Energie durch die Translationsenergie gedeckt werden. Es muss also bei Berücksichtigung von (6.63) gelten

$$N\frac{\hbar^2(\delta k)^2}{2m} > \frac{1}{4}Z(E_F)\Delta^2(0)$$

oder bei Beachtung von (B.21) und (B.27)

$$\delta k > \sqrt{\frac{3}{2}}\frac{\Delta(0)}{\hbar v_F} \ .$$

Für die kritische Stromdichte folgt hieraus mit (6.77)

$$j_c = \sqrt{\frac{3}{2}}\frac{e n_e \Delta(0)}{\hbar k_F} \ . \tag{6.78}$$

Mit $\Delta(0) = 10^{-4}\,\mathrm{eV}$, $n_e = 3{,}2 \cdot 10^{22}\,\mathrm{cm}^{-3}$ und $k_F = 10^8\,\mathrm{cm}^{-1}$ ergibt sich aus (6.78)

$$j_c \approx 10^7\,\mathrm{A/cm}^2 \ .$$

6.1.7 Giaeversche Tunnelexperimente§

Für die Tunnelexperimente, wie sie erstmals im Jahre 1960 von I. Giaever durchgeführt wurden, wird ein Schichtpaket verwendet. Es besteht aus einem Metall im supraleitenden Zustand, einem Isolator und wieder einem Metall im normalleitenden oder ebenfalls surpraleitenden Zustand (SIN oder SIS). Der elektrische Strom durch das Paket wird in Abhängigkeit von der angelegten Spannung gemessen. Ist nämlich der Isolator hinreichend dünn – man verwendet ihn in Stärken von etwa 30 Å – so können Leitungselektronen aufgrund des Tunneleffektes von dem einen Leiter zum anderen gelangen. Die Durchlässigkeit der isolierenden Barriere hängt außer von der Dicke der Schicht noch von der energetischen Höhe ab, die sich im Energiemaß aus dem Abstand der unteren Kante des unbesetzten Leitungsbandes des Isolators von dem betreffenden Energieniveau der Elektronen in den Leitern ergibt (Abb. 6.10).

Die Herstellung eines Tunnelkontakts erfolgt z. B. folgendermaßen. Auf eine isolierende Trägersubstanz, die an vier Ecken mit metallischen Elektroden versehen ist, wird zunächst diagonal in einem schmalen Streifen die eine der metallischen Komponenten des Schichtpakets aufgedampft (Abb. 6.11). Anschließend

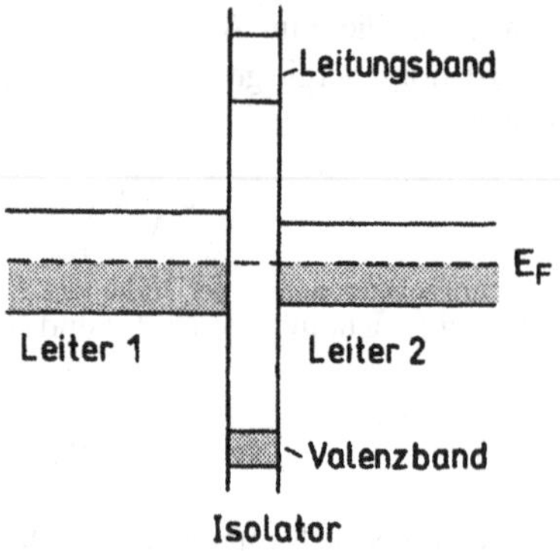

Abb. 6.10 Zum Tunnelstrom durch ein Schichtpaket. Besetzte Zustände sind durch *Schattierung* gekennzeichnet

Leitungsband
E_F
Leiter 1
Leiter 2
Valenzband
Isolator

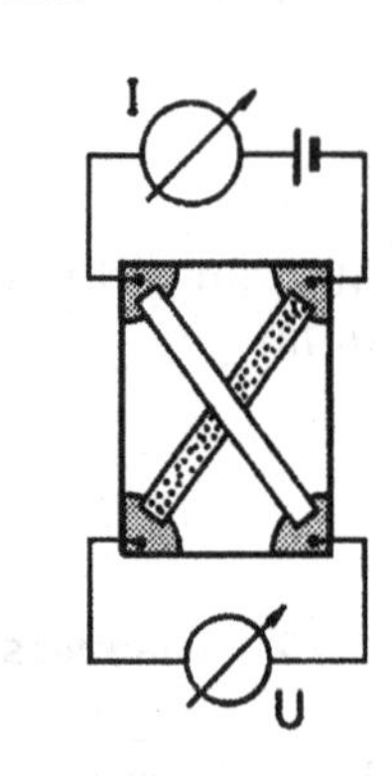

Abb. 6.11 Aufbau eines Tunnelkontakts und Anordnung zur Messung des Tunnelstroms

wird dieser Streifen entweder mit einer dünnen Oxidschicht versehen, oder es wird ein Isolator aufgedampft. Die zum Schluss wieder in einem schmalen Streifen aufgedampfte zweite metallische Komponente kreuzt den ersten Streifen. Das eigentliche Schichtpaket in der Mitte der Anordnung hat dann nur eine kleine räumliche Ausdehnung. Anhand des Halbleitermodells lassen sich die Giaeverschen Tunnelexperimente auf anschauliche Weise interpretieren. Zu diesem Zweck sind in Abb. 6.12, 6.13, 6.14 und 6.15 für Schichtpakete mit zwei unterschiedlichen Leiterkombinationen und für $T = 0\,\mathrm{K}$ und $T > 0\,\mathrm{K}$ nach links und nach rechts jeweils die Zustandsdichte der Quasiteilchen bzw. der Leitungselektronen in der Nähe von E_F aufgetragen. Für die Zustandsdichten Z_n im normalleitenden Zustand können wir wieder konstante Werte zugrunde legen. Für die Zustandsdichte im supraleitenden Zustand Z_s haben wir den Ausdruck aus (6.76) zu benutzen. Wie in Abb. 6.9 sind besetzte Zustände durch Schattierung gekennzeichnet. Liegt zwischen den Leitern 2 und 1 eine elektrische Spannung U, so ist das Fermi-Niveau im Leiter 2 gegenüber dem im Leiter 1 um eU abgesenkt. Setzen wir nun voraus, dass sich während des Tunnelprozesses die Energie der tunnelnden Teilchen nicht ändert (elastisches Tunneln), so erfolgen in unserer Darstellung die Übergänge in horizontaler Richtung. Der gesamte Tunnelstrom ergibt sich durch Aufsummierung der Übergänge in den einzelnen parallel verlaufenden Energiekanälen. Eine Energieänderung beim Tunnelprozess kann z. B. durch Absorption oder Anregung von Phononen im Isolator erfolgen (inelastisches Tunneln). Die Wahrscheinlichkeit dafür ist allerdings sehr gering, und man kann deshalb im Allgemeinen die durch Phononen unterstützten Tunnelprozesse vernachlässigen.

Wir untersuchen zunächst den Fall, dass Leiter 1 im supraleitenden und Leiter 2 im normalleitenden Zustand vorliegt. Ist $D(E)$ die Durchlässigkeit der isolierenden Barriere und f_0 die Fermi-Funktion, so gilt für den Tunnelstrom vom Leiter 1 zum Leiter 2

$$I_{1\to 2} = \text{const} \int_{-\infty}^{+\infty} D(E) Z_{s1}(E) f_0(E) Z_{n2}(E + eU)[1 - f_0(E + eU)] dE \ .$$

Diese Gleichung drückt folgendes aus: Der Tunnelstrom von Quasiteilchen einer Energie E ist einmal proportional der Anzahl $Z_{s1}(E) f_0(E)$ der Quasiteilchen und außerdem der Anzahl der im Leiter 2 erreichbaren leeren Plätze $Z_{n2}(E + eU)$ $[1 - f_0(E + eU)]$ bei der Energie $E + eU$. E ist hierbei im Supraleiter die Anregungsenergie $\sqrt{\epsilon^2 + \Delta^2(T)}$ der Quasiteilchen und im Normalleiter die kinetische Energie ϵ der Leitungselektronen. Da die Energie E vom Fermi-Niveau aus gemessen wird, ist über E von $-\infty$ bis $+\infty$ zu integrieren.

Entsprechend gilt für den Tunnelstrom vom Leiter 2 zum Leiter 1

$$I_{2\to 1} = \text{const} \int_{-\infty}^{+\infty} D(E + eU) Z_{n2}(E + eU) f_0(E + eU) Z_{s1}(E)[1 - f_0(E)] dE \ .$$

Für Energien E in der Nähe des Fermi-Niveaus kann man $D(E)$ als konstant ansehen. Für den resultierenden Tunnelstrom erhalten wir in diesem Fall

$$\begin{aligned} I &= I_{1\to 2} - I_{2\to 1} \\ &= \text{const} \int_{-\infty}^{+\infty} D Z_{s1}(E) Z_{n2}(E + eU)[f_0(E) - f_0(E + eU)] dE \ . \end{aligned} \tag{6.79}$$

Für $T = 0\,\text{K}$ sind die Verhältnisse in Abb. 6.12 dargestellt. Ihr können wir entnehmen, dass der Tunnelstrom erst einsetzt, wenn eU größer als $\Delta(0)$ wird; denn

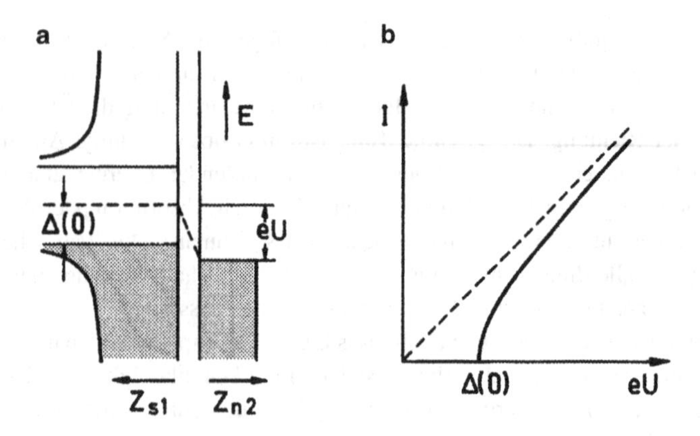

Abb. 6.12 **a** Energieschema eines Tunnelkontakts aus einem Supra- und einem Normalleiter in der Nähe der Fermi-Energie bei angelegter Spannung U für $T = 0\,\mathrm{K}$. Z_{s1} Zustandsdichte der Quasiteilchen im Supraleiter, Z_{n2} Zustandsdichte der Leitungselektronen im Normalleiter. Besetzte Zustände sind *schattiert*. **b** Strom-Spannungs-Kennlinie des Kontakts

vorher stehen im Leiter 2 keine leeren Plätze zur Verfügung. Aus (6.79) ergibt sich bei Berücksichtigung von (6.76)

$$\begin{aligned} I &= \text{const}\, D Z_{n1}(E_F) Z_{n2}(E_F) \int\limits_{-eU}^{-\Delta(0)} \frac{(-E)}{\sqrt{E^2 - \Delta^2(0)}} dE \\ &= \text{const}\, D Z_{n1}(E_F) Z_{n2}(E_F) \int\limits_{0}^{e^2U^2 - \Delta^2(0)} \frac{1}{2} \frac{dx}{\sqrt{x}} \sim \sqrt{e^2U^2 - \Delta^2(0)} \,. \end{aligned}$$

Der Tunnelstrom steigt für $eU > \Delta(0)$ wegen der hohen Dichte der besetzten Zustände im Leiter 1 bei $E = -\Delta(0)$ zunächst steil an, ist dann aber schließlich für $eU \gg \Delta(0)$ genau wie bei einem Ohmschen Widerstand der angelegten Spannung proportional. Die hier gefundenen Gesetzmäßigkeiten gelten genauso, wenn die Spannung am Kontakt umgepolt wird.

Für $T > 0\,\mathrm{K}$ fließt auch dann ein Tunnelstrom, wenn eU kleiner als $\Delta(T)$ ist; denn jetzt sind auch oberhalb der Energielücke Zustände mit Quasiteilchen besetzt (Abb. 6.13). (6.79) lässt sich in diesem Fall numerisch auswerten. Um hier aus der Strom-Spannungskennlinie die Größe $\Delta(T)$ zu bestimmen, kann man das Ergebnis benutzen, dass der Anstieg der Kennlinie bei $eU = \Delta(T)$ genauso groß ist wie für $eU \gg \Delta(T)$.

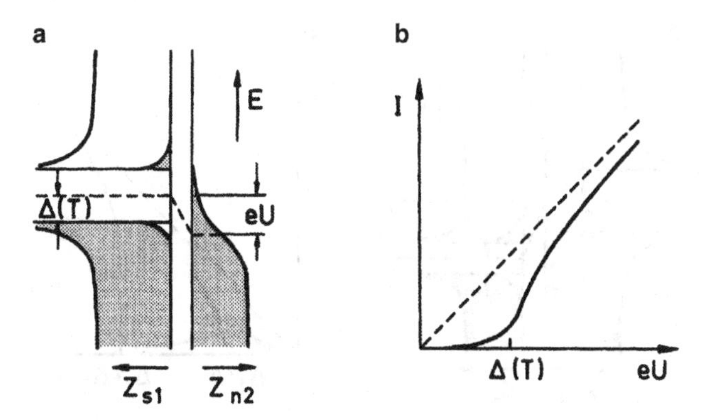

Abb. 6.13 Wie Abb. 6.12, aber für $T > 0\,\text{K}$

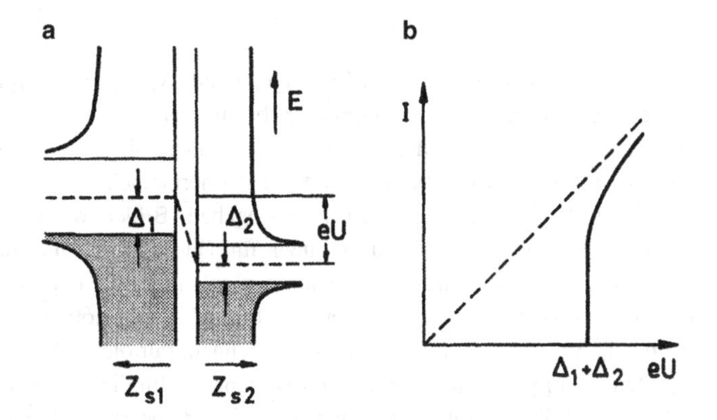

Abb. 6.14 **a** Energieschema eines Tunnelkontakts aus zwei Supraleitern bei angelegter Spannung U für $T = 0\,\text{K}$. Z_{s1} und Z_{s2} Zustandsdichten der Quasiteilchen. **b** Kennlinie des Kontakts

Sind wie bei der Darstellung in Abb. 6.14 beide Leiter Supraleiter, so fließt bei $T = 0\,\text{K}$ ein Tunnelstrom erst dann, wenn man eU größer als $\Delta_1(0) + \Delta_2(0)$ gewählt hat. Er weist dann jedoch einen sehr steilen Anstieg auf, weil jetzt einer großen Zahl besetzter Zustände in Leiter 1 sehr viele unbesetzten Zustände in Leiter 2 gegenüberstehen. Für $T > 0\,\text{K}$ (Abb. 6.15) ist ein Tunnelstrom auch für $eU < \Delta_1(T) + \Delta_2(T)$ vorhanden. Er hat für $eU = |\Delta_1(T) - \Delta_2(T)|$ ein Maximum, da in diesem Fall einer großen Anzahl besetzter Zustände in Leiter 1 relativ viele unbesetzte Zustände in Leiter 2 gegenüberstehen. Aus den durch Aufnahme

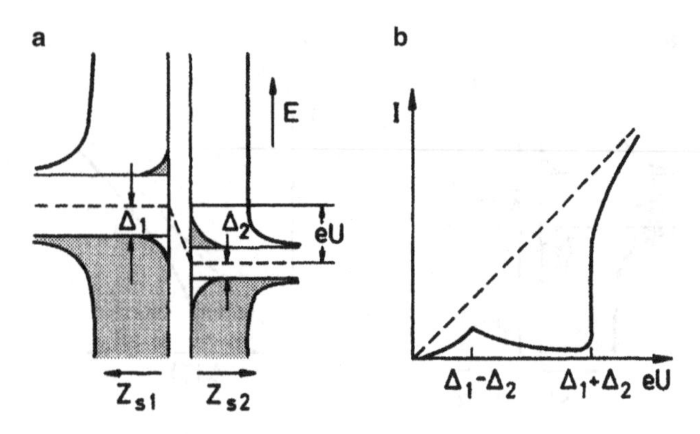

Abb. 6.15 Wie Abb. 6.14, aber für $T > 0\,\mathrm{K}$

der Kennlinie ermittelten Werten von $\Delta_1(T) + \Delta_2(T)$ und $|\Delta_1(T) - \Delta_2(T)|$ lassen sich die Energielückenwerte für beide Supraleiter bestimmen.

In Tab. 6.2 sind für verschiedene Elemente die durch Tunnelexperimente ermittelten und auf 0 K extrapolierten Werte der Energielücke $2\Delta(0)$ sowie die zugehörigen kritischen Temperaturen T_c angegeben. Bilden wir den Quotienten $2\Delta(0)/k_B T_c$, so finden wir, dass außer für Quecksilber und Blei die Beziehung (6.74) relativ gut erfüllt ist. Wir können außerdem die experimentell bestimmten Werte von $2\Delta(0)$ dazu verwenden, mithilfe von (6.60) die Größe $Z(E_F)V/2$ für die verschiedenen Elemente zu berechnen. Für diese Größe ergibt sich z. B. für Aluminium 0,165 und für Blei 0,386, wenn wir für die Debye-Temperatur $\Theta_D = \hbar\omega_D/k_B$ die im Anhang C angegebenen Werte benutzen. Bestimmen wir mit diesen Werten anhand von (6.61) die Größe $2\Delta(0)$, so zeigt sich, dass für Aluminium (6.61) ein sehr guter Näherungsausdruck für (6.60) ist. Aber auch für

Tab. 6.2 Kritische Temperatur und Energielücke einiger Supraleiter

Element	T_c [K]	$2\Delta(0)$ [10^{-4} eV]	Element	T_c [K]	$2\Delta(0)$ [10^{-4} eV]
Al	1,18	3,4	Sn	3,75	11,5
V	5,38	16,0	La	6,00	19,2
Zn	0,88	2,4	Ta	4,48	14,0
Ga	1,09	3,3	Hg	4,15	16,5
Nb	9,50	30,5	Tl	2,39	7,4
In	3,40	10,5	Pb	7,19	27,3

Blei, bei dem von den in Tab. 6.2 aufgeführten Elementen $Z(E_F)V/2$ den größten Wert hat, gibt die Näherungsformel (6.61) nur eine Abweichung in $2\Delta(0)$ von etwa 0,5 % gegenüber (6.60).

§

6.2 Elektrodynamik des supraleitenden Zustands

Bei einem Leiter im normalleitenden Zustand besteht zwischen der elektrischen Feldstärke $\vec{\mathcal{E}}$ und der Stromdichte $\vec{j}$ die Beziehung

$$\vec{j} = \sigma\vec{\mathcal{E}} \ . \tag{6.80}$$

σ ist die elektrische Leitfähigkeit des betreffenden Leiters. Da ein Supraleiter ein unendlich großes Leitvermögen hat, ist für diesen (6.80) als Materialgleichung unbrauchbar. An ihre Stelle treten hier die sog. *Londonschen Gleichungen*, die von den Brüdern F.[12] und H.[13] London bereits 1935 bald nach der Entdeckung des nach Meissner und Ochsenfeld benannten Effekts aufgestellt wurden. Zusammen mit den Maxwellschen Gleichungen lässt sich mit den Londonschen Gleichungen das elektromagnetische Verhalten eines Supraleiters weitgehend phänomenologisch beschreiben.

6.2.1 Londonsche Gleichungen

In einem Supraleiter werden die Cooper-Paare unter dem Einfluss eines elektrischen Feldes $\vec{\mathcal{E}}$ gleichförmig beschleunigt; denn die Elektronen solcher Paare werden weder an Phononen noch an Fehlordnungen im Kristall gestreut, wenigstens solange ihre im elektrischen Feld erlangte Zusatzgeschwindigkeit einen kritischen Wert nicht überschreitet. Für den supraleitenden Zustand gilt also

$$m_s \frac{d\vec{v}_s}{dt} = e_s\vec{\mathcal{E}} \ , \tag{6.81}$$

wenn e_s, m_s und $\vec{v}_s$ Ladung, Masse und Geschwindigkeit der supraleitenden Ladungsträger, d. h. der Cooper-Paare sind.

[12] Fritz London, *1900 Breslau, †1954 Durham (NC).

[13] Heinz London, *1907 Bonn, †1970 Cunmor Hill bei Oxford.

Die Stromdichte $\vec{j}_s$ im Supraleiter ist durch die Beziehung

$$\vec{j}_s = n_s e_s \vec{v}_s \tag{6.82}$$

gegeben, wobei n_s die Zahl der Cooper-Paare je Volumeneinheit ist. n_s bezeichnen wir im Folgenden als Cooper-Paardichte. Aus (6.81) und (6.82) folgt

$$\frac{d\vec{j}_s}{dt} = \frac{1}{\mu_0 \lambda^2} \vec{\mathcal{E}} \tag{6.83}$$

$$\text{mit} \qquad \lambda^2 = \frac{m_s}{\mu_0 n_s e_s^2} \; . \tag{6.84}$$

(6.83), die den Zusammenhang zwischen der Stromdichte in einem Supraleiter und einem äußeren elektrischen Feld wiedergibt, ist als *erste Londonsche Gleichung* bekannt. Mit ihr lässt sich allerdings das Verhalten eines Supraleiters in einem äußeren Magnetfeld nicht erfassen. Dazu benötigen wir eine zweite fundamentale Gleichung, zu deren Herleitung wir hier die BCS-Theorie heranziehen. Indem wir diesen Weg beschreiten, erhalten wir gleichzeitig im Rahmen der mikroskopischen Theorie der Supraleitung eine Erklärung für den Meissner-Ochsenfeld-Effekt.

Die Wellenfunktion Ψ des Gesamtsystems der Cooper-Paare ist in guter Näherung gleich dem Produkt der Wellenfunktionen der einzelnen Paare, wobei deren Ortsanteil, wenigstens solange kein Stromfluss vorhanden ist, einem Ausdruck wie in (6.36) entspricht. Bei Stromfluss ist der Ausdruck in (6.36) für jedes Cooper-Paar lediglich um den Faktor $e^{i\vec{K}\cdot\vec{R}_\nu}$ zu ergänzen. Dabei ist $\hbar\vec{K}$ der durch den Stromfluss bedingte zusätzliche Impuls eines einzelnen Paars und $\vec{R}_\nu = (\vec{r}_1 + \vec{r}_2)/2$ die Schwerpunktskoordinate des ν-ten Paars. Aus dieser Darstellung von Ψ folgt unmittelbar, dass die Phase φ der Wellenfunktion umso schärfer definiert ist, je größer die Zahl der Cooper-Paare ist. Da diese Zahl riesig groß ist, besitzt die Welle, die durch die Funktion Ψ beschrieben wird, eine *Phasenkohärenz* über sehr große Distanzen, d. h., wenn wir die Phase der Welle an irgendeinem Punkt im Supraleiter kennen, so lässt sie sich für jeden anderen Punkt berechnen. Wir können also für die Wellenfunktion Ψ des Gesamtsystems der Cooper-Paare den Ansatz

$$\Psi(\vec{r}) = \sqrt{n_s} e^{i\varphi(\vec{r})} \tag{6.85}$$

machen, wobei $\varphi(\vec{r})$ eine reelle Funktion ist. $n_s = \Psi\Psi^*$ ist dann die Cooper-Paardichte im System. Die folgenden Überlegungen setzen voraus, dass die Cooper-Paardichte unabhängig vom Ort ist. Dies ist eine wesentliche Grundannahme der Londonschen Theorie. In der Theorie von Ginzburg und Landau, die wir in Abschn. 6.5 behandeln, wird diese Einschränkung fallengelassen.

Wenn sich der Supraleiter in einem Magnetfeld $\vec{B}$ mit dem Vektorpotenzial $\vec{A}$ befindet, beträgt nach den Gesetzen der Quantenmechanik die elektrische Stromdichte

$$\vec{j}_s(\vec{r}) = \frac{e_s\hbar}{2m_s i}[\Psi^*(\vec{r})\,\mathrm{grad}\,\Psi(\vec{r}) - \Psi(\vec{r})\,\mathrm{grad}\,\Psi^*(\vec{r})] - \frac{e_s^2}{m_s}\vec{A}(\vec{r})\Psi^*(\vec{r})\Psi(\vec{r}) \ . \tag{6.86}$$

Setzen wir den Ausdruck für $\Psi(\vec{r})$ aus (6.85) in (6.86) ein, so ergibt sich

$$\vec{j}_s(\vec{r}) = \frac{n_s e_s^2}{m_s}\left[\frac{\hbar}{e_s}\,\mathrm{grad}\,\varphi(\vec{r}) - \vec{A}(\vec{r})\right] \ . \tag{6.87}$$

Bilden wir auf beiden Seiten der Gleichung die Rotation und führen die Größe λ^2 aus (6.84) ein, so erhalten wir

$$\mathrm{rot}\,\vec{j}_s(\vec{r}) = -\frac{1}{\mu_0\lambda^2}\vec{B} \ . \tag{6.88}$$

Diese Gleichung, die die Stromdichte in einem Supraleiter mit einem äußeren Magnetfeld verknüpft, bezeichnet man als *zweite Londonsche Gleichung*. Mit ihr lässt sich, wie wir jetzt sehen werden, der Meissner-Ochsenfeld-Effekt beschreiben.

Wenn wir auf der linken Seite von (6.88) für j_s die Maxwellsche Gleichung

$$\vec{j}_s = \frac{1}{\mu_0}\,\mathrm{rot}\,\vec{B} \tag{6.89}$$

verwenden, so bekommen wir

$$\begin{aligned} \mathrm{rot}\,\mathrm{rot}\,\vec{B} &= -\frac{1}{\lambda^2}\vec{B} \\ \text{oder} \qquad \Delta\vec{B} - \frac{1}{\lambda^2}\vec{B} &= 0 \ . \end{aligned} \tag{6.90}$$

Für einen Supraleiter mit ebener Oberfläche senkrecht zur x-Richtung und einem Magnetfeld parallel zu dieser Oberfläche wird aus (6.90)

$$\frac{d^2\vec{B}(x)}{dx^2} - \frac{1}{\lambda^2}\vec{B}(x) = 0 \ .$$

Diese Differenzialgleichung hat die Lösung

$$\vec{B}(x) = \vec{B}_a e^{-x/\lambda} \ , \tag{6.91}$$

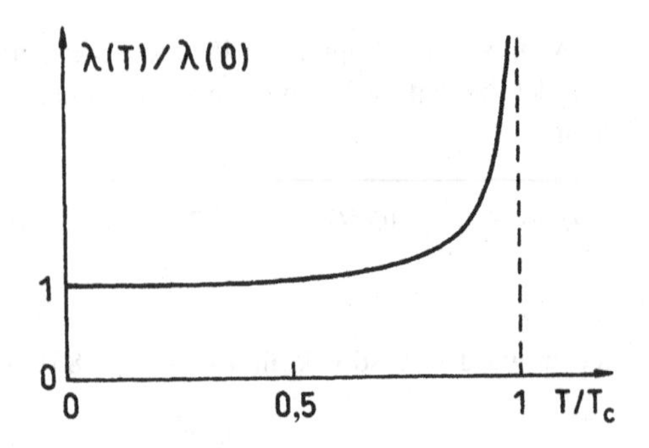

Abb. 6.16 Relative Temperaturabhängigkeit der Londonschen Eindringtiefe λ nach (6.92)

wenn $\vec{B}_a$ das Feld an der Oberfläche ist. Das Magnetfeld fällt also zum Innern des Supraleiters hin exponentiell ab, wobei λ ein Maß dafür ist, wie tief das Magnetfeld in den Supraleiter eindringt. Man bezeichnet λ als *Londonsche Eindringtiefe*. Setzt man in (6.84) Zahlenwerte ein, so erhält man allerdings Eindringtiefen, die nicht mit den experimentell gefundenen Werten übereinstimmen. Letztere liegen bei $T = 0\,\mathrm{K}$ in der Größenordnung von 50 nm. Die Abweichungen sind dadurch zu erklären, dass die Fundierung der Eindringtiefe über (6.84) die wirklichen Verhältnisse zu stark vereinfacht.

Ähnliche Ergebnisse wie bei einem planen Supraleiter erhält man auch bei anders geformten oder bei mehrfach zusammenhängenden Körpern. Zusammenfassend stellen wir fest, dass sich in einem Supraleiter ein magnetisches Feld nur in einer dünnen Oberflächenschicht ausbildet, während das Innere feldfrei ist. Dies gilt jedoch nur unter der Voraussetzung, dass die Dimensionen des Körpers groß im Vergleich zur Eindringtiefe λ sind. Die Ortsabhängigkeit in dünnen Schichten werden wir im nächsten Unterabschnitt untersuchen.

Nach (6.84) ist λ^2 umgekehrt proportional zur Cooper-Paardichte n_s. Da diese mit steigender Temperatur abnimmt, wächst die Eindringtiefe entsprechend an. Für das Verhältnis der Eindringtiefe $\lambda(T)$ bei der Temperatur T zu $\lambda(0)$ findet man experimentell in guter Näherung

$$\frac{\lambda(T)}{\lambda(0)} = \frac{1}{\sqrt{1-(T/T_c)^4}} \,. \tag{6.92}$$

In Abb. 6.16 ist dieser Zusammenhang grafisch dargestellt. Bei Annäherung an die kritische Temperatur T_c nimmt die Eindringtiefe sehr stark zu.

Die eigentliche Ursache für den feldfreien Raum im Innern eines Supraleiters sind die Abschirmströme, die sich in einer Schicht an seiner Oberfläche ausbilden, wenn man ihn in ein Magnetfeld bringt. Für ihre Stromdichte erhalten wir aus

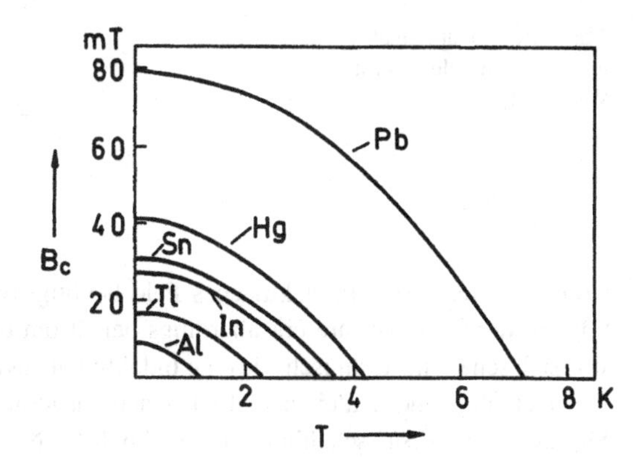

Abb. 6.17 Temperaturabhängigkeit des kritischen Magnetfeldes B_c für verschiedene Elemente

(6.91) durch Anwendung von (6.89)

$$\vec{j}_s(x) = \frac{1}{\mu_0} \operatorname{rot}(\vec{B}_a e^{-x/\lambda}) \ . \tag{6.93}$$

Weist das Magnetfeld in z-Richtung, so hat die Stromdichte $\vec{j}_s$ nur eine Komponente in y-Richtung

$$j_s(x) = \frac{1}{\mu_0 \lambda} B_a e^{-x/\lambda} \ . \tag{6.94}$$

In Abschn. 6.1 wurde im Unterabschnitt über das Halbleitermodell des Supraleiters gezeigt, dass der supraleitende in den normalleitenden Zustand übergeht, wenn die Stromdichte im Leiter einen kritischen Wert überschreitet. Die Existenz einer kritischen Stromdichte j_c bedingt nach (6.94) aber auch die Existenz eines *kritischen Magnetfeldes* B_c. Wird das äußere Feld B_a so groß gewählt, dass die Stromdichte an der Oberfläche des Leiters den kritischen Wert erreicht, so bricht der supraleitende Zustand zusammen. In Abb. 6.17 ist das kritische Magnetfeld B_c für verschiedene Elemente in Abhängigkeit von der Temperatur aufgetragen.

Es wurde bereits erwähnt, dass das elektrische Leitvermögen eines Supraleiters für Gleichstrom durch die stets vorhandenen ungepaarten, d. h. „normalleitenden" Elektronen nicht beeinflusst wird. In diesem Fall lässt sich der Supraleiter nämlich schaltungstechnisch als eine Parallelschaltung zweier Leiter auffassen, wobei der eine Leiter normalen Widerstand hat und der andere, in dem der Strom supraleitender Ladungsträger fließt, Widerstand Null hat. Bei Gleichstrombetrieb wird der erste Leiter durch den zweiten kurzgeschlossen. Anders ist es dagegen bei zeitlich veränderlichen Strömen. Hier ändert sich laufend die Geschwindigkeit der

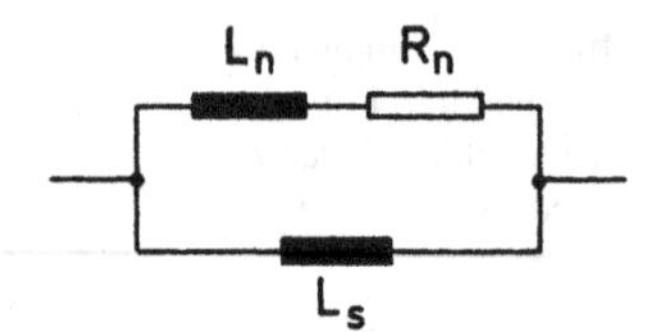

Abb. 6.18 Ersatzschaltbild eines Supraleiters für Wechselstrom

Cooper-Paare, wozu ein elektrisches Feld benötigt wird. Aufgrund der Massenträgheit der Cooper-Paare eilt allerdings der Strom dem elektrischen Feld nach, was sich schaltungstechnisch wie eine Induktivität auswirkt. Das gleiche gilt natürlich auch für die normalleitenden Elektronen. Insgesamt erhalten wir also für einen Supraleiter ein Ersatzschaltbild wie in Abb. 6.18. Nun liegt aber in der Schaltung der Betrag von L_s und L_n in der Einheit Henry größenordnungsmäßig etwa bei dem 10^{12}-ten Teil von R_n gemessen in der Einheit Ohm. Bei einer Wechselstromfrequenz von 1 kHz fließt also nur etwa der 10^8-te Teil des Gesamtstroms durch den Widerstand R_n. Auch in diesem Fall ist demnach der Energieverlust beim Stromtransport verschwindend klein. Pauschal kann man sagen, dass Supraleiter unterhalb der Schwellenfrequenzen (s. u.) bessere Hochfrequenzeigenschaften haben als Normalleiter, siehe auch das Buch von M.A. Hein im Literaturverzeichnis zu Kap. 6. Ist jedoch die Frequenz des angelegten Feldes so hoch, dass die Photonenenergie der elektromagnetischen Strahlung ausreicht, die Cooper-Paare aufzubrechen, so verhält sich der Supraleiter gegenüber der einfallenden Strahlung genau wie ein Normalleiter. Die Schwellenfrequenz ω_s berechnet sich aus der Beziehung $\hbar\omega_s = 2\Delta(T)$, wenn $\Delta(T)$ die Energielücke des Supraleiters ist. ω_s liegt im Mikrowellenbereich in der Größenordnung von $10^{11}\,\mathrm{s}^{-1}$. Bei dieser Frequenz setzt starke Absorption der einfallenden elektromagnetischen Strahlung ein, was übrigens dazu benutzt werden kann, den Betrag der Energielücke experimentell zu ermitteln.

6.2.2 Dünne supraleitende Schicht im Magnetfeld

Für den Fall, dass die räumliche Ausdehnung eines Supraleiters senkrecht zu einem Magnetfeld nicht groß gegen die Londonsche Eindringtiefe λ ist, ist (6.91) als Lösung von (6.90) ungeeignet. Dies wollen wir am Beispiel einer in der yz-Ebene unendlich ausgedehnten supraleitenden Platte untersuchen, deren Dicke d in der Größenordnung von λ liegt. Das äußere Magnetfeld B_a soll wieder parallel zur Plattenoberfläche sein. Die Plattenmitte liege bei $x = 0$. Mit den Rand-

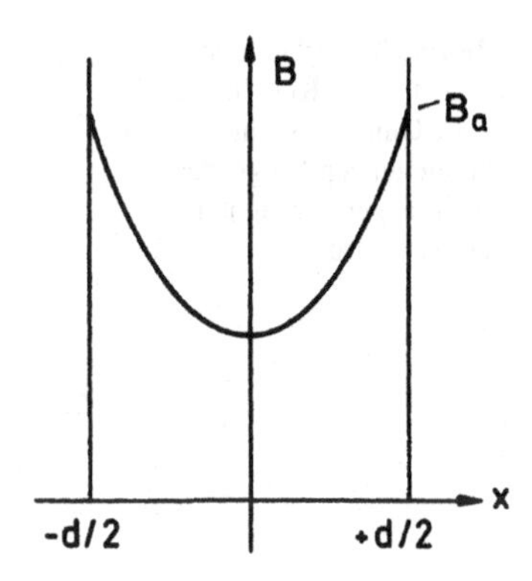

Abb. 6.19 Verlauf der magnetischen Induktion B im Innern einer dünnen supraleitenden Platte für $d/\lambda = 3$ nach (6.95). B_a ist die äußere Flussdichte

bedingungen

$$B\left(-\frac{d}{2}\right) = B\left(+\frac{d}{2}\right) = B_a$$

liefert (6.90) die Lösung

$$B(x) = B_a \frac{\cosh x/\lambda}{\cosh d/2\lambda} . \tag{6.95}$$

Bei einer dünnen Platte fällt also das magnetische Feld im Innern nicht auf null ab. Die Feldvariation in der Platte ist umso kleiner, je kleiner d im Vergleich zu λ ist. In Abb. 6.19 ist der nach (6.95) berechnete Verlauf von $B(x)$ für $d/\lambda = 3$ dargestellt.

Für die Stromdichte der elektrischen Abschirmströme erhalten wir aus (6.95) durch Anwendung von (6.89)

$$j_s(x) = \frac{1}{\mu_0 \lambda} B_a \frac{\sinh x/\lambda}{\cosh d/2\lambda} . \tag{6.96}$$

Für die Plattenoberfläche bei $x = d/2$ folgt hieraus

$$j_s\left(\frac{d}{2}\right) = \frac{1}{\mu_0 \lambda} B_a \tanh \frac{d}{2\lambda} . \tag{6.97}$$

(6.97) zeigt, dass bei vorgegebenem Magnetfeld B_a die Stromdichte an der Oberfläche der Platte umso kleiner ist, je kleiner das Verhältnis d/λ ist. Dies bedeutet

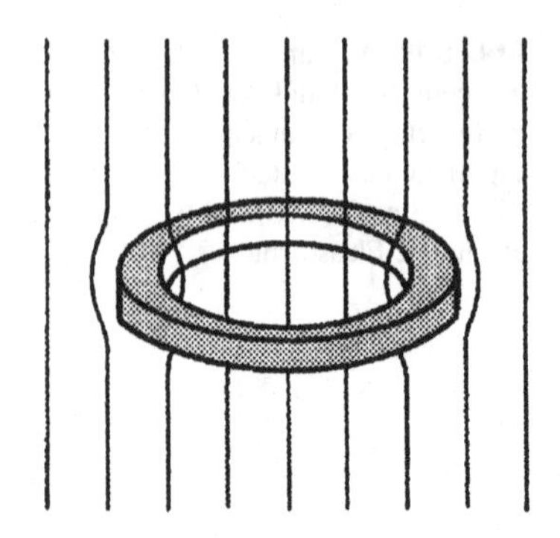

Abb. 6.20 Verlauf der magnetischen Kraftlinien in der Umgebung eines supraleitenden Rings, der in ein homogenes Magnetfeld gebracht wird

wiederum, dass das Magnetfeld B_a bei einer dünnen Platte unter Umständen wesentlich größer als für eine dicke Platte werden darf, bevor die Stromdichte an der Plattenoberfläche ihren kritischen Wert erreicht und der supraleitende in den normalleitenden Zustand übergeht. Für eine dünne Platte ist also das kritische Magnetfeld B_c größer als für eine dicke Platte. Siehe auch Abschn. 6.5.3.

6.2.3 Flussquantisierung

Bringt man als Beispiel für einen mehrfach zusammenhängenden Körper einen supraleitenden Ring in ein Magnetfeld, so durchsetzt das Magnetfeld zwar die Ringöffnung, der Ring selbst bleibt aber bis auf eine dünne Schicht an seiner Oberfläche feldfrei (Abb. 6.20). Es soll nun gezeigt werden, dass der magnetische Fluss durch die Ringöffnung quantisiert ist.

Führen wir in (6.87) die durch (6.84) definierte Größe λ^2 ein, so erhalten wir

$$\mu_0 \lambda^2 \vec{j}_s(\vec{r}) + \vec{A}(\vec{r}) = \frac{\hbar}{e_s} \operatorname{grad} \varphi(\vec{r}) \ .$$

Bilden wir jetzt das Linienintegral längs einer geschlossenen Bahn um die Ringöffnung im feldfreien Bereich, so bekommen wir

$$\mu_0 \lambda^2 \oint \vec{j}_s(\vec{r}) \cdot d\vec{s} + \oint \vec{A}(\vec{r}) \cdot d\vec{s} = \frac{\hbar}{e_s} \oint \operatorname{grad} \varphi(\vec{r}) \cdot d\vec{s} \ . \tag{6.98}$$

Nach dem Stokesschen Satz können wir das Linienintegral $\oint \vec{A}(\vec{r}) \cdot d\vec{s}$ in ein Flächenintegral über die von der geschlossenen Bahn umrandete Fläche A umwandeln. Es ist

$$\oint \vec{A}(\vec{r}) \cdot d\vec{s} = \int_A \operatorname{rot} \vec{A}(\vec{r}) \cdot d\vec{f}$$
$$= \int_A \vec{B}(\vec{r}) \cdot d\vec{f} = \Phi_A \ , \tag{6.99}$$

wenn Φ_A der magnetische Fluss durch die Fläche A ist. Bei der Bildung von $\oint \operatorname{grad} \varphi(\vec{r}) \cdot d\vec{s}$ ist zu beachten, dass die Wellenfunktion $\Psi(\vec{r})$ eine eindeutige Funktion von $\vec{r}$ sein muss. Dies erfordert bei Beachtung von (6.85)

$$\oint \operatorname{grad} \varphi(\vec{r}) \cdot d\vec{s} = \varphi_2(\vec{r}_0) - \varphi_1(\vec{r}_0) = 2\pi n \ , \tag{6.100}$$

wobei n eine ganze Zahl ist. Denn dann gilt:

$$e^{i\varphi_2(\vec{r}_0)} = e^{i\varphi_1(\vec{r}_0)} \ .$$

Setzen wir die Ergebnisse aus (6.99) und (6.100) in (6.98) ein, so erhalten wir schließlich

$$\mu_0 \lambda^2 \oint \vec{j}_s(\vec{r}) \cdot d\vec{s} + \Phi_A = n \frac{h}{e_s} \ . \tag{6.101}$$

Die Größe auf der linken Seite dieser Gleichung bezeichnet man als *Fluxoid.*

Ist der Integrationsweg in (6.101) genügend weit – verglichen mit der Eindringtiefe λ – von der Ringöffnung entfernt, so ist die Stromdichte $\vec{j}_s$ längs des Weges gleich null. In diesem Fall folgt aus (6.101)

$$\Phi_A = n \frac{h}{e_s} \ . \tag{6.102}$$

Der magnetische Fluss durch die Fläche A ist dann gleich einem ganzzahligen Vielfachen des sog. *magnetischen Flussquants*

$$\Phi_0 = \left| \frac{h}{e_s} \right| = 2{,}0678 \cdot 10^{-15}\,\mathrm{Tm}^2 \ . \tag{6.103}$$

Hierbei ist für e_s die elektrische Ladung eines Cooper-Paars eingesetzt worden, die ja gleich der doppelten Elementarladung ist.

Der Fluss Φ_A durch die Ringöffnung setzt sich zusammen aus einem Beitrag Φ_{ext} der äußeren Quellen und einem Beitrag Φ_s, der von den Abschirmströmen an der Ringoberfläche herrührt. Φ_{ext} kann beliebig gewählt werden, folglich muss sich Φ_s so einstellen, dass Φ_A der Quantisierungsbedingung (6.102) genügt. Der in (6.103) angegebene Wert für ein Flussquant ist auch experimentell gefunden worden. Dadurch ist die Existenz von Cooper-Paaren in einem Supraleiter eindrucksvoll bestätigt worden.

6.3 Josephson-Effekte§

In Abschn. 6.1 haben wir uns mit Tunnelexperimenten beschäftigt, bei denen Einzelelektronen aus einem Supraleiter durch eine Isolierschicht hindurch entweder in einen Normalleiter oder in einen anderen Supraleiter gelangen. Im Jahre 1962 zeigte B.D. Josephson[14] in einer theoretischen Arbeit, dass bei Tunnelexperimenten mit zwei Supraleitern auch mit einem Durchgang von Cooper-Paaren zu rechnen sei. Er sagte in diesem Zusammenhang verschiedene interessante Effekte voraus, die in der Folgezeit alle experimentell nachgewiesen werden konnten.

6.3.1 Josephson-Gleichungen

Betrachten wir zwei Supraleiter, die völlig voneinander getrennt sind, so gilt für die zeitliche Änderung der Wellenfunktionen Ψ_1 und Ψ_2 ihrer Cooper-Paare

$$-\frac{\hbar}{i}\frac{\partial \Psi_1}{\partial t} = E_1\Psi_1 \qquad \text{und} \qquad -\frac{\hbar}{i}\frac{\partial \Psi_2}{\partial t} = E_2\Psi_2 \ ,$$

wenn E_1 und E_2 die Energien sind, die die Phase der Wellenfunktionen der Paare bestimmen. Bringen wir die beiden Supraleiter nun über eine dünne Isolierschicht miteinander in Kontakt, so wird durch den Austausch von Cooper-Paaren eine schwache Kopplung der beiden Systeme bewirkt, und wir erhalten anstelle der obigen Gleichungen

$$-\frac{\hbar}{i}\frac{\partial \Psi_1}{\partial t} = E_1\Psi_1 + K\Psi_2$$

$$\text{und} \qquad -\frac{\hbar}{i}\frac{\partial \Psi_2}{\partial t} = E_2\Psi_2 + K\Psi_1 \ . \tag{6.104}$$

[14] Brian David Josephson, *1940 Cardiff (Wales), Nobelpreis 1973.

Hierbei ist der Wert des Kopplungsparameters K charakteristisch für den vorliegenden *Josephson-Kontakt*, worunter man z. B. das Schichtpaket aus den beiden Supraleitern und der Isolierschicht versteht. Wie in (6.85) dürfen wir wieder schreiben

$$\Psi_1 = \sqrt{n_{s1}}\, e^{i\varphi_1} \qquad \text{und} \qquad \Psi_2 = \sqrt{n_{s2}}\, e^{i\varphi_2} \ ,$$

wenn n_{s1} und n_{s2} die Paardichten in den beiden Supraleitern und φ_1 und φ_2 die Phasen der Wellenfunktionen zu beiden Seiten der Isolierschicht sind. Setzen wir diese Ausdrücke in (6.104) ein und trennen in Real- und Imaginärteil, so bekommen wir nach einfachen Umformungen

$$\begin{aligned} dn_{s1}/dt &= \frac{2K}{\hbar}\sqrt{n_{s1}n_{s2}}\,\sin(\varphi_2-\varphi_1)\ , \\ dn_{s2}/dt &= -\frac{2K}{\hbar}\sqrt{n_{s1}n_{s2}}\,\sin(\varphi_2-\varphi_1)\ , \\ d\varphi_1/dt &= -\frac{K}{\hbar}\sqrt{n_{s2}/n_{s1}}\,\cos(\varphi_2-\varphi_1) - E_1/\hbar\ , \\ d\varphi_2/dt &= -\frac{K}{\hbar}\sqrt{n_{s1}/n_{s2}}\,\cos(\varphi_2-\varphi_1) - E_2/\hbar\ . \end{aligned} \tag{6.105}$$

Aus den ersten beiden Gleichungen folgt $dn_{s1}/dt = -dn_{s2}/dt$. Eine zeitliche Änderung von n_{s1} und n_{s2} aufgrund des Tunnelns von Cooper-Paaren bedeutet natürlich eine elektrische Aufladung der Supraleiter. Dies wird verhindert, wenn man den Josephson-Kontakt mit einer Stromquelle verbindet. Der Teilchenstrom der Cooper-Paare durch den Kontakt wird dann durch die ersten beiden Gleichungen bestimmt. Für zwei gleiche Supraleiter ($n_{s1} = n_{s2} = n_s$) mit dem gleichen Volumen Ω ergibt sich aus der ersten Gleichung für den elektrischen Strom

$$I_s = I_{s\,\max}\sin(\varphi_2-\varphi_1)\ , \tag{6.106}$$

$$\text{wobei} \qquad I_{s\,\max} = \frac{2K}{\hbar}e_s\Omega n_s \tag{6.107}$$

ist. (6.106) zeigt, dass der Strom supraleitender Ladungsträger durch einen Josephson-Kontakt in entscheidendem Maße von der Phasendifferenz $(\varphi_2-\varphi_1)$ der Wellenfunktionen der Cooper-Paare in den beiden supraleitenden Elektroden abhängt. Für die zeitliche Änderung der Phasendifferenz folgt aus den letzten beiden Gleichungen von (6.105) für zwei gleiche Supraleiter

$$\frac{d}{dt}(\varphi_2-\varphi_1) = \frac{1}{\hbar}(E_1-E_2)\ . \tag{6.108}$$

Für $E_1 = E_2$ hat die Phasendifferenz einen zeitlich konstanten Wert φ_0, und durch den Josephson-Kontakt fließt ein Gleichstrom. Liegt dagegen eine Spannung U_s am Kontakt an, so verschieben sich die Energiewerte in den beiden Supraleitern gegeneinander um $e_s U_s$, und wir erhalten

$$\frac{d}{dt}(\varphi_2 - \varphi_1) = \frac{e_s U_s}{\hbar} \quad . \tag{6.109}$$

(6.106) und (6.109) bezeichnet man häufig als *Josephson-Gleichungen.* Ist U_s eine Gleichspannung, so ergibt sich aus (6.109)

$$\varphi_2 - \varphi_1 = \frac{e_s U_s}{\hbar} t + \varphi_0 \quad . \tag{6.110}$$

Die Phasendifferenz wächst in diesem Fall also linear mit der Zeit an. Setzen wir den Ausdruck aus (6.110) in (6.106) ein, so erhalten wir

$$I_s = I_{s\,\max} \sin\left(\frac{e_s U_s}{\hbar} t + \varphi_0\right) \quad . \tag{6.111}$$

Dies entspricht einem Wechselstrom im Kontakt mit der Frequenz

$$\nu = \frac{e_s U_s}{h} \quad . \tag{6.112}$$

Die Ausbildung des Wechselstroms versteht man folgendermaßen. Bei Vorliegen einer Gleichspannung U_s am Kontakt ist der Energieerhaltungssatz beim Übergang eines Paares aus dem BCS-Grundzustand des einen Supraleiters in den BCS-Grundzustand des anderen nur dann erfüllt, wenn gleichzeitig ein Photon mit der Energie $h\nu = e_s U_s$ emittiert wird. Die Frequenz der entsprechenden elektromagnetischen Strahlung ist durch (6.112) gegeben. Sie ist relativ hoch; bei $U_s = 1\,\mathrm{mV}$ beträgt sie $4{,}84 \cdot 10^{11}\,\mathrm{Hz}$. Die Wellenlänge dieser Strahlung liegt im Vakuum bei $600\,\mu\mathrm{m}$, das ist sehr langwellige Infrarotstrahlung. Auf den *Josephson-Wechselstrom* kommen wir im übernächsten Unterabschnitt zurück.

Wir sind nun in der Lage, die Strom-Spannungs-Kennlinie eines Josephson-Kontakts aus zwei gleichen Supraleitern zu interpretieren. Abb. 6.21a zeigt die Schaltung zur Aufnahme einer solchen Kennlinie, Abb. 6.21b ihren typischen Verlauf.

Das Besondere dieser Kennlinie im Vergleich zu der in Abb. 6.15 ist, dass bei $U_s = 0$ am Josephson-Kontakt ein Strom supraleitender Ladungsträger durch den Kontakt fließt. Die Richtung dieses sog. *Josephson-Gleichstroms* ist durch die Polung der äußeren Spannung U_0 vorgegeben; seine Stärke ist bis zum Maximalwert

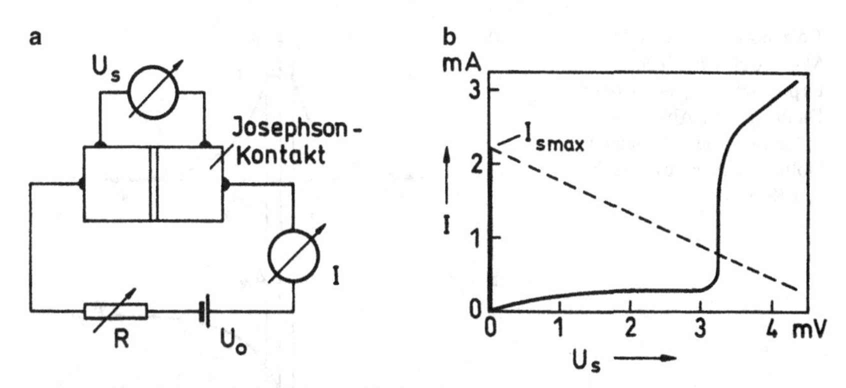

Abb. 6.21 **a** Schaltung zur Aufnahme der Kennlinie eines Josephson-Kontakts; **b** typischer Verlauf einer solchen Kennlinie für einen symmetrisch aufgebauten Kontakt. Eingezeichnet sind nur der Josephson-Gleichstrom und der Tunnelstrom der Quasiteilchen, nicht der Josephson-Wechselstrom

$I_{s\,\max}$ (s. (6.107)) durch den Vorwiderstand R bestimmt. Die zeitlich konstante Phasendifferenz φ_0 der Wellenfunktionen der Cooper-Paare zu beiden Seiten der Isolierschicht, die ja nach (6.106) die Stärke des Suprastroms festlegt, nimmt dabei automatisch den passenden Wert an.

Wird der Vorwiderstand R kleiner als $U_0/I_{s\,\max}$, so tritt am Kontakt eine elektrische Spannung auf, es wird $U_s \neq 0$. Nach (6.111) fließt dann im Josephson-Kontakt ein Wechselstrom. Gleichzeitig springt der Gleichstrom durch den Kontakt auf einen Wert, der mithilfe der in Abb. 6.21b eingezeichneten Widerstandsgeraden gefunden werden kann. Es ist dies näherungsweise der normale Tunnelstrom von Quasiteilchen, wie er in Abschn. 6.1 behandelt wurde.

Besondere Effekte treten auf, wenn man einen Josephson-Kontakt in ein Magnetfeld bringt. Hiermit wollen wir uns im Folgenden beschäftigen.

6.3.2 Josephson-Kontakt im Magnetfeld

Bei einem Josephson-Kontakt, der sich in einem Magnetfeld befindet, gehen wir zur Berechnung der Phasendifferenz $(\varphi_2 - \varphi_1)$ in (6.106) von (6.87) aus. Danach benötigen wir zur Bestimmung der Ortsabhängigkeit der Phase φ den Verlauf des Vektorpotenzials $\vec{A}$ und die Dichteverteilung $\vec{j}_s$ der Abschirmströme im Kontakt.

Wir wählen ein Koordinatensystem, dessen Ursprung in den Mittelpunkt der Isolierschicht des Kontaktes fällt und dessen x-Achse senkrecht zur Isolierschicht

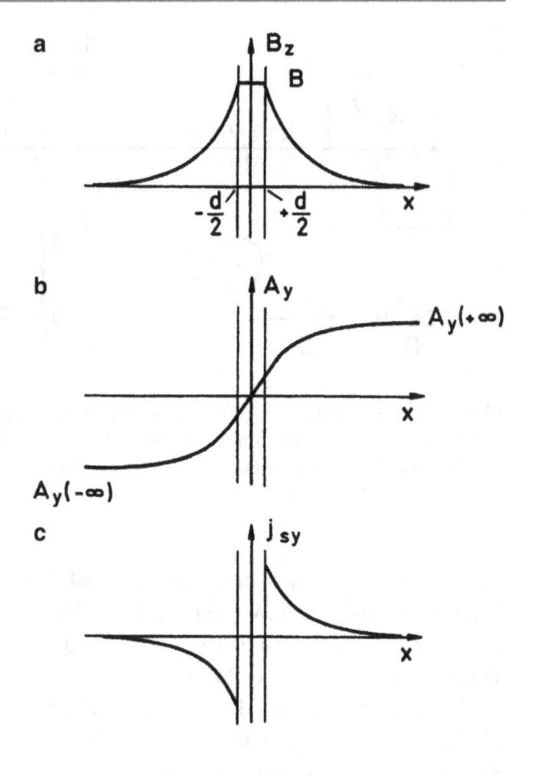

Abb. 6.22 Verlauf **a** des Magnetfelds B_z, **b** des Vektorpotenzials A_y und **c** der Dichte j_{sy} der Abschirmströme zu beiden Seiten der Isolierschicht eines Josephson-Kontaktes

liegt. Die Ausdehnung des Kontakts in y-Richtung sei a, in z-Richtung b. Die Dicke der Isolierschicht sei d. Das äußere Magnetfeld weise in die z-Richtung und habe in der Isolierschicht den Betrag B. Sowohl a und b als auch die Dicke der supraleitenden Komponenten des Schichtpakets werden als groß gegenüber der Eindringtiefe λ angenommen. Die Tunnelströme sollen im Vergleich zu den Abschirmströmen vernachlässigbar klein sein.

In den an die Isolierschicht angrenzenden Supraleitern fällt das Magnetfeld ins Innere hin nach (6.91) exponentiell ab. Wir erhalten für das Magnetfeld in z-Richtung (s. auch Abb. 6.22a)

$$\begin{aligned} B_z &= B && \text{für} \quad -d/2 \leq x \leq +d/2 \ , \\ B_z &= Be^{-(x-d/2)/\lambda} && \text{für} \quad x > d/2 \ , \\ B_z &= Be^{(x+d/2)/\lambda} && \text{für} \quad x < -d/2 \ . \end{aligned} \tag{6.113}$$

Für das zugehörige Vektorpotenzial $\vec{A}$ können wir eine Eichung wählen, in der nur die y-Komponente von Null verschieden ist und von x abhängt. Es gilt dann: $B_z = dA_y(x)/dx$, und es folgt aus Gln.(6.113) (Abb. 6.22b)

$$\begin{aligned} A_y &= Bx && \text{für} \quad -d/2 \le x \le +d/2 \ , \\ A_y &= B\left(d/2 + \lambda - \lambda e^{-(x-d/2)/\lambda}\right) && \text{für} \quad x > d/2 \ , \\ A_y &= -B\left(d/2 + \lambda - \lambda e^{(x+d/2)/\lambda}\right) && \text{für} \quad x < -d/2 \ . \end{aligned} \tag{6.114}$$

Für das feldfreie Innere der beiden Supraleiter ergibt sich aus (6.114) für das Vektorpotenzial

$$\begin{aligned} A_y(+\infty) &= B(d/2 + \lambda) \ , \\ A_y(-\infty) &= -B(d/2 + \lambda) \ . \end{aligned} \tag{6.115}$$

Die Abschirmströme fließen in y-Richtung. Ihre Dichte erhalten wir aus (6.113) durch Anwendung von (6.89). Es ist (Abb. 6.22c)

$$\begin{aligned} j_{sy} &= 0 && \text{für} \quad -d/2 \le x \le +d/2 \ , \\ j_{sy} &= \frac{1}{\mu_0 \lambda} B e^{-(x-d/2)/\lambda} && \text{für} \quad x > d/2 \ , \\ j_{sy} &= -\frac{1}{\mu_0 \lambda} B e^{(x+d/2)/\lambda} && \text{für} \quad x < -d/2 \ . \end{aligned} \tag{6.116}$$

Wir greifen nun auf (6.87) zurück. Da in unserem Beispiel sowohl $\vec{A}$ als auch $\vec{j}_s$ nur eine y-Komponente besitzen, muss hier $\partial\varphi/\partial x = \partial\varphi/\partial z = 0$ sein. Das heißt aber, dass die Phase φ der Wellenfunktion der Cooper-Paare allein eine Funktion von y sein kann. Aus (6.87) wird dann also, wenn wir noch mit (6.84) λ^2 und nach (6.103) das Flussquant Φ_0 einführen

$$\frac{d\varphi(y)}{dy} = \frac{2\pi\mu_0\lambda^2}{\Phi_0} j_{sy}(x) + \frac{2\pi}{\Phi_0} A_y(x) \ . \tag{6.117}$$

Da φ in jedem der beiden Supraleiter von x unabhängig ist, kann die Berechnung von $\varphi(y)$ aus (6.117) an jedem Wert von x innerhalb der Supraleiter erfolgen. Es ist zweckmäßig, den Betrag von x so groß zu wählen, dass der zugehörige Wert von $j_{sy}(x)$ verschwindet. Wir erhalten dann für die beiden Supraleiter die

Differenzialgleichungen

$$\frac{d\varphi_1(y)}{dy} = \frac{2\pi}{\Phi_0} A_y(-\infty)$$

$$\text{und} \qquad \frac{d\varphi_2(y)}{dy} = \frac{2\pi}{\Phi_0} A_y(+\infty) \ .$$

Sie haben die Lösungen

$$\varphi_1(y) = \varphi_1(0) + \frac{2\pi}{\Phi_0} A_y(-\infty) y$$

$$\text{und} \qquad \varphi_2(y) = \varphi_2(0) + \frac{2\pi}{\Phi_0} A_y(+\infty) y \ .$$

Für die Phasendifferenz der Wellenfunktionen zu beiden Seiten der Isolierschicht gilt also

$$\varphi_2(y) - \varphi_1(y) = \varphi_0 + \frac{2\pi}{\Phi_0}[A_y(+\infty) - A_y(-\infty)]y \ , \tag{6.118}$$

wobei φ_0 die Phasendifferenz für $y = 0$ ist. Der Ausdruck in (6.118) lässt sich in eine gegenüber der Eichung von $\vec{A}$ invariante Form bringen, wenn wir beachten, dass für den in Abb. 6.23 dargestellten Integrationsweg

$$[A_y(+\infty) - A_y(-\infty)]y = \oint \vec{A} \cdot d\vec{s} \ .$$

Mit einer Umformung wie in (6.99) erhalten wir schließlich die Beziehung

$$\varphi_2(y) - \varphi_1(y) = \varphi_0 + \frac{2\pi \Phi(y)}{\Phi_0} \ , \tag{6.119}$$

wobei $\Phi(y)$ den magnetischen Fluss durch die von dem Integrationsweg eingeschlossene Fläche angibt. Bei einem Zuwachs von $\Phi(y)$ um Φ_0 ändert sich also die Phasendifferenz um 2π. Hieraus folgt nach (6.106), dass jetzt der Josephson-Gleichstrom eine periodische Funktion von y ist und innerhalb des Kontaktes verschiedene Richtung haben kann. Dies führt natürlich zu einer Abschwächung des Gesamtstroms durch den Kontakt. Für den Gesamtstrom erhalten wir nach (6.106)

$$I_s = \frac{I_{s\,\max}}{ab} \int\limits_{y=-\frac{a}{2}}^{+\frac{a}{2}} \int\limits_{z=-\frac{b}{2}}^{+\frac{b}{2}} \sin[\varphi_2(y) - \varphi_1(y)] dy dz \ . \tag{6.120}$$

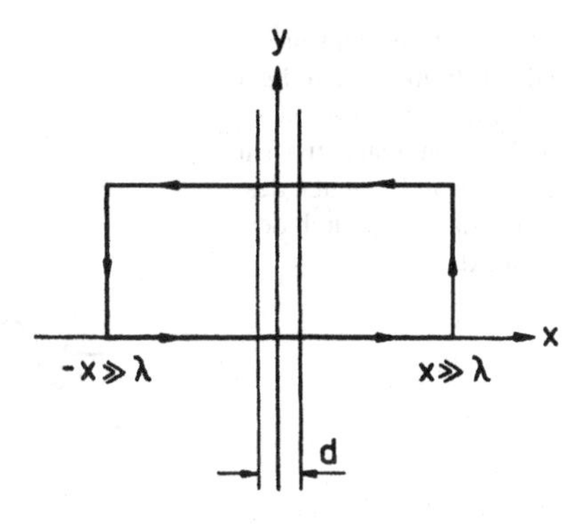

Abb. 6.23 Zur Umformung von (6.118)

Setzen wir für die Phasenverschiebung den Ausdruck aus (6.118) ein, so erhalten wir nach Ausführung der Integration

$$\begin{aligned} I_s &= I_{s\,\max} \sin\varphi_0 \frac{\sin[\pi\{A_y(+\infty) - A_y(-\infty)\}a/\Phi_0]}{\pi\{A_y(+\infty) - A_y(-\infty)\}a/\Phi_0} \\ &= I_{s\,\max} \sin\varphi_0 \frac{\sin(\pi\Phi_A/\Phi_0)}{\pi\Phi_A/\Phi_0} \ . \end{aligned} \tag{6.121}$$

Φ_A ist hierbei der gesamte Fluss durch den Kontakt. Immer dann, wenn Φ_A ein ganzzahliges Vielfaches des Flussquants Φ_0 ist, verschwindet der Gesamtstrom I_s durch den Kontakt. Die vom Magnetfeld unabhängige Phasendifferenz φ_0 nimmt auch hier wieder einen den äußeren Versuchsbedingungen angepassten Wert an. Aber da $|\sin\varphi_0|$ nicht größer als eins werden kann, erhalten wir für den maximalen Strom supraleitender Ladungsträger aus (6.121)

$$I_s = I_{s\,\max} \left| \frac{\sin(\pi\Phi_A/\Phi_0)}{\pi\Phi_A/\Phi_0} \right| \ . \tag{6.122}$$

In Abb. 6.24 ist die Abhängigkeit des Josephson-Gleichstroms I_s von Φ_A/Φ_0 nach (6.122) aufgetragen. Der Verlauf hat große Ähnlichkeit mit der Intensitätsverteilung des Lichts bei der Beugung an einem Spalt und wird daher oft Fraunhofer-Figur genannt.

Wie wir (6.122) entnehmen können, bewirken bereits relativ schwache Magnetfelder eine starke Abschwächung des Josephson-Gleichstroms. Dies ist wohl auch ein Grund dafür, dass dieser Suprastrom erst nach der theoretischen Voraussage durch Josephson experimentell beobachtet wurde.

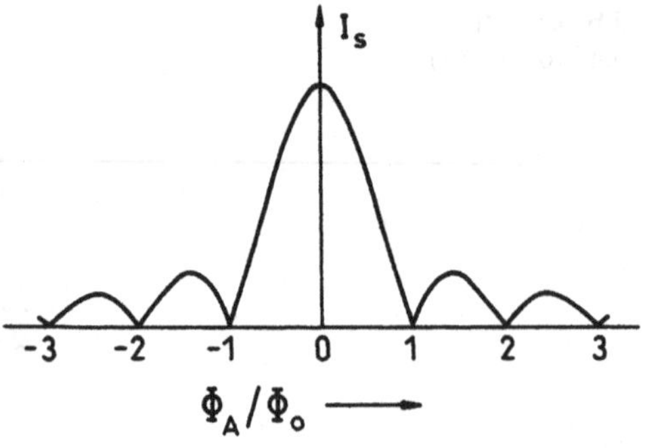

Abb. 6.24 Josephson-Gleichstrom I_s (jeweiliger Maximalwert) in Abhängigkeit vom magnetischen Fluss Φ_A in Einheiten des Flussquants Φ_0 durch den Kontakt

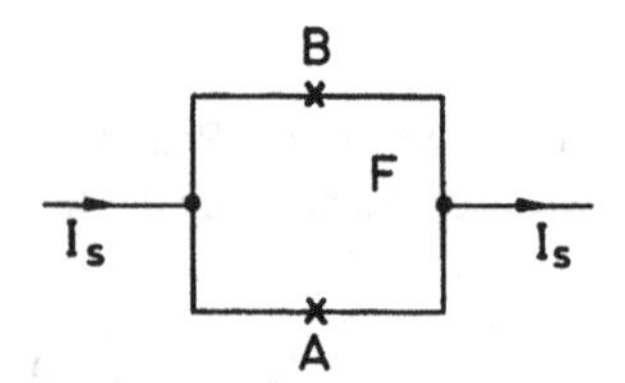

Abb. 6.25 Schaltbild eine Josephson-Doppelkontakts (Gleichstrom SQUID). A und B kennzeichnen die beiden einzelnen Kontakte

Analogien zu optischen Interferenzerscheinungen lassen sich auch bei einer Anordnung feststellen, die zwei Josephson-Kontakte enthält. In Abb. 6.25 ist ein solcher Doppelkontakt schematisch dargestellt. Von zwei Supraleitern, die über die Kontakte A und B miteinander gekoppelt sind, wird eine Fläche F umschlossen. Ohne Magnetfeld ist bei identischen Kontakten der Gesamtstrom I_s durch die beiden Kontakte doppelt so groß wie der Strom durch einen Einzelkontakt. Befindet sich dagegen die Anordnung in einem Magnetfeld, so hat man am Kontakt A im Allgemeinen eine andere Phasendifferenz zwischen den Wellenfunktionen der Cooper-Paare zu beiden Seiten des Kontakts als am Kontakt B. Das bedeutet aber nach (6.106), dass durch die beiden Kontakte unterschiedliche Ströme fließen.

Wir wollen für das Folgende annehmen, dass die wirksamen Flächen der beiden Kontakte verschwindend klein gegen die Fläche F sind. Dies ist z. B. der Fall, wenn die Kopplung der beiden Supraleiter nicht über eine Isolierschicht sondern über einen Punktkontakt erfolgt. Einen solchen Kontakt erhält man, wenn man den einen Supraleiter mit einer feinen Spitze gegen den anderen Supraleiter drückt. Der kleine Querschnitt der Übergangszone bewirkt dann eine schwache Kopplung der beiden supraleitenden Systeme. Auch bei Tunnelkontakten ist die Annahme meistens erfüllt, da nur die vom Feld durchsetzte effektive Fläche eingeht.

Die Phasendifferenz zu beiden Seiten des Kontakts A sei φ_0. Dann finden wir für die Phasendifferenz am Kontakt B aufgrund ähnlicher Überlegungen, wie wir

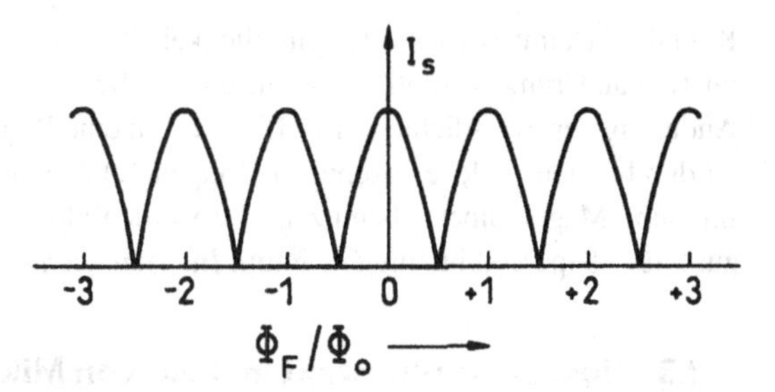

Abb. 6.26 Gesamtstrom I_s durch einen Josephson-Doppelkontakt (jeweiliger Maximalstrom) in Abhängigkeit vom Fluss Φ_F durch die in Abb. 6.25 gekennzeichnete Fläche F

sie beim Einzelkontakt durchführten, den Wert $\varphi_0 + 2\pi\Phi_F/\Phi_0$. Hierbei ist Φ_F der magnetische Fluss durch die Fläche F. Für den Gesamtstrom durch den Doppelkontakt erhalten wir jetzt

$$I_s = I_{s\,\max}[\sin\varphi_0 + \sin(\varphi_0 + 2\pi\Phi_F/\Phi_0)] \ . \tag{6.123}$$

Diese Gleichung lässt sich in eine übersichtlichere Form bringen, wenn wir die Transformation

$$\varphi_0 = \varphi_0^+ - \frac{\pi\Phi_F}{\Phi_0}$$

vornehmen. Wir erhalten dann

$$I_s = 2I_{s\,\max}\sin\varphi_0^+\cos\frac{\pi\Phi_F}{\Phi_0} \ . \tag{6.124}$$

Hiernach treten Strommaxima auf, wenn Φ_F ein ganzzahliges Vielfaches des Flussquants ist, wenn also

$$\Phi_F = n\Phi_0 \ . \tag{6.125}$$

Der Strom verschwindet, wenn

$$\Phi_F = (2n+1)\frac{\Phi_0}{2} \ . \tag{6.126}$$

φ_0^+ passt sich wieder den äußeren Versuchsbedingungen an.

Abb. 6.26 zeigt die Abhängigkeit des Gesamtstroms I_s durch den Doppelkontakt von Φ_F/Φ_0 und zwar für den Fall $|\sin\varphi_0^+| = 1$. Das Bild ähnelt der Intensitätsverteilung des Lichts bei der Beugung am Doppelspalt.

Die besondere Bedeutung des Doppelkontakts liegt darin, dass die Fläche F viel größer gemacht werden kann als die Kontaktfläche eines einzelnen Josephson-

Kontakts. Damit wird die Empfindlichkeit der Anordnung gegenüber einer Magnetfeldänderung wesentlich heraufgesetzt. Bei $F = 1\,\text{cm}^2$ genügt bereits eine Änderung der Flussdichte um $2 \cdot 10^{-11}$ T, um eine Periode der Kurve in Abb. 6.26 zu durchlaufen. Solche Josephson-Doppelkontakte lassen sich also als hochempfindliche Magnetometer benutzen. Sie werden allgemein mit *SQUID* als Abkürzung für „*S*uperconducting *QU*antum *I*nterference *D*evice" bezeichnet.

6.3.3 Josephson-Kontakt im Feld von Mikrowellenstrahlung

Weiter oben haben wir gesehen, dass eine Gleichspannung U_{s0} an einem Josephson-Kontakt einen hochfrequenten Wechselstrom durch den Kontakt hervorruft, der infolge der hohen Frequenzen als elektromagnetische Welle abgestrahlt wird. Seine Kreisfrequenz ist $e_s U_{s0}/\hbar$. Um diesen Wechselstrom direkt nachzuweisen, muss man eine relativ kleine Hochfrequenzleistung aus einem sehr kleinen Kontakt in eine andere Leitung auskoppeln. Dies ist zwar bereits 1965 verschiedenen amerikanischen und russischen Wissenschaftlern gelungen, jedoch ist es wesentlich einfacher, eine indirekte Methode zum Nachweis anzuwenden. Hierbei wird ein Josephson-Kontakt, an dem die Gleichspannung U_{s0} liegt, gleichzeitig Mikrowellenstrahlung ausgesetzt. Die Gesamtspannug am Kontakt beträgt dann

$$U_s(t) = U_{s0} + U_{s1} \cos \omega t \quad ,$$

wenn U_{s1} die Amplitude der durch die Einstrahlung der Mikrowelle mit Frequenz ω erzeugten Wechselspannung ist. Nach (6.109) erhalten wir in diesem Fall als Phasendifferenz der Wellenfunktionen der Cooper-Paare in den Supraleitern zu beiden Seiten des Kontakts

$$\varphi_2 - \varphi_1 = \frac{e_s U_{s0}}{\hbar} t + \frac{e_s U_{s1}}{\hbar \omega} \sin \omega t + \varphi_0$$

und nach (6.106) für den Strom durch den Kontakt

$$I_s = I_{s\,\max} \sin \left[\left(\frac{e_s U_{s0}}{\hbar} t + \varphi_0 \right) + \frac{e_s U_{s1}}{\hbar \omega} \sin \omega t \right] \quad . \tag{6.127}$$

Durch Anwendung der Additionstheoreme für trigonometrische Funktionen wird hieraus

$$\begin{aligned} I_s = I_{s\,\max} \Bigg[& \sin \left(\frac{e_s U_{s0}}{\hbar} t + \varphi_0 \right) \cos \left(\frac{e_s U_{s1}}{\hbar \omega} \sin \omega t \right) \\ & + \cos \left(\frac{e_s U_{s0}}{\hbar} t + \varphi_0 \right) \sin \left(\frac{e_s U_{s1}}{\hbar \omega} \sin \omega t \right) \Bigg] \quad . \end{aligned}$$

Benutzt man die Beziehungen

$$\cos(z \sin x) = \sum_{n=-\infty}^{+\infty} J_n(z) \cos nx$$

und
$$\sin(z \sin x) = \sum_{n=-\infty}^{+\infty} J_n(z) \sin nx \;,$$

wo $J_n(z)$ Bessel-Funktionen n-ter Ordnung sind, so erhält man weiter

$$I_s = I_{s\,\max} \sum_{n=-\infty}^{+\infty} J_n\left(\frac{e_s U_{s1}}{\hbar\omega}\right)\left[\sin\left(\frac{e_s U_{s0}}{\hbar}t + \varphi_0\right)\cos n\omega t + \cos\left(\frac{e_s U_{s0}}{\hbar}t + \varphi_0\right)\sin n\omega t\right]$$

oder
$$I_s = I_{s\,\max} \sum_{n=-\infty}^{+\infty} J_n\left(\frac{e_s U_{s1}}{\hbar\omega}\right)\sin\left[\left(\frac{e_s U_{s0}}{\hbar} + n\omega\right)t + \varphi_0\right] \;. \tag{6.128}$$

Dieses Ergebnis entspricht den Gesetzmäßigkeiten bei der Frequenzmodulation einer Welle, wenn wir $e_s U_{s0}/\hbar$ als Trägerfrequenz, ω als Modulationsfrequenz, $e_s U_{s1}/\hbar$ als Frequenzhub und schließlich $e_s U_{s1}/\hbar\omega$ als Modulationsindex auffassen.

Aus (6.128) folgt, dass, wenn

$$U_{s0} = \frac{\hbar\omega}{e_s}|n| \tag{6.129}$$

gilt, im Josephson-Kontakt neben Wechselströmen mit der Kreisfrequenz ω und den entsprechenden Oberschwingungsfrequenzen auch noch ein Gleichstrom

$$I_{s0} = I_{s\,\max}(-1)^n J_n\left(\frac{e_s U_{s1}}{\hbar\omega}\right)\sin\varphi_0 \tag{6.130}$$

fließt. Er nimmt je nach der Größe von $\sin\varphi_0$ Werte zwischen 0 und $I_{s\,\max} J_n \cdot (e_s U_{s1}/\hbar\omega)$ an.

Bisher haben wir nicht berücksichtigt, dass durch einen Josephson-Kontakt, an dem eine Spannung liegt, neben dem Tunnelstrom der Cooper-Paare auch ein Tunnelstrom aus Quasiteilchen fließt. In dem Ersatzschaltbild für einen Josephson-Kontakt können wir dies durch einen spannungsabhängigen Widerstand $R_s(U)$ erfassen, der parallel zum „idealen“ Kontakt J liegt. Außerdem besitzt der Kontakt eine Eigenkapazität C. Insgesamt erhalten wir also ein Schaltbild wie in Abb. 6.27.

Abb. 6.27 Ersatzschaltbild eines Josephson-Kontakts

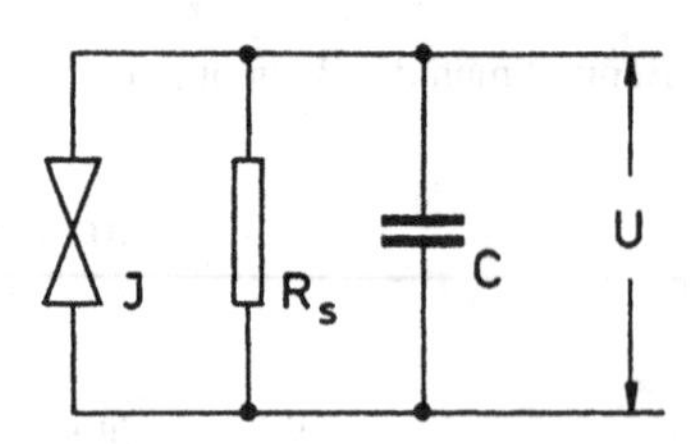

Ist die Kapazität C genügend groß, so werden die im idealen Kontakt erzeugten Oberschwingungen kurzgeschlossen, und die anliegende Wechselspannung ist tatsächlich sinusförmig. Bei einem symmetrisch aufgebauten Kontakt können wir für Gleichspannungen kleiner als $2\Delta(T)/e$ den Widerstand $R_s(U)$ in guter Näherung als konstant ansehen. Wir bekommen dann, falls (6.129) erfüllt ist, für den gesamten Gleichstrom

$$I = \frac{U_{s0}}{R_s} + I_{s\,\max}(-1)^n J_n\left(\frac{e_s U_{s1}}{\hbar\omega}\right)\sin\varphi_0 \ . \tag{6.131}$$

In Abb. 6.28 ist der Strom I in Abhängigkeit von U_{s0} für spezielle Werte von ω, U_{s1} und R_s dargestellt.

Experimentell ist es einfacher, den Gleichstrom I zu regeln statt U_{s0} zu variieren. Man kann dazu eine Schaltung verwenden, wie sie schematisch in Abb. 6.29a dargestellt ist. Bei vorgegebenem Strom I tritt am Kontakt eine Spannung U_{s0} mit einer Quantenzahl n auf, mit der (6.131) befriedigt werden kann. Vergrößert man

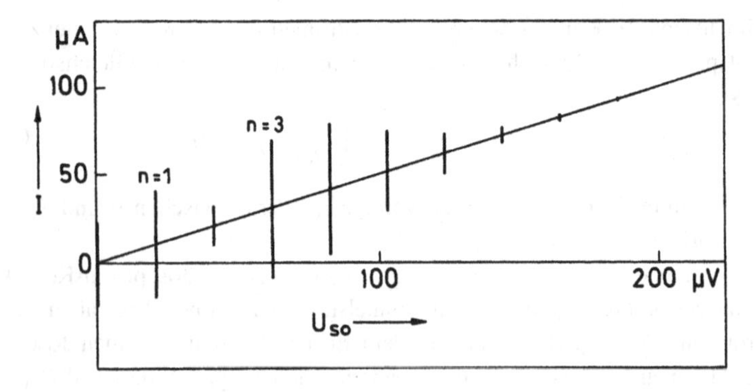

Abb. 6.28 Gleichstrom durch einen Josephson-Kontakt bei Mikrowelleneinstrahlung nach (6.131) für $U_{s1} = 100\,\mu\text{V}$, $\omega/2\pi = 10\,\text{GHz}$, $I_{s\,\max} = 100\,\mu\text{A}$ und $R_s = 2\,\Omega$

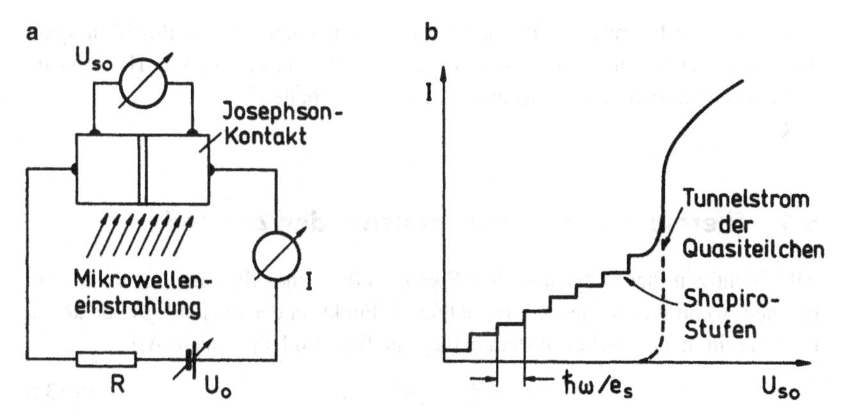

Abb. 6.29 a Schaltung zur Aufnahme der Strom-Spannungs-Kennlinie eines Josephson-Kontakts bei Mikrowelleneinstrahlung; **b** typischer Verlauf einer solchen Kennlinie

dann die äußere Spannung U_0, so behält U_{s0} solange seinen Wert bei, wie

$$I = \frac{U_0 - U_{s0}}{R} < \frac{U_{s0}}{R_s} + I_{s\,\max} \left| J_n \left(\frac{e_s U_{s1}}{\hbar\omega} \right) \right|$$

ist. Sobald diese Bedingung nicht mehr erfüllt ist, springt U_{s0} auf einen neuen mit (6.131) verträglichen Wert. Die Strom-Spannungs-Kennlinie zeigt dementsprechend eine mehr oder weniger große Anzahl von Stufen. Die Stufenbreite beträgt jeweils $\hbar\omega/e_s$ (Abb. 6.29b). Diese Stufen wurden erstmals 1963 von S. Shapiro beobachtet und nach ihm benannt. Von N. Langenberg, W.H. Parker und B.N. Taylor wurde 1967 eine Kennlinie mit *Shapiro-Stufen* zu einer Präzisionsmessung der Größe $e_s/\hbar$ benutzt.

Man kann nun noch einen Schritt weitergehen und in der Schaltanordnung Abb. 6.29a den äußeren Stromkreis mit der Spannungsquelle U_0 fortlassen. Auch dann kann bei Mikrowelleneinstrahlung am Kontakt eine Gleichspannung mit dem Wert $n\hbar\omega/e_s$ auftreten. Diese als *inverser Josephson-Effekt* bekannte Erscheinung ist für solche n möglich, bei denen der Gesamtstrom I durch den Kontakt verschwinden kann, für die also nach (6.131) und (6.129) gilt:

$$I_{s\,\max} \left| J_n \left(\frac{e_s U_{s1}}{\hbar\omega} \right) \right| > n \frac{\hbar\omega}{e_s} \frac{1}{R_s} \,. \tag{6.132}$$

In diesem Fall kann der Tunnelstrom der Quasiteilchen gerade durch einen entgegengerichteten Tunnelstrom der Cooper-Paare kompensiert werden. Für die Kennlinie in Abb. 6.28 trifft dies für $n = 1$ und $n = 3$ zu.

Der inverse Josephson-Effekt kann u. a. dazu benutzt werden, Präzisionsspannungsnormale zu bauen. Für einen Kontakt erhält man 2,068 μV/GHz. Deshalb werden gewöhnlich mehrere Kontakte in Serie geschaltet.

§

6.4 Thermodynamik des supraleitenden Zustands

Alle wichtigen thermodynamischen Eigenschaften eines Systems lassen sich berechnen, wenn man seine freie Enthalpie als Funktion der Zustandsgrößen kennt. Für ein rein mechanisches System beträgt die freie Enthalpie nach (A.11)

$$G = U + pV - TS \ , \tag{6.133}$$

wenn U die innere Energie, S die Entropie, V das Volumen und T die Temperatur des Systems sind und p den äußeren Druck angibt. Befindet sich das System in einem äußeren Magnetfeld, so kommt auf der rechten Seite noch ein weiteres Glied hinzu. Dies finden wir, wenn wir die Arbeit dW_{magn}, die zur Magnetisierung des Systems benötigt wird, mit einer am System geleisteten mechanischen Arbeit

$$dW_{\text{mech}} = -p\,dV \tag{6.134}$$

vergleichen. Um dW_{magn} zu ermitteln, betrachten wir einen Ring aus magnetisierbarem Material, der sich in einer Spule mit n Windungen befindet (Abb. 6.30). Der Ring habe den Umfang ℓ und den Querschnitt A. Der Ohmsche Widerstand der Spule betrage R, und die äußere Spannung sei U. Bei Änderung von U gilt momentan

$$U - \frac{d\Phi}{dt} = IR \ ,$$

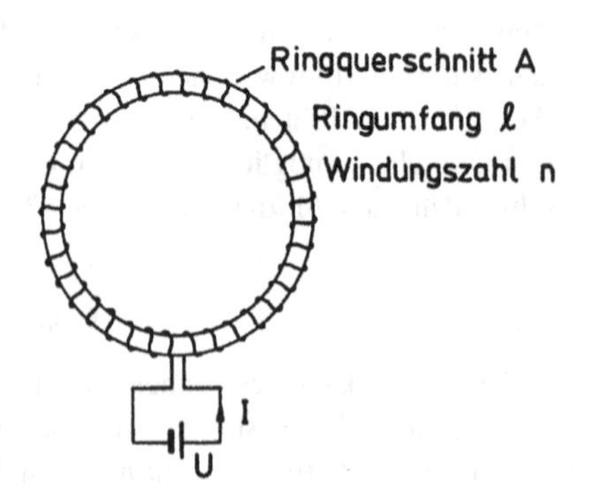

Abb. 6.30 Zur Herleitung der Magnetisierungsarbeit

wenn $d\Phi/dt$ die zeitliche Änderung des magnetischen Flusses durch die Spule bedeutet und I der Strom durch die Spule ist. Die während der Zeit dt am System geleistete Arbeit beträgt dann

$$UIdt = Id\Phi + I^2 Rdt \ . \tag{6.135}$$

Der zweite Term auf der rechten Seite dieser Gleichung ist die in der Zeit dt in der Spule umgesetzte Joulesche Wärme; der erste Term gibt die Änderung der magnetischen Energie der Anordnung an.

Wenn $\vec{H}$ die durch den Strom I erzeugte magnetische Feldstärke und $\vec{B}$ die magnetische Induktion im magnetisierbaren Ringmaterial sind, so ist

$$I = \frac{\ell H}{n} \qquad \text{und} \qquad \Phi = nAB \ .$$

Hiermit wird aus dem ersten Term auf der rechten Seite von (6.135)

$$\begin{aligned} Id\Phi &= \ell A\vec{H} \cdot d\vec{B} = V\vec{H} \cdot d\vec{B} \\ &= \mu_0 V\vec{H} \cdot d\vec{H} + \mu_0 \vec{H} \cdot d(V\vec{M}) \ , \end{aligned}$$

wenn V das Volumen des magnetisierbaren Körpers und $\vec{M}$ seine Magnetisierung sind. Die Größe $\mu_0 V\vec{H} \cdot d\vec{H}$ ist die Änderung der magnetischen Feldenergie. Die Größe

$$dW_{\text{magn}} = \mu_0 \vec{H} \cdot d(V\vec{M}) \tag{6.136}$$

gibt dagegen die Magnetisierungsarbeit an. Vergleichen wir (6.136) mit (6.134), so sehen wir, dass sich die Größen $\mu_0\vec{H}$ und $-p$ sowie $d(V\vec{M})$ und dV entsprechen. Hieraus folgt, dass bei Berücksichtigung der Magnetisierung zu dem Term pV in (6.133) noch der Term $-\mu_0\vec{H} \cdot (V\vec{M})$ hinzukommt. Wir erhalten also in diesem Fall für die freie Enthalpie

$$G = U + pV - \mu_0\vec{H} \cdot (V\vec{M}) - TS \tag{6.137}$$

und für ihre Änderung bei einem reversibel ablaufenden Prozess

$$\begin{aligned} dG &= dU + pdV + Vdp - \mu_0\vec{H} \cdot d(V\vec{M}) - \mu_0(V\vec{M}) \cdot d\vec{H} - TdS - SdT \\ &= dU - TdS - dW_{\text{mech}} - dW_{\text{magn}} - SdT + Vdp - \mu_0(V\vec{M}) \cdot d\vec{H} \\ &= -SdT + Vdp - \mu_0(V\vec{M}) \cdot d\vec{H} \ . \end{aligned} \tag{6.138}$$

6.4.1 Freie Enthalpie des supraleitenden Zustands

Aus den Beobachtungen von Meissner und Ochsenfeld (s. Anfang des Kapitels) folgt, dass bei Eintritt der Supraleitung die magnetische Induktion im Innern eines Leiters verschwindet. Dies kann man formal dadurch beschreiben, dass man einen Supraleiter als einen ideal diamagnetischen Körper betrachtet. Wir wissen zwar, dass die eigentliche Ursache für den feldfreien Raum im Innern makroskopische Abschirmströme in der Oberflächenschicht des Supraleiters sind; für die Verhältnisse im Außenraum ist es aber belanglos, ob die Feldveränderungen durch Oberflächenströme oder durch atomare Ströme hervorgerufen werden. Betrachten wir den Supraleiter als Diamagnet, so ist im Innern des Supraleiters die magnetische Induktion $\vec{B}$ gleich null, nicht hingegen die magnetische Feldstärke $\vec{H}$. Es gilt dann also

$$\begin{aligned} \vec{B} &= \mu_0(\vec{H} + \vec{M}) = 0 \\ \text{oder} \quad \vec{M} &= -\vec{H} \ . \end{aligned} \tag{6.139}$$

Mit dieser Beziehung erhalten wir aus (6.138) für den supraleitenden Zustand

$$dG_s = -SdT + Vdp + \mu_0 VHdH \ . \tag{6.140}$$

Für konstante Temperatur und Druck wird hieraus

$$dG_s = \mu_0 VHdH \ . \tag{6.141}$$

Ist der Demagnetisierungsfaktor des supraleitenden Körpers gleich null, so können wir in (6.141) anstelle der Feldstärke $\vec{H}$ die Induktion $\vec{B}_a = \mu_0\vec{H}$ des äußeren magnetischen Feldes benutzen und erhalten

$$dG_s = \frac{1}{\mu_0} VB_a dB_a \ . \tag{6.142}$$

Für die freie Enthalpie $G_s(T, B_a)$ eines Supraleiters mit dem Volumen V in einem äußeren Magnetfeld gilt dann

$$\begin{aligned} G_s(T, B_a) &= G_s(T, 0) + \frac{1}{\mu_0} V \int_0^{B_a} B'_a dB'_a \\ &= G_s(T, 0) + \frac{1}{2\mu_0} VB_a^2 \ , \end{aligned} \tag{6.143}$$

wenn $G_s(T, 0)$ die freie Enthalpie des Supraleiters ohne äußeres Magnetfeld ist. Die freie Enthalpie eines Supraleiters wird also beim Einbringen in ein Magnetfeld erhöht.

Wird B_a größer als die kritische magnetische Induktion B_c, so wird der supraleitende Zustand instabil. Es muss jetzt $G_s(T, B_a)$ größer als die freie Enthalpie $G_n(T, B_a)$ des normalleitenden Zustands sein; denn bei vorgegebenen Werten von p, T und B_a nimmt die freie Enthalpie stets ein Minimum an. Beim kritischen Magnetfeld selbst sind der supraleitende und der normalleitende Zustand miteinander im Gleichgewicht. Dies bedeutet, dass die freien Enthalpien der beiden Phasen beim Wert B_c gleich groß sind. Es ist also

$$G_s(T, B_c) = G_n(T, B_c) \ . \tag{6.144}$$

Da aber die magnetische Suszeptibilität eines Leiters im Normalzustand im Allgemeinen verschwindend klein ist, gilt praktisch

$$G_n(T, B_c) = G_n(T, 0)$$

und somit

$$G_s(T, B_c) = G_n(T, 0) \ . \tag{6.145}$$

Setzen wir in (6.143) für B_a den kritischen Wert B_c ein, so erhalten wir zusammen mit (6.145) die von C.J. Gorter[15] und H.B.G. Casimir[16] im Jahr 1934 aufgestellte Beziehung

$$G_n(T, 0) - G_s(T, 0) = \frac{1}{2\mu_0} V B_c^2 \ . \tag{6.146}$$

Die freie Enthalpie des normalleitenden Zustands ist danach ohne äußeres Feld um den Betrag $VB_c^2/(2\mu_0)$ größer als die des supraleitenden Zustands.

In Abb. 6.31 sind die oben diskutierten Ergebnisse noch einmal grafisch dargestellt. Für eine Temperatur, bei der der Körper ohne Magnetfeld supraleitend ist, gibt die stark ausgezogene Kurve den jeweils stabilen Zustand im Magnetfeld wieder.

Die Größe $G_n(T, 0) - G_s(T, 0)$ ist ein Maß für die Stabilität des supraleitenden Zustands bei einer Temperatur $T < T_c$. Man kann sie angeben, wenn man die Stärke des kritischen Feldes B_c für eine vorgegebene Temperatur kennt (Abb. 6.17). Angenähert gilt

$$B_c(T) = B_c(0)[1 - (T/T_c)^2] \ . \tag{6.147}$$

[15] Cornelius Jacobus Gorter, *1907 Utrecht, †1980 Oegstgeest.

[16] Hendrik Brugt Gerhard Casimir, *1909 Den Haag, †2000 Heeze (Niederlande).

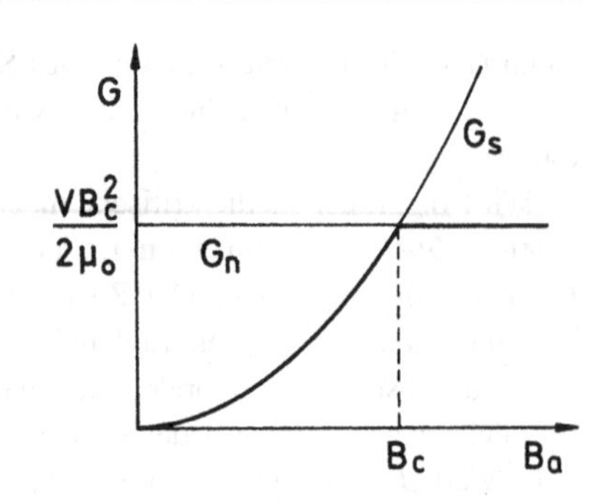

Abb. 6.31 Freie Enthalpien G_s und G_n eines Körpers im supraleitenden bzw. normalleitenden Zustand als Funktion des äußeren Feldes B_a. Die stark ausgezogene Kurve kennzeichnet den stabilen Zustand

Schließlich können wir noch den Ausdruck in (6.146) zu den entsprechenden Ergebnissen der BCS-Theorie in Beziehung setzen. Aus (6.137) folgt für $T = 0$ und $H = 0$ unter der Voraussetzung, dass sich das Volumen V beim Übergang vom supraleitenden in den normalleitenden Zustand nicht ändert,

$$G_n(0) - G_s(0) = U_n(0) - U_s(0)$$

und somit bei Berücksichtigung von (6.146) und (6.63)

$$\frac{1}{2\mu_0} V B_c^2(0) = \frac{1}{4} Z(E_F) \Delta^2(0) \ , \tag{6.148}$$

wenn $Z(E_F)$ die Zustandsdichte der normalleitenden Elektronen bei der Fermi-Energie und $\Delta(0)$ der Wert der halben Energielücke bei $T = 0\,\mathrm{K}$ ist. Benutzen wir für $\Delta(0)$ in (6.148) die Beziehung aus (6.74), so erhalten wir auch noch einen Zusammenhang zwischen dem kritischen Feld B_c bei 0 K und der kritischen Temperatur T_c, nämlich

$$B_c(0) = 1{,}24 \sqrt{\frac{\mu_0 Z(E_F)}{V}}\, k_B T_c \ . \tag{6.149}$$

6.4.2 Entropie und spezifische Wärme

Für die Entropie S gilt nach (6.138)

$$S = -\left(\frac{\partial G}{\partial T}\right)_{p,B_a} \ . \tag{6.150}$$

Hiermit folgt aus (6.146) der Unterschied zwischen den Entropien des normal- und des supraleitenden Zustands

$$S_n(T,0) - S_s(T,0) = -\frac{1}{\mu_0} V B_c(T) \frac{\partial B_c(T)}{\partial T} \ . \tag{6.151}$$

(6.147) zeigt, dass $\partial B_c/\partial T$ für $0 < T < T_c$ von null verschieden und negativ ist. $S_n - S_s$ ist also für $0 < T < T_c$ größer als null. Dies ist verständlich, da der supraleitende Zustand wegen der Korrelation von Einzelelektronen zu Cooper-Paaren einen höheren Ordnungsgrad als der normalleitende Zustand aufweist. Bei einem isothermen Übergang vom supraleitenden in den normalleitenden Zustand, was durch Anlegen eines überkritischen Magnetfeldes erreicht werden kann, muss die Wärmemenge $(S_n - S_s) \cdot T$ zugeführt werden. Umgekehrt erfolgt bei einem adiabatisch geführten Übergang eine Abkühlung der Probe. Man hat für $T < T_c$ einen Phasenübergang 1. Ordnung.

Für die spezifische Wärme eines Körpers der Masse M besteht bei konstantem Druck und Magnetfeld die Beziehung

$$c = \frac{1}{M} T \left(\frac{\partial S}{\partial T} \right)_{p,B_a} \ . \tag{6.152}$$

Hieraus erhalten wir mit (6.151) für die Differenz der spezifischen Wärmen des supra- und des normalleitenden Zustands

$$c_s(T,0) - c_n(T,0) = \frac{T}{\mu_0 \rho} \left[\left(\frac{\partial B_c(T)}{\partial T} \right)^2 + B_c(T) \frac{\partial^2 B_c(T)}{\partial T^2} \right] , \tag{6.153}$$

wo ρ die Dichte des Körpers angibt. Ist $T = T_c$, so folgt aus (6.153) wegen $B_c(T_c) = 0$

$$c_s(T_c,0) - c_n(T_c,0) = \frac{T}{\mu_0 \rho} \left(\frac{\partial B_c(T)}{\partial T} \right)^2_{T=T_c} \ . \tag{6.154}$$

Diese sog. *Rutgers-Formel* verknüpft die kalorimetrisch zu messende Größe $c_s - c_n$ mit dem Differenzialquotienten $\partial B_c(T)/\partial T$ bei der kritischen Temperatur. Für verschiedene Supraleiter wurde die Rutgers-Formel experimentell sehr gut bestätigt.

Für $T = T_c$ ist nach (6.151) $S_n - S_s = 0$. Für einen Phasenübergang bei $T = T_c$ wird demnach keine Umwandlungswärme benötigt. Dagegen weist die spezifische

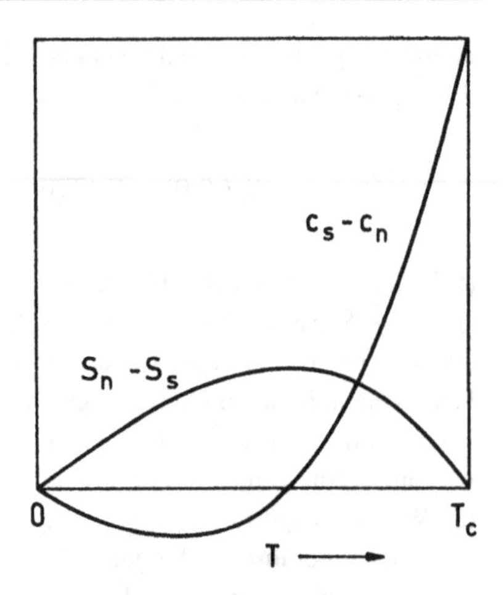

Abb. 6.32 Temperaturabhängigkeit der Entropiedifferenz $S_n - S_s$ nach (6.151) und der Differenz $c_s - c_n$ der spezifischen Wärmen nach (6.153)

Wärme beim Übergang vom supra- in den normalleitenden Zustand für $T = T_c$ einen Sprung auf. Wir haben es hier mit einem Phasenübergang 2. Ordnung zu tun.

In Abb. 6.32 sind $S_n - S_s$ und $c_s - c_n$ in Abhängigkeit von der Temperatur nach (6.151) bzw. (6.153) aufgetragen. Hierbei wurde für den Temperaturverlauf von B_c die Näherungsformel (6.147) verwendet. Zur spezifischen Wärme eines Festkörpers liefern sowohl die Leitungselektronen als auch die Gitterschwingungen einen Beitrag (s. Abschn. 3.1). Der Beitrag der Gitterschwingungen ist im supra- und normalleitenden Zustand gleich groß, sodass $c_s - c_n$ die Differenz der elektronischen Beiträge in den beiden Zuständen wiedergibt. In Abb. 6.33 ist der elektronische Beitrag zur spezifischen Wärme im supra- und normalleitenden Zustand in Abhängigkeit von der Temperatur aufgetragen. Für genügend tiefe Tem-

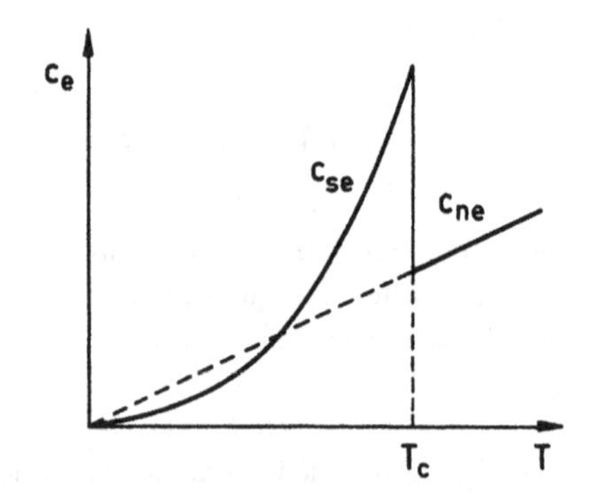

Abb. 6.33 Temperaturabhängigkeit des elektronischen Beitrags zur spezifischen Wärme im supraleitenden (c_{se}) und im normalleitenden (c_{ne}) Zustand konventioneller Supraleiter

peraturen ist der elektronische Beitrag im supraleitenden Zustand kleiner als im normalleitenden. Bezeichnen wir mit c_{se} den elektronischen Beitrag im supraleitenden Zustand, so gilt für $T \ll T_c$

$$c_{se} \sim e^{-\Delta(0)/k_B T} \quad . \tag{6.155}$$

Diese Gesetzmäßigkeit wird verständlich, wenn man betrachtet, dass Wärmeaufnahme im supraleitenden Zustand mit der Anregung von Quasiteilchen verknüpft ist. Mit steigender Temperatur wird, wie wir in Abschn. 6.1 gesehen hatten, die Energielücke kleiner und fällt dicht unterhalb der kritischen Temperatur T_c sehr schnell ab. Hierdurch ist der steile Anstieg von c_{se} bedingt, der beobachtet werden kann, wenn sich die Temperatur T_c nähert.

6.5 Phänomenologische Theorie von Ginzburg und Landau

In Abschn. 6.2 benutzten wir für die Wellenfunktion der Cooper-Paare den Ausdruck

$$\Psi(\vec{r}) = \sqrt{n_s}\, e^{i\varphi(\vec{r})} \quad .$$

Dabei wurde angenommen, dass eine Ortsabhängigkeit von Ψ durch eine räumliche Variation der Phase φ der Wellenfunktion hervorgerufen wird. Die Cooper-Paardichte n_s wurde dagegen als ortsunabhängig betrachtet. Diese Einschränkung, die grundlegend für die Londonsche Theorie der Supraleitung ist, wurde von V.L. Ginzburg[17] und L.D. Landau[18] in ihrer im Jahr 1950 aufgestellten phänomenologischen Theorie aufgegeben; sie ließen also auch eine Ortsabhängigkeit von n_s zu. Von L.P. Gorkov[19] wurde im Jahr 1959 die *Ginzburg-Landau-Theorie* auf die BCS-Theorie zurückgeführt. Gorkov zeigte außerdem, dass sie bei geeigneter Formulierung im gesamten Temperaturbereich angewendet werden darf und ihre Gültigkeit nicht, wie ursprünglich vermutet wurde, nur auf Temperaturen nahe T_c beschränkt ist. Die Ginzburg-Landau-Theorie ist vor allem bei der Behandlung von Grenzflächenproblemen von Bedeutung. Sie ist unentbehrlich bei der Untersuchung der *Zwischenzustände* und *gemischten Zustände* von Supraleitern, mit denen wir uns später beschäftigen werden. Für die entsprechenden Überlegungen gehen wir von einem Ausdruck für die freie Enthalpie des supraleitenden Zustands aus, in dem diesmal auch der Einfluss einer räumlichen Variation der Cooper-Paardichte erfasst wird.

[17] Vitalij Lasarewitsch Ginzburg, *1916 Moskau, †2009 Moskau.

[18] Lew Dawidowitsch Landau, *1908 Baku, †1968 Moskau, Nobelpreis 1962.

[19] Lev Petrovich Gorkov, *1929 Moskau.

6.5.1 Ginzburg-Landau-Gleichungen

Wir haben oben gesehen, dass ein supraleitender Körper bei T_c durch einen Phasenübergang zweiter Ordnung in den normalleitenden Zustand überführt werden kann. Während sich bei einem Phasenübergang erster Ordnung der Zustand eines Körpers am Umwandlungspunkt sprunghaft ändert, erfolgt die Zustandsänderung bei einem Phasenübergang zweiter Ordnung kontinuierlich. Dieser Übergang lässt sich bei einem Supraleiter durch einen Ordnungsparameter beschreiben. Als solcher wurde von Ginzburg und Landau die lokale Teilchenzahldichte der supraleitenden Ladungsträger eingeführt, nach unserem heutigen Verständnis also die Cooper-Paardichte $n_s = |\Psi|^2$. Diese hat im normalleitenden Zustand den Wert null und nimmt unterhalb T_c kontinuierlich zu, um schließlich bei $T = 0\,\mathrm{K}$ ihren Maximalwert zu erreichen. Dementsprechend kann man in der supraleitenden Phase bei vorgegebenem äußeren Druck p und vorgegebener Temperatur T die freie Enthalpie in der Umgebung von T_c in eine Reihe nach dem Ordnungsparameter $|\Psi|^2$ entwickeln, wobei man mit dem Glied $|\Psi|^4$ abbricht.

Ist g_s die freie Enthalpie des supraleitenden Zustands je Volumeneinheit und g_n die des normalleitenden Zustands, so erhalten wir

$$g_s = g_n + \alpha|\Psi|^2 + \frac{1}{2}\beta|\Psi|^4 \ . \tag{6.156}$$

Im thermodynamischen Gleichgewicht muss g_s bei vorgegebenen Werten von p und T in Abhängigkeit von $|\Psi|^2$ einen Minimalwert annehmen. Dies bedeutet

$$\alpha + \beta|\Psi_\infty|^2 = 0$$

$$\text{oder} \qquad |\Psi_\infty|^2 = -\frac{\alpha}{\beta} \ . \tag{6.157}$$

Durch die Bezeichnung Ψ_∞ soll ausgedrückt werden, dass (6.156) erst genügend tief im Innern eines Supraleiters gültig ist, also dort, wo keine Oberflächeneinflüsse mehr vorhanden sind. Ist diese Voraussetzung nicht erfüllt, oder ist ein äußeres Magnetfeld vorhanden, so ist nach Ginzburg und Landau (6.156) durch Hinzunahme weiterer Glieder zu ergänzen. Bevor wir uns hiermit beschäftigen, wollen wir zunächst die Koeffizienten α und β mit anderen Größen in Beziehung setzen.

Wenn kein äußeres Magnetfeld vorhanden ist, so gilt nach (6.146)

$$g_s - g_n = \alpha|\Psi_\infty|^2 + \frac{1}{2}\beta|\Psi_\infty|^4 = -\frac{1}{2\mu_0}B_c^2 \ . \tag{6.158}$$

Hierbei ist B_c die kritische magnetische Flussdichte. Aus (6.157) und (6.158) ergibt sich

$$\alpha = -\frac{1}{\mu_0} \frac{B_c^2}{|\Psi_\infty|^2}$$

$$\text{und} \qquad \beta = \frac{1}{\mu_0} \frac{B_c^2}{|\Psi_\infty|^4} \ . \tag{6.159}$$

Befindet sich der Supraleiter in einem äußeren Magnetfeld mit der Induktion $\vec{B}_a$, so hat unter der Voraussetzung, dass der Demagnetisierungsfaktor der Probe null ist und wir den Supraleiter wieder als Diamagnet auffassen, die magnetische Feldstärke innerhalb und außerhalb der Probe den Wert $\vec{H} = \vec{B}_a/\mu_0$. Zur freien Enthalpiedichte, wie sie (6.156) wiedergibt, tritt dann nach (6.138) der Term

$$\Delta_1 g_s = -\int_0^{B_a} \vec{M} \cdot d\vec{B}'_a \tag{6.160}$$

hinzu. Hierbei ist $\vec{M}$ die Magnetisierung des Supraleiters. Für sie gilt

$$\vec{M} = \frac{1}{\mu_0}\vec{B} - \vec{H} = \frac{1}{\mu_0}(\vec{B} - \vec{B}_a) \ .$$

Setzen wir diesen Ausdruck in (6.160) ein, so bekommen wir

$$\Delta_1 g_s = \frac{1}{\mu_0} \int_0^{B_a} (\vec{B}'_a - \vec{B}) \cdot d\vec{B}'_a = \frac{1}{2\mu_0}(\vec{B}_a - \vec{B})^2 \ .$$

Die Ortsabhängigkeit von $|\Psi|^2$ berücksichtigten Ginzburg und Landau bei der freien Enthalpiedichte durch den Beitrag

$$\Delta_2 g_s = \frac{1}{2m_s} \left| \left(\frac{\hbar}{i}\nabla - e_s\vec{A} \right) \Psi \right|^2 \ .$$

Dieser Term entspricht der kinetischen Energiedichte eines quantenmechanischen Zustands mit der Wellenfunktion Ψ. Insgesamt erhalten wir also durch Hinzunahme von $\Delta_1 g_s$ und $\Delta_2 g_s$ für die Dichte der freien Enthalpie die Beziehung

$$g_s = g_n + \alpha|\Psi|^2 + \frac{1}{2}\beta|\Psi|^4 + \frac{1}{2\mu_0}(\vec{B}_a - \vec{B})^2 + \frac{1}{2m_s}\left|\left(\frac{\hbar}{i}\nabla - e_s\vec{A}\right)\Psi\right|^2 . \tag{6.161}$$

Das letzte Glied in (6.161) hat zur Folge, dass sich die Wellenfunktion Ψ und damit auch die Cooper-Paardichte $n_s = |\Psi|^2$ nicht sprunghaft ändern können. So wird z. B. die Paardichte, wenn sie an der Begrenzungsfläche eines Supraleiters null ist, im Innern stetig auf den Wert $|\Psi_\infty|^2$ ansteigen. Dadurch wird wiederum bewirkt, dass die magnetische Induktion zum Innern eines Supraleiters hin nicht die streng exponentielle Abnahme zeigt, die die Londonsche Theorie wegen der dort vorausgesetzten Ortsunabhängigkeit von n_s fordert. Geeignete Gleichungen zur genauen Ermittlung des Verlaufs der Paardichte n_s und des Magnetfeldes B im Innern eines Supraleiters können wir uns verschaffen, indem wir durch räumliche Integration der freien Enthalpiedichte g_s aus (6.161) zunächst die gesamte freie Enthalpie G_s des Systems ermitteln und dann durch Variation von Ψ^* bzw. $\vec{A}$ die Bedingungen aufsuchen, bei denen G_s minimal wird.

Die freie Enthalpie des Systems beträgt

$$G_s = G_n + \int\left(\alpha|\Psi|^2 + \frac{1}{2}\beta|\Psi|^4\right)dV + \frac{1}{2\mu_0}\int(\vec{B}_a - \vec{B})^2 dV + \frac{1}{2m_s}\int\left|\left(\frac{\hbar}{i}\nabla - e_s\vec{A}\right)\Psi\right|^2 dV . \tag{6.162}$$

Hierbei ist die Integration nur über das Volumen des Supraleiters zu erstrecken. Durch Variation von G_s nach Ψ^* erhalten wir aus (6.162)

$$\delta G_s = \int \delta\Psi^*(\alpha\Psi + \beta|\Psi|^2\Psi)dV + \frac{1}{2m_s}\int\left[\left(\frac{\hbar}{i}\nabla - e_s\vec{A}\right)\Psi \cdot \left(-\frac{\hbar}{i}\nabla - e_s\vec{A}\right)\delta\Psi^*\right]dV . \tag{6.163}$$

Wenn wir hier beim zweiten Term eine partielle Integration durchführen, so bekommen wir unter anderem ein Oberflächenintegral. Dieses verschwindet wenn

$$\vec{n} \cdot \left(\frac{\hbar}{i}\nabla - e_s\vec{A}\right)\Psi = 0 \tag{6.164}$$

gilt. $\vec{n}$ ist dabei ein Einheitsvektor senkrecht zur Oberfläche des Supraleiters. (6.164) besagt, dass kein Teilchenstrom supraleitender Ladungsträger durch die Oberfläche fließen soll. Aus (6.163) folgt dann

$$\delta G_s = \int \delta\Psi^* \left[\alpha\Psi + \beta|\Psi|^2\Psi + \frac{1}{2m_s}\left(\frac{\hbar}{i}\nabla - e_s\vec{A}\right)^2 \Psi \right] dV \ . \qquad (6.165)$$

Variation von G_s nach $\vec{A}$ ergibt

$$\begin{aligned}\delta G_s = &\frac{1}{\mu_0}\int [(\vec{B}-\vec{B}_a)\,\mathrm{rot}\,\delta\vec{A}]dV \\ &-\int \delta\vec{A}\cdot\left[\frac{e_s\hbar}{2m_s i}(\Psi^*\,\mathrm{grad}\,\Psi - \Psi\,\mathrm{grad}\,\Psi^*) - \frac{e_s^2}{m_s}\vec{A}\Psi\Psi^*\right]dV\end{aligned}$$

und nach partieller Integration des ersten Terms

$$\delta G_s = \int \delta\vec{A}\cdot\left[\frac{1}{\mu_0}\,\mathrm{rot}\,\vec{B} - \frac{e_s\hbar}{2m_s i}(\Psi^*\mathrm{grad}\Psi - \Psi\,\mathrm{grad}\,\Psi^*) + \frac{e_s^2}{m_s}\vec{A}\Psi\Psi^*\right]dV \ . \qquad (6.166)$$

Die Ausdrücke in (6.165) und (6.166) verschwinden für beliebige Variationen $\delta\Psi^*$ und $\delta\vec{A}$, wenn

$$\frac{1}{2m_s}\left(\frac{\hbar}{i}\nabla - e_s\vec{A}\right)^2\Psi + \alpha\Psi + \beta|\Psi|^2\Psi = 0 \qquad (6.167)$$

und $$\frac{1}{\mu_0}\,\mathrm{rot}\,\vec{B} = \frac{e_s\hbar}{2m_s i}(\Psi^*\mathrm{grad}\Psi - \Psi\,\mathrm{grad}\,\Psi^*) - \frac{e_s^2}{m_s}\vec{A}\Psi\Psi^* \ . \qquad (6.168)$$

(6.167) und (6.168) sind als *Ginzburg-Landau-Gleichungen* bekannt. (6.167) entspricht der Schrödinger-Gleichung für Teilchen der Masse m_s und der elektrischen Ladung e_s mit dem Energieeigenwert $-\alpha$. Das nichtlineare Glied $\beta|\Psi|^2\Psi$ wirkt dabei wie ein abstoßendes Potenzial der Wellenfunktion Ψ auf sich selbst. (6.168) hat wegen $1/\mu_0\,\mathrm{rot}\,\vec{B} = \vec{j}$ genau die Form des aus der Quantenmechanik bekannten Ausdrucks für die elektrische Stromdichte, s. (6.86). Die Ginzburg-Landau-Gleichungen können zur Bestimmung der Funktionen $\Psi(\vec{r})$ und $\vec{A}(\vec{r})$ in einem Supraleiter dienen. Zu den beiden Differenzialgleichungen tritt noch die Randbedingung aus (6.164) hinzu.

Wir suchen nun nach einer charakteristischen Länge, die die räumliche Variation der Wellenfunktion Ψ und somit auch die der Cooper-Paardichte n_s kennzeichnet. Wir wollen dabei voraussetzen, dass ein eindimensionales Problem vorliegt.

Wir nehmen also an, dass Ψ z. B. nur von der Koordinate x abhängt. Außerdem soll kein Magnetfeld vorhanden sein; das Vektorpotenzial $\vec{A}$ ist also gleich null. In diesem Fall hat die Wellenfunktion in (6.167) nur reelle Koeffizienten, und wir können sie deshalb selbst als reell ansehen. Aus (6.167) wird dann

$$-\frac{\hbar^2}{2m_s}\frac{d^2\Psi(x)}{dx^2} + \alpha\Psi(x) + \beta\Psi^3(x) = 0 \ .$$

Wenn wir in diese Gleichung die normierte Wellenfunktion

$$f(x) = \frac{\Psi(x)}{\Psi_\infty} \tag{6.169}$$

einführen und für Ψ_∞ den Wert aus (6.157) benutzen, so erhalten wir

$$\xi^2\frac{d^2 f(x)}{dx^2} + f(x) - f^3(x) = 0 \ . \tag{6.170}$$

Hierbei ist

$$\xi = \frac{\hbar}{\sqrt{2m_s|\alpha|}} \ . \tag{6.171}$$

Mit den Randbedingungen

$$\lim_{x\to\infty} f(x) = 1, \qquad \lim_{x\to\infty}\frac{df(x)}{dx} = 0 \qquad \text{und} \qquad f(0) = 0$$

hat (6.170) die Lösung

$$f(x) = \tanh\frac{x}{\xi\sqrt{2}} \ . \tag{6.172}$$

Danach erfolgt der Anstieg der Wellenfunktion Ψ vom Randwert null auf ihren maximalen Wert Ψ_∞ über eine Distanz, die in der Größenordnung von ξ, der sog. *Ginzburg-Landau-Kohärenzlänge* liegt. Diese Länge ist stets größer als der mittlere Durchmesser eines Cooper-Paars, wie wir ihn in Abschn. 6.1 berechnet haben; denn eine räumliche Variation der Cooper-Paardichte kann nur auf Distanzen erfolgen, die größer als die Ausdehnung eines Paares sind.

Verwenden wir für α in (6.171) die Beziehung aus (6.159), und beachten wir, dass nach (6.147) $B_c^2 \sim [1-(T/T_c)^2]^2$ und nach (6.84) und (6.92) $|\Psi_\infty|^2 = n_s \sim$

$1 - (T/T_c)^4$ ist, so erhalten wir für die Temperaturabhängigkeit der Ginzburg-Landau-Kohärenzlänge

$$\xi(T) = \xi(0)\sqrt{\frac{1 + (T/T_c)^2}{1 - (T/T_c)^2}} \,. \tag{6.173}$$

Ähnlich wie die Londonsche Eindringtiefe λ nimmt auch die Kohärenzlänge ξ bei einer Annäherung der Temperatur an ihren kritischen Wert T_c immer größere Werte an.

6.5.2 Phasengrenzenergie

In Abschn. 6.2 haben wir gesehen, dass bei einer hinreichend dünnen Platte im supraleitenden Zustand die magnetische Induktion in ihrem Innern nicht auf null abfällt. Dies bedeutet, dass die dünne Platte eine schwächere Magnetisierung als ein ausgedehnter Körper aufweist und dass somit die freie Enthalpie bei einer supraleitenden dünnen Platte bei einer Erhöhung des äußeren magnetischen Feldes langsamer ansteigt als bei einem ausgedehnten Körper. Danach könnte man vermuten, dass bei einem ausgedehnten Supraleiter bei Annäherung der magnetischen Induktion an B_c ein Übergang in den normalleitenden Zustand zunächst dadurch verhindert wird, dass der Supraleiter in eine Anzahl Bereiche zerfällt, die in Form parallel zum Magnetfeld ausgerichteter dünner Fasern oder Platten abwechselnd supraleitend und normalleitend sind. Ob nun ein derartiges Verhalten beobachtet werden kann, hängt davon ab, ob beim Aufbau einer Grenzschicht zwischen einer supraleitenden und einer normalleitenden Phase die freie Enthalpie des Systems tatsächlich abnimmt. Dies werden wir jetzt untersuchen.

In Abb. 6.34 ist der Verlauf der Cooper-Paardichte n_s und der magnetischen Induktion B im Grenzgebiet zwischen einer normal- und einer supraleitenden Phase schematisch für den Fall dargestellt, dass das System einem äußeren Magnetfeld der Stärke B_a ausgesetzt ist. In der supraleitenden Phase steigt die Paardichte von null an der Grenzfläche zur normalleitenden Phase ($x = 0$) stetig auf den temperaturabhängigen Sättigungswert $n_{s\infty}$ im Innern des Supraleiters an. Dies erfolgt über eine Distanz, die in der Größenordnung der Ginzburg-Landau-Kohärenzlänge ξ liegt. Die Flussdichte, die an der Grenzfläche den Wert B_a hat, fällt im Supraleiter auf den Wert null ab. Die charakteristische Länge ist hier die Londonsche Eindringtiefe λ.

Um ein einfaches Kriterium dafür zu finden, ob beim Aufbau einer Grenzfläche zwischen einer supra- und einer normalleitenden Phase die freie Enthalpie zu- oder

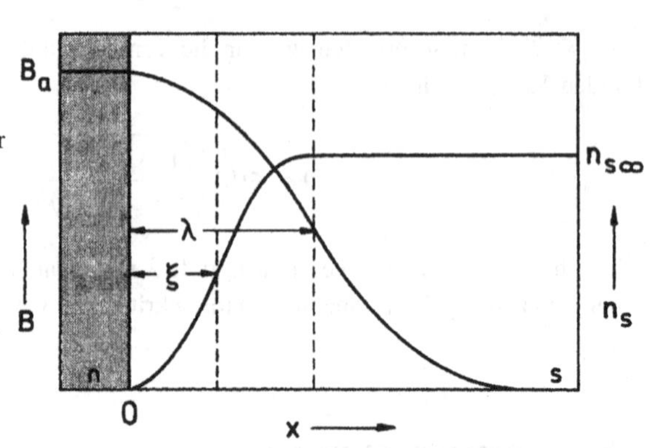

Abb. 6.34 Verlauf der Cooper-Paardichte n_s und der Induktion B im Grenzgebiet zwischen einer normalleitenden (n) und supraleitenden (s) Phase. Es sind B_a Induktion im Normalleiter, $n_{s\infty}$ Sättigungswert der Paardichte im Innern des Supraleiters, λ Londonsche Eindringtiefe, ξ Ginzburg-Landau-Kohärenzlänge

abnimmt, machen wir folgende Näherungen. $n_s(x)$ soll für $0 \leq x < \xi$ null sein und bei $x = \xi$ auf den Sättigungswert $n_{s\infty}$ springen. $B(x)$ habe für $0 \leq x < \lambda$ den Wert B_a und verschwinde bei $x = \lambda$ schlagartig. Dann nimmt in der Grenzschicht, deren Fläche F betragen soll, die freie Enthalpie nach (6.146) einmal um den Betrag

$$\Delta G_{n_s} = F\xi \frac{1}{2\mu_0} B_c^2$$

zu, verglichen mit einem Zustand, bei dem die Paardichte bis zur Grenzfläche bei $x = 0$ den konstanten Wert $n_{s\infty}$ hat. Außerdem nimmt sie aber nach (6.143) um den Betrag

$$\Delta G_B = F\lambda \frac{1}{2\mu_0} B_a^2$$

ab verglichen mit einem Zustand, bei dem das Magnetfeld bereits bei $x = 0$ auf den Wert null absinkt. Insgesamt erhalten wir also für die Änderung der freien Enthalpie beim Aufbau einer Grenzfläche

$$\Delta G = F \frac{1}{2\mu_0} (\xi B_c^2 - \lambda B_a^2) \ . \tag{6.174}$$

Ist $\xi > \lambda$, so wird bei der Bildung einer Grenzschicht zwischen einer normal- und einer supraleitenden Phase in der hier vorgenommenen Näherung die freie Enthalpie erhöht. Die Bildung von Grenzflächen ist also energetisch ungünstig. Wir haben es mit einem sog. *Supraleiter erster Art* zu tun. Ist hingegen $\xi < \lambda$, so wird für den Fall, dass

$$B_a^2 > \frac{\xi}{\lambda} B_c^2 \tag{6.175}$$

ist, die freie Enthalpie bei der Bildung von Grenzflächen erniedrigt. Es kann sich der für einen *Supraleiter zweiter Art* charakteristische *gemischte Zustand* ausbilden, in dem supraleitende neben normalleitenden Bereichen auftreten.

Wir werden nun die Verhältnisse an der Phasengrenzfläche etwas genauer untersuchen. Zu diesem Zweck führen wir die sog. *Phasengrenzenergie* σ_{ns} ein. $g(x, B_c)$ sei die freie Enthalpie je Volumeneinheit an der Stelle x des für $x < 0$ normalleitenden und für $x \geq 0$ supraleitenden Körpers im äußeren Magnetfeld B_c. $g_0(B_c)$ sei die entsprechende Größe für den idealisierten Fall, dass im supraleitenden Bereich des Körpers sowohl λ als auch ξ null sind, dass also für $x = 0$ das Magnetfeld und die Cooper-Paardichte einen unstetigen Verlauf aufweisen. Dann ist die Phasengrenzenergie durch die Beziehung

$$\sigma_{ns} = \int_{-\infty}^{+\infty} [g(x, B_c) - g_0(B_c)] dx \tag{6.176}$$

definiert. Für die Enthalpiedichte $g(x, B_c)$ benutzen wir den Ausdruck aus (6.161) und erhalten, wenn wir beachten, dass beim kritischen Feld B_c die Enthalpiedichte g_0 gleich g_n ist

$$\sigma_{ns} = \int_{-\infty}^{+\infty} \left[\alpha|\Psi|^2 + \frac{1}{2}\beta|\Psi|^4 + \frac{1}{2\mu_0}(\vec{B}_c - \vec{B})^2 + \frac{1}{2m_s} \left| \left(\frac{\hbar}{i}\nabla - e_s\vec{A} \right) \Psi \right|^2 \right] dx \ . \tag{6.177}$$

Um diese Beziehung zu vereinfachen, multiplizieren wir den Ausdruck in (6.167) von links mit Ψ^* und integrieren über x. Wir bekommen

$$\int_{-\infty}^{+\infty} \left[\alpha|\Psi|^2 + \beta|\Psi|^4 + \frac{1}{2m_s} \left| \left(\frac{\hbar}{i}\nabla - e_s\vec{A} \right) \Psi \right|^2 \right] dx = 0 \ .$$

Verwenden wir dieses Resultat in (6.177), so erhalten wir

$$\sigma_{ns} = \int_{-\infty}^{+\infty} \left[-\frac{1}{2}\beta|\Psi|^4 + \frac{1}{2\mu_0}(\vec{B}_c - \vec{B})^2 \right] dx \ . \tag{6.178}$$

Durch die Beziehung

$$\sigma_{ns} = \frac{1}{2\mu_0} B_c^2 \delta \tag{6.179}$$

wird der sog. *Phasengrenzenergie-Parameter* δ definiert. Er hat die Dimension einer Länge. Für ihn gilt

$$\delta = \int_{-\infty}^{+\infty} \left[\left(1 - \frac{B}{B_c}\right)^2 - \mu_0 \beta \frac{|\Psi|^4}{B_c^2} \right] dx \ .$$

Mit (6.159) wird hieraus

$$\delta = \int_{-\infty}^{+\infty} \left[\left(1 - \frac{B}{B_c}\right)^2 - \frac{|\Psi|^4}{|\Psi_\infty|^4} \right] dx \ . \tag{6.180}$$

Um (6.180) weiter auszuwerten, müssen wir zunächst mithilfe der Ginzburg-Landau-Gleichungen die Abhängigkeit der Größen B und Ψ von x ermitteln. Dies ist im allgemeinen Fall nur numerisch möglich. Lediglich in speziellen Grenzfällen kann eine geschlossene Lösung angegeben werden.

Für $\lambda \gg \xi$ gilt näherungsweise $\Psi(x) = \sqrt{n_{s\infty}}\, e^{i\varphi(x)}$, und die Ginzburg-Landau-Gleichung (6.168) geht in die London-Gleichung (6.88) über. Es ist dann (s. (6.91))

$$\begin{aligned} B &= B_c e^{-x/\lambda} \quad && \text{und} \quad |\Psi|^2 = |\Psi_\infty|^2 \quad && \text{für} \quad x \geq 0 \\ B &= B_c && \text{und} \quad |\Psi|^2 = 0 && \text{für} \quad x < 0 \end{aligned}$$

Für den Phasengrenzenergie-Parameter erhalten wir jetzt

$$\delta = \int_0^\infty [(1 - e^{-x/\lambda})^2 - 1] dx = -\frac{3}{2}\lambda \ . \tag{6.181}$$

Die Größe δ ist also hier kleiner als null. Dies bedeutet, dass die freie Enthalpie bei der Ausbildung einer Grenzfläche zwischen supra- und normalleitender Phase abnimmt. Es liegt also ein Supraleiter zweiter Art vor.

Für den Grenzfall $\lambda \ll \xi$ gilt (s. (6.169) und (6.172))

$$\begin{aligned} B &= 0 \quad && \text{und} \quad \Psi = \Psi_\infty \tanh \frac{x}{\xi\sqrt{2}} \quad && \text{für} \quad x \geq 0 \\ B &= B_c && \text{und} \quad \Psi = 0 && \text{für} \quad x < 0 \ . \end{aligned}$$

Aus (6.180) wird dann

$$\delta = \int_0^\infty \left(1 - \tanh^4 \frac{x}{\xi\sqrt{2}}\right) dx = \frac{4\sqrt{2}}{3}\xi \; . \tag{6.182}$$

Diesmal ist δ größer als null. Wir haben es also mit einem Supraleiter erster Art zu tun.

Es lässt sich zeigen, dass der Phasengrenzenergie-Parameter gerade dann null wird, wenn die Größe λ/ξ den Wert $1/\sqrt{2}$ annimmt. Man bezeichnet

$$\kappa = \lambda/\xi \tag{6.183}$$

als *Ginzburg-Landau-Parameter*. Das gegenüber der etwas groben Abschätzung zu Anfang dieses Unterabschnitts genauere Unterscheidungskriterium lautet dann

$$\begin{aligned} \kappa &< 1/\sqrt{2} \quad \text{für Supraleiter erster Art,} \\ \kappa &> 1/\sqrt{2} \quad \text{für Supraleiter zweiter Art.} \end{aligned} \tag{6.184}$$

Für die Temperaturabhängigkeit von κ findet man bei Berücksichtigung von (6.92) und (6.173)

$$\kappa \sim \frac{1}{1 + (T/T_c)^2} \; . \tag{6.185}$$

Der Ginzburg-Landau-Parameter ändert sich also im gesamten Temperaturbereich zwischen 0 K und T_c nicht sehr stark. Wie hier nicht hergeleitet werden soll, hängt κ hingegen wesentlich stärker von der freien Weglänge Λ der normalleitenden Elektronen im Supraleiter ab. Je kleiner Λ ist, umso größer ist κ. Eine Verkleinerung der freien Weglänge kann man z. B. dadurch erreichen, dass man einem reinen Metall ein Legierungselement beimischt. Reine Metalle sind fast immer Supraleiter erster Art. Oft genügt aber schon eine geringe Beimengung eines Legierungselements, um ein Metall von einem Supraleiter erster Art in einen zweiter Art zu überführen. Beim Blei wird dies bereits durch eine Zugabe von zwei Gewichtsprozent Indium erreicht. Die kritische Temperatur T_c wird bei diesem Legierungsgrad kaum geändert. Der Sprung in der spezifischen Wärme bei T_c bleibt praktisch der gleiche, und doch zeigt die Legierung in einem Magnetfeld ein völlig anderes Verhalten.

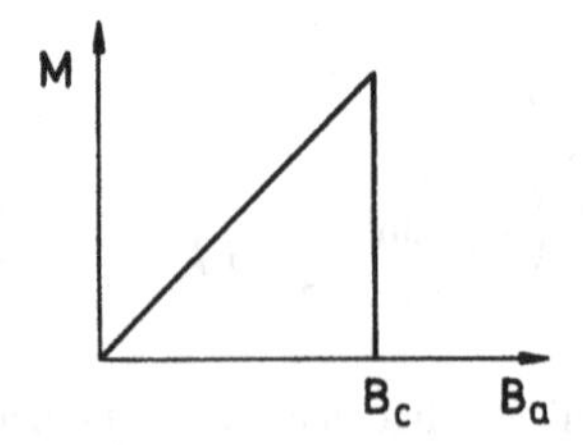

Abb. 6.35 Magnetisierungskurve eines Supraleiters erster Art mit Demagnetisierungsfaktor null. Es sind M Magnetisierung des Körpers, B_a Induktion des äußeren Magnetfeldes, B_c kritisches Feld

6.5.3 Supraleiter erster Art

In Abb. 6.35 ist die Magnetisierungskurve eines Supraleiters erster Art dargestellt. Betrachten wir den Supraleiter wieder als einen idealen Diamagneten, so steigt der Betrag seiner Magnetisierung $\vec{M}$ nach (6.139) zunächst proportional zur Induktion B_a des äußeren Magnetfeldes an. Beim Überschreiten des kritischen Feldes B_c bricht die Magnetisierung schlagartig zusammen. Diese einfache Gesetzmäßigkeit gilt allerdings nur dann, wenn der Demagnetisierungsfaktor des Körpers gleich null ist, wenn also der Körper z. B. als langer dünner Zylinder vorliegt, der parallel zum äußeren Magnetfeld ausgerichtet ist (Abb. 6.36a).

In diesem Fall hat die magnetische Feldstärke $\vec{H}_i$ im Innern des Supraleiters den gleichen Wert wie die Feldstärke $\vec{H}_a$ des von außen angelegten Magnetfeldes. Ist dagegen der Demagnetisierungsfaktor wie z. B. bei einer Kugel von null verschieden, so ist $\vec{H}_i$ größer als die Feldstärke $\vec{H}_a$ des ungestörten äußeren Magnetfeldes. Für eine Kugel hat der Demagnetisierungsfaktor den Wert $1/3$. Es gilt also

$$\vec{H}_i = \vec{H}_a - \frac{1}{3}\vec{M} \ . \tag{6.186}$$

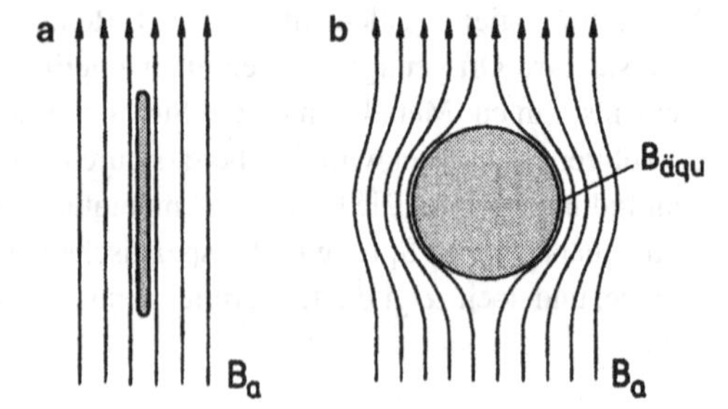

Abb. 6.36 Verlauf der magnetischen Feldlinien in der Umgebung eines Supraleiters erster Art mit **a** Demagnetisierungsfaktor null, **b** Demagnetisierungsfaktor $1/3$

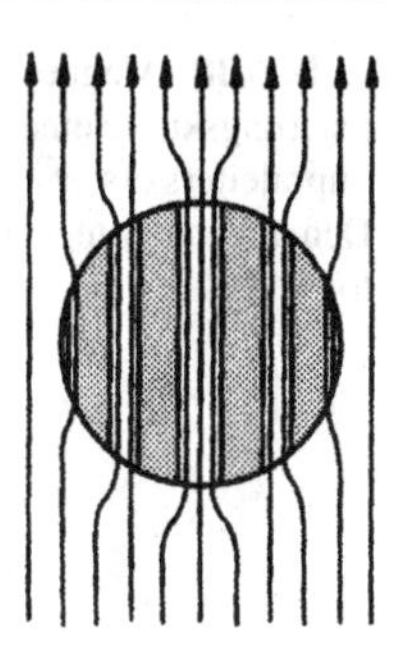

Abb. 6.37 Verlauf der magnetischen Feldlinien bei einem kugelförmigen Supraleiter erster Art im Zwischenzustand. Die supraleitenden Bereiche der Kugel sind *schattiert*

Da die Magnetisierung $\vec{M}$ der Probe nach (6.139) gleich $-\vec{H}_i$ ist, wird aus (6.186)

$$\vec{H}_i = \vec{H}_a + \frac{1}{3}\vec{H}_i$$

$$\text{oder} \qquad \vec{H}_i = \frac{3}{2}\vec{H}_a \ . \tag{6.187}$$

Wegen der Stetigkeit der Tangentialkomponente von $\vec{H}$ an der Oberfläche der Kugel ist $\vec{H}_i$ gleich der Feldstärke $\vec{H}_{\text{äqu}}$ des äußeren magnetischen Feldes am Äquator der Kugel (Abb. 6.36b).

Hieraus folgt, dass $\vec{H}_{\text{äqu}}$ bereits den kritischen Wert $\vec{H}_c = \vec{B}_c/\mu_0$ erreicht hat, wenn $\vec{H}_a$ erst $2/3\,\vec{H}_c$ beträgt. Bei weiterem Anstieg von $\vec{H}_a$ sollte also der supraleitende Zustand zusammenbrechen. Das ist aber wiederum auch nicht möglich, weil dann $\vec{H}_{\text{äqu}}$ gleich $\vec{H}_a$ sein würde und sich die Probe in einem unterkritischen Magnetfeld im normalleitenden Zustand befinden würde. In Wirklichkeit spaltet der Probekörper in supra- und normalleitende Bereiche auf, wobei mit wachsendem Feld die normalleitenden Bereiche zunehmen. In diesem sog. *Zwischenzustand*, der nicht mit dem gemischten Zustand der Supraleiter zweiter Art verwechselt werden darf, verlaufen die Phasengrenzen parallel zum Magnetfeld (Abb. 6.37), und in den normalleitenden Bereichen hat die Induktion gerade den Wert $\vec{B}_c$. Im Übrigen hängt die Struktur des Zwischenzustands stark von der Phasengrenzenergie ab. In Abb. 6.38 ist die über die gesamte Probe gemittelte Magnetisierung in Abhängigkeit von B_a aufgetragen. Überschreitet B_a den kritischen Wert B_c, so wird die Magnetisierung null.

Für einen Supraleiter, der in Form einer dünnen Scheibe senkrecht zum Magnetfeld orientiert ist, ist der Demagnetisierungsfaktor gleich eins. Dementsprechend kann der Zwischenzustand schon bei beliebig kleinem äußeren Magnetfeld beobachtet werden. In Abb. 6.39 ist der Feldlinienverlauf für einen solchen Körper

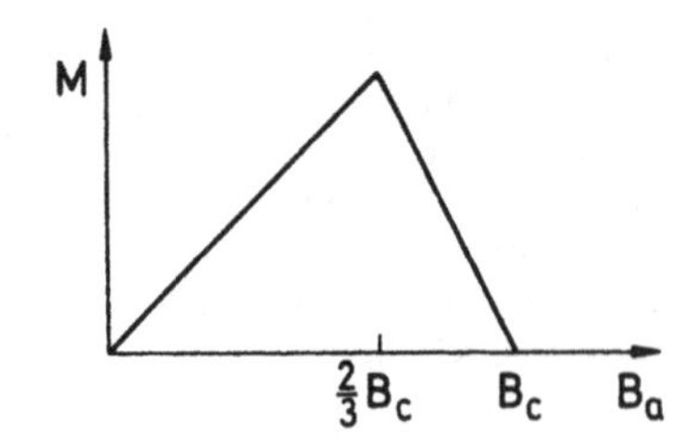

Abb. 6.38 Magnetisierungskurve eines Supraleiters erster Art mit Demagnetisierungsfaktor 1/3

schematisch dargestellt. Die Anzahl der normalleitenden Bereiche, in denen das äußere Magnetfeld die Scheibe durchsetzt, hängt von verschiedenen Parametern ab. Um die entsprechenden Zusammenhänge zu ermitteln, gehen wir zweckmäßig von zwei Termen aus, in denen sich die Zahl N der normalleitenden Bereiche, die bei der Ausbildung eines Zwischenzustands entstehen, in entgegengesetzt gerichteter Weise auf die freie Enthalpie des Systems auswirkt. Da bei einem Supraleiter erster Art die Phasengrenzenergie positiv ist, nimmt einerseits die freie Enthalpie des Systems bei einer Erhöhung von N zu; denn die Größe der Grenzfläche zwischen normal- und supraleitenden Bereichen wird in diesem Fall heraufgesetzt. Andererseits wird die Verzerrung des äußeren Magnetfeldes unterhalb und oberhalb der Scheibe bei einer Vergrößerung von N verringert; dies bedeutet eine Abnahme der freien Enthalpie. Einfachheitshalber nehmen wir an, dass innerhalb der Scheibe abwechselnd supra- und normalleitende Schichten der Dicke D_s bzw. D_n aufeinander folgen. Es liegt dann ein eindimensionales Problem vor, bei dem eine räumliche Periode $D = D_s + D_n$ auftritt.

Ist A die Scheibenfläche und d die Dicke der Scheibe, und verwenden wir für die Phasengrenzenergie den Ausdruck aus (6.179), so gilt für den Term, der durch

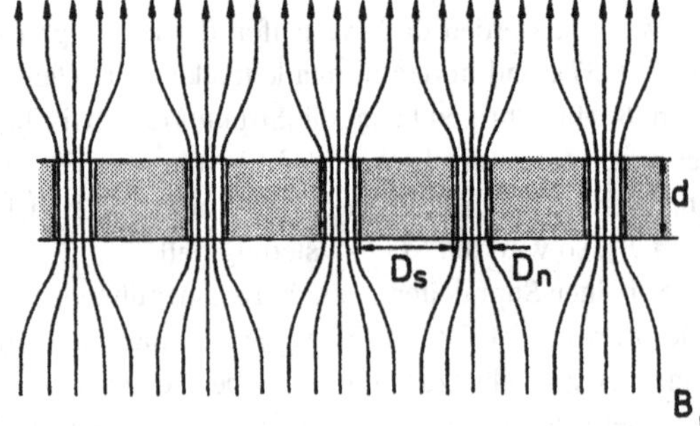

Abb. 6.39 Verlauf der magnetischen Feldlinien bei einem Supraleiter erster Art, der in Form einer Scheibe der Dicke d senkrecht zum äußeren Magnetfeld B_a orientiert ist. Die supraleitenden Bereiche der Scheibe sind *schattiert*

die Vergrößerung der Phasengrenzfläche bedingt ist

$$\Delta G_1 = 2\frac{d\delta}{D}A\frac{1}{2\mu_0}B_c^2 \ . \tag{6.188}$$

Hierbei ist berücksichtigt worden, dass im Zwischenzustand in den normalleitenden Bereichen die magnetische Induktion den Wert B_c hat.

Den Einfluss der Verzerrung des Magnetfeldes außerhalb der Scheibe können wir folgendermaßen abschätzen: Hätte das Magnetfeld an der Oberfläche der Scheibe einen homogenen Verlauf, wie es z. B. der Fall wäre, wenn die ganze Scheibe normalleitend wäre, so betrüge die Energiedichte an der Oberfläche $(1/2\mu_0)B_a^2$. Wenn nun aber, wie es für den Zwischenzustand zutrifft, das Magnetfeld mit der Induktion B_c nur den Bruchteil D_n/D der Scheibenoberfläche durchsetzt, so hat die Energiedichte dort den mittleren Wert $(D_n/D)(1/2\mu_0)B_c^2$. Der Zuwachs der Energiedichte an der Scheibenoberfläche bei der Ausbildung eines Zwischenzustands beträgt also

$$\frac{1}{2\mu_0}\left(\frac{D_n}{D}B_c^2 - B_a^2\right)$$

oder wenn wir beachten, dass $B_c D_n = B_a D$ ist,

$$\frac{1}{2\mu_0}B_c^2\frac{B_a}{B_c}\left(1-\frac{B_a}{B_c}\right) \ . \tag{6.189}$$

Die Verzerrung der Feldverteilung oberhalb und unterhalb der Scheibe erstreckt sich bis in einen Bereich, dessen Abstand von der Oberfläche in der Größenordnung der kleineren der Längen D_n und D_s liegt, also in etwa bis

$$\frac{D_n D_s}{D_n + D_s} = \frac{B_a}{B_c}\left(1-\frac{B_a}{B_c}\right)D \ . \tag{6.190}$$

Aus (6.189) und (6.190) folgt dann für den Term in der Enthalpieänderung, der durch die Verzerrung des Magnetfeldes bedingt ist,

$$\Delta G_2 = 2\left(\frac{B_a}{B_c}\right)^2\left(1-\frac{B_a}{B_c}\right)^2 DA\frac{1}{2\mu_0}B_c^2 \ . \tag{6.191}$$

Für die gesamte Enthalpieänderung erhalten wir jetzt aus (6.188) und (6.191)

$$\Delta G = \left[\frac{d\delta}{D} + \left(\frac{B_a}{B_c}\right)^2\left(1-\frac{B_a}{B_c}\right)^2 D\right]A\frac{B_c^2}{\mu_0} \ .$$

Aufsuchen des Minimums von ΔG in Abhängigkeit von D liefert die Beziehung

$$D = \frac{\sqrt{d\delta}}{(B_a/B_c)(1 - B_a/B_c)} \ . \tag{6.192}$$

Hiernach ist die Distanz, in der die normalleitenden Bereiche aufeinander folgen, umso größer, je höher der Wert des Phasengrenzenergie-Parameters δ ist und je dicker die Scheibe ist. Außerdem hängt D vom Verhältnis B_a/B_c ab. D wird besonders groß, wenn sich B_a dem Wert null oder dem Wert B_c nähert.

Im Allgemeinen wird man im Zwischenzustand allerdings nicht die hier besprochene einfache Schichtstruktur beobachten, sondern es treten meist wesentlich kompliziertere Strukturen auf. Diese lassen sich experimentell auf verschiedene Weisen untersuchen. Man kann z. B. auf eine Scheibe in einer Anordnung wie in Abb. 6.39 ein feines Pulver einer supraleitenden Substanz streuen, deren kritische Temperatur nach Möglichkeit höher liegen soll als die des Scheibenmaterials. Im Zwischenzustand der Scheibe wird dann das Pulver wegen seines diamagnetischen Charakters aus den Bereichen hoher Induktion herausgedrängt und sammelt sich in den supraleitenden Bereichen an der Scheibenoberfläche. Bei der Bitter-Dekorationstechnik verwendet man ferromagnetisches Pulver. Zur Untersuchung des Zwischenzustands kann man auch den Faraday-Effekt ausnutzen und zwar in diesem Fall zur Sichtbarmachung der normalleitenden Bereiche. Man bringt zu diesem Zweck eine dünne Schicht einer magnetooptischen Substanz auf den Supraleiter auf. Im Allgemeinen reicht es auch aus, die Schicht nahe an den Supraleiter heranzubringen. Dann ist der Nachweis zerstörungsfrei. Diese Schicht hat die Eigenschaft, in Gegenwart eines Magnetfeldes die Polarisationsebene von durchgehendem Licht zu drehen. Lässt man also in einer Anordnung wie in Abb. 6.39 von oben linear polarisiertes Licht auf die Scheibe fallen, so kann man beobachten, dass das an der Oberfläche in den normalleitenden Bereichen reflektierte Licht auf dem Hin- und Rückweg durch die magnetooptische Schicht eine Drehung der Polarisationsebene erfährt.

Für die technische Anwendung der Supraleitung ist es besonders wichtig zu wissen, mit welcher maximalen Stärke elektrische Transportströme durch einen bestimmten Supraleiter fließen können. Bei der Berechnung der kritischen Stromstärke haben wir zu beachten, dass die Stromdichte in keinem Bereich des Supraleiters ihren kritischen Wert überschreiten darf. Dabei ist es natürlich gleichgültig, ob die Stromdichten Abschirmströmen zuzuordnen sind, die bei der Verdrängung eines von außen angelegten Magnetfeldes aus dem Supraleiter auftreten, oder ob sie zu Transportströmen gehören.

Besonders einfach sind die Verhältnisse bei einem Supraleiter erster Art, dessen Ausdehnung groß gegenüber der Dicke der Abschirmschicht an seiner Oberfläche ist. Hier sind die Transportströme auf eine dünne Oberflächenschicht beschränkt, da im Innern eines solchen Supraleiters kein Magnetfeld vorhanden ist. Bei einem Draht mit kreisförmigem Querschnitt, der von einem Strom I durchflossen wird, beträgt die magnetische Induktion an der Oberfläche

$$B = \mu_0 \frac{I}{2\pi r_0} , \tag{6.193}$$

wenn r_0 der Radius des Drahtes ist. Da der Wert von B, wie er sich aus (6.193) berechnet, im supraleitenden Zustand nicht größer als der kritische Wert B_c sein darf, folgt für den kritischen Strom

$$I_c = \frac{2\pi}{\mu_0} r_0 B_c . \tag{6.194}$$

I_c steigt also nur linear mit dem Drahtradius an. Für Zinn liegt B_c bei 0 K bei etwa 30 mT. Bei einem Drahtradius von 1 mm entspricht dies einer Strombelastbarkeit von 150 A. Dies ist kein besonders hoher Wert, weshalb man in der Energietechnik keine Supraleiter 1. Art einsetzt. Im Übrigen weist die kritische Stromstärke die gleiche Temperaturabhängigkeit auf wie die kritische magnetische Induktion (s. (6.147) und Abb. 6.17).

Wird die kritische Stromstärke überschritten, so kann der supraleitende Zustand nicht sprunghaft zusammenbrechen. Der Transportstrom würde sich sonst gleichmäßig über den gesamten Querschnitt des Leiters verteilen, und die Stromdichte wäre überall im Leiter kleiner als die kritische Stromdichte. Der Supraleiter geht statt dessen in einen Zwischenzustand über. Hierbei ist es aber z. B. bei einem drahtförmigen Leiter nicht möglich, dass sich ein zusammenhängender supraleitender Kern ausbildet, der von einem normalleitenden Mantel umgeben ist. Dann würde nämlich der gesamte Strom im supraleitenden Kern fließen, und das Magnetfeld an der Oberfläche des Kerns wäre jetzt noch größer als das ursprüngliche Feld an der Oberfläche des Leiters. Die supraleitende Phase darf vielmehr in Richtung der Drahtachse nicht zusammenhängen sondern muss aus senkrecht zur Drahtachse orientierten getrennten Lamellen bestehen. In diesem Fall fließt auch in den normalleitenden Bereichen ein Strom, was allerdings mit einem von null verschiedenen elektrischen Widerstand des ganzen Leiters verknüpft ist. Wir erwarten, dass die Struktur des Zwischenzustands gerade so beschaffen ist, dass an den Oberflächen der supraleitenden Bereiche die magnetische Induktion ihren kritischen Wert B_c hat. Dies ist z. B. bei der in Abb. 6.40 dargestellten Struktur möglich, bei der die Dicke der supraleitenden Lamellen zur Drahtachse hin zunimmt. Da eine von außen angelegte Spannung nur über den normalleitenden

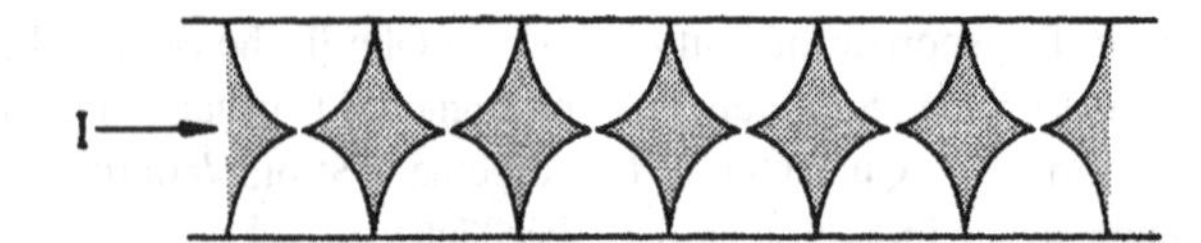

Abb. 6.40 Struktur des Zwischenzustands bei einem stromdurchflossenen Supraleiter erster Art, der in Form eines Drahts mit kreisförmigem Querschnitt vorliegt. Die supraleitenden Bereiche sind *schattiert*

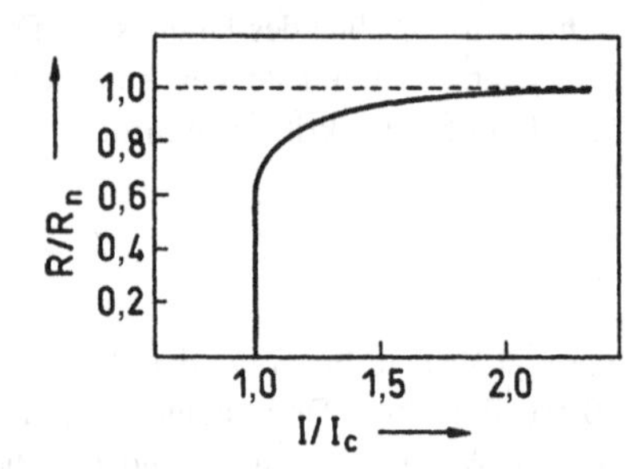

Abb. 6.41 Ohmscher Widerstand R eines drahtförmigen Supraleiters erster Art bezogen auf den normalleitenden Widerstand R_n als Funktion des Transportstroms I bezogen auf den kritischen Wert I_c

Bereichen abfällt, wird in diesem Fall die Stromdichte in den normalleitenden Bereichen zur Drahtachse hin größer. Beträgt die Stromdichte $B_c/(\mu_0 r)$, wo r der Abstand von der Drahtachse ist, so erreicht die magnetische Induktion wegen

$$B(r) = \frac{\mu_0}{2\pi r} \int_0^r \frac{B_c}{\mu_0 r'} 2\pi r' dr' = B_c$$

an der Oberfläche der supraleitenden Lamellen gerade den kritischen Wert.

Mit steigender Stromstärke schrumpfen die supraleitenden Bereiche immer stärker zusammen, und gleichzeitig nimmt der Ohmsche Widerstand R des gesamten Leiters zu. In Abb. 6.41 ist das Verhältnis von R zum Widerstand R_n des Leiters im normalleitenden Zustand in Abhängigkeit vom Transportstrom I bezogen auf die kritische Stromstärke I_c aufgetragen.

6.5.4 Supraleiter zweiter Art

Nach (6.175) bildet sich bei einem Supraleiter zweiter Art bei ausreichend hohem äußerem Magnetfeld ein gemischter Zustand aus, in dem ähnlich wie bei dem im vorigen Unterabschnitt besprochenen Zwischenzustand supra- und normalleiten-

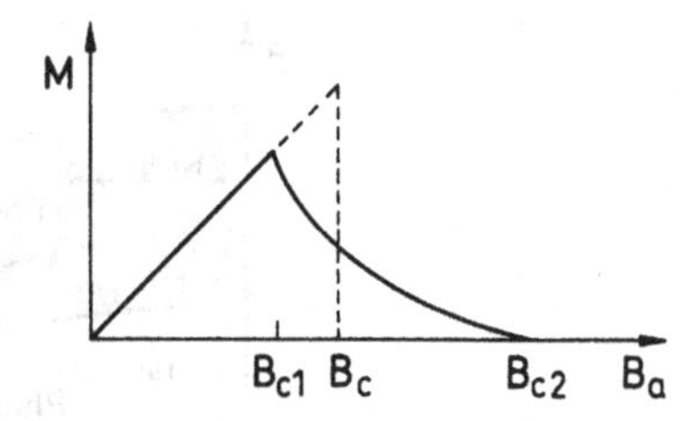

Abb. 6.42 Magnetisierungskurve eines Supraleiters zweiter Art mit Demagnetisierungsfaktor null. Es sind M Magnetisierung, B_a Induktion des äußeren Magnetfelds, B_{c1} und B_{c2} unterer bzw. oberer kritischer Wert der Induktion, B_c thermodynamisch definierte kritische Induktion. Es gilt $B_c^2/2 = \int_0^{B_{c2}} \mu_0 M \, dB_a$

de Bereiche nebeneinander auftreten. Die Struktur des gemischten Zustands ist allerdings, wie wir im Folgenden sehen werden, wesentlich anders als die des Zwischenzustands. Außerdem ist die Ausbildung des Zwischenzustands rein geometrisch bedingt, während sich das Auftreten des gemischten Zustands mit einem negativen Wert der Phasengrenzenergie begründen lässt.

Der Übergang in den gemischten Zustand erfolgt bei einem Supraleiter zweiter Art, sobald der sog. *untere kritische Wert* B_{c1} der Induktion des äußeren Magnetfelds überschritten wird. Unterhalb von B_{c1} hat die Magnetisierungskurve den gleichen Verlauf wie bei einem Supraleiter erster Art, d. h., der Betrag der Magnetisierung $\vec{M}$ ist der magnetischen Induktion proportional (Abb. 6.42). Oberhalb von B_{c1} nimmt dagegen die über die gesamte Probe gemittelte Magnetisierung mit steigender Induktion wieder ab; denn im gemischten Zustand nimmt der Volumenanteil der normalleitenden Bereiche mit steigender Induktion zu. Bei dem *oberen kritischen Wert* B_{c2} ist die supraleitende Phase schließlich vollständig verschwunden, und die Magnetisierung ist gleich null. B_{c1} ist immer kleiner als die thermodynamisch durch (6.146) definierte kritische Induktion B_c. Die Induktion B_{c2}, bei der der supraleitende Gesamtzustand in den normalleitenden Zustand übergeht, kann dagegen wesentlich größer als B_c sein. Den Zustand eines Supraleiters zweiter Art unterhalb B_{c1} bezeichnet man häufig als *Meissner-Phase* und den Zustand zwischen B_{c1} und B_{c2} als *Shubnikov*[20]*-Phase*. Ebenso wie B_c hängen auch B_{c1} und B_{c2} von der Temperatur ab.

Die hier beschriebenen Zusammenhänge sind in Abb. 6.43 schematisch dargestellt. Dem Phasendiagramm können wir entnehmen, in welchem Zustand sich eine Probe bei vorgegebener Temperatur und vorgegebenem Magnetfeld befindet.

[20] Lev Vasiljevich Shubnikov, *1901, †1937 (erschossen).

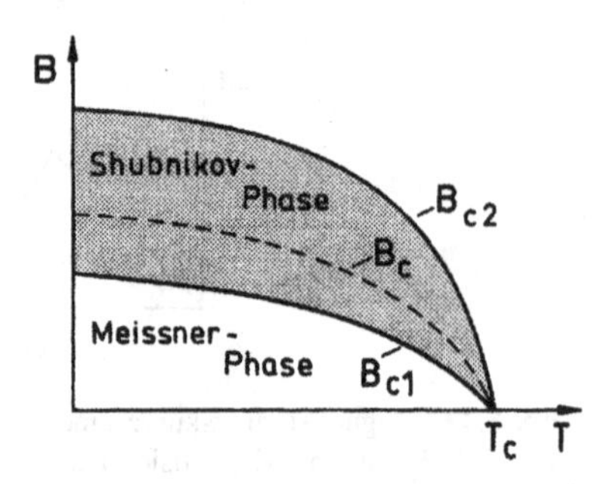

Abb. 6.43 Phasendiagramm eines Supraleiters zweiter Art

Die Struktur der Shubnikov-Phase wurde erstmals 1957 von A.A. Abrikosov genauer untersucht. Er konnte zeigen, dass in der Shubnikov-Phase die normalleitenden Bereiche in Form von parallel zum äußeren Magnetfeld ausgerichteten zylindrischen Fasern in streng periodischer Anordnung in den supraleitenden Bereichen eingebettet sind. Hierbei ist zu erwarten, dass der Radius der Fasern so klein wie möglich ist; denn je kleiner deren Radius ist, desto größer ist das Verhältnis der Oberfläche der normalleitenden Bereiche zu ihrem Volumen. Dies wirkt sich bei negativem Wert der Phasengrenzenergie günstig auf die freie Enthalpie der supraleitenden Probe aus. Die untere Grenze für den Radius einer normalleitenden Faser ist dadurch bestimmt, dass der magnetische Fluss durch eine solche Faser wenigstens gleich dem magnetischen Flussquant Φ_0 sein muss.

Die magnetischen *Flussschläuche*, in denen das äußere Magnetfeld die Probe durchsetzt, sind stets mit elektrischen Ringströmen verknüpft. Dies hat zur Folge, dass sich die Schläuche ähnlich wie parallele stromdurchflossene Spulen gegenseitig abstoßen. Sie sind deshalb, z. B. in einer supraleitenden Scheibe, nicht statistisch verteilt angeordnet sondern bilden ein zweidimensionales hexagonales Gitter (Abb. 6.44). Den Verlauf der Cooper-Paardichte und die Feldverteilung am Ort eines Flussschlauchs zeigt Abb. 6.45. Die Paardichte n_s ist im Kern des Flussschlauchs null und erreicht ungefähr im Abstand der Kohärenzlänge ξ vom Kern den Sättigungswert $n_{s\infty}$. Dagegen hat die magnetische Induktion B im Kern eines Schlauchs ihren größten Wert und nimmt nach außen hin ab. Dabei ist die Stärke des Abfalls durch die Londonsche Eindringtiefe λ bestimmt. Mit wachsendem Außenfeld wird der Abstand der Flussschläuche immer kleiner; gleichzeitig nimmt die mittlere Paardichte ab. Nähert sich die Induktion dem oberen kritischen Wert B_{c2}, so geht die Paardichte gegen null.

Ähnlich wie die Struktur eines Zwischenzustands kann man auch die magnetische Struktur der Shubnikov-Phase durch geeignete Dekoration sichtbar machen. Da hier allerdings wesentlich feinere Strukturen aufzulösen sind, kann man nicht

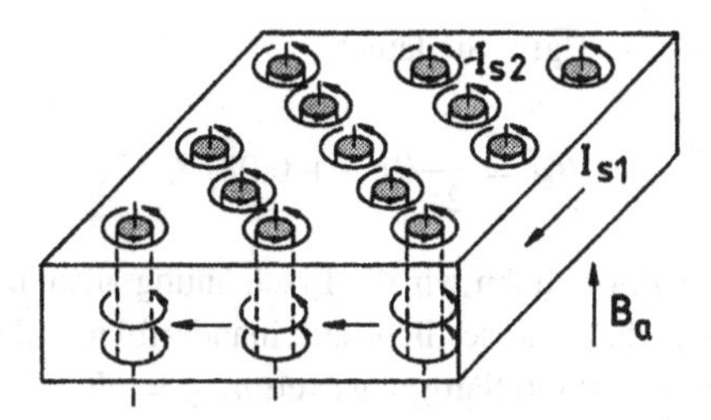

Abb. 6.44 Anordnung der Flussschläuche bei einem Supraleiter zweiter Art, der in Form einer Scheibe senkrecht zum äußeren Magnetfeld B_a orientiert ist und sich in der Shubnikov-Phase befindet. Die Ringströme I_{s2} der Flussschläuche haben einen Drehsinn entgegengesetzt zu den Abschirmströmen I_{s1} an der Berandung der Scheibe

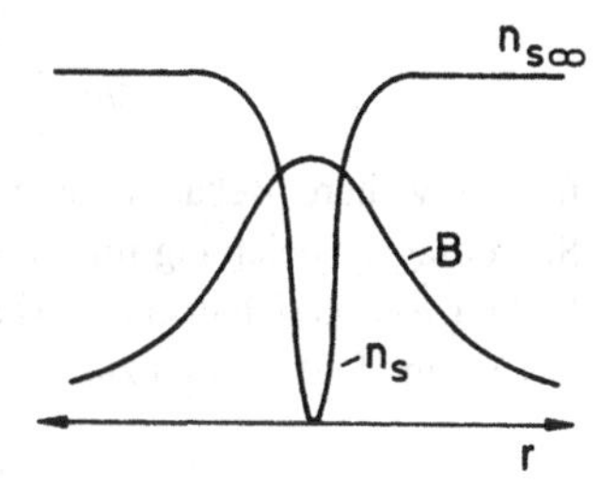

Abb. 6.45 Verlauf der Cooper-Paardichte n_s und der magnetischen Induktion B am Ort eines Flussschlauchs

wie bei den Zwischenzustandsstrukturen ein magnetisierbares Pulver benutzen sondern muss z. B. auf Kolloide zurückgreifen. Verwendet man Eisenkolloid, so lagert sich dieses an der Oberfläche einer supraleitenden Scheibe wegen seines ferromagnetischen Charakters gerade dort ab, wo Flussschläuche aus der Oberfläche austreten. Zur Beobachtung der Oberflächenkonfigurationen muss man in diesem Fall ein Elektronenmikroskop benutzen. In einem derartigen Experiment konnte man beobachten, dass der magnetische Fluss in einem Schlauch tatsächlich gleich einem einzigen Flussquant ist. Dieses Ergebnis erhielt man, indem man den Gesamtfluss durch die Scheibe durch die Anzahl der Flussschläuche dividierte.

Wir hatten oben gesehen, dass es vom Wert des Ginzburg-Landau-Parameters κ abhängt, ob ein Supraleiter erster oder zweiter Art vorliegt. Genauso wird auch der Betrag von B_{c1} und B_{c2} durch den Wert von κ bestimmt.

Um B_{c1} zu ermitteln, wird man zweckmäßig die freie Enthalpie des Supraleiters in der Shubnikov-Phase bei Vorhandensein eines einzigen Flussschlauchs mit seiner freien Enthalpie in der Meissner-Phase vergleichen. B_{c1} findet man dann, indem man beachtet, dass für $B_a = B_{c1}$ die freie Enthalpie in beiden Fällen den gleichen Wert haben muss. In geschlossener Form erhält man eine Lösung für B_{c1}

allerdings nur, wenn $\kappa \gg 1$ gilt. Sie lautet

$$B_{c1} = \frac{1}{2\kappa}(\ln \kappa + 0{,}08) B_c \ . \tag{6.195}$$

Zur Berechnung von B_{c2} können wir die Erscheinung ausnutzen, dass direkt unterhalb B_{c2} die Flussschläuche so dicht aufeinanderfolgen, dass zwischen ihnen die Paardichte $n_s = |\Psi|^2$ ihren Sättigungswert $n_{s\infty} = |\Psi_\infty|^2$ bei weitem nicht erreicht. Es gilt hier also: $|\Psi|^2 \ll |\Psi_\infty|^2$. Daraus folgt bei Beachtung der Ausdrücke für α und β aus (6.159), dass wir in der Ginzburg-Landau-Gleichung (6.167) das nichtlineare Glied $\beta|\Psi|^2\Psi$ gegenüber dem Glied $\alpha\Psi$ vernachlässigen können. Wir dürfen demnach in diesem Fall die sog. *linearisierte Ginzburg-Landau-Gleichung*

$$\frac{1}{2m_s}\left(\frac{\hbar}{i}\nabla - e_s\vec{A}\right)^2 \Psi + \alpha\Psi = 0 \tag{6.196}$$

für die weitere Behandlung des Problems benutzen. (6.196) hat die Form der Schrödinger-Gleichung für ein freies Teilchen der Masse m_s und der elektrischen Ladung e_s, das sich in einem Magnetfeld der Induktion $\vec{B} = \operatorname{rot}\vec{A}$ bewegt. Verläuft das Magnetfeld parallel zur z-Achse, so betragen nach (5.25) die Eigenwerte

$$-\alpha = \frac{\hbar^2 k_z^2}{2m_s} + \left(\nu + \frac{1}{2}\right)\frac{\hbar e_s}{m_s} B \ ,$$

wenn k_z die z-Komponente des Wellenzahlvektors des Teilchens ist. Die Quantenzahl ν kann die Werte $0, 1, 2, 3, \ldots$ annehmen. Die Induktion B hat für festes α ihren größtmöglichen Wert, wenn k_z und ν gleich null sind. Dies entspricht aber gerade dem oberen kritischen Wert B_{c2}; denn in unmittelbarer Nähe von B_{c2} ist B überall in der Probe angenähert gleich der Induktion des äußeren magnetischen Feldes. Wir erhalten also

$$B_{c2} = \frac{2(-\alpha)m_s}{\hbar e_s} \ .$$

Hieraus folgt bei Berücksichtigung von (6.159), (6.84) und (6.171)

$$B_{c2} = \sqrt{2}\,\kappa B_c \ . \tag{6.197}$$

In Tab. 6.3 sind für verschiedene supraleitende Legierungen die kritische Temperatur T_c und der obere kritische Wert B_{c2} der magnetischen Induktion angegeben. Für technische Anwendungen sind insbesondere die Legierungen Nb_3Sn und NbTi interessant.

Tab. 6.3 Werte von T_c und B_{c2} für verschiedene Legierungen

	NbTi	Nb_3Sn	Nb_3Ge	$PbMo_6S$	$Nb_3Al_{0,7}Ge_{0,3}$
T_c [K]	10	18	23,2	14	21,7
B_{c2} [T] bei 4,2 K	11	26	36	54	41

Auch bei einem Supraleiter zweiter Art kann ein Zwischenzustand existieren. Er tritt dann auf, wenn bei von null verschiedenem Demagnetisierungsfaktor an der Oberfläche der Probe der untere kritische Wert B_{c1} der Induktion überschritten wird. Es kommen dann gleichzeitig makroskopische Bereiche in Meissner- und Shubnikov-Phase vor. Mit steigender Induktion werden die Bereiche, die in einer Meissner-Phase vorliegen, immer kleiner. Ist schließlich das ungestörte äußere Feld B_a größer als B_{c1}, so ist nur noch die Shubnikov-Phase vorhanden.

Bei genügend kleinen Transportströmen befindet sich ein Supraleiter zweiter Art in der Meissner-Phase. In diesem Fall gelten für die kritischen Ströme die gleichen Gesetzmäßigkeiten wie für Supraleiter erster Art. Sind hingegen die Transportströme so groß, dass das Magnetfeld an der Oberfläche des Leiters den kritischen Wert B_{c1} überschreitet, so geht der Supraleiter in die Shubnikov-Phase über. Hierbei dringen Flussschläuche in den Supraleiter ein, wodurch ermöglicht wird, dass der Transportstrom jetzt auch im Innern des Leiters fließen kann und nicht, wie in der Meissner-Phase, auf eine dünne Schicht an der Leiteroberfläche beschränkt bleibt. Bei einem zylindrischen drahtförmigen Supraleiter treten die Flussschläuche in Form in sich geschlossener konzentrischer Ringe um die Drahtachse auf. Wesentlich ist nun, dass zwischen dem Transportstrom und den Flussschläuchen aufgrund der Lorentz-Kraft eine Wechselwirkung zustande kommt. Sie bewirkt, dass sich die Schläuche auf die Drahtachse zusammenziehen und schließlich verschwinden. Gleichzeitig rücken von außen wieder neue Schläuche nach.

Die Wechselwirkung zwischen dem Transportstrom und den Flussschläuchen wollen wir nun genauer untersuchen. Wir betrachten dabei den Fall, dass ein drahtförmiges stromdurchflossenes Leiterstück diesmal durch ein von außen angelegtes senkrecht zum Leiterstück orientiertes Magnetfeld in die Shubnikov-Phase gebracht wird. Die Flussschläuche durchsetzen also das Leiterstück senkrecht zum Transportstrom (Abb. 6.46). Eine derartige Konfiguration kann z. B. bei einem Elektromagneten mit supraleitender Wicklung vorliegen. Das Magnetfeld, das in der Spule erzeugt wird, steht senkrecht auf den Spulenwindungen.

Hat das Leiterstück die Länge L, wird es vom Strom I durchflossen, und beträgt die mittlere magnetische Induktion im Supraleiter B, so hat die auf die Gesamtheit der Flussschläuche einwirkende Lorentz-Kraft den Wert

$$F = BIL \quad . \tag{6.198}$$

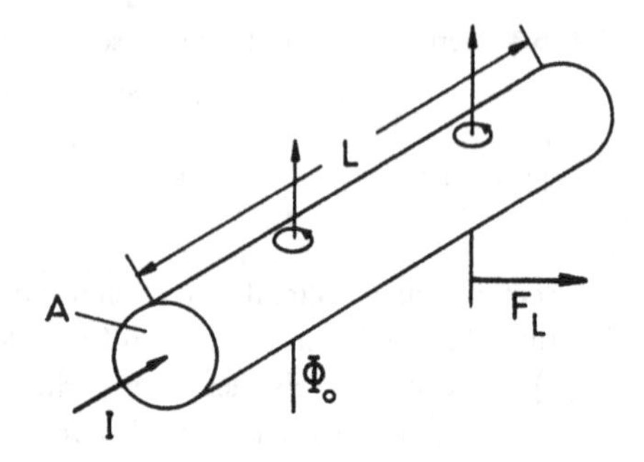

Abb. 6.46 Zur Wechselwirkung zwischen Transportstrom und Flussschläuchen

Die Kraft steht dabei senkrecht auf der Richtung des Stroms und der Schläuche. Ist n die Anzahl der Schläuche je Flächeneinheit senkrecht zum Magnetfeld, und betrachten wir, dass der magnetische Fluss in einem Schlauch gerade gleich dem Flussquant Φ_0 ist, so erhalten wir

$$B = n\Phi_0 \ .$$

Weiter gilt, wenn A der Querschnitt des Leiterstücks und j die mittlere Stromdichte des Transportstroms ist

$$I = jA \ .$$

Berücksichtigen wir schließlich, dass die Gesamtlänge der Flussschläuche im Leiterstück nAL ist, so erhalten wir aus (6.198) für die Lorentz-Kraft, die auf einen Schlauch je Längeneinheit ausgeübt wird

$$F_L = j\Phi_0 \ . \tag{6.199}$$

Eine Wanderung von Flussschläuchen ist immer mit einem Energieverlust verknüpft. Dies hat verschiedene Ursachen. Wenn z. B. ein Flussschlauch über einen Ort im Supraleiter hinwegwandert, so tritt an dieser Stelle ein zeitlich veränderliches Magnetfeld auf. Ein zeitlich veränderliches Magnetfeld erzeugt aber ein elektrisches Feld, das auch die normalleitenden Elektronen beschleunigt. Die Energie, die die so erzeugten Wirbelströme verbrauchen, kann nur dem Transportstrom entnommen werden. Um ihn aufrecht zu erhalten, wird jetzt eine elektrische Spannung benötigt. Damit erhält der Leiter aber einen endlichen elektrischen Widerstand. Eine Energiedissipation wird außerdem durch Relaxationsprozesse verursacht; denn zur Einstellung der Gleichgewichtskonzentration der Cooper-Paare in einem Flussschlauch wird eine endliche Zeit benötigt. Bei der Wanderung eines

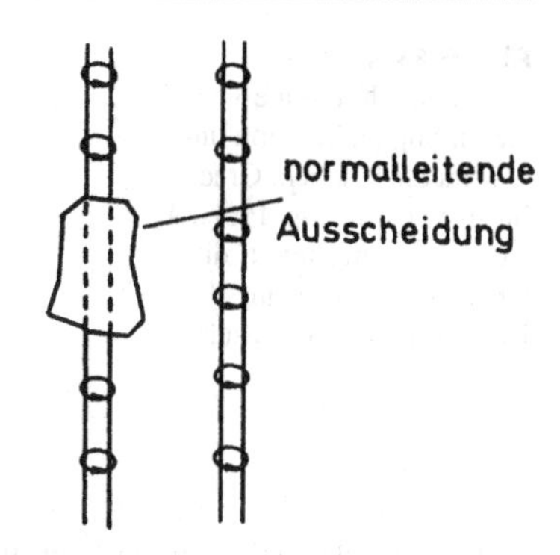

Abb. 6.47 Zur Haftwirkung normalleitender Ausscheidungen auf die Flussschläuche der Shubnikov-Phase

Schlauchs eilt demnach sein Magnetfeld der zugehörigen Gleichgewichtsverteilung der Cooper-Paare voraus. Dadurch werden die Paare an der Vorderfront des Schlauchs bei einem Magnetfeld aufgebrochen, das stärker als das Magnetfeld ist, bei dem die Cooper-Paare an der Rückseite des Flussschlauchs gebildet werden. Dadurch kommt eine von null verschiedene Energiebilanz zustande.

Nach den hier dargelegten Gesetzmäßigkeiten sollte ein Supraleiter zweiter Art bereits einen elektrischen Widerstand aufweisen, sobald er sich nach Überschreiten von B_{c1} in der Shubnikov-Phase befindet. In Wirklichkeit gilt das jedoch nur für einen *idealen* Supraleiter zweiter Art. Er ist dadurch gekennzeichnet, dass die Flussschläuche in ihm frei verschiebbar sind. Normalerweise sind nämlich die Schläuche durch sog. *Haftzentren* mehr oder weniger stark an ihre Positionen gebunden. Ist diese Bindung besonders stark, so spricht man von *harten Supraleitern*. Sie sind die für technische Anwendungen interessanten Supraleiter.

Als Haftzentren für Flussschläuche können alle diejenigen Störungen im Gitteraufbau wirksam werden, deren Ausdehnung größer als die Kohärenzlänge des betreffenden Materials ist. Hierzu gehören normalleitende Ausscheidungen in Legierungen, Bereiche mit kleiner Cooper-Paardichte oder z. B. Versetzungen. Die Haftwirkung normalleitender Ausscheidungen wird anhand von Abb. 6.47 verständlich. Da jeder Flussschlauch mit Ringströmen verknüpft ist, können wir ihm einen bestimmten Energieinhalt je Längeneinheit zuordnen. In einer normalleitenden Ausscheidung, die von einem Flussschlauch durchsetzt wird, fehlen diese Ringströme. Ein Flussschlauch hat in einer solchen Konfiguration deshalb einen kleineren Energieinhalt als in einer störungsfreien Nachbarposition, und es ist somit eine bestimmte Kraft erforderlich, um ihn von seinem bevorzugten Platz zu verrücken. Dabei dürfen wir allerdings die einzelnen Flussschläuche nicht isoliert betrachten, sondern wir müssen berücksichtigen, dass durch die Wechselwirkung zwischen den Schläuchen das gesamte Flussschlauch-Gitter eine gewisse Starr-

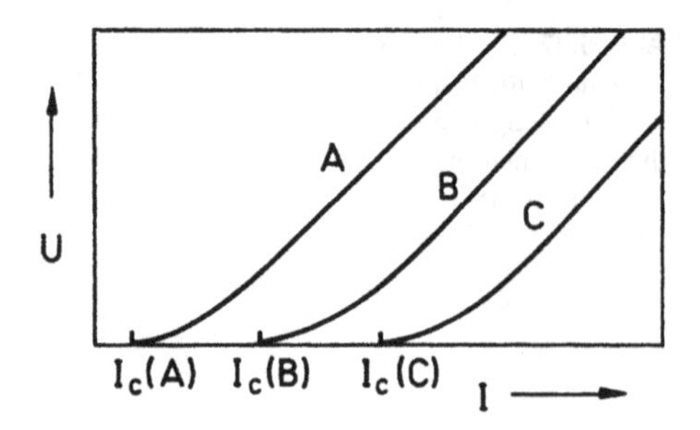

Abb. 6.48 Strom-Spannungs-Kennlinie von harten Supraleitern mit unterschiedlich hohem Grad innerer Unordnung. Probe *A* weist die wenigsten, *C* die meisten Störungen auf. I_c ist die kritische Stromstärke

heit erhält, die auch dann vorliegt, wenn verschiedene Flussschläuche nicht durch Haftzentren fixiert sind. Bezeichnen wir mit F_H die mittlere Haftkraft eines Flussschlauchs je Längeneinheit, so wird nur dann ein widerstandsfreier Strom im Supraleiter fließen, wenn F_H größer als die Lorentz-Kraft F_L aus (6.199) ist, d. h., wenn

$$F_H > j\Phi_0 \tag{6.200}$$

ist. Ist (6.200) nicht erfüllt, so besitzt der Supraleiter einen elektrischen Gleichstromwiderstand. Dieses Verhalten eines Supraleiters zweiter Art ist grundsätzlich verschieden von dem eines Supraleiters erster Art. Bei letzterem tritt ein elektrischer Widerstand auf, sobald die magnetische Induktion an der Oberfläche des Leiters den kritischen Wert B_c überschritten hat. Er kommt dadurch zustande, dass der Transportstrom jetzt normalleitende Bereiche durchfließt. Beim Supraleiter zweiter Art wird hingegen der elektrische Widerstand durch die Wanderung von Flussschläuchen hervorgerufen. Der Leiter befindet sich aber auch dann weiterhin im gemischten Zustand und wird von supraleitenden Ladungsträgern durchflossen.

Wie bei einem Supraleiter erster Art bezeichnet man auch bei einem Supraleiter zweiter Art den Transportstrom, der nicht überschritten werden darf, wenn man einen widerstandsfreien Strom beibehalten will, als kritischen Strom I_c („Depinning"-Strom). In Abb. 6.48 sind die Strom-Spannungs-Kennlinien dreier einheitlich zusammengesetzter Proben eines Supraleiters zweiter Art dargestellt. Alle drei Proben sind einem gleich starken äußeren Magnetfeld ausgesetzt und befinden sich in der Shubnikov-Phase. Sie unterscheiden sich lediglich durch den Grad der inneren Unordnung. Die Probe C weist die meisten Störungen auf. Entsprechend ist hier der kritische Strom I_c am größten. Der lineare Teil der Kennlinie hat in allen drei Fällen die gleiche Steigung. Der differenzielle Widerstand dU/dI, den man allgemein als „flow resistance" bezeichnet, hängt demnach nicht von der Zahl der Haftzentren ab.

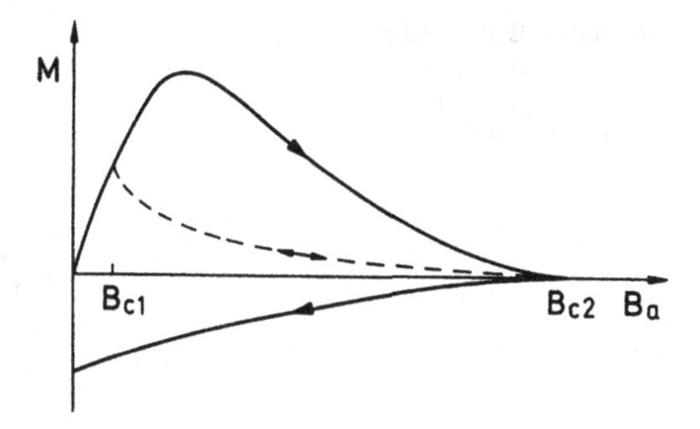

Abb. 6.49 Magnetisierungskurve eines harten (*durchgezogen*) und eines idealen (*gestrichelt*) Supraleiters zweiter Art

Abb. 6.49 zeigt die Magnetisierungskurve eines harten Supraleiters. Sie unterscheidet sich wesentlich von der entsprechenden Kurve eines idealen Supraleiters zweiter Art, die mit eingezeichnet ist. Bis zur Feldstärke B_{c1} kann allerdings kein Unterschied beobachtet werden, da die Proben sich noch in der Meissner-Phase befinden. Nach Überschreiten von B_{c1} dringen Flussschläuche von der Oberfläche her in die Proben ein, verteilen sich bei einem harten Supraleiter aber nicht wie bei einem idealen Supraleiter gleichmäßig über das Probenvolumen, sondern sind anfangs nur dicht unter der Oberfläche vorhanden. Die Magnetisierungskurve des harten Supraleiters steigt daher zunächst weiter an. Beim oberen kritischen Wert B_{c2} erfolgt in beiden Proben ein Übergang in den normalleitenden Zustand, und das Magnetfeld durchsetzt die Proben gleichmäßig. Nimmt jetzt die Stärke des Außenfeldes ab, so gehen die Proben wieder in die Shubnikov-Phase über. Die Flussschläuche sind im harten Supraleiter aber mehr oder weniger fest an die Haftzentren gebunden und können mit schwächer werdendem Außenfeld nur allmählich aus der Probe austreten. Der harte Supraleiter zeigt sich jetzt als Paramagnet. Selbst bei verschwindendem Außenfeld ist noch ein magnetischer Fluss vorhanden (Remanenz). Kehrt man die Feldrichtung um, so wird eine Hysteresekurve durchlaufen.

6.6 Hochtemperatur-Supraleiter

Im Jahre 1986 machten J.G. Bednorz[21] und K.A. Müller[22] die aufsehenerregende Entdeckung, dass bei dem von ihnen hergestellten metallischen Oxid $(LaBa)_2CuO_4$ die kritische Temperatur für den Übergang vom supraleitenden

[21] Johannes Georg Bednorz, *1950 Neuenkirchen, Nobelpreis 1987.
[22] Karl Alexander Müller, * 1927 Basel, Nobelpreis 1987.

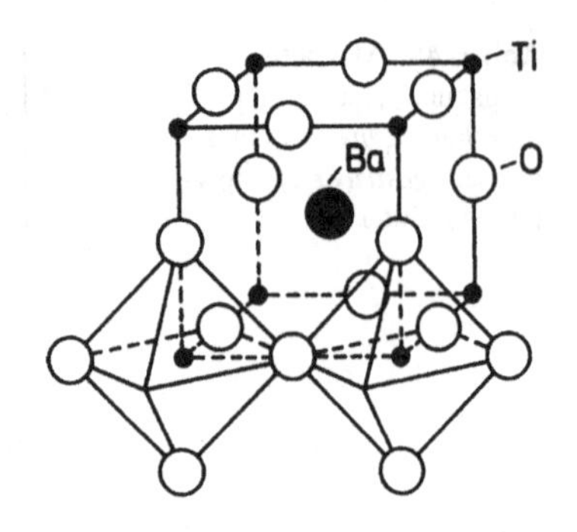

Abb. 6.50 Einheitszelle eines Bariumtitanatkristalls mit eingezeichneten Sauerstoffoktaedern

in den normalleitenden Zustand bei etwa 30 K liegt. Bis dahin betrug die höchste erreichbare kritische Temperatur 23,2 K. Sie wurde bei der metallischen Verbindung Nb_3Ge beobachtet. Aufbauend auf den Untersuchungen von Bednorz und Müller begann in der Folgezeit eine intensive Suche nach Supraleitern mit noch höherer kritischer Temperatur. Schon im Frühjahr 1987 teilten C.W. Chu und Mitarbeiter die Entdeckung des keramischen Oxids $YBa_2Cu_3O_7$ mit, das eine kritische Temperatur von 93 K hat, und wieder ein Jahr später wurde bei dem System Bi–Sr–Ca–Cu–O eine kritische Temperatur von 110 K und bei dem System Tl–Ba–Ca–Cu–O sogar eine solche von 125 K gemessen. Inzwischen wurden an Hg–Ba–Cu–O Systemen höchste kritische Temperaturen von 135 K bei Normaldruck und unter hohem Druck sogar 160 K gemessen. Allen diesen neuen Supraleitern ist gemeinsam, dass sie als wesentlichen Bestandteil ihres kristallinen Aufbaus Kupferoxidschichten enthalten. Bisher sind die weitaus meisten Untersuchungen an $YBa_2Cu_3O_7$ durchgeführt worden, und nur mit diesem Oxid werden wir uns hier etwas ausführlicher beschäftigen. Da die kritische Temperatur dieser Keramik oberhalb der Siedetemperatur des flüssigen Stickstoffs von 77,4 K liegt, reicht für eine Überführung in den supraleitenden Zustand eine Kühlung mit flüssigem Stickstoff aus. Man ist also nicht wie bei den bis heute in der Technik verwendeten konventionellen Supraleitern auf die wesentlich aufwendigere und kostspieligere Kühlung mit flüssigem Helium angewiesen.

Die Kristallstruktur des $YBa_2Cu_3O_7$ lässt sich von der Perowskit-Struktur ableiten, die wir bereits in Abschn. 4.4 bei der Untersuchung der ferroelektrischen Eigenschaften des Bariumtitanats kennengelernt haben. Hierbei gehen wir aber zweckmäßig nicht von der Einheitszelle des $BaTiO_3$ in Abb. 4.15 aus, sondern wählen für sie besser eine Darstellung wie in Abb. 6.50. Dort befindet sich in der Mitte der würfelförmigen Einheitszelle ein Bariumatom, und die Titanatome sitzen an den Würfelecken. Dann müssen die Sauerstoffatome jeweils im Mittelpunkt

Abb. 6.51 Einheitszelle eines $YBa_2Cu_3O_7$-Kristalls

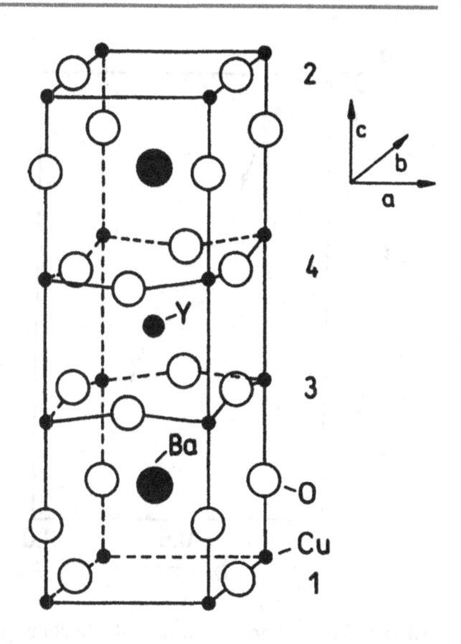

der einzelnen Würfelkanten angeordnet sein. Jedes Titanatom sitzt im Mittelpunkt eines Oktaeders, an dessen Ecken sich Sauerstoffatome befinden. Die einzelnen Oktaeder sind über ihre Ecken miteinander vernetzt. Die Einheitszelle der Substanz $YBa_2Cu_3O_7$ erhalten wir nun, indem wir drei der in Abb. 6.50 dargestellten Würfel aufeinanderpacken, dabei die Titanatome durch Kupferatome ersetzen und in dem mittleren Würfel den Platz des Bariumatoms mit einem Yttriumatom belegen (Abb. 6.51). Außerdem werden die Sauerstoffatome in der (a,b)-Ebene, die die Yttriumatome enthält, entfernt, wodurch die dreidimensionale Vernetzung der CuO_6-Oktaeder zerstört wird und lediglich eine zweidimensionale Vernetzung in der (a,b)-Ebene aufrechterhalten wird. Schließlich bleiben in der untersten und obersten Ebene der neuen Einheitszelle nur die Hälfte der Sauerstoffplätze besetzt, und zwar nur diejenigen, die in einer Gitterkette in Richtung der b-Achse liegen. Dort tritt im Allgemeinen ein weiteres Defizit von Sauerstoffatomen auf, was in der Strukturformel durch $O_{7-\delta}$ erfasst wird. Auf diese Weise ergibt sich gerade die oben angegebene Summenformel für das supraleitende Oxid. Der Kristall hat ein orthorhombisches Gitter mit einem (b/a)-Verhältnis von 1,017 und ist in c-Richtung extrem anisotrop ($c \sim 3a$).

Entzieht man einer $YBa_2Cu_3O_7$ Probe z. B. durch Erhitzen im Vakuum Sauerstoff, geht man also zu der Verbindung $YBa_2Cu_3O_{7-\delta}$ über, so wird die kritische Temperatur T_c der Probe abgesenkt. In Abb. 6.52a ist dieser Zusammenhang grafisch dargestellt. Bis zu einem Sauerstoffdefizit von $\delta = 0{,}2$ behält die kritische

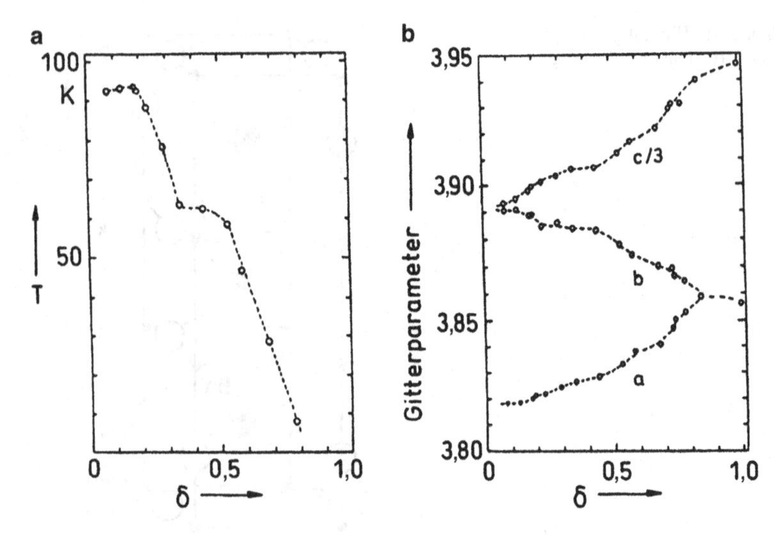

Abb. 6.52 Abhängigkeit **a** der kritischen Temperatur T_c und **b** der Gitterkonstanten a,b und c/3 des Oxids $YBa_2Cu_3O_{7-\delta}$ vom Sauerstoffdefizit δ (nach Nakazawa, Y.; Ishikawa, M.: Physica C **158** (1989) 384)

Temperatur T_c ihren Wert von 93 K praktisch unverändert bei. (Genaugenommen liegt das höchste T_c nicht bei $\delta = 0$ sondern bei $\delta \approx 0{,}05$. Der Verlauf von T_c um diesen optimalen Wert von δ ist parabelförmig. Dieses Verhalten findet man auch bei anderen Hochtemperatur-Supraleitern, wo es klarer in Erscheinung tritt.) Bei einer weiteren Vergrößerung von δ nimmt T_c zunächst jedoch stark ab, um bei δ-Werten zwischen etwa 0,3 und 0,5 ein Plateau zu bilden. Dieses ist verbunden mit der Bildung einer Unterordnung, bei der jede zweite Sauerstoffkette in b-Richtung besetzt ist, der sog. Ortho-II-Phase. Anschließend erfolgt wieder ein steiler Abfall von T_c, und etwa bei $\delta = 0{,}8$ bricht der supraleitende Zustand zusammen. Die Sauerstoffatome werden den Gitterketten in den Ebenen 1 und 2 der Einheitszelle in Abb. 6.51 entnommen, da diese Atome relativ locker gebunden sind. In Abb. 6.52b ist dargestellt, wie die Gitterkonstanten des Oxids von seinem Sauerstoffgehalt abhängen. Mit zunehmendem Wert des Sauerstoffdefizits δ geht die orthorhombische Phase kontinuierlich in eine tetragonale Phase über. Es handelt sich dabei um einen Ordnung- Unordnungs-Übergang, d. h., die Anordnung der Sauerstoffatome der Ebenen 1 und 2 in Gitterketten in Richtung der b-Achse wird bei höheren Werten von δ in immer stärkerem Maße gestört, bis sich schließlich bei $\delta = 0{,}8$ die restlichen jetzt noch vorhandenen Sauerstoffatome statistisch über sämtliche verfügbaren Plätze der oben genannten Ebenen verteilen. Die vollständige Zerstörung der Ordnung bei $\delta \approx 0{,}8$ fällt mit dem Verschwinden der supraleitenden Eigenschaften des Oxids zusammen. Bei diesem Typ eines Hochtemperatur-Supraleiters scheint deshalb die Existenz von Cu–O-Ketten von wesentlicher Bedeutung für das Auftreten der Supraleitfähigkeit zu sein. Die Ketten bilden Ladungsträgerreservoirs zur Dotierung der Cu-Ebenen. Es lassen sich jedoch noch keine endgültigen Aussagen über den Mechanismus machen, der bei den neuartigen Oxiden zur Supraleitung führt. Im Übrigen scheinen sich bei diesen Oxiden die supraleitenden Ladungsträger hauptsächlich in den in Abb. 6.51 durch die Ziffern 3 und 4 gekennzeichneten Ebenen zu bewegen, wodurch bei Einkristallen die beobachtbare starke Anisotropie der kritischen elektrischen Stromdichte und des kritischen Magnetfeldes erklärt werden kann. Beim $YBa_2Cu_3O_7$ handelt es sich um einen Supraleiter zweiter Art mit dem Ginzburg-Landau-Parameter $\kappa \approx 82$. Die Londonsche Eindringtiefe $\lambda(0)$ beträgt etwa 1400 Å, und das thermodynamische kritische Feld B_c hat einen Wert von etwa 1 T. Für das kritische Feld B_{c2} findet man extrem große Werte von über 100 T. Während der Ordnungsparameter bei den klassischen Supraleitern s-Wellen-Symmetrie besitzt, findet man bei den Hochtemperatur-Supraleitern d-Wellen-Symmetrie. (NB: p-Wellen-Symmetrie findet man bei supraflüssigem ^{3}He.) Es sei noch erwähnt, dass man in der Verbindung $YBa_2Cu_3O_7$ das Yttriumatom auch durch ein Atom der seltenen Erden mit Ausnahme von Cer, Praseodym und Terbium ersetzen kann, ohne dass sich die supraleitenden Eigenschaften des Oxids dadurch wesentlich ändern, sog. 123-Kuprate.

Die technische Verwendung der Hochtemperatursupraleiter in Hochstromanwendungen (Siehe auch das Buch von P. Komarek, Literaturverzeichnis zu Kap. 6) wird durch ihr mechanisches Verhalten und die Schwierigkeit, hohe kritische Stromdichten zuverlässig und reproduzierbar zu erreichen, erschwert. Als Oxidkeramiken sind die Stoffe spröde und mechanisch schwer zu bearbeiten. Technisch wäre ein flexibler Draht erwünscht. Massive Hochtemperatursupraleiter haben einen granularen Aufbau. Sie setzen sich aus einzelnen supraleitenden Körnern zusammen, die über normalleitende Brücken miteinander verbunden sind. Entsprechend unterscheidet man zwischen der kritischen Stromdichte in einem einzelnen Korn, der sog. *Intrastromdichte*, und der kritischen Stromdichte im gesamten Granulat, der sog. *Interstromdichte*. Ein aussichtsreiches Material für Hochstromanwendungen ist der „Dreischichter" Bi(Pb)-2223 mit der Stöchiometrie $Bi(Pb)_2Sr_2Ca_2Cu_3O_x$. Mit der sog. „Pulver-in-Rohr" Technik kann man aus diesem Ausgangsmaterial einen hochstromtragfähigen und in Grenzen flexiblen Bandleiter herstellen. Hierzu wird das Material als Pulver in ein Silberrohr gefüllt und verdichtet. Das Rohr wird dann durch mechanisches Ziehen und Walzen zu einem Rohbandleiter mit Silberaußenmantel verformt. Eine anschließende thermomechanische Behandlung (Sintern, Pressen, Walzen) führt zur notwendigen Texturierung des Dreischichters. Die erreichten kritischen Stromdichten hängen empfindlich von den Parametern der Behandlung wie Sintertemperatur, Sinteratmosphäre, Zahl der Sinter- und Walzvorgänge ab. An Filamentbandleitern wurden so $2 \cdot 10^5\,\mathrm{A/cm^2}$ erreicht. Zum Vergleich sei erwähnt, dass die Stromdichte eines konventionellen Kupferhochstromkabels im Betrieb bei einer Temperatur von 77 K einen Wert von $2 \cdot 10^3\,\mathrm{A/cm^2}$ hat. Eine andere Entwicklungslinie sind mit Hochtemperatur-Supraleitern beschichtete Bänder, die mit speziellen Beschichtungsverfahren hergestellt werden. Mit diesen Bandleitern wurden schon Stromdichten oberhalb $10^6\,\mathrm{A/cm^2}$ erzielt.

Für technische Anwendungen erfolgt eine stetige Weiterentwicklung der Hochtemperatursupraleiter, die jedoch wesentlich langsamer zu Ergebnissen führt als in der Euphorie nach ihrer Entdeckung angenommen wurde. Für einen Überblick sei der Leser auf die Artikel „Hochtemperatur-Supraleiter: Stand der Anwendungen" (F. Sicking, J. Fröhlingsdorf: Phys. Blätter **57** (2001) 57) und „15 Jahre Hochtemperatur-Supraleitung" (H. Eschrig, J. Fink, L. Schultz: Physik Journal **1** (2002) 45) verwiesen.

6.7 Aufgaben zu Kap. 6

6.1 In einem Elektronen-Ionen-Kontinuum, in dem die Ionen einen starren Ladungshintergrund bilden, beträgt die statische vom Wellenzahlvektor $\vec{q}$ abhängige dielektrische Funktion nach (6.29)

$$\epsilon(\vec{q}) = 1 + \frac{k_{TF}^2}{q^2} , \tag{6.201}$$

wobei k_{TF} die Thomas-Fermi-Wellenzahl ist. Bringen wir in dieses Medium von außen eine elektrische Ladung mit der Ladungsdichte $\rho_{\mathrm{ext}}(\vec{r})$, so wird in ihm durch Verrückung der Elektronen eine Ladung mit der Dichte $\rho_{\mathrm{ind}}(\vec{r})$ induziert. Wir können nun einmal durch die Festsetzung $\vec{D} = -\operatorname{grad} V_0(\vec{r})$ ein elektrisches Potenzial definieren, das der Gleichung $\Delta V_0(\vec{r}) = -\rho_{\mathrm{ext}}(\vec{r})$ genügt, und zum andern durch die Festsetzung $\vec{\mathcal{E}} = -\operatorname{grad} V(\vec{r})$ ein Potenzial einführen, das die Gleichung $\Delta V(\vec{r}) = -(1/\epsilon_0)[\rho_{\mathrm{ext}}(\vec{r}) + \rho_{\mathrm{ind}}(\vec{r})]$ erfüllt. Für das Verhältnis der Fourier-Transformierten dieser Potenziale erhalten wir dann

$$\frac{V_{0,q}}{V_q} = \epsilon_0 \frac{\rho_{\mathrm{ext},q}}{\rho_{\mathrm{ext},q} + \rho_{\mathrm{ind},q}} .$$

Nach (6.9) folgt hieraus

$$\frac{V_{0,q}}{V_q} = \epsilon_0 \epsilon(\vec{q}) \ . \tag{6.202}$$

Für eine Punktladung Q, die von außen in das Elektronen-Ionen-Kontinuum an den Ort $\vec{r} = 0$ gebracht wird, gilt

$$\Delta V_0(\vec{r}) = -Q\delta(\vec{r}) \ .$$

Zeigen Sie, dass in diesem Fall die Fourier-Transformierte von $V_0(\vec{r})$ die Form

$$V_{0,q} = \frac{Q}{q^2} \tag{6.203}$$

hat.

Aus (6.202), (6.203) und (6.201) ergibt sich für die Fourier-Transformierte von $V(\vec{r})$

$$V_q = \frac{Q}{\epsilon_0 (q^2 + k_{TF}^2)} \ .$$

Für das Potenzial gilt dann

$$V_{\vec{r}} = \frac{1}{(2\pi)^3} \int \frac{Q}{\epsilon_0 (q^2 + k_{TF}^2)} e^{i\vec{q}\cdot\vec{r}} d^3 q \ . \tag{6.204}$$

Führen Sie in (6.204) die Integration in sphärischen Polarkoordinaten durch, und zeigen Sie, dass

$$V_{\vec{r}} = \frac{Q}{4\pi\epsilon_0 r} e^{-k_{TF} r} \ . \tag{6.205}$$

Das Potenzial in (6.205) bezeichnet man als *abgeschirmtes Coulomb-Potenzial*. Die Größe $1/k_{TF}$ ist ein Maß für den Abfall des Potenzials; es ist die sog. *Thomas-Fermi-Abschirmlänge*.

6.2 In Abschn. 6.1 haben wir gesehen, dass bei einer schwachen Kopplung der supraleitenden Elektronen, d. h., wenn $Z(E_F)V \ll 1$ ist, der Energielückenparameter $\Delta(0)$ durch die Beziehung

$$\Delta(0) = 2\hbar\omega_D e^{-2/[Z(E_F)V]}$$

mit der Debyeschen Grenzfrequenz ω_D verknüpft ist. Hieraus ergibt sich gleichzeitig

$$\frac{\hbar\omega_D}{\Delta(0)} \gg 1 \ .$$

Zeigen Sie, dass bei Berücksichtigung dieser beiden Beziehungen und bei Verwendung von (6.66) und (6.74) sich (6.71) in den Ausdruck

$$\ln\frac{\Delta(T)}{\Delta(0)} = -2\int\limits_0^\infty \frac{dx}{\sqrt{x^2+1}}\,\frac{1}{e^{1{,}75\sqrt{x^2+1}[T_c\Delta(T)/T\Delta(0)]}+1}$$

überführen lässt. Hierdurch wird bewiesen, dass im Rahmen der BCS-Theorie bei einer schwachen Wechselwirkung zwischen den Elektronen die Größe $\Delta(T)/\Delta(0)$ eine universelle Funktion von T/T_c ist.

Legierungen[§]

7

Bisher befassten wir uns bei der Untersuchung der physikalischen Eigenschaften der Festkörper fast ausschließlich mit Einstoffsystemen. Legierungen traten nur bei der Behandlung der Spingläser und der Supraleiter zweiter Art besonders in Erscheinung. Sehr große Bedeutung haben Legierungen bekanntlich in der Werkstoffkunde. Hier kommt es allerdings nicht nur auf die Zusammensetzung der Legierung an, sondern ihre technologischen Eigenschaften, wie z. B. die mechanische Festigkeit, werden auch weitgehend durch ihr Gefüge bestimmt.

Sind die einzelnen Komponenten einer Legierung statistisch auf die Gitterplätze im Kristall verteilt, so ist die Translationssymmetrie des Gitters gestört. Man wird deshalb vielleicht erwarten, dass alle Folgerungen aus der Bändertheorie, die ja auf der Translationssymmetrie beruht, für ungeordnete Legierungen nur bedingt gültig sind. Es hat sich aber gezeigt und lässt sich auch theoretisch begründen (s. z. B. Ehrenreich, H. und Schwartz, L.M. im Literaturverzeichnis), dass in Wirklichkeit die Folgen der Symmetrieverletzung im Allgemeinen nur relativ gering sind. Einen bemerkenswerten Unterschied zwischen ungeordneten Legierungen und reinen Metallen können wir jedoch im Temperaturverhalten ihres elektrischen Widerstands beobachten. Wie wir in Abschn. 3.3.4 gesehen haben, nimmt bei einem reinen Metall der elektrische Widerstand bei einer Abkühlung der Probe von Raumtemperatur auf die Temperatur des flüssigen Heliums auf den 10^3 bis 10^4-ten Teil ab. Bei einer ungeordneten Legierung erfolgt hingegen im gleichen Temperaturintervall u. U. nur ein Widerstandsabfall auf die Hälfte des Wertes bei Raumtemperatur. Das liegt daran, dass wir eine ungeordnete Legierung als einen stark mit Fremdatomen verunreinigten Leiter ansehen können, und dementsprechend der temperaturunabhängige Restwiderstand der Legierung so groß ist, dass er nicht nur bei tiefen Temperaturen sondern auch bei höheren Temperaturen den entscheidenden Beitrag zum Gesamtwiderstand leistet.

In Abschn. 7.1 beschäftigen wir uns mit der Thermodynamik der Legierungen. Wir beschränken uns hierbei auf binäre Systeme; denn bei diesen einfachen Syste-

© Springer-Verlag GmbH Deutschland 2017

K. Kopitzki, P. Herzog, *Einführung in die Festkörperphysik*,
DOI 10.1007/978-3-662-53578-3_7

men können wir bereits die wesentlichen Gesetzmäßigkeiten bei der Legierungsbildung studieren. In Abschn. 7.2 diskutieren wir zunächst Diffusionsprozesse in Legierungen. Sie spielen sowohl bei Erstarrungsvorgängen als auch bei Ausscheidungsvorgängen, mit denen wir uns anschließend befassen, eine wichtige Rolle. Daneben kennt man noch die martensitischen Umwandlungen. Diese laufen nach völlig anderen Mechanismen als die diffusionsgesteuerten Phasenreaktionen ab. Auch damit beschäftigen wir uns in Abschn. 7.2.

Nachdem wir in Abschn. 7.1 Legierungszustände im thermodynamischen Gleichgewicht untersucht haben, befassen wir uns in Abschn. 7.3 mit metastabilen Legierungen. Man erhält sie u. U. durch sehr schnelles Abkühlen einer Schmelze. Wir haben dabei zwischen kristallinen und amorphen metastabilen Legierungen zu unterscheiden. Ganz allgemein kennt man bei den amorphen Substanzen drei verschiedene Strukturen: die statistische dichte Kugelpackung der metallischen Gläser, das kontinuierliche statistische Netzwerk der kovalenten Gläser und das statistische Knäuel der Polymerengläser (s. z. B. Elliot, S.R. im Literaturverzeichnis). Wir beschäftigen uns hier nur mit der Struktur metallischer Gläser. Außerdem lernen wir in Abschn. 7.3 zwei Methoden kennen, die für experimentelle Strukturuntersuchungen an amorphen Substanzen besonders geeignet sind.

7.1 Thermodynamik binärer Legierungen

Der Zustand eines Zweistoffsystems mit den beiden Komponenten A und B ist durch den Druck p, die Temperatur T und den *Stoffmengengehalt* x_B der Komponente B bestimmt. Hierbei ist

$$x_B = \frac{n_B}{n} \ , \tag{7.1}$$

wenn n_B die Stoffmenge der Komponente B und n die gesamte Stoffmenge sind. Die Angabe der Stoffmenge erfolgt gewöhnlich in Mol. Anstatt x_B können wir natürlich genausogut den Stoffmengengehalt x_A der Komponente A verwenden. Er ist definiert durch die Beziehung

$$x_A = \frac{n_A}{n} \ , \tag{7.2}$$

wenn n_A die Stoffmenge der Komponente A bedeutet. Da $n = n_A + n_B$ ist, gilt: $x_A + x_B = 1$ oder

$$x_A = 1 - x_B \ . \tag{7.3}$$

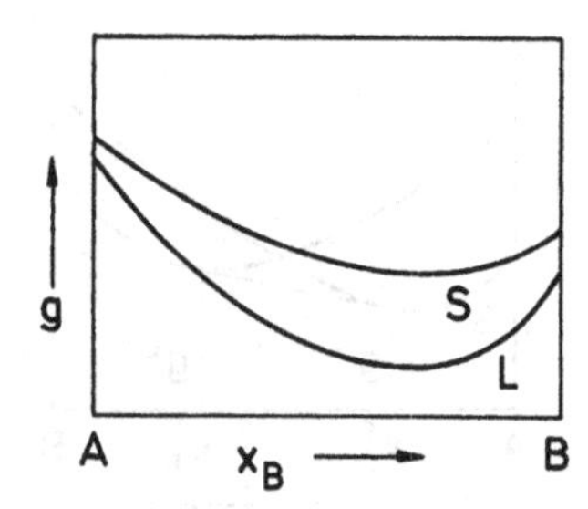

Abb. 7.1 Molare freie Enthalpie g der flüssigen (L) und der festen Phase (S) eines binären Systems in Abhängigkeit vom Stoffmengengehalt x_B der B-Komponente. Bei der hier vorgegebenen Temperatur ist im gesamten Konzentrationsbereich der flüssige Zustand stabil

Man kann den Zustand eines Systems einem sog. *Zustandsdiagramm* entnehmen. Dieses ist bei Legierungen gewöhnlich für den Normaldruck von 1 bar dargestellt, enthält also nur noch T und x_B als Variable. Wie später gezeigt wird, ersieht man aus dem Diagramm, ob im thermodynamischen Gleichgewicht bei vorgegebenen Werten von T und x_B lediglich eine Phase existiert oder gleichzeitig mehrere Phasen vorliegen, außerdem wie groß gegebenenfalls der prozentuale Anteil der einzelnen Phasen ist, und wie sie zusammengesetzt sind.

Obwohl die Zustandsdiagramme der einzelnen Legierungen meistens experimentell ermittelt werden, ist es für ein besseres Verständnis der verschiedenen Diagramme sehr nützlich, sich mit den grundlegenden Gesetzmäßigkeiten zu befassen, die den Aufbau eines Zustandsdiagramms bestimmen.

Wir können das Zustandsdiagramm einer Legierung konstruieren, wenn wir für die verschiedenen Temperaturen den Verlauf der molaren freien Enthalpie g der festen und flüssigen Phasen in Abhängigkeit von x_B kennen. Wie dieses zu geschehen hat, zeigen Abb. 7.1 bis 7.4.

In Abb. 7.1 hat bei einer vorgegebenen Temperatur die freie Enthalpie einer flüssigen Phase (Buchstabe L) für sämtliche Werte von x_B einen niedrigeren Wert als die freie Enthalpie einer festen Phase (Buchstabe S). Da ein System bei vorgegebenem Druck und vorgegebener Temperatur im Gleichgewicht ist, wenn seine freie Enthalpie einen Minimalwert hat (s. Anhang A), ist bei der betreffenden Temperatur für jeden Wert von x_B der flüssige Zustand der stabile Zustand.

Anders ist es hingegen, wenn die durch L und S gekennzeichneten Kurven sich schneiden. Ein solcher Fall ist in Abb. 7.2 dargestellt. Hier ist es nicht etwa so, dass für alle x_B-Werte links vom Schnittpunkt der beiden Kurven die feste Phase und für alle x_B-Werte rechts vom Schnittpunkt die flüssige Phase die stabile

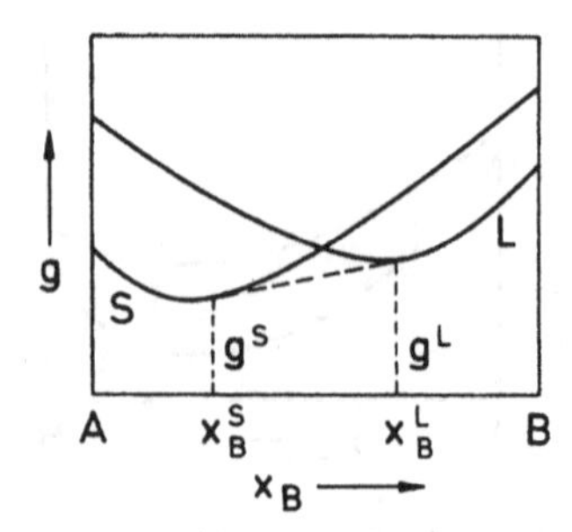

Abb. 7.2 Molare freie Enthalpie g der flüssigen (L) und der festen Phase (S) eines binären Systems in Abhängigkeit vom Stoffmengengehalt x_B der B-Komponente. Im Bereich der Doppeltangente zwischen x_B^S und x_B^L treten im thermodynamischen Gleichgewicht eine feste und eine flüssige Phase nebeneinander auf

Phase ist. Vielmehr treten zwischen den eingezeichneten Werten x_B^S und x_B^L, die wir durch Konstruktion der sog. *Doppeltangente* an die beiden Kurven erhalten, die feste und die flüssige Phase nebeneinander auf. Hierbei hat der Stoffmengengehalt der B-Komponente in der festen Phase gerade den dort eingezeichneten Wert x_B^S, wobei diese Größe ganz allgemein definiert ist durch die Beziehung

$$x_B^S = \frac{n_B^S}{n^S} , \tag{7.4}$$

wenn n_B^S die Stoffmenge der B-Komponente in der festen Phase und n^S die gesamte Stoffmenge der festen Phase sind. Genauso ist der Stoffmengengehalt der B-Komponente in der flüssigen Phase gerade gleich dem in Abb. 7.2 eingezeichneten Wert x_B^L, wobei wiederum ganz allgemein diese Größe durch die Beziehung

$$x_B^L = \frac{n_B^L}{n^L} \tag{7.5}$$

definiert ist. n_B^L ist die Stoffmenge der B-Komponente in der flüssigen Phase und n^L die gesamte Stoffmenge der flüssigen Phase.

Die hier beschriebenen Gesetzmäßigkeiten ergeben sich folgendermaßen: Ist g^S die molare freie Enthalpie der festen Phase für einen zunächst beliebigen Stoffmengengehalt x_B^S und g^L die molare freie Enthalpie der flüssigen Phase für einen beliebigen Stoffmengengehalt x_B^L, so beträgt die freie Enthalpie des heterogenen Gemisches der beiden Phasen mit den Stoffmengen n^S und n^L

$$ng = n^S g^S + n^L g^L .$$

Führen wir in diese Gleichung den Stoffmengengehalt

$$x^S = \frac{n^S}{n} \tag{7.6}$$

der festen Phase und den Stoffmengengehalt

$$x^L = \frac{n^L}{n} \tag{7.7}$$

der flüssigen Phase ein, so erhalten wir

$$g = x^S g^S + x^L g^L = (1 - x^L)\, g^S + x^L g^L = g^S + (g^L - g^S)\, x^L \ . \tag{7.8}$$

Aus der Stoffmengenbeziehung

$$n_B = n_B^S + n_B^L$$

für die B-Komponente folgt der Ausdruck

$$\frac{n_B}{n} = \frac{n_B^S}{n^S}\frac{n^S}{n} + \frac{n_B^L}{n^L}\frac{n^L}{n}$$

oder bei Beachtung von (7.1) und (7.4) bis (7.7)

$$x_B = x_B^S x^S + x_B^L x^L = (1 - x^L)\, x_B^S + x^L x_B^L = x_B^S + (x_B^L - x_B^S)\, x^L \ . \tag{7.9}$$

x_B liegt hiernach zwischen x_B^S und x_B^L.

Lösen wir (7.9) nach x^L auf und setzen den so gewonnenen Ausdruck für x^L in (7.8) ein, so bekommen wir schließlich

$$g = g^S + \frac{g^L - g^S}{x_B^L - x_B^S}(x_B - x_B^S) \ . \tag{7.10}$$

Diese Beziehung besagt zunächst nur, dass bei einem vorgegebenen Stoffmengengehalt x_B die molare freie Enthalpie eines heterogenen Gemisches aus einer festen und einer flüssigen Phase auf der Verbindungsgeraden zwischen zwei Punkten der S- und L-Kurve liegt. Die Zustände im thermodynamischen Gleichgewicht finden wir nun, indem wir die am tiefsten verlaufende Verbindungsgerade aufsuchen, da zu ihr die niedrigsten g-Werte gehören. In Abb. 7.2 ist dieses für x_B-Werte zwischen den dort eingezeichneten Größen x_B^S und x_B^L gerade die Doppeltangente an

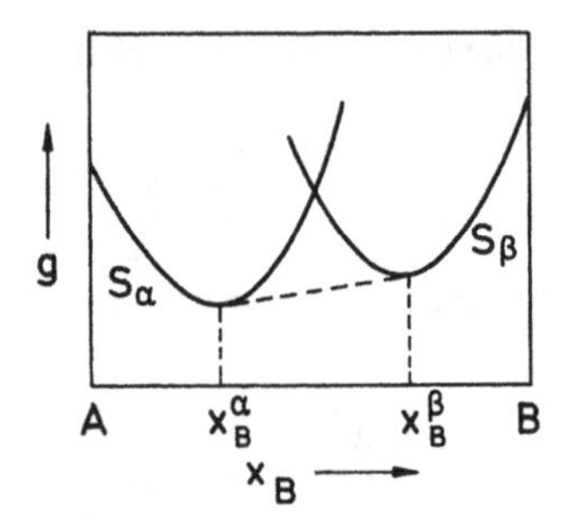

Abb. 7.3 Molare freie Enthalpie g der beiden festen Phasen α und β eines binären Systems in Abhängigkeit vom Stoffmengengehalt x_B der B-Komponente. Im Bereich der Doppeltangente zwischen x_B^α und x_B^β treten im thermodynamischen Gleichgewicht die beiden festen Phasen α und β nebeneinander auf

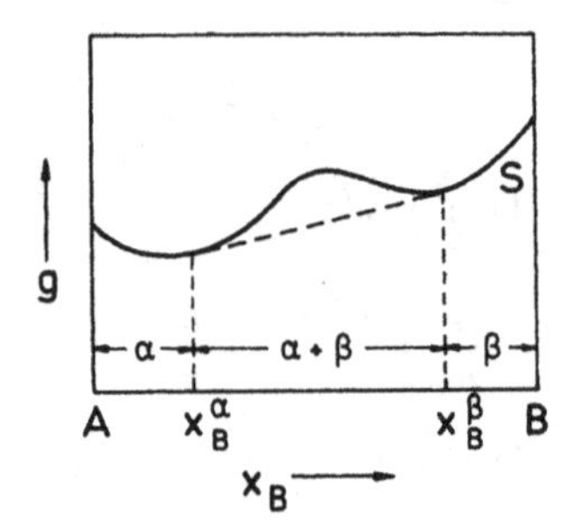

Abb. 7.4 Molare freie Enthalpie g der festen Phase (S) eines binären Systems in Abhängigkeit vom Stoffmengengehalt x_B der B-Komponente. Im Bereich der Doppeltangente zwischen x_B^α und x_B^β treten im thermodynamischen Gleichgewicht die beiden festen Phasen α und β nebeneinander auf

die S- und L-Kurve. Für $x_B \leq x_B^S$ und für $x_B \geq x_B^L$ ist hingegen keine heterogene Kombination zu finden, die einen niedrigeren g-Wert besitzt als die feste bzw. die flüssige Phase selbst. In diesen Konzentrationsbereichen liegt also ein einphasiger Gleichgewichtszustand vor.

Haben die beiden Komponenten einer Legierung eine unterschiedliche Kristallstruktur, so gibt es im g-x_B-Diagramm nicht nur eine einzige S-Kurve wie in Abb. 7.1 oder 7.2, sondern es treten zwei S-Kurven wie in Abb. 7.3 auf. Sie sind in dem Beispiel durch S_α und S_β gekennzeichnet. Die gleichen Überlegungen wie im vorhergehenden Beispiel führen in diesem Fall zwischen x_B^α und x_B^β auf einen Zweiphasenbereich, in dem die festen Phasen α und β nebeneinander auftreten.

Schließlich kann die molare freie Enthalpie einer festen Phase als Funktion von x_B in einem bestimmten Temperaturbereich auch einen Verlauf wie in Abb. 7.4 haben. Die eingezeichnete Doppeltangente liefert hier ebenfalls die Begrenzung eines Zweiphasenbereichs mit den festen Phasen α und β.

Im Folgenden werden wir feststellen, dass der Verlauf der freien Enthalpie einer Phase bei einem binären System mit den Komponenten A und B in entscheidendem Maße von der Energie beeinflusst wird, die aufgewendet werden muss, um ein Atom des Elementgitters A mit einem Atom des Elementgitters B zu vertauschen. Sind E_{AA}, E_{BB} und E_{AB} die Dissoziationsenergien eines nächst benachbarten AA-, BB- und AB-Paares und z die Koordinationszahl der für beide Elementgitter als einheitlich angenommenen Kristallstruktur, so muss die Energie zE_{AA} aufgebracht werden, um ein A-Atom aus dem Elementgitter A, und die Energie zE_{BB}, um ein B-Atom aus dem Elementgitter B zu entfernen. Bringt man anschließend das A-Atom in die Leerstelle des Elementgitters B und das B-Atom in die Leerstelle des Elementgitters A, so wird insgesamt die Energie $2zE_{AB}$ frei. Die Energie E_s, die bei der Bildung eines einzelnen AB-Paares umgesetzt wird, beträgt dann

$$E_s = \frac{1}{2}(E_{AA} + E_{BB} - 2E_{AB}) \ . \tag{7.11}$$

Ist der Energieparameter $E_s > 0$, so muss Energie zur Bildung eines AB-Paares aufgewandt werden, und die Löslichkeit des einen Elements in dem anderen ist u. U. beschränkt. Ist $E_s = 0$, so wird man eine vollständige Mischbarkeit der beiden Komponenten erwarten. Ist schließlich $E_s < 0$, so wird bei einer Mischung der beiden Komponenten Energie frei. Handelt es sich hierbei um Metalle, so können sich sog. *intermetallische Verbindungen* ausbilden. Haben die beiden Elementgitter A und B unterschiedliche Koordinationszahlen, so ist der Ausdruck in (7.11) entsprechend abzuändern.

Für die molare freie Enthalpie der festen oder flüssigen Phase einer Legierung gilt:

$$g = U_{\mathrm{Kf}} + U_{\mathrm{Th}} + pV - T(S_{\mathrm{Kf}} + S_{\mathrm{Th}}) \tag{7.12}$$

Hierbei ist U_{Kf} die Konfigurationsenergie der Legierung, U_{Th} die Schwingungsenergie des Gitters, S_{Kf} die Konfigurationsentropie des Zweistoffsystems und S_{Th} die thermische Entropie der Legierung. Alle diese Größen und auch das Volumen der Legierung sollen sich auf 1 Mol beziehen.

Im Folgenden werden wir uns nur mit sog. *Substitutionslegierungen* beschäftigen. Sie kommen auf die Weise zustande, dass A-Atome mit B-Atomen vertauscht werden. Daneben kennt man die sog. interstitiellen Legierungen. Bei ihnen sitzen die gelösten Atome auf Zwischengitterplätzen des Wirtsgitters (s. auch Abschn. 1.4.2). Für *interstitielle Legierungen* erhält man etwas andere Beziehungen als für Substitutionslegierungen. Im Übrigen wollen wir für die Substitutionslegierungen zunächst das Modell der *regulären Lösungen* benutzen. Hierbei nimmt man u. a. an, dass die A- und B-Atome statistisch auf die verschiedenen verfügbaren Gitterplätze verteilt sind. In diesem Fall gilt für die molare Konfigurationsenergie

$$\begin{aligned} U_{\mathrm{Kf}} &= \frac{1}{2}(1-x_B)L\,z\,(1-x_B)(-E_{AA}) + \frac{1}{2}x_B\,L\,z\,x_B(-E_{BB}) \\ &\quad + (1-x_B)L\,z\,x_B(-E_{AB}) \ , \end{aligned} \tag{7.13}$$

wenn L die Avogadrosche Zahl ist.

In dem ersten Term auf der rechten Seite der Gleichung ist $(1-x_B)L$ die Anzahl der A-Atome in einem Mol der Legierung und $z(1-x_B)$ die mittlere Anzahl der einem A-Atom nächst benachbarten A-Atome. $(1/2)(1-x_B)L\,z(1-x_B)$ ist also die Anzahl der AA-Paare in einem Mol der Legierung; der Faktor $1/2$ bewirkt hierbei, dass jedes Paar nur einmal gezählt wird. Entsprechendes ist auch für den zweiten und dritten Term gültig.

Führen wir den Energieparameter E_s aus (7.11) in (7.13) ein, so bekommen wir

$$U_{\mathrm{Kf}} = L\,z\,(1-x_B)x_B\,E_s - \frac{1}{2}L\,z\,[(1-x_B)E_{AA} + x_B\,E_{BB}] \ . \tag{7.14}$$

Zur Ermittlung der Konfigurationsentropie S_{Kf} können wir den gleichen Weg wählen wie zur Berechnung der Leerstellenkonzentration in einem Festkörper in Abschn. 1.4.1. Wir erhalten demnach

$$S_{\mathrm{Kf}} = k_B\,\ln\frac{L!}{[(1-x_B)L]!\,[x_B\,L]!}$$

oder bei Benutzung der Stirling-Formel

$$\begin{aligned} S_{\mathrm{Kf}} &= -k_B\,L\,[(1-x_B)\ln(1-x_B) + x_B\ln x_B] \\ &= -R\,[(1-x_B)\ln(1-x_B) + x_B\ln x_B] \ , \end{aligned} \tag{7.15}$$

wobei R die Gaskonstante ist.

Bei einer regulären Lösung setzt man außerdem voraus, dass die thermische Energie, die thermische Entropie sowie das Volumen des Systems sich additiv aus den entsprechenden Größen der Komponenten A und B zusammensetzen und diese Größen durch eine Mischung nicht beeinflusst werden. Es besteht dann für U_{Th},

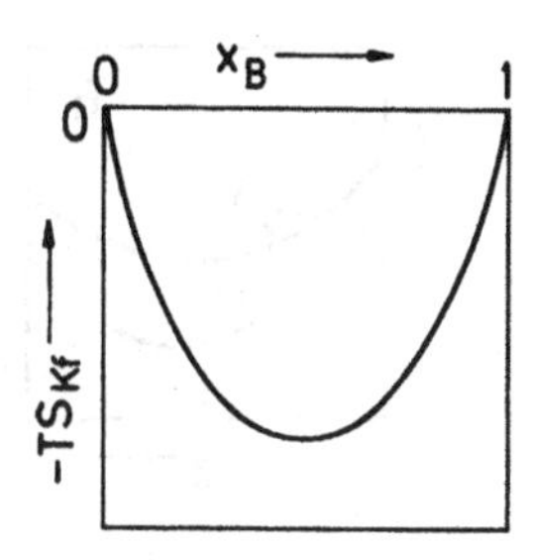

Abb. 7.5 Verlauf der Funktion $-TS_{\text{Kf}}$ in Abhängigkeit vom Stoffmengengehalt x_B. S_{Kf} ist die Konfigurationsentropie einer regulären Lösung

S_{Th} und V die gleiche Abhängigkeit von x_B wie für den zweiten Term in (7.14). Fassen wir diesen Term mit den Gliedern U_{Th}, pV und $-TS_{\text{Th}}$ aus (7.12) zusammen, so erhalten wir insgesamt für die molare freie Enthalpie

$$g = L\,z\,(1-x_B)x_B E_s + [\mathrm{f}_1(T)(1-x_B) + \mathrm{f}_2(T)x_B] \\ + R\,T\,[(1-x_B)\ln(1-x_B) + x_B \ln x_B] \ . \tag{7.16}$$

Hierbei sind bei einer vorgegebenen Legierung die Funktionen f_1 und f_2 bei konstant gehaltenem Druck nur von der Temperatur T abhängig.

7.1.1 Ideale Lösungen

Ausgehend von (7.16) werden wir zunächst das Zustandsdiagramm einer *idealen Lösung* ermitteln. Als solche bezeichnet man eine reguläre Lösung bei welcher der Energieparameter E_s gleich null ist. In diesem Fall verschwindet der erste Term in (7.16). Der zweite Term ist ganz allgemein eine lineare Funktion von x_B, und der dritte Term zeigt einen Funktionsverlauf wie in Abb. 7.5. Durch Überlagerung dieser beiden Terme bekommen wir für die freie Enthalpie in Abhängigkeit von x_B sowohl für den festen als auch für den flüssigen Zustand nach oben geöffnete „Parabeln", deren gegenseitige Lage sich bei einer Temperaturänderung verschiebt. In Abb. 7.6 sind derartige Enthalpiekurven für verschiedene Temperaturen aufgezeichnet. Hieraus erhalten wir unter Beachtung der Überlegungen zu Abb. 7.1 und 7.2 das in Abb. 7.6 ebenfalls dargestellte Zustandsdiagramm.

Für $E_s = 0$ sind also die Komponenten A und B sowohl im festen wie im flüssigen Zustand beliebig mischbar. Zwischen dem Einphasenraum S des festen Zustands und dem Einphasenraum L des flüssigen Zustands liegt der Zweiphasenraum (S + L), in welchem die feste und die flüssige Phase nebeneinander vorkommen. Den Stoffmengengehalt x^S der festen Phase und den Stoffmengenge-

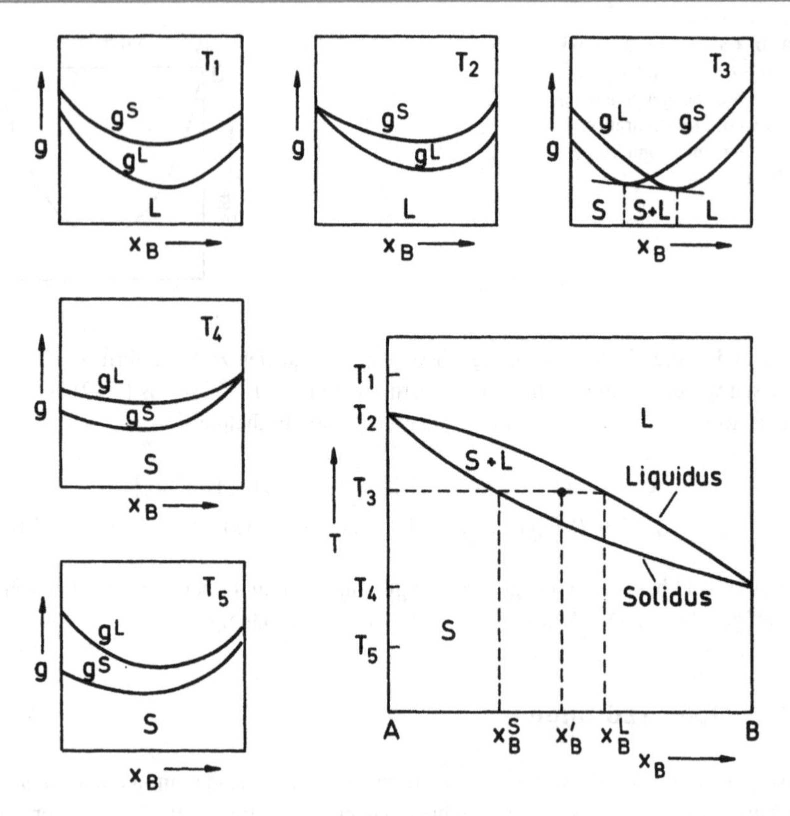

Abb. 7.6 Zur Herleitung des Zustandsdiagramms einer idealen Lösung und des Hebelgesetzes

halt x^L der flüssigen Phase im Zweiphasenraum bei vorgegebener Temperatur T und vorgegebenem Stoffmengengehalt x'_B finden wir folgendermaßen:

Wegen $x^S + x^L = 1$ ist

$$x'_B = x'_B x^S + x'_B x^L.$$

Zusammen mit dem Ausdruck

$$x'_B = x^S_B x^S + x^L_B x^L$$

aus (7.9) ergibt sich hieraus die als *Hebelgesetz* bekannte Beziehung

$$(x'_B - x^S_B)x^S = (x^L_B - x'_B)x^L$$

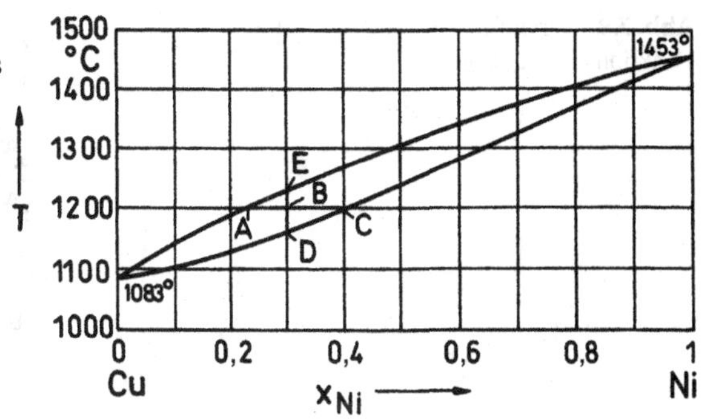

Abb. 7.7 Zustandsdiagramm des binären Systems Cu–Ni (nach M. Hansen, s. Literaturverzeichnis)

oder

$$\frac{x^S}{x^L} = \frac{x_B^L - x_B'}{x_B' - x_B^S} \,. \tag{7.17}$$

Für das System Cu–Ni sind die Ergebnisse noch einmal in Abb. 7.7 erläutert. Bei einer Temperatur von 1200 °C und einem Stoffmengengehalt von 0,3 des Nickels im Zweistoffsystem ist das Verhältnis x^S/x^L gleich dem Streckenverhältnis AB/BC, also ungefähr gleich 0,8. Der Stoffmengengehalt des Nickels in der flüssigen Phase beträgt in diesem Fall 0,22 und in der festen Phase 0,40.

Im Gegensatz zu den Gesetzmäßigkeiten bei einem Einstoffsystem existiert bei einem Zweistoffsystem für die Umwandlung der festen in die flüssige Phase im Allgemeinen kein einheitlicher Schmelzpunkt, sondern es wird, wie Abb. 7.7 zeigt, bei dem vorgegebenen Stoffmengengehalt $x_{\text{Ni}} = 0{,}3$ der Temperaturbereich zwischen D und E durchlaufen. Man bezeichnet diesen Bereich als *Schmelzbereich*. Der Stoffmengengehalt x^S der festen Phase nimmt dabei von eins bis null ab.

7.1.2 Eutektische und peritektische Zustandsdiagramme

Bei Systemen, für die der Energieparameter $E_s > 0$ ist, wird das Zustandsdiagramm durch den ersten Term auf der rechten Seite von (7.16) entscheidend beeinflusst. Den Funktionsverlauf dieses Terms zeigt Abb. 7.8. Es ist eine nach unten geöffnete Parabel. Bei hohen Temperaturen erhalten wir dennoch insgesamt für $g(x_B)$ eine nach oben geöffnete „Parabel", da dann der erste Term in (7.16) durch den dritten Term weitgehend unterdrückt wird. Bei niedrigeren Temperaturen ergibt sich hingegen für $g(x_B)$ ein Funktionsverlauf wie in Abb. 7.4 mit einem

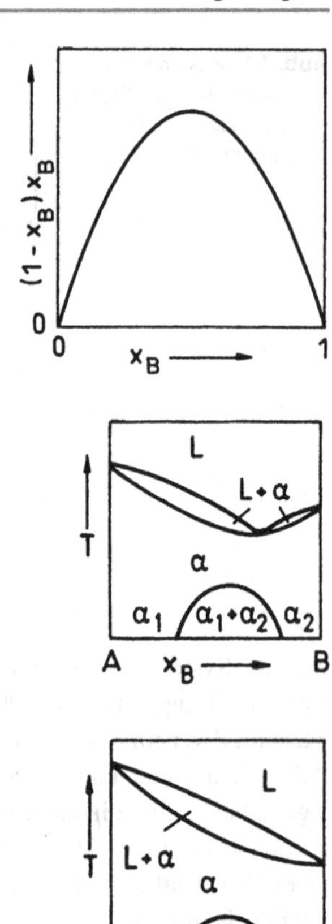

Abb. 7.8 Verlauf der Funktion $(1 - x_B)x_B$

Abb. 7.9 Zustandsdiagramm einer regulären Lösung für einen relativ kleinen positiven Wert des Energieparameters E_s, wenn die Schmelztemperaturen der reinen Komponenten nicht sehr unterschiedlich sind

Abb. 7.10 Zustandsdiagramm einer regulären Lösung für einen relativ kleinen positiven Wert des Energieparameters E_s, wenn die Schmelztemperaturen der reinen Komponenten sich stark unterscheiden

Zweiphasenbereich zwischen x_B^α und x_B^β. Hier überwiegt im mittleren Konzentrationsbereich der Einfluss des ersten Terms, und nur für Werte von x_B in der Nähe von null und eins wird wegen des steilen Abfalls der Funktionswerte des dritten Terms in diesen Konzentrationsbereichen der erste Term in (7.16) durch den dritten Term überkompensiert.

Für relativ kleine positive Werte von E_s tritt im Zustandsdiagramm neben dem uns von den idealen Lösungen her bekannten Schmelzbereich als weiterer Zweiphasenbereich eine *Mischungslücke* im Gebiet des festen Zustands auf. Dieses zeigen die Abb. 7.9 und 7.10. Hierbei wird im Diagramm der Abb. 7.9 sowohl bei der reinen A-Komponente als auch bei der reinen B-Komponente durch einen Zu-

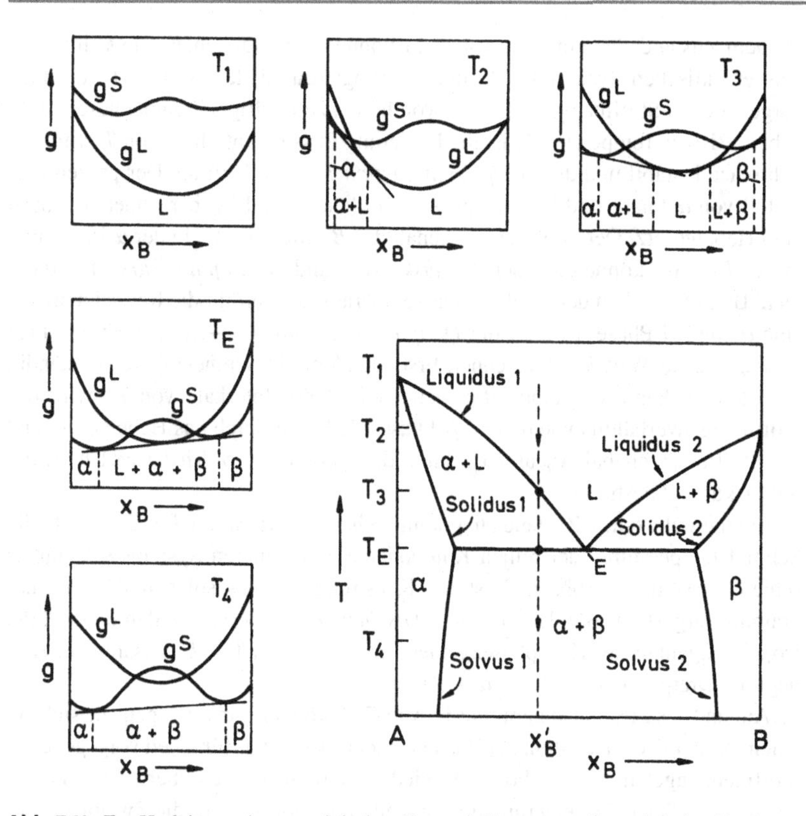

Abb. 7.11 Zur Herleitung eines eutektischen Zustandsdiagramms. E eutektischer Punkt

satz der anderen Komponente die Schmelztemperatur herabgesetzt. Das führt dazu, dass sich im g-x_B-Diagramm die L- und S-Kurve bei einer bestimmten Temperatur für einen bestimmten Stoffmengengehalt x_B berühren anstatt zu schneiden. Man beobachtet dann bei dem betreffenden Wert x_B einen scharfen Schmelzpunkt. Für größere Werte von E_s erhalten wir entweder ein *eutektisches* oder ein *peritektisches* Zustandsdiagramm. Hiermit werden wir uns jetzt befassen.

In Abb. 7.11 ist die Konstruktion eines eutektischen Zustandsdiagramms aus einer Folge von Kurven freier Enthalpie $g^L(x_B)$ und $g^S(x_B)$ dargestellt. Bei der sog. *eutektischen Temperatur* T_E fallen die Doppeltangenten der Zweiphasengebiete $(\alpha + L)$ und $(L + \beta)$ zusammen. Hier existiert der zu einer waagerechten Linie entartete Dreiphasenraum $(L + \alpha + \beta)$.

Dem Zustandsdiagramm in Abb. 7.11 können wir entnehmen, wie sich bei einem eutektischen System der Zustand der Legierung ändert, wenn wir für einen vorgegebenen Stoffmengengehalt x'_B von hohen zu niedrigen Temperaturen übergehen. Bis zur Temperatur T_3 ist die Legierung flüssig. Unterhalb von T_3 wird die Schmelze instabil und die *Zweiphasenreaktion* $L \rightarrow \alpha$ läuft ab. Der prozentuale Anteil von α-Phase und Schmelzphase zwischen T_3 und T_E berechnet sich nach dem Hebelgesetz. Den Stoffmengengehalt der B-Komponente in der α-Phase und in der L-Phase können wir der *Soliduskurve* 1 und der *Liquiduskurve* 1 entnehmen. Beim Erreichen der eutektischen Temperatur T_E zerfällt die Restschmelze in eine α- und β-Phase; es läuft die *Dreiphasenreaktion* $L \rightarrow \alpha + \beta$ ab, die man als *eutektische Reaktion* bezeichnet. Erst nachdem die Schmelzphase vollständig zerfallen ist, kann die Temperatur weiter absinken. Unterhalb von T_E wird das Stoffmengenverhältnis von α- und β-Phase wiederum durch das Hebelgesetz und der Stoffmengengehalt x_B^α und x_B^β durch den Verlauf der *Solvuskurve* 1 bzw. der Solvuskurve 2 bestimmt.

Ein peritektisches Zustandsdiagramm erhalten wir, wenn für $E_s > 0$ die Schmelztemperaturen der reinen Komponenten des binären Systems sehr unterschiedlich sind. In Abb. 7.12 ist die Konstruktion eines solchen Zustandsdiagramms dargestellt. Bei der sog. *peritektischen Temperatur* T_P fallen diesmal die Doppeltangenten der Zweiphasengebiete $(\alpha + \beta)$ und $(\beta + L)$ zusammen. Hier liegt der Dreiphasenraum $(L + \alpha + \beta)$.

Anhand des Zustandsdiagramms in Abb. 7.12 können wir verfolgen wie sich bei einem peritektischen System der Zustand ändert, wenn wir für einen vorgegebenen Stoffmengengehalt x'_B von hohen zu niedrigen Temperaturen übergehen. Bis zur Temperatur T_2 ist die Legierung flüssig. Unterhalb von T_2 läuft die Zweiphasenreaktion $L \rightarrow \alpha$ ab, und es treten eine feste und eine flüssige Phase nebeneinander auf. Beim Erreichen der peritektischen Temperatur T_P setzt die Dreiphasenreaktion $L + \alpha \rightarrow \beta$ ein. Diese ist hier eine sog. *peritektische Reaktion*. Erst wenn die gesamte Schmelze verbraucht ist, kann die Temperatur weiter absinken. Unterhalb von T_P sind im Gleichgewicht zwei feste Phasen nebeneinander vorhanden.

In Abb. 7.13 und 7.14 sind die Unterschiede im Gefügebild bei einem eutektischen und einem peritektischen System dargestellt. Bei einem eutektischen System entsteht zunächst bei der Zweiphasenreaktion $L \rightarrow \alpha$ ein Gefüge wie in Abb. 7.13a. Anschließend bildet sich bei der eutektischen Reaktion $L \rightarrow \alpha + \beta$ aus der Restschmelze eine feinkörnige Mischung der α- und β-Phase, das sog. *eutektische Gefüge* (Abb. 7.13b). Bei einem peritektischen System wird bei der peritektischen Reaktion $L + \alpha \rightarrow \beta$ zunächst die α-Phase mit einer Schicht der β-Phase überzogen (Abb. 7.14a). Die β-Phase wächst anschließend auf Kosten der

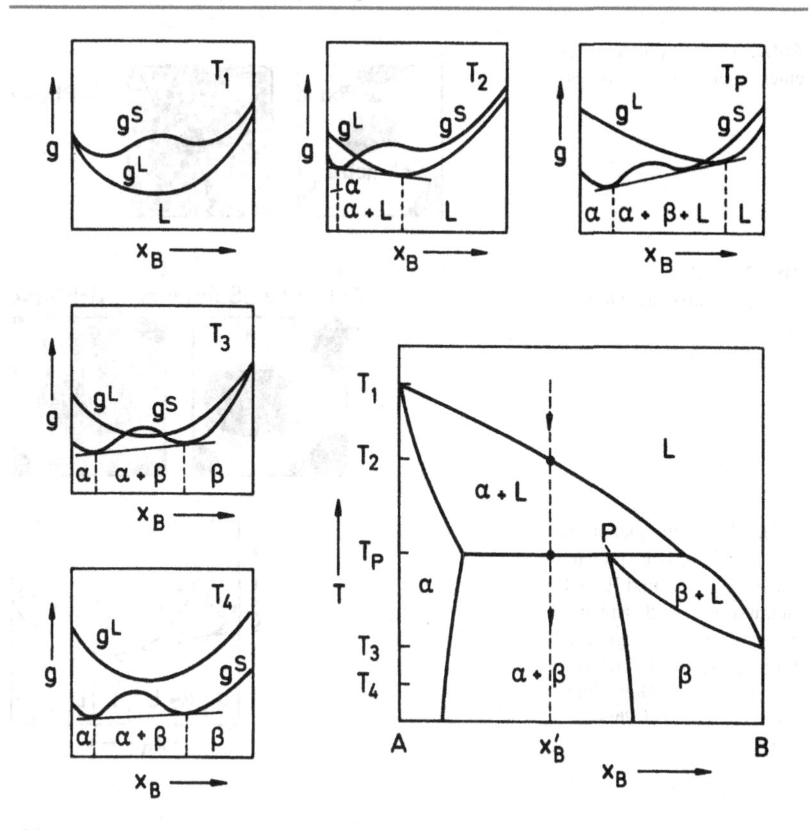

Abb. 7.12 Zur Herleitung eines peritektischen Zustandsdiagramms. *P* peritektischer Punkt

α-Phase und der Schmelzphase weiter an, bis schließlich die gesamte Schmelze verbraucht ist. Es entsteht ein sog. *peritektisches Gefüge* (Abb. 7.14b).

Bei der Konstruktion der Zustandsdiagramme in den Abb. 7.11 und 7.12 wird nur eine einzige Enthalpiekurve g^S für den festen Zustand benutzt. Besitzen die beiden Stoffe, die miteinander legieren, unterschiedliche Kristallstrukturen, so hat jede der beiden Randphasen α und β eine eigene Enthalpiekurve, und wir erhalten z. B. das in Abb. 7.3 gezeigte Bild. Natürlich können diese Kurven in einem bestimmten Temperaturbereich auch noch mit der Enthalpiekurve g^L der flüssigen Phase in Konkurrenz treten. Dieses ist für eine feste Temperatur in Abb. 7.15 dargestellt. Aber auch hier ergibt sich schließlich für $E_s > 0$ entweder ein eutektisches oder ein peritektisches Zustandsdiagramm.

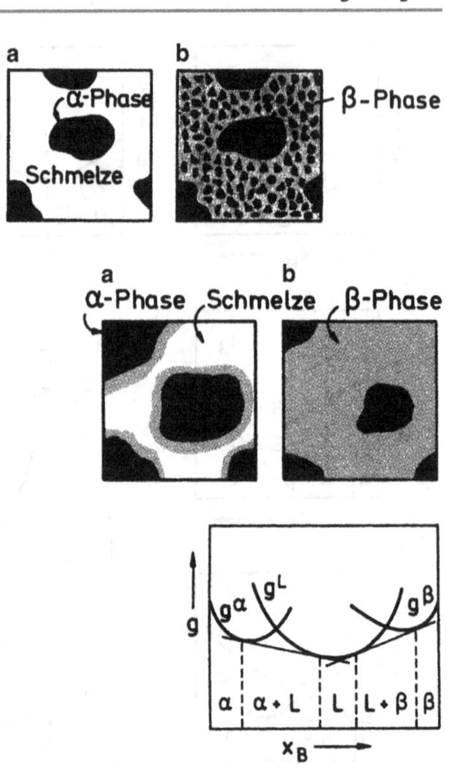

Abb. 7.13 Zur Entstehung eines eutektischen Gefüges

Abb. 7.14 Zur Entstehung eines peritektischen Gefüges

Abb. 7.15 Enthalpiekurven g^α und g^β der beiden festen Phasen α und β und Enthalpiekurve g^L der flüssigen Phase für eine vorgegebene Temperatur. Im Bereich der eingezeichneten Doppeltangenten treten zwei Phasen nebeneinander auf

7.1.3 Intermetallische Verbindungen

Ist der Energieparameter $E_s < 0$, so können die beiden Komponenten A und B intermetallische Verbindungen eingehen. Deren Zusammensetzung ist entweder genau gleich A_nB_m, wobei n und m kleine ganze Zahlen sind, oder nähert sich mehr oder weniger stark einer solchen stöchiometrischen Konfiguration. Da der erste Term in (7.16) diesmal eine nach oben geöffnete Parabel liefert, entspricht der Verlauf der Enthalpiekurve der einzelnen Phasen hier in jedem Fall ebenfalls dem einer nach oben geöffneten „Parabel".

Haben die beiden Komponenten A und B die gleiche Kristallstruktur, so können mindestens drei verschiedene Enthalpiekurven miteinander in Konkurrenz treten, nämlich die Enthalpiekurve g^L der flüssigen Phase, die Kurve g^α der festen Lösung der beiden Komponenten A und B und die Kurve g^β einer festen intermetallischen Verbindung. Ist in diesem Fall der Betrag von E_s relativ klein, so

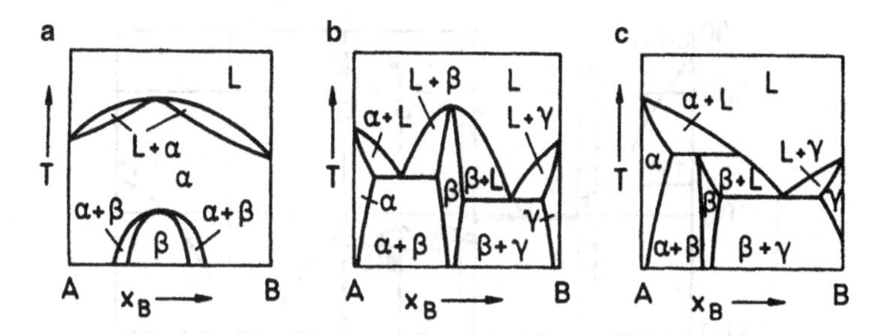

Abb. 7.16 Zustandsdiagramme für negative Werte des Energieparameters E_s

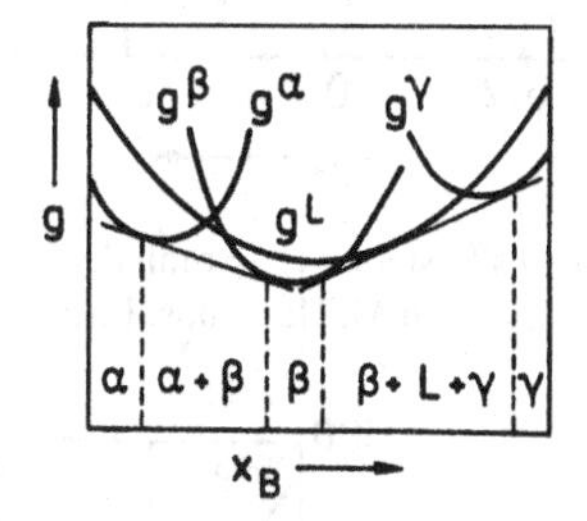

Abb. 7.17 Enthalpiekurven g^α, g^γ, g^β und g^L der beiden festen Randphasen α und γ sowie der intermetallischen Verbindung β und der flüssigen Phase L für eine vorgegebene Temperatur. Im Bereich der eingezeichneten Doppeltangenten treten zwei bzw. drei Phasen nebeneinander auf

erhalten wir ein Zustandsdiagramm wie in Abb. 7.16a. Die stärkere Bindung ungleichartiger Nachbaratome bewirkt, dass bei einem Zusatz der B-Komponente zur reinen A-Komponente oder der A-Komponente zur reinen B-Komponente die Temperaturen im Schmelzbereich heraufgesetzt werden.

Höhere Werte von E_s führen auf ein Zustandsdiagramm wie in Abb. 7.16b oder c, wobei bei einer unterschiedlichen Kristallstruktur der beiden Komponenten A und B vier Enthalpiekurven miteinder in Konkurrenz treten können (Abb. 7.17). Das Zustandsdiagramm setzt sich in beiden Fällen aus zwei Diagrammen mit den Randphasen α und β bzw. β und γ zusammen, die einzeln entweder wie in Abb. 7.11 oder wie in Abb. 7.12 aussehen. Während man die intermetallische Phase β in Abb. 7.16b unmittelbar aus der Schmelze gewinnen kann, erhält man sie in Abb. 7.16c bei einer Abkühlung über die peritektische Reaktion $L + \alpha \rightarrow \beta$.

In den in Abb. 7.16 gezeigten Beispielen hat die intermetallische Phase β einen endlichen Homogenitätsbereich. Der intermetallische Phasenraum kann im Pha-

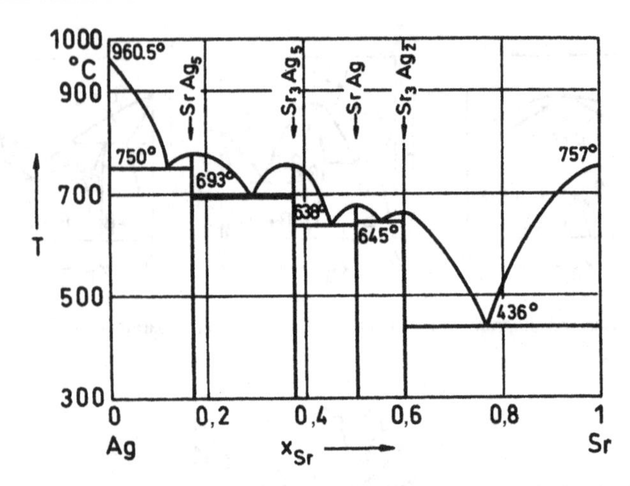

Abb. 7.18 Zustandsdiagramm des Systems Ag–Sr mit den intermetallischen Verbindungen $SrAg_5$, Sr_3Ag_5, SrAg und Sr_3Ag_2 (nach M. Hansen, s. Literaturverzeichnis)

Abb. 7.19 Zustandsdiagramm des Systems Au–Pb mit den intermetallischen Verbindungen Au_2Pb und $AuPb_2$ (nach M. Hansen, s. Literaturverzeichnis)

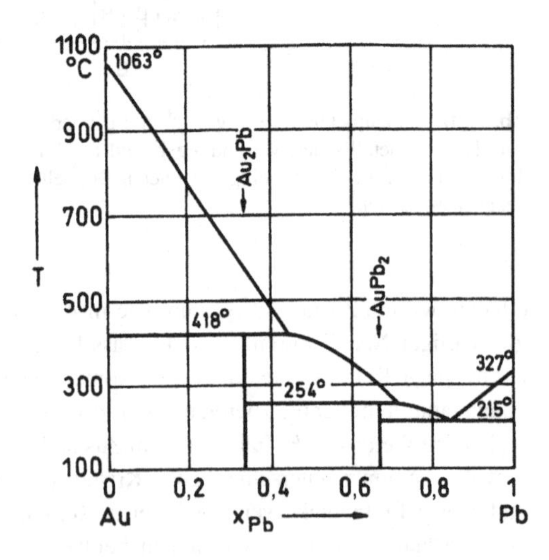

sendiagramm aber auch zu einem Strich entarten. Mischkristalle liegen dann nur bei ganz bestimmten Mischungsverhältnissen der A- und B-Komponenten vor. Außerdem können bei einem binären System mit negativem Energieparameter E_s auch mehrere intermetallische Verbindungen auftreten. Abb. 7.18 und 7.19 zeigen Zustandsdiagramme derartiger Legierungen.

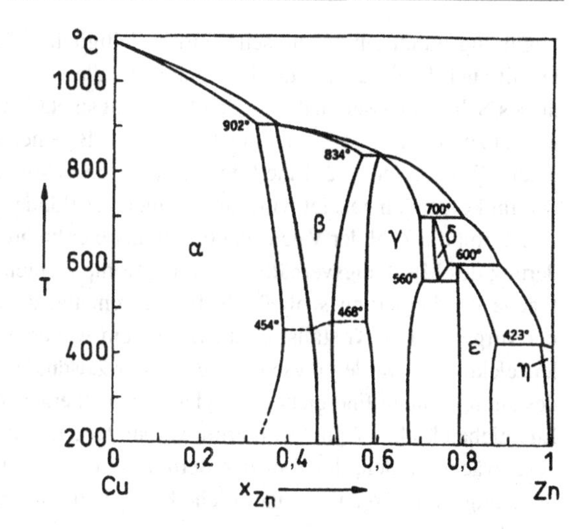

Abb. 7.20 Zustandsdiagramm des Systems Cu–Zn (nach M. Hansen, s. Literaturverzeichnis)

In Abb. 7.20 ist das Zustandsdiagramm der Legierung Kupfer-Zink wiedergegeben. Neben der festen α- und η-Randphase tritt eine intermetallische β-, γ-, δ- und ϵ-Phase auf. Das Zustandsdiagramm besitzt fünf *peritektische Punkte*, das sind die oberen Spitzen der Einphasenräume β, γ, δ, ϵ und η, und einen *eutektischen Punkt*, das ist die untere Spitze des Einphasenraums δ. Die bei einer Abkühlung der δ-Phase auf 560 °C einsetzende Dreiphasenreaktion $\delta \to \gamma + \epsilon$, bei der also eine feste Phase zerfällt, wird häufig im Gegensatz zu einer Dreiphasenreaktion, bei der eine Schmelze zerfällt, als eutektoide Reaktion bezeichnet.

Die α-Phase hat eine fcc-Struktur wie reines Kupfer. Die β-Phase mit einem Zink-Stoffmengengehalt um 50 % ist bcc. Bei einem Zink-Stoffmengengehalt um 70 % existiert die γ-Phase mit einer komplizierten kubischen Struktur mit 52 Atomen je Einheitszelle. Bei einem Zink-Stoffmengengehalt von rund 80 % tritt schließlich in der ϵ-Phase die hexagonal dichteste Kugelpackung auf, allerdings mit einem c/a-Verhältnis von 1,56 gegenüber dem Wert $c/a = 1{,}86$ in der η-Phase und bei reinem Zink. Welche Gitterstruktur sich im einzelnen bei einem bestimmten Mischungsverhältnis ausbildet, hängt nach Beobachtungen von W. Hume-Rothery vom Verhältnis Q der Zahl der Valenzelektronen zur Zahl der Atome ab. Beträgt das Verhältnis 3 : 2, wie z. B. bei der Legierung CuZn, so liegt eine bcc-Struktur vor. Hat das Verhältnis den Wert 21 : 13, wie z. B. bei der Legierung Cu_5Zn_8, so hat man eine komplexe kubische Struktur. Beträgt schließlich das Verhältnis 7 : 4, wie z. B. bei der Legierung $CuZn_3$, so findet man eine hexagonal dichteste Kugelpackung. Hierbei bezieht sich die Kennzeichnung der

Legierung durch eine chemische Formel lediglich auf das Mischungsverhältnis. Damit auch Legierungen, die Übergangsmetalle wie Fe, Co und Ni enthalten, in dieses Schema passen, hat man den Übergangsmetallen die Valenzelektronenzahl null zuzuordnen. Die Legierung FeAl hat z. B. eine bcc-Struktur entsprechend einem Q-Wert von 3 : 2. Eine Interpretation dieser sog. *Hume-Rothery-Regeln* ist, wie im Folgenden gezeigt wird, im Rahmen der Bändertheorie möglich.

Nimmt die Zahl der Valenzelektronen in einer binären Legierung bei einer Änderung des Mischungsverhältnisses ihrer Komponenten zu, so erreicht die Fermi-Fläche der Legierung schließlich die Begrenzung der ersten Brillouin-Zone einer vorgegebenen Kristallstruktur. Bei einem weiteren Anstieg der Zahl der Valenzelektronen werden diese dann entweder Zustände oberhalb der Energielücke des angrenzenden Energiebandes oder höhere energetische Zustände des gleichen Energiebandes besetzen. Der hiermit verbundene Energieanstieg kann dadurch abgeschwächt werden, dass vor der Berührung der Fermi-Fläche mit der Zonenbegrenzung ein Übergang in eine solche Kristallstruktur erfolgt, bei der diese Berührung hinausgezögert wird.

Bei einem fcc-Gitter beträgt z. B. bei völlig freien Elektronen der Radius der Fermi-Kugel nach (3.62)

$$k_F = \left(Q \, \frac{12\pi^2}{a^3}\right)^{1/3} ,$$

wenn a die Gitterkonstante ist. Da nach den Überlegungen in Abschn. 1.1.5 der kürzeste Abstand einer Begrenzungsfläche der ersten Brillouin-Zone eines fcc-Gitters vom Mittelpunkt der Brillouin-Zone $\pi\sqrt{3}/a$ ist, erhalten wir zur Berechnung desjenigen Wertes von Q, der zu einer Berührung der Fermi-Kugel mit der Begrenzung der ersten Brillouin-Zone führt, die Beziehung

$$\left(Q \, \frac{12\pi^2}{a^3}\right)^{1/3} = \frac{\pi\sqrt{3}}{a} .$$

Dies ergibt

$$Q = \frac{\sqrt{3}}{4}\pi \approx 1{,}36 .$$

Für ein bcc-Gitter liegt der entsprechende Q-Wert bei 1,48, für die Struktur der γ-Phase bei 1,54 und für eine hexagonal dichteste Kugelpackung mit einem idealen

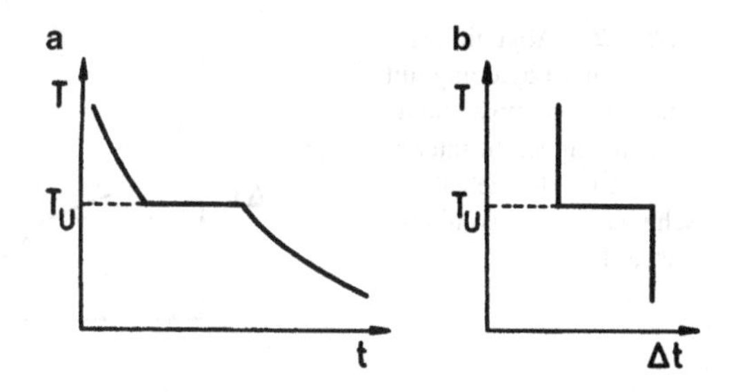

Abb. 7.21 Abkühlungskurve einer Legierung mit einer Phasenumwandlung bei der festen Temperatur T_U (**a**) und zugehörige schematische Abkühlungskurve (**b**)

c/a-Verhältnis (s. Abschn. 1.1.2) bei 1,69. In der hier angegebenen Reihenfolge werden z. B. bei einer Kupfer-Zink-Legierung mit steigendem Zinkgehalt die verschiedenen Kristallstrukturen auch tatsächlich durchlaufen.

7.1.4 Thermische Analyse

Das wichtigste experimentelle Verfahren zur Aufstellung eines Zustandsdiagramms ist die sog. *thermische Analyse.* Bei ihr werden für verschiedene Werte des Stoffmengengehalts x_B eines binären Systems Abkühlungskurven aufgenommen. Aus Anomalien im Kurvenverlauf kann dann auf den Ablauf bestimmter Phasenreaktionen geschlossen werden.

Liegen keine Phasenumwandlungen vor, so entspricht der Verlauf der Abkühlungskurve der Legierung von einer Anfangstemperatur auf die Bezugstemperatur eines Wärmebades dem einer Exponentialfunktion. Anders ist es hingegen, wenn Phasenreaktionen stattfinden. Hier hat man zu unterscheiden zwischen Phasenumwandlungen bei festen Temperaturen und solchen, die in Temperaturintervallen ablaufen. Erstere treten bei jeder Phasenumwandlung in Einstoffsystemen auf, wenn also $x_B = 0$ oder 1 ist, außerdem bei Zweistoffsystemen bei einem Übergang von einem Einphasenraum in einen anderen Einphasenraum wie z. B. in Abb. 7.18 für $x_{Sr} = 0{,}6$ und $T = 665\,°\mathrm{C}$ und schließlich bei eutektischen und peritektischen Reaktionen. In der Abkühlungskurve beobachtet man in diesem Fall bei der Umwandlungstemperatur T_U einen waagerechten Kurvenverlauf (Abb. 7.21a), weil hier die Temperatur erst dann weiter sinkt, wenn die gesamte Umwandlungswärme abgeführt worden ist. Die Länge des Halteintervalls ist dabei ein Maß für den Betrag der Umwandlungswärme.

Erfolgt wie beim Durchlaufen eines Zweiphasenraums die Phasenumwandlung in einem Temperaturintervall ΔT_U, so zeigt in diesem Intervall die Abkühlungs-

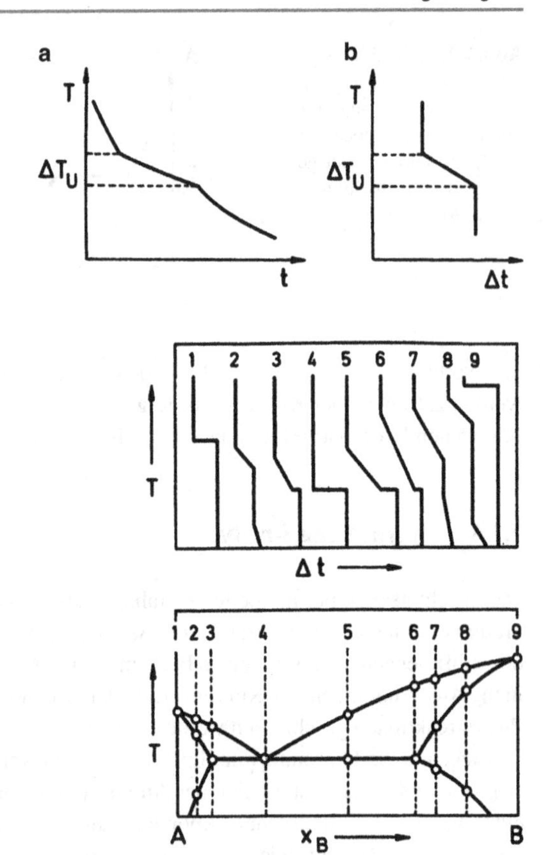

Abb. 7.22 Abkühlungskurve einer Legierung mit einer Phasenumwandlung in dem Temperaturintervall ΔT_U (**a**) und zugehörige schematische Abkühlungskurve (**b**)

Abb. 7.23 Konstruktion eines Zustandsdiagramms aus einer Anzahl schematischer Abkühlungskurven

kurve einen flacheren Verlauf (Abb. 7.22a). Man spricht dann von einer *verzögerten Abkühlung*.

Zur Auswertung der Messergebnisse verschafft man sich zunächst aus der gemessenen Kurve eine *schematische Abkühlungskurve*. Hierzu bringt man von der gemessenen Abkühlungskurve eine Kurve, wie sie sich ohne Phasenumwandlung ergeben würde, in Abzug, indem man die Zeitdifferenz Δt der beiden Kurven in Abhängigkeit von der Temperatur ermittelt. Aus Abb. 7.21a und Abb. 7.22a erhält man auf diese Weise die Kurvenzüge in Abb. 7.21b bzw. Abb. 7.22b. Liegen derartige schematische Abkühlungskurven für genügend viele Werte von x_B vor, so lässt sich hieraus ein Zustandsdiagramm konstruieren. Dies wird in Abb. 7.23 gezeigt.

Es ist zu beachten, dass bei der Aufnahme einer Abkühlungskurve die Abkühlungsgeschwindigkeit genügend klein ist, damit auch tatsächlich thermodynamische Gleichgewichtszustände durchlaufen werden. Nur so ist eine exakte Ermittlung des Zustandsdiagramms möglich. Dieses ist vor allem bei Phasenreaktionen im festen Zustand von Bedeutung.

7.1.5 Überstrukturen

Bisher haben wir bei unseren Überlegungen eine völlig ungeordnete Verteilung der A-Atome und B-Atome über die L verfügbaren Gitterplätze vorausgesetzt. Bei verschiedenen Legierungen beobachtet man aber eine Struktur, bei der ganz bestimmte Gitterplätze in der Mehrzahl von A-Atomen und die anderen überwiegend von B-Atomen besetzt sind. Eine solche geordnete Struktur oder *Überstruktur* weist z. B. die β-Phase einer Kupfer-Zink-Legierung bei genügend tiefen Temperaturen auf. Die Cu-Atome sitzen hierbei an den Ecken der Einheitszellen eines bcc-Gitters und die Zn-Atome in der Mitte der Zellen. Mit steigender Temperatur wird die Ordnung immer stärker zerstört, um schließlich bei einer kritischen Temperatur T_{kr} von 454–468 °C (Abb. 7.20) völlig zu verschwinden. Die Abhängigkeit einer solchen *Fernordnung* von der Kristalltemperatur wird nun am Beispiel der oben erwähnten β-Phase der Kupfer-Zink-Legierung genauer untersucht.

Die Gitterplätze, auf denen bei einer völlig geordneten Legierung die A-Atome sitzen, sollen als a-Plätze bezeichnet werden; die anderen heißen dementsprechend b-Plätze. Für eine unvollständig geordnete Legierung können wir jetzt „richtige" und „falsche" Atome definieren. Unter die „richtigen" Atome fallen die A-Atome auf a-Plätzen und die B-Atome auf b-Plätzen. Zu den „falschen" Atomen gehören die A-Atome auf b-Plätzen und die B-Atome auf a-Plätzen. Die Anzahl der „richtigen" Atome je Mol betrage R und die der „falschen" Atome W. Durch die Beziehung

$$R = \frac{1}{2} L \, (1 + P) \tag{7.18}$$

führen wir den Parameter P der Fernordnung ein. Da $R + W = L$ ist, folgt aus (7.18)

$$W = \frac{1}{2} L \, (1 - P). \tag{7.19}$$

Ist $P = +1$, so ist $R = L$, und es liegt eine völlig geordnete Legierung vor. Das gleiche gilt aber auch, wenn $P = -1$ ist, und somit $W = L$ ist. Ist $P = 0$, so ist

$R = L/2$, und es besteht keine Fernordnung mehr. Durch Werte von P zwischen 0 und 1 werden sämtliche Ordnungsgrade erfasst.

Für die molare freie Enthalpie der Legierung machen wir wieder den gleichen Ansatz wie in (7.12). Für die Konfigurationsenergie erhalten wir jetzt den Ausdruck

$$\begin{aligned} U_{\mathrm{Kf}} &= \frac{L}{2}\frac{R}{L}z\frac{W}{L}(-E_{AA}) + \frac{L}{2}\frac{R}{L}z\frac{W}{L}(-E_{BB}) \\ &\quad + \left(\frac{L}{2}\frac{R}{L}z\frac{R}{L} + \frac{L}{2}\frac{W}{L}z\frac{W}{L}\right)(-E_{AB}) \ . \end{aligned} \tag{7.20}$$

Im ersten Term von (7.20) ist $(L/2)(R/L)$ die Anzahl der A-Atome auf a-Plätzen und $z(W/L)$ die mittlere Anzahl der A-Atome, die ein auf einem a-Platz sitzendes A-Atom umgeben. Die Anzahl der AA-Paare in der Legierung ist also $(L/2)(R/L)z(W/L)$. Entsprechendes gilt für den zweiten und dritten Term.

Führen wir in (7.20) mithilfe von (7.11) den Energieparameter E_s ein, der natürlich hier einen negativen Wert hat, und verwenden wir außerdem (7.18) und (7.19), so bekommen wir

$$U_{\mathrm{Kf}} = -\frac{z}{4}(1 + P^2)\, L\, (-E_s) - \frac{z}{4} L\, (E_{AA} + E_{BB}) \ . \tag{7.21}$$

Die Konfigurationsentropie beträgt jetzt

$$\begin{aligned} S_{\mathrm{Kf}} &= k_B \ln \left(\frac{(L/2)!}{(R/2)!\,(W/2)!} \right)^2 \\ &\approx k_B (L \ln L - R \ln R - W \ln W) \\ &= -\frac{1}{2} k_B L\, [(1 + P)\ln(1 + P) + (1 - P)\ln(1 - P)] + k_B L \ln 2 \ . \end{aligned} \tag{7.22}$$

Den Betrag des Ordnungsparameters P für das thermodynamische Gleichgewicht finden wir, indem wir das Minimum der molaren freien Enthalpie des binären Systems in Abhängigkeit von P aufsuchen. Wir wollen annehmen, dass die thermische Energie, die thermische Entropie sowie das Volumen der Legierung von P unabhängig sind. Für das Gleichgewicht gilt dann

$$\begin{aligned} \frac{\partial g}{\partial P} &= \frac{\partial}{\partial P}(U_{\mathrm{Kf}} - T S_{\mathrm{Kf}}) \\ &= -\frac{z}{2} L\, P\, (-E_s) + \frac{k_B}{2} T\, L\, [\ln(1 + P) - \ln(1 - P)] = 0 \end{aligned}$$

oder

$$\ln \frac{1+P}{1-P} = \frac{z\,(-E_s)\,P}{k_B T} \ . \tag{7.23}$$

Es ist

$$\ln \frac{1+P}{1-P} = 2 \text{ artanh } P \ .$$

Hiermit ergibt sich aus (7.23)

$$P = \tanh \frac{z\,(-E_s)\,P}{2k_B T} \ . \tag{7.24}$$

Aus dieser Gleichung können wir P grafisch ermitteln. Wir führen zu diesem Zweck die Variable

$$x = \frac{z\,(-E_s)\,P}{2k_B T}$$

ein und erhalten die Gleichungen

$$P = \tanh x \tag{7.25}$$

und

$$P = \frac{2k_B T}{z\,(-E_s)} x \ . \tag{7.26}$$

Tragen wir für eine vorgegebene Temperatur T den Ordnungsparameter P als Funktion von x sowohl nach (7.25) als auch nach (7.26) auf, so bekommen wir zwei Kurven, deren Schnittpunkt den Ordnungsparameter P liefert (Abb. 7.24). Ist der Anstieg der durch (7.26) bestimmten Geraden größer als der Anstieg von $\tanh x$ für $x = 0$, so ist $P = 0$. Da $d(\tanh x)/dx = 1$ für $x = 0$ ist, erhalten wir für die kritische Temperatur T_{kr}, oberhalb der die Fernordnung verschwindet, den Ausdruck

$$T_{\text{kr}} = \frac{z\,(-E_s)}{2k_B} \ . \tag{7.27}$$

In Abb. 7.25 ist der Ordnungsparameter P in Abhängigkeit von T/T_{kr} aufgetragen. In der Nähe der kritischen Temperatur T_{kr} nimmt die Fernordnung sehr schnell ab.

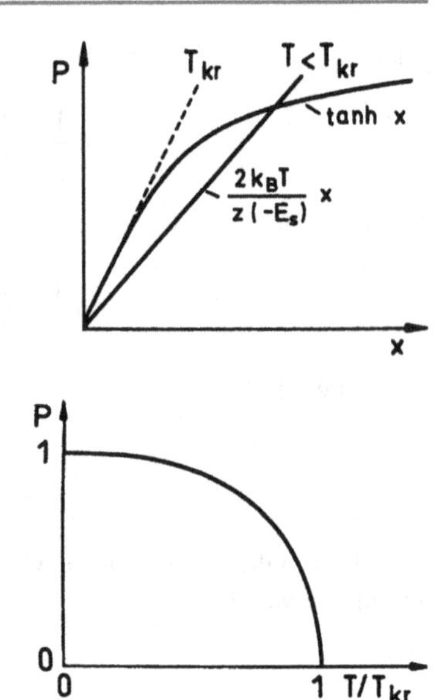

Abb. 7.24 Grafische Ermittlung des Ordnungsparameters P einer Legierung vom Typ CuZn bei vorgegebener Kristalltemperatur

Abb. 7.25 Ordnungsparameter P der Legierung CuZn in Abhängigkeit von T/T_{kr}. T_{kr} ist die kritische Temperatur, bei der die Fernordnung verschwindet

Bei der Legierung CuZn ist der Phasenübergang vom geordneten in den ungeordneten Zustand von zweiter Ordnung, d. h., bei dem Übergang wird keine Umwandlungswärme benötigt, aber die spezifische Wärme weist bei der kritischen Temperatur T_{kr} einen Sprung auf. Bei der Legierung $AuCu_3$ liegt hingegen bei der kritischen Temperatur ein Phasenübergang erster Ordnung vor. Bei dieser Legierung sitzen die Au-Atome an den Ecken der Einheitszellen eines fcc-Gitters und die Cu-Atome im Mittelpunkt der Flächen der Einheitszellen. In Abb. 7.26 ist für $AuCu_3$ der Parameter P der Fernordnung in Abhängigkeit von T/T_{kr} dargestellt. In diesem Fall geht P nicht wie bei der Legierung CuZn kontinuierlich gegen null, sondern ändert bei T_{kr} unstetig den Wert.

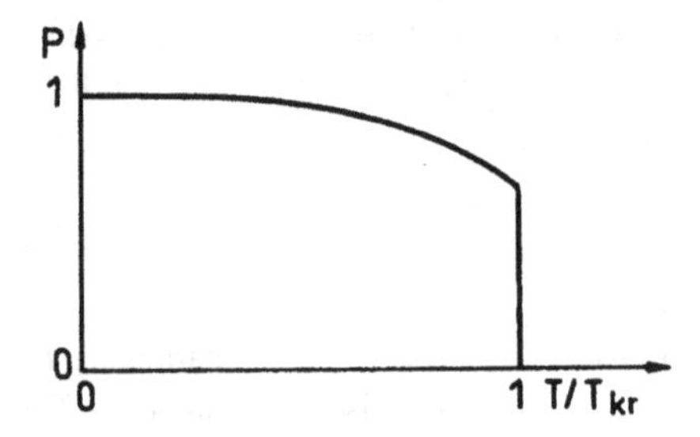

Abb. 7.26 Ordnungsparameter P der Legierung $AuCu_3$ in Abhängigkeit von T/T_{kr}

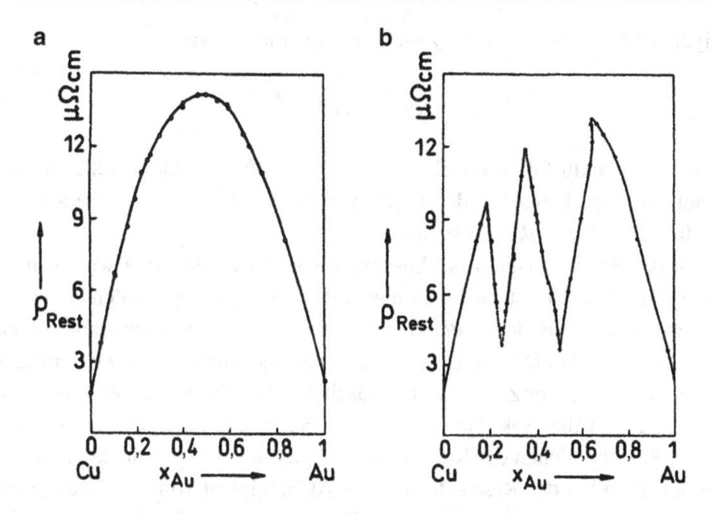

Abb. 7.27 Spezifischer Restwiderstand ρ_{Rest} von Kupfer-Gold-Legierungen in Abhängigkeit vom Stoffmengengehalt der Au-Komponente **a** bei ungeordneter Anordnung der Atome auf den Gitterplätzen und **b** bei Vorliegen der geordneten Phasen Cu_3Au und CuAu (nach Johansson und Linde)

Der Ordnungsgrad einer Legierung lässt sich experimentell mithilfe der Beugung von Röntgenstrahlen an dem betreffenden Kristallgitter untersuchen. Eine völlig ungeordnete Struktur liefert die gleichen Beugungsreflexe wie ein Kristallgitter, das nur Gitteratome einer Sorte enthält. Den atomaren Streufaktor gewinnen wir in diesem Fall durch Mittelung über die Streufaktoren der beteiligten Atome. So hat z. B. eine völlig ungeordnete CuZn-Legierung einen atomaren Streufaktor $f = (1/2)(f_{Cu} + f_{Zn})$. Da die CuZn-Legierung ein bcc-Gitter hat, erhalten wir für den Strukturfaktor der ungeordneten Legierung nach den Ausführungen in Abschn. 1.2.3.

$$F_{hk\ell} = f(1 + \mathrm{e}^{\pi n i(h+k+\ell)}) , \tag{7.28}$$

wenn h, k und ℓ die Millerschen Indizes der Kristallfläche sind, an der die Braggsche Reflexion erfolgt, und n die Ordnung des gebeugten Röntgenstrahls angibt. Aus (7.28) folgt, dass für $n = 1$ der Strukturfaktor gleich null ist, falls $h + k + \ell$ eine ungerade Zahl ist.

Bei einer geordneten Struktur haben wir hingegen bei der Bildung des Strukturfaktors den unterschiedlichen atomaren Streufaktor der Gitteratome zu berücksichtigen. Für eine geordnete CuZn-Legierung erhalten wir

$$F_{hk\ell} = f_{Cu} + f_{Zn} \mathrm{e}^{\pi n i (h+k+\ell)} \ . \tag{7.29}$$

Hier hat der Strukturfaktor für alle Werte von $h + k + \ell$ einen endlichen Betrag. Es treten also, verglichen mit der ungeordneten Legierung, zusätzliche Röntgenreflexe, die sog. *Überstrukturlinien* auf.

Auch der Restwiderstand (s. Abschn. 3.3.4) einer Legierung wird von ihrem Ordnungsgrad beeinflusst. Bei einer ungeordneten Legierung mit den beiden Komponenten A und B gilt die *Nordheim-Regel*, wonach der Restwiderstand proportional zu $x_B(1 - x_B)$ ist. Dies zeigt Abb. 7.27a für eine Kupfer-Gold-Legierung. Hier wurde ein ungeordneter Zustand durch rasches Abkühlen der Probe „eingefroren". Erfolgt hingegen die Abkühlung genügend langsam, sodass sich in bestimmten Konzentrationsbereichen der Kupfer-Gold-Legierung eine geordnete Struktur ausbilden kann, so hat der Restwiderstand in Abhängigkeit vom Stoffmengengehalt des Goldes einen Verlauf wie in Abb. 7.27b. Hier fällt im Bereich der geordneten Phasen Cu_3Au und CuAu der Restwiderstand stark ab.

#

7.2 Kinetik der Phasenreaktionen

Phasenreaktionen in Legierungen sind meistens mit Diffusionsprozessen verknüpft. Im festen Zustand ist dabei vor allem eine Diffusion über Leerstellen von Bedeutung. Diese sind bei höheren Temperaturen stets in ausreichender Anzahl vorhanden (s. Abschn. 1.4.1). Hinzu kommt die Diffusion über makroskopische Gitterfehler wie Versetzungen und Korngrenzen. Fremdatome, deren Radius wesentlich kleiner als der der Wirtsgitteratome ist, diffundieren auch über Zwischengitterplätze (s. Abschn. 1.4.1).

Ganz allgemein sind die Diffusionsströme so gerichtet, dass es zu einem Ausgleich der chemischen Potenziale der einzelnen Komponenten in der Legierung kommt. Dies braucht natürlich keineswegs auch auf einen Konzentrationsausgleich zu führen. Das letztere ereignet sich aber immer dann, wenn entweder die eine Komponente eines binären Systems in sehr starker Verdünnung vorliegt oder wenn die betreffende Legierung als eine ideale Lösung betrachtet werden darf. Anderenfalls ist auch eine Entmischung der Komponenten möglich.

Ist die Konzentration c_B der B-Komponente in einer binären Legierung so klein, dass die Wechselwirkung der B-Atome untereinander vernachlässigt werden kann, so darf der Diffusionskoeffizient D_B^0 der B-Komponente als konstant angesehen werden. D_B^0 verknüpft nach der als *erstes Ficksches Gesetz* bekannten Beziehung

$$\vec{j}_B(\vec{r},t) = -D_B^0 \operatorname{grad} c_B(\vec{r},t) \tag{7.30}$$

die vom Ort $\vec{r}$ und von der Zeit t abhängige Konzentration c_B der B-Atome, d. h., die Anzahl der B-Atome je Volumeneinheit, mit der Diffusionsstromdichte $\vec{j}_B$, d. h., der Anzahl der B-Atome, die sich je Zeiteinheit durch einen Einheitsquerschnitt in Richtung des Konzentrationsgefälles bewegen. Mit der Kontinuitätsgleichung

$$\operatorname{div} \vec{j}_B(\vec{r},t) = -\frac{\partial c_B(\vec{r},t)}{\partial t}$$

ergibt sich aus (7.30) das *zweite Ficksche Gesetz* in der Form

$$D_B^0 \, \Delta c_B(\vec{r},t) = \frac{\partial c_B(\vec{r},t)}{\partial t} \quad . \tag{7.31}$$

Für eine vorgegebene Anfangskonzentration der B-Atome liefert die Lösung dieser Differenzialgleichung die durch die Diffusion hervorgerufene Abänderung des Konzentrationsprofils der B-Atome in der Legierung in Abhängigkeit von der Zeit.

So hat z. B. mit den Anfangsbedingungen

$$c_B(r,0) = \begin{cases} 0 & \text{für} \quad r \neq 0 \\ \infty & \text{für} \quad r = 0 \end{cases}$$

und

$$\int_0^\infty c_B(r,0) 4\pi r^2 dr = N_B ,$$

wobei N_B die Gesamtzahl der B-Atome ist, (7.31) die Lösung

$$c_B(r,t) = \frac{N_B}{\left(4\pi D_B^0 t\right)^{3/2}} e^{-r^2/(4D_B^0 t)} .$$

Hieraus ergibt sich für die Wahrscheinlichkeit, ein bestimmtes B-Atom nach der Zeit t zwischen r und $r + dr$ vorzufinden,

$$P(r)dr = \frac{4\pi r^2}{\left(4\pi D_B^0 t\right)^{3/2}} e^{-r^2/(4D_B^0 t)} dr$$

und für das mittlere Quadrat des Abstands eines B-Atoms vom Ort $r = 0$ nach der Zeit t

$$\overline{r^2} = \int_0^\infty r^2 P(r) dr$$

$$= \frac{4\pi}{(4\pi D_B^0 t)^{3/2}} \int_0^\infty r^4 e^{-r^2/(4D_B^0 t)} dr = 6 D_B^0 t. \tag{7.32}$$

Erfolgt nun die Diffusion der B-Atome in einzelnen Sprüngen mit der Sprungweite λ, so ist nach dem „random walk"-Modell der statistischen Mechanik nach n Sprüngen

$$\overline{r^2} = n\lambda^2$$

oder, wenn wir mithilfe der Beziehung $n = \Gamma_B t$ die *Sprungrate* Γ_B eines B-Atoms einführen,

$$\overline{r^2} = \Gamma_B t \lambda^2 .$$

Vergleichen wir diese Beziehung mit dem Ergebnis in (7.32), so erhalten wir

$$D_B^0 = \frac{1}{6} \Gamma_B \lambda^2 \ . \tag{7.33}$$

Da bei einem Festkörper die Diffusion über Leerstellen meist die ausschlaggebende Rolle spielt, wollen wir diesen Diffusionsmechanismus anhand von (7.33) für ein fcc-Gitter noch etwas weiter verfolgen. Die Sprungweite λ ist gleich dem Abstand eines Gitteratoms zu seinen nächsten Nachbarn, also hier gleich $a/\sqrt{2}$, wenn a die Gitterkonstante ist. Die Sprungrate Γ_B ist proportional einmal der Sprungfrequenz ν_B eines B-Atoms in eine nächstbenachbarte Leerstelle und außerdem der Wahrscheinlichkeit P_L, dass nächstbenachbart auch eine Leerstelle zur Verfügung steht.

Für ν_B gilt

$$\nu_B = \nu_0 e^{-\gamma_B^A / k_B T} ,$$

wenn ν_0 die Schwingungsfrequenz eines B-Atoms um seine Ruhelage ist und γ_B^A die freie Aktivierungsenthalpie für die Wanderung eines B-Atoms angibt. Für ν_0 können wir die Debyesche Grenzfrequenz wählen (s. Abschn. 2.2.2). γ_B^A ist gleich

Tab. 7.1 Diffusionsparameter für Silber

	Cu	Zn	Sn	Au	Pb
D_B^{0*} [cm²/s]	1,20	0,54	0,25	0,26	0,22
$(\epsilon_V^A + \epsilon_V)$ [eV]	2,00	1,81	1,70	1,98	1,65

$(\epsilon_V^A - T\sigma_V^A)$, wenn ϵ_V^A die Aktivierungsenergie (s. Abschn. 1.4.1) und σ_V^A die Aktivierungsentropie für die Wanderung von Leerstellen ausgelöst durch Sprünge von B-Atomen sind. Wir erhalten hiernach

$$\nu_B = \nu_0 e^{\sigma_V^A/k_B} \; e^{\epsilon_V^A/(k_B T)} \; .$$

Für die Wahrscheinlichkeit einer nächstbenachbarten Leerstelle P_L gilt

$$P_L = z e^{\sigma_{\mathrm{Th}}/k_B} \; e^{-\epsilon_V/(k_B T)} \; .$$

Hierbei ist z die Koordinationszahl, die bei einem fcc- Gitter 12 beträgt. Der Exponentialausdruck gibt nach (1.89) die Leerstellenkonzentration an, wenn ϵ_V die Energie ist, die zur Erzeugung einer Leerstelle aufgebracht werden muss, und σ_{Th} die Erhöhung der thermischen Entropie je erzeugter Leerstelle bedeutet.

Schließlich kommt noch ein sog. Korrelationsfaktor f_K hinzu. Durch ihn wird berücksichtigt, dass nach dem Sprung eines B-Atoms in eine Leerstelle dieses B-Atom in die alte Position zurückspringt, falls die Leerstelle nicht inzwischen weitergewandert ist. f_K ist natürlich immer kleiner als eins. Fassen wir alle Glieder zusammen, so wird aus (7.33)

$$\begin{aligned} D_B^0 &= f_K a^2 \nu_0 e^{\sigma_V^A/k_B} \; e^{\sigma_{\mathrm{Th}}/k_B} \; e^{-(\epsilon_V^A + \epsilon_V)/(k_B T)} \\ &= D_B^{0*} e^{-(\epsilon_V^A + \epsilon_V)/(k_B T)} \; . \end{aligned} \tag{7.34}$$

Der Diffusionskoeffizient D_B^0 nimmt hiernach exponentiell mit der Temperatur zu. In Tab. 7.1 sind für Silber als Wirtsmaterial die Größen D_B^{0*} und $(\epsilon_V^A + \epsilon_V)$ für beigemengte Kupfer-, Gold- und Bleiatome angegeben.

Ist die Voraussetzung, dass die eine Komponente der Legierung nur in sehr kleiner Konzentration vorliegt, nicht erfüllt, so wird die Beschreibung des Diffusionsprozesses wesentlich komplizierter. Der Diffusionskoeffizient, der den Mischungs- oder gegebenenfalls auch einen Entmischungsvorgang charakterisiert, hängt jetzt auch vom jeweiligen Stoffmengengehalt der beiden Komponenten in den verschiedenen Bereichen der Legierungsprobe ab. Dieses wurde erstmals von L. Darken im Jahre 1948 genauer analysiert.

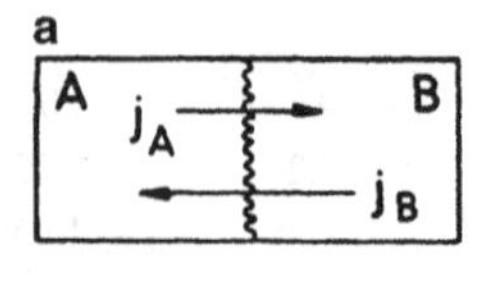

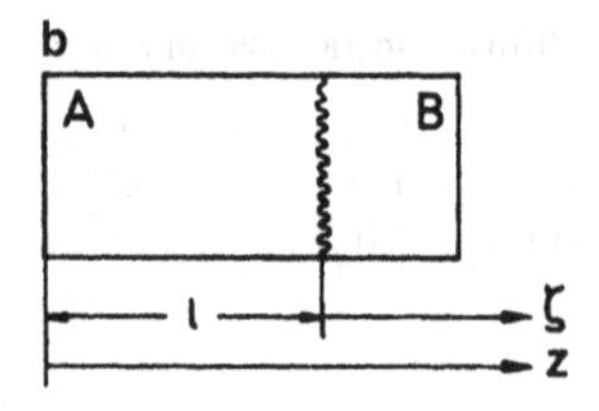

Abb. 7.28 Zum Kirkendall-Effekt. **a** Ausgangslage bei der Kontaktierung eines Stabes aus A-Atomen mit einem Stab aus B-Atomen. Die Diffusionsstromdichte j_B der B-Atome ist größer als die Diffusionsstromdichte j_A der A-Atome. **b** Diffusionsbedingte Verlagerung der Kontaktebene längs der gemeinsamen Stabachse

7.2.1 Darken-Gleichungen

Bringt man einen Stab aus A-Atomen an seiner Stirnseite mit einem Stab aus B-Atomen in Kontakt, so kommt es, falls die A- und B-Atome eine unterschiedlich große Diffusionsgeschwindigkeit aufweisen, zu einer Wanderung der Kontaktebene längs der gemeinsamen Stabachse. Diese als *Kirkendall-Effekt* bekannte Erscheinung ist schematisch in Abb. 7.28 für den Fall dargestellt, dass $\vec{j}_B$ größer als $\vec{j}_A$ ist. Der Betrag von $\vec{j}_B$ und $\vec{j}_A$ hängt hierbei von der Wahl des Bezugssystems ab. Wenn wir das Bezugssystem in die Kontaktebene legen, gilt z. B. für die Diffusionsstromdichte der B-Komponente durch die Kontaktebene bei $\zeta = 0$ das Ficksche Gesetz in der Form

$$j_B|_{\zeta=0} = -D_B \left.\frac{\partial c_B}{\partial \zeta}\right|_{\zeta=0} . \tag{7.35}$$

In dieser Gleichung ist D_B der sog. *intrinsische Diffusionskoeffizient* der B-Komponente. Wird hingegen das Bezugssystem in die linke Begrenzungsebene der Probe gelegt (Abb. 7.28b), so tritt in der Kontaktebene bei $z = l$ zu dem eigentlichen Diffusionsstrom noch ein Transportstrom hinzu und wir erhalten insgesamt

$$j_B|_{z=l} = -D_B \left.\frac{\partial c_B}{\partial z}\right|_{z=l} + v c_B\Big|_{z=l} , \tag{7.36}$$

wenn v die Wanderungsgeschwindigkeit der Kontaktebene ist. Entsprechende Gleichungen gelten auch für die A-Komponente.

Bezeichnen wir mit $c = c_A + c_B$ die Gesamtkonzentration der A- und B-Atome in der Legierung, so besagt die Kontinuitätsgleichung

$$\frac{\partial c}{\partial t} = \frac{\partial c_A}{\partial t} + \frac{\partial c_B}{\partial t} = -\left(\frac{\partial j_A}{\partial z} + \frac{\partial j_B}{\partial z}\right) .$$

Hieraus folgt mit (7.36)

$$\frac{\partial c}{\partial t} = \frac{\partial}{\partial z}\left(D_A \frac{\partial c_A}{\partial z} + D_B \frac{\partial c_B}{\partial z} - cv\right) . \tag{7.37}$$

Diese Gleichung gilt nicht nur für $z = l$, sondern überall in der Probe, wenn wir jetzt unter v die Wanderungsgeschwindigkeit einzelner Netzebenen verstehen. Dabei ist natürlich v umso kleiner, je weiter die betreffende Netzebene von der Kontaktebene entfernt ist. Ist das Molvolumen der Legierung von ihrer Zusammensetzung unabhängig, so ist $\partial c/\partial t = 0$, und der Ausdruck in der Klammer in (7.37) ist eine Konstante. Da in genügend großem Abstand von der Kontaktebene sowohl v als auch $\partial c_A/\partial z$ und $\partial c_B/\partial z$ gleich null sind, ist auch die Konstante gleich null. Wir erhalten somit aus (7.37) für die Wanderungsgeschwindigkeit die Beziehung

$$v = \frac{1}{c}\left(D_A \frac{\partial c_A}{\partial z} + D_B \frac{\partial c_B}{\partial z}\right)$$

oder, da wegen $c_A + c_B = \text{const}$, $\partial c_A/\partial z = -\partial c_B/\partial z$ ist,

$$v = \frac{1}{c}(D_B - D_A)\frac{\partial c_B}{\partial z} . \tag{7.38}$$

Setzen wir diesen Ausdruck für v in (7.36) ein und benutzen für c_B die Kontinuitätsgleichung, so ergibt sich,

$$\begin{aligned}\frac{\partial c_B}{\partial t} = -\frac{\partial j_B}{\partial z} &= \frac{\partial}{\partial z}\left[D_B \frac{\partial c_B}{\partial z} - \frac{c_B}{c}(D_B - D_A)\frac{\partial c_B}{\partial z}\right] \\ &= \frac{\partial}{\partial z}\left[\left(\frac{c_B}{c}D_A + \frac{c_A}{c}D_B\right)\frac{\partial c_B}{\partial z}\right] .\end{aligned}$$

Führen wir nun noch mithilfe der Beziehungen $x_A = c_A/c$ und $x_B = c_B/c$ den Stoffmengengehalt der A- und B-Komponente ein, so bekommen wir schließlich

$$\frac{\partial c_B}{\partial t} = \frac{\partial}{\partial z}\left[(x_B D_A + x_A D_B)\frac{\partial c_B}{\partial z}\right] .$$

Diese Gleichung entspricht dem zweiten Fickschen Gesetz mit dem sog. *Interdiffusionskoeffizienten*

$$D = x_B D_A + x_A D_B . \tag{7.39}$$

Führen wir auch in (7.38) den Stoffmengengehalt x_B ein, so lautet diese Gleichung

$$v = (D_B - D_A)\frac{\partial x_B}{\partial z} \ . \tag{7.40}$$

(7.39) und (7.40) bezeichnet man als *Darkensche Gleichungen.* (7.39) verknüpft die intrinsischen Diffusionskoeffizienten D_A und D_B in dem oben beschriebenen durch die Koordinate ζ gekennzeichneten sog. *intrinsischen Bezugssystem* mit dem Interdiffusionskoeffizienten D. Dieser bezieht sich gemäß der Darstellungen

$$j_A = -D\frac{\partial c_A}{\partial z} \quad \text{und} \quad j_B = -D\frac{\partial c_B}{\partial z} \tag{7.41}$$

sowohl auf die Diffusion der A-Komponente als auch auf die der B-Komponente in einem mit der linken Begrenzungsfläche der Probe fest verbundenen Koordinatensystem. Die Wanderungsgeschwindigkeit v des intrinsischen Bezugssystem ist nach (7.40) immer dann von null verschieden, wenn D_A ungleich D_B ist. Im Prinzip lassen sich die Darkenschen Gleichungen dazu benutzen, aus den experimentell ermittelten Werten von D und v die Größen D_A und D_B zu bestimmen.

Als nächstes wollen wir den Zusammenhang zwischen den intrinsischen Diffusionskoeffizienten D_A und D_B und den Diffusionskoeffizienten D_A^0 und D_B^0 untersuchen. Die Größen D_A^0 und D_B^0, die die Diffusionsprozesse in Legierungen mit sehr schwacher Konzentration der A-Atome in der B-Komponente bzw. der B-Atome in der A-Komponente beschreiben, bezeichnet man gewöhnlich als *Komponenten-Diffusionskoeffizienten.*

Es lässt sich zeigen (s. z. B. Haasen, P.: Physikalische Metallkunde, Springer 1984, S. 154), dass in einem isothermen System, in dem die Leerstellenkonzentration nicht vom Orte abhängt, die Diffusionsstromdichte j_B in einem intrinsischen Bezugssystem über die Beziehung

$$j_B = -M_B\frac{\partial \mu_B}{\partial \zeta} \tag{7.42}$$

mit dem chemischen Potenzial μ_B der B-Komponente in der Legierung verknüpft ist. Das gilt allerdings nur unter der Voraussetzung, dass die Abhängigkeit der Größe j_B von $\partial\mu_A/\partial\zeta$ klein gegenüber ihrer Abhängigkeit von $\partial\mu_B/\partial\zeta$ ist. Das Entsprechende gilt auch für j_A. Vergleichen wir (7.42) mit (7.35), so ergibt sich

$$D_B\frac{\partial c_B}{\partial \zeta} = M_B\frac{\partial \mu_B}{\partial \zeta} \ . \tag{7.43}$$

$$\text{Nun ist} \quad \mu_B = \frac{\partial(ng)}{\partial n_B} \ , \tag{7.44}$$

wenn g die molare freie Enthalpie des Systems, n die gesamte Stoffmenge und n_B die Stoffmenge der B-Komponente ist. Betrachten wir g als Funktion des Stoffmengengehalts x_B, so folgt aus (7.44)

$$\mu_B = g + n\frac{\partial g}{\partial x_B}\frac{\partial x_B}{\partial n_B} = g + n\frac{\partial g}{\partial x_B}\left(\frac{1}{n} - \frac{x_B}{n}\right)$$
$$= g + \frac{\partial g}{\partial x_B} - x_B\frac{\partial g}{\partial x_B} \ . \quad (7.45)$$

Benutzen wir für g (7.16), so erhalten wir für das chemische Potenzial der B-Komponente in einer regulären Lösung

$$\mu_B = LzE_s(1-x_B)^2 + RT\ln x_B + f_2(T)$$

und hieraus

$$\frac{\partial \mu_B}{\partial \zeta} = RT\frac{1}{c_B}\frac{\partial c_B}{\partial \zeta} - 2LzE_s(1-x_B)x_B\frac{1}{c_B}\frac{\partial c_B}{\partial \zeta}$$
$$= RT\frac{1}{c_B}\left(1 - \frac{2LzE_s(1-x_B)x_B}{RT}\right)\frac{\partial c_B}{\partial \zeta} \ .$$

Mit (7.43) finden wir dann

$$D_B = M_B RT\frac{1}{c_B}\left(1 - \frac{2LzE_s(1-x_B)x_B}{RT}\right) \ . \quad (7.46)$$

Für $E_s = 0$, d. h. für eine ideale Lösung, folgt aus (7.46) für den intrinsischen Diffusionskoeffizienten der B-Komponente

$$D_B^{id} = M_B RT\frac{1}{c_B} \ . \quad (7.47)$$

Nun ist aber D_B^{id} gleich dem Komponenten-Diffusionskoeffizienten D_B^0. Hiermit können wir (7.46) in die Darstellung

$$D_B = D_B^0\left(1 - \frac{2LzE_s x_A x_B}{RT}\right) \quad (7.48)$$

überführen. Dabei haben wir noch $(1 - x_B)$ durch den Stoffmengengehalt x_A der A-Komponente ersetzt und außerdem vorausgesetzt, dass M_B in (7.46) denselben Wert wie in (7.47) hat.

Entsprechend gilt auch

$$D_A = D_A^0 \left(1 - \frac{2LzE_s x_A x_B}{RT}\right) . \tag{7.49}$$

Setzen wir die (7.48) und (7.49) in (7.39) ein, so bekommen wir als Endergebnis

$$D = (x_B D_A^0 + x_A D_B^0)\left(1 - \frac{2LzE_s x_A x_B}{RT}\right) . \tag{7.50}$$

Den Ausdruck in der zweiten Klammer in (7.50) bezeichnet man als *thermodynamischen Faktor*. Er hängt u. a. vom Vorzeichen und vom Betrag des Energieparameters E_s ab, wobei der Einfluss dieser Größe umso stärker ins Gewicht fällt, je niedriger die Temperatur der Probe ist. Dieses bedeutet nun aber nicht etwa, dass bei einem negativen Wert von E_s der Interdiffusionskoeffizient D mit steigender Temperatur abnimmt. Genau das Gegenteil ist der Fall; denn die Komponenten-Diffusionskoeffizienten D_A^0 und D_B^0 nehmen, wie wir in Abschn. 7.2 gesehen haben mit steigender Temperatur exponentiell zu.

Bei einem positiven Wert des Energieparameters E_s kann der thermodynamische Faktor und damit auch der Interdiffusionskoeffizient D negativ werden. Auf die damit verbundenen Entmischungsvorgänge kommen wir in Abschn. 7.2.3 zurück. Zunächst befassen wir uns aber mit Erstarrungsvorgängen.

7.2.2 Erstarrungsvorgänge

Kristalline Legierungen gewinnt man gewöhnlich durch Erstarrung einer Schmelze; denn im flüssigen Zustand lassen sich die Komponenten, aus denen die Legierung aufgebaut werden soll, am einfachsten mischen. Im Allgemeinen erfolgt bei einer Legierung die Erstarrung nicht wie bei einer reinen Substanz bei einer festen Temperatur, sondern spielt sich, wie wir in Abschn. 7.1.1 gesehen haben, innerhalb eines mehr oder weniger ausgedehnten Temperaturbereichs ab. Dies hat zur Folge, dass sich im Erstarrungsbereich die Zusammensetzung der festen Phase und der Schmelze bei der Abkühlung ständig ändert. Nur dann, wenn die Abkühlung sehr langsam erfolgt, kann es hierbei sowohl in der festen als auch in der flüssigen Phase durch Diffusion zu einem Konzentrationsausgleich und somit zur Bildung homogener Phasen kommen. In diesem Fall hat jede Phase für eine bestimmte Temperatur innerhalb des Erstarrungsbereichs gerade die Zusammensetzung, die sich aus dem Zustandsdiagramm ergibt. Im Allgemeinen wird man jedoch in der festen Phase während des Erstarrungsvorgangs keinen Konzentrationsausgleich

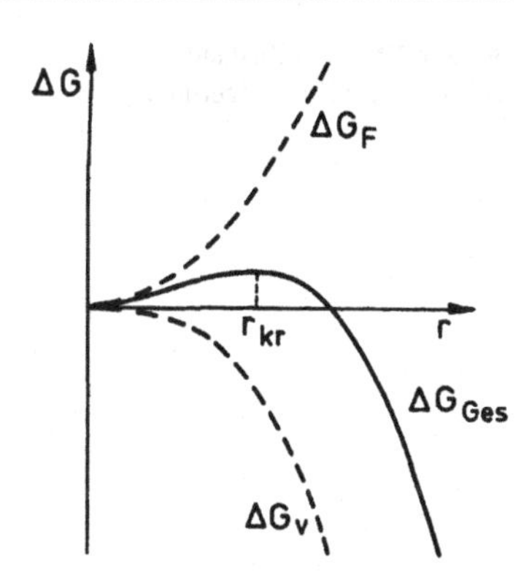

Abb. 7.29 Bildungsenthalpie ΔG_{Ges} eines kugelförmigen Kristallkeims bei vorgegebener Unterkühlung in Abhängigkeit vom Keimradius r. ΔG_F freie Enthalpie der Phasengrenzfläche, ΔG_V Enthalpiegewinn beim Erstarren der unterkühlten Schmelze, r_{kr} kritischer Keimradius

erreichen; denn hier laufen die Diffusionsprozesse gewöhnlich wesentlich langsamer ab als die Abkühlungsprozesse. Bevor wir nun untersuchen, wie sich der Ablauf des Erstarrungsvorgangs auf das Gefüge einer Legierung auswirkt, wollen wir zunächst einige grundlegenden Gesetzmäßigkeiten bei der Kristallisation von Schmelzen erörtern.

Die Kristallisation einer Schmelze beginnt damit, dass in ihr feste Keime entstehen. Hierbei ist zu beachten, dass bei der Ausbildung der Keime Energie für den Aufbau von Phasengrenzflächen benötigt wird. Das hat zur Folge, dass bei einer Abkühlung der Schmelze eine Kristallisation nicht bereits unmittelbar beim Erreichen der Liquiduskurve in Abb. 7.6 einsetzt, sondern stets eine gewisse Unterkühlung der Schmelze erforderlich ist. Dann kann nämlich die Grenzflächenenergie durch die beim Erstarren freiwerdende freie Enthalpie aufgebracht werden. In Abb. 7.29 ist für einen kugelförmigen Keim in Abhängigkeit vom Keimradius r die zum Aufbau der Phasengrenzfläche benötigte freie Enthalpie ΔG_F, der bei vorgegebener Unterkühlung infolge der Phasenumwandlung auftretende Enthalpiegewinn ΔG_V und die aus diesen beiden Größen resultierende Enthalpieänderung ΔG_{Ges} aufgetragen. ΔG_F ist proportional zu der Größe der Keimoberfläche, wächst also mit r^2 an; ΔG_V ist hingegen proportional zum Keimvolumen, fällt demnach mit r^3 ab. Ist der Keimradius größer als r_{kr}, so ist $d(\Delta G_{\text{Ges}})/dr < 0$. Hat sich deshalb aufgrund von thermischen Schwankungen in der Schmelze ein Keim gebildet, dessen Radius größer als r_{kr} ist, so kann dieser Keim unter Enthalpiegewinn weiter anwachsen. Ist der Keimradius kleiner als r_{kr}, so ist der Keim instabil und löst sich wieder auf. Der kritische Radius r_{kr} ist umso kleiner, je höher die Unterkühlung ist; denn bei höherer Unterkühlung fällt ΔG_V mit wachsendem r steiler ab. An Tiegelwänden kann ΔG_F unter Umständen stark herabgesetzt sein, sodass dort bereits bei einer wesentlich schwächeren Unterkühlung Keimbildung auftritt.

Abb. 7.30 Zum Zustandekommen der Kornseigerung

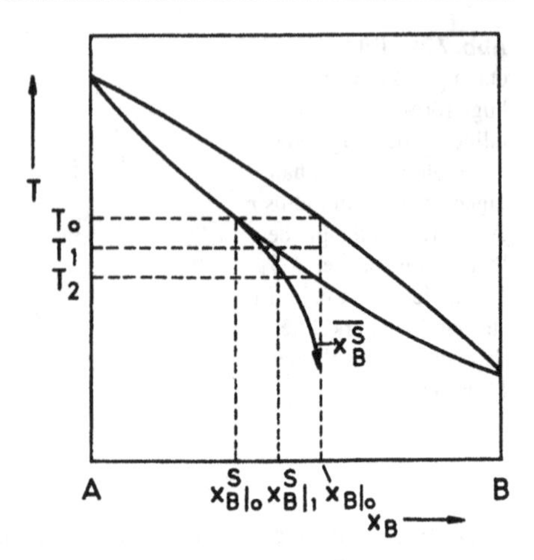

Erfolgt das Anwachsen der sich aus den Keimen ausbildenden Kristallite relativ schnell, so kann es zwar in der Restschmelze unter Umständen noch zu einem Konzentrationsausgleich kommen, aber nicht mehr in der festen Phase. Dies führt dazu, dass sich die Zusammensetzung der Kristallite von ihrer Mitte zu ihrer Oberfläche hin stetig ändert. Man bezeichnet diese Erscheinung in der Metallkunde als *Kornseigerung* . In Abb. 7.30 wird das Zustandekommen der Kornseigerung anhand des Zustandsdiagramms für ein binäres System, bei dem eine vollständige Mischbarkeit der beiden Komponenten in der festen Phase möglich ist, näher erläutert.

Bei dem Stoffmengengehalt $x_{B|_0}$ der B-Komponente in der Legierung beginnt die Kristallisation bei der Temperatur T_0. Der Stoffmengengehalt der B-Komponente in der festen Phase beträgt hier $x^S_{B|_0}$. Bei der Temperatur T_1 wird eine feste Phase mit dem Stoffmengengehalt $x^S_{B|_1}$ ausgeschieden. Sie umschließt den bereits gebildeten Kristallkern. Da im festen Zustand kein Konzentrationsausgleich erfolgen soll, ist der mittlere Stoffmengengehalt $\overline{x^S_B}$ jetzt kleiner als $x^S_{B|_1}$. Dies wirkt sich insgesamt so aus, als wäre der Zustandspunkt des Systems im Zustandsdiagramm weiter nach rechts gewandert. Das bedeutet nach dem Hebelgesetz wiederum, dass der Stoffmengengehalt x_L der flüssigen Phase größer ist, als er es bei dem ursprünglichen Stoffmengengehalt $x_{B|_0}$ des Systems wäre. Bei einer schnellen Temperaturerniedrigung wird also die Schmelze langsamer aufgezehrt, als wenn das System stets Gleichgewichtszustände durchläuft. Während bei einem auch in der festen Phase stattfindenden Konzentrationsausgleich die Legierung bei der Temperatur T_2 bereits vollständig auskristallisiert wäre, wird

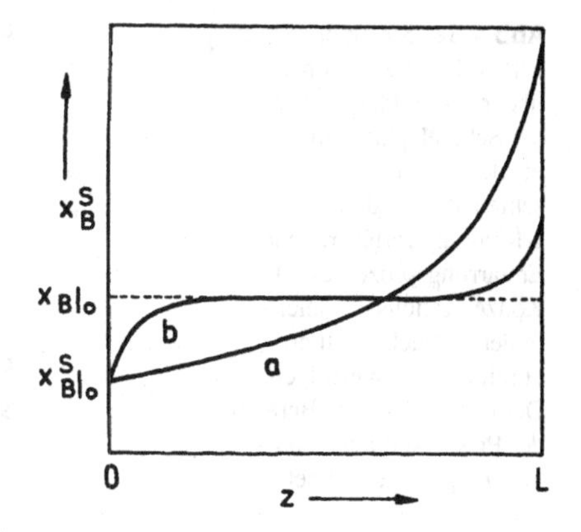

Abb. 7.31 Stoffmengengehalt x_B^S der B-Komponente eines binären Systems in der festen Phase für eine eindimensional von $z = 0$ bis $z = L$ fortschreitende Erstarrung bei a vollständigem und b eingeschränktem Konzentrationsausgleich in der Schmelze

ohne einen solchen Konzentrationsausgleich der Erstarrungsbereich unter Umständen stark vergrößert, und der mittlere Stoffmengengehalt $\overline{x_B^S}$ der festen Phase erreicht nur asymptotisch den Wert $x_{B|_0}$. Das Gefüge, das auf diese Weise entsteht, setzt sich aus einzelnen Körnern zusammen, in denen der Stoffmengengehalt der B-Komponente in dem zuerst erstarrten inneren Bereich am kleinsten ist und zum Rand der Körner hin zunimmt. Die Kornseigerung lässt sich in diesem Fall dadurch beseitigen, dass man die Probe dicht unterhalb der Temperatur T_2 genügend lange tempert.

In einer Schmelze lässt sich ein Konzentrationsausgleich bedeutend wirksamer durch Konvektion als durch Diffusion erreichen. Einen Konvektionsprozess kann man zum Beispiel dadurch auslösen, dass man die Schmelze umrührt. Wie weit es durch Diffusion allein bereits zu einem Konzentrationsausgleich kommen kann, hängt davon ab, mit welcher Geschwindigkeit v_s die Erstarrungsfront vorrückt, und wie groß der Interdiffusionskoeffizient D in der Schmelze ist. Kleine Werte für v_s und große Werte für D wirken sich hier günstig auf einen Konzentrationsausgleich aus.

Das Konzentrationsprofil in der erstarrten Legierung wird wesentlich davon beeinflusst, wie stark beim Erstarrungsvorgang der Konzentrationsausgleich in der Schmelze ist. In Abb. 7.31 ist der Stoffmengengehalt der B-Komponente in der erstarrten Legierung bei einem Zustandsdiagramm wie in Abb. 7.30 für eine eindimensional nach rechts fortschreitende Erstarrung wiedergegeben, und zwar durch Kurve a bei vollständigem Konzentrationsausgleich in der Schmelze und durch Kurve b bei eingeschränktem Konzentrationsausgleich, der meistens vorliegt, wenn der Ausgleich nur durch Diffusion erfolgt. In beiden Fällen ergibt sich im linken zuerst erstarrten Bereich eine Verarmung und im rechten Bereich

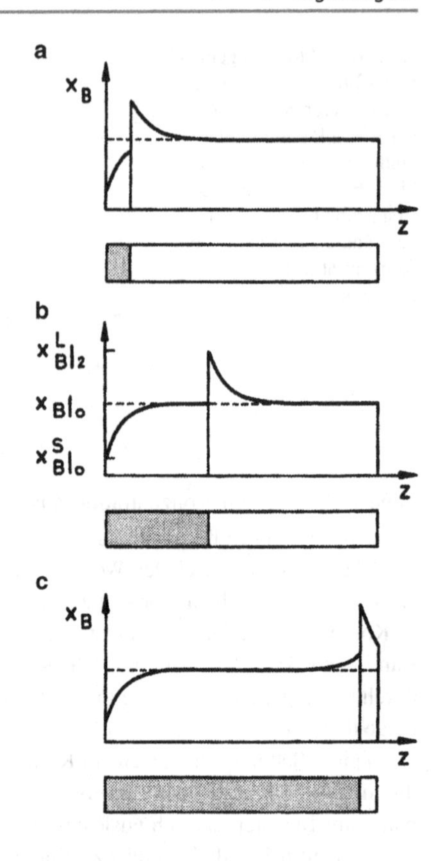

Abb. 7.32 Stoffmengengehalt der B-Komponente in der festen Phase und in der Schmelzphase einer idealen Lösung in drei verschiedenen Stadien eines in z-Richtung fortschreitenden Erstarrungsprozesses. Der Konzentrationsausgleich in der Schmelze soll nur durch Diffusion erfolgen. Der bereits erstarrte Bereich der Probe ist durch *Schattierung* gekennzeichnet

eine Anreicherung der Probe an B-Atomen, aber während sich im Fall a die Zusammensetzung der erstarrten Legierung längs der Probe kontinuierlich ändert, beobachtet man im Fall b zwischen einem Übergangsgebiet am linken und rechten Ende der Probe eine mehr oder weniger ausgedehnte Zone, in welcher die Zusammensetzung der erstarrten Legierung der der Ausgangsschmelze entspricht. Der Kurvenverlauf im Fall a lässt sich in groben Zügen mithilfe der Überlegungen zur Kornseigerung erklären. Zum besseren Verständnis des Kurvenverlaufs im Fall b wollen wir den Erstarrungsvorgang, bei dem der Konzentrationsausgleich in der Schmelze lediglich durch Diffusion erfolgt, etwas detaillierter verfolgen.

In Abb. 7.32 sind verschiedene Stadien einer eindimensionalen Erstarrung für den Fall dargestellt, dass sich die Erstarrungsfront wiederum von links nach rechts bewegt und ein Zustandsdiagramm wie in Abb. 7.30 vorliegt. Bei einem Stoffmengengehalt $x_{B|0}$ der B-Komponente in der Ausgangsschmelze wird zunächst wieder eine feste Phase mit dem Stoffmengengehalt $x^S_{B|0}$ ausgeschieden. Die Schmelze wird dadurch an B-Atomen angereichert. Da aber diesmal auch in der Schmelze kein vollständiger Konzentrationsausgleich erfolgen soll, bleibt die Anreicherung auf eine schmale Diffusionsschicht vor der Erstarrungsfront beschränkt (s. Abb. 7.32a). Während die Erstarrungsfront nach rechts wandert, steigt die Höhe der Konzentrationsspitze vor dieser Front zunächst weiter an, und auch der Stoffmengengehalt der B-Komponente in der festen Phase nimmt zu. Schließlich wird aber ein stationärer Zustand erreicht, der dadurch gekennzeichnet ist, dass nun eine feste Phase auskristallisiert, deren Zusammensetzung gleich der der Ausgangsschmelze ist (Abb. 7.32b). Dementsprechend ist die Höhe der Konzentrationsspitze im stationären Zustand gleich demjenigen Wert $x^L_{B|2}$ auf der Liquiduskurve, der zu dem Wert $x^S_B = x_{B|0}$ auf der Soliduskurve gehört. Sobald aber die mit B-Atomen angereicherte Schmelzzone die rechte Berandung der Anordnung erreicht, kann die Überschusskonzentration nicht mehr zum Innern der Schmelze hin vollständig abgebaut werden. Infolgedessen nimmt die Höhe der Konzentrationsspitze wieder zu und somit auch der Stoffmengengehalt der B-Komponente in der festen Phase (Abb. 7.32c). Die vollständig erstarrte Legierung zeigt dann gerade ein Konzentrationsprofil, das durch den Verlauf der Kurve b in Abb. 7.31 wiedergegeben wird.

Schließlich wollen wir noch untersuchen, wie die Temperaturverteilung in der Schmelze den Erstarrungsvorgang beeinflusst. Die Ausbildung der oben erwähnten Konzentrationsspitze vor der Erstarrungsfront führt dazu, dass die Temperatur T_L, bei der die Schmelze erstarren würde, mit zunehmendem Abstand z von der Phasengrenzfläche ansteigt. Die Temperaturwerte $T_L(z)$ lassen sich der Liquiduskurve des zugehörigen Phasendiagramms entnehmen. Sie sind in Abb. 7.33b für ein Phasendiagramm wie in Abb. 7.30 und eine Konzentrationsspitze wie in Abb. 7.33a aufgetragen. In Abb. 7.33b ist gleichzeitig der wahre Temperaturverlauf $T(z)$ in der Schmelze vor der Erstarrungsfront eingezeichnet. Wenn nun wie in Abb. 7.33b die Gerade $T(z)$ die Kurve $T_L(z)$ bei $z = z_L$ schneidet, so tritt in der Probe vor der Erstarrungsfront zwischen $z = 0$ und $z = z_L$ eine sog. *konstitutionelle Unterkühlung* auf. Ist hingegen

$$\left.\frac{dT_L(z)}{dz}\right|_{z=0} < \frac{dT(z)}{dz},$$

so liegt vor der Erstarrungsfront keine Unterkühlung vor.

Die konstitutionelle Unterkühlung kann in starkem Maße die Gestalt der Erstarrungsfront verändern. So ersieht man z. B. aus Abb. 7.34a, dass die durch den Erstarrungsvorgang ausgelöste Diffusion von B-Atomen an einer kleinen Ausbeu-

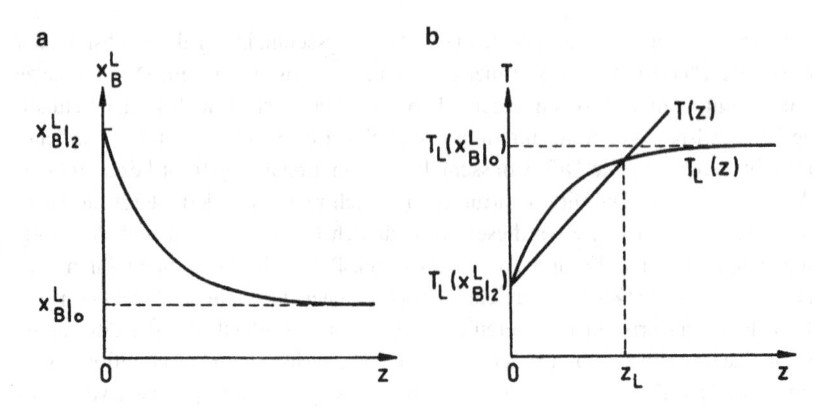

Abb. 7.33 Zur konstitutionellen Unterkühlung einer Schmelze während der stationären Phase des Erstarrungsvorgangs

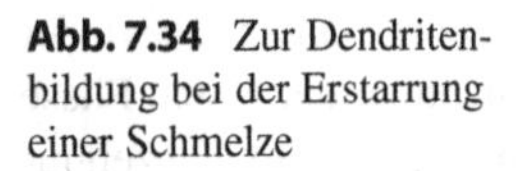
Abb. 7.34 Zur Dendritenbildung bei der Erstarrung einer Schmelze

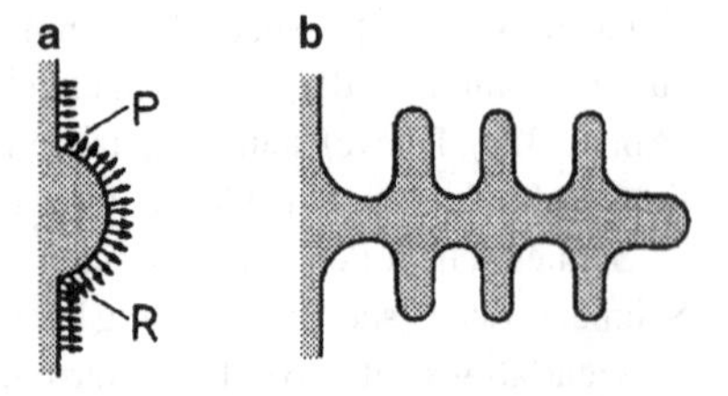

lung in einer im Übrigen ebenen Erstarrungsfront zu einer verstärkten Anreicherung der B-Atome in den Gebieten P und R führt. Dadurch wird hier die Unterkühlung herabgesetzt oder ganz unterdrückt, und an den Ausbeulungen erfolgt eine Kristallisation bevorzugt in Vorwärtsrichtung. Die Ausbeulungen können auf diese Weise in Stiftform weit in die Schmelze vordringen und sich sogar seitlich verästeln. Es bilden sich sog. *Dendriten* aus (Abb. 7.34b).

Die oben diskutierte eindimensionale Erstarrung einer Schmelze kann dazu benutzt werden, Kristallproben zu reinigen. Hierbei ist es besonders wirkungsvoll, wenn man nicht die gesamte Probe vorher in den flüssigen Zustand überführt, sondern die Aufschmelzung nur in einer schmalen Zone vornimmt, und die Schmelzzone die Probe entlang wandern lässt. An der vorderen Grenzfläche einer solchen Zone wird Material aufgeschmolzen, das sich anschließend mit den Bestandteilen der Zone vermischt. An der hinteren Grenzfläche erfolgt dann die Ausscheidung von festem Material, das je nach der Lage des Schmelzpunkts der Verunreinigung in Bezug auf den Schmelzpunkt des Wirtsmaterials entweder eine Verarmung oder

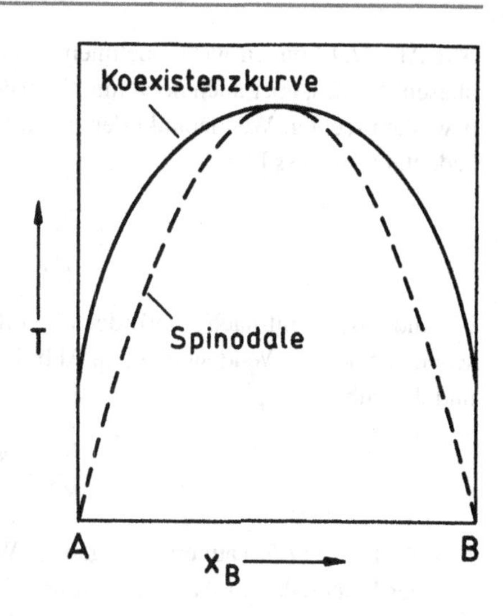

Abb. 7.35 Mischungslücke im Zustandsdiagramm eines binären Systems mit eingezeichneter Spinodalen

eine Anreicherung an Fremdatomen aufweist. Ein solcher Prozess kann beliebig oft wiederholt werden, wobei die Reinigung des Materials ständig verbessert wird. Dieses unter dem Namen *Zonenreinigung* bekannte Verfahren ist zum Beispiel für die Herstellung sehr reiner Halbleiter unentbehrlich.

7.2.3 Ausscheidungsvorgänge

In Abschn. 7.1.2 haben wir gesehen, dass bei positivem Energieparameter E_s und für eine genügend niedrige Temperatur die molare freie Enthalpie g einer binären Legierung als Funktion des Stoffmengengehalts x_B einen Verlauf wie in Abb. 7.4 hat. Dies führt im Zustandsdiagramm zu einer Mischungslücke wie in Abb. 7.9 und 7.10, in der zwei Phasen nebeneinander auftreten. In Abb. 7.35 ist eine solche Mischungslücke noch einmal dargestellt; dort ist aber gleichzeitig ein weiterer Kurvenzug eingezeichnet. Mit dieser zweiten als *Spinodale* bezeichneten Kurve hat es folgende Bewandtnis:

Für eine reguläre Lösung erhalten wir aus (7.16) für die zweite Ableitung der molaren freien Enthalpie g nach dem Stoffmengengehalt x_B

$$\frac{\partial^2 g}{\partial x_B^2} = -2LzE_s + \frac{RT}{x_A x_B} \; . \tag{7.51}$$

Aus Abb. 7.4 können wir entnehmen, dass diese Ableitung außerhalb des Zweiphasenbereichs, aber auch noch innerhalb des Zweiphasenbereichs bis zum linken bzw. zum rechten Wendepunkt der freien Enthalpiekurve größer als null ist. Das bedeutet also, dass hier

$$\frac{2LzE_s x_A x_B}{RT} < 1$$

ist, und dass somit nach (7.50) der Interdiffusionskoeffizient D positiv ist. Zwischen den beiden Wendepunkten in Abb. 7.4 ist hingegen $\partial^2 g/\partial x_B^2$ kleiner als null und deshalb

$$\frac{2LzE_s x_A x_B}{RT} > 1 \ .$$

Das führt nach (7.50) auf einen negativen Wert des Interdiffusionskoeffizienten D. Auf der Spinodalen in Abb. 7.35 ist $\partial^2 g/\partial x_B^2$ gerade gleich null, sodass hier der Übergang von einem positiven zu einem negativen Diffusionskoeffizienten erfolgt. Danach werden also für Zustände innerhalb des von der Spinodalen begrenzten Bereichs Entmischungsvorgänge auf die Weise ablaufen, dass eine „Bergaufdiffusion", d. h. eine Diffusion entgegen dem Konzentrationsgefälle auftritt. Kleine Konzentrationsschwankungen, die stets überall in der Probe vorhanden sind, werden durch diese sog. *spinodale Entmischung* immer weiter verstärkt, bis schließlich zwei Phasen unterschiedlicher Zusammensetzung vorliegen. Für Zustände zwischen der Spinodalen und der Koexistenzkurve, die das Zweiphasengebiet von dem Einphasengebiet trennt, erfolgt die Entmischung hingegen durch einen anderen Mechanismus. Hat sich z. B. durch thermische Schwankungen an einer einzelnen Stelle ein Keim gebildet, dessen Zusammensetzung bereits in etwa derjenigen entspricht, die durch die Koexistenzkurve vorgegeben ist, so tritt in der nächsten Umgebung des Keims eine Verarmung der Komponente auf, die im Keim angereichert wurde, z. B. der B-Komponente. In dieses Verarmungsgebiet diffundieren dann aus der weiteren Umgebung B-Atome, die diesmal wegen eines positiven Wertes des Interdiffusionskoeffizienten einem Konzentrationsgefälle folgen können. Sie bewirken ein weiteres Anwachsen des Keims.

7.2.4 Martensitische Umwandlungen

Begünstigt bei der Temperaturänderung in einem kristallinen Festkörper die freie Enthalpie des Systems die Ausbildung einer abgeänderten Kristallstruktur, so kann

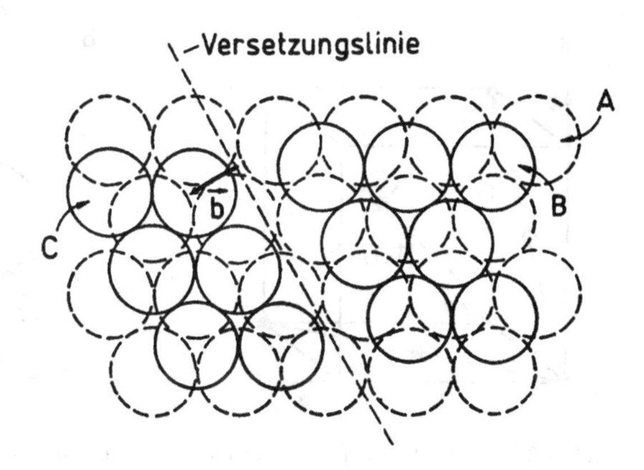

Abb. 7.36 Burgers-Vektor $\vec{b}$ und Versetzungslinie einer Shockley-Partialversetzung

die Überführung in den neuen Zustand durch eine sog. *martensitische Umwandlung* erfolgen. Hierbei werden im Gegensatz zu den bisher besprochenen diffusionsgesteuerten Umwandlungen die einzelnen Kristallatome nur um Distanzen gegeneinander verrückt, die kleiner als ihre gegenseitigen Abstände sind. Hat die Umwandlung erst einmal begonnen, so breitet sie sich angenähert mit Schallgeschwindigkeit im Kristall aus. Eine martensitische Umwandlung bei einem reinen Element kann z. B. beim Kobalt beobachtet werden. Kobalt, welches bei hohen Temperaturen ein fcc-Kristallgitter hat, geht bei einer Abkühlung unter etwa 420 °C in einen Kristall mit der Struktur einer hexagonal dichtesten Kugelpackung über. Der Name der Umwandlung rührt vom sog. Martensit her. Das ist eine metastabile Eisen-Kohlenstoff-Legierung mit tetragonal raumzentriertem Gitter. Sie entsteht bei der Abkühlung von Austenit, welches ein fcc-Gitter hat. Der Übergang ist hier von besonderer technischer Bedeutung, da er die außergewöhnlich hohe Festigkeit der Stähle bedingt. Martensitische Umwandlungen lassen sich durch unvollständige Versetzungen beschreiben, die, wie in Abschn. 1.4.5 erwähnt wurde, auf sog. Stapelfehler führen können. Mit der Ausbildung von Stapelfehlern, und zwar im fcc-Gitter, werden wir uns zunächst beschäftigen.

In Abb. 7.36 sollen die unterbrochenen Kreise Atome in der (111)-Ebene eines fcc-Gitters darstellen. Mit den Bezeichnungen aus Abb. 1.9 in Abschn. 1.1.2 sei diese Netzebene eine A-Schicht. Auf die A-Schicht ist eine zweite Schicht in B-Position gepackt. Bei einem fcc-Gitter folgt dann auf die B-Schicht eine C-Schicht, während bei einer hexagonal dichtesten Kugelpackung auf die B-Schicht wiederum eine A-Schicht folgen würde. Auf der rechten Seite der eingezeichneten Versetzungslinie sind nun in der zweiten Schicht durch eine unvollständige Versetzung Atome aus der B-Position in die C-Position überführt

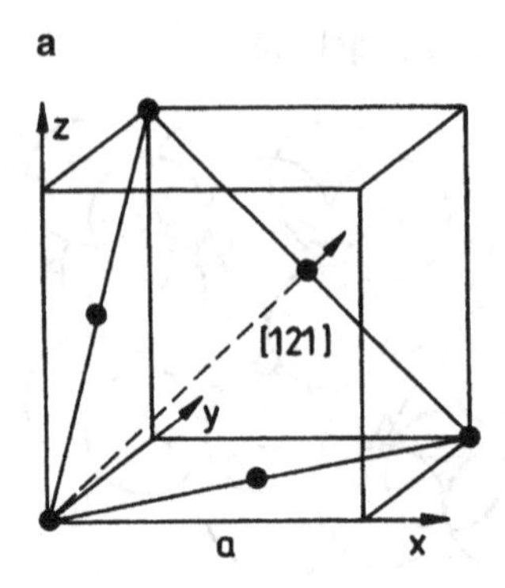

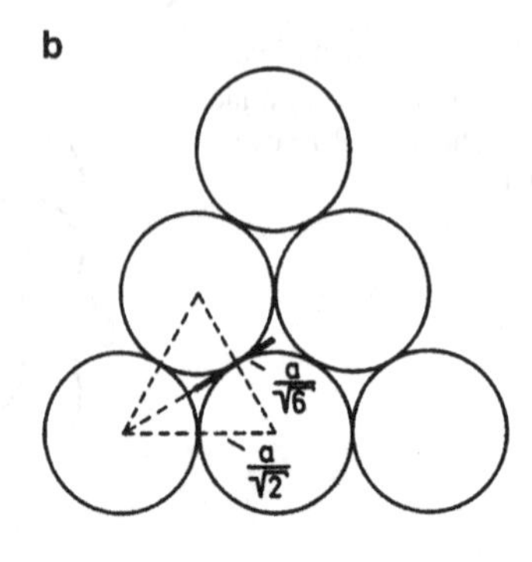

Abb. 7.37 Zur Bestimmung der Richtung und der Länge des Burgers-Vektors einer Shockley-Partialversetzung

worden. Hierbei werden natürlich die darüberliegenden Schichten mitgenommen. Der entsprechende die Versetzung kennzeichnende Burgers-Vektor $\vec{b}$ ist in die Skizze eingezeichnet. Durch eine solche Versetzung wird auf der rechten Seite der Versetzungslinie die Schichtfolge ABCABC... in die Schichtfolge ACABCA... abgeändert; im Bereich ACA tritt ein Stapelfehler auf. Die Richtung und die Länge des Burgers-Vektor $\vec{b}$ lässt sich anhand von Abb. 7.37 ermitteln. In Abb. 7.37a ist in die Einheitszelle eines fcc-Gitters eine {111}- Netzebene eingezeichnet, wobei die Lage nur derjenigen sechs Gitteratome durch Punkte gekennzeichnet ist, die innerhalb der betreffenden Netzebene liegen. In Abb. 7.37b sind dann noch einmal diese sechs Atome als aneinanderstoßende Kugeln dargestellt. Durch einfache geometrische Überlegungen findet man, dass $\vec{b}$ in die Richtung der Gittergeraden [121] zeigt. Ist a die Gitterkonstante des Kristalls, so hat $\vec{b}$ die Länge $a/\sqrt{6}$. Die hier beschriebene unvollständige Versetzung bezeichnet man gewöhnlich als *Shockley*[1] *-Partialversetzung*. In Abb. 7.36 steht der Burgers-Vektor senkrecht auf der Versetzungslinie. Es handelt sich also nach den Ausführungen in Abschn. 1.4.4 um eine Stufenversetzung. Grundsätzlich kann jedoch die Versetzungslinie einer Shockley-Versetzung beliebig zum Burgers-Vektor orientiert sein. Eine Shockley-Versetzung kann demnach auch als Schraubversetzung oder als Mischform aus Schrauben- und Stufenversetzungen in Erscheinung treten.

Tritt in jeder von vielen aufeinanderfolgenden {111}-Netzebenen eine Shockley-Partialversetzung auf, so kommt es zur sog. Zwillingsbildung. Die Reihenfol-

[1] William Bradford Shockley, *1910 London, †1989 Stanford, Nobelpreis 1956.

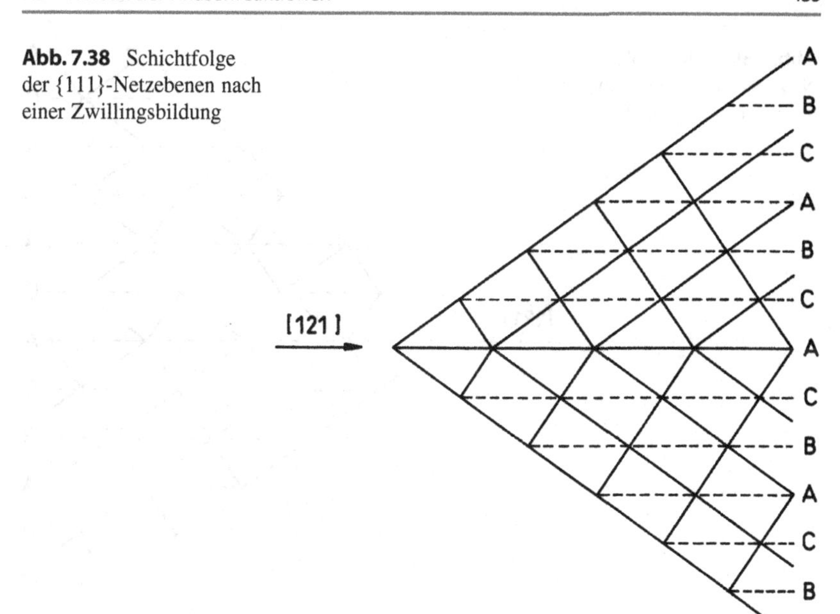

Abb. 7.38 Schichtfolge der {111}-Netzebenen nach einer Zwillingsbildung

ge ABCABCA... der {111}-Netzebenen wird in die Reihenfolge ABCACBA... überführt (Abb. 7.38). Die verschobene Kristallhälfte ist das Spiegelbild des unverschobenen Teils. Die Kristallstruktur wird bei einer Zwillingsbildung natürlich nicht verändert.

Ganz anders ist es hingegen, wenn sich eine Shockley-Partialversetzung nur in jeder zweiten aufeinanderfolgenden {111}-Netzebene ausbildet. In diesem Fall wird die Reihenfolge ABCABCA... der Netzebenen in die Reihenfolge ABCACAC... überführt (Abb. 7.39). Die verschobene Kristallhälfte hat die Struktur einer hexagonal dichtesten Kugelpackung; es liegt eine martensitische Umwandlung vor.

Sowohl Zwillingsbildungen als auch martensitische Umwandlungen werden durch Scherkräfte ausgelöst. Es stellt sich allerdings die Frage, wodurch bewirkt wird, dass es zu dieser streng koordinierten Versetzungskonfiguration in benachbarten Netzebenen kommt. Dieses soll im Folgenden anhand von Abb. 7.40 erläutert werden. Eine Shockley-Versetzung mit dem Burgers-Vektor $\vec{b}_1$, die auf eine im Kristallgitter verankerte Schraubenversetzung mit dem Burgers-Vektor $\vec{b}_2$ trifft, wird, wie in Abb. 7.40a dargestellt ist, in zwei Arme aufgespalten. Diese rotieren mit entgegengesetzt gerichtetem Drehsinn um die Schraubenversetzung.

Abb. 7.39 Schichtfolge der Netzebenen nach einer martensitischen Umwandlung.

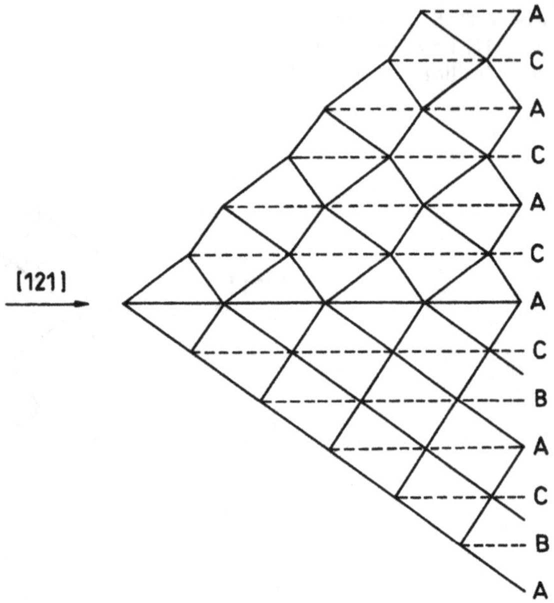

Hierbei bewegt sich, dem Charakter einer Schraubenversetzung entsprechend (s. Abb. 7.40b), der linke Arm der Shockley-Versetzung wie auf einer Wendeltreppe nach oben und der rechte Arm nach unten. Hat nun der Burgers-Vektor der Schraubenversetzung eine Komponente senkrecht zur (111)-Ebene mit einer Länge, die gerade gleich dem Abstand zweier (111)-Ebenen ist, so sind die Voraussetzungen für eine Zwillingsbildung erfüllt. Hat hingegen die betreffende

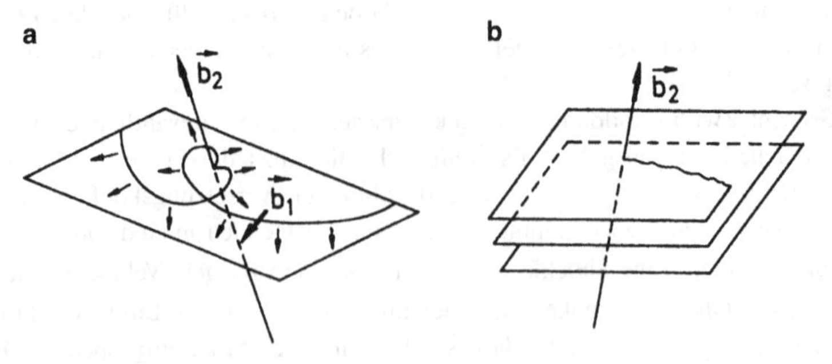

Abb. 7.40 Zum Mechanismus der Zwillingsbildung und der martensitischen Umwandlung

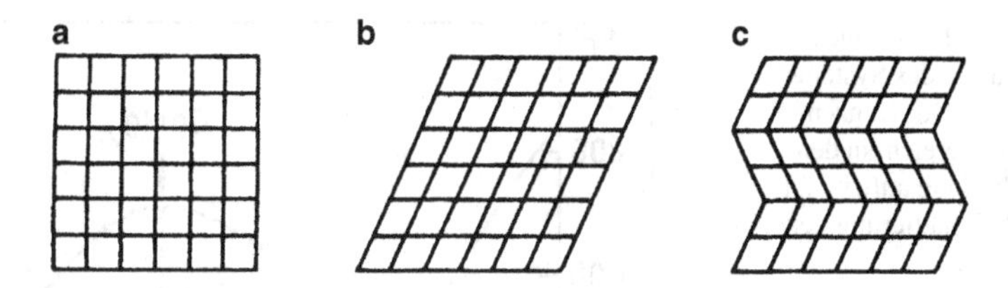

Abb. 7.41 Verformung eines Kristallbereichs durch martensitische Umwandlung ($a \rightarrow b$) und Kompensation dieser Deformation durch Zwillingsbildung ($b \rightarrow c$)

Komponente des Burgers-Vektors die doppelte Länge, so wird bei der Wanderung der Shockley-Versetzung um die Schraubenversetzung nur in jeder zweiten aufeinanderfolgenden (111)-Netzebene eine Shockley-Versetzung auftreten, und es kommt somit zu einer martensitischen Umwandlung.

Bei einer martensitischen Umwandlung beobachtet man im allgemeinen keine makroskopische Verformung des Kristalls. Diese wird dadurch verhindert, dass eine durch die Strukturveränderung bedingte Deformation des Kristalls durch Zwillingsbildung weitgehend kompensiert wird (Abb. 7.41). Der hier beschriebene Effekt tritt sehr eindrucksvoll bei verschiedenen sog. *Gedächtnislegierungen* in Erscheinung. Derartige Legierungen lassen sich nach einer durch Temperaturerniedrigung hervorgerufenen martensitischen Umwandlung sehr leicht plastisch verformen, da in diesem Fall lediglich die bei der Umwandlung erzeugten Zwillingsstrukturen aufgelöst zu werden brauchen. Erwärmt man anschließend den Kristall auf Temperaturen, die oberhalb der martensitischen Umwandlungstemperatur liegen, so nimmt der Kristall mit der Reproduktion seiner alten Struktur wieder seine ursprüngliche Gestalt an. Typische Vertreter solcher Festkörper mit Formgedächtnis sind die unter dem Namen Nitonol bekannte NiTi-Legierung sowie CuZnAl und CuAlNi.

7.3 Metastabile Legierungen

Werden flüssige Legierungen, deren Zustandsdiagramme für den festen Zustand Zweiphasengebiete aufweisen, sehr schnell abgekühlt, so kann es zur Ausbildung metastabiler fester Phasen kommen. Hierbei treten u. U. zwei verschiedene Prozesse miteinander in Konkurrenz. Einmal können sich aus der Schmelze stark übersättigte Mischkristalle ausscheiden, zum anderen kann die Schmelze in einen Glaszustand überführt werden. Dabei versteht man unter einem Glas ganz allge-

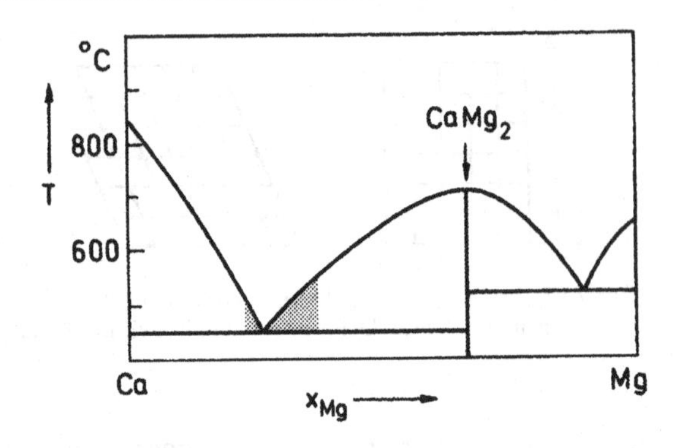

Abb. 7.42 Zustandsdiagramm des Systems Ca–Mg. Der Konzentrationsbereich, in dem Glasbildung auftritt, ist durch Schattierung gekennzeichnet.

mein eine amorphe Substanz, die durch Einfrieren ihrer unterkühlten Schmelze unter Beibehaltung der Flüssigkeitsstruktur entsteht. Man spricht allerdings erst dann von einem Glas, wenn die unterkühlte Schmelze eine Viskosität von etwa 10^{11} s Pa erreicht hat. Durch diese Festsetzung wird die sog. *Glasübergangstemperatur* definiert, die natürlich für die verschiedenen Substanzen einen unterschiedlichen Wert hat. Metallische Schmelzen haben an ihrem Erstarrungspunkt nur eine Viskosität von etwa 10^{-3} s Pa, während diese beim Erstarrungspunkt von Silikatschmelzen bereits rund 10^6 s Pa beträgt. Dies bedeutet, dass metallische Schmelzen zur Glasbildung relativ stark unterkühlt werden müssen. Eine starke Unterkühlung wirkt sich jedoch, wie wir in Abschn. 7.2.2 gesehen haben, günstig auf die Kristallbildung aus, sodass bei metallischen Schmelzen u. U. bereits vor Erreichen der Glasübergangstemperatur übersättigte Mischkristalle ausgeschieden werden. Nur dann, wenn die Abkühlung der Schmelze so schnell erfolgt, dass für eine Bildung von Kristallkeimen und ihr Wachstum nicht genügend Zeit vorhanden ist, kann es zu einer Glasbildung kommen. Die *kritische Abkühlrate*, die zur Glasbildung mindestens erreicht werden muss, ist für metallische Legierungen meist größer als 10^6 K/s, während sie für die Herstellung von Silikatgläsern nur etwa 1 K/min beträgt. Schmelzen von reinen Metallen können sogar in der Regel selbst bei Abkühlraten von 10^{12} K/s nicht in den Glaszustand überführt werden. Aus alldem folgt, dass es für die Herstellung metallischer Gläser wichtig ist, eine Probenzusammensetzung zu wählen, die in etwa einer eutektischen Zusammensetzung entspricht, d. h. einer Zusammensetzung, die im Zustandsdiagramm durch einen eutektischen Punkt (Abb. 7.11) gekennzeichnet ist; denn in diesem Fall ist der Unterschied zwischen Erstarrungs- und Glasübergangstemperatur am kleinsten. Dabei ist es natürlich besonders günstig, wenn die zugehörige eutektische Temperatur einen niedrigen Wert hat (Abb. 7.42). Zur Erzielung schneller Abkühlraten

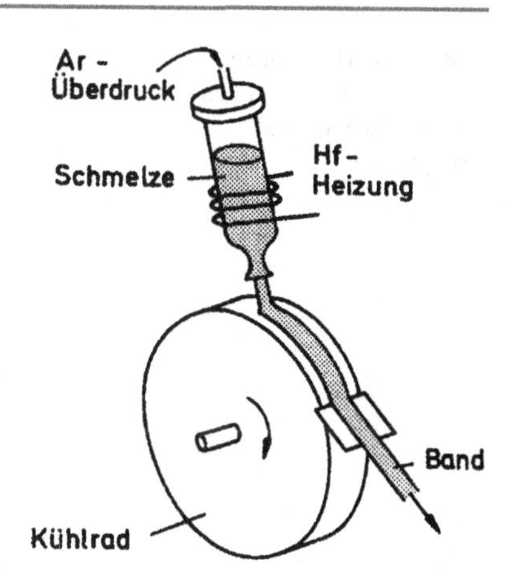

Abb. 7.43 Prinzip des Kühlrad-Verfahrens zur Herstellung amorpher Metallbänder

gibt es verschiedene Verfahren, von denen einige im Folgenden kurz erläutert werden.

Beim Kühlrad-Verfahren wird ein feiner Strahl der in einem Quarzrohr durch Hochfrequenzeinstrahlung aufgeschmolzenen Legierung in einer Schutzgasatmosphäre mit Überdruck gegen eine schnell rotierende gekühlte Kupferscheibe gerichtet (s. Abb. 7.43). Beim Auftreffen auf die Scheibe wird die Schmelze abgeschreckt, wobei Abkühlraten bis zu 10^8 K/s auftreten können. Auf diese Weise lassen sich bis zu 30 cm breite Bänder aus amorphem Material herstellen. Hierbei erreicht man eine Bandstärke bis zu etwa 30 μm.

Wesentlich größere Abkühlraten, nämlich bis zu rund 10^{14} K/s, erzielt man durch Abschrecken aus der Dampfphase. In diesem Fall wird die Legierung im Vakuum aus einem Tiegel mit Widerstandsheizung oder mithilfe einer Elektronenkanone verdampft, und das verdampfte Material auf einer tiefgekühlten Unterlage zur Kondensation gebracht (Abb. 7.44). Man erhält nach dieser Methode amorphe Schichten in einer Stärke bis zu etwa 0,1 μm.

Schließlich kann die Amorphisierung einer Probe auch im festen Zustand erfolgen, z. B. durch *Ionenstrahlmischen*. Dabei stellt man zunächst im Hochvakuum durch sukzessives Aufdampfen der Legierungskomponenten auf eine geeignete Unterlage ein Schichtpaket in einer Stärke von etwa 0,1 μm her (Abb. 7.45). Dieses Schichtpaket wird anschließend mit schweren Edelgasionen einer Energie von etwa 400 keV beschossen. Die einfallenden Edelgasionen lösen im Schichtpaket Stoßkaskaden aus (s. Abschn. 1.4.1), wodurch eine erste Durchmischung der Legierungskomponenten bewirkt wird. Wesentlich effektiver für den Durchmischungsvorgang scheint jedoch die in den einzelnen Kaskadenbereichen kurzzeitig

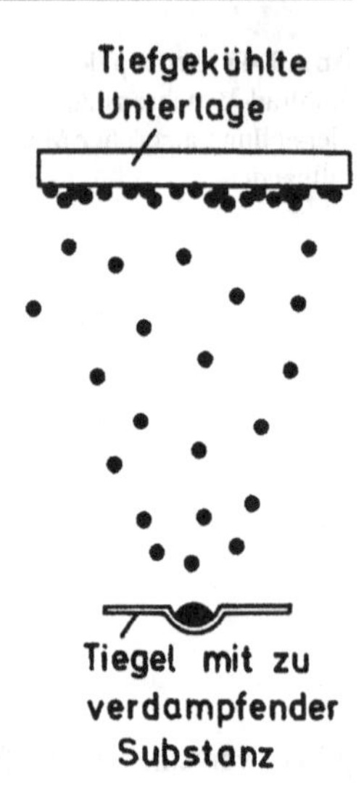

Abb. 7.44 Herstellung amorpher Schichten durch Abschrecken aus der Dampfphase

erfolgende hohe Aufheizung der Probe zu sein. Die Aufheizungszonen mit Lineardimensionen von einigen hundert Angström sind in dem in den übrigen Bereichen kalten Probenmaterial eingebettet und geben ihre Energie in einer Zeitspanne von etwa 10^{-11} s an das umgebende Probenmaterial ab. Sie werden also extrem schnell abgeschreckt. Durch Ionenstrahlmischen lassen sich amorphe Legierungen verschiedener metallischer Systeme herstellen. Diese Methode ist aber auch sehr geeignet zur Erzeugung metastabiler kristalliner Legierungen. In Abb. 7.46

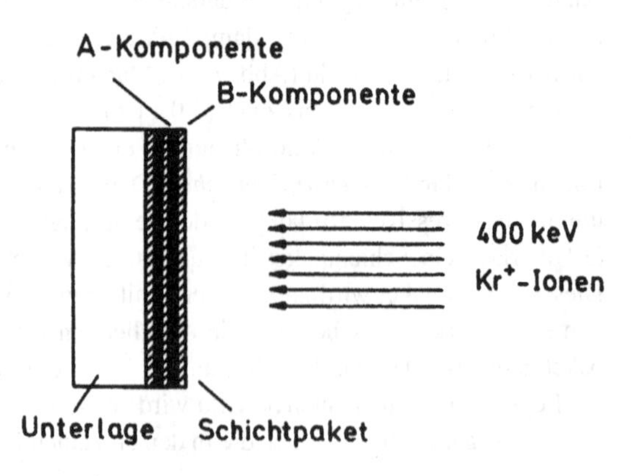

Abb. 7.45 Schematische Darstellung des Ionenstrahlmischens

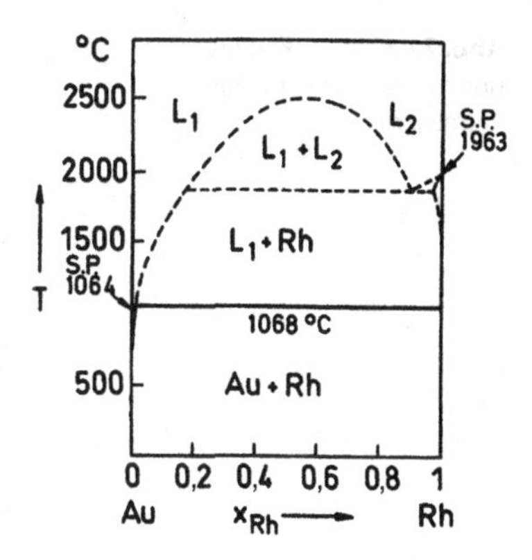

Abb. 7.46 Zustandsdiagramm des Systems Au–Rh (nach Okamoto, H; Massalski, T.B.:Bull.Alloy Phase Diagrams **5**(4)(1984)384)

ist das Zustandsdiagramm des binären Systems Au–Rh wiedergegeben. Hiernach haben die beiden Metalle im festen Zustand im thermodynamischen Gleichgewicht nur eine geringe gegenseitige Löslichkeit und weisen sogar im flüssigen Zustand eine Mischungslücke auf. Durch Ionenstrahlmischen kann man hingegen im gesamten Konzentrationsbereich eine Mischkristallbildung erreichen. In Abb. 7.47a ist die experimentell ermittelte Gitterkonstante der fcc-Mischkristalle angegeben.

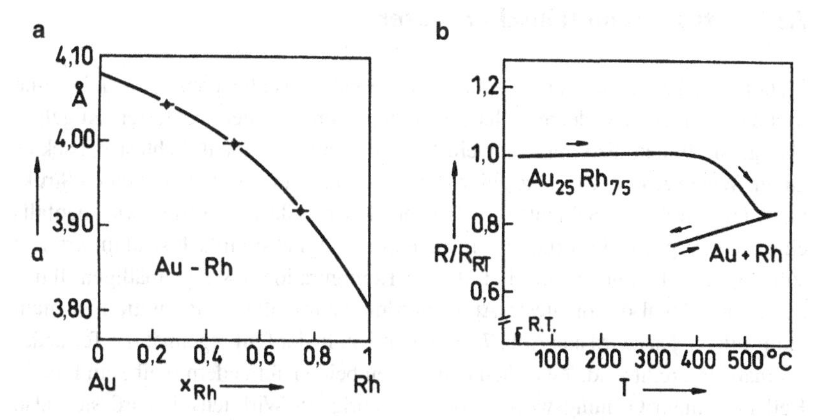

Abb. 7.47 **a** Gitterkonstante von Gold-Rhodium-Mischkristallen in Abhängigkeit vom Stoffmengengehalt des Rhodiums. **b** Elektrischer Widerstand der metastabilen Legierung $Au_{25}Rh_{75}$ und des Zweiphasengemisches (Au + Rh) in Abhängigkeit von der Temperatur. Zwischen 400 und 500 °C (Temperaturanstieg 2–3 °C/min) zerfällt die metastabile Legierung in ihre Komponenten Gold und Rhodium (nach Peiner, E.; Kopitzki, K.: Nucl. Instr. Meth. B **34** (1988) 173)

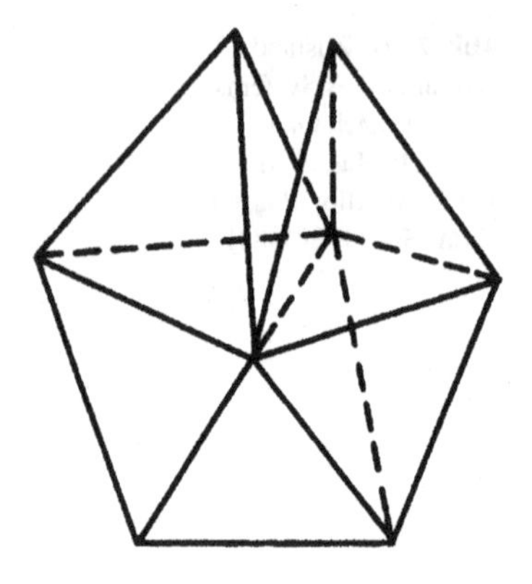

Abb. 7.48 Atomkonfiguration aus fünf regelmäßigen Tetraedern

Bei einer Temperaturerhöhung auf 400–500 °C zerfallen die Mischkristalle wieder in ihre Komponenten Gold und Rhodium, was man der Widerstandskurve in Abb. 7.47b entnehmen kann.

Als nächstes beschäftigen wir uns mit der Struktur metallischer Gläser und mit experimentellen Methoden zur Strukturuntersuchung.

7.3.1 Struktur metallischer Gläser

Metallische Bindungen sind ungerichtet, deshalb kristallisieren sehr viele reine Metalle aber auch viele metallische Legierungen in einer dichtesten Kugelpackung. Sie bilden also entweder ein fcc- oder ein hexagonal dichtest gepacktes Gitter. Wie in Abschn. 1.1.2 gezeigt wurde, unterscheiden sich diese beiden Strukturen nur durch ihre Schichtfolge. Für metallische Gläser erwarten wir ebenfalls eine dichtest gepackte Struktur, die außerdem möglichst einfach strukturiert sein soll. Für gleichartige Atome liefert eine Konfiguration aus regelmäßigen Tetraedern zwar lokal die dichteste Atomanordnung, aber die Konfiguration ist nicht raumfüllend. Das wird aus Abb. 7.48 ersichtlich, in der fünf regelmäßige Tetraeder aneinandergereiht sind. Zwischen den oberen beiden Tetraedern bleibt ein kleiner Keil mit einem Öffnungswinkel von 7,5° übrig. In Wirklichkeit wird sich also in einatomigen metallischen Gläsern eine Konfiguration aus mehr oder weniger stark verzerrten Tetraedern aufbauen, wodurch natürlich die Ausbildung einer langreichweitigen Ordnung verhindert wird. Bei dieser sog. *statistischen dichten Kugelpackung* beträgt bei gleichartigen Metallatomen die Packungsdichte 0,637. Hierbei ist diese Größe definiert als das Verhältnis des Volumens dicht gepack-

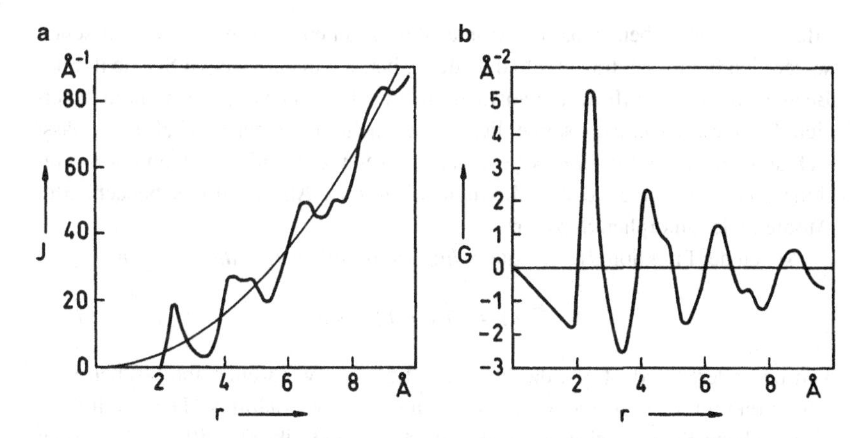

Abb. 7.49 Typischer Verlauf **a** der radialen Verteilungsfunktion $J(r)$ und **b** der reduzierten radialen Verteilungsfunktion $G(r)$ einer einatomigen amorphen Substanz

ter Kugeln zum Gesamtvolumen der Anordnung. Erfolgt hingegen, wie bei der Kristallisation einer Schmelze, die Abkühlung relativ langsam, so kann sich eine global dichteste Packung, z. B. eine fcc-Struktur, ausbilden. Die Packungsdichte ist in diesem Fall größer; sie beträgt $\pi/(3\sqrt{2}) = 0{,}740$. Es sei noch erwähnt, dass die statistische dichte Kugelpackung der metallischen Gläser einem echten metastabilen Zustand entspricht; denn es ist nicht möglich, durch kleine Verrückungen der Atome den amorphen Zustand in einen kristallinen Zustand zu überführen. Der kristalline Zustand ist zwar thermodynamisch stabiler als der amorphe Zustand, aber er ist durch eine relativ hohe Energiebarriere von jenem getrennt. Erst bei höheren Temperaturen kann über den Mechanismus der Keimbildung eine Kristallisation der amorphen Probe eingeleitet werden.

Zur Strukturuntersuchung amorpher Substanzen führt man zweckmäßig sog. *radiale Verteilungsfunktionen* ein. Bei einem einatomigen System kommen wir dabei mit einer einzigen Funktion $J(r)$ aus. Sie ist definiert durch die Beziehung

$$J(r) = 4\pi r^2 \rho(r) \ , \tag{7.52}$$

wenn $\rho(r)$ die Konzentration der Atome im Abstand r von einem beliebig gewählten Bezugsatom ist. $J(r)dr$ gibt dann die durchschnittliche Anzahl von Atomen an, deren Zentren in einem Abstand zwischen r und $r + dr$ vom Zentrum des Bezugsatoms liegen. Abb. 7.49a zeigt den typischen Verlauf der radialen Verteilungsfunktion $J(r)$ für ein einatomiges System. Das erste Maximum von $J(r)$

erfasst die nächst benachbarten Atome. Zum zweiten Maximum, das nun schon wesentlich breiter ist, tragen alle die Atome bei, die in der zweiten Schale um das Bezugsatom liegen. Mit weiter anwachsendem Abstand r vom Bezugsatom nähert sich der Verlauf von $J(r)$ schließlich immer mehr dem einer Parabel. Diese lässt sich durch die Funktion $4\pi r^2 \rho_0$ beschreiben, wenn ρ_0 die mittlere Atomkonzentration ist. Die Position des ersten Maximums liefert den Abstand nächst benachbarter Atome in der amorphen Substanz.

Neben der Funktion $J(r)$ ist die *reduzierte radiale Verteilungsfunktion*

$$G(r) = 4\pi r[\rho(r) - \rho_0] \tag{7.53}$$

von besonderer Bedeutung, da diese Funktion, wie wir weiter unten sehen werden, direkt mit experimentell ermittelbaren Größen verknüpft ist. Die durch $G(r)$ beschriebene Kurve oszilliert um den Wert null und gibt als Differenzkurve der Atomzahldichten, die außerdem noch mit dem Abstand r vom Bezugsatom gewichtet ist, strukturelle Besonderheiten oft besser erkennbar wieder als die der Funktion $J(r)$ entsprechende Kurve. In Abb. 7.49b ist die reduzierte radiale Verteilungsfunktion $G(r)$, die aus der Funktion $J(r)$ aus Abb. 7.49a gewonnen wurde, dargestellt. Um umgekehrt aus $G(r)$ die Funktion $J(r)$ zu ermitteln, können wir darauf zurückgreifen, dass $\rho(r)$ in der Umgebung von $r = 0$ den Wert null hat. Hier ist demnach $G(r) = -4\pi r \rho_0$, und somit $dG(r)/dr = -4\pi\rho_0$. Dies kann wiederum zur Bestimmung von ρ_0 benutzt werden und damit auch zur Ermittlung von $J(r)$ aus der Funktion $G(r)$.

Zur Beschreibung der Struktur binärer Systeme mit den Komponenten A und B werden drei *partielle radiale Verteilungsfunktionen* benötigt, nämlich die Funktionen $J_{AA}(r)$, $J_{AB}(r)$ und $J_{BB}(r)$. Sie geben die Korrelationen der AA-, AB- und BB-Atompaare wieder.

7.3.2 Beugungsdiagramme amorpher Substanzen

Zur Untersuchung der Beugung von Röntgenstrahlen an amorphen Strukturen greifen wir auf (1.27) in Abschn. 1.2.3 zurück. In dem Ausdruck F für die Streuamplitude haben wir allerdings diesmal wegen der fehlenden räumlichen Periodizität einer amorphen Substanz über das gesamte Festkörpervolumen V zu integrieren. Wir erhalten demnach

$$F = \int_V n(\vec{r}) e^{\frac{2\pi i}{\lambda}\vec{r}\cdot(\vec{s}-\vec{s}_0)} dV \ , \tag{7.54}$$

wenn $n(\vec{r})$ die Elektronenzahldichte im Festkörper und λ die Wellenlänge der benutzten Röntgenstrahlung sind. Die Einheitsvektoren $\vec{s}_0$ und $\vec{s}$ geben die Richtung des einfallenden und die des zum Beobachtungsort hin gestreuten Röntgenstrahls an. Führen wir auch hier wie in Abschn. 1.2.3 die atomaren Streufaktoren f_m der durch den Index m gekennzeichneten Atome ein und setzen außerdem

$$\frac{2\pi}{\lambda}(\vec{s} - \vec{s}_0) = \vec{k} - \vec{k}_0 = \vec{K} \ , \tag{7.55}$$

so wird aus (7.54)

$$F = \sum f_m e^{i\vec{r}_m \cdot \vec{K}} \ . \tag{7.56}$$

Die Summierung ist dabei über sämtliche Atome des Festkörpers zu erstrecken. Die Intensität der gestreuten Röntgenstrahlen bezogen auf die Streuung an einem einzelnen Elektron beträgt jetzt

$$I = F^* F = \sum_m \sum_n f_m f_n e^{i\vec{r}_{mn} \cdot \vec{K}} \ , \tag{7.57}$$

wenn

$$\vec{r}_{mn} = \vec{r}_m - \vec{r}_n \tag{7.58}$$

ist.

Ein amorpher Festkörper ist gewöhnlich isotrop. Infolgedessen nimmt der Vektor $\vec{r}_{mn}$ jede Richtung mit gleicher Wahrscheinlichkeit an. Bezeichnen wir den Winkel zwischen den beiden Vektoren $\vec{r}_{mn}$ und $\vec{K}$ mit ϕ, so ergibt die Mittelung des Exponentialterms in (7.57) über sämtliche Richtungen

$$\left\langle e^{i\vec{r}_{mn} \cdot \vec{K}} \right\rangle = \frac{1}{4\pi} 2\pi \int_{\phi=0}^{\pi} e^{i r_{mn} K \cos\phi} \sin\phi \, d\phi$$

$$= \frac{1}{2} \int_{-1}^{+1} e^{i r_{mn} K \cos\phi} d(\cos\phi) = \frac{\sin K r_{mn}}{K r_{mn}} \ .$$

Setzen wir dieses Ergebnis in (7.57) ein, so bekommen wir folgende von P. Debye aufgestellte Beziehung für die Streuintensität von Röntgenstrahlen an einer Anordnung aus statistisch verteilten Atomen:

$$I = \sum_m \sum_n f_m f_n \frac{\sin K r_{mn}}{K r_{mn}} \ . \tag{7.59}$$

Bei einatomigen amorphen Substanzen ist $f_m = f_n = f$. Aus (7.59) wird dann

$$I = \sum_m f^2 + \sum_m \sum_{n \neq m} f^2 \frac{\sin K r_{mn}}{K r_{mn}} \quad . \tag{7.60}$$

Wir ersetzen nun die Summierung über n durch ein Integral über das Probenvolumen, indem wir die in Abschn. 7.3.1 eingeführte Atomkonzentration $\rho(r)$ verwenden. (7.60) lautet dann

$$I = \sum_m f^2 + \sum_m f^2 \int_0^R 4\pi r^2 \rho(r) \frac{\sin Kr}{Kr} dr \ ,$$

wenn R der Radius der Probe ist. Schließlich können wir diese Gleichung noch mithilfe der mittleren Atomkonzentration ρ_0 umformen zu

$$\begin{aligned} I = &\sum_m f^2 + \sum_m f^2 \int_0^R 4\pi r^2 [\rho(r) - \rho_0] \frac{\sin Kr}{Kr} dr \\ &+ \sum_m f^2 \int_0^R 4\pi r^2 \rho_0 \frac{\sin Kr}{Kr} dr \ . \end{aligned} \tag{7.61}$$

Es lässt sich zeigen, dass der dritte Term in (7.61) nur für sehr kleine Streuwinkel einen Beitrag zur Streuintensität liefert. Dieser Beitrag wird vom Primärstrahl praktisch unterdrückt und wird deshalb im Folgenden von uns nicht berücksichtigt. Ist N die Anzahl der Atome in der Probe, so erhalten wir als Endresultat

$$I = Nf^2 \left[1 + \int_0^\infty 4\pi r^2 [\rho(r) - \rho_0] \frac{\sin Kr}{Kr} dr \right] \ . \tag{7.62}$$

Hierbei wurde im Integral die obere Integrationsgrenze bis ins Unendliche verschoben, da die Größe $[\rho(r) - \rho_0]$ bereits in einer Distanz von wenigen Atomabständen vom Bezugsatom den Wert null annnimmt.

Abb. 7.50a zeigt den Verlauf der Streuintensität $I(K)$ für die radiale Verteilungsfunktion $J(r)$ aus Abb. 7.49a. Miteingezeichnet ist die der Funktion Nf^2 entsprechende Kurve. Für kleine Werte von K oszilliert $I(K)$ um den Kurvenverlauf von Nf^2 und nähert sich bei anwachsenden K-Werten in immer stärkerem Maße Nf^2. Bezeichnen wir den Streuwinkel der Röntgenstrahlen mit 2ϑ, so ist bei

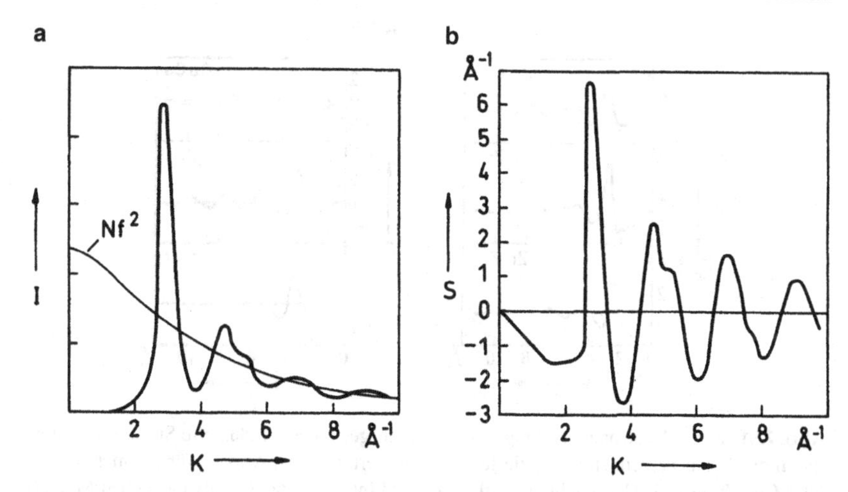

Abb. 7.50 Verlauf **a** der Streuintensität $I(K)$ und **b** der reduzierten Streuintensität $S(K)$ bei einer radialen Verteilungsfunktion $J(r)$ wie in Abb. 7.49a

monochromatischer Strahlung $K \sim \sin\vartheta$. In einer Messanordnung nach Debye-Scherrer erhält man demnach anstelle der scharfen Ringe, die bei der Beugung an kristallinem Material in großer Zahl auftreten (Abb. 1.54), bei der Beugung an amorphen Substanzen einige wenige breite und unscharfe Ringe. Führen wir in (7.62) die reduzierte radiale Verteilungsfunktion $G(r)$ nach (7.53) ein, so bekommen wir

$$I(K) = Nf^2 \left[1 + \frac{1}{K} \int_0^\infty G(r) \sin(Kr) dr \right]$$

$$\text{oder} \quad K\left(\frac{I(K)}{Nf^2} - 1\right) = \int_0^\infty G(r) \sin(Kr) dr \ . \tag{7.63}$$

Die Funktion

$$S(K) = K\left(\frac{I(K)}{Nf^2} - 1\right) \tag{7.64}$$

bezeichnet man als *reduzierte Streuintensität*. Es gilt also

$$S(K) = \int_0^\infty G(r) \sin(Kr) dr \ . \tag{7.65}$$

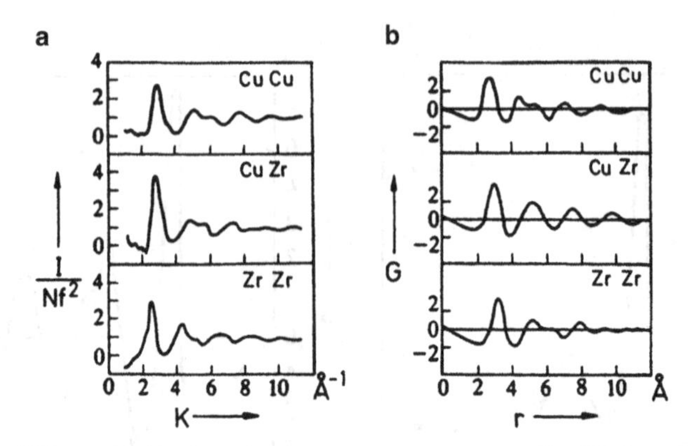

Abb. 7.51 **a** Aus Neutronenbeugungsexperimenten gewonnene reduzierte Streuintensitäten und **b** die daraus berechneten reduzierten radialen Verteilungsfunktionen für das metallische Glas $Cu_{57}Zr_{43}$ (nach Mizoguchi, T. et al.: Proc. 3rd Int. Conf. on Rapidly Quenched Metals, Vol. II (1978) 384)

Aus (7.65) erhalten wir durch eine Fourier-Transformation

$$G(r) = \frac{2}{\pi} \int_0^\infty S(K) \sin(Kr) dK \ . \tag{7.66}$$

Mithilfe von (7.66) wird es uns ermöglicht, aus der Funktion $S(K)$, die das Beugungsexperiment liefert, die radiale Verteilungsfunktion $G(r)$ zu ermitteln, welche die Struktur des amorphen Zustands beschreibt. In Abb. 7.50b ist die Funktion $S(K)$, die zu der Funktion $I(K)$ aus Abb. 7.50a gehört, dargestellt.

Genausogut wie die Beugung von Röntgenstrahlen können wir auch die Beugung von Elektronen oder Neutronen zur Strukturuntersuchung amorpher Substanzen ausnutzen. Bei Untersuchungen an binären Systemen sind wir sogar meistens auf die Benutzung unterschiedlicher Strahlenarten angewiesen; denn, wie in Abschn. 7.3.1 erwähnt wurde, benötigen wir hier zur Beschreibung der Struktur die drei partiellen radialen Verteilungsfunktionen $J_{AA}(r)$, $J_{AB}(r)$ und $J_{BB}(r)$. Sie können nur mithilfe von drei Beugungsexperimenten ermittelt werden, bei denen der atomare Streufaktor f in unterschiedlicher Weise von K abhängt. Dies bedeutet aber wiederum, dass wir, anstatt verschiedene Strahlenarten zu verwenden, auch einfach Neutronenbeugung an verschiedenen Isotopen der Legierungskomponenten einsetzen können. In Abb. 7.51 sind für das metallische Glas $Cu_{57}Zr_{43}$ die nach der letztgenannten Methode gemessenen reduzierten Streuintensitäten und

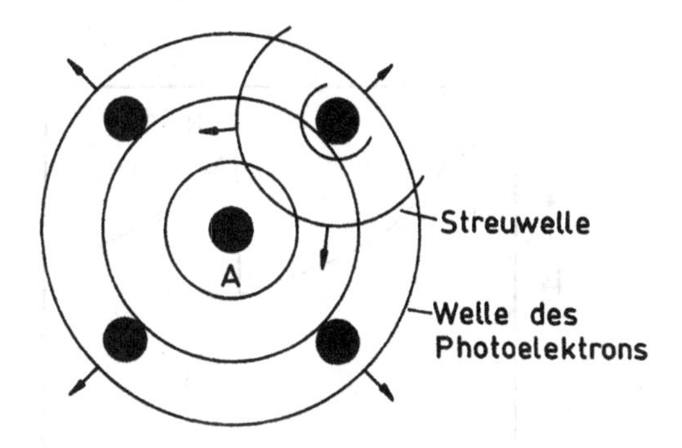

Abb. 7.52 Zur Entstehung der Feinstruktur der Röntgenabsorptionskanten

die hieraus berechneten reduzierten radialen Verteilungsfunktionen wiedergegeben.

7.3.3 Feinstrukturanalyse von Röntgenabsorptionskanten

Bei einer anderen Methode zur Untersuchung amorpher Legierungen wird die Feinstruktur an den Kanten des Röntgenabsorptionsspektrums der betreffenden Substanz zur Analyse der Atomkonfiguration herangezogen. Eine solche Feinstruktur kommt folgendermaßen zustande:

Am Atom A in Abb. 7.52 soll durch Absorption eines Röntgenquants einer monochromatischen Strahlung ein Photoelektron freigesetzt werden. Die auf diese Weise erzeugte Elektronenwelle hat die Wellenzahl

$$k = \sqrt{\frac{2m}{\hbar^2}(E - E_0)} \ ,$$

wenn E die Energie des einfallenden Röntgenquants und E_0 die Bindungsenergie des Elektrons in einer der inneren Atomschalen ist. Diese Welle löst an den Nachbaratomen Streuwellen aus, die mit ihr interferieren. Je nach dem Betrag der Wellenzahl k der Elektronenwellen und dem gegenseitigen Abstand der Atome kommt es hierbei zu einer konstruktiven oder einer destruktiven Interferenz. Konstruktive Interferenz vergrößert den Absorptionskoeffizienten der betreffenden Substanz gegenüber der einfallenden Röntgenstrahlung, destruktive Interferenz verkleinert ihn. Im Absorptionsspektrum können wir deshalb oberhalb der Absorptionskanten eine ausgedehnte Feinstruktur in Form von Oszillationen beobachten (Abb. 7.53a). Man bezeichnet sie allgemein als *EXAFS* als Abkürzung für *E*xtended *X*-Ray *A*bsorption *F*ine *S*tructure.

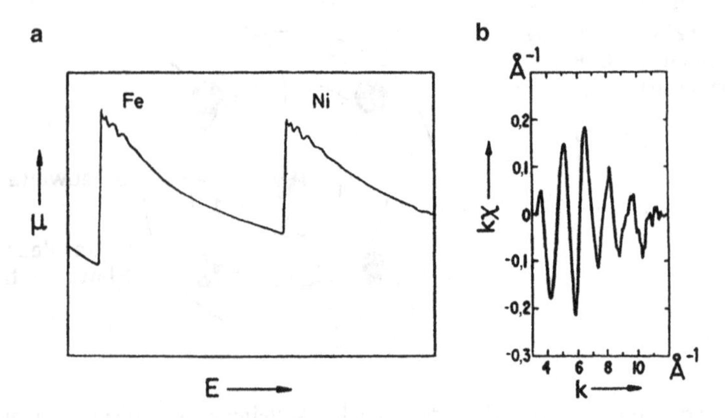

Abb. 7.53 **a** EXAFS der K-Kanten von Eisen und Nickel in dem metallischen Glas $Fe_{40}Ni_{40}B_{20}$. **b** Die Funktion $k\chi(k)$ (nach Wong, J. et al.: Proc. 3rd Int. Conf. on Rapidly Quenched Metals, Vol II (1978) 345)

Für die Messungen benutzt man besonders gerne die Synchrotronstrahlung von Elektronenspeicherringen. Diese hat gegenüber der Bremsstrahlung konventioneller Röntgenröhren eine um etwa den Faktor 10^4 höhere Intensität. Es wird gewöhnlich in Transmission beobachtet, wobei man zur Auswertung der Messungen von der Funktion

$$\chi(k) = \frac{\mu(k) - \mu_0(k)}{\mu_0(k)}$$

ausgeht (Abb. 7.53b). Hierbei gibt $\mu(k)$ den experimentell ermittelten Verlauf des Röntgenabsorptionskoeffizienten in Abhängigkeit von der Wellenzahl k der Elektronenwellen an und $\mu_0(k)$ den entsprechenden Koeffizienten für isolierte Atome. Die Größe $\chi(k)$ wird in Beziehung gesetzt zu anderen Größen, die u. a. typisch für die geometrische Struktur der betreffenden Substanz sind.

Die besondere Bedeutung des Messverfahrens liegt darin, dass man mit ihm auch bei vielkomponentigen Legierungen die lokale Umgebung einer bestimmten Atomart untersuchen kann. Außerdem lässt sich das Verfahren bei stark verdünnten Legierungen anwenden, indem man nämlich die EXAFS-Oszillationen der Fluoreszenzstrahlung, die durch die Primärstrahlung angeregt wird, ausnutzt. Die transmittierte Primärstrahlung wird hierbei durch ein geeignetes Filter eliminiert, und es wird nur die charakteristische Fluoreszenzstrahlung derjenigen Atome registriert, deren Umgebung untersucht werden soll.

7.4 Aufgaben zu Kap. 7

7.1 Welchen typischen Verlauf haben für das Zustandsdiagramm in Abb. 7.9 die Enthalpiekurven g^α und g^L für eine Temperatur kurz unterhalb des Schmelzpunkts der Komponente B, und welchen Verlauf haben sie für das Zustandsdiagramm in Abb. 7.16a kurz oberhalb des Schmelzpunkts der Komponente A?

7.2 Im Zustandsdiagramm des binären Systems Au–Pb in Abb. 7.19 treten als Einphasenräume die beiden Elementphasen Au und Pb, die Schmelze L und die beiden intermetallischen Verbindungen Au_2Pb und $AuPb_2$ auf.

a) Welche stabilen Phasen kommen in den einzelnen Zwei- und Dreiphasenräumen vor?

b) Welche Phasenreaktionen laufen ab, wenn bei dem Stoffmengengehalt $x_{Pb} = 0{,}4$ die Legierung von 600 auf 100 °C abgekühlt wird, und wie sieht in diesem Fall die schematische Abkühlungskurve in etwa aus?

§

Thermodynamische Gleichgewichtsbedingungen

A

Der erste Hauptsatz der Thermodynamik sagt aus, dass die innere Energie U eines Systems durch die Zufuhr der Wärmemenge dQ und durch die am System geleistete Arbeit dW um den Betrag

$$dU = dQ + dW \tag{A.1}$$

erhöht wird. Der Satz stellt lediglich eine Energiebilanz dar. Er gibt keine Auskunft darüber, in welcher Richtung ein Prozess ablaufen kann. Eine solche Information erhält man durch den zweiten Hauptsatz. Danach verläuft ein irreversibler Prozess stets so, dass der Entropiezuwachs dS des Systems beim Prozessablauf größer ist als die von außen zugeführte reduzierte Wärme dQ/T. Es gilt demnach

$$dS > \frac{dQ}{T} \ . \tag{A.2}$$

Bei einem abgeschlossenen nach außen isolierten System ist $dQ = 0$. Aus (A.2) folgt in diesem Fall

$$dS > 0 \ . \tag{A.3}$$

Bei einem abgeschlossenen System verläuft also jeder irreversible Prozess so, dass die Entropie des Systems zunimmt. Das System ist im Gleichgewicht, wenn seine Entropie einen Maximalwert erreicht hat.

Anders ist es dagegen, wenn die Temperatur T und das Volumen V oder die Temperatur T und der Druck p konstant gehalten werden. Hier finden wir die Gleichgewichtsbedingungen folgendermaßen: Wir verknüpfen zunächst (A.1) mit (A.2) und erhalten für den Prozessablauf die Beziehung

$$TdS > dU - dW \ . \tag{A.4}$$

© Springer-Verlag GmbH Deutschland 2017

K. Kopitzki, P. Herzog, *Einführung in die Festkörperphysik*,
DOI 10.1007/978-3-662-53578-3

Bei einem mechanischen System beträgt die am System geleistete Arbeit

$$dW = -pdV \ . \tag{A.5}$$

Es gilt hier also

$$TdS > dU + pdV \qquad \text{oder} \qquad d(TS) - SdT > dU + pdV \tag{A.6}$$

und somit

$$d(U - TS) < -SdT - pdV \ . \tag{A.7}$$

Die Größe

$$F = U - TS \tag{A.8}$$

bezeichnet man als *freie Energie*. Aus (A.7) folgt, dass bei konstanter Temperatur und Volumen jeder irreversible Prozess so abläuft, dass die freie Energie des Systems abnimmt, dass also

$$dF < 0, \tag{A.9}$$

ist. Das System ist unter diesen Bedingungen im Gleichgewicht, wenn die freie Energie ein Minimum annimmt.

Werden bei einem mechanischen System Temperatur und Druck während des Prozessablaufs konstant gehalten, so können wir zur Aufstellung der Gleichgewichtsbedingung wieder von (A.6) ausgehen, nehmen aber diesmal die Umformung

$$d(TS) - SdT > dU + d(pV) - Vdp$$

vor. Hieraus ergibt sich

$$d(U + pV - TS) < -SdT + Vdp \ . \tag{A.10}$$

Die Größe

$$G = U + pV - TS \tag{A.11}$$

bezeichnet man als *Gibbssches thermodynamisches Potenzial* oder als *freie Enthalpie*. Aus (A.10) folgt, dass bei konstanten Werten von T und p jeder irreversible Prozess so abläuft, dass G abnimmt, dass also

$$dG < 0 \tag{A.12}$$

ist. Hierbei hat das System den Gleichgewichtszustand erreicht, wenn die freie Enthalpie einen Minimalwert angenommen hat.

Verteilungsfunktionen in der Boltzmann-, Bose- und Fermi-Statistik

B

Mithilfe der Statistik lassen sich aus den Eigenschaften der einzelnen Teilchen eines Systems makroskopische Eigenschaften des Gesamtsystems ermitteln. So kann man z. B. aus den magnetischen Momenten der Atome eines Körpers, die den verschiedenen Quantenzuständen der Atome zuzuordnen sind, die Magnetisierung des Körpers berechnen. Hierzu muss man allerdings wissen, wie sich die Atome des Körpers auf die verschiedenen Quantenzustände verteilen. Entsprechendes gilt auch für andere physikalische Eigenschaften. Ist $F(E_s)$ die Eigenschaft eines einzelnen Teilchens als Funktion seiner Energie E_s und N_s die Anzeil der Teilchen mit Energie E_s, so erhält man für die entsprechende makroskopische Eigenschaft $\mathcal{F}$ des Gesamtsystems

$$\mathcal{F} = \sum_s N_s F(E_s) \ . \tag{B.1}$$

Diese Beziehung lässt sich z. B. zur Berechnung der Gesamtenergie eines Systems benutzen. Gelegentlich interessiert man sich aber auch für den Mittelwert einer Eigenschaft der einzelnen Atome eines Systems. Ist N die Gesamtzahl der Teilchen, so beträgt der Mittelwert $\overline{F}$ der Eigenschaft $F(E_s)$

$$\overline{F} = \frac{1}{N} \sum_s N_s F(E_s) \ . \tag{B.2}$$

Wir beschäftigen uns im Folgenden mit der Ermittlung der Verteilungsfunktion N_s. Hierzu führen wir die Begriffe Mikro- und Makrozustand eines Systems ein. Der Mikrozustand entspricht der detailliertesten Beschreibung des Systems, die grundsätzlich möglich ist. Der Makrozustand kennzeichnet den Zustand des Systems, wie er experimentell ermittelt werden kann. Die Anzahl der Realisierungsmöglichkeiten eines Makrozustandes durch die verschiedenen Mikrozustände ist gleich der thermodynamischen Wahrscheinlichkeit W. Für sie gilt die Boltzmann-Beziehung

$$S = k_B \ln W \quad , \tag{B.3}$$

wo S die Entropie des Systems und k_B die Boltzmann-Konstante ist. Durch die Festsetzung, wann man zwei Mikrozustände als verschieden ansieht, unterscheiden sich die Statistiken von Boltzmann und Bose bzw. Fermi.

Bei der klassischen oder Boltzmann-Statistik lassen sich die einzelnen Teilchen eines Systems durchnumerieren. Gehen wir von 10 Teilchen aus, die sich in 6 verschiedenen Quantenzuständen befinden können, wobei Teilchen im zweiten und dritten Zustand sowie im vierten, fünften und sechsten Zustand die gleiche Energie besitzen, so stellt sich ein Mikrozustand z. B. folgendermaßen dar

$$\underbrace{\|5|}_{E_1}\ \underbrace{|1,8|-|}_{E_2}\underbrace{|2,4|6,9,10|3,7\|}_{E_3} \quad .$$

Hiernach befindet sich das fünfte Teilchen im ersten Quantenzustand mit einer Energie E_1, das erste und achte im zweiten Quantenzustand mit einer Energie E_2 u. s. w. Den zugehörigen Makrozustand kennzeichnen wir durch die Angabe, wieviel Teilchen eine Energie E_1, E_2 und E_3 haben, also in unserem Beispiel durch $N_1 = 1, N_2 = 2, N_3 = 7$. Allgemein können wir in der Boltzmann-Statistik die Zahl der Realisierungsmöglichkeiten eines Makrozustands durch Mikrozustände ermitteln, indem wir beachten, dass es $N!/\prod_s N_s!$ verschiedene Möglichkeiten gibt, um N Teilchen auf Gruppen aufzuteilen, die jeweils durch die Teilchenenergie E_s gekennzeichnet sind und N_s Teilchen enthalten. Ist g_s die Anzahl der Quantenzustände einer Gruppe mit der Energie E_s, so können wir die N_s Teilchen der Gruppe noch auf $g_s^{N_s}$ verschiedene Weisen den Quantenzuständen der Gruppe zuordnen. Insgesamt erhalten wir also für die thermodynamische Wahrscheinlichkeit

$$W = N! \prod_s \frac{g_s^{N_s}}{N_s!} \quad . \tag{B.4}$$

Bei den Quantenstatistiken von Bose bzw. Fermi geht man davon aus, dass sich gleichartige Teilchen nicht unterscheiden lassen. Hierbei können Teilchen, die der Bose-Statistik gehorchen (Teilchen mit ganzzahligem Spin), jeden Quantenzustand beliebig stark bevölkern. Für Fermi-Teilchen (Teilchen mit halbzahligem Spin) gilt dagegen das Pauli Prinzip, nach dem jeder Quantenzustand entweder einfach besetzt oder leer ist. Bei einer Teilchenanordnung wie im obigen Beispiel stellt sich der Mikrozustand nach der Bose-Statistik folgendermaßen dar

$$\underbrace{\|x|}_{E_1}\ \underbrace{|x,x|-|}_{E_2}\ \underbrace{|x,x|x,x,x|x,x\|}_{E_3}\ ,$$

d. h. im ersten Quantenzustand befindet sich ein Teilchen, im zweiten Quantenzustand befinden sich zwei Teilchen u. s. w. Der Makrozustand ist wie bei der Boltzmann-Statistik durch $N_1 = 1, N_2 = 2, N_3 = 7$ gekennzeichnet. Die thermodynamische Wahrscheinlichkeit W ist in beiden Fällen allerdings unterschiedlich groß; denn eine Vertauschung z. B. des achten und zweiten Teilchens gibt nach der Boltzmann-Statistik einen neuen Mikrozustand, wohingegen der Austausch eines Teilchens des zweiten Quantenzustands gegen ein Teilchen des vierten Quantenzustands nach der Bose-Statistik keinen neuen Mikrozustand liefert. Mikrozustände, die nach der Bose-Statistik einem vorgegebenem Makrozustand zuzuordnen sind, unterscheiden sich also nur dadurch voneinander, dass die N_s Teilchen der durch ihre Energie E_s gekennzeichneten Gruppen auf unterschiedliche Weise auf die g_s Quantenzustände mit der Energie E_s verteilt sind. Für eine einzelne Teilchengruppe kann diese Verteilung durch eine lineare Anordnung von $(N_s + g_s - 1)$ Elementen beschrieben werden, wenn man z. B. wie in dem obigen Schema die Striche, die die einzelnen Quantenzustände voneinander trennen, ebenfalls als Elemente der Anordnung auffasst. Berücksichtigen wir dann noch, dass die Permutation von jeweils N_s bzw. $(g_s - 1)$ Elementen keinen neuen Mikrozustand ergibt, so erhalten wir für die Verteilungsmöglichkeiten der N_s Teilchen auf die g_s Quantenzustände

$$\frac{(N_s + g_s - 1)!}{N_s!(g_s - 1)!}$$

und für die Anzahl der Realisierungsmöglichkeiten eines Makrozustands des gesamten Systems durch Mikrozustände

$$W = \prod_s \frac{(N_s + g_s - 1)!}{N_s!(g_s - 1)!}\ . \tag{B.5}$$

Um die thermodynamische Wahrscheinlichkeit für Teilchen zu bestimmen, die der Fermi-Statistik gehorchen, nehmen wir zunächst einmal an, die Teilchen wären unterscheidbar. Dann gibt es, da jeder Quantenzustand höchstens mit einem Teilchen besetzt sein darf, für N_s Teilchen mit der Energie E_s

$$g_s(g_s - 1)(g_s - 2)\ldots(g_s - N_s + 1) = \frac{g_s!}{(g_s - N_s)!}$$

Möglichkeiten, die N_s Teilchen auf g_s Quantenzustände zu verteilen; denn für das erste Teilchen allein gibt es z. B. g_s verschiedene Möglichkeiten, einen Quantenzustand mit der Energie E_s zu besetzen, für das zweite Teilchen dann nur noch $(g_s - 1)$ Möglichkeiten u. s. w. Berücksichtigt man nun, dass die Teilchen in Wirklichkeit nicht unterscheidbar sind, so erhalten wir anstelle des obigen Ausdrucks

$$\frac{g_s!}{N_s!(g_s - N_s)!} \; ;$$

denn $N_s!$ ist die Anzahl der möglichen Vertauschungen. Für jede Gruppe von Teilchen mit der Energie E_s gelten nun die gleichen Überlegungen. Insgesamt bekommen wir also für die Zahl der Realisierungsmöglichkeiten eines Makrozustands durch Mikrozustände bei Fermi-Teilchen

$$W = \prod_s \frac{g_s!}{N_s!(g_s - N_s)!} \; . \tag{B.6}$$

In Anhang A haben wir gesehen, dass die freie Energie F eines Systems, dessen Temperatur T und Volumen konstant gehalten wird, im thermodynamischen Gleichgewicht einen Minimalwert annimmt. Mit (B.3) erhalten wir für die freie Energie

$$F = \sum_s N_s E_s - k_B T \ln W \; . \tag{B.7}$$

Die Verteilungsfunktion N_s gewinnen wir jetzt, indem wir den Minimalwert von F unter Beachtung der Nebenbedingung

$$\sum_s N_s = N \tag{B.8}$$

aufsuchen. Für die Boltzmann-Statistik bekommen wir

$$N_s = \frac{g_s}{e^{(E_s - \mu)/k_B T}} \; , \tag{B.9}$$

für die Bose-Statistik

$$N_s = \frac{g_s}{e^{(E_s - \mu)/k_B T} - 1} \tag{B.10}$$

und für die Fermi-Statistik

$$N_s = \frac{g_s}{e^{(E_s - \mu)/k_B T} + 1} \; . \tag{B.11}$$

Die Größe μ ist ein Lagrange-Multiplikator, der durch die Nebenbedingung in (B.8) bedingt ist und der auch mithilfe dieser Nebenbedingung berechnet werden kann. μ ist das sog. *chemische Potenzial* der Teilchen. Sein Wert hängt von der Temperatur des Systems ab. Wenn wir im Nenner von (B.10) oder (B.11) die 1 gegenüber dem Exponentialterm vernachlässigen können, gehen sowohl die Bose-Verteilungsfunktion (B.10) als auch die Fermi-Verteilungsfunktion (B.11) in die Boltzmann-Verteilungsfunktion (B.9) über. Dies trifft zu, wenn $e^{-\mu/k_BT} \gg 1$ oder $e^{\mu/k_BT} \ll 1$ ist. Das chemische Potenzial μ muss in diesem Fall einen negativen Wert haben.

Es wird nun auf die verschiedenen Verteilungsfunktionen etwas näher eingegangen, allerdings nur soweit wie dies für das Verständnis der in diesem Buch vorkommenden statistischen Untersuchungen erforderlich ist.

Boltzmannsche Verteilungsfunktion

In der Boltzmann-Statistik können wir die Größe e^{μ/k_BT} aus (B.9) explizit berechnen, indem wir (B.9) in (B.8) einsetzen. Wir erhalten

$$e^{\mu/k_BT} = \frac{N}{\sum\limits_s g_s e^{-E_s/k_BT}} \tag{B.12}$$

$$\text{und} \quad N_s = N \frac{g_s e^{-E_s/k_BT}}{\sum\limits_s g_s e^{-E_s/k_BT}} \; . \tag{B.13}$$

Die Größe $\sigma = \sum\limits_s g_s e^{-E_s/k_BT}$ bezeichnet man gewöhnlich als Zustandssumme.

Bosesche Verteilungsfunktion

In der Festkörperphysik ist die Bose-Statistik vor allem für Systeme solcher Teilchen und Quasiteilchen von Bedeutung, für die der Erhaltungssatz (B.8) nicht gültig ist, bei denen also wie bei der Hohlraumstrahlung ständig eine Emission und Absorption von Teilchen stattfindet. In diesem Fall fällt der Lagrange-Multiplikator μ fort, und wir erhalten eine gegenüber (B.10) vereinfachte Verteilungsfunktion

$$N_s = \frac{g_s}{e^{E_s/k_BT} - 1} \; . \tag{B.14}$$

Fermische Verteilungsfunktion

In der Fermi-Statistik bezeichnet man das chemische Potenzial μ gewöhnlich als *Fermi-Energie* und kennzeichnet diese Größe durch E_F. Mit dieser Bezeichnung lautet (B.11)

$$N_s = \frac{g_s}{e^{(E_s - E_F)/k_B T} + 1} \ . \tag{B.15}$$

Beim Übergang von diskreten zu quasikontinuierlichen Energiewerten tritt in (B.15) an die Stelle des Gewichtsfaktors g_s, der die Anzahl der Quantenzustände zur Energie E_s angibt, die Zustandsdichte $Z(E)$. Hierbei ist $Z(E)dE$ die Anzahl der Energieniveaus im Intervall zwischen E und $E + dE$. Für freie Elektronen, die sich in einem Quader mit den Kantenlängen L_1, L_2 und L_3 befinden, können wir die Zustandsdichte folgendermaßen berechnen:

Wir denken uns wie bei der Beweisführung in Abschn. 2.1.1 das Volumen $V = L_1 L_2 L_3$ periodisch bis ins Unendliche fortgesetzt. In diesem Fall haben die Lösungen der Schrödinger-Gleichung für die Elektronen die Form von ebenen Wellen. Sie lauten also

$$\psi_k(\vec{r}) = A e^{i\vec{k}\cdot\vec{r}} \ , \tag{B.16}$$

wobei für die kartesischen Komponenten des Wellenzahlvektors $\vec{k}$ gilt

$$k_x = n_x \frac{2\pi}{L_1} \ , \qquad k_y = n_y \frac{2\pi}{L_2} \ , \qquad k_z = n_z \frac{2\pi}{L_3} \ . \tag{B.17}$$

n_x, n_y und n_z sind hierbei positive oder negative ganze Zahlen. Wir können uns leicht davon überzeugen, dass (B.16) die periodischen Randbedingungen

$$\psi_k(x + L_1, y + L_2, z + L_3) = \psi_k(x, y, z)$$

erfüllt.

Nach (B.17) bilden die $\vec{k}$-Werte im $\vec{k}$-Raum ein Punktgitter mit den Gitterkonstanten $2\pi/L_1, 2\pi/L_2$ und $2\pi/L_3$. Jedem $\vec{k}$-Wert kann danach das Volumen

$$V_{\vec{k}} = \frac{8\pi^3}{L_1 L_2 L_3} = \frac{8\pi^3}{V} \tag{B.18}$$

zugeordnet werden. Die Wellenzahldichte im $\vec{k}$-Raum beträgt demnach

$$\rho_{\vec{k}} = \frac{V}{8\pi^3} \ . \tag{B.19}$$

Zwischen der Energie freier Elektronen und ihrer Wellenzahl besteht der Zusammenhang

$$E = \frac{\hbar^2 k^2}{2m} \ , \tag{B.20}$$

wenn m die Masse der Elektronen ist. Hiernach sind bei freien Elektronen im dreidimensionalen $\vec{k}$-Raum Flächen konstanter Energie Kugeloberflächen, und eine Kugelschale im $\vec{k}$-Raum mit dem Volumen $4\pi k^2 dk$ entspricht umgerechnet der Ausdruck $2\pi(2m/\hbar^2)^{3/2}\sqrt{E}dE$. Wenn wir diesen Ausdruck mit der Wellenzahldichte $\rho_{\vec{k}}$ multiplizieren, erhalten wir die Anzahl der durch den Wellenzahlvektor $\vec{k}$ gekennzeichneten Quantenzustände im Energieintervall zwischen E und $E + dE$. Berücksichtigen wir jetzt noch, dass jeder dieser Quantenzustände wegen des Elektronenspins zweifach entartet ist, so bekommen wir für die Zustandsdichte der Elektronen

$$Z(E) = 2\frac{V}{8\pi^3}2\pi\left(\frac{2m}{\hbar^2}\right)^{3/2}\sqrt{E} = \frac{V}{2\pi^2}\left(\frac{2m}{\hbar^2}\right)^{3/2}\sqrt{E} \ . \tag{B.21}$$

Die Zustandsdichte nimmt in diesem Fall also mit der Quadratwurzel aus der Teilchenenergie zu.

Bei einem zweidimensionalen System freier Elektronen, die sich in einem Rechteck mit den Seitenlängen L_1 und L_2 befinden, folgt aus den obigen Überlegungen für die Wellenzahldichte

$$\rho_{\vec{k}} = \frac{L_1 L_2}{4\pi^2} \ . \tag{B.22}$$

Kurven konstanter Energie im $\vec{k}$-Raum sind hier Kreise. Einem Kreisring mit der Fläche $2\pi k dk$ entspricht umgerechnet der Ausdruck $(2\pi m/\hbar^2)dE$. Für die Zustandsdichte erhalten wir also bei Berücksichtigung des Elektronenspins

$$Z(E) = 2\frac{L_1 L_2}{4\pi^2}\frac{2\pi m}{\hbar^2} = 2\frac{m}{2\pi\hbar^2}L_1 L_2 \ . \tag{B.23}$$

Danach ist die Zustandsdichte bei einem zweidimensionalen System freier Elektronen von der Teilchenenergie unabhängig.

Wir beschäftigen uns nun wieder mit dem dreidimensionalen Elektronengas und stellen zunächst die zugehörige Verteilungsfunktion auf. Zu diesem Zweck

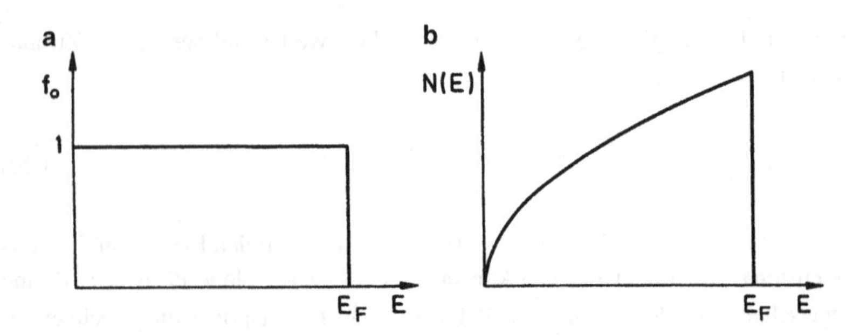

Abb. B.1 **a** Fermi-Funktion und **b** Verteilungsfunktion für freie Elektronen für $T = 0\,\mathrm{K}$

gehen wir in (B.15) von diskreten Energiewerten E_s zu kontinuierlichen Energiewerten über und ersetzen den Gewichtsfaktor g_s durch die Zustandsdichte $Z(E)$ aus (B.21). Wir bekommen dann

$$N(E)dE = \frac{V}{2\pi^2}\left(\frac{2m}{\hbar^2}\right)^{3/2}\sqrt{E}\,f_0(E)dE \ . \tag{B.24}$$

Hierbei ist

$$f_0(E) = \frac{1}{e^{(E-E_F)/k_BT}+1} \tag{B.25}$$

die sog. *Fermi-Funktion*. Sie gibt an, mit welcher Wahrscheinlichkeit ein Zustand mit der Energie E mit einem Teilchen besetzt ist. Mit dieser Funktion befassen wir uns im Folgenden etwas ausführlicher.

Für $T = 0\,\mathrm{K}$ folgt aus (B.25)

$$f_0(E) = 1 \quad \text{für} \quad E \le E_F(0), \quad f_0(E) = 0 \quad \text{für} \quad E > E_F(0) \ . \tag{B.26}$$

$E_F(0)$ ist dabei die Fermi-Energie am absoluten Nullpunkt der Temperatur. Sie ist die Maximalenergie, die ein Fermi-Teilchen im thermodynamischen Gleichgewicht bei $T = 0\,\mathrm{K}$ annehmen kann. Für diese Größe benutzt man auch die Bezeichnung *Fermi-Niveau*. In Abb. B.1 ist sowohl die Fermi-Funktion $f_0(E)$ als auch die Verteilungsfunktion $N(E)$ für $T = 0\,\mathrm{K}$ dargestellt.

$E_F(0)$ für freie Elektronen können wir durch Integration des Ausdrucks in (B.24) über die Energie von 0 bis ∞ bestimmen. Bei Berücksichtigung von (B.26) ergibt sich

$$N = \int_0^\infty N(E)dE = \frac{V}{2\pi^2}\left(\frac{2m}{\hbar^2}\right)^{3/2} \int_0^{E_F(0)} \sqrt{E}dE = \frac{V}{3\pi^2}\left(\frac{2m}{\hbar^2}\right)^{3/2} E_F(0)^{3/2} \ .$$

Hieraus folgt

$$E_F(0) = \frac{\hbar^2}{2m}\left(3\pi^2\frac{N}{V}\right)^{2/3} \ . \tag{B.27}$$

Das Fermi-Niveau liegt hiernach umso höher, je größer die Elektronenzahldichte N/V ist. Die Masse m des Elektrons erscheint in (B.27) im Nenner.

Gelegentlich interessiert auch die mittlere Energie freier Elektronen bei $T = 0\,\text{K}$. Sie beträgt nach (B.2) bei Berücksichtigung von (B.26) und (B.21)

$$\begin{aligned}\overline{E} &= \frac{1}{N}\int_0^\infty N(E)EdE = \frac{1}{N}\int_0^{E_F(0)} Z(E)EdE \\ &= \frac{1}{N}\int_0^{E_F(0)} \frac{V}{2\pi^2}\left(\frac{2m}{\hbar^2}\right)^{3/2} E^{3/2}dE = \frac{3}{5}E_F(0) \ .\end{aligned} \tag{B.28}$$

Für $T > 0$ wird die Fermi-Funktion hier nur für zwei besonders wichtige Grenzfälle behandelt.

1. Boltzmannscher Grenzfall Weiter vorn haben wir gesehen, dass die Fermische Verteilungsfunktion für $e^{\mu/k_BT} \ll 1$ in die Boltzmannsche Verteilungsfunktion übergeht. Wir wollen diese Bedingung durch ein geeigneteres Kriterium ersetzen. Zu diesem Zweck berechnen wir zunächst für freie Elektronen die Größe e^{μ/k_BT} nach der Boltzmann-Statistik. Aus (B.12) wird, wenn wir kontinuierliche Energiewerte benutzen,

$$e^{\mu/k_BT} = \frac{N}{\int_0^\infty Z(E)e^{-E/k_BT}dE} \ .$$

Mit (B.21) erhalten wir hieraus

$$e^{\mu/k_BT} = \left\{\frac{1}{2\pi^2}\frac{V}{N}\left(\frac{2m}{\hbar^2}\right)^{3/2}\int_0^\infty \sqrt{E}e^{-E/k_BT}dE\right\}^{-1} = 4\frac{N}{V}\left(\frac{\pi\hbar^2}{2mk_BT}\right)^{3/2}$$

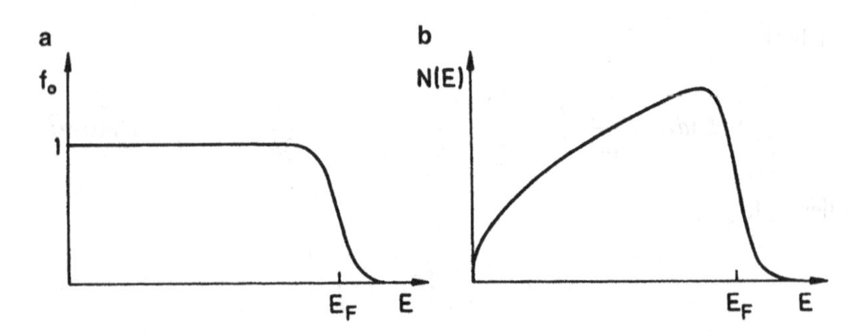

Abb. B.2 **a** Fermi-Funktion und **b** Verteilungsfunktion für freie Elektronen für $T > 0\,\mathrm{K}$

oder, wenn wir mithilfe von (B.27) die Fermi-Energie $E_F(0)$ einführen,

$$e^{\mu/k_B T} = \left(\frac{E_F(0)}{k_B T}\right)^{3/2} \frac{4}{3\sqrt{\pi}} \approx \left(\frac{E_F(0)}{k_B T}\right)^{3/2} .$$

Hiernach dürfen wir also zur statistischen Behandlung eines Problems anstelle der Fermischen Verteilungsfunktion die einfachere Boltzmannsche Verteilungsfunktion verwenden, wenn

$$\left(\frac{E_F(0)}{k_B T}\right)^{3/2} \ll 1$$

ist, oder etwas schärfer gefasst, wenn

$$\frac{E_F(0)}{k_B T} \ll 1 \tag{B.29}$$

ist.

2. Fermischer Grenzfall Der sog. Fermische Grenzfall liegt vor, wenn

$$\frac{E_F(0)}{k_B T} \gg 1 \tag{B.30}$$

ist. Unter dieser Voraussetzung hat die Fermi-Funktion einen ähnlichen Verlauf wie für $T = 0\,\mathrm{K}$. Nur in dem relativ schmalen Energiebereich $|E - E_F| \leq k_B T$ treten Abweichungen auf. In Abb. B.2 ist die Fermi-Funktion sowie die dazugehörige Verteilungsfunktion für den Fermischen Grenzfall aufgetragen. Es lässt sich zeigen, dass für den Fermischen Grenzfall die in die Fermi-Funktion eingehende Fermi-Energie E_F sich nicht wesentlich von der Fermi-Energie $E_F(0)$ bei $T = 0\,\mathrm{K}$ unterscheidet. Dies ist ein besonders nützliches Ergebnis.

Führt man durch die Beziehung

$$E_F(0) = k_B T_F \tag{B.31}$$

die sog. *Fermi-Temperatur* ein, so lassen sich die Bedingungen in (B.29) und (B.30) folgendermaßen formulieren:

Wenn $T \gg T_F$ ist, so liegt der Boltzmannsche Grenzfall vor. Ist hingegen $T \ll T_F$, so hat man den Fermischen Grenzfall.

Lösungen der Aufgaben

C

Aufgabe 1.1
Die Geometrie eines hexagonal primitiven Gitters in der Ebene ist in der Abb. C.1 skizziert.

$$y = \sqrt{a^2 - \frac{a^2}{4}} = \frac{a}{2}\sqrt{3}\ .$$

Damit wählen wir als primitive Translationen:

$$\begin{aligned}\vec{a}_1 &= (a\ ,\ 0\ ,\ 0)\\ \vec{a}_2 &= (-\tfrac{a}{2}\ ,\ \tfrac{a}{2}\sqrt{3}\ ,\ 0)\\ \vec{a}_3 &= (0\ ,\ 0\ ,\ c)\end{aligned}$$

Die Komponenten dieser primitiven Translationen ergeben die Matrix $\tilde{A}$. Die Komponenten der primitiven Translationen des reziproken Gitters ergeben sich aus der Anwendung von (1.8):

$$\begin{aligned}
\vec{a}_1 \cdot \vec{b}_1 &= a \cdot b_{1x} &&= 2\pi\delta_{11} && &&\Rightarrow b_{1x} = \tfrac{2\pi}{a}\\
\vec{a}_1 \cdot \vec{b}_2 &= a \cdot b_{2x} &&= 2\pi\delta_{12} && &&\Rightarrow b_{2x} = 0\\
\vec{a}_1 \cdot \vec{b}_3 &= a \cdot b_{3x} &&= 2\pi\delta_{13} && &&\Rightarrow b_{3x} = 0\\
\vec{a}_2 \cdot \vec{b}_1 &= -\tfrac{a}{2}b_{1x} + \tfrac{a}{2}\sqrt{3}b_{1y} &&= 0 && \text{mit oben} &&\Rightarrow b_{1y} = \tfrac{2\pi}{a\sqrt{3}}\\
\vec{a}_2 \cdot \vec{b}_2 &= -\tfrac{a}{2}b_{2x} + \tfrac{a}{2}\sqrt{3}b_{2y} &&= 2\pi && \text{mit oben} &&\Rightarrow b_{2y} = \tfrac{4\pi}{a\sqrt{3}}\\
\vec{a}_2 \cdot \vec{b}_3 &= -\tfrac{a}{2}b_{3x} + \tfrac{a}{2}\sqrt{3}b_{3y} &&= 0 && \text{mit oben} &&\Rightarrow b_{3y} = 0\\
\vec{a}_3 \cdot \vec{b}_1 &= c \cdot b_{1z} &&= 0 && &&\Rightarrow b_{1z} = 0\\
\vec{a}_3 \cdot \vec{b}_2 &= c \cdot b_{2z} &&= 0 && &&\Rightarrow b_{2z} = 0\\
\vec{a}_3 \cdot \vec{b}_3 &= c \cdot b_{3z} &&= 2\pi && &&\Rightarrow b_{3z} = \tfrac{2\pi}{c}
\end{aligned}$$

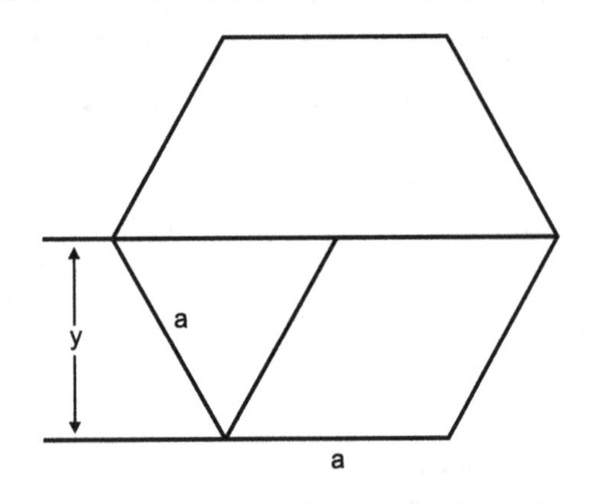

Abb. C.1 Zu Aufgabe 1.1

Also insgesamt:

$$B = 2\pi \begin{pmatrix} \frac{1}{a} & 0 & 0 \\ \frac{1}{a\sqrt{3}} & \frac{2}{a\sqrt{3}} & 0 \\ 0 & 0 & \frac{1}{c} \end{pmatrix} .$$

Aufgabe 1.2
Für ein kubisch primitives Gitter mit Gitterkonstante a gilt:

$$A = a \begin{pmatrix} 1 & 0 & 0 \\ 0 & 1 & 0 \\ 0 & 0 & 1 \end{pmatrix} .$$

Für die transponierte Matrix $\tilde{A}$ gilt $\tilde{A} = A$. Dann gilt auch $\tilde{A}^{-1} = A \cdot \frac{1}{a^2}$. Nach (1.13) gilt dann:

$$B = 2\pi \cdot A \cdot \frac{1}{a^2} = \frac{2\pi}{a} \begin{pmatrix} 1 & 0 & 0 \\ 0 & 1 & 0 \\ 0 & 0 & 1 \end{pmatrix} .$$

Mit (1.24) ergibt sich:

$$d_{hk\ell} = \frac{2\pi}{|h\vec{b}_1 + k\vec{b}_2 + \ell\vec{b}_3|} = \frac{2\pi}{\sqrt{h^2(\frac{2\pi}{a})^2 + k^2(\frac{2\pi}{a})^2 + \ell^2(\frac{2\pi}{a})^2}}$$
$$= \frac{a}{\sqrt{h^2 + k^2 + \ell^2}} ,$$

was zu zeigen war.

Aufgabe 1.3

Als Ortsvektoren der 4 Basisatome kann man wählen:

$$\begin{aligned} \vec{r}_1 &= a\,(\;\;0,\;\;\;0,\;\;\;0) \\ \vec{r}_2 &= a\,(\,1/2,\,1/2,\;\;\;0) \\ \vec{r}_3 &= a\,(\,1/2,\;\;\;0,\,1/2) \\ \vec{r}_4 &= a\,(\;\;0,\,1/2,\,1/2) \end{aligned}$$

Mit $f_i = f$ für $i = 1, \ldots, 4$ lautet (1.37)

$$F_{hk\ell} = f[1 + e^{2\pi i(h\cdot 1/2+k\cdot 1/2)} + e^{2\pi i(h\cdot 1/2+\ell\cdot 1/2)} + e^{2\pi i(k\cdot 1/2+\ell\cdot 1/2)}] \quad \text{oder}$$

$$F_{hk\ell} = f[1 + e^{\pi ih}[e^{\pi ik} + e^{\pi i\ell}] + e^{\pi i(k+\ell)}] \; .$$

Stehe g für einen geraden, u für einen ungeraden Millerschen Index. Dann gibt es folgende Kombinationen der Indizes:

$$\begin{aligned} ggu &: \quad F_{hk\ell} = f[1 + 1[+1 - 1] - 1] = 0 \\ gug &: \quad F_{hk\ell} = f[1 + 1[-1 + 1] - 1] = 0 \\ ugg &: \quad F_{hk\ell} = f[1 - 1[+1 + 1] + 1] = 0 \\ guu &: \quad F_{hk\ell} = f[1 + 1[-1 - 1] + 1] = 0 \\ ugu &: \quad F_{hk\ell} = f[1 - 1[+1 - 1] - 1] = 0 \\ uug &: \quad F_{hk\ell} = f[1 - 1[-1 + 1] - 1] = 0 \end{aligned}$$

Damit ist die Richtigkeit der Behauptung gezeigt.

Aufgabe 2.1

(2.2) lautete:

$$M\frac{d^2u_s}{dt^2} = \sum_n f_n(u_{s+n} - u_s)$$

Wenn nur Wechselwirkung mit dem nächsten Nachbarn vorliegt:

$$M\frac{d^2u_s}{dt^2} = f_1(u_{s+1} - u_s) + f_{-1}(u_{s-1} - u_s)$$

Nun setzen wir $f_1 = f_{-1} = f$ und $u_s = u(x)$. Wir bezeichnen die zeitliche Änderung jetzt mit der partiellen Ableitung, und es folgt:

$$M\frac{\partial^2 u(x)}{\partial t^2} = f(u(x+a) + u(x-a) - 2u(x)) \Rightarrow$$

$$\frac{1}{f}\cdot\frac{M}{a}\cdot\frac{\partial^2 u}{\partial t^2} = \frac{[u(x+a) - u(x)] - [u(x) - u(x-a)]}{a}$$

und für $a \ll \lambda$

$$\frac{1}{f} \cdot \frac{M}{a} \cdot \frac{\partial^2 u}{\partial t^2} = \left.\frac{\partial u(x)}{\partial x}\right|_x - \left.\frac{\partial u(x)}{\partial x}\right|_{x-a}$$

Division dieser Gleichung durch a zeigt, dass die rechte Seite nach $\lim_{a\to 0}$ die 2. Ableitung von u nach x ist. Also folgt:

$$\frac{1}{f}\frac{M}{a^2}\frac{\partial^2 u}{\partial t^2} = \frac{\partial^2 u}{\partial x^2} \quad \text{mit} \quad \frac{1}{v^2} = \frac{1}{f}\frac{M}{a^2} \quad \text{und} \quad v = \sqrt{\frac{fa^2}{M}}$$

(s. (2.10)).

Aufgabe 3.1
Gegeben ist die Wannier-Funktion

$$w(\vec{r} - \vec{R}_i) = \frac{1}{\sqrt{V}} \cdot \frac{1}{\sqrt{N}} \sum_{\vec{k}} e^{i\vec{k}\cdot(\vec{r}-\vec{R}_i)} .$$

Es soll nun gesetzt werden:

$$\begin{aligned} \vec{r} &= \xi_1\vec{a}_1 + \xi_2\vec{a}_2 + \xi_3\vec{a}_3 \\ \vec{R}_i &= n_1\vec{a}_1 + n_2\vec{a}_2 + n_3\vec{a}_3 \\ \vec{k} &= \tfrac{1}{m}(h_1\vec{b}_1 + h_2\vec{b}_2 + h_3\vec{b}_3) \end{aligned}$$

Damit gilt:

$$e^{i\vec{k}\cdot(\vec{r}-\vec{R}_i)} = e^{\frac{i}{m}(h_1\vec{b}_1+h_2\vec{b}_2+h_3\vec{b}_3)\cdot(\xi_1\vec{a}_1+\xi_2\vec{a}_2+\xi_3\vec{a}_3)} \cdot e^{\frac{-i}{m}(h_1\vec{b}_1+h_2\vec{b}_2+h_3\vec{b}_3)\cdot(n_1\vec{a}_1+n_2\vec{a}_2+n_3\vec{a}_3)}$$

Wegen (1.8) $\vec{a}_i \cdot \vec{b}_k = 2\pi\delta_{ik}$ folgt:

$$e^{i\vec{k}\cdot(\vec{r}-\vec{R}_i)} = e^{\frac{2\pi i}{m}(h_1\xi_1+h_2\xi_2+h_3\xi_3)} \cdot e^{\frac{-2\pi i}{m}(h_1n_1+h_2n_2+h_3n_3)}$$

$$e^{i\vec{k}\cdot(\vec{r}-\vec{R}_i)} = e^{\frac{2\pi i}{m}(h_1[\xi_1-n_1]+h_2[\xi_2-n_2]+h_3[\xi_3-n_3])}$$

$$\Rightarrow \quad w(\vec{r} - \vec{R}_i) = \frac{1}{\sqrt{V}} \cdot \frac{1}{\sqrt{N}} \sum_k \prod_{\ell=1}^{3} e^{\frac{2\pi i}{m}h_\ell(\xi_\ell-n_\ell)}$$

Hierbei entspricht die Summe über alle $\vec{k}$ der Summe über alle k_ℓ zwischen $-\frac{m}{2}$ und $+\frac{m}{2}-1$. Setze $\frac{2\pi}{m}h_\ell = \eta_\ell$. Dann läuft η_ℓ von $-\pi$ bis $\frac{2\pi}{m}(\frac{m-2}{2}) \approx +\pi$ für $m \gg 1$. Außerdem gibt es m^3 k-Werte, wobei $m^3 = N$ (s. Ende Abschn. 2.1.1).

$$
\begin{aligned}
\sum_k \prod_{\ell=1}^{3} e^{i\eta_\ell(\xi_\ell - n_\ell)} &\longrightarrow \frac{N}{2\pi}\int_{-\pi}^{+\pi}\prod_{\ell=1}^{3} e^{i\eta_\ell(\xi_\ell-n_\ell)}d\eta_\ell \\
&= \frac{N}{2\pi}\prod_{\ell=1}^{3}\frac{1}{i(\xi_\ell-n_\ell)}e^{i\eta_\ell(\xi_\ell-n_\ell)}\Big|_{\eta_\ell=-\pi}^{\eta_\ell=+\pi} \\
&= \frac{N}{2\pi}\prod_{\ell=1}^{3}\frac{1}{i(\xi_\ell-n_\ell)}[e^{i\pi(\xi_\ell-n_\ell)} - e^{-i\pi(\xi_\ell-n_\ell)}]
\end{aligned}
$$

Nun gilt: $e^{i\varphi} - e^{-i\varphi} = 2i\sin\varphi$, damit gilt:

$$
= N\prod_{\ell=1}^{3}\frac{\sin\pi(\xi_\ell-n_\ell)}{\pi(\xi_\ell-n_\ell)}
$$

Nun noch der Vorfaktor $\frac{1}{\sqrt{V}}\cdot\frac{1}{\sqrt{N}}\cdot N = \sqrt{\frac{N}{V}} = \frac{1}{\sqrt{V_z}}$ also

$$
w(\vec{r}-\vec{R}_i) = \frac{1}{\sqrt{V_z}}\prod_{\ell=1}^{3}\frac{\sin\pi(\xi_\ell-n_\ell)}{\pi(\xi_\ell-n_\ell)} \quad ,
$$

was zu zeigen war.

Aufgabe 3.2
(3.86) lautet:

$$
m_c = \frac{\hbar^2}{2\pi}\cdot\frac{dA}{dE}
$$

und (3.182):

$$
E(\vec{k}) = \frac{\hbar^2(k_1^2+k_2^2)}{2m_{\text{et}}^*} + \frac{\hbar^2 k_3^2}{2m_{\text{el}}^*} \quad .
$$

B sei in Richtung Rotationsachse, z. B. 3-Richtung. k_3 ändert sich dann nicht. Die Bewegung senkrecht zur 3-Richtung ist eine Kreisbahn:

$$A = \pi \cdot (k_1^2 + k_2^2)$$
$$A = E \cdot \pi \frac{2m_{\mathrm{et}}^*}{\hbar^2}$$
$$m_c = \frac{\hbar^2}{2\pi} \cdot \frac{dA}{dE} = \frac{\hbar^2}{2\pi} \cdot \frac{2\pi m_{\mathrm{et}}^*}{\hbar^2} = m_{\mathrm{et}}^* \ .$$

Wenn B senkrecht zur Rotationsachse steht:

$$A = \pi \sqrt{2m_{\mathrm{et}}^* E}/\hbar \cdot \sqrt{2m_{\mathrm{el}}^* E}/\hbar$$
$$A = \frac{2\pi}{\hbar^2} \sqrt{m_{\mathrm{et}}^* \cdot m_{\mathrm{el}}^*} E$$
$$\omega_c = \frac{\hbar^2}{2\pi} \frac{dA}{dE} = \frac{\hbar^2}{2\pi} \cdot \frac{2\pi}{\hbar^2} \sqrt{m_{\mathrm{et}}^* \cdot m_{\mathrm{el}}^*}$$
$$\omega_c = \sqrt{m_{\mathrm{et}}^* \cdot m_{\mathrm{el}}^*} \ ,$$

was zu zeigen war.

Aufgabe 4.1

Die Ladungsverschiebung um s führt zu einer Polarisation:

$$P = -eN_L \cdot s \ .$$

Dies erzeugt eine Oberflächenladung auf der Kugel mit dem Entelektrisierungsfeld

$$E = -\frac{1}{\epsilon_0} \cdot \frac{1}{3} P = \frac{1}{3\epsilon_0} \cdot eN_L \cdot s \ .$$

Damit ist die rücktreibende Kraft:

$$F = -eE = -\frac{1}{3\epsilon_0} e^2 N_L \cdot s \ .$$

Die Bewegungsgleichung für jedes Elektron ist:

$$m^* \frac{d^2 s}{dt^2} + \frac{N_L e^2}{3\epsilon_0} s = 0 \ ,$$

woraus folgt:

$$\omega_0 = \sqrt{(N_L e^2)/(3\epsilon_0 m^*)} \ ,$$

wie zu zeigen war.

Aufgabe 4.2
Übergang A:

Energiesatz: $E_1(K_A) = \hbar\omega_{\text{Photon}} \pm \hbar\omega_{\text{Phonon}}$
Impulssatz: $\vec{K}_A = 0 \pm \vec{k}_{\text{Photon}} + \vec{q}_{\text{Phonon}}$

Übergang Z:

Energiesatz: $E_{\text{el}}(K') = E_2(K) - \hbar\omega_{\text{Photon}} \pm \hbar\omega_{\text{Phonon}}$
Impulssatz: $\vec{K}_{\text{el}} = \vec{K}_z - \vec{q}_{\text{Phonon}} \pm \vec{k}_{\text{Photon}}$

Hierbei geht ein, dass k_{Photon} und E_{Phonon} klein gegen k_{Phonon} und E_{Photon} sind.

Aufgabe 5.1
Das Ytterbium Atom hat die Elektronenkonfiguration

$$\begin{aligned} \text{Yb}: &\quad 4f^{14}6s^2\ , \quad \text{und das Ion} \\ \text{Yb}^{3+}: &\quad 4f^{14-1}\ . \end{aligned}$$

Nach Regel 1 (s. Abschn. 5.1.2) gilt für den Spin

$$S = 1/2$$

und nach Regel 2

$$L = 3\ .$$

Da die $4f$-Schale mehr als halbvoll ist, gilt:

$$J = L + S = 7/2\ .$$

Damit ist der Zustand in üblicher Schreibweise ${}^2F_{7/2}$ $(={}^{2S+1}L_J)$.

Aufgabe 5.2
Der Hamilton-Operator für die nichtrelativistische Bewegung eines (spinlosen) Teilchens der Masse m und der Ladung q in einem elektromagnetischen Feld, beschrieben durch das skalare Potenzial $\Phi(\vec{x},t)$ und das Vektorpotenzial $\vec{A}(\vec{x},t)$, lautet allgemein:

$$\widehat{H} = \left|\widehat{\vec{p}} - \frac{q}{c}\vec{A}(\vec{x},t)\right|^2 + q\,\Phi(\vec{x},t)\,,$$

wobei $\widehat{\vec{p}} = -i\hbar\vec{\nabla}$ der Impulsoperator in der Ortsraumdarstellung ist. Zur Beschreibung eines reinen, konstanten Magnetfeldes in der z-Richtung wählt man mit $\vec{x} = x\,\vec{e}_x + y\,\vec{e}_y + z\,\vec{e}_z$ in der Standard ONB von R^3:

$$\vec{A}(x,y,z) = B\,x\,\vec{e}_y\,, \quad \Phi(x,y,z) = 0\,,$$

d. h. für $\vec{A}(x,y,z) = A_x(x,y,z)\,\vec{e}_x + A_y(x,y,z)\,\vec{e}_y + A_z(x,y,z)\,\vec{e}_z$ gilt:

$$A_x(x,y,z) = 0\,, \qquad A_y(x,y,z) = A_y(x) = B\,x\,, \qquad A_z(x,y,z) = 0\,.$$

In der Tat folgt dann:

$$\vec{B}(x,y,z) = \operatorname{rot}\vec{A}(x,y,z) = \left(\frac{\partial A_y}{\partial x} - \frac{\partial A_x}{\partial y}\right)\vec{e}_z = B\,\vec{e}_z\,.$$

Diese Wahl entspricht der Coulomb-Eichung $(\operatorname{div}\vec{A})(\vec{x}) = 0$, denn

$$(\operatorname{div}\vec{A})(\vec{x}) = \frac{\partial}{\partial x}A_x(x,y,z) + \frac{\partial}{\partial y}A_y(x,y,z) + \frac{\partial}{\partial z}A_z(x,y,z) = 0\,.$$

Die Energieeigenwerte folgen aus der Lösung der stationären Schrödinger-Gleichung, mit obiger Wahl der elektromagnetischen Potenziale:

$$\begin{aligned}
&\left[\left|\widehat{\vec{p}} - \frac{q}{c}\vec{A}(\vec{x},t)\right|^2 + q\,\Phi(\vec{x},t)\right]\psi(\vec{x}) = E\,\psi(\vec{x}) \\
&= -\frac{\hbar^2}{2m}\Delta\psi(\vec{x}) + \frac{i\hbar q}{2mc}\underbrace{\left(\vec{\nabla}\cdot\left(\vec{A}(\vec{x})\,\psi(\vec{x})\right)\right)}_{=\underbrace{(\operatorname{div}\vec{A})(\vec{x})}_{=0}\,\psi(\vec{x}) + \left(\vec{A}(\vec{x})\cdot\vec{\nabla}\,\psi(\vec{x})\right)} \\
&\quad + \frac{i\hbar q}{2mc}\left(\vec{A}(\vec{x})\cdot\vec{\nabla}\,\psi(\vec{x})\right) + \frac{q^2|\vec{A}(\vec{x})|^2}{2mc^2}\,\psi(\vec{x}) \\
&= -\frac{\hbar^2}{2m}\Delta\psi(\vec{x}) + \frac{i\hbar q}{mc}\left(\vec{A}(\vec{x})\cdot\vec{\nabla}\,\psi(\vec{x})\right) + \frac{q^2|\vec{A}(\vec{x})|^2}{2mc^2}\,\psi(\vec{x}) \\
&= -\frac{\hbar^2}{2m}\Delta\psi(x,y,z) + \frac{i\hbar q}{mc}\,B\,x\,\frac{\partial}{\partial y}\psi(x,y,z) + \frac{q^2\,B^2\,x^2}{2mc^2}\,\psi(x,y,z) \\
&= \left[-\frac{\hbar^2}{2m}\Delta - i\,\hbar\,\omega_c\,x\frac{\partial}{\partial y} + \frac{1}{2}\,m\,\omega_c^2\,x^2\right]\psi(x,y,z) = E\,\psi(x,y,z)\,,
\end{aligned}$$

wobei im letzten Schritt für ein Elektron $q = -e$ gesetzt und die Zyklotronfrequenz $\omega_c = \frac{e\,B}{m\,c}$ eingeführt wurde.

Mit dem Ansatz:

$$\psi(x,y,z) = \xi(x)\,e^{i(k_y\,y+k_z\,z)}$$

folgt dann:

$$\left[-\frac{\hbar^2}{2m}\frac{\partial^2}{\partial x^2} + \frac{\hbar^2}{2m}(k_y^2+k_z^2) + \underbrace{\hbar\omega_c\,k_y\,x + \frac{1}{2}m\,\omega_c^2\,x^2}_{=\frac{1}{2}m\,\omega_c^2\left(x+\frac{\hbar\,k_y}{m\,\omega_c}\right)^2-\frac{1}{2}m\,\omega_c^2\frac{\hbar^2\,k_y^2}{m^2\,\omega_c^2}}\right]\xi(x) = E\,\xi(x)$$

und nach der Substitution $u := x + \frac{\hbar\,k_y}{m\,\omega_c}$ und $\phi(u) = \xi\left(u - \frac{\hbar\,k_y}{m\,\omega_c}\right)$ mit $\frac{\partial}{\partial u}\phi(u) = \frac{\partial}{\partial x}\xi(x)$:

$$\left[-\frac{\hbar^2}{2m}\frac{\partial^2}{\partial u^2} + \frac{1}{2}m\,\omega_c^2\,u^2\right]\phi(u) = \left(E - \frac{\hbar^2\,k_z^2}{2m}\right)\phi(u)\,.$$

Dies ist die Eigenwertgleichung eines eindimensionalen harmonischen Oszillators mit Oszillatorfrequenz ω_c. Für die Eigenwerte gilt also

$$\left(E - \frac{\hbar^2\,k_z^2}{2m}\right) = \left(\nu + \frac{1}{2}\right)\hbar\omega_c\,, \qquad \nu \in N_0$$

oder

$$E = \frac{\hbar^2\,k_z^2}{2m} + \left(\nu + \frac{1}{2}\right)\hbar\omega_c\,, \qquad \nu \in N_0\,.$$

Aufgabe 6.1

Zu berechnen:

$$V_{\vec{r}} = \frac{1}{(2\pi)^3}\int d^3q\;\frac{Q}{\epsilon_0(q^2+k_{\mathrm{TF}}^2)}\,e^{i(\vec{q}\cdot\vec{r})}\,.$$

Wähle sphärische Polarkoordinaten ($r = |\vec{r}|$), $q = |\vec{q}| \in [0, \infty), \vartheta = \angle(\vec{r}, \vec{q}) \in [0, \pi), \varphi \in [0{,}2\pi)$, somit

$$
\begin{aligned}
V_{\vec{r}} &= \frac{Q}{\epsilon_0 (2\pi)^3} \underbrace{\int_0^{2\pi} d\varphi}_{=2\pi} \int_0^{\infty} dq\, q^2 \frac{1}{q^2 + k_{\mathrm{TF}}^2} \int_0^{\pi} d\vartheta \sin\vartheta\, e^{i q r \cos\vartheta} \\
&= \frac{Q}{\epsilon_0 (2\pi)^2} \int_0^{\infty} dq\, q^2 \frac{1}{q^2 + k_{\mathrm{TF}}^2} \int_{-1}^{1} dz\, e^{i q r z} \\
&= \frac{Q}{\epsilon_0 (2\pi)^2} \int_0^{\infty} dq\, q^2 \frac{1}{q^2 + k_{\mathrm{TF}}^2} \frac{e^{i\, qr} - e^{-i\, qr}}{i\, qr} \\
&= \frac{Q}{2\epsilon_0 (2\pi)^2} \int_{-\infty}^{\infty} dq\, q^2 \frac{1}{q^2 + k_{\mathrm{TF}}^2} \frac{e^{i\, qr} - e^{-i\, qr}}{i\, qr} \\
&= \frac{Q}{2\epsilon_0 (2\pi)^2 r} \int_{-\infty}^{\infty} dq\, q \frac{1}{q^2 + k_{\mathrm{TF}}^2} \frac{e^{i\, qr} - e^{-i\, qr}}{i}\,,
\end{aligned}
$$

wobei man im vorletzten Schritt benutzt, dass der Integrand eine gerade Funktion von q ist. Noch zu berechnen ist:

$$
\int_{-\infty}^{\infty} dq \frac{q}{q^2 + k_{\mathrm{TF}}^2} e^{\pm i\, qr}\,.
$$

Hierzu kann man den Residuensatz benutzen:

$$
\begin{aligned}
\int_{-\infty}^{\infty} dq\, \frac{q}{q^2 + k_{\mathrm{TF}}^2} e^{\pm i\, qr} &= \lim_{Q\to\infty} \int_{-Q}^{Q} dq\, \frac{q}{(q + i\, k_{\mathrm{TF}})(q - i\, k_{\mathrm{TF}})} e^{\pm i\, qr} \\
&= \pm \lim_{Q\to\infty} \int_{\pm C_Q} dq\, \frac{q}{(q + i\, k_{\mathrm{TF}})(q - i\, k_{\mathrm{TF}})} e^{\pm i\, qr}\,,
\end{aligned}
$$

wobei $+C_Q$ ein geschlossener Weg in der komplexen q-Ebene, bestehend aus der gerade Strecke $[-Q, Q]$ entlang der reellen q-Achse und einem in der oberen Halbebene gelegenen Halbkreis mit Radius R ist, der im positiven Sinne (gegen den

Uhrzeigersinn) durchlaufen wird und den Pol bei $q = i\,k$ umschließt. Aufgrund des Faktors $e^{i\,r\,(\Re[Q]+i\,\Im[Q])} = e^{i\,r\,\Re[Q]} e^{-r\,\Im[Q]}$ verschwindet in der oberen Halbebene, wo $\Im[Q] > 0$, der Beitrag des Halbkreises für $Q \to \infty$ und man findet

$$\begin{aligned}
\int_{-\infty}^{\infty} dq\, \frac{q}{q^2 + k_{\mathrm{TF}}^2} e^{i\,qr} &= \lim_{Q\to\infty} \int_{+C_Q} dq\, \frac{q}{(q + i\,k_{\mathrm{TF}})(q - i\,k_{\mathrm{TF}})} e^{i\,qr} \\
&= 2\pi\,i\, \frac{q}{q + i\,k_{\mathrm{TF}}}\, e^{i\,qr}\Big|_{q=i\,k_{\mathrm{TF}}} \\
&= 2\pi\,i\, \frac{i\,k_{\mathrm{TF}}}{2\,i\,k_{\mathrm{TF}}} e^{-k_{\mathrm{TF}}\,r} = \pi\,i\,e^{-k_{\mathrm{TF}}\,r}\,.
\end{aligned}$$

Ebenso ist $-C_Q$ ein geschlossener Weg in der komplexen q-Ebene, bestehend aus der gerade Strecke $[-Q, Q]$ entlang der reellen q-Achse und einem in der unteren Halbebene gelegenen Halbkreis mit Radius R, der ebenfalls im positiven Sinne (gegen den Uhrzeigersinn) durchlaufen wird und den Pol bei $q = -i\,k$ umschließt. Analog findet man dann hierfür

$$\int_{-\infty}^{\infty} dq \frac{q}{q^2 + k_{\mathrm{TF}}^2} e^{-i\,qr} = -2\pi\,i\, \frac{q}{q - i\,k_{\mathrm{TF}}}\, e^{-i\,qr}\Big|_{q=-i\,k_{\mathrm{TF}}} = -\pi\,i\,e^{-k_{\mathrm{TF}}\,r}\,.$$

Insgesamt ergibt sich:

$$\begin{aligned}
V_{\vec{r}} &= \frac{Q}{2\,\epsilon_0\,(2\pi)^2\,r} \int_{-\infty}^{\infty} dq\,q\, \frac{1}{q^2 + k_{\mathrm{TF}}^2}\, \frac{e^{i\,qr} - e^{-i\,qr}}{i} \\
&= \frac{Q}{2\,\epsilon_0\,(2\pi)^2\,r} \frac{\pi\,i\,e^{-k_{\mathrm{TF}}\,r} - (-\pi\,i\,e^{-k_{\mathrm{TF}}\,r})}{i} = \frac{Q}{4\pi\,\epsilon_0\,r}\, e^{-k_{\mathrm{TF}}\,r}\,.
\end{aligned}$$

Wenn man nun am Schluss $k_{\mathrm{TF}} = 0$ setzt, so findet man auch für das Coulomb-Potenzial einer Punktladung Q im Ursprung:

$$V_{\vec{r}}^{Q} = \frac{Q}{4\pi\,\epsilon_0\,r} = \frac{1}{(2\pi)^3} \frac{1}{\epsilon_0} \int d^3q\, \underbrace{\frac{Q}{q^2}}_{=V_{0,q}}\,.$$

Aufgabe 6.2

Ausgangspunkt ist (6.71):

$$\frac{2}{Z(E_F)\,V} = \int\limits_0^{\hbar\omega_D} d\,\epsilon \frac{\tanh\left[\frac{\sqrt{\epsilon^2+\Delta^2(T)}}{2k_B\,T}\right]}{\sqrt{\epsilon^2+\Delta^2(T)}} \tag{6.71}$$

Gegeben ist:

$$\Delta(0) = 2\,\hbar\omega_D\, e^{-\frac{2}{Z(E_F)V}} \qquad \Rightarrow \qquad \frac{\hbar\omega_D}{\Delta(0)} \gg 1$$

und es folgt somit für die linke Seite von (6.71):

$$\begin{aligned} \frac{2}{Z(E_F)\,V} &= \log\left(\frac{2\,\hbar\omega_D}{\Delta(0)}\right) = \log\left(\frac{2\,\hbar\omega_D}{\Delta(T)}\,\frac{\Delta(T)}{\Delta(0)}\right) \\ &= \log\left(\frac{2\,\hbar\omega_D}{\Delta(T)}\right) + \log\left(\frac{\Delta(T)}{\Delta(0)}\right). \end{aligned} \tag{C.1}$$

Nun gilt:

$$\tanh x = \frac{e^x - e^{-x}}{e^x + e^{-x}} = \frac{e^{2x}-1}{e^{2x}+1} = \frac{e^{2x}+1}{e^{2x}+1} - \frac{2}{e^{2x}+1} = 1 - \frac{2}{e^{2x}+1}. \tag{C.2}$$

Wir wechseln die Integrationsvariable in der rechten Seite von (6.71) mit der Substitution $x := \frac{\epsilon}{\Delta(T)}$:

$$\int\limits_0^{\hbar\omega_D} d\epsilon \frac{\tanh\left[\frac{\sqrt{\epsilon^2+\Delta^2(T)}}{2k_B\,T}\right]}{\sqrt{\epsilon^2+\Delta^2(T)}} = \int\limits_0^{\frac{\hbar\omega_D}{\Delta(T)}} dx \frac{\tanh\left[\frac{\Delta(T)}{2k_B\,T}\sqrt{1+x^2}\right]}{\sqrt{1+x^2}},$$

Mit (6.74)[1]

$$2\,\Delta(0) \approx 3{,}527754\,k_B\,T_c \tag{6.74}$$

[1] Man findet numerisch für $a \gg 1$:

$$\int\limits_0^a dx\,\frac{\tanh x}{x} \approx \log(2{,}267732\,a)$$

folgt:

$$\frac{\Delta(T)}{2k_B T} = \frac{\Delta(T)}{2k_B T_c}\frac{T_c}{T} \approx \frac{\Delta(T)}{2\frac{2}{3{,}527754}\Delta(0)}\frac{T_c}{T} \approx \frac{1{,}763877}{2}\frac{\Delta(T)}{\Delta(0)}\frac{T_c}{T}$$

und mit der Umformung nach (C.2) ergibt sich:

$$\int_0^{\hbar\omega_D} d\epsilon\,\frac{\tanh\left[\frac{\sqrt{\epsilon^2+\Delta^2(T)}}{2k_B T}\right]}{\sqrt{\epsilon^2+\Delta^2(T)}} = \int_0^{\frac{\hbar\omega_D}{\Delta(T)}} dx\frac{\tanh\left[\frac{\Delta(T)}{2k_B T}\sqrt{1+x^2}\right]}{\sqrt{1+x^2}}$$

$$\approx \int_0^{\frac{\hbar\omega_D}{\Delta(T)}} dx\,\frac{1}{\sqrt{1+x^2}} - \int_0^{\frac{\hbar\omega_D}{\Delta(T)}} dx\,\frac{1}{\sqrt{1+x^2}}\frac{2}{e^{1{,}763877\frac{\Delta(T)}{\Delta(0)}\frac{T_c}{T}\sqrt{1+x^2}}+1}$$

$$\approx \log\left(x+\sqrt{1+x^2}\right)\Big|_0^{\frac{\hbar\omega_D}{\Delta(T)}}$$

$$-2\int_0^{\frac{\hbar\omega_D}{\Delta(T)}} dx\,\frac{1}{\sqrt{1+x^2}}\frac{1}{e^{1{,}763877\frac{\Delta(T)}{\Delta(0)}\frac{T_c}{T}\sqrt{1+x^2}}+1}$$

$$\approx \log\left(\frac{\hbar\omega_D}{\Delta(T)}+\sqrt{1+\left(\frac{\hbar\omega_D}{\Delta(T)}\right)^2}\right)$$

$$-2\int_0^{\frac{\hbar\omega_D}{\Delta(T)}} dx\,\frac{1}{\sqrt{1+x^2}}\frac{1}{e^{1{,}763877\frac{\Delta(T)}{\Delta(0)}\frac{T_c}{T}\sqrt{1+x^2}}+1}$$

$$\approx \log\left(\frac{2\hbar\omega_D}{\Delta(T)}\right) - 2\int_0^{\infty} dx\,\frac{1}{\sqrt{1+x^2}}\frac{1}{e^{1{,}763877\frac{\Delta(T)}{\Delta(0)}\frac{T_c}{T}\sqrt{1+x^2}}+1},$$

wobei im letzten Schritt aufgrund von $\Delta(T) \le \Delta(0)$ benutzt wurde, dass $\frac{\hbar\omega_D}{\Delta(T)} \ge \frac{\hbar\omega_D}{\Delta(0)} \gg 1$. Zusammen mit (C.1) findet man dann

$$\log\left(\frac{\Delta(T)}{\Delta(0)}\right) \approx -2\int_0^{\infty} dx\frac{1}{\sqrt{1+x^2}}\frac{1}{e^{1{,}763877\frac{\Delta(T)}{\Delta(0)}\frac{T_c}{T}\sqrt{1+x^2}}+1}.$$

Weil der Integrand auf der rechten Seite positiv ist, gilt in der Tat

$$\Delta(T) \le \Delta(0).$$

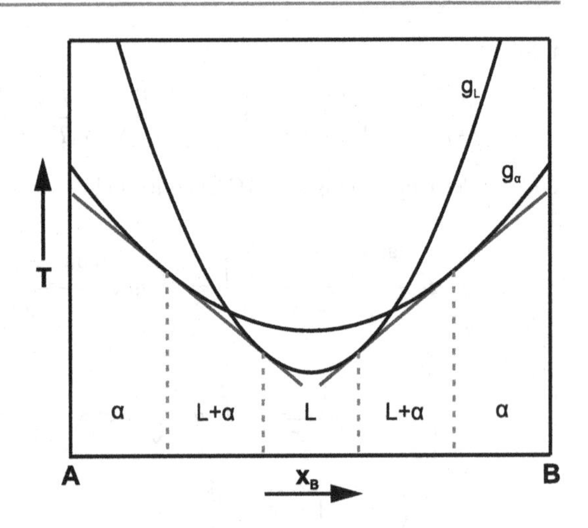

Abb. C.2 Zu Aufgabe 7.1

Aufgabe 7.1

Die Abb. C.2 zeigt den typischen Verlauf von g^{α} und g^{L} für das Zustandsdiagramm in Abb. 7.9 für eine Temperatur kurz unterhalb des Schmelzpunktes der Komponente B. Für das Zustandsdiagramm von Abb. 7.16a kurz oberhalb des Schmelzpunktes der Komponente A sind lediglich die Symbole α und L zu vertauschen.

Aufgabe 7.2

a) In Abb. C.3 sind die stabilen Phasen in Abb. 7.19 eingetragen. Am eutektischen Punkt liegen die Phasen $AuPb_2$, Pb und L vor. $T = 215$ °C.

b)

$$\begin{aligned}
&490\,°C \longrightarrow 418\,°C: && L && \longrightarrow Au + L \\
&418\,°C && : Au + L && \longrightarrow Au_2Pb + L \\
&418\,°C \longrightarrow 254\,°C: && L && \longrightarrow Au_2Pb + L \\
&254\,°C && : Au_2Pb + L && \longrightarrow Au_2Pb + AuPb_2
\end{aligned}$$

danach normale Abkühlung. Der zeitliche schematische Verlauf ist in Abb. C.4 skizziert.

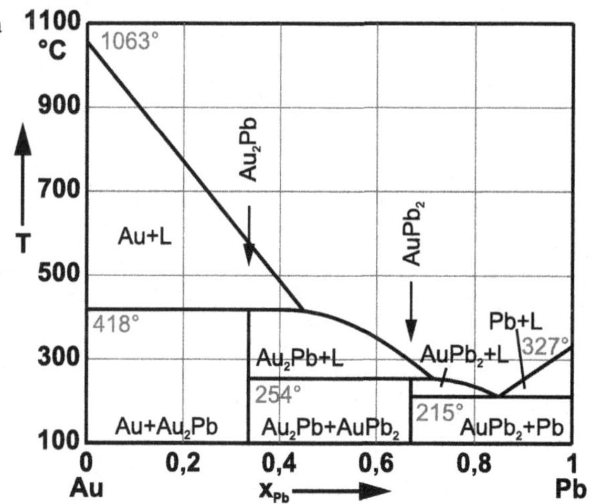

Abb. C.3 Zu Aufgabe 7.2a

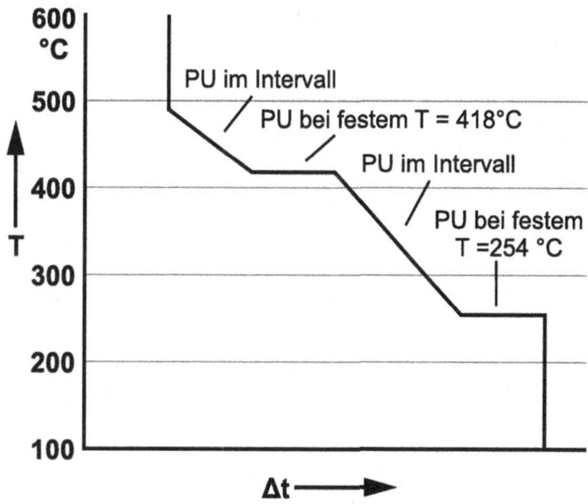

Abb. C.4 Zu Aufgabe 7.2b

Literatur

Allgemeine Einführungen

1. Ashcroft, N.W.; Mermin, N.D.: Solid State Physics. Holt, Rinehardt & Winston 1976
2. Bergman-Schaefer, Herausgeber Kassing, R.: Lehrbuch der Experimentalphysik, Band 6, Festkörper. 2. Aufl. Walter de Gruyter 2005
3. Chaikin, P.M.; Lubensky, T.C.: Principles of condensed matter physics. Cambridge University Press 1997
4. Christman, J.R.: Festkörperphysik. Oldenbourg 1992
5. Gottstein, G.: Physikalische Grundlagen der Materialkunde. Springer 1998
6. Göpel, W.; Ziegler, Ch.: Struktur der Materie: Grundlagen, Mikroskopie und Spektroskopie. Teubner 1994
7. Guinier, A.; Jullien, R.: Die physikalischen Eigenschaften von Festkörpern. Hanser 1992
8. Haug, A.: Theoretische Festkörperphysik. Bd.I (1964), Bd. II (1970). Franz Deuticke
9. Hellwege, K.H.: Einführung in die Festkörperphysik. 3. Aufl. Springer 1988
10. Ibach, H.; Lüth, H.: Festkörperphysik. 5. Aufl. Springer 1999
11. Jäger, E.; Kaganow, M.I.: Grundlagen der Festkörperphysik. Harri Deutsch 2000
12. Kittel, C.: Einführung in die Festkörperphysik (Übersetzung). 7. Aufl. Oldenbourg 1988
13. Kittel, C.: Quantum Theory of Solids. Second revised printing. Wiley & Sons 1987
14. Ludwig, W.: Festkörperphysik. 2. Aufl. Vlg. f. Wissensch. Aula, 1978
15. Madelung, O.: Festkörpertheorie I, II, III. Springer 1972/73
16. Pobell, F.: Matter and Methods at Low Temperatures. Springer 1992
17. Weissmantel, C.; Hamann, C.: Grundlagen der Festkörperphysik. Johann Ambrosius Barth 1995
18. Ziman, J.M.: Prinzipien der Festkörpertheorie (Übersetzung). Deutsch 1975

Weiterführende Literatur

Zu Kap. 1

19. Azároff, L.V.: Elements of X-Ray Crystallography. McGraw-Hill 1968
20. Bacon, C.F.: Neutron Diffraction. Oxford University Press 1974
21. Barrett, C.S.; Massalski, T.B.: Structure of Metals. McGraw-Hill 1966
22. Buerger, M.J.: Kristallographie. Walter de Gruyter 1977
23. Burzlaff, H.; Zimmermann, H.: Symmetrielehre. Thieme 1977
24. Damask, A.C.; Dienes, G.J.: Point defects in Metals. Gordon and Breach 1963
25. Flynn, P.: Point Defects and Diffusion. Clarendon Press 1972
26. Friedel, J.: Dislocations. Pergamon Press 1967
27. Hull, D.; Bacon, D.J.: Introduction to Dislocations. Int. Ser. Mat. Science and Technology, Butterworth-Heinemann 1998
28. Kleber, W.: Einführung in die Kristallographie. VEB Technik 1985
29. Lehmann, Chr.: Interaction of Radiation with Solids. North Holland 1977
30. Leibfried, G.; Breuer, N.: Point Defects in Metals I. Springer Tracts in Modern Physics 81. Springer 1977
31. Marshall, W.; Lovesey, S.W.: Theory of Thermal Neutron Scattering. Clarendon Press 1971
32. Pauling, L.: Die Natur der chemischen Bindung. Verlag Chemie 1976
33. Pendry, J.B.: Low Energy Electron Diffraction. Academic Press 1974
34. Preuss, E.; Krahl-Urban, B.; Butz, R.: Laue-Atlas. Wiley 1973
35. Schulman, J.H.; Compton, W.D.: Color Centers in Solids. Pergamon 1962
36. Seeger, A.; Schumacher, D.; Schilling, W.; Diehl, J. (Hrsg.): Vacancies and Interstitials in Metals. North Holland 1970
37. Streitwolf, H.: Gruppentheorie in der Festkörperphysik. Akademische Verlagsgesellschaft 1967
38. Thompson, M.W.: Defects and Radiation Damage in Metals. Cambridge University Press 1969
39. Tosi, M.P.: Cohesion of Ionic Solids in the Born Model. Solid State Physics **16** (1964) 1
40. Vainshtein, B.K.: Modern Crystallography I. Springer Series in Solid-State Sciences, Vol. 15. Springer 1981
41. Weertman, J.; Weertman, J.R.: Elementary Dislocation Theory. Oxford University Press 1992

Zu Kap. 2

42. Bilz, H.; Kress, W.: Phonon Dispersion Relations in Insulators. Springer Series in Solid-State Sciences, Vol. 10. Springer 1979
43. Böttger, H.: Principles of the Theory of Lattice Dynamics. Physik-Verlag 1983
44. Joshi, S.K.; Rajagopal, A.K.: Lattice Dynamics of Metals. Solid State Physics **22** (1968) 160
45. Leibfried, G.; Ludwig, W.: Theory of Anharmonic Effects in Crystals. Solid State Physics **12** (1961) 276
46. Maradudin, A.A.; Montroll, E.W.; Weiss, G.H.: Theory of Lattice Dynamics in the Harmonic Approximation. Solid State Physics, Suppl. **3** (1971)
47. Mitra, S.S.: Vibrational Spectra of Solids. Solid State Physics **13** (1962) 1
48. Parrott, J.E.; Stuckes, A.D.: Thermal Conductivity of Solids. Academic Press 1975
49. Reissland, J.A.: Physics of Phonons. Wiley 1973
50. Yates, B.: Thermal Expansion. Plenum Press 1972

Zu Kap. 3

51. Blatt, F.J.: Physics of Electronic Conduction in Solids. McGraw-Hill 1968
52. Brauer, W.; Streitwolf, H.W.: Theoretische Grundlagen der Halbleiterphysik. Akademie-Verlag 1976
53. Busch, G.: Experimentelle Methoden zur Bestimmung effektiver Massen in Metallen und Halbleitern. Halbleiterprobleme, Bd. 6. Vieweg 1961
54. Callaway, J.: Energy Band Theory. Academic Press 1964
55. Chakraborty, T.; Pietilainen, P.: The Quantum Hall Effects. Springer Series in Solid State Sciences No. **85** 1995
56. Cracknell, A.P.; Wong, K.C.: Fermi Surface. Oxford University Press 1973
57. Fletcher, G.C.: Electron Band Theory of Solids. North Holland 1971
58. Grosse, P.: Freie Elektronen in Festkörpern. Springer 1979
59. Harrison, W.A.; Wegg, M.B. (Hrsg.): The Fermi Surface. Wiley 1960
60. Heeger, A.J.: Localized Moments and Nonmoments in Metals. The Kondo-Effect. Solid State Physics **23** (1969) 284
61. Herrmann, R.; Preppernau, U.: Elektronen im Kristall. Springer 1979
62. Jones, H.: The Theory of Brillouin-Zones and Electronic States in Crystals. North-Holland 1962
63. Lifschitz, I.M.; Asbel, M.J.; Kaganow, M.I.: Elektronentheorie der Metalle. Akademie-Verlag 1975

64. Madelung, O.: Grundlagen der Halbleiterphysik. Heidelberger Taschenbuch, Bd. 71. Springer 1970
65. Nag, B.R.: Electron Transport in Compound Semiconductors. Springer Series in Solid-Sate Sciences, Vol. 11. Springer 1980
66. Nobelpreisvorlesungen 1998: Laughlin, R.B.: Fractional quantization. Rev. Mod. Phys. **71** (1999) 863
67. Stormer, H.L.: The fractional quantum Hall effect. Ebenda p. 875;
68. Tsui, D.C.: Interplay of disorder and interaction in two-dimensional electron gas in intense magnetic fields. Ebenda p. 891
69. Pippard, A.B.: Dynamics of Conduction Electrons. Gordon and Breach 1965
70. Seeger, K.: Semiconductor Physics. Springer Series in Solid-State Sciences, Vol. 40. Springer 1989
71. Sommerfeld, A.; Bethe, H.: Elektronentheorie der Metalle. Heidelberger Taschenbuch, Bd. 19. Springer 1967
72. Wilson, A.H.: The Theory of Metals. Cambridge University Press 1965

Zu Kap. 4

73. Cho, K. (Hrsg): Excitons. Topics in Current Physics, Vol. 14. Springer 1979
74. Daniels, J.; Festenberg, C.V.; Raether, H.; Zeppenfeld, K.: Optical Constants of Solids by Electron Spectroscopy. Springer Tracts in Modern Physics **54**, 78. Springer 1970
75. Faluzzo, E.; Merz, W.J.: Ferroelectricity. North-Holland 1967
76. Givens, M.P.: Optical Properties of Metals. Solid State Physics **6** (1958) 313
77. Greenaway, D.L.; Harbeke, G.: Optical Properties and Band Structure of Semiconductors. Pergamon Press 1968
78. Hodgon, N.: Optical Absorption and Dispersion in Solids. Chapman and Hall 1970
79. Känzig, W.: Ferroelectrics and Antiferroelectrics. Solid State Physics **4** (1957) 1
80. Nudelmann, S.; Mitra, S.S. (Hrsg.): Optical Properties of Solids. Plenum Press 1969
81. Mills, D.L.; Burstein, E.: Polaritons. Rep. Progr. Phys. **37** (1974) 817
82. Mitra, S.S.; Nudelmann, S. (Hrsg.): Far Infrared Properties of Solids. Plenum Press 1970
83. Raether, H.: Excitations of Plasmons and Interband Transitions by Electrons. Springer Tracts in Modern Physics **88**. Springer 1980
84. Reynolds, D.C.; Collins, T.C.: Excitons. Their Properties and Uses. Academic Press 1981
85. Smolenskij, G.A.; Krajnik, N.N.: Ferroelektrika und Antiferroelektrika. Teubner Leipzig 1972
86. Stern, F.: Elementary Theory of the Optical Properties of Solids. Solid State Physics **15** (1963) 300

Zu Kap. 5

87. Cullity, B.C.: Introduction to Magnetic Materials. Addison-Wesley 1972
88. Elliott, R.S. (Hrsg.): Magnetic Properties of Rare Earth Metals. Plenum Press 1972
89. van Hemmen, J.L.; Morgenstern, I. (Hrsg.): Heidelberg Colloquium on Spin Glasses. Lecture Notes in Physics **192**. Springer 1983
90. van Hemmen, J.L.; Morgenstern, I. (Hrsg.): Heidelberg Colloquium on Glassy Dynamics. Lecture Notes in Physics **275**. Springer 1987
91. Mattis, D.C.: The Theory of Magnetism I. Springer Series in Solid-State Sciences, Vol. 17. Springer 1981
92. Mattis, D.C.: The Theory of Magnetism II. Springer Series in Solid-State Sciences, Vol. 55. Springer 1985
93. Nolting, W.: Quantentheorie des Magnetismus I, II. Teubner Stuttgart 1986
94. Rado, G.T.; Suhl, H. (Hrsg.): Magnetism Bd. I-V. Academic Press 1963–1973
95. Stauffer, D.: Introduction to Percolation Theory. Taylor and Francis 1985
96. Wagner, D.: Einführung in die Theorie des Magnetismus. Vieweg 1966
97. White, R.M.: Quantum Theory of Magnetism. McGraw-Hill 1970
98. Zeiger, H.J.; Pratt, G.W.: Magnetic Interaction in Solids. Oxford University Press 1973

Zu Kap. 6

99. Buckel, W.: Supraleitung. 5. Aufl. Wiley-VCH 1994
100. De Gennes, P.G.: Superconductivity of Metals and Alloys. Benjamin 1966
101. Hein, M.A.: High-temperature Superconducting Films at Microwave Frequencies. Springer Tracts of Mod. Physics, Vol. 155. Springer 1999
102. Hinken, J.: Supraleiter-Elektronik. Springer 1988
103. James, D. St.; Thomas, E.J.; Sarma, G.: Type II Superconductivity. Pergamon 1969
104. Kamimura, H.; Oshiyama, A. (Hrsg.): Mechanisms of High-Temperature Superconductivity. Springer Series in Material Science, Vol. 11, Springer 1989
105. Kitazwa, K.; Ishiguro, T. (Hrsg.): Advances in Superconductivity. Springer 1989
106. Komarek, P: Hochstromanwendung der Supraleitung. Teubner 1995
107. Kuper, Ch.G.: An Introduction to the Theory of Superconductivity. Clarendon 1968
108. Lynton, E.A.: Superconductivity. 3. Aufl. Methuen 1969
109. Rickayzen, G.: Theorie of Superconductivity. Wiley 1965
110. Rose-Innes, A.C.; Rhoderick, E.H.: Introduction to Superconductivity. 2. Aufl. Pergamon 1978

111. Schrieffer, J.R.: Theory of Superconductivity. Benjamin 1964
112. Sheahen, T.P.: Introduction to High-Temperature Superconductivity. Plenum Press 1994
113. Solymar, L.: Superconductive Tunneling and Applications. Chapman and Hall 1972
114. Stolz, H.: Supraleitung. Vieweg 1979
115. Tinkham, M.: Introduction to Superconductivity. McGraw-Hill 1996
116. Ullmaier, H.: Irreversible Properties of Type II Superconductors. Springer 1975

Zu Kap. 7

117. Beck, H.; Güntherodt, H.-J. (Hrsg.): Glassy Metals II. Topics in Applied Physics, Vol. **53**, Springer 1983
118. Chalmers, B.: Principles of Solidification. Wiley 1964
119. Crank, J.: The Mathematics of Diffusion. Clarendon 1967
120. Ehrenreich, H.; Schwartz, L.M.: The Electronic Structure of Alloys. Solid State Physics **31** (1976) 149
121. Elliott, S.R.: Physics of Amorphous Materials. Longman 1983
122. Güntherodt, H.-J.; Beck, H. (Hrsg.): Glassy Metals I. Topics in Applied Physics, Vol. 46, Springer 1981
123. Haasen, P.: Physikalische Metallkunde. 2. Aufl. Springer 1984
124. Hansen, M.; Anderko, K.: Constitution of Binary Alloys. 2. Aufl. McGraw-Hill 1958. Elliot, R.: First Suppl. 1965. Shunk, F.A.: Secd. Suppl. 1969
125. Hansen, J.; Beiner, F.: Heterogene Gleichgewichte. Walter de Gruyter 1974
126. Porter, D.A.; Easterling, K.E.: Phase Transformations in Metals and Alloys. Van Nostrand Reinhold 1981
127. Schmalzried, H.: Festkörperthermodynamik. Verlag Chemie 1974
128. Shewmon, P.G.: Diffusion in Solids. McGraw-Hill 1963
129. Swalin, R.A.: Thermodynamics of Solids. 2. Aufl. Wiley 1972
130. Teo, B.K.; Joy, D.C.: EXAFS Spectroscopy. Plenum Press 1981
131. Waseda, Y.: The Structure of Non-Crystalline Materials. MacGraw-Hill 1980
132. Ziman, J.M.: Models of Disorder. Cambridge University Press 1979

Sachverzeichnis

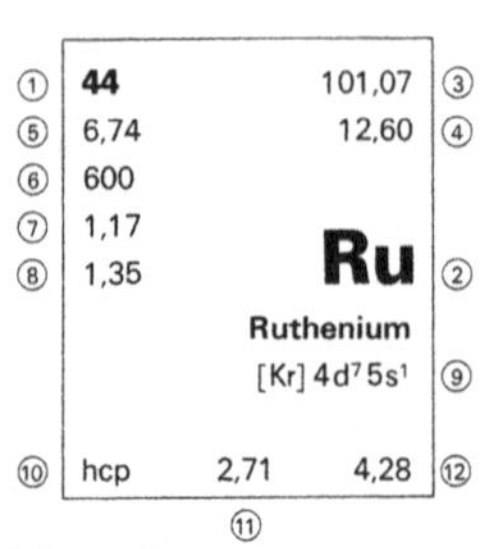

① Ordnungszahl

② Symbol und Name

③ relative Atommasse des natürlichen Isotopengemisches bzw. des wichtigsten Nuklids

④ Dichte bei 273 K und Atmosphärendruck in g/cm^3

⑤ Bindungsenergie der Atome im Kristallgitter in eV/Atom

⑥ Debye-Temperatur in K

⑦ Wärmeleitfähigkeit bei 300 K in W/cm K

⑧ elektrische Leitfähigkeit bei 295 K in $10^5 (\Omega cm)^{-1}$

⑨ Elektronenkonfiguration der freien Atome im Grundzustand

⑩ Kristallstruktur
- fcc kubisch flächenzentriert
- bcc kubisch raumzentriert
- hcp hexagonal dichteste Kugelpackung
- Diam. Diamantstruktur
- hex. hexagonal
- kub. kubisch
- mon. monoklin
- rhomb. rhombisch
- rh. rhomboedrisch
- tetr. tetragonal

⑪ Gitterkonstante a bei 273 K in Å

⑫ Gitterkonstante c bei 273 K in Å

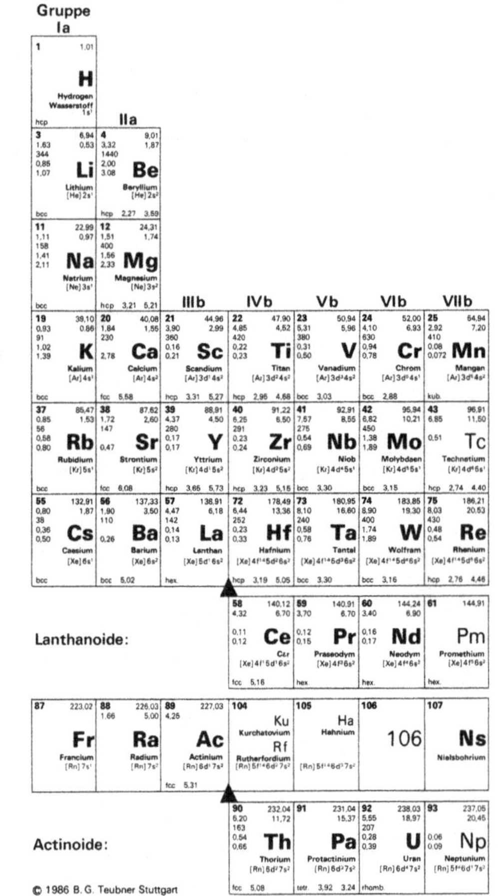

Anhang D Periodensystem der Elemente mit Daten über verschiedene atomare und Festkörpereigenschaften

VIIIb	VIIIb	VIIIb	Ib	IIb	IIIa	IVa	Va	VIa	VIIa	VIIIa
										2 4,00 **He** Helium $1s^2$ hcp
					5 10,81 5,77 2,34 0,27 **B** Bor $[He]2s^2 2p^1$ rh.	6 12,01 7,37 2,22 2230 1,29 **C** Carbon Kohlenst. $[He]2s^2 2p^2$ Diam. 3,57	7 14,01 4,92 **N** Nitrogen Stickstoff $[He]2s^2 2p^3$ kub.	8 16,00 2,60 **O** Oxygen Sauerstoff $[He]2s^2 2p^4$ kub.	9 19,00 0,84 **F** Fluor $[He]2s^2 2p^5$	10 20,18 0,02 76 **Ne** Neon $[He]2s^2 2p^6$ fcc
					13 26,98 3,39 2,70 428 2,37 3,65 **Al** Aluminium $[Ne]3s^2 3p^1$ fcc 4,05	14 28,09 4,63 2,42 645 1,48 **Si** Silicium $[Ne]3s^2 3p^2$ Diam. 5,43	15 30,97 3,43 1,82 **P** Phosphor $[Ne]3s^2 3p^3$ kub.	16 32,06 2,85 1,96 **S** Sulfur Schwefel $[Ne]3s^2 3p^4$ rhomb.	17 35,45 1,40 **Cl** Chlor $[Ne]3s^2 3p^5$ tetr.	18 39,95 0,08 92 **Ar** Argon $[Ne]3s^2 3p^6$ fcc
26 55,85 4,28 7,86 470 0,80 1,02 **Fe** Eisen $[Ar]3d^6 4s^2$ bcc 2,87	27 58,93 4,39 8,90 445 1,00 1,72 **Co** Cobalt $[Ar]3d^7 4s^2$ hcp 2,51 4,07	28 58,70 4,44 8,90 450 0,91 1,43 **Ni** Nickel $[Ar]3d^8 4s^2$ fcc 3,52	29 63,55 3,49 8,92 343 4,01 5,88 **Cu** Kupfer $[Ar]3d^{10} 4s^1$ fcc 3,61	30 65,38 1,35 7,14 327 1,16 1,96 **Zn** Zink $[Ar]3d^{10} 4s^2$ hcp 2,66 4,95	31 69,72 2,81 5,91 320 0,41 0,67 **Ga** Gallium $[Ar]3d^{10} 4s^2 4p^1$ rhomb.	32 72,59 3,85 5,35 374 0,60 **Ge** Germanium $[Ar]3d^{10} 4s^2 4p^2$ Diam. 5,66	33 74,92 2,96 5,72 282 0,50 **As** Arsen $[Ar]3d^{10} 4s^2 4p^3$ rh.	34 78,96 2,25 4,82 90 0,02 **Se** Selen $[Ar]3d^{10} 4s^2 4p^4$ hex.	35 79,90 1,22 3,12 **Br** Brom $[Ar]3d^{10} 4s^2 4p^5$ rhomb.	36 83,80 0,12 72 **Kr** Krypton $[Ar]3d^{10} 4s^2 4p^6$ fcc
44 101,07 6,74 12,60 600 1,17 1,35 **Ru** Ruthenium $[Kr]4d^7 5s^1$ hcp 2,71 4,28	45 102,91 5,75 12,40 480 1,50 2,08 **Rh** Rhodium $[Kr]4d^8 5s^1$ fcc 3,80	46 106,40 3,89 11,40 274 0,72 0,95 **Pd** Palladium $[Kr]4d^{10}$ fcc 3,89	47 107,87 2,95 10,50 225 4,29 6,21 **Ag** Silber $[Kr]4d^{10} 5s^1$ fcc 4,09	48 112,41 1,16 8,65 209 0,97 1,38 **Cd** Cadmium $[Kr]4d^{10} 5s^2$ hcp 2,98 5,62	49 114,82 2,52 7,36 108 0,82 1,14 **In** Indium $[Kr]4d^{10} 5s^2 5p^1$ tetr. 3,25 4,95	50 118,69 3,14 5,75 200 0,67 0,91 **Sn** Zinn $[Kr]4d^{10} 5s^2 5p^2$ Diam. 6,49	51 121,75 2,75 6,69 211 0,24 0,24 **Sb** Antimon $[Kr]4d^{10} 5s^2 5p^3$ rh.	52 127,60 2,23 6,25 153 0,02 **Te** Tellur $[Kr]4d^{10} 5s^2 5p^4$ hex.	53 126,90 1,11 4,93 **I** Iod $[Kr]4d^{10} 5s^2 5p^5$ rhomb.	54 131,30 0,16 64 **Xe** Xenon $[Kr]4d^{10} 5s^2 5p^6$ fcc
76 190,20 8,17 22,48 500 0,88 1,10 **Os** Osmium $[Xe]4f^{14} 5d^6 6s^2$ hcp 2,74 4,32	77 192,22 6,94 22,42 420 1,47 1,96 **Ir** Iridium $[Xe]4f^{14} 5d^7 6s^2$ fcc 3,84	78 195,09 5,84 21,45 240 0,72 0,96 **Pt** Platin $[Xe]4f^{14} 5d^9 6s^1$ fcc 3,92	79 196,97 3,81 19,29 165 3,17 4,55 **Au** Gold $[Xe]4f^{14} 5d^{10} 6s^1$ fcc 4,08	80 200,59 0,67 13,55 72 0,10 **Hg** Quecksilber $[Xe]4f^{14} 5d^{10} 6s^2$ rhomb.	81 204,37 1,88 11,85 79 0,46 0,61 **Tl** Thallium $[Xe]4f^{14} 5d^{10} + 6s^2 6p^1$ hcp 3,46 5,52	82 207,20 2,03 11,34 105 0,35 0,48 **Pb** Blei $[Xe]4f^{14} 5d^{10} + 6s^2 6p^2$ fcc 4,95	83 208,98 2,18 9,80 119 0,08 0,07 **Bi** Bismut $[Xe]4f^{14} 5d^{10} + 6s^2 6p^3$ rh.	84 208,98 1,50 0,22 **Po** Polonium $[Xe]4f^{14} 5d^{10} + 6s^2 6p^4$ mon	85 209,99 **At** Astat $[Xe]4f^{14} 5d^{10} + 6s^2 6p^5$	86 222,02 0,20 **Rn** Radon $[Xe]4f^{14} 5d^{10} + 6s^2 6p^6$

62 150,40 2,14 7,50 0,13 0,10 **Sm** Samarium $[Xe]4f^6 6s^2$ rh.	63 151,96 1,86 5,24 0,11 **Eu** Europium $[Xe]4f^7 6s^2$ bcc 4,58	64 157,25 4,14 7,96 200 0,11 0,07 **Gd** Gadolinium $[Xe]4f^7 5d^1 6s^2$ hcp 3,63 5,78	65 158,93 4,05 8,25 0,11 0,09 **Tb** Terbium $[Xe]4f^9 6s^2$ hcp 3,60 5,70	66 162,50 3,04 8,45 210 0,11 0,11 **Dy** Dysprosium $[Xe]4f^{10} 6s^2$ hcp 3,59 5,65	67 164,93 3,14 8,76 0,16 0,13 **Ho** Holmium $[Xe]4f^{11} 6s^2$ hcp 3,58 5,62	68 167,26 3,29 9,05 0,14 0,12 **Er** Erbium $[Xe]4f^{12} 6s^2$ hcp 3,56 5,59	69 168,93 2,42 9,29 0,17 0,16 **Tm** Thulium $[Xe]4f^{13} 6s^2$ hcp 3,54 5,56	70 173,04 1,60 7,00 120 0,35 0,38 **Yb** Ytterbium $[Xe]4f^{14} 6s^2$ fcc 5,48	71 174,97 4,43 9,82 210 0,16 0,19 **Lu** Lutetium $[Xe]4f^{14} 5d^1 6s^2$ hcp 3,50 5,55

108 **Hs** Hassium	109 **Mt** Meitnerium

94 244,06 3,60 19,74 0,07 0,07 Pu Plutonium $[Rn]5f^6 7s^2$	95 243,06 2,73 13,67 Am Americium $[Rn]5f^7 7s^2$	96 247,07 3,86 13,51 Cm Curium $[Rn]5f^7 6d^1 7s^2$	97 247,07 Bk Berkelium $[Rn]5f^9 7s^2$	98 251,08 Cf Californium $[Rn]5f^{10} 7s^2$	99 254,09 Es Einsteinium $[Rn]5f^{11} 7s^2$	100 257,10 Fm Fermium $[Rn]5f^{12} 7s^2$	101 Md Mendelevium $[Rn]5f^{13} 7s^2$	102 No Nobelium $[Rn]5f^{14} 7s^2$	103 Lr Lawrencium $[Rn]5f^{14} 6d^1 7s^2$

Printed in the United States
By Bookmasters